新工科建设·计算机类系列教材

数据通信与计算机网络

（第5版）

◆ 杨心强　陈国友　编著

電子工業出版社
Publishing House of Electronics Industry
北京·BEIJING

内 容 简 介

本书是解放军陆军工程大学（原解放军理工大学）优秀教学成果，自 1998 年首次出版以来，曾于 2002、2007 和 2012 年分别出版了修订版。本次改版是在原有教材的基础上，根据教学大纲的要求以及数据通信和计算机网络的最新进展，进行了必要的调整、增补和修改，以适应当前教学的需要。

全书共 12 章。第 1 章是全书的概述。第 2～4 章较全面介绍数据通信基本知识、数据传输信道和数据传输技术。第 5～9 章重点介绍计算机网络的物理层、数据链路层（含局域网）、网络层、传输层和应用层。第 10 章介绍因特网的多媒体应用服务。第 11 章介绍无线网络。第 12 章介绍网络安全。各章均附有丰富的习题。附录 A 是部分习题参考答案，附录 B 是英文缩写词。为了便于教学、本书还提供可修改的电子课件。

本书可作为高等学校（含军事院校）计算机、通信、自动化、机电等工科专业教材，对工程技术人员也有参考价值。

图书在版编目（CIP）数据

数据通信与计算机网络 / 杨心强，陈国友编著. —5 版. —北京：电子工业出版社，2018.2
ISBN 978-7-121-33082-7

Ⅰ. ① 数…　Ⅱ. ① 杨…　② 陈…　Ⅲ. ① 数据通信－高等学校－教材　② 计算机网络－高等学校－教材　Ⅳ.① TN919　② TP393

中国版本图书馆 CIP 数据核字（2017）第 285652 号

策划编辑：章海涛
责任编辑：裴　杰
印　　刷：三河市龙林印务有限公司
装　　订：三河市龙林印务有限公司
出版发行：电子工业出版社
　　　　　北京市海淀区万寿路 173 信箱　邮编　100036
开　　本：787×1092　1/16　　印张：25.75　　字数：650 千字
版　　次：1998 年 1 月第 1 版
　　　　　2018 年 2 月第 5 版
印　　次：2024 年 7 月第 15 次印刷
定　　价：52.00 元

凡所购买电子工业出版社图书有缺损问题，请向购买书店调换。若书店售缺，请与本社发行部联系，联系及邮购电话：（010）88254888，88258888。

质量投诉请发邮件至 zlts@phei.com.cn，盗版侵权举报请发邮件至 dbqq@phei.com.cn。

本书咨询联系方式：192910558（QQ 群）。

前　言

本教材是解放军陆军工程大学（原解放军理工大学）优秀教学成果，前四版（1998，2003，2007，2012）均按照中国计算机学会和全国高等学校计算机教育研究会（以下简称两会）编写的《计算机学科教学计划》之要求组织编写，被列入高等学校计算机专业规划教材，由两会推荐出版。

本教材讲授数据通信与计算机网络的基本原理和有关技术。这次改版对于较为成熟和稳定的内容基本上未作较大的修改。考虑到数据通信与计算机网络技术发展很快，在新版教材中删除或简化了比较陈旧的内容，同时增写了不少新的内容，对重点内容适当地增加了一些习题，以适应教学的要求。

本版教材在内容编排上较前版有所调整。全书共 12 章。

第 1 章概述，着重介绍因特网的发展过程，增写了因特网交换点 IXP 的概念，并在介绍云计算时增写了大数据。

第 2 章数据通信基础知识。

第 3 章数据传输信道，增写了塑料光纤和散射传输。

第 4 章数据传输技术，将脉冲编码调制技术一节改写成模拟信号数字化的传输技术。

第 5～9 章是按照计算机网络五层体系结构进行介绍的。

第 5 章物理层，将基于五类线以太网接入技术改写为基于五/六类线的以太网接入技术。

第 6 章数据链路层，增写了 PPPoE 协议和网络适配器，简化了在物理层扩展以太网，改写了在数据链路层扩展以太网。

第 7 章网络层，增写了多协议标记交换 MPLS、移动 IP 及其协议和移动 IPv6。

第 8 章传输层，改写了 TCP 拥塞控制，增写了主动队列管理 AQM。

第 9 章应用层，增写了博客、微博、轻博和微信，取消了文件传送协议和远程登录协议 TELNET，把多媒体应用服务一节单独成第 10 章。

第 10 章因特网的多媒体应用服务，增写了服务质量的改进和 P2P 的流媒体应用服务的内容。

第 11 章无线网络，增写了蜂窝移动通信网。

第 12 章计算机网络的管理和安全，取消了加密策略，改写了两种密码体制的密钥分配和防火墙的主要类型，还增写了入侵检测系统。

各章末均附有习题。书后还有两个附录，附录 A 是部分习题参考答案，附录 B 是英文缩写词。为了便于教学，本书提供的可修改电子课件，请读者在电子工业出版社华信教育资源网（http://www.hxedu.com.cn）注册下载。

本教材的参考学时为 60～70 学时。在课程学时数较少的情况下，可选用最基本的内容（在目录的相应章节前附有“*”号）。

本教材的第 1～4、6～8、10～12 章由杨心强编写，第 5、9 章由陈国友编写。最后由杨心强负责统稿和全书的定稿。

本教材的特点是概念清楚、论述严谨、内容充实、图文并茂。此书将数据通信和计算机网络两门课程融为一体，用通俗的语言，阐述了数据通信与计算机网络的基本概念和基本原理，同时也力求反映一些最新进展。

本教材可作为高等学校（含军事院校）计算机或通信以及其他有关专业的本科生教材，也可作为职业教育相关专业的参考教材，对从事数据通信和计算机网络工作的工程技术人员也有学习参考价值。

在本教材修改过程中，解放军陆军工程大学通信工程学院经文浩高工、王传风高工以及原工信部第 14 研究所的杨玮、朱晔都参与了本书的部分章节的编写，解放军陆军工程大学谢希仁教授提供了宝贵的资料。王丽辛高工为本书图稿的绘制给予了积极的支持和指导。对此，作者表示诚挚的谢意。

由于编者水平有限，书中难免还存在一些缺点和错误，恳请广大读者批评指正。

编者的电子邮件地址：yang_xinqiang@163.com（来信时务请注明真实姓名、单位、通信地址和联系电话、邮编）。

作者

于南京·解放军陆军工程大学

目　录

第1章　概　　述

本章是全书的概要，分为两个部分。第一部分是数据通信，介绍数据通信的基本概念及模型，数据通信系统的组成、主要性能指标和数据通信网络。第二部分是计算机网络，先介绍计算机网络的发展过程，因特网的组成，计算机网络的定义、类别、功能和性能指标。然后讲述计算机网络的体系结构和模型、若干重要概念和标准及其制定机构。最后是发展趋势。

必须指出，本章中计算机网络体系结构的内容比较抽象。在还没有了解具体的计算机网络之前，可能难以完全理解这些知识。但这些知识将是学习后续章节的基础，建议在学习后续章节时，经常重温这些知识，这对全面掌握计算机网络的概念是很有帮助的。

1.1　数据通信概述

通信（communication）是指人与人或人与自然之间通过某种行为或媒体进行的信息交流与传递。不同的环境对通信有着不同的解释，在出现电波传递信息后，通信被单一解释为信息的传递，是指由一地向另一地进行信息的传输与交换的过程，其目的是传递消息（messsage）中包含的信息（information）。目前，通信方式主要有两类：一类是利用人力或机械的方式传递信息，如邮政；另一类是利用电（包括电流、电波或光波）传递信息，即电信（telecommunication），它具有迅速、准确、可靠等特点，几乎不受时间、地点、空间、距离的限制，因而得到了飞速发展和广泛应用。

通信传递的消息有多种形式，如符号、文字、数据、语音、图形、图像等。它们大致可归纳成两种类型：连续消息和离散消息。连续消息指消息的状态是随时间连续变化的，如强弱连续变化的语音。离散消息指消息的状态是可数的或离散的，如符号、文字和数据等。通常，我们把连续消息和离散消息分别称为模拟消息和数字消息。

这两种消息可以用不同的信号来传输。这里所述的信号就是通信系统在传输介质中传输的信号 $s(t)$。它有两种基本形式。

一种是模拟信号，其信号的波形可以表示为时间的连续函数，如图 1-1（a）所示。这里，“模拟”的含义是指用电参量（如电压、电流）的变化来模拟源点发送的消息。如电话信号就是语音声波的电模拟，它是利用送话器的声/电变换功能，把语音声波压力的强弱变化转变成语音电流的大小变化。以模拟信号为传输对象的传输方式称为模拟传输，以模拟信号来传送消息的通信方式称为模拟通信，而传输模拟信号的通信系统称为模拟通信系统。

另一种是数字信号，其特征是幅度不随时间连续变化，只能取有限个离散值。通常以两个离散值（“0”和“1”）来表示二进制数字信号，如图 1-1（b）所示。以数字信号为传输对象的传输方式称为数字传输，以数字信号来传送消息的通信方式称为数字通信，而传输数字信号的通信系统称为数字通信系统。

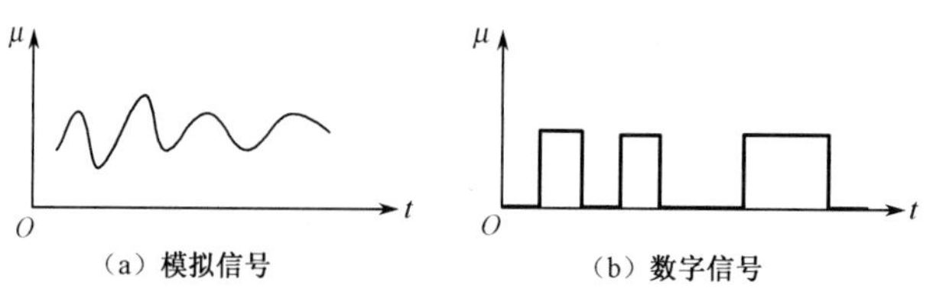

图 1-1 模拟信号与数字信号

必须指出，模拟信号和数字信号虽是两种不同形式的信号，但它们在传输过程中是可以相互变换的。模拟信号可以采用模数转换技术变换为离散的数字信号，而数字信号也可以通过数模转换技术变换为连续的模拟信号。

与模拟通信相比，数字通信具有以下优点：抗干扰性强、保密性好、设备易于集成化和便于使用计算技术对其进行处理等。它的主要缺点是占用的信道频带比模拟通信宽得多，降低了信道的利用率。但随着信道性能的改善，这一问题将会得到解决。

数据通信是通信技术和计算机技术相结而产生的一种新的通信方式。从某种意义上来说，数据通信可看成是数字通信的特例，具有数字通信的一切优点。数据通信主要是“人（通过终端）-机（计算机）”通信或“机-机”通信，它以数据传输为基础，包括数据传输和数据交换，以及在传输前后的数据处理过程。由于数据通信离不开计算机，因此人们常把数据通信与计算机通信这两个名词混用。目前，计算机在各个领域都得到了广泛的应用，因而数据通信有着广阔的应用领域和发展前景。

1.2 数据通信系统

*1.2.1 数据通信系统的模型

下面以两台 PC 通过电话线，再经公用电话网进行通信的简单例子，来说明任何一个通信系统都可用一个简单的通信模型来抽象地描述其内在含义。数据通信系统的模型如图 1-2 所示。

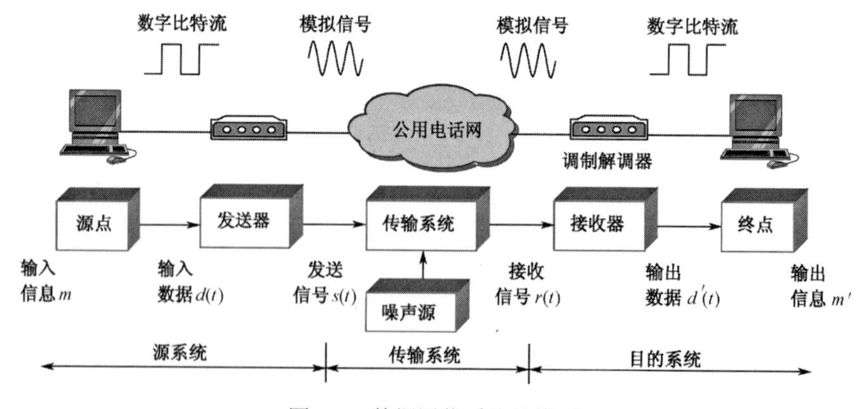

图 1-2 数据通信系统的模型

该模型包括源系统、传输系统和目的系统三个部分，有以下 5 个组成要素。

（1）源点。它是生成传输数据的设备，如 PC。

（2）发送器。通常，源点生成的数据要通过发送器编码后才能成为在传输系统中进行传输的电信号。如调制解调器从相连的 PC 获得数字比特流，并变换成能在电话网上传输的模拟信号。

（3）传输系统。它是简单的传输线或复杂的网络系统。

（4）接收器。接收来自传输系统的信号，并转换为终点能处理的信息。如调制解调器接收来自传输系统的模拟信号，并将其转换成数字比特流。

（5）终点。它是获取来自接收器数据的设备。

在图 1-2 中，用户将输入信息 m 输入源点，PC 通常产生一个随时间变化的数据 $d(t)$，作为发送器的输入信号。该信号由发送器转换成适合在传输介质中传送的发送信号 $s(t)$。当 $s(t)$ 通过传输介质传送时，会受到各种噪声的干扰，发生畸变和失真等。因而，接收器收到的信号 $r(t)$，可能已不同于发送信号 $s(t)$。接收器要依据信号 $r(t)$ 和传输介质的特性，把 $r(t)$ 转换成输出数据 $d'(t)$。当然，转换后的输出数据 $d'(t)$ 只是输入数据 $d(t)$ 的近似值或估计值。最后，终点将从输出数据 $d'(t)$ 中识别出被交换的信息 m'。这里必须指出的是，如果传输系统能够传送数字信号，那么 PC 产生的比特流就没有必要转换成模拟信号，可以直接传输。

以上是对该通信系统模型工作原理的简单描述，这里回避了技术实现的复杂细节。这种复杂性主要体现在：传输系统的利用，接口、信号的产生、同步、交换管理，差错检测和纠正，以及流量控制等。

通过上例不难看出：数据通信系统模型对数据通信系统的描述是具有代表性的，它为数据通信系统的组成刻画了明确的框架结构；该模型的描述包含着许多基本概念和基础知识，还涉及大量复杂的通信技术。这些内容都将在以后各个章节中详细阐述。

1.2.2 数据通信系统的组成

如前所述，数据通信主要是“人-机”通信或“机-机”通信，而数据传输又是实现数据通信的基础。因此，凡是将终端设备与计算机经由模拟或数字传输系统连接起来，并以收集、传输、分配和处理数据为目的的系统都称为数据通信系统。它是实现数据通信的功能性物理实体。

数据通信系统的具体组成可以从不同的角度予以不同的描述。从该系统设备级的构成，可认为数据通信系统由以下 3 个子系统组成。

（1）终端设备子系统。终端设备子系统由数据终端设备及有关的传输控制设备组成。数据终端设备有数据输入设备和数据输出设备之分，其作用是将发送的信息变换为二进制信号输出，或者把接收到的二进制信号转换为用户能够理解的信息形式。它既具有编码器的功能，又具有解码器的功能。终端设备的形式很多，较常用的有键盘终端、显示器、打印机等。集中器是设置在远程终端较密集处的一种传输控制设备，它的一端用多条低速线路与各终端设备相连，其另一端则用一条较高速率的线路与数据传输子系统相接。传输控制设备用于数据传输的控制，借助传输控制代码完成线路控制功能，包括通信线路的自动呼叫、自动接通 / 断开、确认对方的通信状态，以及实现差错控制功能等。

（2）数据传输子系统。由传输信道及两端的数据电路终接设备构成。传输信道既可以采用固定连接的专用线路，也可以采用通信网。数据电路终接设备是为数据终端与传输信道之间提供交换和编码功能、以及建立、保持和释放线路连接功能的设备。如调制解调器、信号变换器、自动呼叫和应答装置等。对于不同的传输信道，数据电路终接设备的作用也不同，其要求是实现信号变换，使之适应信道的需求。

（3）数据处理子系统。指包括通信控制器在内的计算机。通信控制器把来自主计算机的数据经通信控制器分送给相应的通信线路，或者把来自通信线路的数据经由通信控制器送往主计算机，它是主计算机与各条通信线路之间的“桥梁”。通信控制器的功能包括：线路控制、差错控制、传输控制、报文处理、接口控制、速率变换和多路控制等。计算机主要完成数据处理的任务。

图 1-3 为数据通信系统的组成框图。

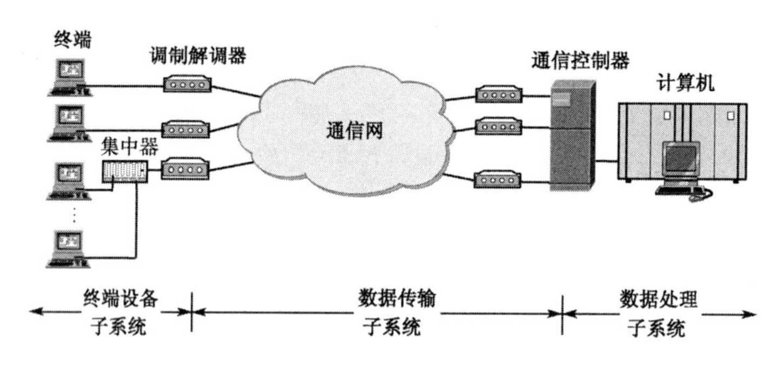

图 1-3　数据通信系统的组成框图

1.2.3　数据通信系统的分类

根据数据传输子系统及终端设备子系统在逻辑上是否与数据处理子系统相连接，可把数据通信系统分为脱机系统和联机系统。脱机系统的工作效率低，只在数据通信发展初期用作非实时处理系统，目前的数据通信系统几乎都是联机系统。

根据数据处理子系统对数据的处理形式不同，数据通信系统又可分为以下 3 种。

（1）联机实时系统。指数据处理子系统能够实时地处理终端设备子系统输入的数据，并将处理结果送回的一种数据处理系统。它适用于要求迅速地随机处理实时数据的场合。联机实时系统按不同的应用进行分类，如交互应答系统、数据采集系统和数据分发系统等。

（2）远程批处理系统。它是接收来自远程的终端设备子系统通过数据传输子系统传送来的批量型作业，对其处理后再将处理结果送回指定的远程终端设备子系统的一种数据处理系统。该系统是在通常的批处理系统的基础上，加上远程作业录入程序后形成的。远程作业录入程序具有接收远地作业，并将它列入本地批处理作业队列的功能。

（3）分时处理系统。它将计算机的时间划分成很短的时间片，由众多的终端设备子系统通过数据传输子系统按时间片共享一个数据处理子系统的一种数据处理系统。此时，用户可以通过各自的终端或控制台，以交互方式操作或控制其作业的运行，共享数据处理子系统的各种硬、软件资源。

*1.2.4　数据通信系统的主要性能指标

数据通信系统的性能指标是评估数据通信系统性能和设计数据通信系统的依据。数据通信系统的性能指标主要有两个。

1. 有效性指标

有效性指标是衡量数据通信系统传输能力的指标。通常用带宽、传输速率和频带利用率等指标来表示，详见 2.1.2、2.2.2 和 2.2.3 节。

2．特征性指标

数据通信系统还有一些用来衡量数据通信系统传输质量的指标，这些特征性指标与上述有效性指标有很大的关系。

① 差错率。数据通信的目的是使接收端获得正确的数据。因此，接收端数据的差错程度是衡量数据通信质量非常重要的指标。差错率常用误码率来表示，详见 2.3.2 节。

② 可靠性。可靠性是指系统在规定的条件下和规定的时间内，完成规定功能的能力。可靠性常用下面两个主要指标来描述。

平均无故障工作时间 MTBF（Mean Time Between Failure），指系统各部件相邻两次故障的平均间隔时间。一般来说，MTBF 值越大越好。

平均故障维修时间 MTTR（Mean Time To Repair），指系统发生故障时需要维修花费的平均时间。一般来说，MTTR 值越小越好。

若一个数据通信系统从它工作开始至 T 时刻，共发生过 N 次故障，进行过 N 次维修，每次正常运行时间为Δt_i，每次维修时间为Δt_{Fi}，则这两个指标可分别表示为

$$\text{MTBF} = \sum_{i=1}^{N} \Delta t_i / N \tag{1-1}$$

$$\text{MTTR} = \sum_{i=1}^{N} \Delta t_{Fi} / N \tag{1-2}$$

式中，$\sum_{i=1}^{N} \Delta t_i$ 为系统无故障工作总时间，$\sum_{i=1}^{N} \Delta t_{Fi}$ 为系统故障维修总时间。

对数据通信系统而言，在整个生命周期内都需要持续工作。可靠性定量特征的描述用系统有效度更为确切。系统有效度（A）是指“系统在规定条件下和规定时间内，维持规定功能的概率”，它反映了系统平均无故障工作时间和平均维修时间及它们之间的关系。其表达式为

$$A = \frac{\text{MTBF}}{\text{MTBF} + \text{MTTR}} \tag{1-3}$$

影响可靠性的因素很多，主要有设备可靠性、信道质量、操作人员水平和工作态度等。

③ 通信建立时间。通信建立时间是反映数据通信系统同步性能的一个指标。该指标应尽可能短。对于间歇性通信或瞬间通信而言，此项指标尤为重要。

④ 适应性。适应性是指系统对外界条件变化的适应能力。例如，对环境温度、湿度、电源等变化范围以及震动、冲击等条件的适应能力。

⑤ 使用维修性。使用维修性是指操作与维修是否简单方便。系统应具有必要的性能显示及自动故障检测报警功能，以便及时且迅速地排除故障。与此同时，还要求系统的体积小、重量轻。

⑥ 经济性。经济性就是通常所说的性能价格比指标。性能价格比是性能与价格的比值，此值越大越好。此项指标除了与设备本身的生产成本有关外，还与频带利用率、信号功率利用率等技术性能有关。

⑦ 标准性。系统的标准性是缩短研制周期、降低生产成本、利于用户选购、便于维修的重要措施。采用国际标准的设计理念，更有利于系统升级换代，也易得到技术上的支持。

1.3 数据通信网络

在数据通信系统中，任意两台终端设备之间进行直接连接是不切实际的，原因是：

（1）当两个设备之间相距很远，如数百千米乃至数千千米时，要在两者之间架设一条专用线路，投资相当可观，而使用效率又不可能很高。

（2）若一数据通信系统中设有多台终端设备，要在每一对设备之间都建立专用线路彼此相连，这也是不切实际的。

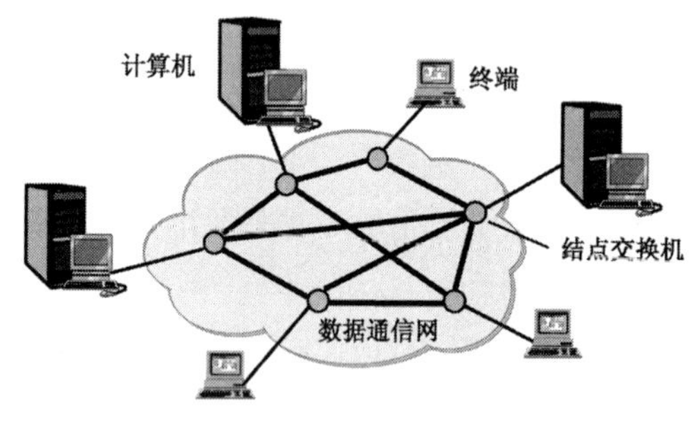

图 1-4 数据通信网络的示意图

解决这一问题的有效办法是将所有设备连接到一个通信网络上。换言之，数据通信系统中的数据传输子系统实际上是一个数据通信网络。这个通信网络是由一些处于不同地理位置的数据传输设备、数据交换设备和通信线路等构成的，其作用是使网上任意两结点之间都能正确、快速地传送数据和交换数据。数据通信网络的示意图如图 1-4 所示。

数据通信网络由硬件和软件两个部分组成。硬件部分包括计算机和数据终端设备、数据传输设备、数据交换设备和通信线路等。软件部分则是支持上述硬件配置实现网络协议功能的各种程序。在数据通信网络中，结点交换机完成数据存储转发的任务，计算机或终端通过结点交换机的中间转递作用使其成对地进行数据交换。

数据通信网络的分类方法有多种，最通用的是按照其覆盖的地理范围划分为以下 3 种主要类型。

1. 广域网

广域网通常是指覆盖范围很广的远程网络，它由一些结点交换机以及连接这些交换机的链路组成。结点交换机只提供交换功能，将数据从一个结点交换机传送到另一个结点交换机，直至到达终点。为了提高网络的可靠性，一个结点交换机往往与多个结点交换机相连接。因而就网络拓扑结构而言，广域网属于网格形。由于覆盖范围广，距离远，广域网一般由国家或大公司出资组建。广域网曾采用过电路交换技术，为了提高交换信息的速度，又提出了帧中继 FR（Frame Relay）和异步传输模式 ATM（Asynchronous Transfer Mode）。目前，广域网采用分组交换技术。

2. 局域网

局域网是指通过通信线路，把较小地域范围内的各种设备连接在一起的通信网络。它与广域网相比，其主要区别在于：覆盖范围小，局域网之间相连的设备均属同一单位，传输速率较高。目前应用较普遍的是以太网和无线局域网。多数局域网通常都通过主干网络 BN（Backbone Network）连接到广域网，主干网络的传输速率更高，覆盖范围更广。

3. 城域网

城域网的地域覆盖范围界于广域网与局域网之间，是一种主要面向企事业用户、可提供丰富业务和支持多种通信协议的公用网络。城域网在网络容量、覆盖范围和容许成本等方面都不及广域网，而在网络环境、传输距离和业务范围等方面则优于局域网。因此，城域网既不同于广域网，又不同于局域网。城域网是广域网和局域网的桥接区，也是底层传送网、接入网和上层各种业务网的融合区，更是未来的四网（指电信网、有线电视网、计算机网和电力线通信网）融合区，因而将以不同背景的技术来构建。

1.4 计算机网络概述

*1.4.1 计算机网络的发展过程

计算机网络是通信技术与计算机技术密切结合的产物，同时这两种技术又都离不开半导体技术（尤其是大规模集成电路技术）的飞速发展。

计算机网络出现的时间并不长，但其发展速度迅猛，其经历的过程如下。

1. 由互联网到因特网的发展过程

计算机网络的发展经历了由单一计算机网络向互联网发展的过程。

20 世纪 70 年代中期，人们意识到多个计算机网络间的资源共享问题。也就是说，把多个计算机网络通过路由器互连起来，构成了一个覆盖范围更大的网络，俗称互联网，通常用 Internet 来表示。其实，互联网是“网络的网络（network of networks)”，互联网是一个通用名词，泛指由多个计算机网络互连而成的计算机网络，在这些网络之间采用的通信协议（即通信规则）是可以任意选择的。图 1-5 是互联网的概念示意图。

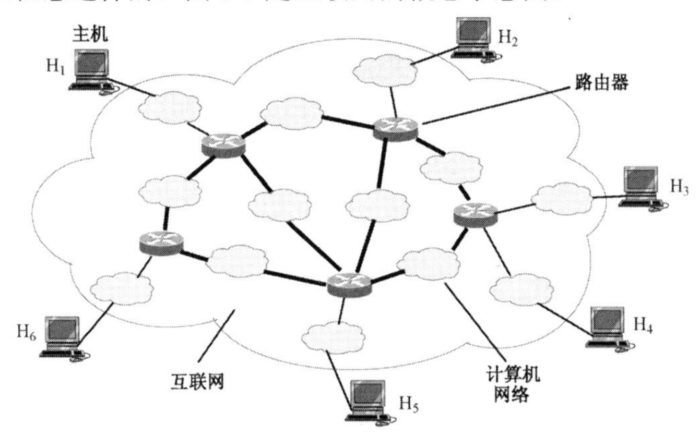

图 1-5 互联网的概念示意图

因特网是指当前全球最大的、开放的、由众多网络相互连接而成的特定互联网，通常用 Internet 来表示，它采用 TCP/IP 协议族作为通信规则，其前身是美国的 APRANET。因特网的基础结构大体上经历了 3 个阶段的演进。这 3 个阶段在时间上并非截然分开而是有部分重叠的。

第一阶段是从单个 APRA 网向互联网发展的阶段。早在 20 世纪 60 年代后期，美国国防部高级研究计划局 DARPA（Defense Advanced Research Project Agency）为促进对新型计算机网络的研究，就着手研制 ARPA 网。ARPA 网最初只是一个单独的分组交换网，并不是互联网。20 世纪 70 年代中期，ARPA 又开始研究多种网络的互连技术，这就导致互连网络的出现，是现今因特网的雏形。1983 年 TCP/IP 协议成为 ARPANET 上的标准协议，使得所有使用 TCP/IP 协议的计算机都能利用互联网相互通信。1990 年，ARPANET 正式宣布关闭，因为它的实验任务业已完成。

第二阶段是构建成三级结构的因特网。从 1985 年起，美国国家科学基金会 NSF

（National Science Foundation）围绕 6 个大型计算机中心构建国家科学基金网 NSFNET。它是一个三级计算机网络，分为主干网、地区网和校园网（或企业网）。NSFNET 覆盖了全美国的主要大学和研究所，并成为因特网的主要组成部分。1991 年，NSF 和美国政府意识到，因特网必将扩大其使用范围，不应仅限于大学和研究机构。因此，世界上许多公司纷纷接入因特网，使网络上的通信量急增，因特网的容量已满足不了需求。于是美国政府决定将因特网的主干网转交给私人公司经营，并开始对接入因特网的单位进行收费。1992 年，因特网上的主机超过 100 万台。1993 年，因特网主干网的速率提高到 45Mb/s（T3 速率）。

第三阶段是逐渐形成了多层次 ISP 结构的因特网。从 1993 年开始，由美国政府资助的 NSFNET 逐渐被若干个商用的因特网主干网替代，政府机构不再负责因特网的运营。于是，就出现了因特网服务提供者 ISP（Internet Service Provider）这样一个新名词。其实，ISP 只是一个进行商业活动的公司，它拥有从因特网管理机构申请到的多个 IP 地址、通信线路（大型 ISP 自己建造通信线路，小型 ISP 租用通信线路）以及路由器等连网设备，因此任何机构和个人只要向 ISP 缴纳规定的费用，就可从该 ISP 获取所需 IP 地址的使用权，并通过该 ISP 接入到因特网。同时，IP 地址的管理机构也不再为单个用户分配单一的 IP 地址，而是把一批 IP 地址有偿地租赁给经审查合格的 ISP。

根据 ISP 提供服务的覆盖面大小以及所拥有的 IP 地址数目的不同，ISP 也分为不同的层次：主干 ISP、地区 ISP 和本地 ISP。其中，主干 ISP 的服务范围最大（一般都能覆盖到国家范围），并且拥有高速主干网（一般速率在 10Gb/s 以上）。地区 ISP 位于第二层，可直接与主干 ISP 相连接，是主干 ISP 的用户，数据率低于主干网。本地 ISP 可为端用户提供直接服务，它既可连接到地区 ISP，也可直接连接到主干 ISP。本地 ISP 可以是一个仅提供因特网服务的公司，也可以是拥有一个网络为雇员提供服务的企业，甚至是运行本单位网络的非营利性机构（如校园网）。

图 1-6 是基于 ISP 多层结构的因特网概念示意图。图中的灰色粗线表示主机 A 通过因特网内若干个不同层次的 ISP 与主机 B 的通信路径。

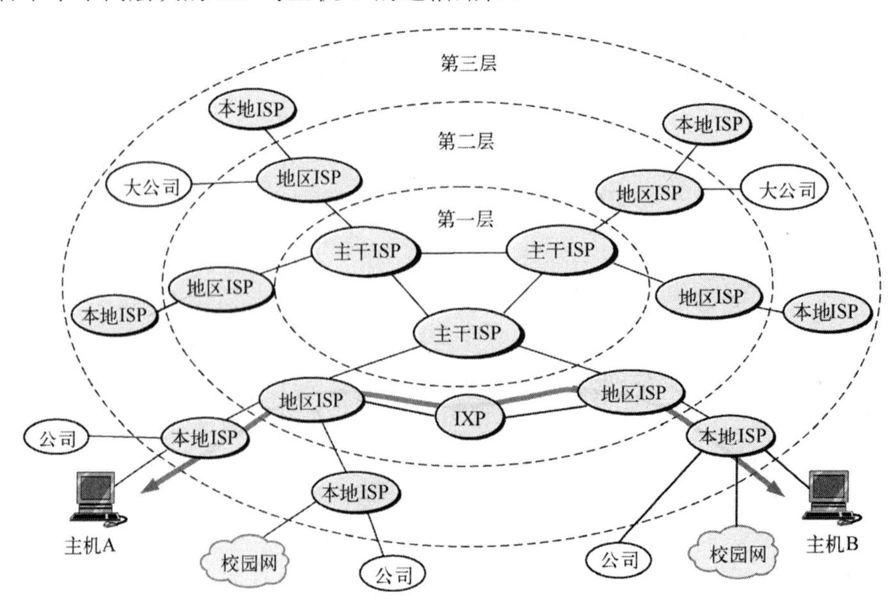

图 1-6　基于 ISP 多层结构的因特网概念示意图

如图 1-6 所示，只要本地的 ISP 安装了路由器连接到某个地区 ISP，而每一个地区 ISP 也有路由器连接到主干 ISP，那么在这些相互连接的 ISP 支持下，就可以实现在因特网内转发分组的任务。然而，随着因特网上数据流量的迅速增长，如何更快速地转发分组和更有效地利用网络资源，就出现了因特网交换点 IXP（Internet eXchange Point）。

因特网交换点 IXP 是一个物理基础架构，它允许不同的 ISP 之间通过对等协议进行通信，减少它们各自对上层 ISP 的依赖，这就使得因特网上的流量分布更加合理，减少分组转发延迟时间，降低分组转发费用，从而提高了运行效率和容错性。IXP 在某些国家/地区也称为网络接入点 NAP（Network Access Point）。不同的 ISP 在 IXP 或 NAP 汇聚，再接入到对方的网络。据不完全统计，至 2016 年 3 月，全球已有 226 个 IXP，分布在 172 个国家和地区。但值得注意的是，因特网的发展在全世界是很不平衡的。

目前，因特网已经发展成为世界上规模最大和增长速率最快的计算机网络。因特网的迅猛发展始于 20 世纪 90 年代。由欧洲原子核研究组织 CERN 开发的万维网 WWW 被广泛使用在因特网上，大大方便了广大非网络专业人员对网络的使用，这是造成因特网用户按指数级增长的主要驱动力。据统计，因特网上的数据通信量每月约增加 10%。

2．计算机网络在我国的发展过程

我国计算机网络的建设起步于 20 世纪 80 年代。铁道部是最早的建设单位，1980 年就进行了计算机联网的试验。1989 年 11 月，第一个公用分组交换网 CNPAC 建成运行。自 20 世纪 80 年代起，我国许多单位陆续安装了大量的局域网，这对实现企业管理现代化和办公自动化起着积极的作用。80 年代后期，金融、电信、交通、军队等部门相继建成各自的专用广域网，为这些部门迅速传递重要的数据信息起着重要的作用。1993 年 9 月，又建成新的公用分组交换网 CHINAPAC，由国家主干网和各省、区、市的省内网组成，并在北京和上海设有国际出入口。1994 年 4 月，我国用专线（64kb/s）正式接入因特网，成为接入因特网的国家之一。5 月，中国科学院高能物理研究所设立了我国第一个万维网服务器。9 月，中国公用计算机互联网 CHINANET 正式启动。至今，中国已陆续建造了基于因特网技术并可与因特网互连的多个全国性公用计算机网络，其中以中国公用计算机互联网 CHINANET 规模最大。2003 年我国正式启动下一代互联网示范工程，现已完成中国下一代互联网示范工程 CNGI（China’s Next Generation Internet）核心网的建设任务，已建成包括 6 个核心网络，22 个城市 59 个结点，北京和上海两个国际交换中心，273 个驻地网的 IPv6 示范网络。

自 1997 年以来，中国互联网络信息中心 CNNIC（Network Information Center of China）发布了第一次《中国互联网络发展状况统计报告》，并形成每年 1 月和 7 月定期发布的惯例。2017 年 8 月，CNNIC 发布了第 40 次全国互联网发展状况统计报告。该报告称，截至 2017 年 6 月，我国网民达 7.51 亿（网民是指过去半年内使用过互联网的 6 周岁及以上的中国公民，包括手机网民、电脑网民、农村网民、城镇网民），互联网普及率已达到 54.3%，超过全球平均水平 4.6 个百分点。我国手机网民规模达 7.24 亿，占总体网民的比例达 96.4%。农村网民为 2.01 亿，在网民中占比为 26.7%。中国网站总数为 506 万个，半年增长 4.8%，“.CN”下网站数为 270 万个。我国 IPv4 地址数量达到 3.38 亿个、IPv6 地址数量达到 21283 块/32 地址，二者总量均居世界第二。国际出口带宽达到 7 974 779Mb/s，较 2016 年底增长 20.1%。

目前网民最主要的互联网应用是：信息获取（搜索引擎、网络新闻），商务交易（网络购物、网上支付、旅行预订），交流沟通（即时通信、博客/个人空间、微博、微信、社交网站），网络娱乐（网络游戏、网络文学、网络视频）等。

*1.4.2　因特网的组成

如前所述，因特网是一个覆盖全球，拓扑结构颇为复杂的互联网。根据它们的工作方式，因特网由因特网核心部分和因特网周边部分组成。图 1-7 是因特网的组成示意图。

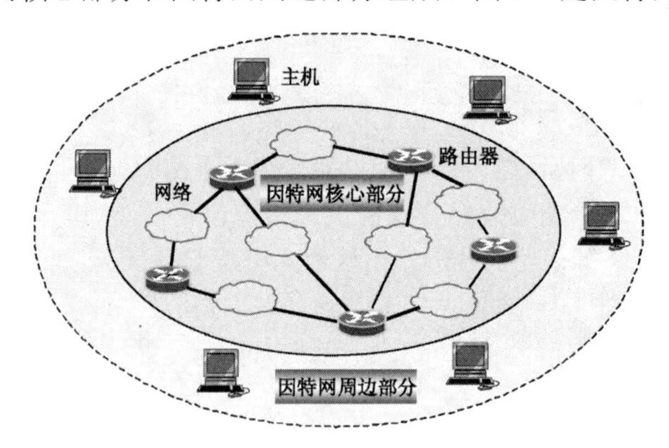

图 1-7　因特网的组成示意图

1．因特网的核心部分

因特网的核心部分由大量的各种网络和连接这些网络的路由器组成，它为周边部分提供连通和交换服务。

因特网的核心部分相当复杂，其中包含着类型、结构完全不同的网络，这些网络通过路由器互连起来，向因特网周边部分提供连通和交换服务，这使得位于周边部分的任何一台主机都能够与其他主机进行通信。

路由器是因特网上实现分组交换的关键部件，它是一种专用计算机，其主要功能是转发接收到的分组。由于分组穿越通信网滞留的时间很短，因而分组交换能满足大多数用户实时数据传输的要求，适用于实时通信的场合。有关分组交换的概念将在 4.7 节进行介绍。

2．因特网的周边部分

因特网的周边部分由连接在因特网上的所有主机组成，它利用核心部分所提供的服务，实现众多主机之间互相通信和信息共享。通常把这些主机称为端系统（end system），这些主机在功能上允许有很大的差异。功能弱的可以是个人电脑或手机，功能强的也许是大型计算机。其拥有者既可以是个人，也可能是单位或某个 ISP。

位于因特网周边部分任何两台主机之间的通信，实际上是指：“运行在主机 A 上的某个程序和运行在主机 B 上的另一个程序进行通信”。由于操作系统中把运行着的程序称为“进程”，所以也可说成是：“主机 A 的某个进程和主机 B 上的另一个进程进行通信”。

端系统之间的通信通常有以下两种通信模式。

（1）客户/服务器模式

客户/服务器模式（Client/Server，简称 C/S）是因特网最常用的通信模式。客户（client）和服务器（server）是指通信过程中涉及的两个应用进程。客户/服务器模式描述了进程之间服务和被服务的关系。在图 1-8 中，主机 A 作为客户运行客户程序，而主机 B 作为服务器运行服务器程序。主机 A 的客户进程向主机 B 的服务器进程发出服务请求，而主机 B 的服务器进程根据主机 A 客户进程的请求向其提供所需要的服务。客户进程与服务器进程之间的交互有时仅需一次即告完成，而有时则需要多次交互才可结束。因此，客户/服务器模式的主要特征是客户是服务的请求方，服务器则是服务的提供方，在操作过程中采取客户主动请求方式。这里需要指出的是，通常我们把提供服务的一方称为服务器端，而把接受服务的一方称为客户端。如图 1-8 所示，主机 A 是客户，而主机 B 是服务器，B 向 A 提供服务。当然反过来也是可以的，这说明客户端和服务器端并不是绝对的。还需说明，客户端和服务器端的关系不一定建立在两台机器上，同一台机器也可能建立这种主从关系。

图 1-8　客户/服务器模式

表 1-1 列出了客户程序和服务器程序的特点。

表 1-1　客户程序和服务器程序的特点

特点	客户程序	服务器程序
1	被用户调用后运行，主动向服务器发出请求服务	系统启动后一直运行，随时被动地接收来自客户机的服务请求
2	可与多个服务器进行通信	可同时处理多个本地或远地客户的请求
3	不需要特殊的硬件和复杂的操作系统	一般需要强大的硬件和高级操作系统的支持

（2）对等模式

传统的 C/S 模式能够实现一定程度的资源共享，但客户和服务器所处的地位是不对等的。服务器通常由功能强大的计算机担任，作为资源的提供者响应来自多个客户的请求。这种模式在可扩展性、自治性、坚定性等方面存在诸多不足。

对等模式（Peer-to-Peer，简称 P2P 模式）是指两台主机通信时所处的地位是对等的，它们运行着 P2P 软件就可以同时起着客户机或服务器的作用并向对方提供服务。在 P2P 系统中，如把任务分布到整个网络的大量类似结点上，就可避免中心结点或超级结点的存在。通过将资源的所有权和控制权分散，使得这些结点成为服务的提供者，这样既充分利用了各结点的计算、存储和带宽资源，又减少了网络关键结点的拥塞状况，从而大大提高了网络资源的利用率。同时，由于没有中央结点的集中控制，可避免其故障，增强了系统的伸缩性，从而提高了系统的容错性与坚定性。因此，P2P 技术能够不依赖中心结点而依赖周边网络结点，以自组织、对等协作的方式进行资源发现与共享，具有自组织、自管理，可扩展，以及坚定性好和负载均衡等优点。

图 1-9 所示为 P2P 模式的工作情况。图中，主机 A、B、C 都运行 P2P 软件，因而它们之间就可以进行对等通信。假设主机 A 请求主机 B 提供服务，则 A 是客户，而 B 是服务器。与此同时，若主机 B 又向主机 C 请求服务，那么 B 是客户，C 是服务器。由此可见，

P2P 模式本质上仍然使用的是 C/S 模式，只是 P2P 模式中的每一台主机既是客户机又是服务器而已。

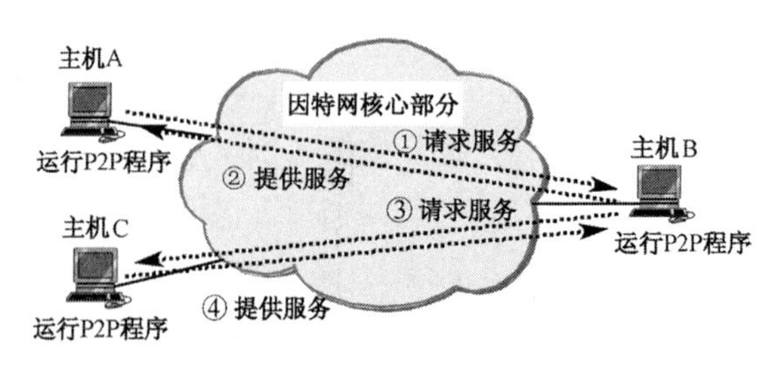

图 1-9　P2P 模式

必须指出，P2P 模式并不是一种高效的传输模式，因为在 P2P 应用的传输过程中可能会出现很多重复的分组，从而占用大量的网络带宽，甚至造成网络拥塞，降低其他业务的性能。然而，采用 P2P 模式的网络利用多路并行传输带来的快速传输性能却使其他应用望尘莫及。

1.4.3　计算机网络的定义及类别

1. 计算机网络的定义

计算机网络至今无精确统一的定义。

计算机网络最简单的定义是：一些互连的、独立自治的计算机的集合。这里，“互连”是指各计算机之间通过有线或无线通信信道彼此交换信息，“独立自治”则强调它们之间没有明显的主从关系。最简单的计算机网络可由两台计算机通过一条链路直接连接起来，这样它们之间不存在交换的问题。

目前，对计算机网络较好的定义是：计算机网络主要是由一些通用的、可编程的硬件互连而成的，而这些硬件并非专门用来实现某一特定目的（如传送数据或视频信号）。这些可编程的硬件能够用来传送多种不同类型的数据，并能支持广泛的和日益增长的应用。

根据这个定义，应注意的是：①计算机网络所连接的硬件，并非尽限于计算机，也包括智能手机；②计算机网络并非只传送数据，也能支持多种应用（包括今后出现的新应用）；③“可编程的硬件”表明这种硬件一定包含有 CPU。

顺便指出，计算机网络与分布式系统是两个容易混淆的术语，它们确有相似之处，但两者并不等同。它们之间的主要区别是：分布式系统的用户视整个系统为一个虚拟的大系统，多台主计算机的存在对用户是透明的（transparent）。而计算机网络则不然，用户必须先在欲运行程序的计算机上登录，然后按照该计算机的网络地址，将程序通过网络传送给该计算机去运行，最后根据用户的命令将结果由运行的计算机送回用户指定的计算机。这就是说，计算机网络范围内的一切活动均需用户参与管理。由此可见，它们之间的区别不在于硬件，而在于高层软件，尤其是分布式系统的管理软件应具有高度的全局性和透明性。因此，计算机网络不一定是分布式系统，但分布式系统却是一种颇具特色的计算机网络。

2. 计算机网络的类别

对计算机网络有多种类别，常见的有以下几种。

（1）不同覆盖范围的网络

根据网络的地理覆盖范围可分为互联网、广域网、局域网、城域网和个人区域网。

① 互联网（Internet）。把两个或多个网络连接起来而构成的网络。因特网是目前世界上最大最典型的互联网。

② 广域网 WAN（Wide Area Network）。覆盖范围通常为几十到几千千米。主干线路采用具有较高通信容量的高速链路。广域网又称远程网。

③ 城域网 MAN（Metropolitan Area Network）。覆盖范围介于广域网和局域网（或校园网）之间，如一个城市所管辖的范围。其作用距离为 5～50km，传输速率比局域网高。从网络的组成层次来看，城域网是广域网和局域网（校园网）的桥接区。

④ 局域网 LAN（Local Area Network）。覆盖范围较小（如 1km 左右），一般采用微型计算机或工作站通过高速通信线路相连，其传输速率通常在 10Mb/s 以上。在一个校园或企业内部把多个局域网互连起来，就构成了校园网或企业网。

⑤ 个人区域网 PAN（Personal Area Network），简称个域网。个域网是在个人工作区内把使用的电子设备（如便携式计算机等）用无线技术或其他短程通信技术连接起来的网络，作用范围在 10m 左右。

对于相距很近的中央处理机（如仅 1m 或更短），通常称为多处理机系统，而不称为计算机网络。

（2）不同服务对象的网络

网络的服务对象可分公用和专用两种。公用网是对全社会开放，提供多种服务的网络，如国家电信部门经营的公用数据网，只要按规定缴费便可提供服务。专用网是某个部门（如军队、铁路、公安、金融等）因本单位业务需要而建造，但不对外提供服务的网络。

（3）把用户接入因特网的网络

把用户接入因特网的网络称为接入网 AN（Access Network），又称本地接入网或居民接入网。由于用户必须通过因特网服务提供者 ISP 才能接入因特网，而且用户从家中接入因特网可采用多种技术，因此出现了多种接入网技术。接入网本身不属于因特网，由 ISP 提供的接入网只是起到让用户与因特网相连接的“桥梁”作用。在因特网发展初期，多数用户是通过电话线拨号接入因特网的。近年来出现了多种宽带接入技术，宽带接入网已成为因特网领域的一个热门课题。

1.4.4 计算机网络的功能及应用

1. 计算机网络的功能

计算机网络的主要功能体现在以下 5 个方面。

（1）资源共享。共享网络资源是开发计算机网络的动机之一。网络资源包括计算机硬件、软件和数据。硬件资源包括处理机、内（外）存储器和输入/输出设备等，它是共享其他资源的基础。软件资源指各种语言处理程序、服务程序和应用程序等。数据包括数据文件和大量的电子文档（包括音频和视频文件）。通过资源共享，消除了用户使用计算机资源受地理位置的限制，也避免了资源的重复设置而造成浪费。

（2）数据通信。这是计算机网络的基本功能。计算机联网之后，为用户互通信息提供了一个公用的通信平台。随着因特网在世界各地的普及，传统通信业务受到很大冲击，电子邮件、网络电话、视频会议等现代通信方式已为世人广泛接受。

（3）提高系统可靠性。一般来说，计算机网络中的资源是重复设置的，它们分布在不同的地理位置，即使发生了少量资源失效的现象，用户仍可以通过网络中的不同路由访问到所需的同类资源，因而只会导致系统的降级使用，不会出现系统瘫痪。计算机网络的资源冗余性能，大大地提高了系统的可靠性。

（4）有利于均衡负荷。计算机网络通过合理的网络管理，将某时刻处于重负荷计算机上的任务分送给轻负荷的计算机去处理，可达到均衡负荷的目的。对地域跨度大的远程网络来说，充分利用时差因素来达到均衡负荷尤为重要。

（5）提供灵活的工作环境。用户通过网络把终端连接到办公地点的计算机上，就可以在家里办公。商务人员随身携带便携式计算机外出，随时可以上网与主管部门交换销售、管理等方面的重要数据，确定商务对策。

2．计算机网络的应用

计算机网络在工业、农业、交通运输、邮电通信、文化教育、休闲娱乐、金融贸易、科学研究及国防建设等领域都得到了广泛应用。工矿企业借助计算机网络进行生产过程的检测和控制，实现管理和辅助决策；交通运输部门利用网络进行交通运输信息的收集、分析，实现运行管理和车、船、飞机调度；电信部门则利用遍及全球的通信网为用户提供快速廉价的电信服务；文化教育部门利用网络进行情报资料检索和远程教育；金融贸易部门利用网络实现范围广泛的金融贸易服务；科学研究部门利用它进行大型的科学计算；国防部门则利用计算机网络进行情报收集、跟踪、控制与指挥。现在人们的生活、工作、学习和交往都已离不开计算机网络，它已成为信息社会的命脉和发展经济的重要基础。

*1.4.5　计算机网络的性能指标

计算机网络的性能是大家十分关心的问题，常用若干性能指标来度量。下面介绍几个常用的性能指标。

1．速率

速率（speed）是指计算机网络中的主机在信道上单位时间内传输的数据量。速率也称数据率（date rate）或比特率（bit rate）。其单位为比特/秒（b/s），有时也写成 bps（bit per second）。当速率较高时，可在 b/s 前面加上一个字母，例如，k 表示千（10^3），M 表示兆（10^6），G 表示吉（10^9），T 表示太（10^{12}），P 表示拍（10^{15}），E 表示艾（10^{18}）。这里所述的速率是指额定速率或标称速率。网络的实际速率往往比额定速率要低，因为它与许多因素（如主机的处理能力、信道容量、信道的拥塞状况等）有关。现在人们常用更简单又很不严格的记法来描述计算机网络的速率，如 100M以太网，其中省略了单位中的 b/s，它的意思是速率为 100Mb/s 的以太网。

2．带宽

带宽（bandwidth）是指某个信号所具有的频带宽度。由信号的频谱分析可知，一个信号可能包含有不同的频率成分，因此它的带宽也就是该信号的各种不同频率成分所占用的频率范围。带宽也是传输介质的一种物理特性，通常取决于传输介质的构成、厚度和长度。过去通信线路传送的是模拟信号，通信线路允许传送的信号频率范围称为线路的带宽（或通频带），单位是赫（Hz）或千赫（kHz）、兆赫（MHz）、吉赫（GHz）、太赫（THz）、拍赫（PHz）、艾赫（EHz）等。如今网络的通信线路可传送数字信号，带宽用来表示通信线路传送数据的能力，即从网络中的某一点到另一点所能达到的最高数据传输速率，单位是比特/秒（b/s）。当速率较高时，可在此单位前加上千（k）、兆（M）、吉（G）、太（T）、拍（P）、艾（E）。其实，以上两种表述方法分别是频域称谓和时域称谓，其本质是一样的，亦即“带宽”越宽，“传输速率”越高。

3．吞吐量

吞吐量（throughput）是指单位时间内通过某个网络（或信道、接口）的数据量，其单位是比特/秒。吞吐量常用于对某个实际网络的性能测试。吞吐量受网络带宽或额定速率的限制。例如，一个 100Mb/s 的以太网，其带宽（或额定速率）是 100Mb/s，但典型的吞吐量可能只有 70Mb/s。吞吐量有时也可用字节 / 秒（或帧 / 秒）来表示。

4．时延

时延（delay）是指数据（一个报文或分组或比特）从网络（或链路）的一端传送到另一端所需要的时间。它是一个非常重要的指标。计算机网络的时延由以下几个部分组成。

（1）发送时延（transmission delay）。发送时延是主机或路由器发送数据帧所需要的时间，也就是从发送第一个比特开始，直到该帧的最后一个比特发送完毕所需的时间。因此发送时延也称传输时延。其计算公式是

发送时延=数据帧长度（b）/信道带宽（b/s）　　（1-4）

（2）传播时延（propagation delay）。传播时延是指电磁波在信道中传播一定距离所花费的时间。其计算公式是

传播时延=信道长度（m）/电磁波在信道中的传播速率（m/s）　　（1-5）

电磁波在自由空间中的传播速率为光速，即 3.0×10^5km/s。但在网络信道中的传播速率视采用的传输介质而异，在铜线电缆中的传播速率约为 2.3×10^5km/s，在光缆中的传播速率约为 2.0×10^5km/s。例如，1000km 长的光缆产生的传播时延约为 5ms。

上述两种时延因发生的地方不同有着本质上的区别。发送时延一般发生在机器内部的发送器上，与信道的长度无关。传播时延则发生在传输介质上，传送距离越远，传播时延越大，与发送速率无关。

（3）处理时延。处理时延是指主机或网络结点（结点交换机或路由器）处理分组所花费的时间，包括对分组首部的分析、从分组提取数据部分、进行差错检验和查找合适路由等。

（4）排队时延。排队时延是指分组进入网络结点后，需先在其输入队列中排队等待处理，以及处理完毕后在输出队列排队等待转发的时间。排队时延是处理时延的重要组成部分。排队时延的长短与网络的通信量有关。当网络的通信量很大时，可能产生队列溢出，致使分组丢失，这相当于处理时延为无穷大。

综上所述，数据在网络中的总时延是上述 4 种时延之和，即

总时延=发送时延+传播时延+处理时延+排队时延　　（1-6）

图 1-10 表示产生以上 4 种时延的示意图。

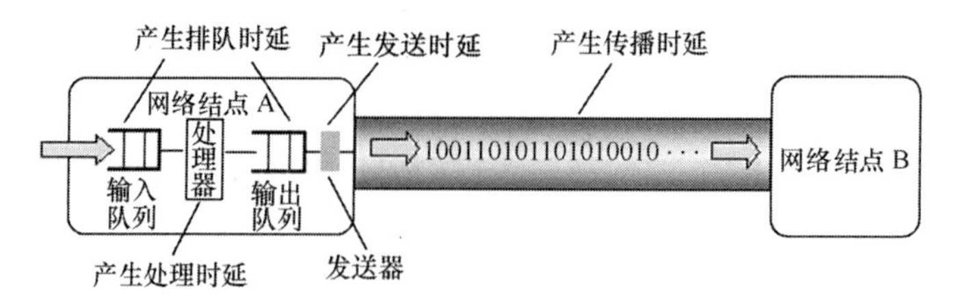

图 1-10　产生 4 种时延的示意图

下面举例说明这些时延的区别。

【例 1-1】 假设有一个长度为 10MB（这里的 M 不是指 10^6 而是指 2^{20}，B 是字节，1 字节为 8 比特）的数据块，通过带宽为 1Mb/s（这里的 M 是 10^6），长度为 1000km 的光缆信道。试计算各种时延。

【解答】 发送时延为　　$10\times2^{20}\times8\div10^6$=83.89（s）（相当于 1.4min）

传播时延为　　$1000\div(2.0\times10^5)$ =5（ms）

处理时延应视主机和路由器的处理速度而定。可见，总时延基本上取决于发送时延。

在计算机网络中，考虑到发送端与接收端的交互关系，有时要用到往返时间 RTT（Round-Trip Time）这个性能指标，它表示从发送端发送数据，到发送端接收到来自接收端的确认所经历的时间。如果接收端收到数据立即发送确认，往返时间相当于传播时延的两倍。

上述吞吐量和时延是两个不同的概念，然而它们密切相关。因为当网络吞吐量增大时，分组在路由器中将会在更长的队列中排队，从而增大了排队时延。当吞吐量进一步增大时，还可能出现网络拥塞，此时整个网络的时延将大大增加。这足以说明吞吐量与时延有着密切的关系。另外，吞吐量和时延还与网络负荷有关。当负荷低于网络容量时，吞吐量随输入负荷成正比例增大。当负荷接近网络容量时，由于输入负荷的到达使输入队列越来越长，分组被延迟到达终点，源点又因收不到确认而重传分组，这都使得延时和拥塞渐趋严重。当负荷超过网络容量时，因网络结点中的队列已无空位，就必须丢弃一些分组，且原来在网络传输的分组也因未能及时到达终点，源点又会重传这些分组，这都将使网络性能急剧下降。

5．时延带宽积

时延带宽积是指传播时延与带宽之乘积，即

$$\text{时延带宽积} = \text{传播时延}\times\text{带宽} \tag{1-7}$$

这一概念可用一个圆柱形管道加以解释。其中，圆柱形管道代表链路，管道的长度为链路的传播时延，而管道的截面积为链路的带宽。因此，时延带宽积就相当于该管道的体积，表示链路中可以容纳的比特数。

例如，设某段链路的传播时延为 20ms，带宽为 10Mb/s，则它的时延带宽积= $20\times10^{-3}\times10\times10^6 = 2\times10^5$（b）。它表示，若发送端连续发送数据，则在发送的第一比特即将到达终点时，发送端总共已经发送了 20 万比特，这 20 万比特都正在链路上传输。因此，链路的时延带宽积又称为以比特为单位的链路长度。

如果发送端和接收端之间要经历若干个网络，上述时延带宽积的概念仍然适用，但管道的时延就不只是网络的传播时延，而是从发送端到接收端的所有时延之总和，包括在各个中间结点所引起的处理时延、排队时延和发送时延。显然，对于一条正在传送数据的链路，只有在代表链路的管道都充满比特时，链路才得到了充分的利用。

6. 利用率

利用率分为信道利用率和网络利用率。

信道利用率是指在规定时间内信道上用于传输数据的时间比例。如果信道根本没有传输数据，那么信道利用率就为零。

网络利用率则是指全网络的信道利用率的加权平均值。

通常，信道利用率力求高些，但并非越高越好。这是因为随着信道利用率的增高，网络通信量也随之增大，分组在网络结点上都须排队等候处理，时延也会迅速增加。在适当的假定条件下，网络利用率可用如下表示

$$U = 1 - \frac{D_0}{D} \tag{1-8}$$

式中，D_0是网络空闲时的时延，D是网络的当前时延，U的数值在 0 和 1 之间。此式表明，当网络利用率达到 1/2 时，当前时延就要加倍。而当网络利用率接近最大值 1 时，当前时延就会趋近于无穷大。这说明信道利用率或网络利用率的提高都会加大时延。因此，一些拥有较大主干网的 ISP 都把信道利用率控制在 50%以内，否则就要采取扩容措施，增大线路的带宽。

除了上面这些性能指标外，计算机网络还有一些非性能指标（如费用、质量、标准化、可靠性、可扩性、可升级性和可维性等），在评估计算机网络性能时也需要考虑。

*1.5 计算机网络的体系结构和模型

1.5.1 层次型的体系结构

当若干计算机互联成网时，网络中的计算机之间进行数据通信的过程是非常复杂的。这可用一个例子来说明。假设网络中的两台计算机之间需要传送一个文件，那么它们之间除了必须有一条传送数据的通路，还必须完成以下工作。

（1）源端计算机必须用命令“激活”所连接的数据通信通路，并告诉通信网络如何识别接收数据的目的端计算机。

（2）源端计算机必须确定网络连接正常，目的端计算机已经做好接收数据的准备。

（3）源端计算机必须确定目的端计算机已经做好接收和存储文件的准备，如果两者文件格式不兼容，还必须有一台计算机来完成格式的转换工作。

（4）当网络出现硬件故障，以及出现传送数据出错、重复或丢失等现象时，应有适当的措施来保证目的端计算机仍能正确接收到完整的文件。

以上工作需要相互通信的计算机密切配合。但在具体的工程实现上，人们不可能用一个单一模块来实现以上所有功能，而是将它分解成若干个子任务，独立地实现每个子任务。这是工程设计中常采用的结构化设计方法，将一个庞大而复杂的问题分解成若干个容易处理的较小的局部问题，然后对这些较小的局部问题加以研究和处理，分别对待，个别解决。分层正是进行系统分解的最好方法之一。图 1-11 表示实现上述文件传送的体系结构。它使用了 3 个功能模块，其中文件传送模块负责完成上面的最后两项工作，但不涉及传送数据和命令，这由通信服务模块来完成。通信服务模块具体保证文件和命令在两个系统之间可靠地交换，完成第二项工作。同理，网络接口上的具体细节则由网络接入模块来负责，完成第一项工作。

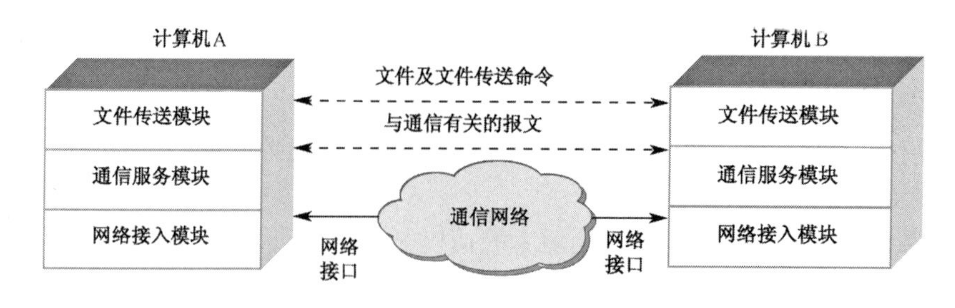

图 1-11　以文件传送为例的体系结构

在图 1-11 中，两个计算机系统相互通信，具有相同层次化的功能集。同一计算机系统中的某一层模块只完成与其他系统对应层次（称为对等层（peer layers））通信时所需功能的一个相关子集，其他功能则依赖于下一层，但又不关心其具体实现细节；同时，本层模块也通过层间接口向上一层模块提供自身的服务。处于最低层的网络接入模块通过物理介质实现与另一系统最低层的网络接入模块的物理通信，而处于较高层的模块之间是虚拟通信。图中，虚拟通信用虚线表示，物理通信则用实线表示。

一般来说，分层应遵循以下 4 项主要原则：①当必须有一个抽象的不同等级时，应设立一个相应的层次。②对每一层的功能应当有确切的定义。通常，每一层应具有的功能是以下的一种或多种功能，即连接建立和释放、流量控制、差错控制、分段和重装、复用和分用等。③层间接口（即界面）关系要清晰。应尽量使通过该界面的信息流量为最少。④层的数目应适当。如层数太少，使得层间功能划分不够明确，个别层次的协议太复杂。而层数太多，则使体系结构过于复杂，对描述和完成各层的拆装任务增加不少的困难。

采用分层设计法对于理解分层会带来的主要好处是：①各层相对独立。上层不需要知道相邻下层的具体实现细节，而只需要了解该层通过层间接口所提供的服务，从而降低了整个系统的复杂程度。②设计灵活。当某一层发生变更时，只要层间接口关系保持不变，就不会对该层的相邻层次产生影响，也不影响各层选用合适的实现技术。③易于实现和维护。这是由于系统已被分解为相对简单的若干层次的缘故。④易于标准化。因为每一层的功能和所提供的服务均已有精确的说明。当然，分层设计法也存在一些缺点，如不同层次可能出现功能的重复设置，从而产生不必要的开销。

对等层之间的通信受限于事先约定的一组规则，这组规则明确规定了所交换的数据格式以及有关的同步问题。为在网络中进行数据交换而建立的规则、标准或约定称为网络协议（network potocol）。网络协议包含以下 3 个要素：

（1）语法，规定协议元素（数据和控制信息）的格式；

（2）语义，规定通信双方做出何种动作和响应，发出何种控制信息；

（3）同步，规定通信事件发生的顺序并详细说明。

由此可见，网络协议不仅要明确规定所交换的数据的格式，而且还要对事件发生的顺序（即同步）做出详细的过程说明。

协议通常用两种形式来表述：一种是以便于人们阅读和理解的文字描述，另一种是可使计算机理解的程序代码。当然，这两种形式的协议都应对网络上进行信息交换过程做出精确的解释。

计算机网络的协议有一个重要特点，即协议必须把所有不利的或异常的情况都估计在内，而不能认为一切都是正常的和非常理想的。

最后，对计算机网络体系结构作一概括说明。计算机网络体系结构是计算机网络的各层及其服务和协议的集合，也就是计算机网络及其部件所应完成的功能的精确定义，以作为用户进行网络设计和实现的基础。因此，体系结构是一个抽象的概念，它只从功能上描述计算机网络的结构，而不涉及每层的具体组成和实现的细节。

1.5.2 计算机网络的模型

在介绍了抽象的层次型体系结构概念之后，下面介绍两个重要的网络体系结构，并作一比较，最后说明本书使用的模型。

1. OSI 参考模型

OSI 参考模型（简称 OSI 模型）是国际标准化组织 ISO（International Organization for Standardization）于 1984 年正式公布的研究成果 ISO 7498，即开放系统互连参考模型 OSI/RM（Open System Interconnection/ Reference Model），并于 1995 年进行了修订。必须指出，OSI 模型本身并不是一个完整的网络体系结构，因为它没有具体定义每一层的服务和所使用的协议，只是指明了每一层应做的事情。

OSI 参考模型如图 1-12 所示。它有 7 个层次，自下而上依次为物理层、数据链路层、网络层、传输层、会话层、表示层和应用层，其编号为 1～7。这 7 个层次可分为 3 个组。第 1～3 层是网络服务平台，其任务是在物理上把数据从一个设备传送到另一个设备，对电气约定、物理连接、物理编址以及传输的定时和可靠性等做出规定。第 5～7 层是用户服务平台，使得一些无关的软件具有互操作性。第 4 层是把上述两个部分链接起来，使得低层发送的是高层可使用的形式。在 OSI 中，高三层总是用软件来实现，而低三层则是硬件和软件的组合（物理层绝大部分是硬件）。

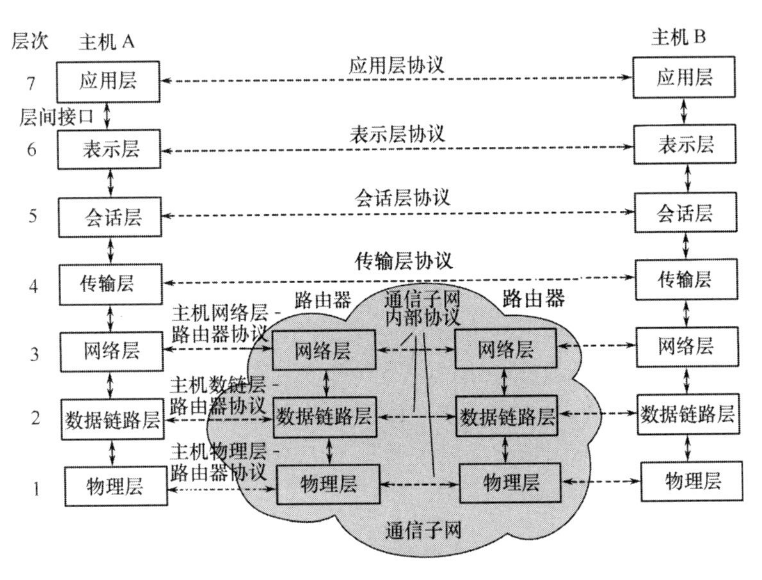

图 1-12 OSI 参考模型

下面对这 7 个层次的主要功能作简要介绍。

（1）物理层（physical layer）。物理层为数据链路层提供一个物理连接，在传输介质上透明地传送比特流。这里，“物理连接”不是永远存在于传输介质上的，而是需要由物理层去建立、维持和终止。“透明地传送比特流”是指经过实际电路传送的比特流没有发生变化。因此，对传送的比特流而言，这个实际电路似乎是看不见的，与不存在一样。物理层所传送的数据单位为比特。物理层的主要内容应包括：提供机械、电气、功能和过程的特性，以便在传输介质上建立、维持和终止物理连接，以进行比特流的透明传输。该层的目标是使所有制造商生产的计算机和通信设备在接口上按规定互相兼容。

必须指出，用于传送信号的传输介质（如双绞线、电缆、电力线和光缆）并不属于物理层，而是在物理层之下，因此有人把它当作第 0 层。

（2）数据链路层（data link layer）。数据链路层屏蔽了物理层的特性，为网络层提供一个数据链路，在一条有可能出差错的物理连接上，进行几乎无差错的数据传输。数据链路层通过校验、确认以及反馈重发等手段将原始的物理连接改造成无差错的数据链路。该层将物理层传送的比特流组合成帧（frame）。帧是数据链路层传送数据的单位。帧中包含地址、控制、数据、检验等信息。其控制信息起着帧同步和流量控制的作用。与物理层类似，数据链路层也要负责建立、维持和释放数据链路。对于广播式的网络，数据链路层还应负责如何控制共享信道的访问。

（3）网络层（network layer）。网络层为源端的传输层送来的分组，选择合适的路由和交换结点，正确无误地按照地址传送给目的端的传输层。分组或包（packet）是网络层传送数据的单位。当分组仅通过一个通信子网就能到达目的端时，通信子网中的结点交换机相当于源端与目的端之间的中继站，此时结点交换机要实现物理层到网络层的功能。当分组需要通过数个通信子网才能到达目的端时，网络层还要解决网际互连的问题。

（4）传输层（transport layer）。传输层为会话层用户提供一个端到端（即主机到主机）可靠、透明和优化的数据传输服务机制。它是网络体系结构中的关键层次，是一个端到端的层次。高层用户可以直接利用传输层提供的服务进行端到端的数据传输，传输层则对高层用户起到了屏蔽作用。报文是传输层传送数据的单位。由于网络层的数据传送单位是分组，当报文长度大于分组时，应先将报文划分为数个分组，再交网络层进行传输。

当高层用户请求建立一条传输虚通信连接时，传输层就通过网络层在通信子网中建立一条独立的网络连接。如果需要较高的吞吐量，传输层也可以建立多条网络连接来支持一条传输连接，起到分流的作用；反之，若需节省通信开销，传输层也可以将多条传输连接合用一条网络连接，达到复用的目的。传输层还负责端到端的差错控制和流量控制，以及如何最佳地使用网络层的服务，并向会话层提供它所请求的服务质量。

（5）会话层（session layer）。会话层为端系统的应用程序之间提供了对话控制机制，允许不同主机上的各种进程之间进行会话，并参与管理。它是一个进程到进程的层次。会话层管理和协调进程间的对话，确定工作方式，提供在数据流中插入同步点的机制，以便在网络发生故障时只要重传最近一个同步点以后的数据，而不必重传全部数据。会话层及其以上层次的数据传送单位，一般统称为报文。

（6）表示层（presentation layer）。表示层主要为上层用户解决用户信息的语法问题。为了让不同的计算机采用不同的编码方法，来表示和管理用户的抽象数据类型和数据结构，并把计算机内部的表示形式转换成网络通信中采用的表示形式。数据加（解）密和数据压缩也是表示层的功能之一。

（7）应用层（application layer）。应用层为特定类型的网络应用提供了访问 OSI 环境的手段。应用层包括一些管理功能以及支持分布式应用的常用机制，还有诸如文件传送、电子邮件和远程访问等通用的应用协议。

2．TCP/IP 模型

TCP/IP 模型是 APRANET 和它的后继者因特网使用的模型。该模型由 4 个层次组成，自下而上分别是网络接口层、互联网层、传输层和应用层。各层的功能如下：

（1）网络接口层（network access layer）。该层并不是真正意义上的层次，而是端系统和通信子网之间的逻辑接口，实现端系统与其相连的网络进行数据交换。因此，该层描述了链路必须具有满足无连接的互联网层所需的功能。如源端系统必须向网络提供目的端系统的地址，以便网络沿着合适的路径将数据送往正确的目的端系统。当然，源端系统也可提出其他要求，如网络提供的服务类别（如优先级）等。

（2）互联网层（internet layer）。该层是 TCP/IP 模型中一个关键层次，其功能对应于 OSI 模型中的网络层。互联网层定义了 IP 分组的格式和所用的协议，包括网际协议 IP（Internet Protocol）和因特网控制报文协议 ICMP（Internet Control Message Protocol）。网际协议（IP）实现穿越多个网络的路由选择功能，并涉及拥塞控制问题。网际协议在端系统和路由器上都要执行。路由器是连接两个网络的处理机，其主要功能是数据从源端系统向目的端系统传输的途径中，将数据正确地从一个网络传送给另一个网络。

（3）传输层（transport layer）。该层提供端对端系统的数据传送服务。其功能与 OSI 的传输层一样。传输层不仅提供了可靠性机制，还要解决不同应用程序的识别问题。该层定义了两个端到端的传输协议，一个传输控制协议 TCP（Transmission Control Protocol），另一个是用户数据报协议 UDP（User Datagram Protocol）。除了这两个协议之外，还有其他几种传输协议也曾被提案并进行了实验，且有可能从实验阶段步入实用阶段。它们是：轻量级用户数据报协议 UDP-Lite（Lightweight User Datagram Protocol）是扩展 UDP 机能的一种传输层协议；控制传输协议 SCTP（Stream Control Transmission Protocol）与 TCP 一样，也是一种提供数据到达与否相关的可靠性检查的传输层协议；数据报拥塞控制协议 DCCP（Datagram Congestion Control Protocol）是一种辅助 UDP 进行拥塞控制的传输层协议。

（4）应用层（application layer）。该层向用户提供一组常用的应用程序（如文件传送、电子邮件等），为不同主机上的进程或应用之间提供通信。TCP/IP 协议族为常用的应用程序制定了相应的协议标准，用户可以根据自己的实际需要，在传输层以上建立自己的专用程序。应用层常用的协议有文件传输协议 FTP、简单邮件传送协议 SMTP 和远程登录协议 TELNET 等。

3．OSI 与 TCP/IP 的比较

前面介绍了两种重要的计算机网络模型。表 1-2 列出了这两种模型层次间的对应关系。

表 1-2　两种模型层次间的对应关系

OSI 模型	TCP/IP 模型
7 应用层	4 应用层
6 表示层	
5 会话层	
4 传输层	3 传输层
3 网络层	2 互联网层
2 数据链路层	1 网络接口层
1 物理层	

这两种模型及其协议有许多共同之处：①两者都采用层次型的模型；②都以协议栈的概念为基础，且协议栈中的协议是彼此相互独立的；③两个模型中各层的功能大体相似。但是，它们也有许多不同的地方：①OSI 模型使服务、接口和协议这 3 个概念非常明确，但 TCP/IP 模型没有区分三者之间的差异，因此，

前者比后者的协议隐蔽性更好，有利于协议的更新。②OSI 模型是模型在先协议在后，这意味着该模型具有通用性，而 TCP/IP 模型却相反，是先有协议后有模型，模型只是已有协议的一个描述，两者吻合得很好，但未必适合其他的协议栈。③两种模型层的数目不同。它们都有网络层（或称互联网层）、传输层和应用层，其他层次则不同。④在面向连接和无连接服务（见本章后述）方面两者有所不同。OSI 的网络层同时支持面向连接和无连接服务，但传输层只支持面向连接服务。而 TCP/IP 的网络层只支持无连接服务模式，但在传输层则同时支持两种服务模式供用户选择。

当然，这两种模型及其协议并非十全十美。20 世纪 80 年代，OSI 模型赢得了许多大公司和一些国家政府机构的支持。然而到了 20 世纪 90 年代初期，正当整套 OSI 国际标准都已制订出来，却找不到制造商生产符合 OSI 标准的商用产品。这说明 OSI 虽有一些理论性的研究成果，但在市场化方面已失去竞争能力。究其失败原因可归纳为：①当 OSI 协议出现时，许多制造商已经为大学和科研机构提供符合 TCP/IP 协议的产品，OSI 失去了良好的投资时机；②OSI 模型划分不合理，各层次内容不均衡，而有些功能又在不同层次重复出现；③OSI 模型以及相应的服务和协议过于复杂，不但难于实现，而且运行效率也很低；④政府主管机构未能把握正确的发展方向，运用技术策略也存在不当之处。

然而，TCP/IP 模型和协议也有不足之处，如：①该模型没有清楚区分服务、接口和协议的概念；②该模型并不通用，不适合用来描述 TCP/IP 以外的其他协议栈（如蓝牙）；③网络接口层仅是一个接口，并不具备层的概念；④该模型没有提及和区分物理层和数据链路层，而这两层的功能是十分重要的。

综上所述，尽管 OSI 模型存在很多问题，但它概念清楚，理论完整，虽然与 OSI 模型相关的协议已经很少使用，但该模型本身的通用性，以及每一层特性仍然非常重要，对于讨论计算机网络是非常有用的。与此相反，TCP/IP 模型的实用价值并不高，但是协议却得到了广泛使用。从某种意义上来说，TCP/IP 协议族已成为“事实上的工业标准”，已广为流行和使用。人们在实践过程中也逐渐认识到 OSI 模型存在的不足，同时通过对各层次功能的反复研究和推敲，以及吸取 TCP/IP 获得成功的经验，认为可将会话层、表示层和应用层合而为一，而物理层、数据链路层、网络层和传输层的功能则认为是不可或缺的。因此，在学习计算机网络的原理时，本书综合 OSI 和 TCP/IP 的优点，采用一种具有 5 层协议的网络体系结构，如图 1-13 所示。这样的体系结构既简单明了，概念阐述又十分清楚。

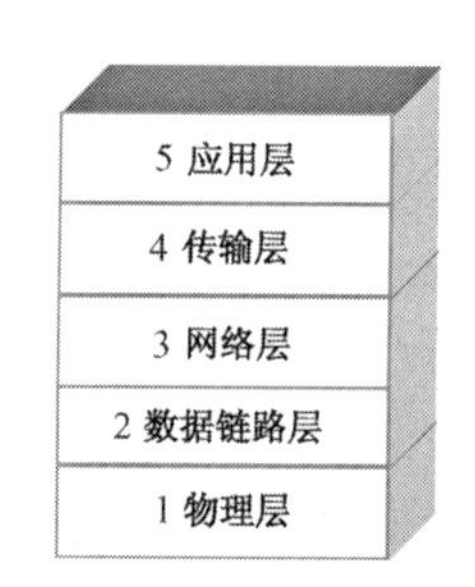

图 1-13　具有 5 层协议的网络体系结构

1.5.3　若干重要概念

本节介绍计算机网络一些常用的重要概念。这些概念非常重要，因为它是学习计算机网络技术的基础。深入领会这些抽象概念的含义，对学好以后各章节的内容和阅读有关文献资料会有极大的帮助。

1. 应用进程间的通信

图 1-14 表示主机 A 的应用进程 AP_A 与主机 B 的应用进程 AP_B 进行通信的情况（注：

为简单起见，假设两主机是经过一路由器相连的）。

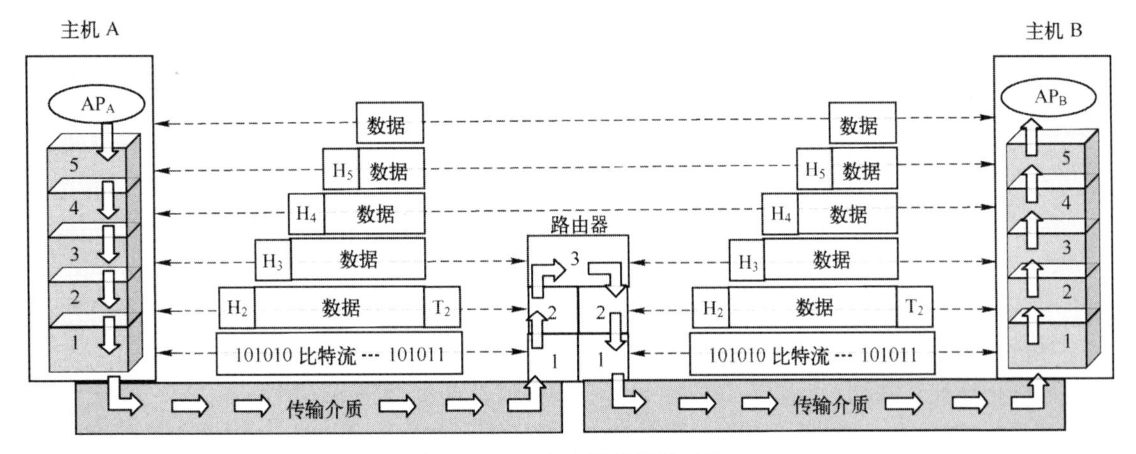

图 1-14 两个应用进程的通信

在图 1-14 中，主机 A 的应用进程 AP_A 首先调用第 5 层（应用层），将所需传送的用户数据交给第 5 层。第 5 层加上首部 H_5 形成第 5 层的数据单元（首部中含有必要的控制信息）后交给第 4 层。第 4 层（传输层）收到这个数据单元后，再加上本层的首部 H_4，形成第 4 层的数据单元再交给第 3 层。第 3 层（网络层）再加上本层的首部 H_3 形成第 3 层的数据单元交给第 2 层。第 2 层（数据链路层）再把首部 H_2 和尾部 T_2 分别加到网络层交给本层数据单元的首尾，再下传给到第 1 层（物理层）。第 1 层以比特流传送，所以不必追加控制信息。

这串以首部开始被传送的比特流离开主机 A 的物理层经由传输介质传送到路由器时，就从路由器的第 1 层（物理层）依次上升到第 3 层（网络层）。在每一层都根据首部的控制信息进行操作，将该层的数据单元上交给上一层。当分组上升到第 3 层时，就按照首部中的目的地址查找路由器中的路由表，找出转发分组的接口，然后下传送到第 2 层，再加上新的首部和尾部，下传给第 1 层，然后再往传输介质传送比特流。当这串比特流通过传输介质传送到主机 B，仍以同样方式从第 1 层上传到第 5 层，最终到达应用进程 AP_B。

必须指出，两个应用进程之间的的通信是很复杂的，用户是完全看不到传送过程中的复杂细节，似乎是应用进程 AP_A 把数据直接传送给应用进程 AP_B。同理，任何两个同样层次之间的通信，即所谓“对等层”之间的通信，也似乎把数据通过水平虚线直接传送给对方。对等层之间的通信必须遵守各对等层之间的协议。

2．实体、协议、服务和服务访问点

在研究开放系统的通信时，用实体（entity）这一抽象名词来表示进行发送或接收信息的进程。每一层都可看成由若干个实体组成。位于对等层的交互实体称为对等实体。OSI 模型把对等层实体之间传送的数据单位称为协议数据单元 PDU（Protocol Data Unit）。

协议是两个对等实体通信行为规则的集合。协议的语法规则定义了所交换信息的结构或格式，而协议的语义规则定义了源端与目的端所要完成的操作。在协议控制下，两个对等实体间的通信使得本层能向上一层提供服务。当然，要实现本层协议，还需要使用下面一层所提供的服务。

服务是同一开放系统中某一层向它的上一层提供的操作。就服务和用户的关系而言，

下一层的实体是上一层实体的服务提供者，而上一层实体是下一层实体的“服务用户”。服务定义了该层打算为上一层用户执行哪些操作，但不涉及这些操作的具体实现。

协议与服务是两个截然不同的概念。协议是不同开放系统的对等实体之间进行虚通信所必须遵守的规定，它保证本层能够向上一层提供的服务。服务是下一层向本层通过层间接口提供的“看得见”的功能。本层的服务实体只能看见下一层提供的服务而无法看见下面的协议，即下面的协议对上面的实体是透明的。因此，协议是“水平”的，而服务且是“垂直”的。两者概念不同，但关系密切。

在同一个开放系统中，本层实体向上一层实体提供服务的交互处，称为服务访问点SAP（Service Access Point）。它位于相邻层的界面上，也就是本层实体与上一层实体进行交互连接的逻辑接口。服务访问点有时也称为端口（port）。每一个服务访问点都被赋予一个唯一的标识地址。在同一开放系统的相邻层之间允许存在多个服务访问点。本层一个实体通过多个服务访问点提供服务的情况，称为连接复用；上一层同一个实体使用多个服务访问点的现象，称为连接分用。一个服务访问点一次只能连接相邻层的两个实体。

OSI模型把相邻层实体间交换数据的单位称为服务数据单元SDU（Service Data Unit），而把相邻层实体通过层间服务访问点一次交互数据的单位称为接口数据单元IDU（Interface Data Unit）。IDU由两部分组成，一部分是协调实体的交互操作而附加的控制信息，另一部分是实体间交互的数据。由于控制信息只在交互信息通过服务访问点时才起作用，所以IDU通过SAP后就可以将其去掉。

图1-15表示层间服务与协议之间的关系。图中，第 N 层向第 N+1层提供的服务应包括它以下各层所提供的服务。

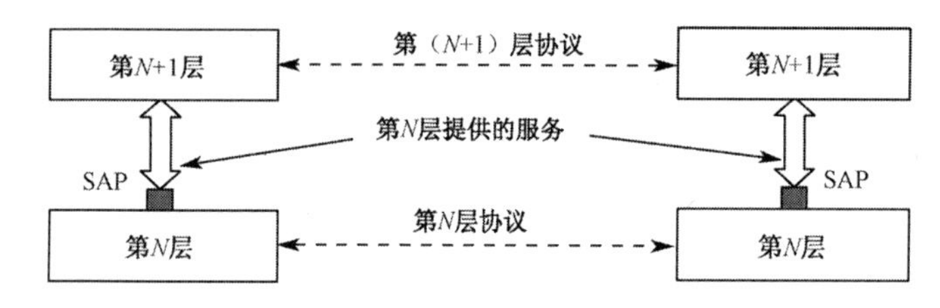

图1-15 层间服务与协议之间的关系

3. 面向连接服务与无连接服务

从通信的角度，服务可分为面向连接服务和无连接服务两大类。“连接”是两个对等实体为进行数据通信而进行的一种结合。

面向连接服务是指两个对等实体在进行数据交换之前，必须先建立连接再进行数据交换，然后终止或释放这种连接关系。由于面向连接服务具有建立连接、数据交换和释放连接这3个阶段，以及按序传送数据的特点，所以面向连接服务在网络层又称为虚电路服务。面向连接服务虽因建立和释放连接而增加了通信开销，但却可提供可靠的有序传输服务，因此它比较适合于在一个时间段内要向同一个目的地连续发送多个报文的情况。

无连接服务是指两个对等实体之间的通信无须先建立一个连接，就可以进行数据交换。于是，数据通信所需的资源可以动态地分配，而且发、收两方的通信实体也不必同时处于激活状态。无连接服务显示了灵活方便和传递迅速的优点，但存在报文丢失、重复及失序的可能性。无连接服务比较适合于传送少量零星报文的场合。无连接服务最主要的类型是数据报（datagram）。它的特点是服务简单、通信开销少。它是发完就结束，不需要接收端做出任何响应。数据报服务适用于一般电子邮件，特别适用于广播、组播服务。

4．服务原语

一个服务可用一组“原语（primitive）”来说明，用户进程通过这些原语来访问该服务。原语定义了服务要执行的某个操作，或者将对等实体所执行的操作告诉用户。由于多数协议栈位于操作系统内，因此这些服务原语通常是一些系统调用。这就是说，服务原语的具体实现是通过操作系统内核提供的进程控制机制（如系统调用）来完成的。

可用的原语取决于底层所提供的服务。面向连接服务和无连接服务所用的原语是不同的。下面以在客户/服务器环境下实现面向连接服务的字节流传送为例，采用了 6 种服务原语（如表 1-3 所列），在客户/服务器环境下实现“请求—应答”交互式应用。

表 1-3　实现面向连接服务的字节流传送的服务原语

名　称	功　能
LISTEN	等待一个请求连接，该原语具有阻塞作用
CONNECT	正在等待的对等实体建立连接
ACCEPT	接收来自对等实体的连接请求
RECEIVE	等待一个数据分组，该原语具有阻塞作用
SEND	向对等实体发送数据分组
DISCONNECT	终止一个连接，通常该原语具有阻塞作用

客户/服务器模式实现面向连接服务的通信过程如图 1-16 所示。

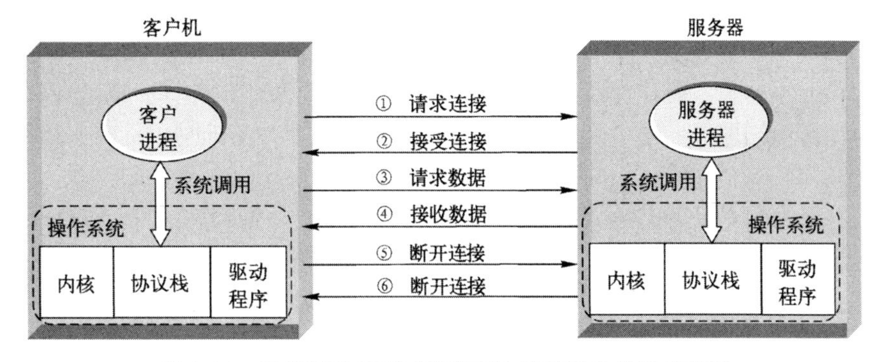

图 1-16　客户/服务器模式实现面向连接服务的通信过程

（1）服务器进程执行 LISTEN 原语，表示它已准备就绪，可随时接收来自客户进程的连接请求。通常，LISTEN 作为一个具有阻塞作用的系统调用，服务器随即被阻塞，直到连接请求的到来。

（2）客户进程执行 CONNECT 原语，以便与服务器进程建立连接。CONNECT 原语带有一个参数来指明服务器的地址。然后，操作系统会向对方发送一个数据分组，请求建立连接，如图 1-16 中①所示。此时客户进程被挂起，直到响应来到为止。当该请求建立连接的数据分组到达服务器时，服务器的操作系统检查是否存在处于监听的进程。如果有，则解除该监听进程的阻塞，并用 ACCEPT 原语创建连接。此时，服务器进程就向客户进程发送一个响应，表示接受连接，如图 1-16 中②所示。客户进程接收到该响应后就恢复运行状态。于是，客户机与服务器都在运行，并建立起一个连接。

（3）服务器执行 RECEIVE 原语，准备接收第一个请求。通常情况下，一旦服务器被解除 LISTEN 的阻塞状态，就会执行 RECEIVE，这时确认响应还未到达客户端。执行 RECEIVE 原语将会再次阻塞服务器。

（4）客户进程执行 SEND 原语发送其请求，如图 1-16 中③所示。该请求分组到达服务器后，操作系统解除服务器进程的阻塞，以便服务器进程来处理该请求。服务器在处理完该请求后，通过执行 SEND 原语将结果回送给客户，如图 1-16 中④所示。该数据分组到达客户后，客户进程被操作系统解除阻塞，检查来自服务器的结果。如果客户还有其他服务请求，则可继续发送这些请求。如果客户进程的任务已经完成，则可执行 DISCONNECT 原语来终止当前连接，如图 1-16 中⑤所示。一般情况下，DISCONNECT 原语也具有阻塞作用，该原语将客户进程挂起，并向服务器发送一个分组，表示客户已不再需要本次连接。服务器收到这个分组后，也同样发送一个 DISCONNECT，作为对客户终止连接的确认并释放本次连接，如图 1-16 中⑥所示。当服务器的分组到达客户时，客户进程被解除阻塞恢复运行，至此本次连接正式断开。

当然，上述通信过程已被简化了，因为实际的通信过程可能会出现错误，如时序错、分组丢失、分组传输出错等，这些细节问题将在后面章节予以讨论，并提出处理解决的方案。

1.6 标准及其制定机构

1.6.1 标准

标准旨在为制造商创建和维护一个开放、竞争的市场，并确保在数据和电信的技术和处理在国际和国内上的互操作性，同时也为制造商、供应商、政府机构和其他服务提供者提供保证某种互连性的指导方针。因此标准的重要性可想而知。标准是由标准化组织、论坛以及政府管理机构共同制订的。

标准可分为两大类：法定标准和事实标准。法定标准是指由官方认可的某个权威的标准化组织制订、采纳的正式、合法的标准。“法定”（De jure）一词是“依据法律”（by law） 的拉丁语。事实标准是指未被官方认可的标准化组织确认，但却在实际应用中被广泛采用的标准。“事实”（De facto 一词是“来自事实”（from the fact））的拉丁语。其实，事实标准通常都是那些试图对新产品或新技术进行功能定义的制造商建立的。事实标准又可分私有的和非私有的两类。私有标准最初是由一个商业组织制订的，作为自身产品使用的基础。非私有标准是最初由某些组织或委员会制订并推向公共领域的标准，也被称为开放标准，因为它们提供了不同系统之间的通信能力。

1.6.2 标准制定机构

1. 国际性标准化组织

国际性标准化组织有两类：一类是各国政府间通过条约建立起来的标准化组织，另一类是自愿的、非条约的组织。其中，最具有影响的有以下几类。

（1）国际标准化组织 ISO（International Organization for Standardization）

ISO 创建于 1946 年，是一个完全自愿的、致力于多个领域国际标准制订的机构。它的目标是为国际间产品和服务交流提供一种能带来兼容性、更好品质、更高的生产率和更低的价格的标准模型。该组织主要由世界各个国家政府的标准制订委员会的成员组成。ISO 有将近 200 多个技术委员会（TC），每个技术委员会处理一个专题。每个委员会又有一些分委员会（SC），分委员会又分成若干工作组（WG）。

（2）国际电信联盟电信标准部 ITU-T（International Telecommunication Union-Telecommunication）

早在 20 世纪 70 年代，许多国家就开始制订电信业的国家标准，但是这些标准在国际间的兼容性几乎不存在。为此，联合国成立了国际电信联盟 ITU。ITU 是电信领域颇具影响力的国际性标准化组织，它有 3 个主要部门：电信化标准部门 ITU-T，主要关注电话和数据通信系统；无线电通信部门 ITU-R，协调全球无线电频率利益集团之间的竞争使用；发展部门 ITU-D，促进信息和通信技术的发展。1993 年以前，ITU-T 称为国际电报电话咨询委员会 CCITT（Consultative Committee, International Telegraph and Telephone）。ITU-T 的任务是对电话、电报和数据通信系统接口做出一些技术性的建议。这些建议通常会变成国际上认可的标准。ITU-T 的实际工作是由若干个研究小组完成的，研究组又分工作组，工作组又进一步分为专家组，专家组再分为专案小组。ITU-T 自成立以来，已产生了 3000 多份建议，绝大多数都被广泛用于实践当中。

（3）电气电子工程师协会 IEEE（Institute of Electrical and Electronics Engineers）

IEEE 是世界上最大的专业工程师团体。它的目标是在电气工程、电子、无线电以及相关的工程学的分支中促进理论研究、创新活动和产品质量的提高。它除了负责每年发行大量的杂志和召开专业会议以外，还设立专门开发电气工程和计算机领域中的标准的委员会。如 IEEE 的 802 委员会已开发出多种局域网的标准。

（4）电子工业委员会 EIA（Electronic Industries Association）

EIA 是一个致力于促进电子产品生产的非营利性组织。在信息技术领域，EIA 在定义数据通信的物理连接接口和电子信号特性方面做出了重要贡献。它定义的著名标准有：EIA-232-C、EIA-449 和 RS-485。

2. 因特网的标准化组织

因特网的标准化工作对因特网的发展起着十分重要的推动作用。因特网在制定其标准上的一个特点是面向公众。因特网的所有技术文档都可从因特网免费下载，且任何人都可以用电子邮件发表意见或提出建议。这对扩大因特网的影响力起着推波助澜的作用。

早在 APRANET 建立初期，美国国防部就创建了一个非正式委员会。1983 年，该委员会更名为因特网活动委员会 IAB（Internet Activities Board），后来又改名为因特网体系结构委员会。IAB 下设两个工程部。

（1）因特网工程部 IETF（Internet Engineering Task Force）。是由许多工作组 WG（Working Group）组成的论坛，具体工作由因特网工程指导小组 IESG（Internet Engineering Steering Group）进行管理。工作组按涉及的领域分工，分别负责研究某一特定领域的短期和中期工程问题，主要是针对协议的开发和标准制定。

（2）因特网研究部 IRTF（Internet Research Task Force）。是由一些研究组 RG（Research Group）组成的论坛，具体工作由因特网工程指导小组 IRSG（Internet Research Steering Group）进行管理。IRTF 负责进行理论方面研究，并开发一些需要长期思考的问题。

后来还成立了因特网协会 IS（Internet Society），它由许多对因特网感兴趣的人组成。

按照 ISO 的模式，IAB 采纳了更加正式的标准化过程。所有因特网的标准都以请求评论 RFC（Request For Comments）的形式在因特网上发表，并可从网上免费下载（网址是：http://www.ietf/rfc.html/或者 http://www.ietf.org/rfc/rfcXXXX.txt，这里的 XXXX 是要下载的 RFC 编号）。每一个 RFC 都按收到的时间由小到大进行编号。对于已编号的 RFC 就不能再对其内容进行任何修改，若需修改则应发行一个新的 RFC 文档，同时在新的 RFC 文档中明确规定是扩展和废除了哪个旧的 RFC 文档。

然而，人们对 RFC 进行修改产生新的 RFC 编号感到太麻烦。于是就采用 STD（Standard）方式管理编号。STD 用来记载哪个编号制定哪个协议。因此，同一个协议的规范内容即便发生变化也不会导致 STD 编号发生变化，但有可能导致某个 STD 下面的 RFC 编号有所增减。

制订因特网的正式标准要经历以下 4 个阶段。

（1）因特网草案（Internet Draft）。此时还不是 RFC 文档，有效期为 6 个月。

（2）建议标准（Proposed Standard）。可供发表的正式 RFC 文档。

（3）草案标准（Draft Standard）。

（4）因特网标准（Internet Standard）。

由于“草案标准”和“因特网草案”容易混淆，自 2011 年 10 月起取消了“草案标准”。在新规定之前发表的草案标准，若已达到因特网标准的即升级为因特网标准，否则仍维持原名称。除了以上后 3 种 RFC（即建议标准、草案标准和因特网标准）外，还有历史的、实验的和提供信息的 3 种 RFC。

由于 RFC 文档的数量很大，为便于查找，可利用其索引文档“RFC INDEX”（网址是：http://www.rfc-editor.org/in-notes/rfc-index.txt），该文档给出了已经发布的所有 RFC 文档的标题、发表时间、类别，以及这个 RFC 文档的更新情况。

*1.7 发展趋势

进入 21 世纪，数据通信将会得到更快的发展，而且会比计算机处理更为重要，两者将相辅相成，它们的未来发展趋势可以归纳为以下 5 个方面。

1.7.1 泛在网络和泛在计算

随着芯片制造、无线宽带、射频识别、信息传感及网络业务等信息通信技术 ICT（Information and Communication Technology）的发展，通信网络将会更加全面深入地融合人与人、人与物、物与物之间的现实物理空间与抽象信息空间，并向无所不在的泛在网络 UN（Ubiquitous Network）方向演进。信息社会的理想正在逐步走向现实，强调网络与应用的“无所不在”，“泛在（ubiquitous）”的通信理念将成为信息社会的重要特征，泛在网络（以下简称泛网）作为未来信息社会服务的重要载体和服务社会公众的信息化基础设施，强调面向行业的基础应用，更和谐地服务社会信息化应用需求，因此得到了国际上的普遍重视，各国相继将泛在网络建设提升到国家信息化建设的战略高度。

“泛在”源自拉丁语，意为普遍存在、无所不在。泛在计算 UC（Ubiquitous Computing）是 1991 年施乐实验室的技术首席官 Mark Weiser 提出的一种超越传统桌面计算的人机交互新模式，将信息处理嵌入到用户生活周边空间的计算设备中，协同、透明地为用户提供信息通信服务。在此基础上，日本和韩国衍生出泛在网络，欧盟提出环境感知智能AI（Ambient Intelligence）、北美提出了普适计算 PC（Pervasive Computing）等概念。尽管这些概念的描述不尽相同，但其核心内涵基本一致，目标都是要“建立一个充满计算和通信能力的环境，同时使这个环境与人们逐渐地融合在一起”。

2009 年 9 月，ITU-T 给出了泛在网络的定义：在预订服务的情况下，个人和/或设备无论何时、何地、何种方式以最少的技术限制接入到服务和通信的能力。同时初步描述了泛网的关键特征——“5C+5Any”，5C 分别是融合、内容、计算、通信和连接，5Any 分别是任意时间、任意地点、任意服务、任意网络和任意对象。泛网通过对物理世界更透彻的感知、构建无所不在的连接及提供无处不在的个人智能服务，并扩展对环保、城建、物流、医疗监护、能源管理等重点行业的支撑，为人们提供更高效的服务，让人们享受信息通信的便利，让信息通信更好地服务于人们的日常生活中。随着信息技术的演进和发展，泛在化的信息服务将渗透到人们日常生活的各个方面，即进入“泛在网络社会”。

由于泛在网络不是一个全新的网络，而是对现有网络能力的增强和挖掘，因此层次式的体系结构概念仍是泛网遵循的网络架构思想。泛网的体系结构可粗略地划分为 3 个层次：终端及感知延伸层、网络层和应用层，如图 1-17 所示。

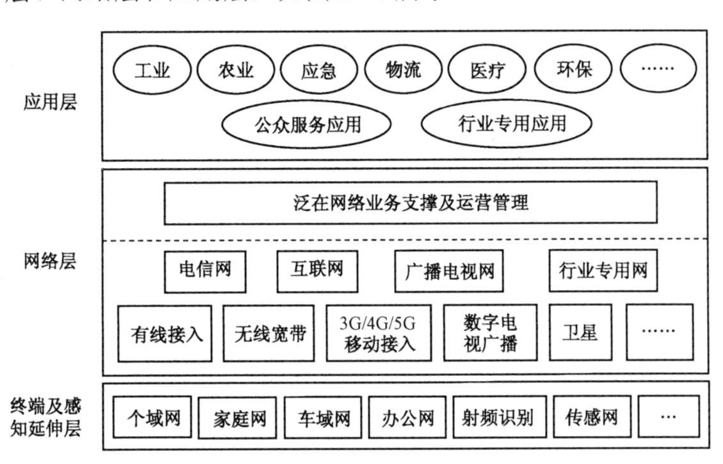

图 1-17 泛网的体系结构

泛网水平分层概念延续了网络分层的思想，将不同功能赋予不同层次，然而由于泛网兼容并包的思想，有必要对其各层划分为抽象的 3 个垂直信息平面，即用户（数据）平面、控制平面和认知平面。

泛网的关键技术涉及 3 个大类：①智能终端系统。该终端不只是传统意义上的融合通信终端，而是对人进行多方面能力（如环境感知、电子控制和远程执行等）延伸的终端。②基础网络技术。泛网是在现有网络设施的基础上增加新网络基础设施构成的，它应具备融合各种网络业务的能力，感知环境、内容、语言和文化的能力，以及具备不同安全等级和不同服务质量的能力。③应用层技术。泛网的应用层为各种具体应用提供了公共服务支撑环境，其主要技术特征是开放性和规范性。

最后需指出，泛网与传感器网、物联网的关系。它们虽有一定联系，但它们的定位却不相同。传感器网是利用各种传感器（收集光、电、温度、湿度、压力等）加上中低速的近距离无线通信技术构成的自组织网络，一般可提供局域或小范围物与物之间的信息交换（详见 11.4.1 节的无线传感器网）。物联网 IoT（the Internet of Things）的概念源于 2003 年，与相对于以“人”为基础互连的因特网而言，IoT 则是以目标对象更广的“物”为基础互连的网络。意指将各种信息传感设备，如射频识别 RFID（Radio Frequency IDentification）装置、红外传感器、全球定位系统、激光扫描器等多种装置与互联网结合起来而形成的一个巨大网络。其中最重要的技术是 RFID 电子标签技术。泛网是在兼顾物与物相联的基础上，涵盖了物与人、人与人的通信，是全方位沟通物理世界与信息世界的桥梁。泛网关注的是人与周边的和谐交互，它以各种感知设备与无线网络为手段，在网络形态上既有互联网和物联网的部分，又有一部分属于智能系统（智能推理、情境建模、上下文处理、业务触发）范畴，因此传感器网是物联网感知层的重要组成部分，物联网是泛网发展的初级阶段，泛网则是通信网、互联网、物联网的高度融合，将实现跨网络、跨行业、跨应用、异构多技术的融合和协同。传感器网和物联网作为泛网应用的具体实现，其实质是泛网进行融合协同的一种网络工作模式。图 1-18 表示泛在网络与传感器网、物联网之间的关系。

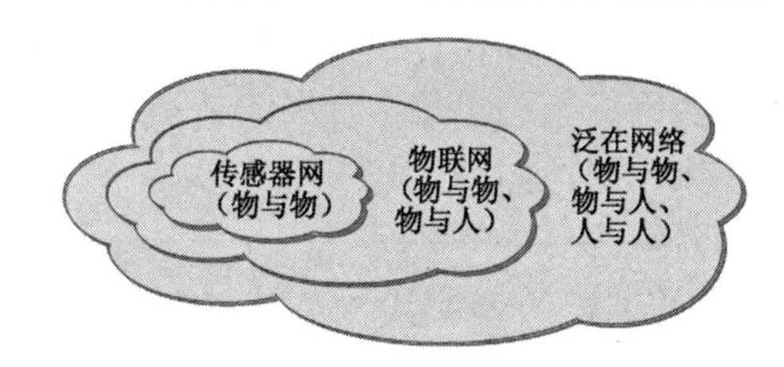

图 1-18　泛在网络与传感器网、物联网之间的关系

1.7.2　新信息服务和信息工具

网络高速扩展所提供的新信息服务是网络发展的又一趋势。由于 Web 技术已经改变了计算模式，所以每个拥有计算机的人都可以成为消息的发布者。人们也可以在 Web 上找到自己所需要的任何东西，关键是访问的正确性和信息的价值问题。当然，我们希望将来的信息服务能够确保所提供的信息质量。

随着网络的不断普及，集成的网络意味着信息和新信息服务（如应用服务提供商和信息工具）的可用性大大增加。应用服务提供商 ASP（Application Service Provider）是指从一个集中管理的组织中提供应用的部署、供应、管理以及对应用出租访问的契约性服务，ASP 直接或间接地提供旨在管理一种软件应用或应用集合的所有具体活动和专业知识。这是一种全新的互联网应用模式，是一个很新的概念，它已引起了人们很大的关注。ASP 通常是一些第三方的服务公司，在远程的主机上部署、管理、维护应用程序，然后通过广域网向远端的客户提供软件的计算能力。ASP 的客户不必有自己的硬件和软件系统，统统租用 ASP 的；作为用户只需提供自己的业务数据（含租金），就可以得到相应的结果和报表。因此，ASP 或许就是外包服务的终极，它与传统的企业相比，已经有了很大的差别，也就是它只剩下一些与核心业务有密切联系的部门，以及一个规模有限的 IT 部门，其他诸如财务、人力资源等部门都将不复存在。有专家预言，ASP 将会发展成信息工具（information utilities）。一个信息工具就是一个公司，它可以提供许多标准的信息服务，犹如现在的电信公司提供电信服务一样。用户只需向信息工具购买他们需要的信息服务（如 E-mail 等），而不必自己开发系统和运行服务器。所以，ASP 对于提供复杂企业解决方案的软件厂商、使用和治理这些解决方案的IT专家以及普通企业来说，都具有十分重要的意义。

1.7.3 云计算和大数据

云计算是继20世纪80年代大型计算机到客户/服务器的大转变之后的又一种巨变。云计算（cloud computing）是一种基于互联网的计算方式，通过这种计算方式，供共享的软硬件资源和信息可以按需提供给计算机和其他设备。

云计算的定义有两种：狭义云计算是指IT基础设施通过网络以按需、易扩展的方式进行交付获得所需资源的使用模式；广义云计算是指通过网络以按需、易扩展的方式进行服务的交付以获得所需服务的使用模式。云计算描述了一种基于互联网的新IT服务的增加、使用和交付模式，通常涉及通过互联网来提供动态易扩展而且经常是虚拟化的资源。云计算的核心思想是，将大量用网络连接的计算资源统一管理和调度，构成一个计算资源池向用户提供按需服务。提供资源的网络被称为"云"，"云"中的资源在使用者看来是可以无限扩展的，并且可以随时获取和扩展，按需使用并付费。由于过去在图中往往用云来表示电信网，因此也用来表示互联网和底层基础设施的抽象。云是网络、互联网的一种比喻说法。用户不再需要了解"云"中基础设施的细节，不必具有相应的专业知识，也无须直接进行控制。典型的云计算提供商往往提供通用的网络业务应用，通过浏览器等软件或者其他Web服务来访问，而软件和数据都存储在服务器上。

云计算包括以下几个层次的服务：①基础设施即服务IaaS（Infrastructure-as-a Service），指用户通过因特网从完善的计算机基础设施获得的服务；②平台即服务PaaS（Platform-as-a Service），指将软件研发平台作为一种服务，为SaaS软件服务提供底层支撑；③软件即服务SaaS（Software-as-a Service），又称软件运营（或软营），是一种基于因特网提供软件服务的软件应用模式。

云计算服务应具备下列特征：①基于虚拟化技术快速部署资源或获得服务；②实现动态的、可伸缩的扩展；③按需求提供资源、按使用量付费；④通过互联网提供、面向海量信息处理；⑤用户可以方便地参与；⑥形态灵活，聚散自如；⑦减少用户终端的处理负担；⑧降低了用户对于IT专业知识的依赖。

云计算将引起的业务变革，包括云安全、云物联、云营销、云教育、云游戏等。

随着云计算时代的来临，大数据（big data）已经引起人们越来越多的关注。"大数据"又称巨量资料，指的是所涉及的资料量规模巨大到无法透过目前主流软件工具，在合理时间内达到撷取、管理、处理、并整理成为帮助企业经营决策更具有积极目的的数据集。"大数据"具有以下4个特点：①数据体量（volumes）巨大。从TB级别，跃升到PB（1PB=1024TB）级别；②数据类别（variety）繁多。数据来自多种数据源，数据种类和格式已冲破了以往所限定的结构化数据范畴，囊括了半结构化和非结构化数据。包括网络日志、视频、图片、地理位置信息等。③数据真实性（veracity）高，随着社交数据、企业内容、交易与应用数据等新数据源的兴趣，传统数据源的局限被打破，企业愈发需要有效的信息以确保其真实性及安全性。④处理速度（velocity）快，在数据量非常庞大的情况下，也能够做到数据的实时处理。这4个特点业界将其归纳为4个"V"。云计算、移动互联网、物联网以及遍布地球各个角落的各种各样的传感器，无一不是数据来源或者承载的方式。

从某种程度上讲，大数据是数据分析的前沿技术。大数据技术就是从各种各样类型的数据中，快速获得有价值信息的一门技术，其战略意义不在于掌握庞大的数据信息，而在于对这些含有意义的数据进行专业化处理。换句话说，如果把大数据比作一种产业，那么这种产业实现盈利的关键在于提高对数据的“加工能力”，通过“加工”实现数据的“增值”。

1.7.4 下一代网络

因特网一直在变化，但新变革并未改变因特网的基本结构。结构变革慢的原因在于因特网的核心技术（TCP/IP）很难改变。随着因特网的发展和网络新技术新应用的不断涌现，对“下一代网络”现有两种说法：一种是下一代因特网 NGI（Next Generation Internet），另一种是下一代电信网 NGN（Next Generation Network）。但这两种说法至今都没有统一的精确定义。

1. 下一代因特网 NGI

NGI 的概念源于计算机界的 IETF 等组织。该组织认为 NGI 就是“下一代因特网”，它是一个“高可信网络 HTN（Highly Trusted Network）”，而 NGN 只是未来互联网的一个组成部分。从 1996 年起，美国开始了下一代互联网的研究与建设。当时，主要有两个项目：一个是由美国 34 所大学联合发起建设 Internet2（I2）；另一个是美国国家科学基金会 NSF 提供资助的下一代因特网 NGI。

1998 年美国 100 多所大学联合成立 UCAID（University Corporation for Advanced Internet Development），专门从事 Internet2 研究计划。至今，Internet2 是由美国 202 所大学、协会、公司和政府机构共同努力建设的网络，它的目的是为美国的大学和科研群体建立并维持一个技术领先的网络，充分实现宽带网的媒体集成、交互性以及实时合作的功能，推进全球范围内高层次的教育和信息服务，开发下一代互联网高级网络应用项目（诸如数字图书馆、虚拟实验室、网络教学和远程医疗等），以及大量的交互式图形/多媒体应用（包括科研可视化、虚拟现实（VR）和 3D 虚拟环境）的研究课题。

1997 年 10 月，美国政府提出“下一代因特网计划 NGI”。该计划的实现目标可概括为：①开发下一代网络结构，以比现有的因特网高 100 倍的速率连接至少 100 个研究机构，以比现有的因特网高 1000 倍的速率连接 10 个类似的网点。其端到端的传输速率要超过 100Mb/s，达到 10Gb/s。②使用更加先进的网络服务技术，开发许多带有革命性的应用，如远程医疗、远程教育、有关能源和地球系统的研究、高性能的全球通信、环境监测和预报、紧急情况处理等。③将使用超高速全光网络，能实现更快速的交换和路由选择，同时具有为一些实时应用保留带宽的能力。④在整个因特网的管理和保证信息的可靠性和安全性方面应有较大的改进。

2. 下一代电信网 NGN

NGN 的概念是源于电信界的 ITU 等组织。这些组织认为 NGN 是“下一代网络”或“新一代网络”，而 NGI 只是 NGN 的重要组成部分，但电信界并不认为，NGI 是电信网的最终发展目标。NGN 以当前网络为基础，能够提供包括语音、数据、视频和多媒体业务的基于分组技术的综合开放的网络架构，代表了通信网络发展的方向。NGN 具有分组传送、控制功能从承载、呼叫/会话、应用/业务中分离、业务提供与网络分离、提供开放接口、利用各基本的业务模块、提供广泛的业务和应用、端到端 QoS 和透明的传输能力、通过开放的接口规范与传统网络实现互通、通用移动性、允许用户自由地接入不同业务提供商、支持多样标志体系，融合固定与移动业务等特征。NGN 的关键技术包括 IPv6、光纤高速传输、光交换与智能光网、宽带接入、城域网、软交换、4G 和 5G 移动通信系统、IP 终端和网络安全等。NGN 是电信史上的一块里程碑，它标志着新一代电信网络时代的到来。

1.7.5 网络融合

网络融合已不是一个新概念，因涉及现有网络间关系的变化，也是网络发展的一个趋势。

“三网融合”这个概念现在人们已不陌生。“三网”是指电信网、有线电视网和计算机网，这是目前与人们日常生活最贴近的网络设施。这三大网络有着各自的特点，但其技术特征目前正逐渐趋向一致，诸如数字化、光纤化、分组化等，特别是逐渐向 IP 协议的汇聚已成为下一步发展的共同趋势。同时，市场需求证明网络的业务将向着以数据业务为中心的方向发展。

“三网融合”是一种广义的、社会化的说法，原意是实现网络资源的共享，避免低水平的重复建设，形成适应性广、易维护、费用低、高宽带的多媒体基础平台。它并不意味着电信网、有线电视网和计算机网三大网络的物理合一，也不是网络的相互替代，而是每个网络都能开展多种业务，在高层业务应用进行融合。由此可见，“三网融合”的意义在于它不仅是将现有网络资源有效整合、互连互通，而且会形成新的服务和运营机制，并有利于信息产业结构的优化，以及政策法规的相应变革。“三网融合”表现为技术上趋向一致，在网络层上可实现互连互通，形成无缝覆盖，业务层上互相渗透和交叉，在应用层上使用统一的 IP 协议，在业务经营上互相竞争、相互合作，行业管制和政策方面也逐渐趋向统一，朝着为人类提供多样化、多媒体化、个性化服务的同一目标发展。

我国提出“三网融合”的概念始于 1998 年。2001 年 3 月通过的“十五”规划纲要才首次明确提出“促进电信、电视、计算机三网融合。”2006 年 3 月通过的“十一五”规划纲要，再度提出积极推进“三网融合”：建设和完善宽带通信网，加快发展宽带用户接入网，稳步推进新一代移动通信网络建设；建设集有线、地面、卫星传输于一体的数字电视网络；构建下一代互联网，加快商业化应用；制订和完善网络标准，促进互连互通和资源共享。目前，我国提出推进三网融合的阶段性目标是：2010 年—2012 年，重点开展广电和电信业务双向进入试点；2013 年—2015 年，总结推广试点经验，全面实现三网融合发展。

最后需要指出的是，由于电力线通信技术的发展，目前出现了“四网融合” 的概念。电力线通信网是利用电力线作为通信载体，传输数据和语音信号的通信网。电力线通信 PLC（Power Line Communication）技术是把载有信息的高频加载于电流，然后用电线传输到接收信息的适配器，再把高频从电流中分离出来并传送到计算机或电话以实现信息传递。由于 PLC 具有极大的便捷性，只要在房间任何有电源插座的地方，就可进行高速网络的接入，从而提供了宽带网络“最后一公里”的解决方案。这样，在现有“三网融合”的基础上，加入电力线通信网就实现了集数据、语音、视频，以及电力于一体的“四网融合”。

习 题 1

1-01 数据通信有何特点？

1-02 给出数据通信系统的模型，并说明其主要组成要素的作用。

1-03 数据通信系统有哪些主要性能指标？

1-04　数据通信网络由哪些组成部分？请从覆盖范围的角度对数据通信网络进行分类。

1-05　因特网的发展过程可划分为哪几个阶段？各个阶段有何特点？

1-06　internet 和 Internet 在表达的意思上有何重要区别？

1-07　简述因特网的组成，指出各组成部分的工作方式。

1-08　什么是客户/服务器模式？它有何特点？

1-09　对等模式有何特点？

1-10　计算机网络的定义是什么？它与分布式系统的主要区别是什么？

1-11　计算机网络有哪些常见类别？各种类别的网络有何特点？

1-12　计算机网络具有哪些主要功能？

1-13　计算机网络的常用性能指标中，速率、带宽和吞吐量有何不同？4 种时延有何不同？

1-14　假设波长等于 1μm，试问在 0.1μm 频段中可以有多大的带宽？

1-15　假设信号在传输介质上的传播速率为 230000km/s。介质长度分别为：①10cm（网卡）；②100m（局域网）；③100km（城域网）；④5000km（广域网）。试计算当数据信号速率为 1Mb/s 和 10Gb/s 时，在以上介质中正在传播的比特数。

1-16　若网络利用率为 80%，试问当前的网络时延是它的最小时延的多少倍？

1-17　假设发送站与接收站之间采用同轴电缆，其距离为 1000km，已知信号在同轴电缆上的传播速率为 200000km/s。试计算以下两种情况的传输时延和传播时延：①报文长度为 10^7b，数据信号速率为 100kb/s。②报文长度为 10^3b，数据信号速率为 1Gb/s。从以上计算结果可得出何种结论？

1-18　一个客户/服务器系统使用卫星网络进行通信，若卫星高度为 40000km。试问在响应一个请求时，在最佳情况下的延迟是多少？

1-19　若有一长度为 100km 的点对点的光缆链路，数据在此链路上的传播速率约为 2×10^5km/s，试问链路的带宽为多少时才能使传播时延和 100B 的分组的发送时延相同？如果分组长度改为 512B，结果又是什么？

1-20　为什么网络体系结构要采用分层次的结构？分层的主要原则是什么？

1-21　试从网络体系结构的角度，对一广播式网络是否需要设置网络层进行讨论。

1-22　假设用户数据的长度为 100B，交给应用层需加上 20B 的应用层首部。应用层交给传输层，还需加上 20B 的 TCP 首部。再交给网络层，需加上 20B 的 IP 首部。接着交给数据链路层的以太网传送，加上首部和尾部共 18B。最后再交给物理层发送出去之前，还需在数据链路层下交的帧前面还要加 8B 的前导码。试问：①此时的数据传输效率是多少？②如果应用层数据的长度为 1000B，那么数据的传输效率又是多少？

1-23　试比较 OSI 体系结构和 TCP/IP 体系结构，并指出其异同之处。

1-24　试把以下说法与 OSI 模型的一个层或几个层相对应：

① 路由选择　　② 流量控制

③ 机械、电气、功能的接口　　④ 格式和代码的转换服务

⑤ 到传输介质的接口　　⑥ 可靠的进程到进程的报文交付

⑦ 给用户提供应用服务　　⑧ 在传输介质上传送比特流

⑨ 在相邻结点间负责携带帧的信息　　⑩ 建立、管理和终止会话

1-25　试解释下列名词：协议栈、对等层、数据单元、实体、服务、服务访问点、服务原语。

1-26　试述服务与协议之间的关系以及它们之间的区别。

1-27　假设实现第 k 层操作时的算法发生了变化，试问这会影响到第 k-1 层和第 k+1 层的操作吗？

1-28　假设第 k 层提供的服务（一组操作）发生变化，试问这会影响第 k-1 层和第 k+1 层的服务吗？

1-29　面向连接服务与无连接服务的区别是什么？

1-30　制定因特网的正式标准需经历哪几个阶段？

1-31　“泛在”的通信理念是什么？ITU-T 给出的泛网定义是什么？说明泛网的体系结构和关键技术，以及泛网与传感器网、物联网的关系。

1-32　应用服务提供商 ASP（Application Service Provider）是一个新概念，它的含义是什么？

1-33　为什么说：云计算是继 20 世纪 80 年代大型计算机到客户/服务器的大转变之后的又一种巨变。“大数据”的含义是什么？它有哪些特点？

1-34　NGI 和 NGN 的主要区别是什么？

1-35　三网融合中的“三网”是指哪三大网络？三网融合的意义是什么？现今又提出四网融合，电力线上网有哪些特点和需要解决哪些问题？

第 2 章　数据通信基础知识

本章介绍数据通信的常用术语和必备知识。撰写这一章是为了满足尚未具备数据通信基础知识读者的要求，为学好后面各个章节提供必要的基础知识。

2.1　消息和信息、数据和信号

2.1.1　消息和信息

对信息的定义有多种，1975 年曾有人做过统计达 39 种！不同领域的科学家对信息有着不同的定义，如哲学家认为信息就是认识论；数学家认为信息就是概率论；物理学家认为信息就是熵；通信专家则认为信息是解除不定度。可见，在信息科学建立初期，对信息还没有形成一个统一完整的且得到公认的定义。本书仅从通信的角度来阐明信息的含义。

概括而言，通信就是在源点和终点之间传递信息。从这个意义上，“信息”与“消息”这两个词极易混淆。其实，消息和信息并不是一回事。消息是指能向人们表达客观物质运动和主观思维活动的文字、符号、数据、语音和图像等。可见消息的物理特性具有多样性。从通信的角度，消息具有两个特点：一是能被通信双方所理解，二是可以相互传递。人们对接收到的消息，关心的是消息中所包含的有效内容，即信息。因此相对于消息而言，信息是指包含在消息中对通信者有意义的那部分内容。所以，消息是信息的载体，消息中可能包含有信息，但消息和信息却是两个不同的概念。例如，“研究生张军这几天都在机房调试程序”这句话是一条消息。这条消息对他的导师来说，可能不包含任何信息，因为他导师知道张军近来一直在机房调试程序这件事。但是，如果有人把“张军已把程序调通了”这样的消息告诉他的导师，他的导师则认为这条消息有新意，据此可断定“张军已把程序调通了”这个事件已经发生，也就是说调试程序这一事件存在着不确定性。然而，如果他的导师听到了这样一条消息：“张军存放在磁盘中的程序被莫名其妙地冲掉了”，那么，他将会感到非常震惊。因为他事先并没有估计到会发生这种事情，也就是说这条消息中含有更重要的信息。所以，有的消息可能包含较多的信息，而有的消息可能根本不包含信息。

如何衡量一则消息包含信息的多少呢？从上面的例子中可以看出，对收信者来说，消息所包含信息的多少，与他在收到此消息前对某事件存在的不确定性有关。1948 年，美国数学家、信息论的主要奠基人香农（C.E.Shannon）在贝尔系统技术杂志上发表了一篇著名论文——《通信的数学理论》。在这篇文章中，香农并没有直接从文字上来阐述信息的定义。但从他给出的关于信息的度量的公式中可看出，他把信息定义为熵的减少。换句话说，他把信息定义为“用来消除不确定性的东西”。因为熵是不确定性的度量，熵的减少就是不确定性的减少。根据香农的理论，一条消息包含信息的多少称之为信息量。信息量的大小与消息所描述事件的出现概率有关。如果一条消息所表示的事件是必然事件，即该事件发生的概率为 1，则该消息所传递的信息量应该是零。如果一条消息表示的是一个根本不可能发生的事件，那么这条消息就含有无穷的信息量。香农规定，一条消息所荷载的信息量 I，等于

它所表示的事件发生的概率 p 的倒数的对数。即信息量为

$$I = \log_a \frac{1}{p} = -\log_a p \tag{2-1}$$

式中，底数 a 可取不同值，常取 2、e 和 10，则信息量的单位分别为比特（b）、奈特（nat）和哈特莱（Hartley）。通常，采用比特作为信息量的单位。

假设有一条含有两个符号 s_0 和 s_1 的消息，两个符号出现的概率相等，即 $p(s_0) = p(s_1) = 1/2$，则接收到其中一个符号 s_i 的信息量为

$$I = -\log_2 p = -\text{lb}p = -\text{lb}\frac{1}{2} = 1 \text{（b）}$$

现在考虑一般情况，假设有一条含有 m 个符号（s_0, s_1，…，s_{m-1}）的消息，每个符号出现的概率分别是 $p(s_0) = p_0$，$p(s_1) = p_1$，…，$p(s_{m-1}) = p_{m-1}$。当 m 很大，若第 i 个符号出现的概率为 p_i，共出现 n 次，则它具有的信息量是 $-np_i \log p_i$。整条消息所具有的信息量是所有这样的信息量在不同的 i 值时之总和，即

$$I = \sum_{i=0}^{m-1} -np_i \log p_i = -n\sum_{i=0}^{m-1} p_i \log p_i \tag{2-2}$$

式中，每个符号包含的平均信息量为

$$H = \frac{-n\sum_{i=0}^{m-1} p_i \log p_i}{n} = -\sum_{i=0}^{m-1} p_i \log p_i \tag{2-3}$$

平均信息量是指每个符号所含信息量的统计平均值，其单位为比特/符号。平均信息量又称为熵。

假定每秒钟传输符号的数目为 n'，则每秒钟传输的信息量 H' 为

$$H' = n'H \text{（b/s）} \tag{2-4}$$

2.1.2 信号

在通信系统中，通常使用的是电信号（简称信号），即随时间变化的电压或电流信号。消息以电信号来传递，信号是消息的载体。通信系统中的各种电路、设备都是为实施这种传输，以及对信号进行各种处理而设置的。因此，从事电路及设备的设计和制造者，必须对信号特性有充分的了解。

1. 信号的分类

信号的分类方法有多种，在此仅讨论对数据通信有用的几种分类方法。这里，除前面已介绍的模拟信号与数字信号之外，还有如下主要分类。

（1）连续信号与离散信号

信号可用一个时间函数来表示。如果在某一时间间隔内，对于一切时间值（除了若干不连续点外），该函数都给出确定的函数值，这种信号称为连续信号。图 2-1（a）和（b）表示的两个函数在时间间隔 $-\infty < t < +\infty$ 内都是连续信号，只是在 $t < 0$ 的范围内，它们的信号值均为零。这里的 $t=0$ 是任意选取的参考点。应该注意，连续信号中还可以包含不连续点。图 2-1（b）中所示函数 $f(t)$，在 $t=0$ 和 $t=t_1$ 处是不连续的。

与连续信号相对应的是离散信号。代表离散信号的时间函数只在某些不连续的瞬时给出函数值，如图 2-2 所示。图中函数 $f(t_k)$ 只在 t_k=−1，0，1，2，3，4 等离散的瞬间给出函数值（指图中括号内的数值）。

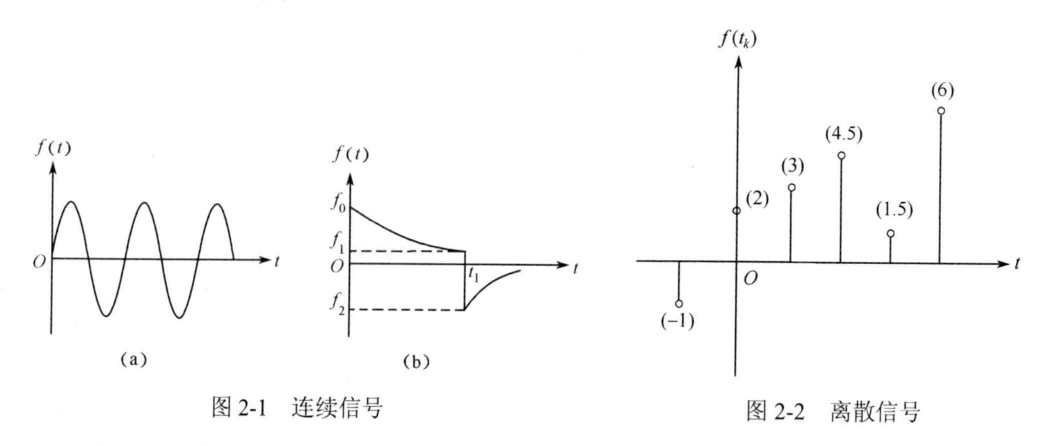

图 2-1　连续信号　　　　图 2-2　离散信号

（2）随机信号与确知信号

随机信号是指其取值不确定、且不能事先确切预知的信号。这种信号不能用单一时间函数来表示。由于随机信号的不规则性，就得从概率和统计的角度来对其进行分析。通过对随机信号一个长时间的观察，可以发现它有一定的规律性，从而找出它的统计特性。

确知信号是指其取值在任何时间都是确定的和可预知的信号。通常，确知信号都可以用一个明确的时间函数来表示。当给定某一时间值时，就可以确定一个相应的函数值。

严格地讲，除了实验室可产生有规律的信号外，一般的信号都是随机的。对于接收者来说，如果信号可表示为完全确定的时间函数，就不可能由它得到任何新的信息，因而也就失去了通信的目的。尽管确知信号是一种理论上的抽象，它却和随机信号的特性之间有一定联系。利用确知信号来分析系统，能使问题大为简化，在工程上有着实际的应用意义。

确知信号还可分为周期信号与非周期信号。当且仅当

$$s(t+T)=s(t) \qquad -\infty<t<+\infty \tag{2-5}$$

则信号 $s(t)$ 是周期信号，式中常数 T 是信号的周期。除此之外的是非周期信号（如一个矩形脉冲）。由式（2-5）可见，严格的数学意义的周期信号，是无始无终地重复着某一变化规律的信号（如一个无限长的正弦波）。显然，这样的信号实际上是不存在的。所以，周期信号只是指在一定时间内按照某一规律重复变化的信号。

2. 信号的特性

信号的特性表现在它的时间特性和频率特性两个方面。

信号的时间特性主要是指信号随时间变化快慢的特性。所谓变化的快慢，一方面的含义是同一形状的波形重复出现周期的长短，如非正弦波形的信号；另一方面的含义，是指在一个周期内信号变化的速率。例如，一个周期性的脉冲信号，它对时间变化的快慢，除表现为重复周期，还表现为脉冲的持续时间及脉冲前后沿的陡直程度。当然，信号作为一个时间函数，除了变化速率外，还可能有其他的特性。例如，对于一个脉冲调制波，还有脉冲的振幅、周期和脉冲宽度因受调制而按某种规律变化的问题。信号随时间变化的这些表现包含了信号的全部信息量。

信号的频率特性可用信号的频谱函数来表示。频谱函数表征信号的各频率成分，以及

各频率成分的振幅和相位。在频谱函数中，也包含了信号的全部信息量。信号的频谱和信号的时间函数既然都包含了信号所带有的信息量，都能表示出信号的特点，因此信号的时间特性和频率特性之间必然存在密切的联系。例如，周期性信号的重复周期的倒数就是该信号的基波频率。

信号的时间特性和频率特性，对信号传输（或处理）系统提出了相应的要求。每一系统也都有它自己的时间特性和频率特性，它们必须分别与信号的时间特性和频率特性相适应，方能满意地达到信号传输或处理的目的。

3. 信号的带宽

在通信领域中，信号的带宽最为常用有以下两种定义。

（1）绝对带宽

绝对带宽 B 是指信号频谱正频域非零部分所对应的频率范围，如图 2-3 所示。如果数据信号具有连续谱的一般结构，如图 2-4 所示，那么信号的绝对带宽将是无穷的。

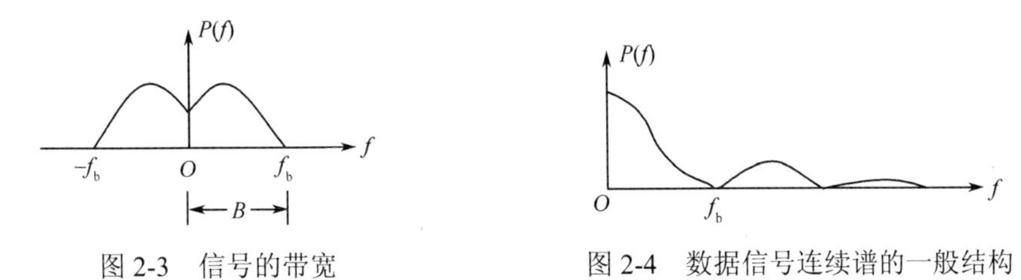

图 2-3　信号的带宽　　　图 2-4　数据信号连续谱的一般结构

（2）半功率带宽

设信号频谱在 f_0 处为最大值，而 $f_0 \in (f_1, f_2)$，且 $P(f_1) = P(f_2) = 0.5P(f_0)$，定义（ f_1～f_2 ）的频率范围为半功率带宽。

应当指出，信号的带宽和信号传输系统的带宽是有区别的。信号传输系统的带宽通常是指系统的频率响应（幅度特性）曲线的幅度保持在其频带中心处取值的 $1/\sqrt{2}$ 倍以内的频率区间。为了使传输后的信号失真小一些，信号传输系统就要有足够的带宽。当然，信号的带宽越宽，传输它的信号传输系统的带宽也要求越宽。

2.1.3　数据

根据 RFC 4949 对数据给出的定义，数据是使用特定方式表示的信息，通常是有意义的符号序列。它是消息的一种表现形式，是传达某种信息的实体。数据可以在物理介质上记录或传输，并通过输入设备输入计算机，经过计算机的处理，再由计算机输出处理的结果。当信息是指按使用要求记录下来的、经过分类、组织、关联或按某种要求来解释以传递某些意义的数据时，数据中就包含着信息。换句话说，信息可以通过解释数据而产生。由此可见，信息强调了“处理”和“使用”两个方面，尤其是“使用”的概念。任何一份资料，在它被人们使用之前只能说隶属于数据的范畴，仅当这份资料被使用之后才可能转化为信息。至于交换信息，则是指访问数据及传输数据。

数据有模拟数据和数字数据。模拟数据在一段时间内具有连续的值，是一个时间的函数，如声音、图像，以及传感器采集的数据。数字数据所具有的值则是离散的，如文本。本书中，数据这个术语，通常是指具有数字形式的数据。

前面提到，通信系统中数据以电信号的形式在介质中传输，这种电信号可以是模拟信号，也可以是数字信号。而数据又有模拟数据和数字数据之分。因此，无论是模拟数据还是数字数据都能编码成模拟信号或者数字信号，具体选择何种编码方式则取决于需要满足的特殊要求，以及可能提供的传输介质与通信设施。于是，可以归纳出数据与信号之间有如下组合。

（1）数字数据，数字信号。以二进制对数字数据进行数字编码是最简单的编码形式，此时以二进制“1”表示一个电平，“0”表示另一个电平。数字信号是一串离散的、非连续的电压脉冲序列，如用一个正电压值表示二进制数“1”，一个负电压值表示二进制数“0”。这种电压脉冲序列的数字数据可在媒体上直接以数字信号传输，俗称数字基带传输技术，其内容将在 4.2 节中介绍。

（2）数字数据，模拟信号。数字数据可通过调制解调器转换成模拟信号，以便在模拟线路上传输。将数字数据转换成模拟信号的基本编码技术（或调制技术）有三种，即幅度键控 ASK（Amplitude Shift Keying）、频移键控 FSK（Frequency Shift Keying）和相移键控 PSK（Phase Shift Keying），俗称数字频带传输技术，其内容将在 4.3 节中介绍。

（3）模拟数据，数字信号。诸如话音和视像类的模拟数据经常被转化为数字形式，以便使用数字传输设施进行传输。编码器是将模拟数据转换成数字信号的一种设施。其编码过程中常用的是脉冲编码调制 PCM（Pulse Code Modulation）技术，其内容将在 4.1.3 节中介绍。

（4）模拟数据，模拟信号。模拟数据以电信号形式可作为基带信号在语音级线路上传输，这样既简单又经济。另外，还可以利用调制技术通过对载波的调制把基带信号的频谱搬移到其他频谱上，以便在某些模拟传输系统中传输。其基本的调制技术有调幅 AM（Amplitude Modulation）、调频 FM（Frequency Modulation）和调相 PM（Phase Modulation）。

*2.2 传输方式和传输速率

2.2.1 传输方式

1. 基带传输和频带传输

根据数据传输系统在传输由终端形成的数据信号的过程中是否搬移数据信号的频谱，传输方式可分为基带传输和频带传输。

基带传输是一种不搬移数据信号频谱的传输体制。基带传输最简单例子是由电话拨号盘向交换机传送的直流断续拨号。因基带信号所包含的频率成分范围极宽（一般从直流到高频），所以只限在能通过此频率分量的线路上使用。

频带传输则是一种利用调制解调器搬移数据信号频谱的传输体制。搬移频谱的目的是为了适应传输信道的频率特性。

2. 串行传输和并行传输

若按传输数据的时空顺序，传输方式可分为串行传输和并行传输。

串行传输是数据在一个信道上按位依次传输的方式，如图 2-5（a）所示。反之，并行传输是数据在多个信道上同时传输的方式，如图 2-5（b）所示。

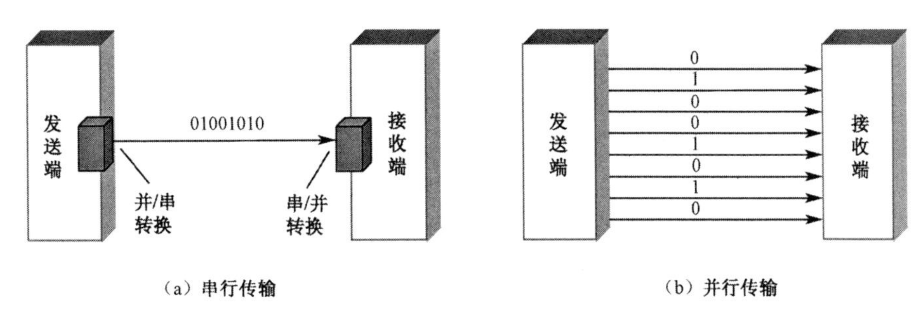

图 2-5　串行传输和并行传输

3．异步传输和同步传输

在串行传输时，每一个字符是按位串行地传送的，为使接收端能准确地接收所传输的信息，接收端必须知道：①每一位的时间宽度；②每一个字符或字节的起始和结束；③每一个完整的信息块（或帧）的起始和结束。这三个要求分别称为位（或时钟）同步、字符同步和帧（或块）同步。

同步是使接收方按照发送方发送的每个位的起止时刻和速率来接收数据，否则就会产生接收误差。因此，通常采用异步传输或同步传输对信号进行同步处理。

异步传输对每一个传送的字符一般都附加有 1 个起始位和 1 个停止位，如图 2-6 所示。起始位与停止位的极性不同，因此在每一个连续的字符间，不管被传送的字符中的比特序列如何，至少总要有一次“1→0→1”的变换。因此，在一段空闲时间后的第一个“1→0”的变换，被接收器判定为一个新字符的开始。利用一个频率为传输比特率的 n 倍的时钟（通常 n=16），在每一个比特周期的中心对接收的信号采样，接收设备以此来确定传送字符中每一比特的状态。由于异步传输对每个字符都使用起始位和停止位，因此在需要传送大量数据块的场合就显得浪费，此时可使用同步传输。

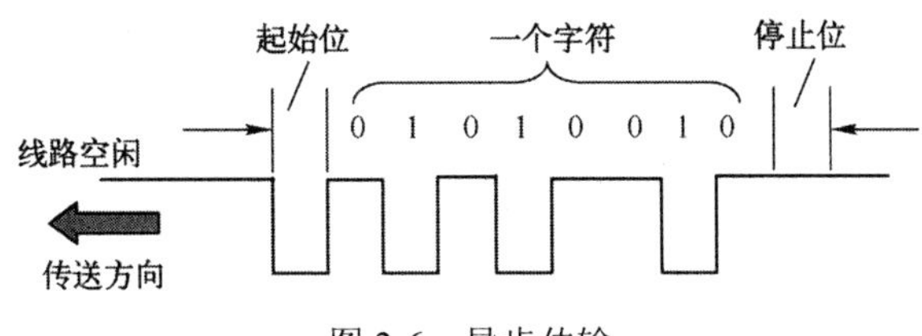

图 2-6　异步传输

同步传输通常不是独立地发送每个字符（每个字符都有自己的开始位和停止位），而是把它们组合起来构成数据帧（简称帧）进行传送，如图 2-7 所示。帧的第一部分包含一组同步字符，它是一个独特的比特组合，用于通知接收方一个帧已经到达，但它同时还能确保接收方的采样速度和比特的到达速度保持一致，使收发双方进入同步。同步字符后面接着要传送的数据。数据后面是校验字符。帧的最后一部分是一个结束字符，它也是一个独特的比特串，表示该帧传输结束。

图 2-7　同步传输

异步传输与同步传输的区别是：①异步传输是面向字符的传输，而同步传输是面向比特的传输。②异步传输的单位是字符，而同步传输的单位是帧。③异步传输通过字符起止的起始位和停止位来实现，而同步传输则需从数据中抽取同步信息。④异步传输对时序的要求较低，同步传输往往通过特定的时钟线路协调时序。⑤异步传输相对于同步传输效率较低。

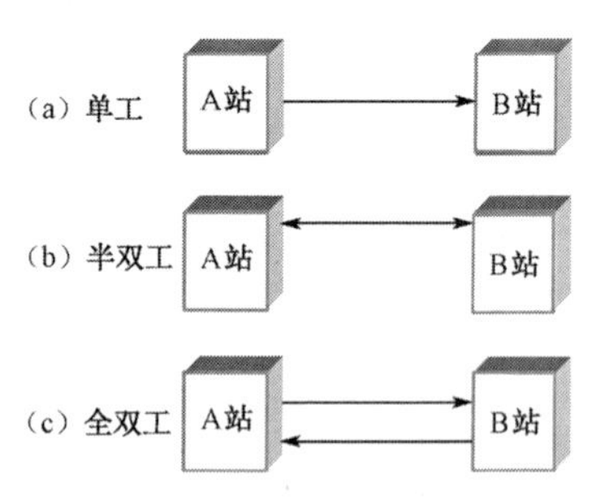

图 2-8　单工、半双工和全双工传输

4．单工、半双工和全双工传输

单工、半双工和全双工传输是按照数据信号在信道上的传送方向与时间的关系来分类的，如图 2-8 所示。

单工传输是两个数据站之间只能沿一个指定的方向传送数据信号。

半双工传输是两个数据站之间可以在两个方向上传送数据信号，但不能同时进行。即同一时刻只能沿一个方向传送数据信号，因此这种传输模式又称为“双向交替”模式。发/收之间的转向时间通常为 20～50ms。

全双工传输是两个数据站之间可以在两个方向上同时传送数据信号，故也称“双向同时”模式，它与半双工传输相比要有效得多，特别适用于高速数据通信的场合。

必须指出，在上述定义中并未涉及信道上所用信号线的数目。通常采用四线线路实现全双工传输；二线线路则可实现单工或半双工传输。采用频分或时分复用，以及回波抵消技术时，二线线路也可以实现全双工传输。

2.2.2　传输速率

传输速率是指单位时间内传送的信息量，它是衡量数据通信系统传输能力的主要指标之一。在数据传输中，经常用到的传输速率有以下两种。

1．调制速率

调制速率 R_B 表示信号在调制过程中，单位时间内调制信号波形的变换次数，也就是单位时间内所能调制的次数，简称波特率。其单位是波特（baud）。如果一个单位调制信号波的时间长度为 T(s)，则调制速率为

$$R_B = 1/T(\text{s}) \quad (\text{baud}) \qquad (2\text{-}6)$$

在数据通信中，单位调制信号波称为码元，因而调制速率也可定义为每秒钟传输的信号码元个数，所以调制速率又称为码元传输速率（或码元速率）。

【例 2-1】 某调频波（见图 2-9）的码元最短持续时间为 $T = 833\times10^{-6}$s，试求它的调制速率。

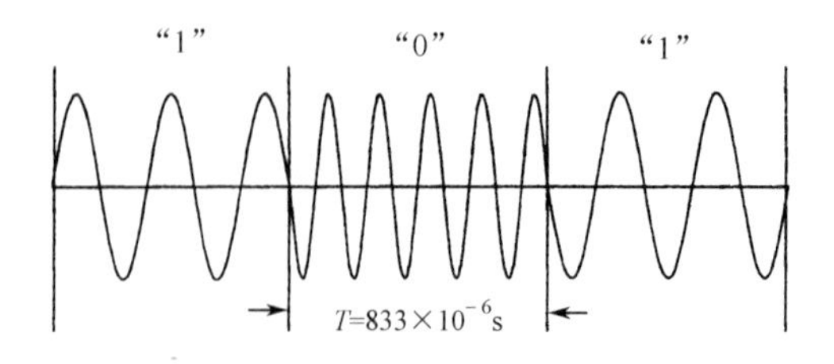

图 2-9　1200baud 调频波

【解答】 根据公式（2-6），得

$$R_B = \frac{1}{T} = \frac{1}{833\times10^{-6}} = 1200 \quad (\text{baud})$$

2．数据信号速率

数据信号速率 R_b（简称比特率）表示单位时间内通过信道的信息量，单位是比特/秒，用 b/s 或 bps（bit per second）表示。数据信号速率可定义为

$$R_b=\sum_{i=1}^{n}\frac{1}{T_i}\mathrm{lb}M_i\ （\mathrm{b/s}） \tag{2-7}$$

式中，n 为并行传输的通路数；T_i 为第 i 路一个单位调制信号波的时间长度（s）；M_i 为第 i 路调制信号波的状态数。

必须指出，比特既可作为信息量的单位，也可用来表征二进制代码中的位。由于在二进制代码中，每一个“1”或“0”含有一个比特的信息量，所以表征数据信号速率的单位（b/s）也表示每秒钟传送的二进制位数。有时，我们还可采用 kb/s、Mb/s、Gb/s 或 Tb/s 作为数据信号速率的单位。

调制速率 R_B 与数据信号速率 R_b 涵义不同，容易混淆，但可以转换。它们之间的关系可归纳为：$R_b=R_B\log_2 M$。因此，在调制信号是二状态串行传输时，两者的速率相等。例如，设二态调频信号的调制速率为 200 波特，此时数据信号速率是 200b/s，它们在数值上是相同的。但是在实际中，除了二态调制信号之外，还有多状态的调制信号，如多相调制中的 4 相和 8 相调制，多电平调幅中的 4 电平和 8 电平调制等。在 4 相制调制中，单位调制信号波包含着 2 位的信息量；在 8 相制调制中，单位调制信号波包含 3 位的信息量。同理，多电平调制的单位调制信号波里也包含多个比特的信息量。另外，在具体问题中还需要考虑串、并行传输的不同。下面举例说明数据信号速率的求法及其与调制速率的关系。

【例 2-2】 若采用 8 路并行传输和二状态调制，每路调制信号波的最短持续时间 T_i=0.013s，试求数据信号速率 R_b 和调制速率 R_B。

【解答】 根据式（2-7）和（2-6），得

$$R_b=\sum_{i=1}^{n}\frac{1}{T_i}\mathrm{lb}M_i=\sum_{i=1}^{8}\frac{1}{0.013}\mathrm{lb}2\approx\sum_{i=1}^{8}75\times1=75\times8=600\ （\mathrm{b/s}）$$

$$R_B=\frac{1}{T_i}=\frac{1}{0.013}\approx75\ （\mathrm{baud}）$$

【例 2-3】 若采用串行传输和 8 相调制，调制信号波的最短持续时间为 $T_i=833\times10^{-6}$s，试求数据信号速率 R_b 和调制速率 R_B。

【解答】 因 n=1，$T_i=833\times10^{-6}$s，M_i=8，根据式（2-7）和（2-6），得

$$R_b=\sum_{i=1}^{n}\frac{1}{T_i}\mathrm{lb}M_i=\frac{1}{833\times10^{-6}}\mathrm{lb}8=1200\times3=3600\ （\mathrm{b/s}）$$

$$R_B=\frac{1}{T_i}=\frac{1}{833\times10^{-6}}\approx1200\ （\mathrm{baud}）$$

2.2.3 频带利用率

频带利用率是描述数据传输速率与带宽之间关系的一个指标，它也是一个与数据传输效率有关的指标。大家知道，数据信号占用一定的频带，数据传输系统占用的频带越宽，传

输数据信息的能力越大。因此，在比较数据传输系统的效率时，只考虑它们的数据信号速率是不够充分的。因为即使两个数据传输系统的数据信号速率相同，而它们的通信效率也可能不同，此时还需考虑传输相同信息所占用的频带宽度。因此，真正衡量数据传输系统信息传输效率的是频带利用率，它被定义为单位传输带宽所能实现的传输速率。

$$\eta=\frac{R_{\mathrm{B}}}{B}\ (\mathrm{baud/Hz})\ \text{或}\ \eta=\frac{R_{\mathrm{b}}}{B}\ (\mathrm{bps/Hz}) \tag{2-8}$$

式中，B 表示系统所占的频带宽度。频带利用率通常与采用的调制及编码方式有关。

*2.3 传输损伤和传输质量

2.3.1 传输损伤

数据信号在数据通信系统的端到端连接的每个环节都可能受到伤害，这种伤害又是多种多样的。ITU 称这种伤害为传输损伤。数字传输损伤是一个相当复杂的物理现象，至今仍是一个研究课题。目前，ITU-T 推荐用误码、抖动、漂移、滑动和时延等来表示数字传输损伤，其定义如下。

误码（Error）。指信号在传输过程中码元发生的差错，即接收与发送数字信号的单个数字之间的差异。

抖动（Jitter）。指码元出现的时刻随时间频繁地变化，也就是各有效瞬间相对于理想时间位置的短时间偏移。

漂移（Wander）。指码元各有效瞬间相对于理想时间位置的长期缓慢偏移。

滑动（Slip）。指一个信号序列在传输过程中，不可恢复地丢失或增加若干码元。

时延（Delay）。指信号的各有效瞬间相对于理想时间位置的滞后或推迟。

另外，在具有帧结构的群码流为基础的设备（如分接器）中还会出现帧失步损伤。

传输损伤产生的原因来自两个方面：一是源于外界环境干扰和设备内部的技术缺陷。其中，外界环境干扰包括诸如温度、湿度的平稳变化，以及来自电气和机械等的突发干扰。设备内部的技术缺陷，包括时钟提取、复接等技术机理缺陷，以及设备工作反常或调节不佳等技术操作缺陷。二是来自传输损伤之间的相互影响或转化。

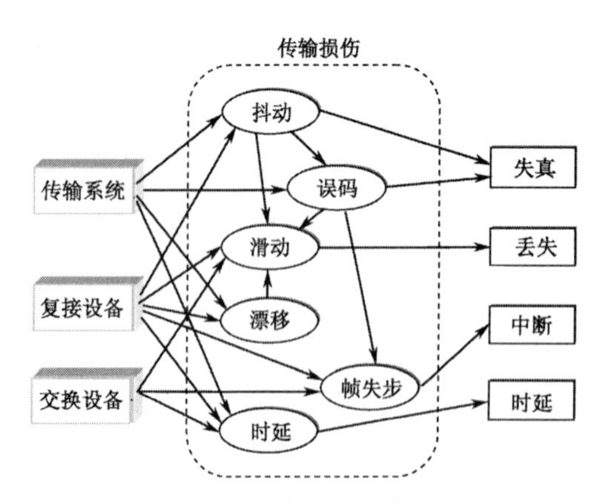

图 2-10 各种传输损伤的产生来源及相互影响

图 2-10 表示各种传输损伤的产生来源及相互影响。由图可见，误码可能引起滑动和帧失步，抖动可能引起误码和滑动，漂移可以转化为受控滑动。而误码和抖动损伤使得信号失真，滑动损伤使得信号产生采样丢失，帧失步损伤使得信号产生中断，时延损伤使得信号产生时延。

2.3.2 传输质量

以上传输损伤对传输质量的影响，可用以下指标加以描述。

1. 衰减和增益

当信号沿传输介质传播时，因其中的部分能量转换成热能或被传输介质所吸收，信号强度会不断减弱，这种现象称为衰减。当信号经过传输系统，若系统输出端的功率（P_2）小于输入端的功率（P_1），则信号在系统中受到了衰减。反之，则认为信号在系统中得到了增益。

衰减和增益通常以分贝（dB）来表示。其定义是

$$D = 10\lg\frac{P_2}{P_1} = 20\lg\frac{V_2}{V_1} = 20\lg\frac{I_2}{I_1}\ \text{（dB）} \tag{2-9}$$

式中，D 是用分贝表示的两个功率的差别。如果输入传输系统的信号功率为 10mW，而在某距离上测得的功率只有 5mW，则在这段距离上的衰耗为

$$\text{loss} = 10\lg(5/10) = 10\times(-0.3) = -3\ \text{（dB）}$$

注意，分贝是相对差别的量度。从 1000mW 到 500mW 的衰减也是-3dB。

使用分贝可方便地计算整个传输系统的衰减或增益。例如，考虑一个由传输线和连接在传输线上的放大器组成的点到点的传输系统。如果一部分传输线的衰减为 13dB，放大器的增益为 30dB，另一部分传输线的衰减为 40dB，则该传输系统的总衰减为-13+30-40=-23dB。

系统中某些点的功率电平可用绝对功率来表示，其单位为 dBm。其中 m 表示以 1mW 为参考的功率单位。于是绝对功率可表示为

$$D_m = 10\lg\frac{P}{1\text{mW}}\ \text{（dBm）} \tag{2-10}$$

因此，1mW 的功率电平是 0 dBm，而 2mW 的功率电平是 3 dBm。

信号功率电平也可用相对于某个基准点的电平来表示，其单位是 dBr，r 表示相对的意思。如在线路上预先指定一个特定位置作为测试参考基准点，并用测试单音（800Hz 或 1000Hz）进行线路调整，使得该点的绝对功率为 0dBm（即 1mW），通常称该基准点为零测试电平点，缩写 dBm0，表示在零传输电平点用 dBm 表示的信号大小。

2. 失真

信号通过传输系统时，其波形可能发生畸变，这种现象称为失真。

由衰减所引起的失真，称为衰减失真或振幅失真。这种失真与信号的频率有关，主要来源于音频电缆及系统中的滤波器。当多段线路串接组成一个系统时，总的衰减失真等于各段线路失真的代数和。当总衰减失真达到一定程度则需采用幅度均衡器加以补偿。

由线路的相位-频率特性的非线性或不同频率分量的传播速度不一致所引起的失真，称为相位失真或群时延失真。这一失真也来源于音频电缆及系统中的滤波器。如果整个话路由若干段话路链接而成，则总的群时延等于各段话路单独的群时延之代数和。于是总的群时延失真有可能累积，一旦群时延失真因累积而变得十分严重时，就必须采取一定的均衡措施来减少其影响。

衰减失真和群时延失真对数据传输的主要影响是使得码元信号波形展宽，从而引起码间串扰，这是传输速率受到限制的主要原因。通过增加码元宽度和采用均衡等措施可以减少码间串扰的影响。

3．畸变

衰减和失真是引起数据信号畸变的主要原因。数据信号畸变可分为规则畸变和不规则畸变。

规则畸变是指信号波形按一定的法则有规律地发生代码畸变。规则畸变又可分为偏畸变和特性畸变。偏畸变有两种：一种是使“1”时间伸长和“0”时间缩短，称为“正偏”；另一种是使“1”时间缩短和“0”时间伸长，称为“负偏”。偏畸变是由电源电压不平衡、电平变动、调制解调器调整不良等所引起的。特性畸变也有两种：一种是使得短“1”和短“0”两者都伸长，称为“正特性畸变”；另一种是使得短“1”和短“0”两者都缩短，称为“负特性畸变”。特性畸变是由信道、滤波器和调制解调器的特性等因素使得频带受限，以及群时延失真等所引起的。

不规则畸变是指无规律地发生代码畸变。传输信道的噪声、串音和设备不规则的调制等是引起不规则畸变的原因。

4．噪声和干扰

数据信号在传输过程中，极易受到噪声和干扰的影响。噪声和干扰都将使通信系统传输质量恶化，信噪比下降，传送的信息码元错误概率增大。

（1）噪声

噪声是指那些额外混进的非期望信号。它是制约传输系统性能的重要因素。噪声可分为以下 4 种类型。

① 热噪声

热噪声是由带电粒子在导电介质中的布朗运动引起的。它存在于任何工作在热力学零度以上的电路或系统中。这种噪声又称为正态（高斯）白噪声，因为其瞬时值服从正态分布，其功率谱密度在极宽的频带范围（$f<10^{12}$Hz）内等于常数。这与可见光的白光由各种波长的有色光组成的情况类似。因此，凡是既服从正态分布而功率谱密度又是均匀分布的噪声都称为高斯白噪声。热噪声不可能被排除，因而它对通信系统的性能有一定的影响。

在 1Hz 带宽内，从热噪声源所得的噪声功率称为噪声密度。其计算公式为

$$N_0 = kT \tag{2-11}$$

式中，N_0 为噪声功率密度，单位为 W/Hz；k 为玻耳兹曼常数，等于 1.3803×10^{-23}J/K（J 为焦尔，K 为开尔文）；T 为热噪声源的绝对温度。

在室温 17℃（或 290K）时，噪声功率密度为 $N_0=(1.3803\times10^{-23})\times290=4.0\times10^{-21}$W/Hz，即-204dBW/Hz。dBW 是分贝-瓦。

若认为噪声与频率无关，在系统带宽 B (Hz)内，热噪声功率可表示为

$$N_a = kTB \quad \text{(W)} \tag{2-12}$$

如用单位分贝-瓦可表示为

$$N_a = 10\lg k + 10\lg T + 10\lg B = -228.6 + 10\lg T + 10\lg B \quad \text{(dBW)} \tag{2-13}$$

如用 dBm 为单位来表示所得的热噪声功率，则为

$$N_a = -174 + 10\lg B \quad \text{(dBm)} \tag{2-14}$$

【例 2-4】 假设接收器的有效噪声温度为 300K，系统带宽为 10MHz，试求该接收器输出端的热噪声功率。

【解答】 该接收器输出的热噪声功率为

$$N_a = 10\lg k + 10\lg T + 10\lg B$$
$$= -228.6 + 10\lg 300 + 10\lg 10^7$$
$$= -228.6 + 24.77 + 70 = -133.83 \text{（dBW）}$$

② 交调噪声

交调噪声是多个不同频率的信号公用同一传输介质可能产生的噪声。它们是出现在系统输出端的一些附加的频率成分，是输入信号的频率和或差及这些频率的多倍数的组合。例如，频率为 f_1 和 f_2 的信号在同一传输介质中传输时，可能产生频率为 $f_1 + f_2$ 的交调噪声。这个附加的频率成分会干扰所期望的频率为 f_1、f_2 的信号。

交调噪声源自传输系统中的非线性元件。交调噪声可用人为的方法，通过校正系统的非线性而部分地得到补偿。

③ 串音

串音是一条信号通路中的信号在另一条信号通路上产生的干扰信号，又称串扰。这是由于信号通路之间发生耦合所引起的，特别是相邻双绞线之间发生电耦合，就会产生串音现象。

④ 脉冲噪声

脉冲噪声是一种突发的振幅很大且持续时间很短，耦合到信号通路中的非连续的尖峰脉冲引起的干扰信号。脉冲噪声对语音通信的危害并不十分显著，然而它却是数据通信出现差错的主要根源。例如，0.01s 的尖峰能量不会严重危害任何语音通信，但会严重干扰正在以 56kb/s 传输的大约 560b 的数据。脉冲噪声源于各种自然的和人为的电火花，例如雷电、汽车点火系统、电力线放电等。

图 2-11 表示噪声对数据信号传输影响的一个例子。这里的噪声是中等程度的热噪声和偶发的脉冲噪声尖峰。如图所示，噪声的存在有时足以将“1”变成“0”，或“0”变成“1”。

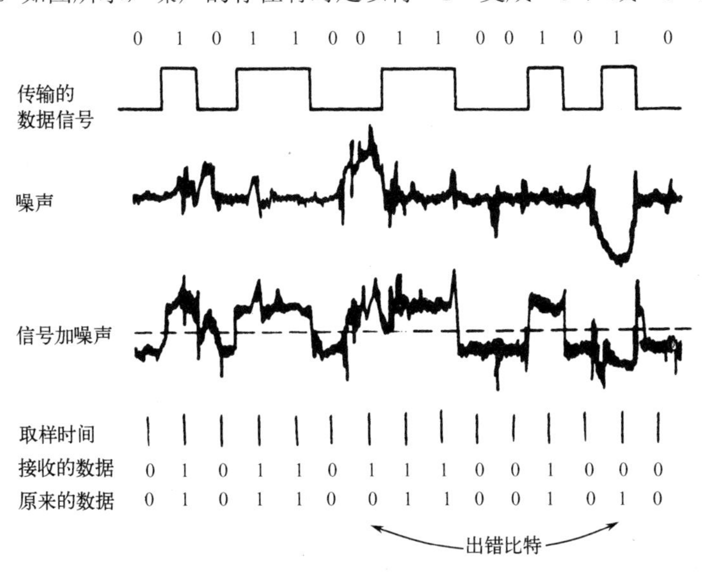

图 2-11 噪声对数据信号传输的影响

（2）干扰

除了上述各种噪声之外，还存在各种类型的干扰。干扰包括环境干扰和人为恶意干扰。环境干扰包括大气干扰（如雷电、电离层闪烁等）、城区人为干扰（如工业干扰、汽车干扰等）和非恶意的邻道干扰等；人为恶意干扰是指带有恶意或敌意的人为干扰。

5．信噪比

信噪比SNR（Signal Noise Rate）是指在信号通路的某一点上，信号有效功率P_S与混在信号中的噪声有效功率P_N之比值。SNR 是用来描述信号在传输过程中不可避免地受到噪声的影响的度量，该值应该是越高越好。

在通常情况下，为了适用于更大的范围，该比值表示成对数形式，其单位为分贝（dB），即

$$\frac{S}{N}=10\lg\frac{P_S}{P_N}\ \text{(dB)} \tag{2-15}$$

此式也可以换算成电压幅值的关系，即 20lg（V_S/V_N），其中 V_S和 V_N分别代表信号和噪声电压的“有效值”。

信噪比一般是在接收端测量的，因为随着传送距离的增加，噪声将不断叠加在信号上，从而使信噪比逐渐降低。信噪比越高，意味着噪声的含量越低，接收端越容易从接收到的信号中恢复出初始信号，同时也意味着可能使用较少的中继转发器。

6．误码率

度量误码损伤的严重程度一般用以下两个指标。

（1）平均误码率

平均误码率P_e是指单位时间内接收到的出错码元数占总码元数的比例。可表示为

$$P_e=\frac{n_e}{n} \tag{2-16}$$

式中，n_e表示系统传输出错的码元数，n表示系统传输的总码元数。显然，n越大，误码率的计算值越能反映客观事实。

平均误码率与所选择的测量时间有关。对于同一条数据电路，由于测量的时间长短不同，误码率不一样。在测量时间相同的条件下，若测量时间不同，如上午、下午或晚上，它们的测量结果也不相同，所以在设备的研制、考核、试验时应以较长时间的平均误码率来评价。在日常的维护测试中，ITU-T 规定测试时间为 15min。

必须指出，在二进制传输时，码元与比特等价，误码率又称误比特率。但是，在多进制传输时，两者不相等需进行必要的转换。

（2）误码秒平均时间百分数

ITU-T 建议用一个相当长的时间（TL）内确定的平均误码率超过某一误码阈值（BER_{th}）和各个时间间隔（T_0）的平均百分数来度量误码损伤的严重程度。其中，TL 的建议值为一个月。

若取 T_0=1s，BER_{th}=0，当 BER＞BER_{th}时，则称为误码秒。ITU 要求误码秒平均时间百分数不得超过 8%。若取 T_0=1s，$BER_{th}=1\times10^{-3}$，当 BER＞BER_{th} 时，则称为严重误码秒。ITU 要求严重误码秒平均时间百分数低于 0.2%。

2.4 通信编码

在数据通信系统中，内部信息是用二进制数表示的，而外部信息则以各种图形字符来

表示。由输入设备将字符变换成二进制数，再由输出设备把二进制数变换成字符。为了实现正常通信，对二进制数和字符的对应关系做出一个统一的规定。这种规定称为编码规则。

数据传输时除了传输信息内容的字符外，还需要传输控制计算机和终端设备的操作，以及识别报文的组成和格式的各种控制字符。这些控制字符只作为数据通信系统内部控制之用，不能打印输出。

随着数据通信技术的发展，编码规则的标准化显得十分重要。目前使用的编码规则主要有两种：一种是国际基准编码 IRA，IRA 早期以国际 5 号码（IA5）而闻名，它的美国国家版本称为美国信息交换标准代码（USASCII 或 ASCII），是数据通信中最通用的编码。ASCII 码分两种：7 位编码（内含 128 个字符）和 8 位编码（内含 256 个字符）。另一种是扩充的二/十进制交换码 EBCDIC（Extended Binary-Coded Decimal Interchange Code），是 IBM 公司的标准编码。该编码字符由 8 位组成，内含 256 个字符。表 2-1 列出了国际 5 号码表。

表 2-1　国际 5 号码表

				b7	0	0	0	0	1	1	1	1
				b6	0	0	1	1	0	0	1	1
				b5	0	1	0	1	0	1	0	1
b4	b3	b2	b1	列 行	0	1	2	3	4	5	6	7
0	0	0	0	0	NUL	DLE	SP	0	@	P	`	p
0	0	0	1	1	SOH	DC1	!	1	A	Q	a	q
0	0	1	0	2	STX	DC2	″	2	B	R	b	r
0	0	1	1	3	ETX	DC3	#	3	C	S	c	s
0	1	0	0	4	EOT	DC4	¤	4	D	T	d	t
0	1	0	1	5	ENQ	NAK	%	5	E	U	e	u
0	1	1	0	6	ACK	SYN	&	6	F	V	f	v
0	1	1	1	7	BEL	ETB	′	7	G	W	g	w
1	0	0	0	8	BS	CAN	(	8	H	X	h	x
1	0	0	1	9	HT	EM	)	9	I	Y	i	y
1	0	1	0	10	LF	SUB	*	:	J	Z	j	z
1	0	1	1	11	VT	ESC	+	;	K	[	k	{
1	1	0	0	12	FF	IS4	,	<	L	\	l	|
1	1	0	1	13	CR	IS3	-	=	M	]	m	}
1	1	1	0	14	SO	IS2	.	>	N	^	n	~
1	1	1	1	15	SI	IS1	/	?	O	_	o	DEL

为了便于计算机处理和存储汉字，我国国家标准局于 1981 年制订了“中华人民共和国国家标准信息交换用汉字编码字符集（基本集 GB2312-80）”。它用两字节来表示一个汉字。目前将汉字转换成二进制编码分两步来实现，首先把汉字转换成字符编码（称为“外码”），然后再将外码转换成二进制代码（称为“内码”）。外码用于数据终端与操作者之间的交互，而内码是机器内部用来存储、处理的二进制代码。汉字的外码与采用的汉字输入方式有关，不同的汉字输入法有不同的外码表示。内码一般由两字节表示，通常是把两字节的最高位

b8 置为 1，以便区别于 ASCII 码。

习　题　2

2-01　设英文字母 E 出现的概率为 0.105，X 出现的概率为 0.002。试求 E 与 X 的信息量。

2-02　设某条消息由 4 个符号：0、1、2、3 组成。它们出现的概率分别为：3/8、1/4、1/4、1/8，且每个符号的出现都是独立的。试求下列消息的信息量。

201020130213001203210100321010023102002010312032100120210

2-03　简述信号带宽的概念，并解释下列名词：绝对带宽和半功率带宽。

2-04　设有一个 10000 字符的文件，采用异步传输方式，以 2400b/s 速率进行传送。

（1）假设每个字符包含一个起始比特、8 位数据比特和一个停止比特，但未设校验位。试问：传输时的额外开销和传输时间是多少？

（2）假设数据以帧方式传送，每个帧包含了 1000 个字符（相当于 8000 比特），以及 48 控制比特的额外开销。试问：传输时的额外开销及其传输时间是多少？

（3）当文件长度为 100000 个字符，数据传输速率为 9600b/s 时，重新计算上述两种情况的额外开销和传输时间。

2-05　试求下列情况的传输速率。

（1）200 波特 2 态调频线路的数据传输速率 R_c 为多少？（采用 ASCII 编码、串行起止同步方式）

（2）1200 波特 2 态调频线路的数据信号速率 R_b 为多少？

（3）设传输方式为 8 路并行传输、采用 2 态调制，已知调制速率 R_B 为 75 波特，那么每路一个单位调制信号波的时间长度 T_i 为多少？这种传输方式的数据信号速率 R_b 为多少？

2-06　假定在进行异步通信时，发送端每发送一个字符就要发送 10 个等宽的比特（一个起始比特，8 个比特的 ASCII 码字符，最后一个停止比特）。试问当接收端的时钟频率和发送端的时钟频率相差 5%时，双方能否正常通信？

2-07　ITU-T 推荐的传输损伤有哪几种？其产生原因是什么？各种传输损伤之间有何关系？

2-08　如果一放大器的增益为 30dB，试求这个放大器的电压放大倍数。若该放大器输出为 20mW，如用 dBm 表示，其输出是多少？

2-09　如果 13dB 衰减器的输入功率是 2mW，试问该衰减器的输出功率为多少？

2-10　假设一种双绞线的衰减是 0.7dB/km（在 1kHz 时），若使用这种双绞线容许有 20dB 的衰减，试问使用这种双绞线的链路的工作距离有多长？如果要使这种双绞线的工作距离增大到 100km，试问应将衰减降低到多少？

2-11　失真对数据通信会造成什么危害?

2-12　设一放大器有效噪声温度为 10000K，带宽为 10MHz，其输出端的热噪声估计值是多少？

2-13　在数据通信中，什么噪声是产生错码的主要原因？

2-14　假设在传输速率为 2400b/s 的电话线路上，进行了 2h 的连续传输测试，结果共发生 10b 的误码，试问该数据通信系统的误码率为多少？

第 3 章　数据传输信道

数据通信的质量不仅与传送的信号、发 / 收两端设备的特性有关，而且还要受到传输信道的质量及传输信道沿途不可避免的噪声干扰的直接影响，所以传输信道是影响通信质量的重要因素之一。

本章专门介绍传输信道的有关内容，包括信道的定义和分类，信道容量及其计算，各种传输介质的传输特性以及对传输质量的影响等。

*3.1　信 道 概 述

3.1.1　信道概述

在数据通信系统中，可从两种角度来理解传输信道（以下简称信道）：一种是将传输介质和完成各种形式的信号变换功能的设备都包含在内，统称为广义信道。广义信道还可根据具体的研究对象和所关心的问题的不同，定义出不同类型，如调制信道、编码信道等。另一种是仅指传输介质（如双绞线、电缆、光纤、短波、微波等）本身，称为狭义信道。狭义信道还可定义为“能够传输信号的任何抽象的或具体的通路”。图 3-1 展示了广义信道与狭义信道的研究范围。

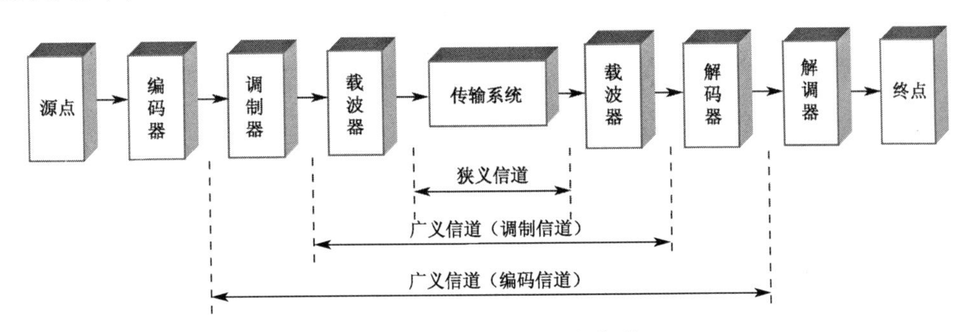

图 3-1　广义信道与狭义信道

由此可见，信道为信号传输提供了通路，是沟通通信双方的桥梁。必须指出，任何一种能够传输信号的介质，它既为信号提供通路，又对信号造成损害。这种损害具体反映在信号波形的衰减和畸变上，最终导致通信出现差错现象。还需指出，信道和电路是两个并不等同的概念。信道一般都是用来表示向某个方向传送信息的媒体，因此一条通信电路往往包含一条发送信道和一条接收信道。信道是电路的逻辑部件。

信道分类的方法很多，常见的有：按照信道上允许传输的信号类型，分为模拟信道和数字信道；按照信道上信号传送方向与时间的关系，分为单工、半双工和全双工信道；按照使用信道的方法分为专用（租用）信道和公共交换信道；按照信道采用传输介质的不同，分为有线信道和无线信道。

以上是对信道的大致分类。那么，如何解决数据传输的信道问题呢？其基本方法有两种：一种是设计并构建专门传输数据的信道，此法投资大，见效慢，但可以得到较好的性能；另一种是利用现有信道（如电话信道）来传输数据。为了设计适合于数据传输的信道，必须充分了解各种传输介质的特点及有关信道设备参数的计算。在某些数据通信业务量不太大的场合，利用现有信道来实现数据传输是一种既经济又可行的方案，但必须充分了解现有信道对传输数据的影响和限制。

3.1.2 信道容量的计算

对任何一个通信系统而言，人们总希望它既有高的通信速率，又有高的可靠性。然而这两项指标却是相互矛盾的。也就是说，在一定的物理条件下，提高其通信速率，就会降低它的通信可靠性。因此，设计者总是在给定的信道环境下，千方百计地设法提高信息传输速率，同时又尽量降低误码率。那么，对于给定的信道环境，信息传输速率与误码率之间是否存在某种关系？或者说，在一定的误码率要求下，信息传输速率是否存在一个极限值呢？信息论中证明了这个极限值的存在，并给出它的计算公式。这个极限值称为信道容量。

信道容量可定义为“对于一个给定的信道环境，在传输差错率（即误码率）任意趋近于零的情况下，单位时间内可以传输的信息量”。换句话说，信道容量是信道在单位时间里所能传输信息的最大速率，其单位是比特/秒（b/s）。

下面分别说明模拟信道和数字信道的信道容量。

1. 模拟信道容量的计算

信息论中的香农定律给出了模拟信道信道容量的计算公式。该定律指出：在信号平均功率受限的高斯白噪声信道中，计算信道容量 C 的理论公式（以下简称香农公式）为

$$C = B\mathrm{lb}\left(1+\frac{S}{N}\right)\ \text{(b/s)} \qquad (3\text{-}1)$$

式中，B 是信道带宽，以 Hz 为单位；S/N 是平均信号噪声功率比，S 为信号功率，N 为噪声功率。这里的噪声为正态分布的加性高斯白噪声。

由式（3-1）可以得出下面 4 点重要结论。

① 任何一条信道都有它的信道容量。如果信源的信息传输速率 R 小于或等于信道容量 C，则在理论上存在一种方法，即通过适当的编码，使得信源的输出能以任意小的差错率通过信道进行传输；如果 R 大于 C，那么无差错传输在理论上是不可能的。

② 信道容量 C 与带宽 B 和信噪比 SNR 有关。对于给定的 C，若减小 B，则必须增大 SNR，亦即提高信号强度；反之，若有较大的传输带宽，则可用较小的信噪比。由此可见，宽带系统呈现出较好的抗干扰性能。因此，常用增加带宽来提高信道容量，从而改善通信质量。这就是常用的带宽替换功率的方法。

③ 当信道的噪声为高斯白噪声时，公式（3-1）中的噪声功率不是常数，而与带宽 B 有关。若设单位频带内的噪声功率为 n_0（W/Hz），则噪声功率 $N = n_0 B$，代入公式（3-1）可得

$$C = B\mathrm{lb}\left(1+\frac{S}{n_0 B}\right) \qquad (3\text{-}2)$$

如果 $B\to\infty$，则信道容量 C 将为

$$C = \lim_{B\to\infty}\left[B\text{lb}\left(1+\frac{S}{n_0 B}\right)\right] \approx 1.44\frac{S}{n_0} \tag{3-3}$$

式（3-3）表明，当 S 和 n_0 一定时，信道容量 C 虽随带宽 B 增大而增大，但当 $B\to\infty$时，C 并不会趋向于无限大，而是趋于常数 $1.44S/n_0$。

④ 如果考虑到信道容量$C = I/T$，代入公式（3-1），则得

$$I = TB\text{lb}\left(1+\frac{S}{N}\right) \tag{3-4}$$

式中，I 为传输的信息量，T 为传输时间。此式表明，当 SNR 一定时，对于给定的信息量 I 可以用不同的带宽 B 和传输时间 T 的组合来进行传输。亦即 B 和 T 之间也存在某种互换关系。

【例 3-1】 若有一幅图片在模拟电话信道上进行数字传真。该幅图片约有 2.55×10^6 个像素，每个像素有 16 个亮度等级，各亮度等级是等概率出现的。模拟电话信道的带宽和信噪比分别是 3kHz 和 30dB。试求在此模拟电话信道上传输这幅传真图片所需的最短时间。

【解答】 为表示每个像素的 16 个亮度等级，所需要的信息量为 $\text{lb}2^4 = 4$（b）

传输一幅图片的信息量为 $2.25\times10^6\times4=9\times10^6$（b）

设此幅图片的传输时间为 T，则图片信息的传输速率 $R=9\times10^6/T$（b/s）

模拟电话信道容量

$$C = B\text{lb}\left(1+\frac{S}{N}\right) = 3\times10^3\times\text{lb}(1+1000)$$

$$= 3\times10^3\times3.32\lg(1+1000) = 29.9\times10^3 \text{ (b/s)}$$

由于 R 应小于或等于 C，如取 $R=C$，则可求得在此模拟电话信道上传输一幅传真图片所需的最短时间为

$$T_{\min} = \frac{9\times10^6}{29.9\times10^3} = 0.301\times10^3 \approx 5.01 \text{ (min)}$$

2. 数字信道容量的计算

早在 1924 年，奈奎斯特（Hery Nyquist）就认识到，即使是理想信道（无噪声、无码间干扰），它的传输能力也是有限的。他推导出一条有限带宽、无噪声的理想信道信道容量的公式（简称奈奎斯特公式）为

$$C = 2B\text{lb}M \text{ (b/s)} \tag{3-5}$$

式中，C 为理想信道的信道容量，其单位是 b/s；B 为信道带宽，以 Hz 为单位；M 是被传输信号的取值状态数。

式（3-5）表明，对于给定的带宽可以通过增加信号取值的状态数来提高信道容量。但是，这会加重接收器的负担。也就是在每个信号码元时间内，已不再只是从两个而是必须从 M 个可能的状态中区分出一个来。同时，传输线上的噪声和其他损伤也将会限制 M 的实际取值。

【例 3-2】 假设一理想低通信道的带宽为 3100Hz，用来传输八进制数字信号，试求此理想信道的信道容量。

【解答】 已知信道带宽 B=3100Hz，信道中传输八进制数字信号，即 $M = 8$。

根据奈奎斯特公式

$$C = 2B\text{lb}M = 2 \times 3100 \times \text{lb}8 = 18600 \text{（b/s）}$$

*3.2 传输介质

传输介质是指发送器与接收器之间的物理通路。传输介质大致上可分为导引型和非导引型两大类。对导引型传输介质而言，电磁波是沿着某一介质同向传播的。非导引型传输介质是指电磁波在大气层、外层空间或海洋中进行的无线传输。

图 3-2 表示应用于电信领域的电磁波频谱，并指出各种传输介质的工作频率范围。

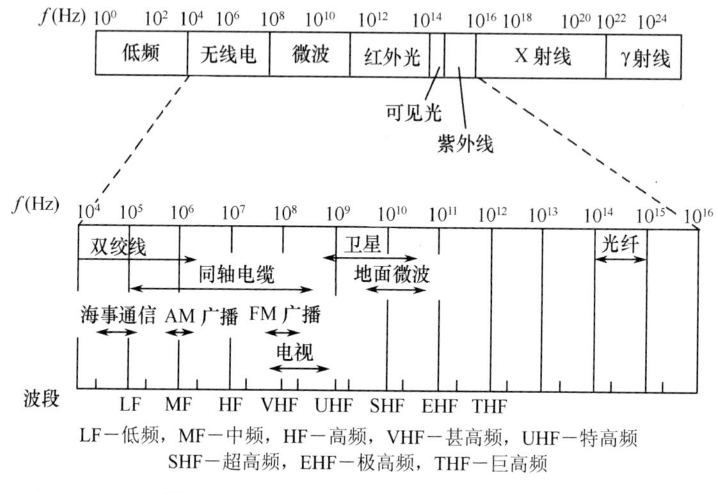

图 3-2 应用于电信领域的电磁波频谱

3.2.1 导引型传输介质

1. 双绞线

双绞线是古老而又常用的传输介质，它由两根具有绝缘保护层的铜导线按一定规则互相绞缠在一起形成的线对构成。双绞线的缠绕密度、扭绞方向和绝缘材料，直接影响它的特性阻抗、衰减和近端串扰。常用的双绞电缆内含 4 对双绞线，按一定密度反时针互相扭绞在一起，其外部包裹着金属层或塑橡外皮，起着屏蔽外来干扰和邻近线缆串扰的作用。双绞线的通信距离一般在几到几十千米，距离太远需用放大器把信号放大，或者使用中继器对信号进行整形。双绞线既可用于传输模拟信号，也可用于传输数字信号。其带宽取决于铜线的直径和传输距离。由于双绞线具有良好的传输特性，以及较低的经济成本，所以它的应用十分广泛，它不仅用于电话网的用户线，也常用于室内通信网的综合布线。

为了提高抗电磁干扰的能力，双绞电缆按其外部是否包裹有金属层和塑橡外皮，可分为无屏蔽双绞电缆和屏蔽双绞电缆。

无屏蔽双绞 UTP（Unshielded Twisted Pair）电缆是由多对双绞线外包缠一层塑橡护层构成的。图 3-3（a）示出了 4 对无屏蔽双绞电缆的外形。这种电缆根据每对线的绞距与所能抵抗电磁幅射及干扰成正比，结合滤波和对称等技术，经由精确的生产工艺制成，可减少线对间的电磁干扰。无屏蔽双绞电缆因无屏蔽层，所以具有价廉、按装简单和节省空间等优点。

屏蔽双绞电缆与无屏蔽双绞电缆一样，也有塑橡皮的护套层，但在护套层内增加了金属层。按所增加的金属屏蔽层的数量和绕包方式，又可分为金属箔双绞 FTP（Foil Twisted Pair）电缆，屏蔽金属箔双绞 SFTP（Shielded Foil Twisted Pair）电缆和屏蔽双绞 STP（Shielded Twisted Pair）电缆 3 种[见图 3-3（b）～（d）]。屏蔽双绞电缆比无屏蔽双绞电缆价格要贵，且使用也不是十分方便。

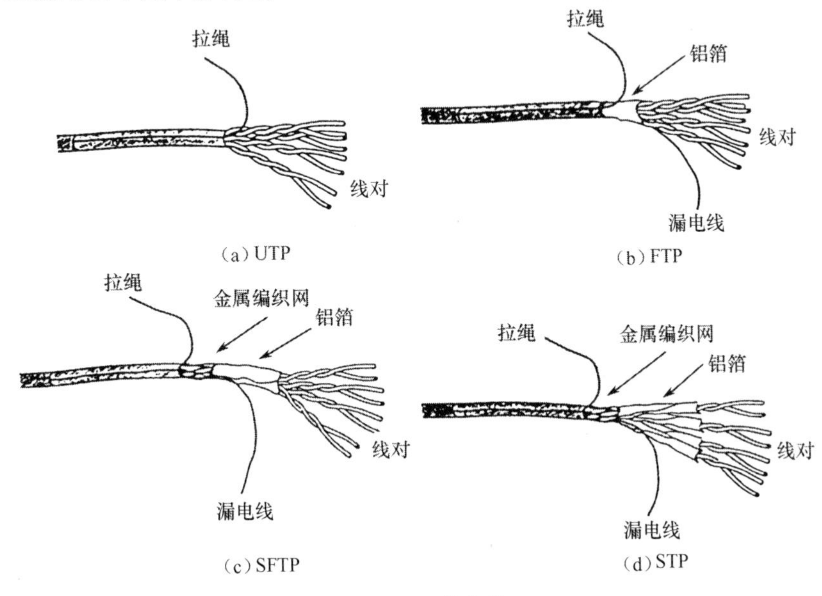

图 3-3　双绞电缆

1991 年，EIA 公布了 EIA-568 标准，即“商业建筑电信电缆标准”。该标准规定了室内数据通信的屏蔽双绞线和语音级无屏蔽双绞线的使用规约。为了适应局域网传输速率的提高，EIA 于 1995 年又公布了 EIA-568-A 标准。该新标准包含有 100Ω 无屏蔽双绞线和 150Ω 屏蔽双绞线，还涉及电缆和连接器设计及测试手段的进展。EIA-568-A 将无屏蔽双绞电缆分为 3 类、4 类和 5 类三大类。目前常用的是 3 类和 5 类 UTP。3 类和 5 类 UTP 电缆的区别在于绞距不同，5 类 UTP 的典型绞距是 0.6～0.85cm，而 3 类 UTP 的绞距是 7.5～10cm，可见 5 类 UTP 绞合得更紧密，但价格也较贵。3 类和 5 类 UTP 的数据传输速率分别可达 16Mb/s 和 100Mb/s。自 EIA-568-A 公布以来，人们对现有的双绞电缆提出了更高的性能要求，于是又出现了 5 类增强型、6 类、7 类和 8 类双绞电缆。表 3-1 列出了常用双绞线的应用情况。

表 3-1　常用双绞线的应用情况

类别	带宽（MHz）	典型应用
3	16	低速网络，如模拟电话网
4	20	短距离的以太网，如 10Base-T
5	100	10Base-T 以太网，某些 100Base-T 快速以太网
5E（超 5）	100	100Base-T 快速以太网，某些 1000Base-T 吉比特以太网
6	250	1000Base-T 吉比特以太网，改善了串扰和回波损耗的性能
6E（超 6）	250	1000Base-T 吉比特以太网，较大改善了串扰、衰减和 SNR
7	600	可用于 10 吉比特以太网（只使用 STP）
8	1200	可同时提供多种服务，包括音频、视频、电话、USB 设备等

2．同轴电缆

同轴电缆是由硬的铜质芯线和外包一层绝缘材料，在绝缘材料外面是一层网状密织的外导体，以及塑料保护外套组成。同轴电缆的示意图如图 3-4 所示。同轴电缆的结构和屏蔽性使得它既有很高的带宽，又有很好的抗干扰特性，因而能够获得较高的传输速率。

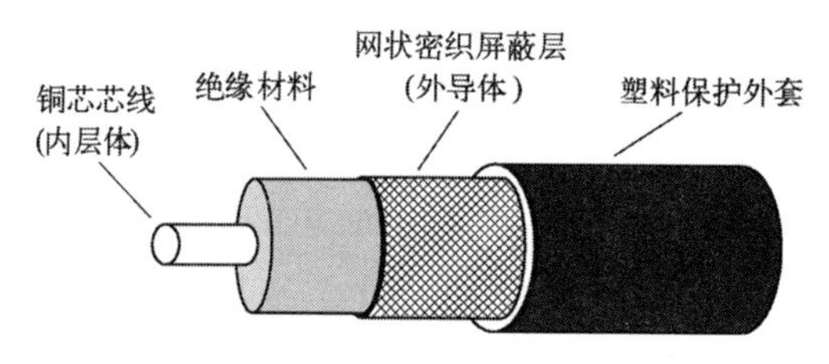

图 3-4　同轴电缆的示意图

通常，将数根同轴电缆置在一个大的电缆护套内，其间还可装入一些两芯扭绞线对或四芯线组，作为传输控制信号之用。在实际应用中，同轴管的外导体是接地的，起屏蔽作用。

根据内、外导体尺寸 a 、b 的不同，同轴电缆可分为中同轴（2.6 / 9.5mm）、小同轴（1.2 / 4.4mm）及微同轴（0.7 / 2.9mm）等标准规格。对于前两种同轴电缆，$b/a\approx3.6$，此时衰减常数 α 为最小，其特性阻抗近似为 75Ω。

同轴电缆还可按其特性阻抗的不同分为两类：一类是 50Ω 同轴电缆（又称基带同轴电缆），用于传送基带信号，其距离可达 1km，传输速率为 10Mb/s。另一类是 75Ω 同轴电缆（又称宽带同轴电缆），可作为有线电视的标准传输电缆，其上传送的是频分复用的宽带信号。

同轴电缆具有寿命长、容量大、传输稳定、外界干扰小、维护方便等优点，不过随着光缆的大量普及，同轴电缆的应用受到激烈的竞争。

3．电力线

电力线是指传输电能的输电线路。输送电能是利用变压器将发电机发出的电能升压后，再经断路器等控制设备接入输电线路，使得电磁能量沿着输电线路的方向传输出去。按结构形式的不同，输电线路分为架空输电线路和电缆线路。其中，架空输电线路则由线路杆塔和电力线组成。电力线把电能输送到千家万户，室内的电线又把电能分布到每个电源插座上。

电力线通信 PLC（Power Line Communication）的全称是电力线载波通信，是指利用高压电力线（在电力载波领域通常指 35kV 及以上电压等级）、中压电力线（指 10kV 电压等级）或低压配电线（380/220V 用户线）作为信息传输介质进行语音或数据传输的一种特殊通信方式。由于输电线路具备十分牢固的支撑结构，并架设 3 条以上的导体（一般有 3 根良导体及 1 或 2 根架空地线），所以输电线在输送工频电流的同时，也传送载波信号，既经济又十分可靠。这种综合利用早已成为世界上所有电力部门优先采用的特有通信手段。

电力线通信具有投资少、连接方便、传输速率高、安全性好和使用范围广等特点，但目前还存在无法提供高质量的数据传输业务，而且可能发生一些不可预知的麻烦（如家用电器产生的电磁波干扰），不过随着技术的进步，这些问题将会逐步得到解决。

4．光缆

在通信领域中，信息传输速率由 20 世纪 70 年代的 56kb/s 提高到目前使用光纤技术的 100Gb/s，这说明信息传输速率每 10 年提高了近 100 倍，因此光纤通信已成为现代通信中的一项重要技术。

光导纤维（以下简称光纤）是目前应用日趋广泛的一种导引型传输介质。光纤是一种新型的光波导，其结构一般是双层或多层的同心圆柱体，由纤芯、包层和护套组成，如图 3-5 所示。纤芯的直径为 8～50μm，主要成分是高纯度的石英（SiO_2），并加入适量掺杂剂。包层的直径小于 125μm，也由石英制成，但掺入了极少量的掺杂剂，如五氧化二磷（P_2O_5）和二氧化锗（GeO_5），起到提高纤芯折射率的作用。纤芯的折射率 n_1 应大于包层的折射率 n_2，其数量关系为 $\Delta=(n_1-n_2)/n_1\approx0.01$。为了提高光纤的机械强度和传输特性，实用的光纤在包层外面还分别有一次涂覆层（5～40μm）、厚的缓冲层（100μm）和二次涂覆层（即套塑层）。最外层是护套，由塑料或其他物质构成，用来保护其内部并抵御潮湿、磨损、碰撞和其他来自外部的伤害。

图 3-6 所示为光线在纤芯中的传播情况。由于纤芯的折射率 n_1 大于包层的折射率 n_2，当光线到达纤芯与包层的界面时，将使其折射角 φ_2 大于入射角 φ_1。如果入射角足够大，就会出现全反射，光线重新折回纤芯，并不断向前传播。

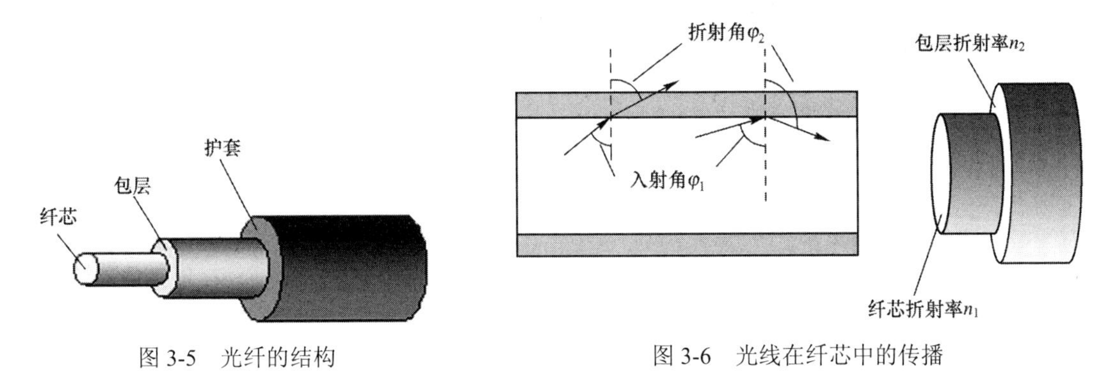

图 3-5　光纤的结构　　　图 3-6　光线在纤芯中的传播

图 3-7 表示目前光纤通信中实际应用较多的三种光纤，它们的传输模式是不同的。

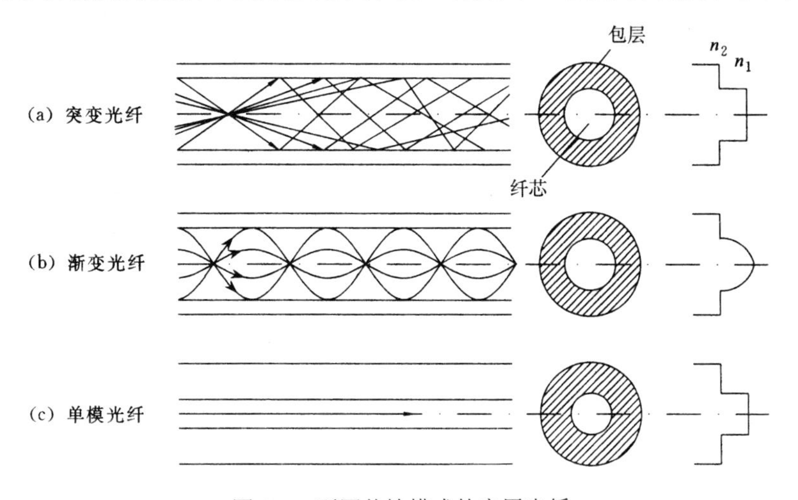

图 3-7　不同传输模式的实用光纤

① 多模突变光纤（又称阶跃光纤）。指光纤的纤芯和包层的折射率沿光纤的径向分布是均匀的，而在两者的交界面上发生突变。这种光纤的带宽较窄，适用于小容量短距离通信。

② 多模渐变光纤。指纤芯的折射率是其半径 r 的函数 $n(r)$，沿着径向随 r 的增加而逐渐减小，直到达到包层的折射率值为止，而包层内的折射率又是均匀的。此类光纤带宽较宽，适用于中容量中距离通信。

③ 单模光纤。指纤芯中仅传输一种最低模式的光波，由于纤芯直径很小（通常为 8～12μm），制作工艺难度大。其折射率分布属于突变型。

单模光纤由激光作光源，仅有一条光通路，传输距离远（达 20～120km），适用于大容量远距离通信。多模光纤由二极管作光源，传输距离在 2km 以内。

影响光纤传输质量的因素是光纤的损耗特性和频带特性。

光纤的损耗特性表示光能在光纤中传输所受到的衰减程度。通常用 dB/km 来表示，其定义是

$$\alpha(\lambda)=\frac{10}{L}\cdot\lg\frac{P_1}{P_2} \quad (\text{dB/km}) \tag{3-6}$$

式中，L 为光纤长度，P_1 为光纤输入端的功率，P_2 为光纤输出端的功率。

光纤损耗可简单地分为固有损耗和非固有损耗两大类。固有损耗是指由光纤材料的性质和微观结构引起的吸收损耗和瑞利散射损耗。非固有损耗是指杂质吸收、结构不规则引起的散射和弯曲幅射损耗等。从原理上讲，固有损耗不可克服，它决定了光纤损耗的极限值。而非固有损耗可以通过完善制造技术和工艺，得到改进或消除。光纤的总损耗是各种因素影响之总和。图 3-8 表示光纤损耗与波长的关系。

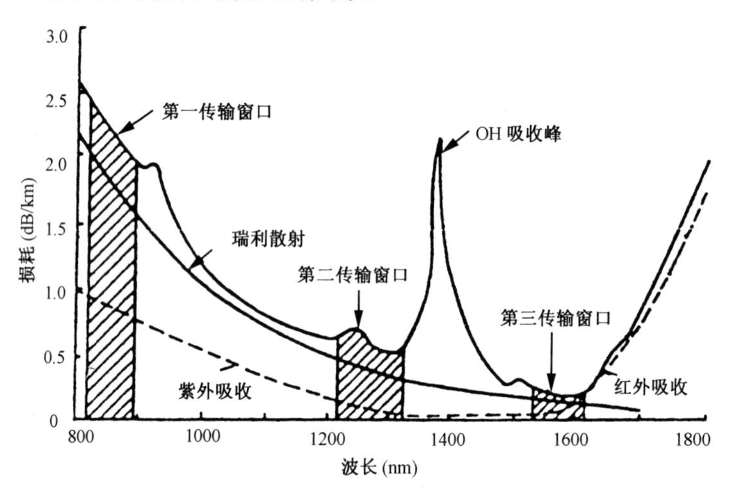

图 3-8　光纤损耗与波长的关系

图中，在波长 0.8～1.8μm 范围内，出现三个较低损耗的波段区域，它们常被用作光纤通信的工作波段，称为“窗口”。常用的窗口波长为 0.85μm、1.3μm 和 1.55μm。在波长 1.4μm 附近的损耗高峰是由光纤材料中水分子的吸收所造成的。1998 年朗讯科技（Lucant Technogies）发明了一项技术可以消除这一高峰，从而大大扩展了可用的波长范围。

光纤的频带特性直接影响传输波形的失真情况和传输容量。它通常以兆赫千米（MHz·km）来表示，意即 1km 长的光纤所具有的带宽能力。光纤的频带特性与光纤传光时的色散性能有关。由光纤传输的模式理论可知：光能是由若干模式的电磁波传送的，不同模式的电磁波在光纤中的传送速率是不同的，即使是同一模式的电磁波，其传送速率也随着波长或材料折射率的不同而变化。这种传送速率随模式、波长或材料变化的性质称为光纤的色

散特性。模式之间的传速差异，称为模间色散。单一模式内，因波长或材料引起的传速差异，称为模内色散。多模光纤中两种色散均存在，但以模间色散为主。单模光纤只存在模内色散。光纤的色散特性对传输质量的影响，体现在传输波形的畸变上，即存在时延差和脉冲展宽，从而限制了频带宽度。

光纤通信与其他通信方式相比较，有着许多明显的优点：①可供利用的频带很宽。理论上比微波通信容量高 10^4～10^5。②衰耗很小，大大增加无中继传输距离。③在很宽的运用频带内，光纤的衰减与频率基本上无关，接收端可以不采取幅度均衡措施。④防窃听，保密性能好。⑤制造光纤的原料丰富，且用料极省。如制造 1km 八管中同轴电缆需要耗铜 120kg、铅 500kg；而同样长度的光纤只需 40g 石英玻璃。⑥易施工敷设和扩容处理。

随着光纤生产工艺的改进，光纤价格的下降，使得光纤能够提供很高的带宽和较高的性价比，因此在长途/市区干线、用户环路、局域网和军事等应用领域得到了越来越多的应用。

这里值得一提的是：截止 2014 年，通信光缆所用的光纤基本上都是采用石英光纤。然而，近年来逐步开发出塑料光纤 POF（Plastic Optical Fiber），它是用一种透光聚合物制成的。制作 POF 主要的材料有两类：一类是聚甲基丙烯酸甲酯 PMMA（Polymethylmethacrylate）聚合物；另一类是含氟聚合物（Perfluorinated polymers）。

塑料光纤的优势是：①利用聚合物成熟的简单拉制工艺，故成本较低，且质轻、柔软、坚固，有着优异的拉伸强度、耐用性和占用空间小的特点。②直径较大（约 1mm），是石英光纤的 8～20 倍。由于直径较大，塑料光纤安装和与器件、光源、探测器等的连接，比之与石英光纤要容易得多，成本却低。③不产生辐射，完全不受电磁干扰、无线电频率干扰以及噪声的影响。④不易被窃听，非常适用于安全要求高的场合。

虽然石英光纤已广泛用于远距离干线通信和光纤到户，但塑料光纤已被认为是最后 100 米的理想介质，因此被称之为“平民化”光纤，可作为石英光纤的补充。

最后，还应提及曾在 20 世纪被大量采用的架空明线，它通常采用铜线和铝线。明线的优点是线路损耗低，架设简单。缺点是对外界噪声和干扰较敏感，易受暴风雨和冰雪的影响和人为破坏。目前，许多国家都已停止使用明线，我国也只在农村或边远地区才采用，市内明线已被双绞电缆所取代，长途线路则让位于同轴电缆或光缆。

3.2.2 非导引型传输介质

前面介绍了 4 种导向传输介质，它们是当今通信领域中不可或缺的通信传输手段。但当此类通信线路需要通过岛屿、高山或湖泊时，架设它就不是件轻而易举的事了，若通信距离遥远，则线路架设成本等经济问题更应得到重视。另外，当今社会的生活节奏加快，人们不但要求固定地点间能够进行语音和数据通信，还要求在行进中能够进行通信（即移动通信），因此寻求简单、经济的通信手段就显得十分必要，而无线电波在自由空间传播的特性正好能够满足人们的这种需求。

非导引型传输介质以自由空间为传输电磁波的手段，通常称为“无线传输”。电磁波的特性与频率有关。在低频段，电磁波能很好地穿透障碍物，但随着传输距离的增大，其能量将以 $1/r^2$ 速度衰减（r 为传输距离）。在高频段，电磁波倾向于以直线传播，遇到反射物会被反射，更易受雨、雾、雪等自然条件和大气层自然环境的影响。在所有频率上，都会受到外来的干扰。图 3-2 说明了目前已被用于通信的有无线电、微波、红外线以及可见光几个频段。下面介绍几种常用的非导引型传输介质。

1. 短波传输

短波是指以波长为 100m～10m（或频率为 3～30MHz）的电磁波。实用短波范围已被扩展为 1.5～30MHz。短波既可沿地球表面以地波形式传播，也能以天波的形式靠电离层反射传播。这两种传播形式都具有各自的频率范围和传播距离，只要选用合适的通信设备，就可以获得满意的收信效果。频率较低（大约在 2MHz 以下）的短波是沿着弯曲的地球表面传播的，它具有一定的绕射能力，这种传播方式称为地波传播。地波传播的距离可达数百千米。陆地对地波衰减很大，其衰减程度随频率升高而增大，一般只在离天线较近的范围内（100km 左右）才能可靠地收信。海水对地波衰减较小，沿海面传播的距离要比陆地传播距离远得多。因此，短波主要靠天波传播，借助于电离层的一次或多次反射，达到远距离（几千千米乃至上万千米）通信的目的。

电离层是离地面高度 60～450km，受太阳紫外线和 X 射线作用而存在的由离子、自由电子和中性分子、原子组成的一个区域。电离层是一层半导电媒体，其相对介电常数为

$$\varepsilon_r = 1 - 80.8 \times N_e / f^2 \tag{3-7}$$

式中，N_e 为电子密度（电子数/立方米），它与高度有关，在某一高度出现最大值；f 是信号频率（Hz）。

根据实际观测，电离层由环绕地球处于不同高度的 4 个导电层（D、E、F_1 和 F_2）组成，如图 3-9 所示。其中，D 层和 E 层仅在白天出现，夜间消失。在 E 层的上限高度 120km 处，偶尔会出现很高电子密度的电离层 E_S，称为偶发 E 层。对短波通信起主要作用的是 F 层，在白天，F 层又可分为 F_1 和 F_2 两层，到夜晚 F_1 消失。F 层的高度随季节和时间而变化。为了保持昼夜短波传输正常，一般选用夜间的工作频率低于白天的工作频率，否则因电波穿透电离层，会引起通信中断。

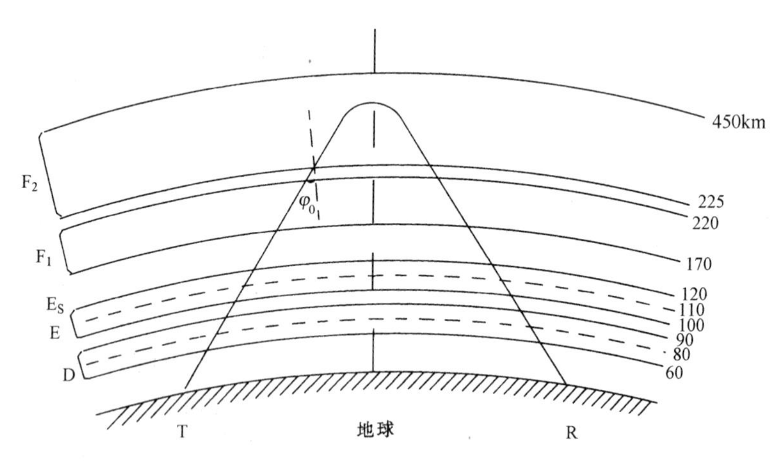

图 3-9　电离层的构成

短波穿越电离层时，为什么会引起反射呢？这是因为在一定的范围内，电离层的电子密度随高度的增加而增加，因而电离层的相对介电系数 ε_r 和折射率 $n = \sqrt{\varepsilon_r}$ 将随高度的增加而减小。当短波穿越电离层时，将产生折射使轨迹弯曲，最终在某一高度发生全反射，电波被折回地面。不过，D、E 层因电子密度低，不满足反射条件，仅引起吸收损耗，且频率越

低损耗越大。F_2层才是主要的反射层。

基于短波传输主要是依靠电离层反射来实现，而电离层又随季节、昼夜，以及太阳活动的情况而变化，这就导致电离层的不稳定性，所以短波传输不及其他通信方式稳定可靠。衡量短波信道的性能的主要技术指标是通信质量和可通率。通信质量可用信噪比和差错率来表示。可通率又称线路利用率，是指通信线路接收端的信噪比 r 高于可接受的最低信噪比 $r_{\min}$ 的时间百分比。如可通率为 98%，指一天中仅有 2% 的时间（约 28.8min）通信不可靠会造成通信中断现象，而其余时间均可保证正常通信。

正确选择短波通信的工作频率非常重要。在一定的电离层条件下，存在一最高可用频率 MUF。所谓最高可用频率是指实际通信中能被电离层反射回地面的电波的最高频率，它取决于电离层电子密度的最大值 $N_{e\max}$ 和电波射入电离层的入射角 φ_0（见图 3-9），可用公式表示为

$$\text{MUF}=\begin{cases} f_n=\sqrt{80.8N_{e\max}} & (\varphi_0=0) \\ f_n\sec\varphi_0 & (\varphi_0\neq 0) \end{cases} \tag{3-8}$$

式中，f_n 称为临界频率。其实，MUF 是电波能返回地面或刚穿出电离层的临界值。考虑到电离层结构随时间的变化，为保证获得长期稳定的接收，在选择短波工作频率时，不能取预报的 MUF 值，而是取低于 MUF 的最佳工作频率 FOT，通常选取 FOT=0.85 MUF。实测表明，当选用 FOT 后，短波传输的可通率可达 90%。为了便于用户在不同地区、不同时间选取较好的工作频率，ITU 定期在《Telecommunication Journal》杂志上提前发布频率预报——“电离层传播基本指标”。我国无线电管理委员会也预报 E、F 层的最高可用频率。

短波通过若干条路径或者不同的传播模式由发信点到达收信点，这种现象称为多径传播。不同路径的时延差称为多径时散。图 3-10 表示引起多径时散的主要因素，它们是：①电波由电离层一次或多次反射；②电离层反射区的高度不同；③地球磁场引起的寻常波与非寻常波；④电离层的不均匀性引起的漫射现象。其中，以第 1 种因素造成的多径时延差为最大，可达数个 ms。多径时散与路径长度、工作频率、昼夜、季节等因素有关。多径时散对数据通信的影响主要体现在码间干扰上。通常为了保证传输质量，往往是限制数据传输速率。若要进行高速数据传输，则应采取多径并发等措施。

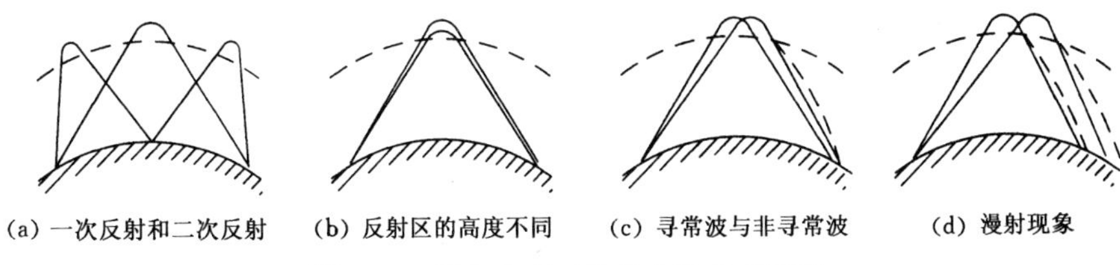

图 3-10　引起多径时散的几种主要因素

在短波传输过程中，收信电平出现忽高忽低随机变化的现象，称为“衰落”。衰落按其持续时间的长短有快衰落与慢衰落之分。信号起伏持续时间仅几分之一秒的称为快衰落，而慢衰落的持续时间可达一小时或更长。衰落可按其成因分为三种：①由多径传播引起的干涉衰落；②由 D、E 层的吸收损耗所引起的吸收衰落；③由电离层反射电波引起信号相位起伏不定的极化衰落。

短波信道除自由空间传播损耗外，还有电离层吸收损耗、地面反射损耗和系统额外损耗等附加损耗。吸收损耗主要由 D、E 层产生，其大小与 D、E 层的吸收指数、发射电波仰

角、工作频率和吸收区的地理位置有关。通常吸收损耗为 6～25dB。地面反射损耗与地面状况、电波入射角和工作频率有关，工程计算常取一次地面反射，其损耗值为 20dB。系统额外损耗是指一些尚未被人们完全认识和难以计算的损耗，其值与电离层反射区的纬度、季节、本地时间和通信距离有关，常用统计方法得到。如中纬度地区系统额外损耗可取 15～18dB。

短波传输因技术上的原因，无法抵御窃听和防止各种恶意干扰，因此它的可靠性低、通信质量差。为了克服这些缺点，近年来开发了许多新的技术，如实时信道估值（RTCE）技术、分集接收技术、现代调制技术、跳频技术和各种自适应技术等。这些新技术可提高短波通信抗干扰、抗衰落的能力。短波传输最引人注意的是，进行远距离通信时，仅需要不大的发射功率和适中的设备费用，且具有抗毁性强的中继系统（指电离层）和较高机动性的特点，因而它在军事通信和移动通信方面也有着重要的实用价值。

2. 地面微波

微波是指以波长为 1mm～1m（或频率为 300MHz～300GHz）的电磁波。地面微波传输是在对流层的视距范围内进行信息传输的一种通信方式。不仅可用于长途电信业务，替代同轴电缆或光缆，还可用于建筑物间点对点的短距离传输以及蜂窝系统，是解决城市和地区间进行大容量信息传输的主要通信手段。

地面微波传输采用多路复用的工作方式，工作于射频的微波频段，其使用频率范围通常是 1～40GHz。因受地形和天线高度的限制，两通信站之间的距离一般在 40～60km。进行远距离通信时，可采用中继方式。因此，多路复用、射频工作和中继接力是地面微波传输的 3 个最基本的特点。图 3-11 为地面微波接力通信的示意图。图中中继站的实际个数与传输距离及地貌特征有关，其作用是补偿信号能量在传输过程中的损耗，并承担转发和分路的任务。

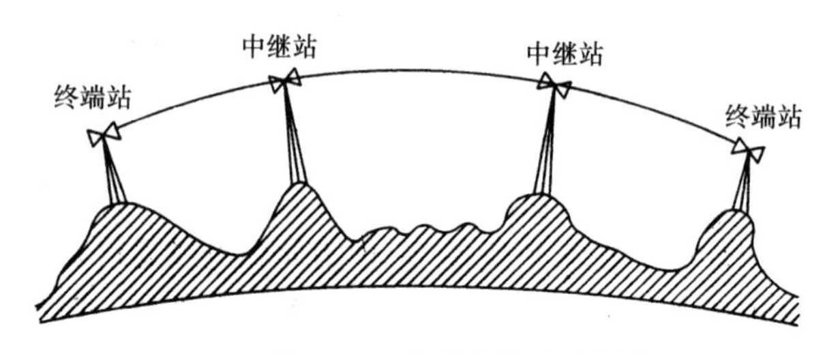

图 3-11　地面微波接力通信

中继站的微波天线一般被安装在地势较高的位置上。天线越高，发送出去的微波信号越不易被高大的建筑物或山丘所阻挡，传播得就越远。视距传播的两个中继站天线之间的最大距离 d 为

$$d = 3.57(\sqrt{kh_1} + \sqrt{kh_2})\ \text{（km）} \tag{3-9}$$

式中，h_1 和 h_2 分别为发送天线和接收天线的高度（m），k 是折射引起的调整系数，其经验值为 4/3。

自然环境对微波通信有很大的影响，包括地形及大气对电波传播的影响、电波传播损耗、电波衰落等方面。

地形对微波传播带来的影响主要表现在电波的反射、绕射和地面散射等方面。其中，反射的影响是指光滑地面或水面可将天线发射的部分信号能量反射到接收天线处，对主波信

号产生干涉。绕射的影响是指地面障碍物（山峰、森林、建筑物等）可能阻挡一部分电波射线，使收信点的接收电平降低。反射和绕射的影响都使接收电平在自由空间损耗的基础上再增加一些损耗。地面散射通常呈乱反射状，这对主波信号影响较小，可以忽略不计。

对流层是指地面以上大约 10km 范围内的低空大气层。对流层对电波传播的影响，主要表现在大气折射对电波传播轨迹的影响，气体分子对电波的共振吸收、雨雾中水滴对电波的散射损耗，以及对流层结构的不均匀性使气体产生折射、反射、散射等现象。其中，尤以大气折射的影响最为显著。

地面微波在对流层传播过程中，因受到对流、平流、湍流及雨、雾、雪等因素的影响，再加上少量的地面反射波，收信点的场强会产生随机性的起伏变化。接收电平随时间变化的现象，称为衰落。引起衰落的原因是多方面的，但其主要原因还在于气象条件的变化和地面效应的影响。诸如，气体分子对电波的吸收衰耗、雨雾水滴表面对电波的散射会引起散射衰耗，多径传播引起的干涉型衰耗（称 K 型衰耗），以及对流层中的空气团做无规则的旋涡运动（俗称大气湍流）形成的散射衰落。

微波通信具有以下优点：①工作频带宽、通信容量大。整个频段的宽度几乎是长波、中波，短波及特高频各频段总和的 10^3 倍。②受外界干扰小，可靠性和稳定性好。③由于微波波长短，易制成高增益、方向性强的天线，通信效果较好。④属于点-点通信形式，在某种程度上克服了地形带来的不便，具有较大的灵活性。⑤投资省、见效快。在通信容量相同的条件下，按话路公里计算，它的线路建设费用只有电缆线路的 1/3～1/2。其主要缺点是：①中继站选点比较复杂，如站址选择在山顶上，对施工、维护都会带来不便。②易受自然环境（包括地形、对流层和气候条件等）的影响。③属于暴露式通信，容易被人截获窃听，通信保密性差。

3．卫星微波

卫星通信是在地面微波中继通信和空间技术基础上发展起来的一种新的通信方式。由于采用的仍是微波波段，俗称卫星微波。利用卫星实现地球站之间的通信，如果两个地球站均在同一卫星俯视的覆盖区域内，可实现即发式通信，否则只能实现存储式通信。正确选用卫星通信的工作频段是一个很重要的问题。一般来说，选用卫星通信的工作频段必须考虑下列因素：①电波应能穿越电离层，且尽可能地减少传播损耗和外加噪声。②应有较宽的频带，以便增大通信容量。③尽量避免与其他通信业务间的干扰。④充分利用和发挥现代通信与电子技术。因此，卫星通信的工作频段应选择在电波能穿越电离层的特高频或微波频段，它的最佳频段范围为 1GHz～10GHz。表 3-2 所列为 ITU-T 为卫星用户分配的工作频段。

表 3-2　ITU-T 为卫星用户分配的工作频段

频段	工作频率（GHz）	上行链路（GHz）	下行链路（GHz）	带宽（MHz）	存在问题
UHF	(L)1.5/1.6	1.6	1.5	15	频段窄，拥挤
SHF	(S)2/4	2.2	1.9	70	频段窄，拥挤
	(C)4/6	5.925～6.425	3.7～4.2	500	地面干扰
	(Ku)11，12/14	14～14.5	11.7～12.2	500	降雨
	(Ka)20/30	27.5～31.0	17.7～21.2	3500	降雨，设备成本

注：军用卫星通信的工作频率是：UHF 频段的 250MHz/400MHz；SHF 频段的(X)7GHz/8GHz；EHF 频段的 20GHz/44GHz。

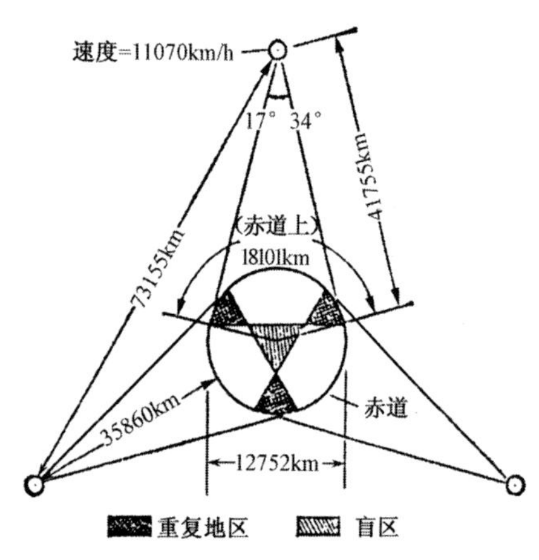

图 3-12　对地静止的同步地球卫星的配置

与其他无线传输相比，卫星通信具有以下特点：

① 传播时延长。图 3-12 表示对地静止的同步地球卫星的配置。由于卫星离地面的高度为 35860～41755km，因此从一个地球站经卫星到另一个地球站的电波传播距离为 71720～83510km。其传播时间需 240～280ms（一般取为 270ms）。传播时延长是卫星通信的一个突出问题，必须给予足够的重视。

② 传播损耗大。卫星微波主要是在大气层以外的自由空间中传播的，自由空间的传播损耗要比大气层的损耗大得多，可达 200dB 左右。

③ 受大气层的影响大。由于电波需穿越大气层，会受到大气层中自由电子和离子的吸收，受到对流层中氧分子、水蒸气分子和云、雾、雨、雪等的吸收和散射，从而引起损耗。这种损耗与电波频率、波束仰角，以及气候条件有密切关系。

④ “面覆盖”式的传播信道。当采用全球波束天线时，可覆盖地球表面三分之一的区域。即使采用点波束天线，也可覆盖相当大的地域。由于覆盖面积大，便于在大区域内实现多址通信和移动通信。卫星通信的广播工作方式，也有利于构成卫星通信网，实现全网控制和进行闭环测试。

除上述同步卫星外，低轨道卫星通信也已开始使用。低轨道卫星相对于地球不是静止的，而是不停地围绕地球旋转。

虽然，卫星通信具有覆盖地域广、传输距离远、通信容量大、传输质量好、建站费用与距离无关等优点，但它也带来了若干新的技术问题，诸如需要得到高新技术（空间、电子）的支持、传播时延过大的影响、设备可靠性要求很高，以及通信保密性较差等。由于卫星通信适用于多种通信业务，目前已在各种通信及广播电视等领域得到广泛的应用。

4. 散射传输

散射通信是指利用大气层中传输介质的不均匀性对无线电波的散射作用进行的超视距通信。它是通信领域在 20 世纪 50 年代最突出的成就之一。利用散射通信，一些被高山、湖泊等障碍物阻隔数百千米的用户之间可实现超视距通信，这一特点极适合于军事应用，并得到了迅速发展。散射通信包括对流层散射通信、电离层散射通信和流星余迹散射通信，而最广泛使用的是对流层散射通信，一般如无特别指明，散射通信是指对流层散射通信。限于篇幅，下面只对对流层散射通信作扼要介绍。

对流层是指从地球表面至高度为 18km 的气体最稠密的大气空间。对流层的高度在不同的纬度地区有所不同，在中纬度地区为 10～12km，而低（高）纬度地区较高（低）些。由于在对流层中存在着大量随机运动的不均匀介质——空气涡流、云团等，它们的温度、湿度和压强等与周围空气不同，因而对电波的折射率也不同。当无线电波照射到这些不均匀的介质时，就在每一个不均匀体上感应出电流。当旋涡的尺寸与入射无线电波的波长可比拟时，这些不均匀体就如同基本偶极子天线那样成为一个个的二次辐射体，从而将入射无线电波的能量再次向各个方向发出该频率的二次辐射波，这就是散射现象。简言之，对流层散射通信就是利用对流层大气结构的不均匀性来实现的超视距无线电通信。图 3-13 是对流层散射通信的示意图（注：对流层内的散射体是空气涡流和云团，而电离层内的散射体是流星余迹）。

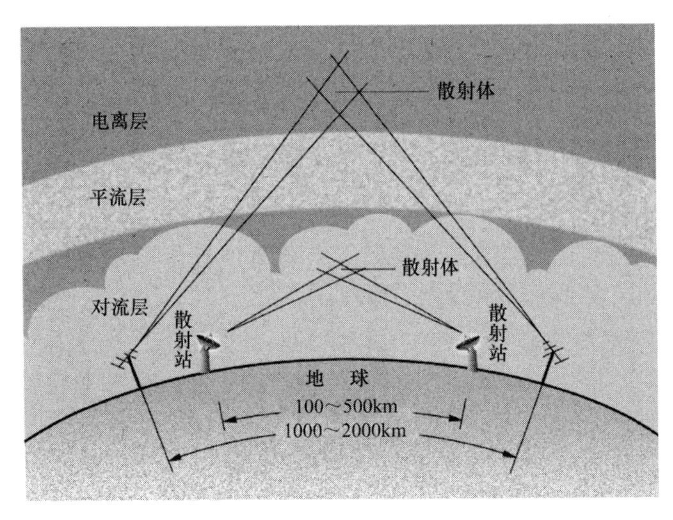

图 3-13　对流层散射通信的示意图

由于二次辐射电波的方向是不均匀的，其大部分能量在电波通过的方向及其附近，而对流层散射通信系统的接收天线接收到的信号，是收/发天线波束相交部分散射体内介质的前向散射信号之和。

对流层散射信道存在电波多径传播现象。由多径传播引起的衰落是快衰落。实际上，除快衰落之外，由于气象条件的有规律变化（如昼夜、季节变化）和随机变化（如气流运动、大气风的影响等），都会使接收信号电平中值（或均方根值）存在较长的慢起伏，这是慢衰落。

对流层散射通信具有以下特点。

① 单跳通信距离较远，通常为 100～500km。当散射体离地面高度为 10km 时，且信号能量足够大，传输距离可达 700km 以上。

② 通信容量大。作为中远距离通信，对流层散射通信容量比短波和流星余迹通信大得多。目前国际上已实现了 2×8Mb/s 的传输速率。

③ 抗干扰、抗截获能力强。因为散射通信天线的波束窄（通常只有 2° 左右），亦即只有在很小的覆盖地域宽度内才能接收到散射信号；散射通信都要采用多重频率分集采集接收、抗瞄准干扰和宽带信号处理等技术，这使得散射通信难以被监听和干扰。

④ 通信保密好。采用方向性很强的抛物面天线，空间电波不易被截获和干扰；采用加密技术更提高了保密性。

⑤ 抗核爆能力强。核爆后能很快恢复正常通信。通信可靠度一般可达 99%～99.9%。

⑥ “越障”能力强，机动性好。“越障”能力是指适合于高山、峡谷、中小山区、丛林、沙漠、沼泽地、岸-岛等中间不适宜建微波接力站地段，均可使用移动散射通信设备进行通信。

⑦ 抗毁能力强。天线虽大，但可架设在地面上加以伪装；在几百千米内无须中继，也大大增强了抗破坏性。

对流层散射通信也存在一些不足，主要是：①传输损耗大，且随着通信距离的增加而剧增，需用大功率发射机、高灵敏接收机及庞大的高增益、窄波束天线，故耗资大。②散射信号有较深的快衰落，其电平受散射体内温度、湿度和气压等的影响，且有明显的季节和昼夜的变化。其衰落程度通常夏季比冬季强，早晚比中午强。为了克服或减小快衰落的影响，常采用分集接收等技术。

在现代战争中，对流层散射通信作为战略/战术通信网中的主要传输手段，具有建站快、抗毁性强、机动性好、适应复杂地形能力强等特点，是其他通信手段无法取代的。

5．光波传输

人们最熟悉的电磁波，如紫外线、可见光和红外线都属于光波的范畴。光波的波长在3×10^{2}～6×10^{5}μm，频率在3×10^{12}～5×10^{16}Hz。

目前，光波通信有以下 3 种分类：①按照光源特性的不同，分为激光通信和非激光通信。②按照传输介质的不同，分为大气激光通信和光纤通信。③按照传输波段的不同，光波通信分为可见光通信、红外线（光）通信和紫外线（光）通信。

利用大气作为传输介质的激光通信，可传输语音、文字、数据、图像等信息。大气激光通信具有抗电磁干扰性能好、设备轻便、保密性强、机动性好等优点，但使用时收、发天线相互对准较为困难，通信距离限于视距范围（几千米～几十千米），易受气候条件的影响。不同波长的激光在大气中有不同的衰减，合理地选择工作波长有利于大气激光通信的实现。实验与理论证明：0.4～0.7μm 波段以及 0.9μm、1.06μm、2.3μm、3.8μm、10.6μm 波长的激光衰减较小，其中以 10.6μm 波长的激光穿雾能力较强。

红外线和紫外线被广泛用于短距离通信，如电视机、录像机的遥控器。它具有方向性好、便宜和易于制造的优点。但不能穿透固体物质是红外应用上的一个特点，因此红外系统防窃听的安全性要比无线电系统好。红外辐射在传播过程中，由于受大气吸收等影响，也形成了几个明显的窗口，其中的 1～3μm、3～5μm 和 8～14μm 三个波段在军事上具有实用意义。紫外辐射伴随于高温物体（如飞机发动机的喷口），大气层对 3000×10^{-10}～2000×10^{-10}m 的紫外辐射（也含部分蓝紫光成分）吸收最弱，形成了大气的紫外窗口。

习　题　3

3-1　何谓广义信道与狭义信道？它们之间的根本区别是什么？

3-2　已知模拟话路信道的带宽为 3.4kHz，试问：

（1）接收端信噪比 S/N =30dB 时的信道容量为多少？

（2）如要求该信道的传输速率为 4800b/s，则接收端要求最小信噪比 S/N 为多少？

3-3　假定要用 3kHz 带宽的电话信道传送 64kb/s 的数据（无差错传输），试问这个信道应具有多大的信噪比（分别用比值和分贝来表示）？这个结果说明了什么问题？

3-4　假定信道带宽为 3100Hz，最大数据信号速率为 35kb/s。若想使最大数据信号速率增加 60%，试问信噪比 S/N 应增大到多少倍？如果在刚才计算出的基础上将信噪比 S/N 再增大到 10 倍，再试问最大信息速率能否再增加 20%？

3-5　设在某信道上实现传真传输。每幅图片约有 2.55×10^{6} 个像素，每个像素有 12 个等概率出现的亮度等级。设信道输出信噪比 S/N 为 30dB。试求：

（1）若传送一幅图片需时 1min，则此时的信道带宽应为多少？

（2）若在带宽为 3.4kHz 的信道上传送此幅图片，那么传送一幅图片所需的时间是多少？

3-6　若在一条光纤上传送若干幅计算机屏幕图像。屏幕的分辨率为 2560×1600 像素，每个像素 24 位。每秒钟产生 60 幅屏幕图像。试问光纤需有多少带宽？如在 1.30μm 波段需要多少微米的波长？

3-7　假设某信道的频谱在 3～4MHz 之间，信噪比为 24 分贝。请利用香农和奈奎斯特关于信道容量的理论，从两种不同角度来为信道的比特率设置上限，并说明两者之间的关系？

3-8　假设一种双绞电缆的衰减为 0.65dB/km，若允许在该电缆上衰减为 20dB，试问使用这种电缆的链路工作距离是多少？欲使这种电缆工作距离增加到 100km，试问其衰减应减少到何种程度？

3-9　设一光纤通信系统，发送端的光功率 P_t=20μW，经 10km 的光缆（损耗系数 α=2.5dB/km）传输后，试问接收端的光功率 P_r 为多少？

3-10　对短波传输有影响的电离层有哪几个导电层？它们的高度如何？在电离层平静时，这些电离层随时间有何变化规律如何？从电离层的变化规律，说明短波通信中白天和夜晚选择工作频率的差别？

3-11　为了使无线通信的效果最好，通常将天线的直径制作成无线电波的波长。假设此天线直径的范围是 1cm～5m，试问它所覆盖的频率范围如何？

3-12　如果发送端的发送天线高度为 100m，接收端暂时未竖立天线，试问这两个天线之间的最大视距传播距离是多大？若将接收端接收天线高度设为 10m，如仍保持发收天线之间的距离，那么发送天线的高度应为多少？由此可得出什么结论？

3-13　某电视台需要向最远 90km 的电视观众发送电视信号，试问电视台的天线应设多高？

3-14　卫星微波与地面微波相比较，有哪些异同之处？

3-15　假设卫星离地面高度为 36000km，信号以光速传播，卫星转发需时 53μs。试问：信号从地球站发往卫星又从卫星返回所需要的时间。

3-16　对流层散射通信具有哪些特点？

3-17　红外线传输能穿透建筑墙体吗？

3-18　光波通信受气候条件影响的因素是什么？如何选择光波通信的工作窗口？

第 4 章　数据传输技术

本章介绍数据传输采用的各种技术，包括模拟信号数字化的传输技术、数字基带传输技术、数字频带传输技术、信道访问技术、信道复用技术、同步控制技术、数据交换技术和差错控制技术等。

4.1　模拟信号数字化传输技术

正如数字数据通过调制解调器转换成模拟信号可以在模拟电话网上传输一样，语音和视频类的模拟数据也经常转化为数字形式使用数字传输设施进行传输。模拟信号转换为数字信号通常称为“模/数（A/D）变换”，反之则称为“数/模（D/A）变换”。模/数变换需要经过 3 个步骤，即抽样、量化和编码。这种技术是在 20 世纪 40 年代实现的。由于当时是从信号调制的观点来研究这种技术，所以称它为脉码调制。其实，脉码调制与 A/D 变换是一回事。

实现“模/数变换”要用到一对编/解码器（codec，是 code/decode 的缩写）。编/解码器是将模拟数据转换成数字信号，或将数字信号恢复成原模拟数据的一种设备。编/解码器使用的主要技术是脉冲编码调制 PCM（Pulse Code Modulation）。

PCM 技术是继香农于 1948 年发表了《通信的数学理论》论文，同年由贝尔实验室的工程人员研发的。PCM 技术主要有 3 种方式：脉冲编码调制（PCM）、差分脉冲编码调制 DPCM（Differential PCM）和自适应差分脉冲编码调制 ADPCM（Adaptive DPCM）。下面首先介绍 PCM 的基本原理，然后再逐一介绍有关技术。

*4.1.1　模拟信号的抽样

1. 低通模拟信号的抽样

如本书第 1 章所述，通信系统在传输介质中传输的信号有两种，即模拟信号和数字信号。模拟信号通常是在时间上连续的信号。如果对这种信号在一系列离散的时间点上，进行抽取其样值，我们称这种操作为“抽样”，如图 4-1 所示。

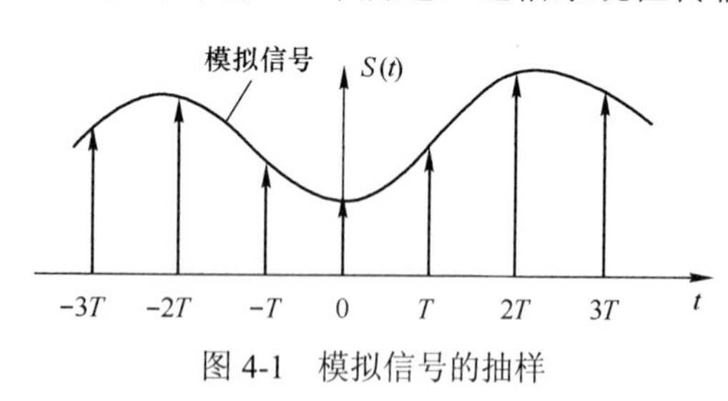

图 4-1　模拟信号的抽样

图中，$S(t)$是一个模拟信号，如在等间隔的时间点 T 上，对它抽取样值。在理论上，抽样过程可以看作是周期性单位冲激脉冲和此模拟信号相乘。而在实际应用中，则是用很窄的周期性脉冲代替冲激脉冲与模拟信号相乘。因此，抽样得到的结果是一系列周期性的冲激脉冲，其面积和模拟信号的取值成正比。在图 4-1 中，激冲脉冲用一些箭头来表示。显然，抽样所取得的离散冲激脉冲与原始连续模拟信号的形状是不一样的。可以证明，对一个带宽有限的连续模拟信号进行抽样时，若抽样速率足够高，则这些抽样值就能够完全代表原模拟信号。换句话说，由这些抽样值能够准确恢复出原来的模拟信号。于是，只须传输这些离散的抽样值，而不必传输模拟信号本身，在接收端就能恢复原模拟信号。

抽样的理论基础是抽样定理。此定理为模拟信号的数字化奠定了理论基础。抽样定理指出：若一个连续模拟信号 $S(t)$的最高频率小于 f_H，则以间隔时间为 $T \leqslant 1/2f_H$ 的周期性冲激脉冲对其抽样，$S(t)$将被这些抽样值所完全确定。由于采用等间距的抽样时间，所以此定理又称为均匀抽样定理。必须指出，即便采用不等间距的抽样时间间隔，此抽样定理仍然是正确的。

由此可见，恢复原模拟信号的条件是：

$$f_S \geqslant 2f_H \tag{4-1}$$

即抽样频率 f_S 应不小于 $2f_H$。这一最低的抽样频率 $2f_H$ 称为奈奎斯特抽样速率。与其相应的最小抽样时间间隔称为奈奎斯特抽样间隔。如果抽样频率低于奈奎斯特抽样速率，就无法正确地恢复原始模拟信号。

2. 带通模拟信号的抽样

对于低通模拟信号的抽样，低通模拟信号的最高频率限制在小于 f_H。对于带通模拟信号的抽样，带通信号的频带限制在 f_L 和 f_H 之间，其频谱低端截止频率 f_L 大于 0。此时所需要的抽样频率应满足下式：

$$f_S=2B+\frac{2Bk}{n}=2B\left(1+\frac{k}{n}\right) \tag{4-2}$$

式中，B 为信号带宽，n 是小于 f_H/B 的最大整数，k 的取值范围是 $0<k<1$。

按照式（4-2）可画出 f_S 和 f_L 的关系曲线，如图 4-2 所示。

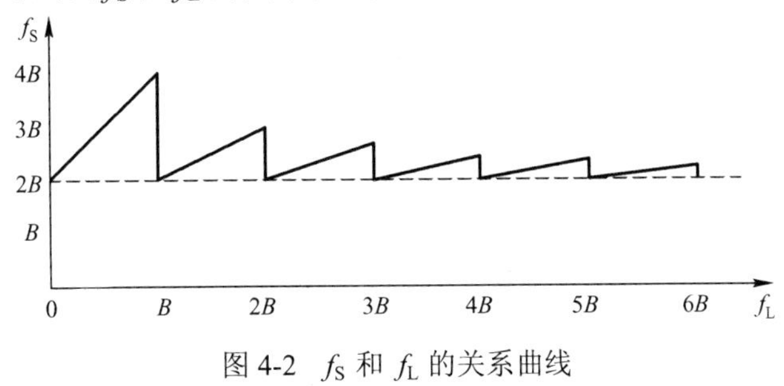

图 4-2　f_S 和 f_L 的关系曲线

由图可见，当 $f_L=0$，则 $f_S=2B$，这便是对低通模拟信号的抽样。当 f_L 很大时，f_S 便趋近于 $2B$。f_L 很大意味着这个信号是一个窄带信号。高频和中频的无线电信号都是窄带信号。对这种窄带信号抽样，无论 f_H 是否为 B 的整数倍，理论上都可以近似将 f_S 取为 $2B$。

3. 模拟脉冲调制

大家知道，一个周期性脉冲序列具有 4 个参量：脉冲重复周期、脉冲振幅、脉冲宽度和脉冲相位（位置）。其中脉冲重复周期也就是抽样周期，其值一般由抽样定理决定，因此只有其他 3 个参量可以受调制。

在讨论抽样定理时，也可以从另一角度，把周期性的脉冲序列看作非正弦载波，而把抽样过程看作用模拟信号（见图 4-3（a））对它进行振幅调制。这种调制称为脉冲振幅调制 PAM（Pulse Amplitude Modulation），如图 4-3（b）所示。而将 PAM 信号的振幅变化按比例地变换成脉冲宽度的变化，得到脉冲宽度调制 PDM（Pulse Duration Modulation），如图 4-3（c）所示。或者，变换成脉冲相位（位置）的变化，又得到脉冲位置调制 PPM（Pulse Position

Modulation），如图 4-3（d）所示。以上各种类型的调制，虽然在时间上是离散的，因它们代表信息的参量仍然是可以连续变化的，所以仍然是模拟调制。而这些已调信号也属于模拟信号。

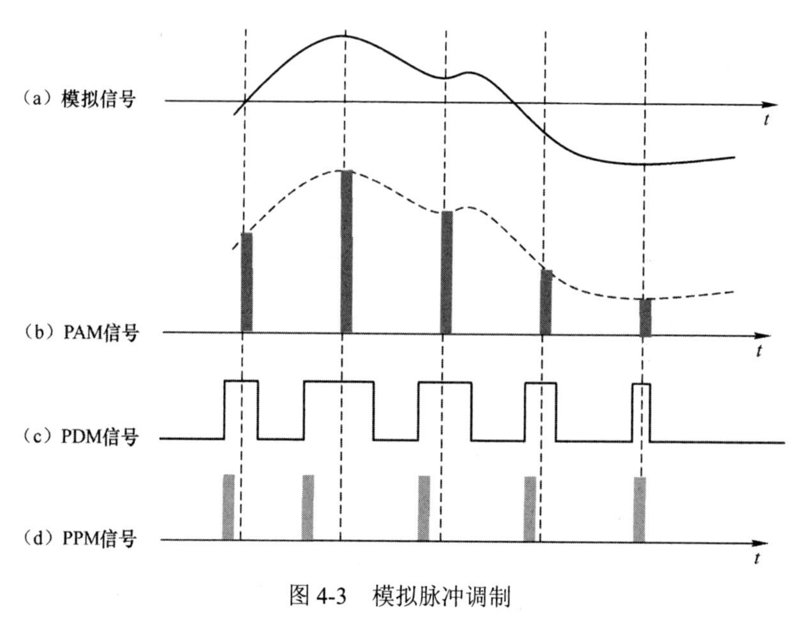

图 4-3　模拟脉冲调制

*4.1.2　抽样模拟信号的量化

模拟信号数字化的过程包括抽样、量化和编码 3 个步骤。模拟信号经抽样后转换成时间上离散的信号，但它仍然是模拟信号，必须对其进行量化才能成为数字信号。下面介绍抽样模拟信号的量化。

假设模拟信号的抽样值为 $S(kT)$，其中 T 是抽样周期，k 是整数。显然，这个抽样值仍是一个取值连续的变量。如果仅用 N 位二进制数字码元来代表此抽样值的大小，则 N 位二进制码元只能代表 $M=2^N$ 个不同的抽样值。因此，必须将抽样值的范围划分成 M 个区间，每个区间用一个电平来表示。这样，共有 M 个离散的量化电平。用这 M 个量化电平表示连续抽样值的方法称为量化。图 4-4 表示抽样模拟信号的量化举例。

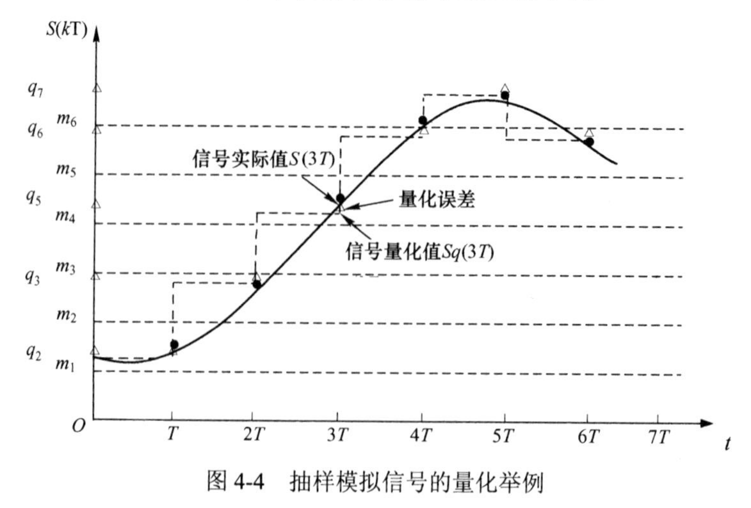

图 4-4　抽样模拟信号的量化举例

图中，$S(kT)$表示量化器输入模拟信号的抽样值，$S_q(kT)$为该量化器输出信号的量化值，q_2～q_7量化后信号的6个可能输出电平，m_1～m_6为量化区间的端点。故得量化变换表达式为

$$S_q(kT)=q_i，\quad \mathrm{m}_{i-1}\leqslant S(kT)<\mathrm{m}_i \tag{4-3}$$

按照式（4-3）进行变换，就可以把模拟抽样信号 $S(kT)$变换成量化后的离散抽样信号，即量化信号。

对图 4-4 中 M 个抽样区间采用等间隔划分，称为均匀量化；如是非等间划分，则称为非均匀量化。由于量化输出电平与量化前的信号的抽样值不同，即量化输出电平存在误差。这个误差通常称为量化噪声，并用信号功率与量化噪声之比（简称信号量噪比）衡量此误差对信号的影响。因此，信号量噪比是量化器的一个重要性能指标。由于均匀量化器的信号量噪比与信号大小有关，而非均匀量化可以有效地改善信号量噪比，所以在实用中常采用非均匀量化器。

对语音信号的量化，通常采用 ITU 建议的具有对数特性的非均匀量化法，即 A 律和μ律。为了便于采用数字电路实现量化，通常采用 13 折线法和 15 折线法来代替 A 律和μ律。因受篇幅限制，有关内容读者可参阅书末参考文献[10]。

*4.1.3 脉冲编码调制（PCM）

量化器输出的是取值离散的数字信号。接下来是如何对这个数字信号进行编码。常用的编码是用二进制符号“0”和“1”来表示此离散数值。习惯上把由模拟信号抽样、量化到编码的整个过程，称为脉冲编码调制（简称脉码调制）。

下面仍以图 4-4 为例，进一步来说明其编码过程。在时间为 iT（i=1,2,3,4,5,6），模拟信号的抽样值分别为 12.4，28.6，42.9，58.4，66.8 和 58.4；抽样模拟信号量化后变换为八位二进制数分别为 00001100，00011101，00101011，00111010，01000011 和 00111010。

综上所述，PCM 系统的原理图如图 4-5 所示。图中，抽样保持电路有两个作用：一是用冲激脉冲对模拟信号抽样，获得在抽样时间上的模拟信号抽样值；二是这个抽样值在量化前，用保持电路将其短暂保存，以便电路有时间对其进行量化。量化器把模拟抽样信号转变为离散的数字量，再由编码器进行二进制编码输出。这样，代表一个量化后信号抽样值的二进制编码组就可以用不同类型的电压波形来表示。解码原理与编码原理正好相反，这里不再赘述。

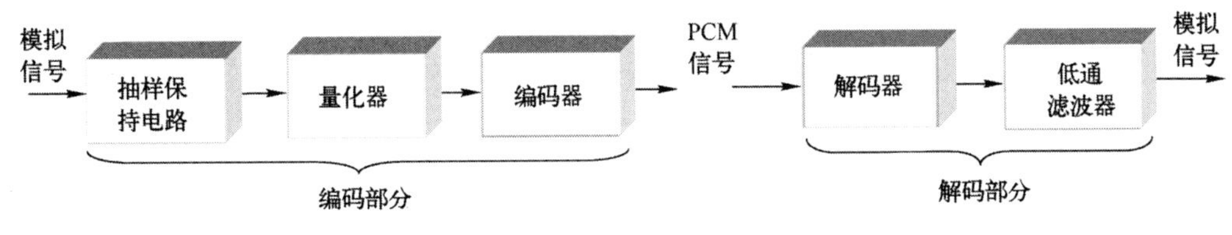

图 4-5　PCM 系统的原理框图

常用的编码方法有以下两种：自然二进制码和折叠二进制码。下面以 4 位二进制码为例，列出了这两种编码的编码规则（见表 4-1）。在表 4-1 中，16 个量化值分成两个部分，量化值序号 0～7 对应于负极性电压，8～15 对应于正极性电压。对于自然二进制码，这两个部分没有对应关系。但是，折叠二进制码则不然，它具有两个优点：①它除了其最高位符号相反外，其上下两部分两部分还呈现映像（或称折叠）关系。这在应用时可用最高位表示电压的极性，而用其余各位表示电压的绝对值。也就是说，用最后位表示极性后，双极性电

压可用单极性编码的方法来处理，这就大大简化了编码电路和编码过程。②误码对小电压的影响较小。如码组 1000 误传为 0000，自然二进制码的误差为 8，而折叠二进码的误差为 1；但若码组 1111 误传为 0111，则自然二进制码的误差为 8，而折叠二进码的误差却为 15。这表明折叠码对于传输语音小信号有利。由于语音信号小电压出现的概率较大，所以折叠码有利于减少语音信号的平均量化噪声。

表 4-1　PCM 常用的两种二进制编码

量化值序号	量化电压极性	自然二进制码	折叠二进制码	量化值序号	量化电压极性	自然二进制码	折叠二进制码
15	正	1111	1111	7	负	0111	0000
14		1110	1110	6		0110	0001
13		1101	1101	5		0101	0010
12		1100	1100	4		0100	0011
11		1011	1011	3		0011	0100
10		1010	1010	2		0010	0101
9		1001	1001	1		0001	0110
8		1000	1000	0		0000	0111

无论是自然码还是折叠码，码组中的位数与量化值数目直接有关。量化间隔越多，量化值也越多，则所需的码组位数也随之增多，同时信号量噪比也越大。当然，码组中的位数增多也增加了传输量和存储量，编解码器也会更复杂。

在语音通信中，如果语音数据的频率限制在 4000Hz 以下，通常择取每秒采样 8000 个样本就足以反映这个语音信号。将这些模拟样本转换为数字信号，一般使用二进制编码的 8 比特样本（即允许 256 个量化电平），这样经恢复后的语音信号就可达到与模拟传输同样的效果。所以传输一路语音信号的所需要的传输速率是 64kb/s（8000 个样本/秒×8 比特/秒）。为了充分利用传输线路的带宽，通常将多路语音的 PCM 信号以时分复用的方式装配成帧，再在线路上一帧帧地进行传输。

采用再生中继的 PCM 信道与模拟话路信道不同，它的传输质量与通信线路的长短没有直接关系，而是取决于再生中继站的间隔。影响中继间隔的主要因素如下。

① 码间串扰。发送/接收端的滤波器和线路的线性失真，以及再生中继站均衡器的不理想，会引起被传输的基带波形的展宽与较长的拖尾，这对后继波形将会造成干扰，这种干扰称为码间干扰。码间干扰一般难以避免，采用均衡器可以减少码间干扰的影响。

② 线路噪声。影响中继间隔的线路噪声是热噪声、脉冲噪声、系统间的串话噪声等。同轴电缆因外导体的屏蔽作用，拨号脉冲噪声和串话噪声都较小，此时热噪声就成为主要噪声。在 250kHz～150MHz 的频率范围内，可以认为噪声功率是均匀分布的，此时同轴电缆的热噪声功率为

$$kT\Delta f = 0.41\times10^{-30}\times150\times10^{6} = -92.1 \text{（dBm）}$$

式中，k 为玻耳兹曼常数，T 为绝对温度。

当 PCM 线路与语音线路设置在同一条电缆内时，来自语音电路的冲击性噪声（主要是拨号脉冲噪声）将对 PCM 中继设备产生干扰。当同一电缆内的多个线对中同时传送不同系统的 PCM 信号时，还会出现系统间串话现象。串话现象严重时，可导致系统不能正常工

作。因此必须合理划分中继间隔，以满足中继判别点上信号噪声比的要求。

4.1.4 差分脉冲编码调制（DPCM）

目前数字电话系统中采用的 PCM 体制是用 64kb/s 的带宽来传输 1 路数字电话信号，这与传输 1 路模拟电话仅占用 3kHz 的带宽相比，降低了信道的利用率。为了提高信道带宽利用率，其办法之一是采用差分脉冲编码调制 DPCM，简称差分脉码调制。

DPCM 与 PCM 不同，它对每个抽样值不是独立进行编码，而是先根据前一个抽样值计算出一个预测值，再取当前抽样值和预测值之差作编码用。此差值称为预测误差。由于连续变化的语音信号相邻抽样值之间存在一定的相关性，这种相关性使得信号中含有冗余信息。抽样值与预测值之间存在一定的相关性，即抽样值与其预测值非常接近，这使得预测误差的可取值范围比抽样值的变化范围小，所以可用少几位编码比特来对预测误差编码，从而降低其比特率。显然这是利用减小冗余度的办法，降低了编码比特率。

在 DPCM 中，由于存储的是预测误差编码，因而存储量比 PCM 减少了约 25%。

4.1.5 自适应差分脉冲编码调制（ADPCM）

自适应差分脉冲编码调制 ADPCM 是在 DPCM 基础上，在语音信号脉码调制中计算两个连续语音取样之间的差异而进行编码的一种技术。ADPCM 利用过去的几个抽样值来预测当前的输入样值，并使预测电路具有自适应预测功能。采用自适应量化技术后，可使离散信号量化处理的信号值个数大为减少，把脉冲编码位数减少一半，也就是把脉码调制所需的宽带减少一半。自适应差分脉码调制技术可以使脉码调制系统在更少编码位数的情况下得到满意的通信质量，如在 64kb/s 的 PCM 系统（8 位码）中，采用 ADPCM，数码率可降为 32kb/s（4 位码），这无形中提高了信号的利用效率。

ADPCM 综合了自适应技术和 DPCM 系统的差分特性，是一种性能比较好的编码方法。目前，ADPCM 体制已由 ITU-T 制订建议 G.722，并在数字通信、卫星通信、数字语音插空设备及变速率编码器中得到了广泛应用。

4.2 数字基带传输技术

通常，把原始的数据信号称为基带信号（简称基带）。基带信号中不仅包含直流分量在内的低频率分量，还含有许多其他频率成分的谐波分量。在某些场合，基带信号泛指其最高频率与最低频率之比远大于 1 的信号，如以脉冲为载波的已调信号、多路复合信号等。直接利用基带信号的传输方式称为基带传输。以基带传输方式实现传输的系统则称为基带传输系统。基带传输系统的组成如图 4-6 所示。

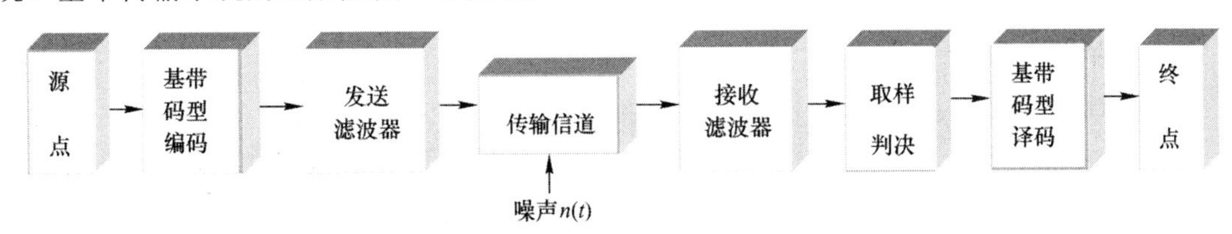

图 4-6 基带传输系统的组成

为什么要研究基带传输呢？其主要理由如下：①基带传输是近距离数据通信广泛采用

的一种传输方式，颇有实用价值；②大多数数据传输系统在对传输信号进行与信道匹配的调制以前，都有一个处理基带波形的过程；③理论上可以证明，任何一个采用线性调制的带通传输系统总是可以由一个等效的基带传输系统所代替。可见，基带传输是研究频带传输的基础，对基带传输问题进行研究是具有一定意义的。

4.2.1 基带传输对信号的要求

由数据终端设备输出的数据信号，一般不适合在基带传输系统或频带传输系统中直接使用。这是因为实际的传输信道存在各种缺陷，其中以频率特性的不理想和噪声对传输的影响为最大。为了适应实际信道的客观需要，通常需要对原始数据信号进行码型变换和波形处理，使之适于在相应系统中传输。

因为基带传输是不搬移频谱的直接传输，以不同的电压或电流波形表示的原始二进制信号一般是单极性的直流信号，有的虽经波形变换，但仍含有直流成分，所以基带传输有“直流传送”和“交流传送”两种方式。其中，“交流传送”方式较为优越。因为它要求基带信号不含有直流成分，便于信号通过变压器进行匹配传输；另外，对信号波形也无极性要求。但是“直流传送”方式对基带信号的要求简单，一般双极性脉冲即可。

基带传输对传输信号的基本要求如下。

（1）基带信号应有利于提高系统的频带利用率。其编码应尽量压缩频带，降低编码后的信号速率，这将有利于提高系统传输效率和频带利用率。

（2）基带信号应尽量少地含有直流、甚低频及高频分量。在基带传输系统中，难免存在变压器耦合，这不利于通过直流和甚低频分量。无直流分量的信号对载波进行调制时，便于获得单边带信号和插入导频同步信号。基带信号中过多的高频分量则是引起线对间干扰的主要因素。

（3）基带信号应含有足够大的可供提取定时信号的信号分量，确保电路稳定可靠工作。

（4）基带信号的码型应基本不受信源统计特性的影响。无论信源产生的信息是何种组合的编码序列，基带信号的码型都必须保证，信号序列中出现“0”和“1”的概率符合随机特性，即“1”和“0”各占50%。

（5）基带信号的频谱能量要集中，所占带宽要窄，以利于增大传输距离和减少线对间的干扰。

（6）基带信号的码型对噪声和码间串扰应具有较强的抵抗力和自检能力。

（7）基带信号的变换电路应简单，成本低，性能好，易于调整。

*4.2.2 基带信号的波形及其传输码型

1．基带信号的波形

对于不同的基带传输系统，根据信道传输特性和要求的不同可采用不同的基带信号波形。基带信号波形有矩形、三角形、高斯及升余弦脉冲等。其中矩形脉冲易于形成和变换，而最为常用。下面以矩形脉冲为例，介绍常用的几种基带波形和传输码型，并在给定代码的情况下，画出相应的二进制脉冲序列波形及编码规则，如图4-7所示。

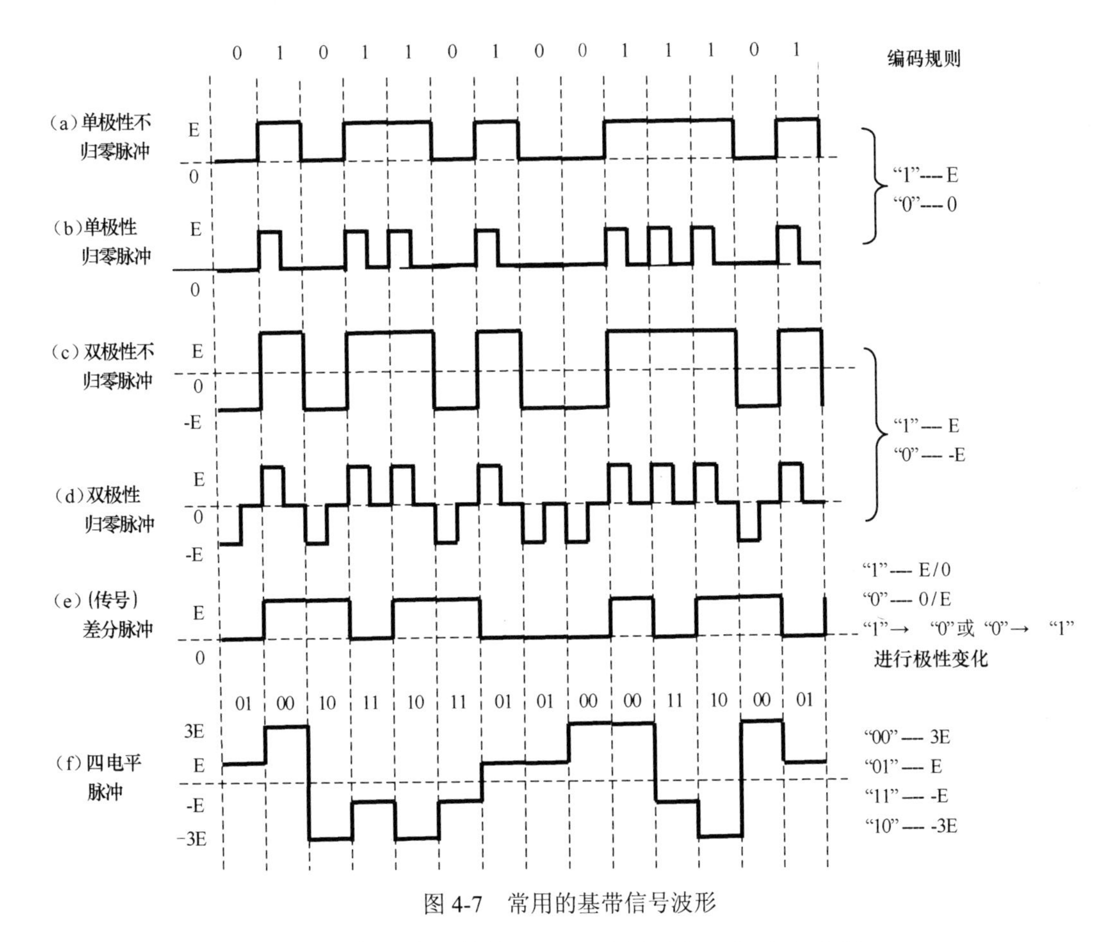

图 4-7 常用的基带信号波形

按照图 4-7 所示的基带信号波形的特征，对信号可有 3 种基本分类。

① 按照信号的极性不同，可以分为单极性信号和双极性信号。单极性信号是指所有取值均为同一极性电位的信号，而双极性信号是指信号的极性电位既可取正也可取负。因为单极性信号含有较大的直流分量，且判决可靠性较双极性信号差，所以使用双极性信号较为普遍。

② 按照每位信号的单一极性电位是否占满整个码元时间，可以分为归零信号与不归零信号。不归零信号即电位脉冲，而归零信号是指每位信号的单一极性电位在码元时间内持续一段时间后恢复到零的信号。

③ 按照信号幅度的取值不同，可分为二电平信号和多电平信号。二电平信号只取两种电平状态，习惯上称其为二元码或二进码。多电平信号的幅度可以取大于 2 的有限个离散值。当多电平信号取 2^n 种离散值时，每个多电平信号所含的信息量为 $\text{lb}2^n = n$（bit），即为二电平信号的 n 倍。因此，在相同的数据信号速率（即信息传输速率或传信率）的情况下，多电平信号的数据传输速率（即符号速率）仅为二元码的 $1/n$。

2. 常用的基带传输码型

为了满足基带传输的实际需要，一般情况下都要求把单极性脉冲序列进行适当的基带编码，以保证传输码型中不含有直流分量，并且具有一定的检测错误信号状态和适应不同信源的统计特性的能力。其实，这是一种“调制”的概念。它仅对基带信号的波形进行变换，变换后的信号仍是基带信号，但它能够与信道特性相适应，这种调制称为基带调制。由于基带调制是把数字信号转为另一种形式的数字信号，因此也有人把这一过程称为编码

(coding)。在基带传输中，目前传输码型已逾百种，ITU-T 建议使用的也有 20 余种。下面以图 4-8 所示的常用基带传输码型为例，介绍其编码规则和特点。

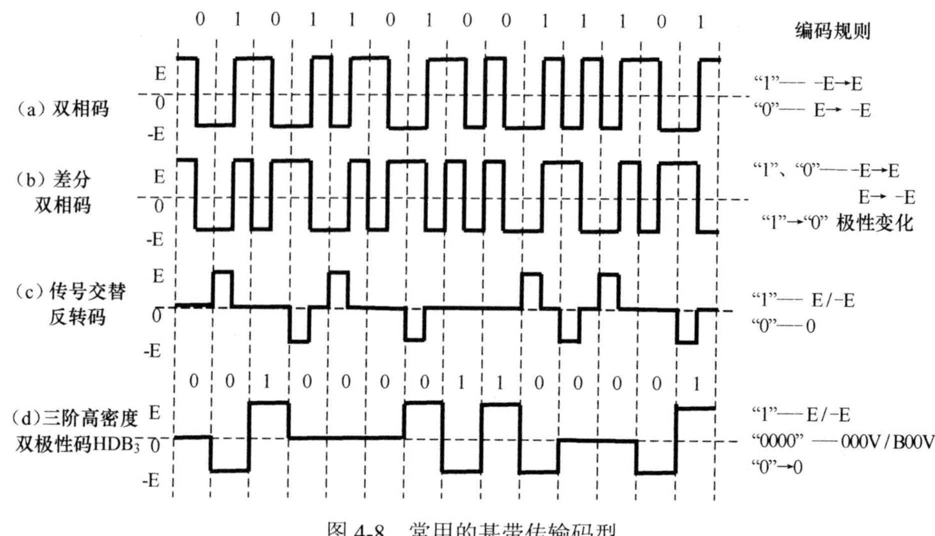

图 4-8 常用的基带传输码型

双相码又称分相码、裂相码或曼彻斯特（Manchester）码。它用一个周期的方波表示“1”，用反相波形表示“0”。双相码不含直流分量，并在每个码元的中点又存在电平跳变，这利于提取定时同步信号，且定时分量的大小不受信源统计特性的影响。但是双相码占用的频带增加了一倍。双相码较适用于短距离的数据通信，应用于以太网中。

差分双相码利用“差分”波形的概念，将双相码中用绝对电平表示的波形改为用电平的相对变化来表示的波形，从而解决双相码因极性反转而引起的译码错误问题。

传号交替反转码常记作 AMI 码。AMI 码无直流分量，低频和同频分量也较少，信号能量主要集中在 $f_0/2$ 处。位定时频率分量虽为零，但只要将基带信号经全波整流变为二元归零码后，就可得到位定时信号。传号极性交替规律这一特性，使得 AMI 码具有检错能力。其主要缺点是：当出现连“0”时，就难以提取定时信号，而必须采取专门措施（如限制连“0”个数等）。

三阶高密度双极性码 HDB_3 是 n 阶高密度双极性码 HDB_n 中应用最广泛的一种，又称四连“0”取代码。它是 AMI 码的改进型，以克服 AMI 码出现连“0”时丢失同步信号的缺点。在 HDB_3 码中，信息“1”仍交替地变换为+E 和−E 的归零码，但信息中连“0”的个数被限制在小于 4。当出现 4 个连“0”时，就要用特定码组来替代。为了在接收端识别出所替代的特定码组，还需在特定码组中设置“破坏点”，在这些“破坏点”上传号极性的交替规律会受到破坏。HDB_3 码有两种特定码组：B00V 和 000V。其中 B 表示符合极性交替规律的传号，V 表示破坏该规律的传号，且是“破坏点”。这两种特定码组的选用原则是：使任意两个相邻 V 脉冲间的 B 脉冲数为奇数。这样，相邻 V 脉冲的极性也满足了极性交替规律，从而保证了整个信号无直流分量。根据这一选用原则，可得如下结果：

前一破坏点的极性	+	−	+	−
4 个连“0”码前一脉冲的极性	+	−	−	+
替代的特定码组	−0 0−	+0 0+	0 0 0−	0 0 0+
	B00V		000V	

【**例 4-1**】 已知二进制信息为 1011000000011000001，试写出 AMI 码和 HDB_3 码。

【**解答**】

二进制信息：	1 0	1 1	0 0 0 0	0 0 0	1 1 0	0 0 0	0 0 1
AMI 码：	+E 0	−E +E	0 0 0 0	0 0 0	−E +E 0	0 0 0	0 0 −E
HDB_3 码：	B+ 0	B−B+	0 0 0 V+	0 0 0	B−B+ B−	0 0 V−	0 0 B+
或 HDB_3 码：	B+ 0	B−B+	0 0 0 V−	0 0 0	B+ B−B+	0 0 V+	0 0 B−

变换得到的上述两种 HDB_3 码分别对应于二进制信息序列前的“破坏点”为 V+和 V−。其中 B+、B−和 V+、V−分别表示符合和破坏极性交替规律的正、负脉冲，其幅度为 E。此例说明，HDB_3 码的波形不是唯一的，而是与出现 4 个连“0”码之前的状态有关。

由此可见，HDB_3 码既具有 AMI 码无直流分量，便于直接传输的优点，又克服了出现连“0”码难以提取定时信号的缺点。但是 HDB_3 码的编译码电路较复杂。

3. 基带传输码型的分析

对基带信号的码型分析，可以从推导各种码型的功率密度谱和输出能量谱的计算公式入手，并由此画出相应的曲线。图 4-9 所示为部分码型的功率密度谱曲线，由此可得码型分析的结论如下：

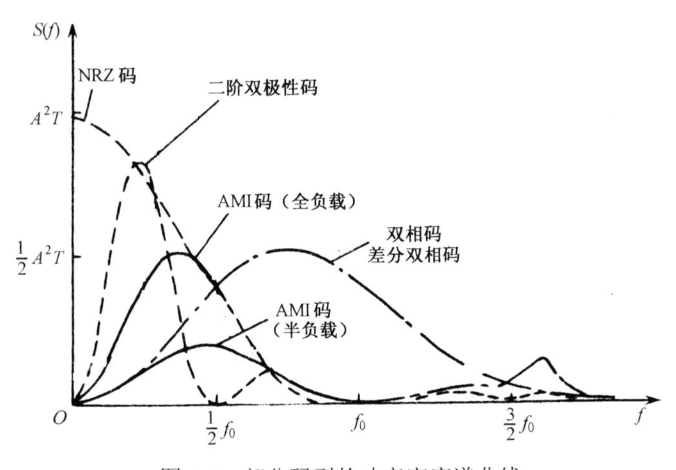

图 4-9 部分码型的功率密度谱曲线

在直流传送方式中，双极性不归零码的大部分能量集中在零频率点附近，即直流和低频能量很大。所占带宽为 0～f_0。由于它是双流信号，在平衡电缆传输时是差分接收，故抗干扰能力强。采用集成电路实现容易。仅适用于近距离传输。

在交流传送方式中，①双相码、差分双相码、AMI 码和 HDB_n 码都不含直流成分，可作为线路传输码型。其中差分双相码和 HDB_3 码更适用于速率低于 9600b/s 的场合。②从所占带宽来看，以二阶双极性码最窄，为 0～$f_0/2$。双相码和差分双相码最宽，为 0～$2f_0$。其他码型介于两者之间，为 0～f_0。③从提取定时信号的难易程度来看，不归零码、单极性归零码和 AMI 码在原始数据中出现连“0”码时，使提取定时信号变得困难。④在传输过程中，若两根传输线对调接线位置，双相码解码后易发生极性错误，其他码型则不会。⑤在各种码型发送峰值相同的条件下，AMI 码和 HDB_n 码的发送功率低于其他码型的发送功率，故对邻近线对的干扰小。⑥从抗干扰性能而言，以二电平码为最好，它可用限幅器削除迭加在信号电平上的噪声。⑦AMI 码、HDB_3 码均有较好的检测错误的能力，这是利用了相邻信号之间存在的某种相关特性。

由此可见，选择基带信号码型不但要考虑功率密度谱和输出能量谱，还要综合考虑抗干扰能力、传输距离和速率、编译码电路实现的难易程度和成本高低等诸多因素。

4.3 数字频带传输技术

尽管基带传输是研究频带传输的基础，但基带传输并未在数据传输中占据主导地位。这是因为数字信号中通常含有较低的频率分量，多数信道（尤其是无线电信道）不能直接传输，必须用基带信号对载波（carrier）波形的一个或多个参量（振幅、频率和相位）进行控制，使这些参量随基带信号的变化而变化，成为以载波频率为中心的带通信号，这仍是“调制”的概念。这种利用基带信号对载波参量的调制称为带通调制。在无线电信道中，带通调制必不可少。因为若要使信号能够以电磁波的方式通过天线发射出去，信号所占用的频带位置必须足够高，并且信号所占用的频带宽度不能超过天线的通频带。通过带通调制就可将基带信号搬移到足够高的频率上，便于信号从天线发射出去。

已调信号在接收端需经解调恢复成原来的基带信号。但是，由于噪声和码间干扰的影响，恢复的信号会有一定的失真而引起误码。为此，人们通过改进接收方法来达到降低误码率。接收方法可分为两大类：相干接收和非相干接收。在接收设备中，利用载波相位信息去检测信号的方法称为相干检测或相干解调。反之，则称为非相干检测或非相干解调。

在数据通信系统中，对受调载波的波形，原理上并无特殊的要求，一般选用形式简单、便于生成和接收的正弦信号作为载波。由于正弦信号的 3 个参量（幅度、频率和相位）都能携带信息，因而相应地有调幅、调频和调相 3 种基本调制形式，还可由此派生出多种形式。数据通信一般采用数字调制，它是用载波信号参量的离散状态来表征所传输的数据信息，在解调时只需对载波信号的受调参量进行检测和判决。换句话说，数字调制就是利用数字信号键控载波的幅度、频率和相位，实现振幅键控 ASK、频移键控 FSK 和相移键控 PSK。图 4-10 所示为二进制正弦载波的基本键控波形。

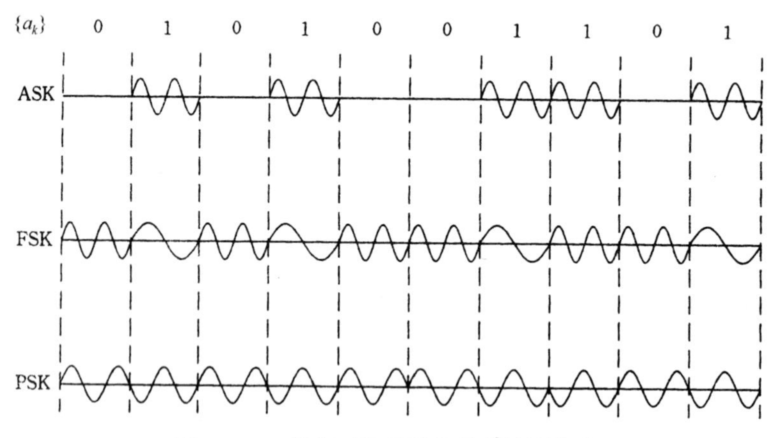

图 4-10　二进制正弦载波的基本键控波形

多年来，人们对数字调制技术做了大量的研究工作，取得了许多成果。对数字调制技术的改进，主要是围绕充分节省频谱和提高频带的利用率展开的。对于数据传输系统的设计，选择何种数字调制形式十分重要，需综合考虑频带利用率、差错率、信噪比 SNR 和设备实现复杂性等因素。

*4.3.1 基本数字调制技术

1．数字幅度调制

（1）二进制幅度键控（2ASK）

2ASK 是各种数字调制的基础，其基本思想是用数字基带信号键控载波幅度的变化，即传送“1”信号输出正弦载波信号 $A\cos(\omega_c t+\varphi_c)$；传送“0”信号无载波输出。这相当于用一个单极性矩形基带信号（含直流分量）与正弦载波信号相乘。所以二进制幅度键控的调制器可以用一个相乘器来实现。图 4-11 所示为 2ASK 信号的生成原理及波形。

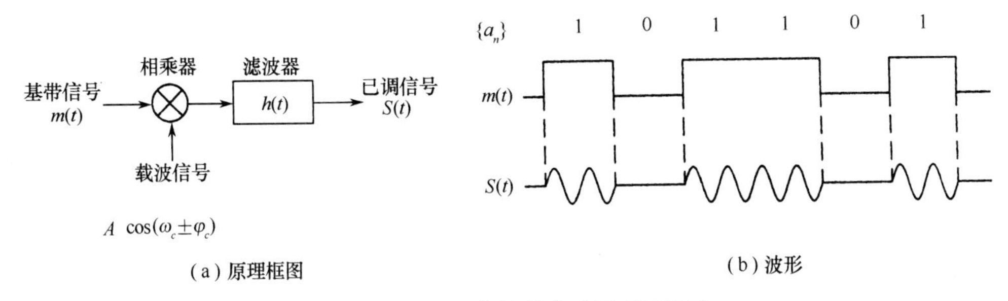

图 4-11 2ASK 信号的生成原理及波形

图 4-11 中，若设携带数据信息的基带信号 $m(t)$ 为随机的单极性矩形脉冲序列，即

$$m(t)=\sum_{n=-\infty}^{\infty}a_n g(t-nT_s) \tag{4-4}$$

式中，a_n 和 $g(t)$ 分别满足下列关系：

$$a_n=\begin{cases}0 & 以概率p出现\\1 & 以概率1-p出现\end{cases}$$

$$g(t)=\begin{cases}1 & 0\leqslant t\leqslant T_s\\0 & t在其他时间\end{cases}$$

那么，已调信号 $S(t)$ 为

$$\begin{aligned}S(t)&=m(t)\cdot A\cos(\omega_c t+\varphi_c)\\&=[\sum_{n=-\infty}^{\infty}a_n g(t-nT_s)]\cdot A\cos(\omega_c t+\varphi_c)\end{aligned} \tag{4-5}$$

对 2ASK 信号的解调主要有两种方法：包络检波法和相干解调法。包络检波法是利用包络检波器对幅度键控信号进行检波以恢复其基带信号。相干解调法（见图 4-12）需要产生本地相干载波信号 $C(t)$，以便与输入已调信号 $S(t)$在相乘器相乘后，再通过低通滤波器即得所需的基带信号。

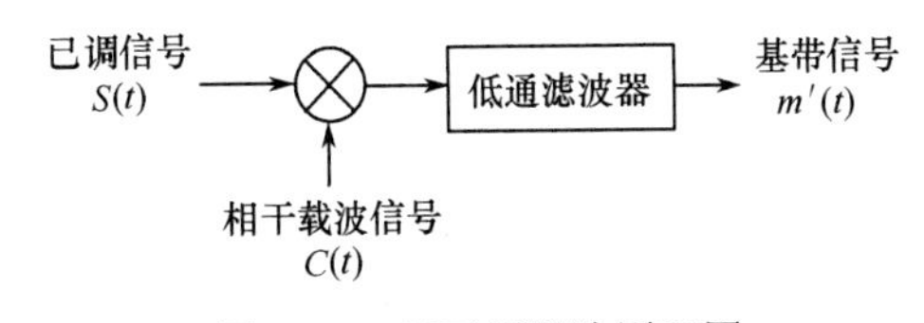

图 4-12 相干解调法原理图

不难看出，实现相干解调法的关键是要有一个与 ASK 信号的载波保持同频同相的相干载波，否则将会引起解调后的波形失真。

（2）多进制幅度键控（MASK）

MASK 是利用多电平的矩形基带脉冲去控制正弦载波信号幅度，故又称为多电平调制。由于一个码元持续时间内，多电平信号所包含的信息量是二电平信号的 lb$M$ 倍（M 为电平数），所以多电平调制的频带利用率比二电平调制高,颇受到人们的普遍重视。

对于一个多电平调制信号，可以看成是时间上彼此独立的 M 个不同振幅值的通断键控信号的叠加。因此，多电平调制信号的时域表达式为

$$S_M(t)=[\sum_{n=-\infty}^{\infty}a_n g(t-nT_s)]\cdot A\cos(\omega_c t+\varphi_c) \tag{4-6}$$

式中，

$$a_n=\begin{cases}0 & 以概率p_1出现\\ 1 & 以概率p_2出现\\ \vdots & \\ M-1 & 以概率p_M出现\end{cases}$$

且有 $\sum_{i=1}^{M}p_i=1$。多电平调制信号的带宽与二电平调制信号的带宽是相同的，均为 $2f_s$。图 4-13 给出了四电平调制波形图。

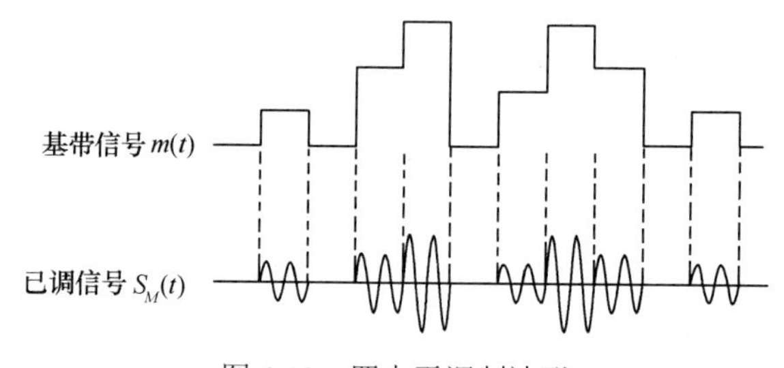

图 4-13　四电平调制波形

MASK 信号的生成方法与 2ASK 信号的相同，可利用相乘器来实现。解调的方法也有包络检波和相干解调法两种。

2．数字频率调制

数字频率调制是利用基带数字信号控制载波频率的变化来传输数字信息的一种调制形式。最简单的数字频率调制是二进制频移键控（2FSK），由于它的抗噪声、抗衰落性能优于 ASK，设备又不复杂，实现也较容易，所以一直被广泛应用在中、低速数据通信系统中。但是，在功率和频带利用率方面，传统的 2FSK 不及相移键控（PSK），所以在差分相移键控（DPSK）取得成功之后，就被取而代之。然而，2FSK 可视为两路不同载频的 ASK 复合信号，具有潜在的二重频率分集作用，因此在一些衰落信道（如短波、散射信道）的传输中，仍得到了应用。近年来，数字频率调制技术有了很大的进步，特别是多进制频移键控（MFSK）、高斯最小频移键控（GMSK）等新技术的出现，在数字卫星通信系统中得到了应用。

（1）二进制频移键控（2FSK）

生成 2FSK 信号一般有两种方法，即频率选择法和载波调频法。前者产生相位不连续的 2FSK 信号；后者则产生相位连续的 2FSK 信号。下面以相位不连续的 2FSK 信号为例，说明它的生成原理。

图 4-14 表示利用频率选择法生成 2FSK 信号的原理图和各点波形。如图所示，在某一码元期间，当输入数字信号为“1”时，门 1 开，门 2 闭，输出频率为 $f_1(t)$ 的信号；反之，当输入数字信号为“0”时，门 1 闭，门 2 开，输出频率为 $f_2(t)$ 的信号。

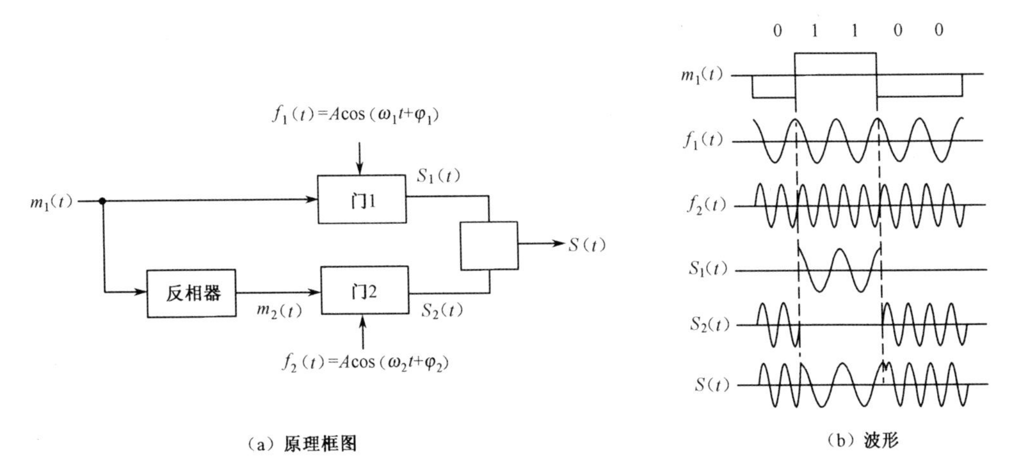

图 4-14 用频率选择法生成 2FSK 信号的原理图及波形

图中，若设携带数据信息的基带信号 $m_1(t)$ 为随机的单极性矩形脉冲序列。在每一个码元期间，以载频为 $f_1(t)$ 和 $f_2(t)$ 的正弦信号分别用来传输二进制数字“1”和“0”。此时，载频为 $f_1(t)$ 的幅度键控信号的时域表达式可表示为

$$\begin{aligned}S_1(t)&=m_1(t)\cdot A\cos(\omega_1 t+\varphi_1)\\&=\sum_{n=-\infty}^{\infty}a_n g(t-nT_s)\cdot A\cos(\omega_1 t+\varphi_1)\end{aligned}\tag{4-7}$$

式中，T_s 为码元宽度，a_n 和 $g(t)$ 分别满足下列关系：

$$a_n=\begin{cases}0 & \text{以概率}p\text{出现}\\1 & \text{以概率}1-p\text{出现}\end{cases}$$

$$g(t)=\begin{cases}1 & 0\leqslant t\leqslant T_s\\0 & t\text{在其他时间}\end{cases}$$

由于在任一码元期间，载频 $f_2(t)$ 是受 $\{a_n\}$ 的反码序列 $\{\overline{a_n}\}$ 控制的，因此它的幅度键控信号可表示为

$$\begin{aligned}S_2(t)&=m_2(t)\cdot A\cos(\omega_2 t+\varphi_2)\\&=\sum_{n=-\infty}^{\infty}\overline{a_n}g(t-nT_s)\cdot A\cos(\omega_2 t+\varphi_2)\end{aligned}\tag{4-8}$$

于是，由载频为 $f_1(t)$ 和 $f_2(t)$ 两个幅度键控信号合成的 2FSK 信号可表示为

$$\begin{aligned}S(t)&=S_1(t)+S_2(t)\\&=\sum_{n=-\infty}^{\infty}a_n g(t-nT_s)\cdot A\cos(\omega_1 t+\varphi_1)\\&\quad+\sum_{n=-\infty}^{\infty}\overline{a_n}g(t-nT_s)\cdot A\cos(\omega_2 t+\varphi_2)\end{aligned}\tag{4-9}$$

如按基带信号的取值状态，在某一码元期间，上式可改写为

$$S(t)=\begin{cases} f_1(t)=A\cos(\omega_1 t+\varphi_1) & \text{以概率}p\text{出现} \\ f_2(t)=A\cos(\omega_2 t+\varphi_2) & \text{以概率}1-p\text{出现} \end{cases} \tag{4-10}$$

对 2FSK 信号的解调有相干和非相干解调两种方法。这两种方法各自还可派生出若干种具体方法。究竟选用何种解调方法，应根据发送 FSK 信号的形式及参数、对解调器抗干扰要求、解调技术的可实现性和设备成本等因素综合考虑。目前，常用的是非相干解调法，虽然它的抗干扰性能不及相干解调法优越，但解调时无须从 FSK 信号中提取相干载波，因而实现起来比较简单。下面以最常用的非相干解调法为例，来说明它的基本工作原理。

图 4-15 表示最佳非相干解调器的原理图。其中采用匹配滤波器对接收信号加以处理，接着再由包络检波器对输出波形进行包络检波，最后进行取样和判决。这种解调方法不需要提取相干载波，而且取样值与接收信号的相位无关，可对具有随机初始相位的信号进行解调，因而比较实用。

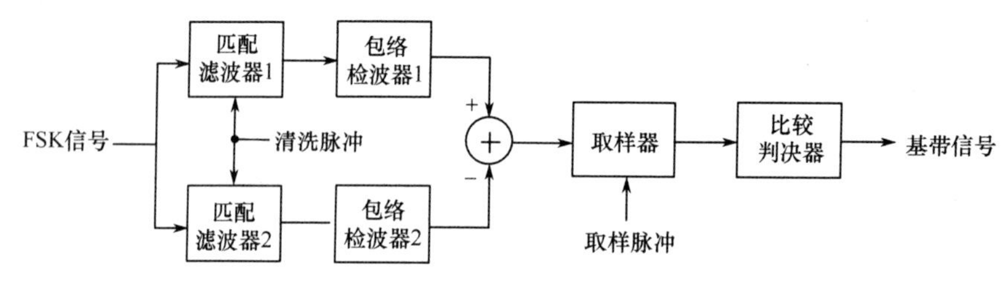

图 4-15　最佳非相干解调器的原理图

（2）多进制频移键控（MFSK）

MFSK 是利用 M 个不同频率的信号波形（如正弦波）来代表 M 进制的 M 个码元符号。当需要传送某一码元符号时，则在信道上传输相应的信号波形。这 M 个信号波形 $S_i(t)(i=1,2,\cdots,M)$ 应具有以下特征：

$$S_i(t)=\begin{cases} A\cos\omega_i t & 0\leqslant t\leqslant T_s \\ 0 & t\text{在其他时间} \end{cases} \tag{4-11}$$

以及

$$\int_0^{T_s} S_i(t)S_j(t)\mathrm{d}t==\begin{cases} E_s & i=j \\ 0 & i\neq j \end{cases} \tag{4-12}$$

式中，T_s 为码元宽度，$E_s=(1/2)A^2T_s$ 为码元信号的能量。

公式（4-12）表明，各码元波形具有相等的能量，且彼此正交。因此要求各频率间的最小间隔 Δf 取为 $f_s/2$ 的整数倍。在采用相干解调时，可取 $\Delta f=f_s/2$，此时 MFSK 信号的带宽约为 $M\cdot f_s/2$。在采用非相干解调时，一般取 $\Delta f=f_s$，则 MFSK 信号的带宽为 $M\cdot f_s$。由此可见，MFSK 信号占据较宽的频带，使得频带利用率较低，因而多用于调制速率不高，要求节省功率的数据通信系统中。

生成 MFSK 信号常采用频率选择法，其原理图如图 4-16 所示。来自数据终端的二进制比特流经串/并变换器，变成 M 进制码元（每一码元由 lb M 比特组成），并利用它们去控制相应的线性门，送出相应频率的信号波形。显然，这样得到的是相位不连续的 MFSK 信号，在接收端可用非相干解调处理之。如采用相干解调，则发送的信号波形必须满足公式（4-11）的要求，即各码元波形的起始相位必须相同。一般来说，这较难实现。

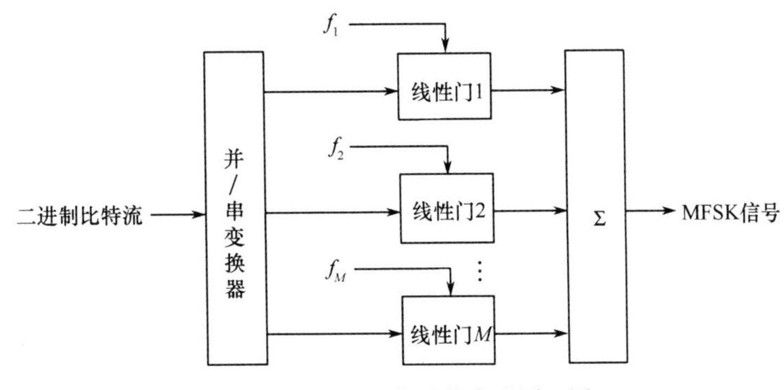

图 4-16　MFSK 信号的生成原理图

对 MFSK 信号的解调也有相干和非相干解调两种方法。下面以最佳非相干解调法为例，来说明其基本工作原理。最常用的 MFSK 信号最佳非相干解调器的原理如图 4-17 所示。在这种解调器中，对应于 M 个频率的信号波形就有 M 条支路的匹配滤波器（或动态滤波器），其后均接有包络检波器和取样器。在码元终止时刻，取样器对包络检波器的输出进行取样。各取样值送到比较判决器进行择大判决。判决器的输出与 $S_i(t)$ 相应的 M 进制码元符号，再经并/串变换，恢复成相应的二进制比特流。

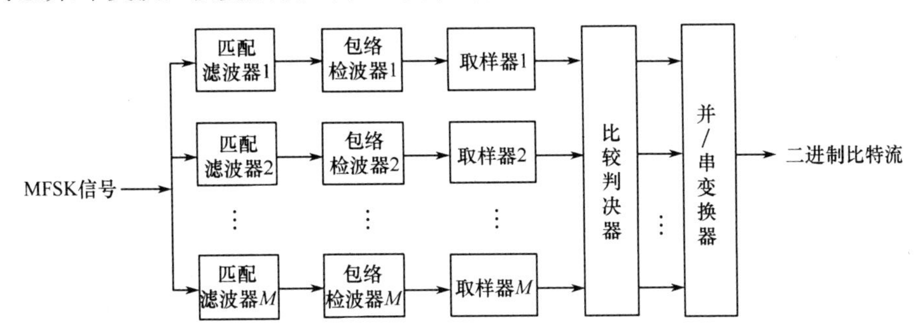

图 4-17　MFSK 信号最佳非相干解调器原理图

3．数字相位调制

数字相位调制是利用基带数字信号控制载波相位的变化来传输数字信息的一种调制形式。载波相位变化有“绝对移相”和“相对移相”两种。“绝对移相”是利用载波的不同相位直接表示数字信息，而“相对移相”则利用载波的相对相位，即前后码元载波相位的相对变化来表示数字信息。由于表征信息的载波相位只取有限个离散值，故又称相移键控（PSK）。虽然“绝对移相”的原理提出很早，但真正付诸实用却是“相对移相”的相移键控（DPSK）。这是因为在实际系统中，接收端提供的相干载波往往存在“相位模糊”现象，这种现象只影响 PSK 信号的接收，对 DPSK 信号却并无妨碍。

相移键控与幅度键控、频移键控相比，不仅在恒参信道上具有较优的抗噪声性能和频带利用率，而且在有衰落和多径现象的信道上也有较好的接收结果，是一种比较优越的调制形式。

（1）二进制相对相移键控（2DPSK）

如前所述，相对移相是利用前后码元之间载波相位的相对变化来传送数字信息的，因此数字信息的表示仅取决于相对相位值，而与绝对相位值无关。此时，只要保持前后码元载波相位差不变，解调后恢复的数字信息就不会出现极性相位，因此相对移相能够克服相位模糊现象。

2DPSK 信号的典型波形如图 4-18 所示。图中，每个码元中载波相位的变化是以前一码元载波相位作为参考。并假定当传送的数字信号为“1”时，码元中载波的相位相对于前一码元的载波相位差为π；当传送的数字信号为“0”时，码元中载波的相位相对于前一码元的载波相位不变。当然，这一假定也允许反过来。

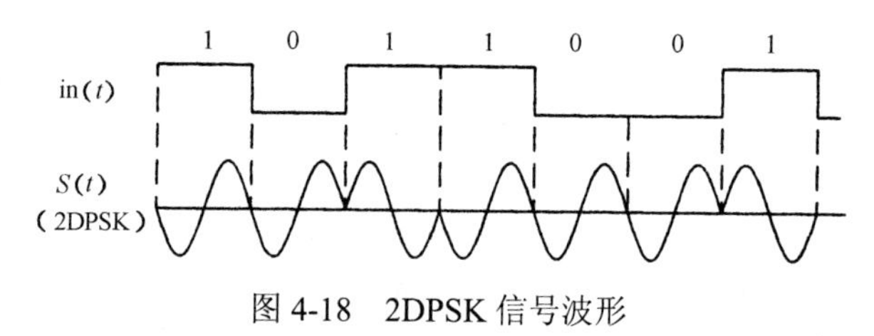

图 4-18 2DPSK 信号波形

从数字信息与码元信号载波相位的关系可知，把数字信息码先变换成相对码，再进行绝对移相，与直接进行相对移相结果是一样的。这就意味着相对移相本质上就是变换相对码后的数字信号序列的绝对移相。因此，在用相对码表示传送信息之后，2DPSK 信号的时域表达式与 2PSK 信号是相同的，即

$$S(t)=\sum_{n=-\infty}^{\infty}g(t-nT_s)\cdot\cos(\omega_c t+\varphi_n) \tag{4-13}$$

式中，ω_c 为载波角频率，φ_n 是第 n 个码元的载波相位，T_s 为码元持续时间，$g(t)$ 为数字基带信号波形。由于 φ_n 是一随机变量，只有两种可能的取值：0 或π。因此，式（4-13）可改写成

$$\begin{aligned}S(t)&=\sum_{n=-\infty}^{\infty}g(t-nT_s)\cdot(\cos\omega_c t\cdot\cos\varphi_n-\sin\omega_c t\cdot\sin\varphi_n)\\&=\sum_{n=-\infty}^{\infty}g(t-nT_s)\cdot\cos\omega_c t\cdot\cos\varphi_n\\&=\sum_{n=-\infty}^{\infty}a_n g(t-nT_s)\cdot\cos\omega_c t\end{aligned} \tag{4-14}$$

式中，随机变量

$$a_n=\cos\varphi_n=\begin{cases}+1 & \text{以概率}p\text{出现}\\-1 & \text{以概率}1-p\text{出现}\end{cases}$$

生成 2DPSK 信号的方法有两种：调相法和相位选择法。但要进行预处理，即先把输入的基带信号编码转换成相对码，再进行绝对移相。图 4-19 表示 2DPSK 信号的生成原理图及波形。图 4-20 给出了码变换器的两种结构。

2DPSK 信号的解调方法也有两种：极性比较法和相位比较法。下面以极性比较法来说明解调 2DPSK 信号的解调原理。极性比较法就是相干解调法。此法所需的相干载波是从接收信号中提取的。因为相干解调后仍是相对码，所以最后还需经码变换器将相对码变换成绝对码。图 4-21 表示用极性比较法解调 2DPSK 信号的原理图及各点波形。图中，输入的 2DPSK 信号在相乘器中与相干载波相乘，然后经低通滤波（用积分器亦可）。当接收信号与载波同相时，滤波器输出正脉冲；否则，输出负脉冲。然后经取样判决和码元形成，便可得到相对码输出。最后通过码变换器，还原成原信息码。图中波形（b）仅是提取载波相位的

一种可能，如相位反转π，则波形（d）～（f）的极性均应改变，但最后输出波形（h）仍保持不变，这就说明了相对调相能够克服相位模糊的现象。

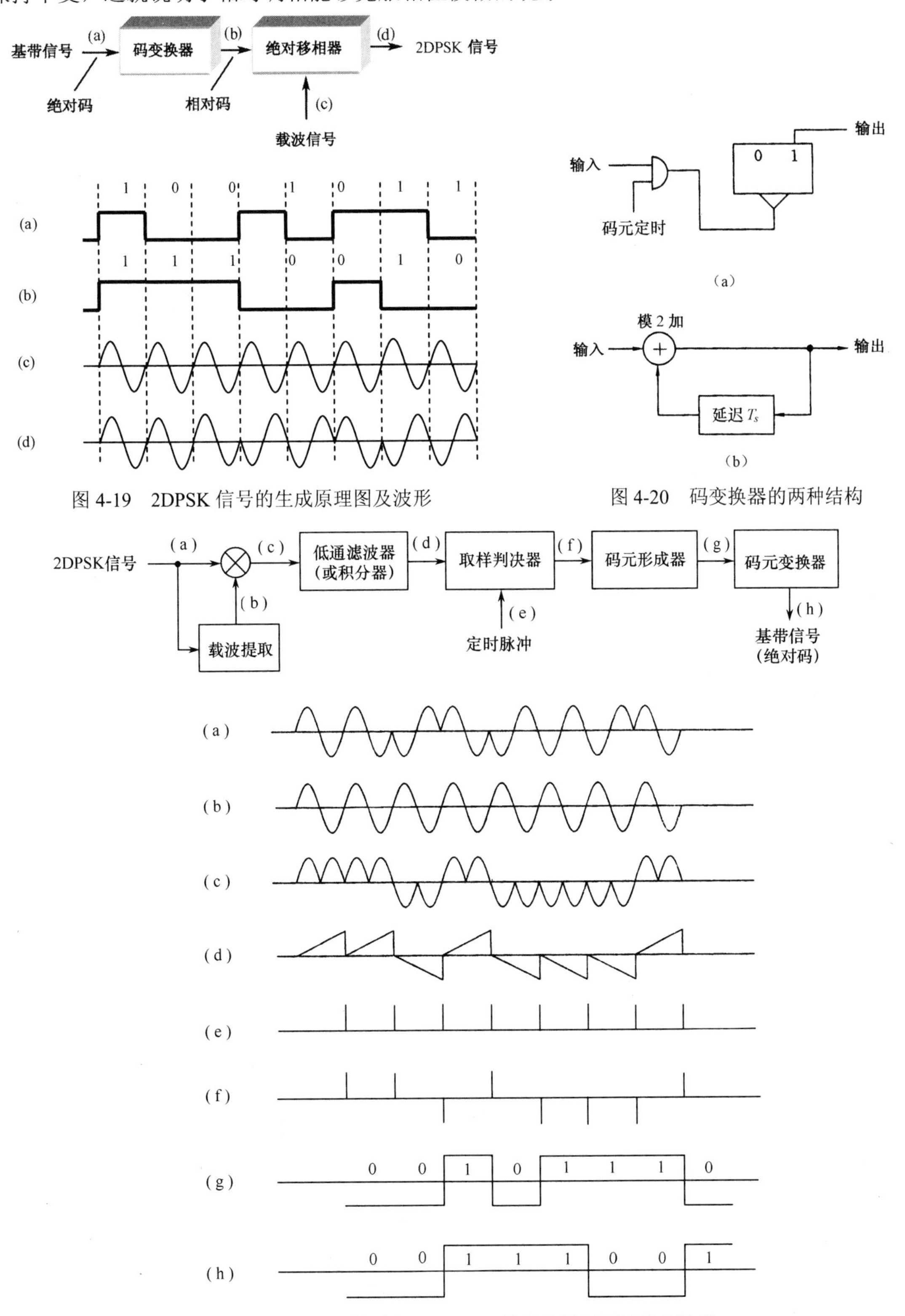

图 4-19　2DPSK 信号的生成原理图及波形

图 4-20　码变换器的两种结构

图 4-21　用极性比较法解调 2DPSK 信号的原理图及各点波形

（2）多进制相移键控（MPSK）

MPSK 是利用载波的多个相位或相位差来表示数字信息的。若把输入二进制信息的每 k 比特码元编为一组，便构成了 k 码元。每一 k 比特码元有 2^k 种不同的状态，因而必须用 2^k 种不同的相位或相位差来表示。由于多相调制载波的每一相位或相位差与 k 比特码元的一个状态相对应，而 k 比特码元包含的信息量是二进制码元所含有信息量的 k 倍，因此多相调制系统具有以下两个特点：①当码元传输速率相同时，多相数字调制系统的信号速率比二相数字调制系统高；②在信号速率相同的情况下，由于多相调制的码元传输速率比二相时低，因而多相调制信号码元的持续时间比二相时长。这既有利于压缩信号的频带，又可减少由于信道特性不理想引起的码间串扰产生的影响。但随着 k 取值增大，信号之间的相位差减小，传输可靠性随着相位取值数的增多而降低，所以在实际使用中用得较多的是四相制和八相制。

在 M 进制相移键控中，由于用 M 种相位或相位差来表示 k 比特码元的 2^k 种状态，即 $M=2^k$。假设 k 比特码元的持续时间仍为 T_s，则多相调制波的时域表达式仍可用公式（4-13）表示，只是现在的 φ_n 有 M 种可能的取值，即

$$
\begin{aligned}
S(t) &= \sum_{n=-\infty}^{\infty} g(t-nT_s)\cdot\cos(\omega_c t+\varphi_n) \\
&= \sum_{n=-\infty}^{\infty} \cos\varphi_n\cdot g(t-nT_s)\cdot\cos\omega_c t-\sum_{n=-\infty}^{\infty}\sin\varphi_n\cdot g(t-nT_s)\cdot\sin\omega_c t
\end{aligned}
\tag{4-15}
$$

式中，

$$
\varphi_n=\begin{cases}\theta_1 & \text{以概率}p_1\text{出现}\\ \theta_2 & \text{以概率}p_2\text{出现}\\ \vdots & \\ \theta_n & \text{以概率}p_M\text{出现}\end{cases}
$$

且有 $P_1+P_2+\ldots+P_M=1$。

若设

$$
a_n=\cos\varphi_n=\begin{cases}\cos\theta_1 & \text{以概率}p_1\text{出现}\\ \cos\theta_2 & \text{以概率}p_2\text{出现}\\ \vdots & \\ \cos\theta_M & \text{以概率}p_M\text{出现}\end{cases}
$$

$$
b_n=\sin\varphi_n=\begin{cases}\sin\theta_1 & \text{以概率}p_1\text{出现}\\ \sin\theta_2 & \text{以概率}p_2\text{出现}\\ \vdots & \\ \sin\theta_M & \text{以概率}p_M\text{出现}\end{cases}
$$

因此，式（4-15）可改写成

$$
S(t)=\sum_{n=-\infty}^{\infty} a_n g(t-nT_s)\cdot\cos\omega_c t-\sum_{n=-\infty}^{\infty} b_n g(t-nT_s)\cdot\sin\omega_c t \tag{4-16}
$$

此式表明，多相调制波形可看作对两个正交载波进行多电平双边带调制所得信号之和。因此，多相调制波的带宽与多电平双边带调制的带宽一样。

4.3.2　正交幅度调制

正交幅度调制 QAM（Quadrature Amplitude Modulation）是利用两个独立的基带波形对两个相互正交的同频载波进行抑制载波的双边带幅度调制。它利用了合成的已调信号在相同频带范围内频谱正交的特性，因而实现了在同一频带内两路数据信息的并行传输。它适用于高速数据传输的场合。

基带波形为矩形脉冲的正交幅度调制，称为正交幅度键控 QASK（Quadrature Amplitude Shift Keying）。基带波形为多电平时，则构成多电平正交幅度键控 MQASK（Multi QASK）。

正交幅度调制的原理图如图 4-22 所示。图中，$m_1(t)$ 和 $m_2(t)$ 是两个独立的基带波形，都是无直流分量的双极性基带脉冲序列。$\cos\omega_c t$ 和 $\sin\omega_c t$ 是相互正交的载波，相加器形成的正交幅度键控信号为

$$S(t)=m_1(t)\cos\omega_c t+m_2(t)\sin\omega_c t \tag{4-17}$$

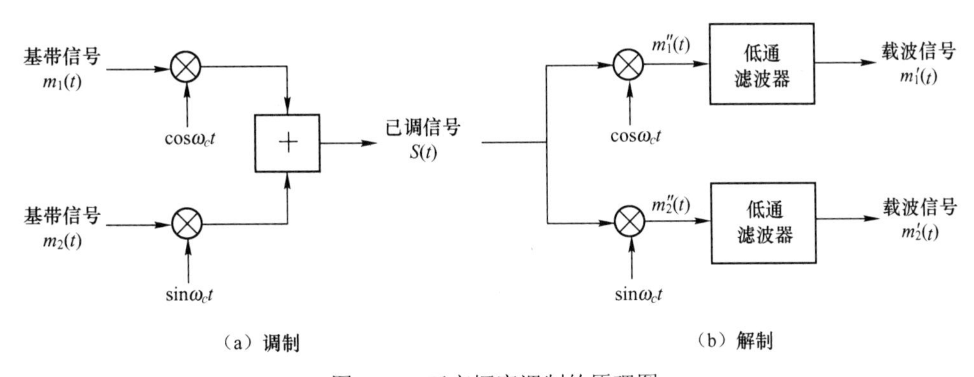

图 4-22　正交幅度调制的原理图

正交幅度键控信号的解调必须采用相干解调法（见图 4-22（b）），这里假设信道具有理想的传输特性，接收端产生的相干载波与发送端的载波则完全相同，此时接收端两个相乘器的输出，再经低频滤波器后，上、下两支路的输出信号分别为

$$m_1'(t)=\frac{1}{2}m_1(t) \tag{4-18}$$

$$m_2'(t)=\frac{1}{2}m_2(t) \tag{4-19}$$

由上述分析可知，正交幅度调制对传输信道和接收端相干载波的相位误差提出了严格的要求，信道特性的不理想或相干载波存在相位误差，都会在接收端解调后恢复的基带波形中出现邻路干扰和正交干扰。

*4.3.3　幅相混合调制

信道传输频带是一种受限的通信资源，人们一直在探索提高频带利用率的途径，其中也包括对多进制调制形式的研究。一般来说，多进制幅度键控或相位键控都能在相同的带宽范围内，达到较高的信息传输速率。但是多进制调制技术频带利用率的提高，是以牺牲功率利用率换来的。在信号星座图中，当 M 值增加时，各信号之间的最小距离减小，相应的信号判决区域也缩小，在噪声干扰的影响下，接收信号的误码率随之增高。1960 年，

C.R.Chen 提出了幅相混合键控 APK（Amplitude Phase shift Keying）的设想，引起了人们的广泛注意。幅相混合键控在 M 较大的情况下，不仅可以提高系统的频带利用率，与其他多进制调制（如 MPSK）相比，还可以获得较好的功率利用率，而设备却比 MPSK 系统简单。

幅相混合调制是对载波信号的幅度和相位同时进行调制的一种调制形式。当选择载波信号的不同幅度和不同相位，进行不同的组合时，可得到多种不同类型的 APK 信号。APK 信号的时域表达式为

$$S(t)=[\sum_{n}a_n g(t-nT_s)]\cdot\cos(\omega_c t+\varphi_n) \tag{4-20}$$

式中，$g(t)$ 是宽度为 T_s 的单个码元脉冲，

$$a_n=\begin{cases}a_1 & 以概率p_1出现\\ a_2 & 以概率p_2出现\\ \vdots & \\ a_N & 以概率p_N出现\end{cases}\qquad \varphi_n=\begin{cases}\varphi_1 & 以概率p_1出现\\ \varphi_2 & 以概率p_2出现\\ \vdots & \\ \varphi_M & 以概率p_M出现\end{cases}$$

因此，APK 信号的可能状态数为 $N\times M$ 。

公式（4-20）尚可改写成另一种形式：

$$S(t)=[\sum_{n}a_n g(t-nT_s)]\cdot\cos\varphi_n\cos\omega_c t-[\sum_{n}b_n g(t-nT_s)]\cdot\sin\varphi_n\sin\omega_c t$$

若令 $X_n=a_n\cos\varphi_n$， $Y_n=-a_n\sin\varphi_n$， 得

$$S(t)=[\sum_{n}X_n g(t-nT_s)]\cdot\cos\omega_c t+[\sum_{n}Y_n g(t-nT_s)]\cdot\sin\omega_c t \tag{4-21}$$

此式表明，APK 信号可看作两个正交载波调制信号之和。在一个码元时间内，上式可写成

$$S(t)=A_n\cos\omega_c t+B_n\sin\omega_c t \qquad (0\leqslant t\leqslant T_s) \tag{4-22}$$

式中， $A_n=X_n g(t)$， $B_n=Y_n g(t)$。不同的 A_n 和 B_n 构成了 $S(t)$ 的信号状态。通常把 APK 信号矢量端点（ A_n， B_n ）在二维空间内的分布图称为星座图。

为了对这种调制方式的性能有所了解，下面我们把属于 APK 信号的 16QAM 与 16PSK 作一比较。图 4-23 表示在功率相等或最大幅度相等的条件下，16QAM 和 16PSK 信号的星座图。

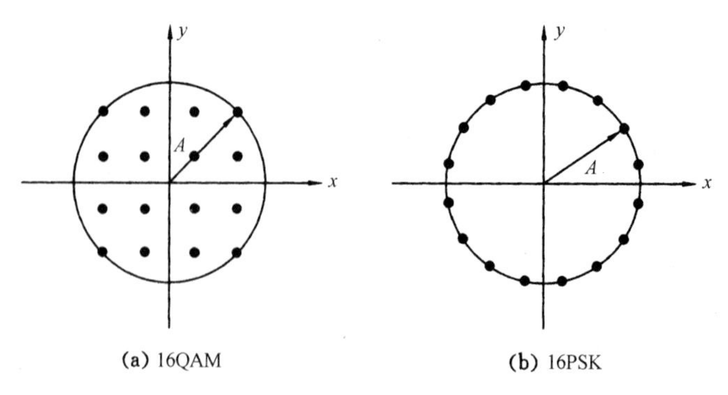

图 4-23　16QAM 和 16PSK 信号的星座图

由图可见，16PSK 相邻信号点之间的距离为 $d_{16PSK} = 2A\sin(\pi/16) = 0.39A$ 。而 16QAM 相邻信号点之间的距离为 $d_{16QAM} = \sqrt{2}A/(L-1)$，式中 L 是在两个正交方向（x 和 y）上的信号电平数，因 16QAM 的 $L=4$，故 $d_{16QAM} = 0.47A$。由此可见，$d_{16QAM} > d_{16PSK}$，这个结果说明 d_{16QAM} 超过 d_{16PSK} 约 1.64dB。

其实，对上述相邻信号点之间的距离作比较，应该以信号的平均功率相等为条件才是合理的。可以证明，16QAM 信号的最大功率与平均功率之比 $\xi_{16QAM} = 1.8$，而 16PSK 信号的 $\xi_{16PSK} = 1$。这表明，在平均功率相等的条件下，d_{16QAM} 超过 d_{16PSK} 约 2.55dB，说明 16QAM 的抗干扰能力优于 16PSK。尽管 16QAM 信号结构不是最佳，但它与最佳结构性能相差不大。1974 年 G.J.Foschim 等人曾证明：16QAM 的功率利用率与最佳结构相比，仅差 0.5dB。

综上所述，幅度相位混合调制在 M 比较大的情况下，不仅可以使通信的有效性和可靠性有较好的改善，而且在设备构成上也比 MPSK 系统简单，所以在载波信道和微波信道中得到了重视和应用。

4.3.4 正交频分复用调制

正交频分复用 OFDM（Orthogonal Frequency Division Multiplexing）技术实际上是一种多载波并行调制。其主要思想是：将信道分成若干个正交子信道，再将高速数据信号转换成并行的低速子数据流，调制到每个子信道上进行传输。接收端采用相关技术将正交信号分开，这样可以减少子信道之间的相互干扰。每个子信道上的信号带宽小于信道的相关带宽，因此在每个子信道上可以看成平坦性衰落，从而消除了符号间干扰。由于每个子信道的带宽仅仅是原信道带宽的一小部分，信道均衡变得相对容易。

OFDM 系统的最大优点是，调制和解调可以利用离散傅里叶变换 DFT（Discrete Fourier Transform）在离散域实现。因此，OFDM 调制方式具有较高的频谱利用率，在抗多径衰落、抗窄带干扰能力上具有明显的优势，OFDM 系统可以有效地抗信号波形间干扰，可以提高系统的非视距传播能力，适用于多径环境和衰落信道中的高速数据传输。在向 B3G/4G 演进的过程中，OFDM 是关键的技术之一，可以结合分集，时空编码，信道间干扰抑制以及智能天线技术，最大限度地提高系统性能。

4.4 信道访问技术

所谓“访问”是指引起主、客体之间的信息相互交换或者系统状态改变的主、客体交互行为。其中，主体是导致信息流向或改变系统状态的主动实体，如人、进程、设备等，而客体则是包含或接受信息的被动实体，如记录、块、文件、目录、存储区、处理器、显示器、网络结点等。这种确保单一使用公用信道的技术称为信道访问技术。在一条公用信道上如不采用复用技术，那么任何时刻就只能允许一对结点进行通信。多年来，人们对信道访问技术进行了大量的研究，提出了多种访问控制方式，并从性能上加以分析和仿真。表 4-2 列出了按访问特征进行分类的各种信道访问技术。

表 4-2 各种信道访问技术

访问特征		采用的技术
预约式	静态	频分多路复用（FDMA），时分多路复用（TDMA） 码分多路复用（CDMA），空分多路复用（SDMA）
	动态	集中统计时分多路复用（ATDMA） 无冲突访问
选择式		菊花链式访问，轮叫轮询，传递轮询，单一选择
争用式	ALOHA	纯 ALOHA（P-ALOHA），时隙 ALOHA（S-ALOHA）
	CSMA	非坚持 CSMA，1 坚持 CSMA，P 坚持 CSMA，CSMA/CD
环式		令牌（TOKEN），时隙环，寄存器插入环，开关转换
混合式		预约 ALOHA，有限争用，争用环

下面介绍常用的访问技术。

4.4.1 轮询访问技术

轮询访问技术是一种受控访问技术。在由多个结点共享公用信道的线路中，主机依照一定的顺序探询各结点有无传送信息的要求，被探询的结点如有传送要求就占用公用信道，将信息发送给主机；否则，主机继续探询下一结点。这是一种轮询式的信道访问方法，它也是轮询技术中使用得最为普遍的方法之一。

按照探询控制权的转移与否，轮询可进一步分为轮叫轮询和传递轮询两种。

1. 轮叫轮询

轮叫轮询（roll-call polling）的基本原理可用图 4-24 所示的线路来说明。图中，设有 N 个结点连接成多点线路，主机按顺序从结点 1 开始逐一探询，结点 1 如有数据即发送给主机；若无数据，则发送控制帧给主机，表示没有数据传送的要求。然后，主机再探询结点 2、结点 3、……。待探询过结点 N 后，又重新返回探询结点 1。因此，轮叫轮询由主机按事先确定的顺序轮流询问各个结点，并接收各结点发来的信息。当然，主机也可以向指定结点发送数据。这是一种集中控制的方法，因为主机一直持有探询各结点的控制权，各结点始终是被探询的对象。

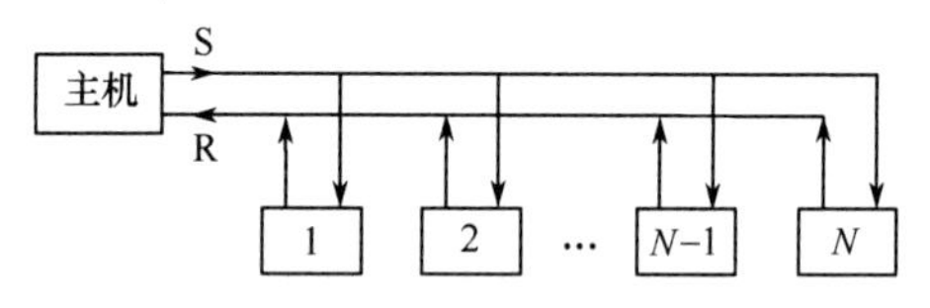

图 4-24 轮叫轮询的多点线路

在采用轮叫轮询访问控制时，假设主机向各结点发送的探询帧为定长，其传输时间为 t_0，每个结点识别探询帧所需平均时间为 t_s。又设各结点在多点线路上物理分布是均匀的，主机到最远结点的单程传播时间为 τ。不难证明，整个探询系统的巡回时间为

$$L = N(t_0 + t_s) + (N+1)\tau \qquad (4\text{-}23)$$

【例 4-2】 设结点 N=10，间距 d=20km，传播时延 t=10μs/km，结点识别探询帧所需平均时间 t_s=10ms，线路容量 C=2400b/s，探询帧长为 48b。试求单程传播时延和整个探询系统的巡回时间 L。

【解答】

单程传播时延　$\tau = N \cdot d \cdot t = 2$（ms）

帧传输时间　t_0=48/2400=20（ms）

将上述数值代入式（4-23），即得整个探询系统的巡回时间 L=322（ms）。

2．传递轮询

在轮叫轮询中，由于主机一直掌握着发送探询帧的控制权，这造成相当大的通信开销，同时也增加了帧的传送时延，采用传递轮询可以克服这一缺点。传递轮询（hub pooling）的基本工作原理可用图 4-25 来解释，图中虚线表示探询帧的传送路径。

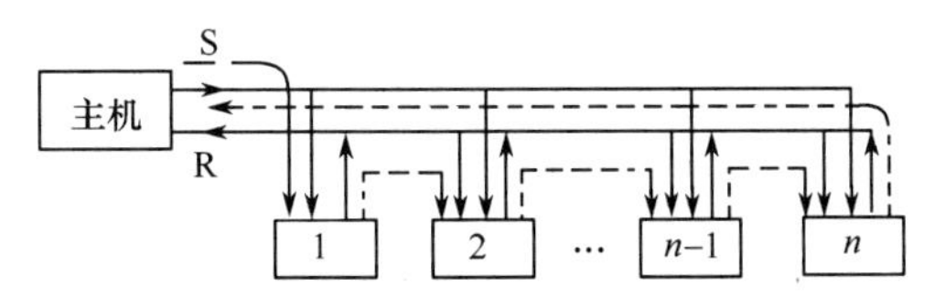

图 4-25　传递轮询的多点线路

主机先向结点 1 发送探询帧。当结点 1 予以响应并将数据发回主机或者通知主机没有发送的数据时，便将探询帧的接收地址修改为结点 2，接着将探询帧转发给结点 2。结点 2 对探询帧的处理同结点 1。如此继续下去，直到最后的结点 N 将数据发回主机或者通知主机没有发送的数据，再将探询帧的接收地址修改为主机，重新将探询控制权交还给主机，这样就完成了一个轮询周期。这里，读者应注意以下三点：

① 探询帧或响应帧都附有指定的接收地址，这就确保了接收结点的单一性；

② 向各结点的探询顺序既可以是 1，2，…，N（见图 4-25），也允许为 N，$N-1$，…，2，1（此时图中结点的次序应作相应调整）；

③ 图中主机发送线 S 到所有结点均有一个输入端，这就允许主机按某种需要设定探询顺序，即由 i，$i+1$，…，N。其中 i=1，…，N。

传递轮询的特点是探询控制权顺序地从一个结点转到另一结点，因此它是一种准集中控制方式。

在传递轮询的情况下，整个系统巡回时间的计算公式应修改为

$$L = Nt_s + 2\tau \tag{4-24}$$

【例 4-3】 已知条件同【例 4-2】，当采用传送探询方式时，试求整个系统的巡回时间 L。

【解答】 由已知条件，整个系统的巡回时间

$$L = Nt_s + 2\tau = 10 \times 10 + 2 \times 2 = 104 \text{（ms）}$$

此例说明，在同样条件下传递轮询帧的时延比轮叫轮询的时延要小，而且结点间距离越大，效果就越明显。但是，实现传递轮询的技术较复杂，所以实际使用中还是以轮叫轮询为主。

*4.4.2　争用访问技术

争用访问技术是一种随机访问技术。由于所有用户都可以根据自己的需要自由地向公用信道发送信息，于是就产生了争用信道使用权的问题。显然，只有争用获胜者取得了信道使用权才能发送信息，而争用的存在又必然会发生冲突（或碰撞），这就需要研究如何解决冲突带来的问题。下面介绍 3 种争用访问技术。

1. ALOHA 技术

ALOHA 是美国夏威夷大学 20 世纪 70 年代初期研制成功的一个集中控制式的随机接入系统，该系统允许地理上分散的多个用户通过无线电信道来使用中心计算机。为了区分后来研制出的多种 ALOHA 系统，将夏威夷大学最初研制的 ALOHA 称为纯 ALOHA。纯 ALOHA 系统设有一个主站和若干个从站，它使用两个频率：一个用于从站到主站的频率 407.35MHz，另一个是主站到从站的频率 413.475MHz，其带宽均为 100kHz，数据传输速率为 9600b/s。每一站均可自由地发送帧，并利用应答技术来确保发送的成功。当从站发送一个帧之后，必须等待主站的应答帧予以确认，方能继续发送下一帧。如果等待了一段时间后，仍未收到应答信号，就意味着已发送的帧与其他从站发送的帧发生了冲突，必须重发。但是，如果发生帧冲突的各从站立即重发，又会继续发生新的冲突。因此，纯 ALOHA 系统采用的重发策略是让发生帧冲突的从站各自等待一段随机的时间，然后再重发，直到发送成功为止。

为了提高纯 ALOHA 系统的吞吐量，可使各站在同步状态下工作，并把时间划分为等长的时隙，通过预约技术来争用信道的使用权。同时规定无论帧何时到达，都只能在每个时隙的开始时刻才能发送出去。这种 ALOHA 称为时隙 ALOHA。

由于上述两种 ALOHA 信道利用率都比较低，有人提出把预约和争用技术结合起来，让各站都以某种方式预约某个帧的发送时隙，这样就保证了所发送的帧不会与别的站发送的帧发生冲突。这种 ALOHA 称为预约 ALOHA。预约 ALOHA 的基本指导思想是当网络负载轻时按 ALOHA 方式工作，而当网络负载重时，按近似于时分复用方式工作。

2. CSMA 技术

载波监听多路访问 CSMA（Carrier Sense Multiple Access）技术是对用于有线信道的 ALOHA 系统的一种改进，它要求每个站都设置一硬件，即载波监听装置，用来在发送数据前监听同一信道上其他站是否也在发送数据。这里的“载波”是指在公用信道上传输的信号。如果该站监听到别的站正在发送，就暂不发送数据，从而减少了发送冲突的可能性，也提高了整个系统的吞吐量和信道利用率。

根据每个站所采用的载波监听策略，CSMA 技术有 3 种类型：

① 非坚持 CSMA 技术。如果进行载波监听时发现信道空闲，则将准备好的帧发送出去；如果监听到信道忙，就不再继续坚持听下去，而根据协议的算法延迟一个随机时间再重新监听。

② 1 坚持 CSMA 技术。当监听到信道空闲时，就立即发送帧；如果监听到信道为忙，则继续监听下去，直到信道空闲为止。

③ P 坚持 CSMA 技术。当监听到信道为空闲时，以概率 p 立即发送帧，而以概率（1- p ）延迟一段时间 τ （端-端传播时延）再重新监听信道；当监听到信道为忙时，则继续监听下去，直到信道空闲为止。

对 CSMA 技术作进一步的改进，就是颇具特色的载波监听多路访问/冲突检测 CSMA/CD（Carrier Sense Multiple Access with Collision Detection）技术，它已在局域网中得到了广泛应用（详见 6.5.3 节）。

3. 环访问技术

自 20 世纪 60 年代末开始，人们就对环访问技术进行了大量的研究。环访问技术研究的对象是逻辑环，它不仅适用于物理上的环形拓扑，也适用于总线形和星形拓扑。下面介绍两种最常用的环（令牌环、时隙环）的基本工作原理。

（1）令牌环（Token Ring）

这是一种最早提出来的环访问技术。1969 年美国贝尔实验室 Newhall 等人首先提出令牌环，故又称 Newhall 环。利用令牌环技术构成的著名局域网有 Newhall 环网和 IBM 令牌环网。后者是 IBM 公司于 1985 年 10 月推出的，它是制定 IEEE 802.5 标准的基础。

令牌环技术是利用在环路中流动的唯一的令牌帧。初始状态时，令牌帧内不含有数据，称为“闲”令牌帧。要求传输数据的站必须等待“闲”令牌帧的到达，将令牌由“闲”改成“忙”，并在此令牌后面传输待发送的数据。此时环路上因没有“闲”令牌，其他希望发送数据的站必须等待。当包含数据的“忙”令牌帧沿环路传送到非目的站时，则转发该帧。只有当它传送到目的站时，目的站才复制该帧的有关信息，并继续转发该帧。这个“忙”令牌帧绕环一周后又返回到源站，则由源站对数据实施检测和回收，并将“忙”改为“闲”。由于令牌是唯一的，所以任何情况下，令牌保证了一次仅有一个站可传输数据。只有当源站释放出一个新的“闲”令牌时，处于下游的有传输数据要求的站才能截获“闲”令牌并进行数据传输。

令牌环技术具有许多优点，最主要的是易于调节通信量。其主要缺点是对令牌进行操作和管理较复杂，既要避免令牌丢失，又要防止令牌重复，还要进行管理站的选择和故障恢复。

（2）时隙环（Slotted Ring）

时隙环是 J.R.Pierce 于 1972 年首先研制成功的，因而有时也称为 Pierce 环。

时隙访问技术是把信息在环路上的传送时间划分为固定长度的时间段（简称时隙）。若干时隙在环路上绕环运行，如图 4-26 所示，每一个时隙都含有一先导标志位，表示该时隙的现行状态：空（empty）或满（full）。初始时，所有的时隙都是空的。要求传送数据的站必须等待一个空时隙到达，届时该站将时隙先导标志位改为满，同时在时隙中加入所要传送的数据。当载有数据的时隙到达目的站时，目的站将复制时隙中的数据，同时设置时隙中的响应位，以表征接收的状态（接收、拒收和忙）。只有当时隙返回到源站时，才将时隙先导标志位重新改为空，以便该时隙供下游的结点继续使用。

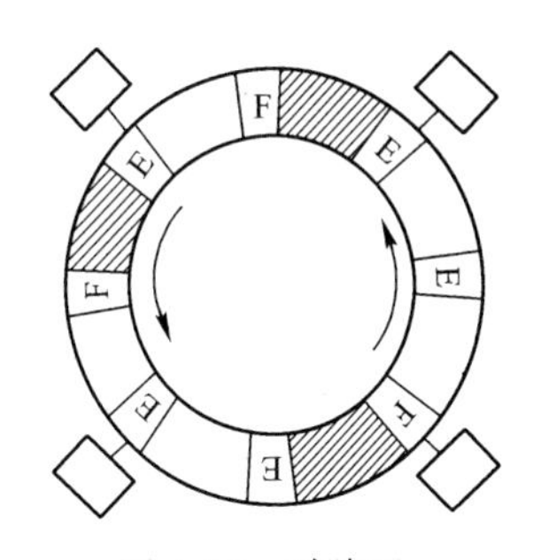

图 4-26　时隙环

时隙环最著名的例子是剑桥环，该环网于 1974 年由英国剑桥大学研制成功。时隙环的主要优点是简单，这为提高可靠性创造了条件。然而它的主要缺点是浪费了带宽，因时隙中含有较多的管理开销；当环路上只有少数站要求传输数据时，就会造成许多空时隙在环路上作毫无意义的循环。

前面介绍的信道访问技术究竟哪一种最好？这个问题不易回答。应考虑的主要因素是吞吐量。一般来说，对于使用率较低的小型网络，采用争用访问技术较为合适。此时用户不必等待发送许可，就可发送数据。由于使用率较低，发生冲突的机会就少。相反，轮询访问环境中的用户必须等待发送许可，即使没有其他用户在传输数据，它也必须等待询问。对于使用率很高的大型网络，情况却相反，采用轮询访问技术则更适合。在该环境中，许多用户都要传输数据，采用争用访问发生冲突的机率会很高。为解决冲突必须付出代价，冲突期间不仅浪费线路容量，而且还要求发生冲突的用户重传信息。而轮询访问则避免了此类冲突，提高了线路的利用率。虽然应答时间可能会延长，但其延长的比例不大。由此可见，选择信道访问技术的关键是找到轮询访问和争用访问的相交点，但该问题没有唯一的正确答案，因为它主要取决于在网络上传输的数据量。

*4.5 信道复用技术

通常，信道提供的带宽往往比所传送的信号的带宽宽得多，此时如果一条信道只传送一种信号就显得过于浪费了。因而就提出信道复用的设想，目的是为了充分利用信道的容量，提高信道的传输效率。

多路复用是一种将若干路彼此无关的信号合并成一路复合信号，并在一条公用信道上传输，到达接收端后再进行分离的技术。因此，该项技术包含信号复合，传输和分离3个方面的内容。信道多路复用的原理框图如图4-27所示。在发送端，待发送信号$\{S_k(t)\}$（$k=1，2，\cdots，n$）必须先经过正交化处理变成为正交信号$\hat{S}_k(t)$，才能进行复合并送往信道传输，在接收端再经正交分离后变为输出信号$\{S'_k(t)\}$。在理想情况下，$\{S_k(t)\}$与$\{S'_k(t)\}$应该完全相同，实际上则不然。由此可见，信号正交化处理和正交分离是实现多路复用技术的关键。

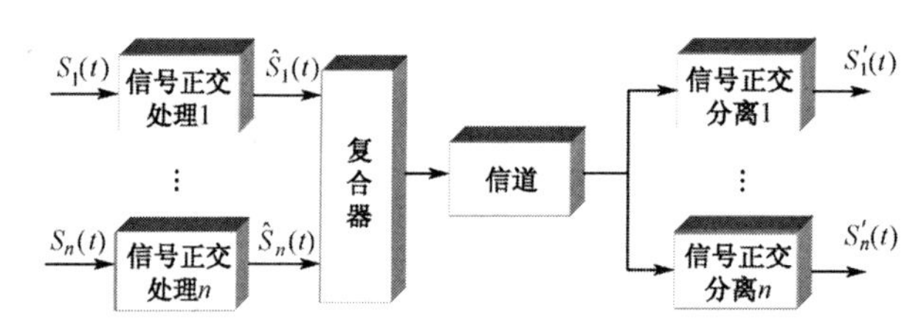

图4-27 信道多路复用原理框图

信道多路复用的理论依据是信号分割原理。实现信号分割是基于信号之间的差别，这种差别可以在信号的频率参量、时间参量以及码型结构上反映出来。因而多路复用可以分为频分多路复用、时分多路复用和码分多路复用3种类型。

4.5.1 频分复用

频分多路复用FDM（Frequency Division Multiplexing）是按照频率参量的差别来分割信号的技术。也就是说，分割信号的参量是频率，只要使各路信号的频谱互不重叠，接收端就可以用滤波器把它们分割开来，图4-28示出了频分多路复用的原理图。图中，把信道的可用频带分割为若干条较窄的子频带，每一条子频带都可以作为一个独立的传输信道来传输一路信号。为了防止各路信号之间的相互干扰，相邻两条子频率之间需要留有一定的保护频带Δb。显然，信道带宽B与各子频带之间应满足如下关系：

$$B=\sum_{i=1}^{n}b_i+(n-1)\Delta b \tag{4-25}$$

式中，b_i为每一条子频带的带宽，n为被分割的子频带路数。

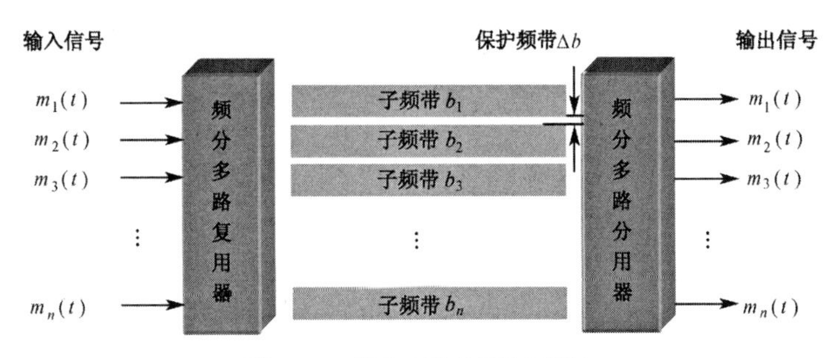

图 4-28　频分多路复用原理图

FDM 最典型的例子是语音信号频分多路载波通信系统。在实现语音频分多路复用时，必须妥善处理两个问题：①防止串话。如果相邻话路信号的频谱重叠，串话就可能发生。②减少互调噪声。在远程通信时，信道中的放大器等部件的非线性效应会产生附加频率成分，形成互调噪声，干扰其他信道。为此，必须在设计过程中力求消除其非线性效应。

目前，利用频分模拟话路作为数据传输信道时，最高的传输速率一般可达 9600b/s，个别的可达 14400b/s。对一般的 FDM 而言，不同的数据速率所需的子频带间隔如表 4-3 所列。为防止各路信号之间的相互干扰，分离滤波器在相邻子频带的保护频带的中点应有 30～35dB 的衰减。FDM 系统数据处理的总能力取决于子频带的组合及线路类型。

表 4-3　FDM 的子频带间隔

速　率（b/s）	间　隔（Hz）	速　率（b/s）	间　隔（Hz）
75	120	450	720
110	170	600	960
150	240	1200	1800
300	480		

FDM 的主要优点是实现相对简单，技术成熟，能较充分地利用信道频带，因而系统效率较高。它的缺点主要有：保护频带的存在，大大地降低了 FDM 技术的效率；信道的非线性失真，改变了它的实际频带特性，易造成串音和互调噪声干扰；所需设备量随输入路数增加而增多，且不易小型化；频分多路复用本身不提供差错控制技术，不便于性能监测。因此，在实际应用中，FDM 正在被时分多路复用所替代。

4.5.2　波分复用

在光通信领域中，人们习惯上按波长 λ 而不是按频率 f 来表示所使用的光载波，这样就引出了波分复用的概念。因此，波分复用 WDM（Wavelength Division Multiplexing）的本质是频分复用。波分复用是将 1 根光纤转换为多条“虚拟”光纤，每条虚拟光纤独立工作于不同波长，从而极大地提高了光纤的传输容量，充分发挥了光纤的潜在能力。例如，一条普通单模光纤可传输的带宽极宽，仅 1.55μm 就可传输 10000 个光信道，其间隔为 2.2GHz，可见波分复用的应用前景十分光明。

波分复用通常有 3 种复用方式。

① 1310nm 和 1550nm 波长的波分复用。在 20 世纪 70 年代初期，人们只能在一根光纤上复用两路光载波信号，一路是波长为 1310nm 的窗口（nm 为“纳米”，即 10^{-9}m），另一路是波长为 1550nm 的窗口。利用 WDM 技术实现单纤双窗口传输，这是最初的波分复用的使用情况。但随着技术的进步，复用的路数越来越多。

② 粗波分复用 CWDM（Coarse Wavelength Division Multiplexing）。继光纤在骨干网及长途网络中应用之后，粗波分复用也在城域网中得到了应用。CWDM 使用 1200～1700nm 的宽窗口，目前主要应用在波长为 1550nm 的系统中。粗波分复用器相邻信道的间距一般大于等于 20nm，它的波长数目一般为 4 波或 8 波，最多为 16 波。当复用的信道数为 16 或者更少时，由于 CWDM 系统采用的 DFB 激光器不需要冷却，在成本、功耗要求和设备尺寸方面，CWDM 系统比 DWDM 系统更有优势，因此 CWDM 越来越广泛地被业界所接受。CWDM 无须选择成本昂贵的密集波分解复用器和掺铒光纤放大器 EDFA（Erbium Doped Fiber Amplifier），只需采用便宜的多通道激光收发器作为中继，因而成本大大下降。如今，不少制造商已经能够提供具有 2～8 个波长的商用 CWDM 系统，它适合在地理范围不是特别大、数据业务量发展不是非常快的城市使用。

③ 密集波分复用 DWDM（Dense Wavelength Division Multiplexing）。波分复用按光信道密集程度可分为密集波分复用 DWDM 和致密波分复用 OFDM。DWDM 可以承载 8～160 个波长，且随着 DWDM 技术的不断发展，其分波波数的上限值仍在不断提高，一般的信道间隔 $\Delta\lambda \leqslant 1.6$nm，主要应用于长距离传输系统。在所有的 DWDM 系统中都需要采用色散补偿技术（克服多波长系统中的非线性失真——4 波混频现象）。在 16 波 DWDM 系统中，一般采用常规色散补偿光纤来进行补偿，而在 40 波 DWDM 系统中，必须采用色散斜率光纤进行补偿。DWDM 能够在同一根光纤中把不同的波长同时进行组合和传输，为了保证有效传输，一根光纤转换为多根虚拟光纤。目前，采用 DWDM 技术，单根光纤可以传输的数据流量高达 400Gb/s，随着制造商在每根光纤中加入更多信道，每秒太位的传输速率指日可待。OFDM 的信道间隔 $\Delta\lambda =0.1$～1nm，可承载 20～1000 个波长，需采用波长选择性更高的波导干涉仪或可调相干检测技术完成信号的分用和解调。

图 4-29 为密集波分复用的原理图。图中，表示 8 路传输速率均为 2.5Gb/s 的光载波（其波长均为 1310nm）。经光调制后，分别将波长变换到 1550～1557nm，每个光载波相隔 1nm（注：这里仅为了便于说明问题，实际工程上光载波的间隔一般是 0.8 或 1.6nm）。这 8 个光载波经过复用器后，在一根光纤上传输数据的总速率达到 8×2.5Gb/s=20Gb/s。但是，由于光信号在光纤上传输会有衰减，必须对被衰减的光信号必须进行放大才能继续传输。图中使用的光放大器为掺铒光纤放大器 EDFA（Erbium Doped Fiber Amplifier），它不需要进行光电转换而直接对光信号进行放大，并且在 150nm 波长附近有 35nm（即 4.2THz）频带范围提供较均匀的、最高可达 40～50dB 的增益。两个 EDFA 之间的中继距离可达 120km。与以往的“光-电-光”转换模式相比，相距 600km 的两个通信站，如采用光频分复用技术，则只需使用 4 个 EDFA；而采用“光-电-光”转换方案，则每隔 36km 需加入一个再生中继器，进行光电转换、放大和电光转换，总共需要有 16 个再生中继器。

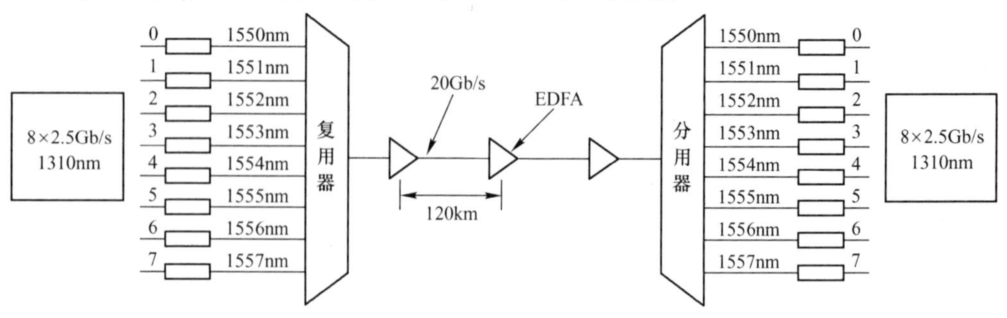

图 4-29 密集波分复用的原理图

波分复用具有以下特点：①充分利用光纤的低损耗波段，增加了光纤的传输容量，使一根光纤传送信息的物理限度增加一倍至数倍。②具有在一根光纤中传送 2 个或数个非同步信号的能力，这有利于数字信号和模拟信号的兼容，且与数据速率和调制方式无关。③对已建光纤系统，尤其早期铺设的芯数不多的光缆，只要原系统有功率余量，便可进行增容，实现多个单向信号或双向信号的传送，而不必对原系统作较大改动，具有较强的灵活性。④由于大大减少了光纤的使用量，从而降低了建设成本。⑤有源光设备的共享性，有利于多个信号的传送或新业务的增加，并降低了成本。⑥系统中有源设备的数量大幅减少，提高了系统的可靠性。

4.5.3 时分复用

1. 传统时分复用

时分多路复用 TDM（Time Division Multiplexing）是按照时间参量的差别来分割信号的技术。只要发送端和接收端的时分多路复用器能够按时间分配同步地切换所连接的设备，就能保证各路设备共用一条信道进行通信，且互不干扰。图 4-30 为时分多路复用的原理图。图中，n 路通信设备连接到一条公用信道上，发送端时分多路复用器按照一定的顺序轮流地给各个设备分配一段使用公用信道的时间。当轮到某个设备使用信道传输信号时，该设备就与公用信道逻辑上连接起来，而其他任何设备与信道的逻辑联系被暂时切断，指定的通信设备占用信道的时间一到，时分多路复用器就将信道切换给下一个被指定的设备。依次类推，一直轮流到最后一个设备，然后重新开始。在接收端，时分多路复用器也是按照一定的顺序轮流地接通各路输出，且与输入端时分多路复用器保持同步。这样就保证了对于每一个输入流 $m_i(t)$ 有一个完全相对应的输出流。必须指出，时分复用只是各路设备在分配给自己的专用时隙占用共享的公用信道，但从频域来看，大家所占用的频率范围都是一样的。

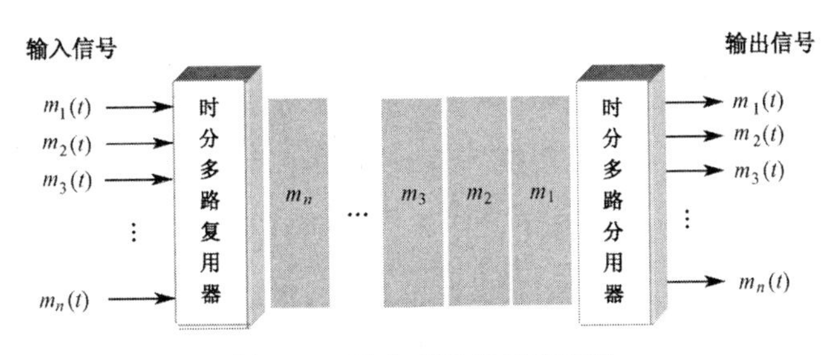

图 4-30 时分多路复用原理图

可见，TDM 的工作特点是：①通信双方是按照预先指定的时隙进行通信，而且这种时间关系是固定不变的；②就某一瞬时来看，公用信道上仅传输某一对设备的信号，而不是多路复合信号；但就一段时间而言，公用信道上传送着按时间分隔的多路复合信号。因此，只要时分多路复用器的扫描操作适当，采取必要的缓冲措施和合理地分配时隙，就能保证多路通信的正常进行。

2. 统计时分复用

传统的 TDM 系统以固定分配时隙的方式对来自多个设备的数据流进行复合，然后在单一的公用信道上传输。这种时分多路复用技术既便宜又可靠，还能降低通信费用。但是，把它用于高速通信时效率较低，这是因为系统为所有连接的设备都分配了专用时隙，而不管这些设备是否处于工作状态。如某设备未运行，则所分配的时隙被闲置，也不能为其他设备所利用，因而白白浪费掉了。为了提高时隙的利用率，可以采用按需分配（或动态分配）时隙，以避免每帧中出现闲置时隙的现象，此时复用器传输的数据只来自于正在工作的设备。以这种动态分配时隙方式工作的 TDM，称为统计时分多路复用 STDM（Statistic Time Division Multiplexing）。

与传统的 TDM 一样，统计时分多路复用器可与 n 条低速输入线路相连，但并非每条输入线路都一直有数据输入，因而 STDM 的时隙数 k 可小于 n，这说明复用信道上的数据速率可低于各输入线路数据速率之总和，或者对于同样速率的复用信道，STDM 可以复接更多的输入线路。

图 4-31 对传统 TDM 与 STDM 的工作情况作了比较。图中有 4 个数据源，并在 4 个不同时刻（$t_0 \sim t_3$）出现数据。在使用传统 TDM 时，复用器的有效输出为任何一路输入速率的 4 倍，每个数据源都在 TDM 帧中占用固定位置的时隙。如在第一帧里，只有数据源 A、B 产生数据占用时隙，而数据源 C、D 不产生数据，所分配的相应时隙闲置不用。与此相反，STDM 是按需动态分配时隙的，复用器不送出闲置时隙，因此，第一帧含数据 A_1、B_1 两个时隙，第二帧含数据 B_2、C_2、D_2 三个时隙……。由此可见，STDM 帧的长度是不固定的，同时时隙的位置也失去了意义。因为事先并不知道哪个数据源产生的数据会占用哪个位置的时隙，为使接收端的复用器能正确分离各路数据，必须在每一时隙中带有地址信息。这样，STDM 的每个时隙存在额外开销，因为每个时隙既包含数据又包含地址。

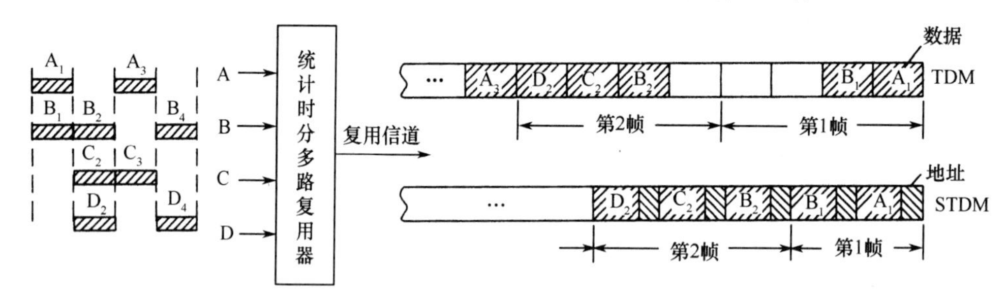

图 4-31　传统 TDM 与 STDM 工作情况的比较

必须指出，STDM 存在一些潜在的技术缺陷值得注意。当复用器连接的设备较多，且都处于工作状态，或者当少数设备发送很长的数据块时，将会出现与数据块和排队有关的时延问题。还有，当传输出现差错时造成一个或数个帧数据重发，会导致时延的加剧。此时，由于复用器输入的数据吞吐量超过了复用信道的容量，就必须采用相应的缓冲措施。如果因缓冲区溢出造成数据丢失，应采取缓冲控制技术。一般来说，对于异步传输，STDM 的效率是传统 TDM 的 2～4 倍，而对于同步传输，其效率通常是传统 TDM 的 1.5～2 倍。

当统计时分多路复用引入了数据压缩技术时，它对某些数据特征的测定是智能化的，称之谓智能时分多路复用 ITDM（Intelligent Time Division Multiplexing）。由信息论可知，各字符出现的概率是不同的，这样就可在信源编码时对经常出现的字符分配短码，不常出现的字符分配长码，利用这一特性可减少字符的平均比特数。因此，ITDM 与其他 TDM 相比的主要优点在于能更充分提高信道利用率。经过数据压缩，对于异步传输，ITDM 的效率通常是传统 TDM 的 4 倍，而对于同步传输，通常是传统 TDM 的 2 倍。

最后指出，时分复用技术也已应用于光通信领域，即光时分复用 OTDM（Optical Time Division Multiplexing），以获得高比特光数字码流，如 $n \times 10$Gb/s（n=1，2，4，8，……）。

由于近几年来光通信在电子器件制作上取得突破性进展，OTDM 实际上已绕过产生高比特流的电子学障碍，但不管是电时分复用还是光时分复用，都仍以单个光载波承载整个 TDM 比特流，就这个意义而言，它们仍是单信道系统。

4.5.4 码分复用

各种复用技术都是利用信号的正交性。在码分复用 CDM（Code Division Multiplexing）中，各路信号码元在频谱和时间上都是混叠的，但是代表每个码元的码组却是正交的。实际上，更常用的是码分多址 CDMA（Code Division Multiplexing Access）。由于每个用户使用了经过特殊挑选的不同码型，故可在同样的时间内使用同样的频带进行通信，而不会相互干扰。码分复用最初用于军事通信。随着技术的进步，码分复用设备的价格和体积均有明显的下降，现在已广泛应用于民用移动通信当中，特别是无线局域网。采用 CDMA 可提高语音质量和数据传输的可靠性，减少干扰对通信的影响，增大通信系统的容量（是 GSM 的 4～5 倍），以及减少平均发射功率等。

在 CDMA 中，每一个比特时间被划分为 m 个间隔，称为码片（chip）。通常 m 的值是 64 或 128。使用 CDMA 的每一个站被分派一个唯一的 m b 码片序列（chip sequence）。一个站如果要发送比特 1，则发送它自己的 m b 码片序列。如果要发送比特 0，则发送该码片序列的二进制反码。在实用的系统中，码片序列使用的是伪随机序列。为了简单起见，假设 $m=8$。例如，分派给 A 站的 8b 码片序列是 00011011。为了方便，我们以后将两码片中的 0 写成–1，将 1 写为+1。因此，A 站的码片序列是（–1–1–1+1+1–1+1+1）。当 A 站发送数字 1 时，它就发送序列（–1–1–1+1+1–1+1+1），而当 A 站发送数字为 0 时，就发送（+1+1+1–1–1+1–1–1）。

若假定 A 站发送的数据信号率为 n b/s。由于每一比特要变成 mb 的码片，因此 A 站实际上发送的数据率提高到 $m \cdot n$ b/s，同时 A 站所占用的频带宽度也提高到原来数值的 m 倍。其实，这是一种属于直接序列的扩频通信方式。

CDMA 系统采用的码片具有如下特性：

① 分派给每一个站的码片互不相同，又互相正交（orthogonal）。用数学公式可清楚地表示码片序列的这种正交关系。令向量 $\boldsymbol{A}$ 表示 A 站的码片向量，令 $\boldsymbol{B}$ 表示其他任何站的码片向量。两个不同站的码片序列正交，就是向量 $\boldsymbol{A}$ 和 $\boldsymbol{B}$ 的内积都为 0，即

$$A \cdot B = \frac{1}{m}\sum_{i=1}^{m} A_i B_i = 0 \tag{4-26}$$

例如，设向量 $\boldsymbol{A}$ 为（–1–1–1+1+1–1+1+1），同时设向量 $\boldsymbol{B}$ 为（–1–1+1–1+1+1+1–1），这相当于 B 站的码片序列为 00101110。将向量 $\boldsymbol{A}$ 和 $\boldsymbol{B}$ 的各分量值代入公式（4-26）就可看出这两个码片是正交的，且向量 A 和各站码片反码的向量的内积也是 0。

② 任何一个码片向量的规格化内积都是 1，即

$$A \cdot A = \frac{1}{m}\sum_{i=1}^{m} A_i A_i = \frac{1}{m}\sum_{i=1}^{m} A_i^2 = \frac{1}{m}\sum_{i=1}^{m} (\pm 1)^2 = 1 \tag{4-27}$$

例如，设向量 $\boldsymbol{A}$ 为（–1–1–1+1+1–1+1+1），这相当于 A 站的码片序列为 00011011，将其代入公式（4－27）就可得出该向量规格化内积为 1 的结论。而且，一个码片向量和该码片反码的向量的规格化内积值是–1。

现假定一个 CDMA 系统中有很多站相互通信，各站发送的是自己的码片序列或码片的

反码序列，或者什么都不发送。又假定所有的站所发送的码片序列都是同步的。该系统中 X 站要接收 A 站发送的数据，就必须知道 A 站所特有的码片序列。X 站使用它得到的码片向量 $\boldsymbol{A}$ 与接收到的未知信号进行求内积的运算。X 站接收到的信号是各个站发送的码片序列之和。根据上面的公式（4-26）和（4-27），再根据叠加原理（假定各种信号经过信道到达接收端是叠加的关系），那么求内积得到的结果是：所有其他站的信号都被过滤掉（指其内积的相关项都是 0），而只剩下 A 站发送的信号。当 A 站发送比特 1 时，在 X 站计算内积的结果是+1，当 A 站发送比特 0 时，内积的结果是–1。

下面通过举例来说明 CDMA 的工作原理（见图 4-32）。设 S 站和 T 站发送的数据码元均为 110。再设 CDMA 将每个码元扩展为 8b 码片，S 站选择的码片序列为（–1–1–1+1+1–1+1+1），T 站选择的码片序列为（–1–1+1–1+1+1+1–1）。S 站发送的扩频信号为 S_x，T 站发送的扩频信号为 T_x，在扩频信号中只包含互为反码的两种码片序列。由于所有站都使用相同的频率，所以每个站都能够接收到所有站发送的叠加扩频信号 S_x+T_x。当接收站接收 S 站发送的信号时，就用 S 站的码片序列与收到的信号求规格化内积，这相当于计算 $S \cdot S_x$ 和 $S \cdot T_x$。由于按照公式（4-26）相加的各项或者都为+1，或者都为－1，因此 $S \cdot S_x$ 就是 S 站发送的数据比特；而 $S \cdot T_x$ 却是零，因为公式（4-26）相加的各项中+1 和－1 各占一半。

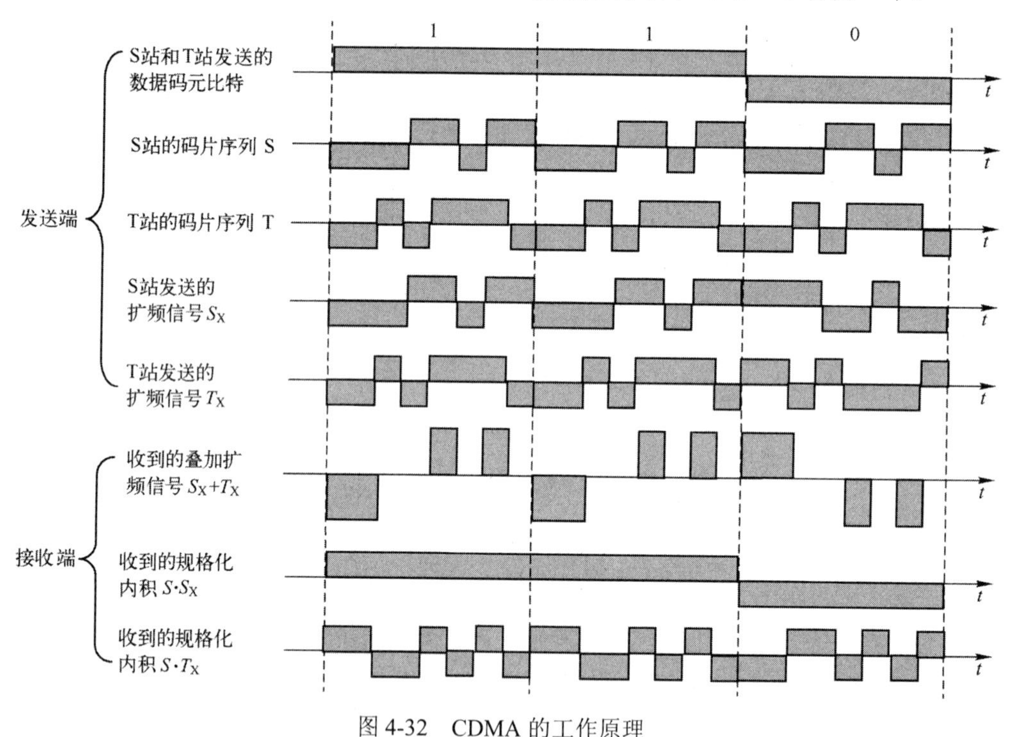

图 4-32　CDMA 的工作原理

码分复用也可应用于光通信领域，它利用扩频技术将每个信道扩频编码复用后共同传输。不同用户分配不同码片序列，所有用户共享同一光带宽。发送端可在任意时间发送信息。接收端采用预知的码片序列对接收信号解码，以恢复原信号。

码分复用利用随机接入技术，简化了信道，允许用户在任意时刻随机接入任何信道，克服了不同用户必须根据固定安排使用信道的局限，这在局域网多路接入时极为方便。但这种简化和方便是以信道带宽的低效利用为代价的。

4.6 同步控制技术

同步是指通信双方在发送和接收信号时建立起来的确定通信关系，是数据通信系统不可缺少的重要环节。数据通信系统能否有效、可靠工作，取决于有无性能良好的同步系统。

按照要求同步的对象不同，数据通信系统的同步可分为载波同步、位同步、群同步和网同步。本节简要介绍它们的基本原理和实现方法。

4.6.1 载波同步

在采用频带传输的相干解调系统中，接收端必须提供一个与发送端同频同相的相干载波，这一过程称为载波同步。

对载波同步的基本要求是：①同步误差（确切地说是相位误差）小；②建立同步的时间短；③同步保持时间长；④为同步所占用的功率小及频带窄。

实现载波同步的方法可分为两类：一类是在发送端的发送信号中插入一个专门的导频信号用于载波同步。导频是一个或几个特定频率的未经调制的正弦波。在接收端利用提取的导频信号的频率和相位来决定本地产生的载波频率和相位。插入导频法是此类最典型的方法。另一类是在接收端设法从有用信号中直接提取载波，而不必专门传送导频。常用的直接提取法（又称自同步法）有平方变换法、平方环法和同相正交法（即科斯塔科环法）。

下面以插入导频法为例，来说明载波同步信号的生成。

插入导频法又称外同步法，可分为频域插入和时域插入。频域插入的基本原理是：发送端在发送有用信号频谱的同时，在其适当的位置插入一个低功率的线谱（其对应的正弦信号称为导频信号），这样接收端就可以利用窄带滤波器把它提取出来，再经适当处理后形成相干载波。采用此法要注意两点：①导频的频率应与载频有关或者就是载频；②插入导频的位置与信号频谱有关，应插入在信号频谱的零点处，且要求载频附近的信号分量尽量小。时域插入的基本原理是在特定的时间片上插入导频信号，接收端常用锁相环来提取。

插入导频的方法有多种，基本原理相似。这里介绍抑制载波双边带信号 DSB 的插入导频法。对 DSB 信号进行插入导频，导频的插入位置应该在信号频谱为零处（见图 4-33）。由于导频的相位与被调制载波正交，故称为“正交载波”。图 4-34 表示导频插入和提取的原理图。

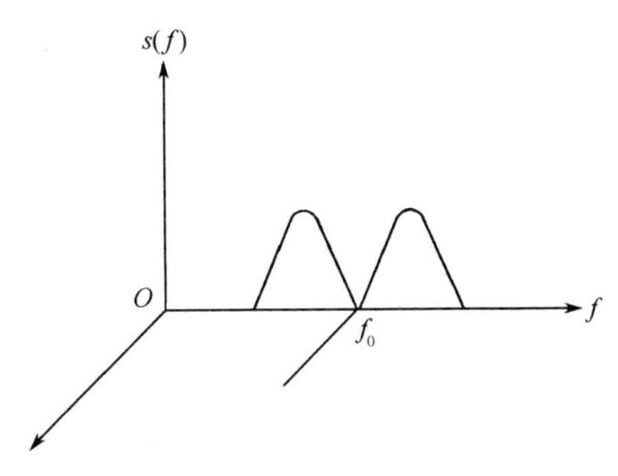

图 4-33 抑制载波双边带信号的导频插入

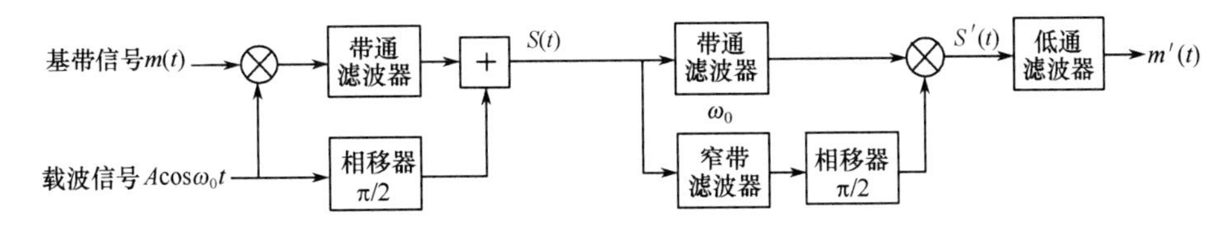

图 4-34 导频插入和提取的原理图

插入导频的调制解调过程可描述如下：

设基带调制信号 $m(t)$ 无直流分量，载波信号为 $A\cos\omega_0 t$，则发送端输出已调信号为

$$S(t) = A \cdot m(t)\cos\omega_0 t + a \cdot \sin\omega_0 t \tag{4-28}$$

在接收端，如不考虑信道的失真及噪声干扰，已调信号通过中心频率为 ω_0 的窄带滤波器可取得导频 $a \cdot \sin\omega_0 t$，再将其移相 $\pi/2$，就得到了与调制载波同频同相的相干载波 $\cos\omega_0 t$。解调过程为

$$\begin{aligned} S'(t) &= S(t)\cos\omega_0 t = [A \cdot m(t)\cos\omega_0 t + a\sin\omega_0 t]\cos\omega_0 t \\ &= \frac{A}{2}m(t) + \frac{A}{2}m(t) \cdot \cos 2\omega_0 t + \frac{a}{2}\sin 2\omega_0 t \end{aligned} \tag{4-29}$$

此式表明，解调后得到的基带信号 $m'(t) = \frac{A}{2} \cdot m(t)$。

*4.6.2　位同步

在数据通信系统中，数据信号是以码元形式逐个地发送和接收的，这要求发、收双方的时钟要有一个稳定而可靠的同步关系。另外，无论是基带传输还是频带传输，接收端收到的信号都可能存在一定程度的畸变和干扰。为此，接收端就必须有一个与发送端码元定时脉冲频率相同、相位与最佳取样时刻一致的码元定时脉冲序列。通常，把接收端产生这种码元定时信号的过程，称为位同步或码元同步。

对位同步的基本要求以及它的实现方法，与载波同步相类似。位同步的实现方法也有自同步法和外同步法两种。下面以常用的外同步法——插入导频法为例，来说明位同步信号的生成。

为了获取码元定时信号，必须先确定接收到的基带信号中是否存在位定时的频率分量。如果存在此频率分量，就可用滤波器直接从中把位定时信息提取出来。而对某些本身不包含位定时信息的基带信号（如随机的二进制不归零码），则有必要在基带信号中插入位同步的导频信号，或者对该基带信号进行某种码型变换，以达到获取位定时信息的目的。

频域插入导频法是将导频信号插入在基带信号频谱的零点处，如图 4-35（a）所示。在接收端只要采用中心频率为 $f = 1/T$ 的窄带滤波器就可从基带信号中提取位定时信息。如果有的信号频谱零频处为零点，则应在频谱的第一个零点处（$f = 1/2T$）插入导频信号（图 4-35（b）)，此时接收端则需经过 $f = 1/2T$ 的窄带滤波器提取导频，并将其二倍频，才能得到位同步。

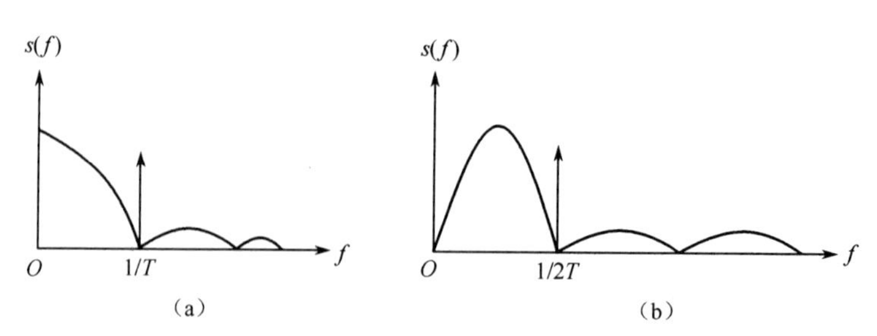

图 4-35　位同步导频信号的插入

使用插入导频法时，应注意消除导频信号对原基带信号的影响。图 4-36 为提取插入导

频信号的原理图。图中，窄带滤波器从输入的基带信号中提取导频信号后，经相移器，一路经定时形成电路形成位同步信号，另一路经倒相器后与输入信号相加。由于输入到相加器的两个导频幅度相等而相位相反，因而相互抵消，使得导频信号在基带信号中消失。相移器是为了纠正窄带滤波器引起的载频相移而设置的。

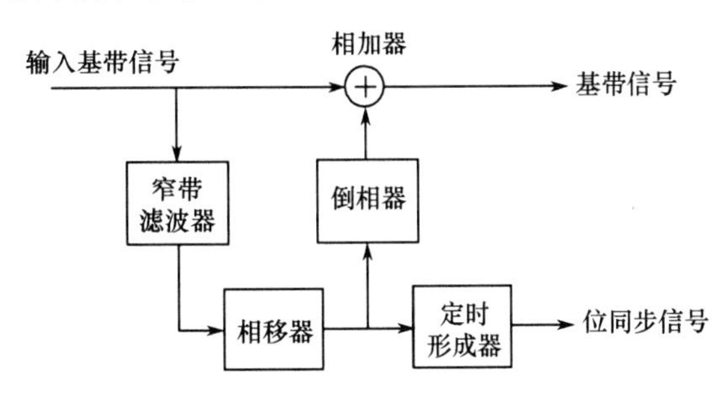

图 4-36　位同步提取插入导频信号的原理图

时域插入导频法是发送端在每帧指定时间间隔内发送位定时信号，接收端用锁相电路提取并保持它，这样就可对后继的数据信号正确地进行取样判决。

4.6.3　群同步

在数据通信中，为了更有效地传输数据，发送端通常将传输的码元序列按照一定的格式要求（以字符、字符组、报文等形式）进行分组（称为帧或信息包），然后在接收端正确地区分分组的开始和结束。为了确保这些分组的正确接收，在传输时应产生与分组保持同步的定时信号。实现帧或信息包同步传输的过程称为群同步。

与载波同步、位同步不同，群同步一般是通过数据格式的特殊设计来实现的，亦即通过在数据码元序列中插入特定的同步码元或同步码组来实现群同步。因此，实现群同步的关键在于如何识别插入的同步标志。

对群同步的基本要求是：①同步可靠性高，即漏同步率和假同步率低；②同步平均建立时间短；③为实现群同步而插入到数据码元序列中的群同步码元或群同步码组的冗余度小。

实现群同步的方法有两类：一类是在发送的码元序列中插入专门设计的群同步码元或群同步码组，称为外同步法；另一类是利用码元序列的本身特性来提取群同步信号，称为内同步法。下面介绍数据通信中常用的几种外同步法。

1. 起止位同步法

这是一种利用起止位实现异步传输的方法。此时，被传输的单位是一个字符，并用起始位表示字符的开始，用停止位表示字符的结束，因此群是由起始位、字符位及停止位构成的。

本书第 2 章介绍的异步传输，就是利用起止位建立群同步的例子。图 4-37 是从群同步的角度，说明利用起止位同步的群同步格式。图中，每个字符开始先发送 1 个码元宽度的起始位（低电平），接着是 7 个码元宽度的 ASCⅡ代码和 1 个码元宽度的校验位，最后是 1～2 个码元宽度的停止位（高电平）。接收端检测到由 1～2 个码元宽度的高电平跳变到 1 个码元宽度低电平这一特殊标志来确定一个字符的起始位置，从而实现群同步。

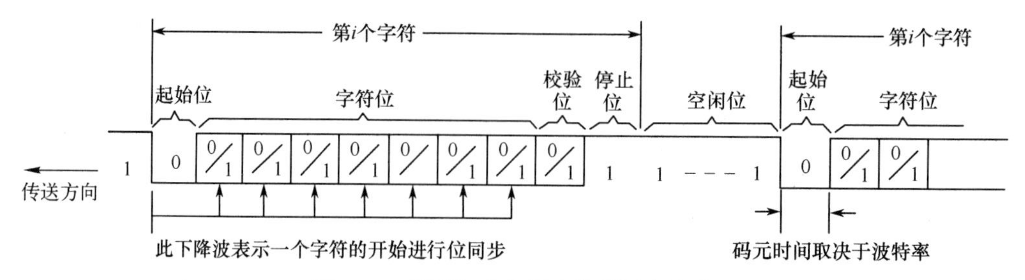

图 4-37 利用起止位同步的群同步格式

这种方法简单灵活。因为每隔一个字符的时间都可对接收端位时钟的相位进行校正，所以对收发时钟的频率精确度要求不高。但是在有干扰的情况下，位定时精度差，冗余度高达 1/5，故传输效率较低。一般适用于传输速率不太高（≤1200b/s）的场合。

2. 特定码组同步法

这是一种利用特定码组（特定的若干比特组合）来实现群同步的方法。其群同步格式如图 4-38 所示。被传输的单位是若干比特组成的数据块（包括控制信息和数据信息），以一个特定码组作为数据块的开始标志和结束标志。因此，群是由作为群内容的数据块加上首尾特定码组构成的。在传输过程中，接收端通过识别该特定码组来实现群同步。

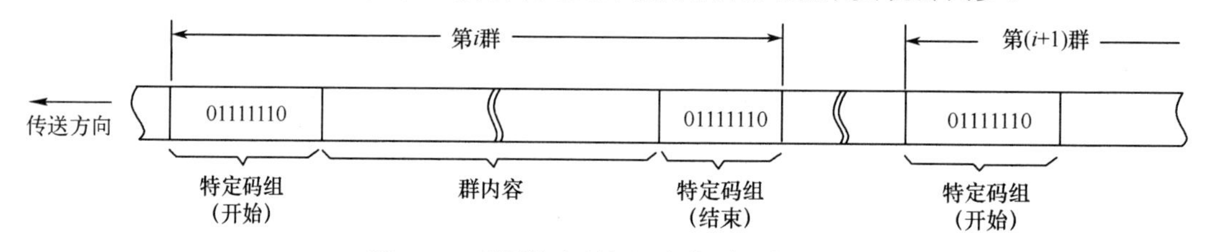

图 4-38 利用特定码组同步的群同步格式

在 HDLC 规程中，这个特定码组为 01111110。为了在群内容中避免出现这个特定的比特序列，采用“0 比特插入、删除”技术，可使其具有透明传输的特性。

3. 特定字符同步法

这是一种利用特定字符作为同步标志来实现群同步的方法。其群同步格式如图 4-39 所示。被传输的单位是由包括控制字符和数据字符在内的字符序列构成的数据块，以两个或两个以上的特定字符作为数据块的开始标志。由于这种特定字符是以实现同步为目的，故通常称为同步字符。国际 5 号码中的传输控制字符 SYN（0010110）就是专门为同步而设置的。它不但在信息传输期间可用于维持字符同步，而且在空闲状态下也可作为“时间填充”之用。至于数据块内的信息格式，则与传输控制规程的具体规定有关。

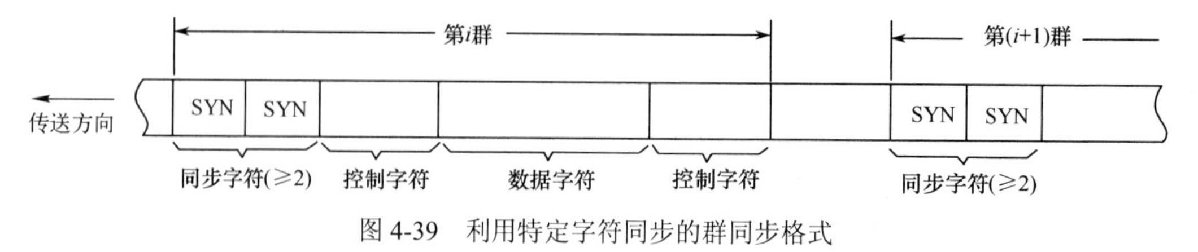

图 4-39 利用特定字符同步的群同步格式

4.6.4 网同步

当进行点-点通信时，有了载波同步、位同步和群同步之后，就能实现可靠的通信了。

但是现代通信已是网络通信，因此如何保证通信网内各点之间的可靠通信，就必须在网内建立一个统一的时间标准，这就是网同步。

网同步是使整个通信网各复接点的时钟频率和相位相互协调一致。实现网同步的方法主要有两类：一类是建立全网同步系统，使通信网内各站的时钟彼此同步，即各站时钟的频率和相位都保持一致。实现全网同步的方法主要有主从同步法和相互同步法。另一类是建立准同步系统，又称独立时钟法或异步复接。此时各站均单独设置高稳定性的时钟，且允许各支路的速率偏差在一定的许可范围内，这样，在复接时各支路输入速率调整到本站的速率上，再传送出去。实现准同步有码速调整法和水库法。下面简要介绍这些网同步的方法。

1. 主从同步法和相互同步法

主从同步法是在整个网内设立一个主站，它备有一个高稳定的主时钟源，主时钟源产生的时钟信号一般按照树状结构逐级送往各从站，如图 4-40 所示，使得各从站的时钟直接或间接地受到主时钟的控制。各从站的时钟频率可通过各自的锁相环与主时钟源频率保持一致，从站内还设有时延调整电路去补偿由站间距离不同所带来的不同时延，从而保证了整个网内各站时钟的同步。

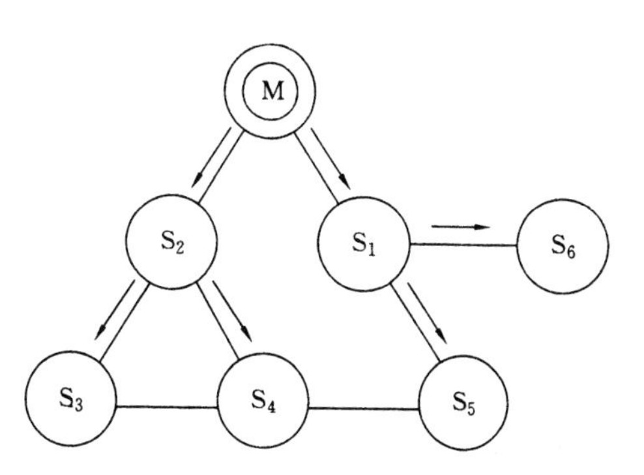

图 4-40　主从同步法的时钟传送

主从同步法对传输线路和主时钟源的可靠性有很高的要求。因为主时钟源发生故障，使全网各站都因失去同步而无法工作；而某一中间站发生故障，不但本站不能工作，其后的各从站也因失去同步而不能工作。然而，由于这种方法具有时钟稳定度高、设备简单的优点，且方法简单易行，所以在小型通信网中仍得到广泛应用。

相互同步法可克服主从同步法过分依赖主时钟源的缺点。它让网内各站都设有自己的时钟，并实现网络高度互连，使各站的频率被锁定在网内各站固有频率的平均值上，从而实现全网同步。通常称此平均值为网频率。由于相互同步是一种相互控制的过程，当网内某一站出现故障时，网频率将平滑地过渡到一个新值，使得其余站仍能正常工作，从而提高了通信网工作的可靠性。不过这一优点是以增加每一站的设备复杂性换得的。另外，各站时钟频率的变化都会引起网频率的变化，出现暂时的不稳定，也容易引起复接误码。

在上述两种同步法的基础上，还有一种兼顾以上各自优点的等级制主从同步法。此法按频率稳定度分等级进行相互同步，高一级的时钟或传输线路出故障时，可选用低一级的时钟替代。这种方法改善了全网的可靠性，但其实现颇为复杂。

2. 码速调整法和水库法

码速调整法有正码速调整、负码速调整和正／负码速调整 3 种。下面以正码速调整法（又称正脉冲塞入法）为例来说明它的工作原理，如图 4-41 所示。图中，合路器前和分路器后的码速调整设备均称为复接设备，每个支路都具有收、发两个部分，并要用两路独立信道，一路传送数据信息，另一路传送指示填充脉冲位置的标志信息。在正码速调整时，合路器提供的取样时钟频率应高于各输入支路数据流的速率。

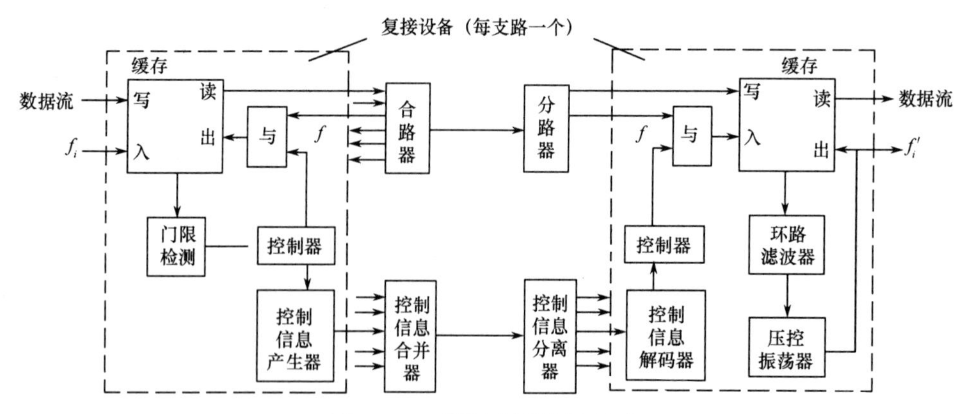

图 4-41　正码速调整法原理图

正码速调整法是采用填充脉冲方式来调整码速的，其波形图如图 4-42 所示。假设复接设备的缓存容量为 $2n$ 位，初始状态的存储量为 n 位。支路的数据流以 f_i 的速率写入缓存，如图 4-42（a）所示，而缓存又以 f（$> f_i$）的速率读出，如图 4-42（b）所示，此时由于写得慢，读得快，随着时间的推移，缓存中的数据势必愈来愈少，甚至被“取空”。为此，设置一个控制电路。当缓存中的数据少于一定门限值时，控制电路就发出控制指令，禁读缓存一位，并发送一个不代表信息的填充脉冲（图 4-42（b）斜线脉冲），于是缓存得到一次“喘息”，从而避免了“取空”现象。在发送填充脉冲的同时，又通过另一个信道送出指示填充脉冲位置的标志信息，以便接收端扣除此填充脉冲。因此发送端各支路经过码速调整都变成速率为 f 的数据流，然后合路送出，使速率和相位达到同步。在接收端，根据标志信息及解码输出，禁止将填充脉冲写入缓存，形成含有“空缺”的数据流（图 4-42（c））。而缓存以速率 f_i' 读出（图 4-42（d）），f_i' 是输入不均匀数据流速率的平均值，通常利用锁相环得到，这样就恢复了各支路原有速率。

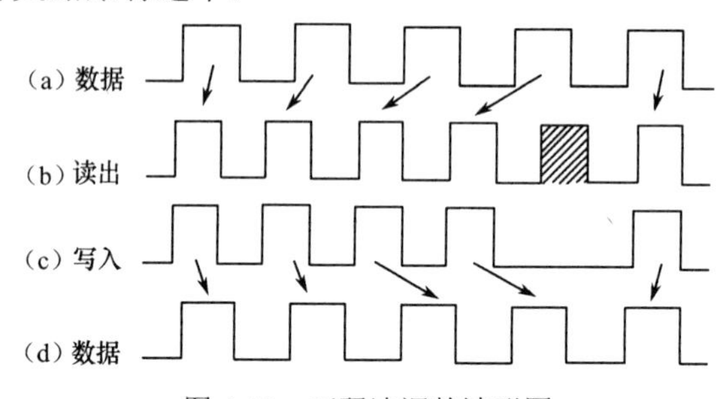

图 4-42　正码速调整波形图

码速调整法的优点在于各站工作在准同步状态，无须统一的时钟，适用于大型通信网。但从前面分析可知，接收端 f_i' 是从不均匀脉冲序列中提取出来的，存在相位抖动现象，从而影响同步的质量。

水库法是依靠在通信网的各交换站设置极高稳定度的时钟源和容量足够大的缓冲寄存器，使得在很长时间间隔内不会发生“取空”或“溢出”现象，因而无须进行码速调整。但需要做的是定期地检查缓存的状态。这如同检测水库容量一样，故称为水库法。

假设缓存相继发生“取空”或“溢出”的时间间隔为 T。缓存的位数为 $2n$，初始状态为半满态，缓存写入和读出的速率之差为 $\pm\Delta f$，则间隔时间为

$$T = \frac{n}{\Delta f} \tag{4-30}$$

另设数据流的速率为 f，则它的相对速率稳定度 S 为

$$S = \left| \pm \frac{\Delta f}{f} \right| \tag{4-31}$$

由以上两式，可得水库法的基本计算公式

$$f \cdot T = \frac{n}{S} \tag{4-32}$$

【例 4-4】 若利用水库法进行网同步，设 f=512kb/s，S=10^{-9}，要使 $T \geqslant$24h，试求缓存的位数。

【解答】 由已知条件，得 $n \geqslant$45 位。这表明缓存为 90 位就可以达到 24h 内不发生"取空"或"溢出"现象。由此可见，如采用更高稳定度的时钟，就可在更高速率的通信网中采用水库法作为网同步。

4.7 数据交换技术

电话、电报通信是以往人们在日常生活中经常使用的一种通信方式。它们已经形成了庞大的交换网络，其电气性能（如耳机音量、背景噪声、传输带宽等）均已标准化。数据通信与传统的电话、电报通信相比，有许多不同之处。如前所述，我们可以利用现有的模拟电话通信网或者 PCM 数字电话信道来传输数据信号，但不能按照数据通信的要求去改造它们。因此，我们还需要研究适用于数据通信的交换技术。

下面介绍 3 种交换技术的基本原理，并对其进行性能比较。

4.7.1 电路交换

电路交换是根据电话交换的原理发展起来的一种交换方式。它是根据一方的请求在一对站（或数据终端）之间建立的电气连接过程。在该连接被拆除之前，所建立起来的电路一直被占用着。这一过程类似于电话通信。

电路交换的特点是接续路径采用物理连接。利用电路交换进行数据通信要经历 3 个阶段，即建立电路、传送数据和拆除电路，因此电路交换属于电路资源的预分配。当电路接通之后，出现在数据终端用户面前的就如同一条专线一样，交换机的控制电路不再干预信息的传输，即在用户之间提供了完全"透明"的信号通路。由此可见，利用电路交换进行数据通信存在两个限制，一是欲通信的两个站必须同时处于激活可用状态，二是两个站的通信资源必须专用。因此对于传输信息量大，通信对象比较确定的场合，电路交换是较为适用的。

表 4-4 列出了电路交换的优缺点。

表 4-4 电路交换的优缺点

优 点	缺 点
① 传输时延小，各交换结点的处理时延可忽略不计。 ② 处理开销少，交换机不必附加用于控制的信息。 ③ 对数据信息的格式和编码类型没有限制	① 电路的接续时间较长。 ② 电路利用率低。 ③ 在传输速率等方面，通信双方必须完全兼容，这不利于用户终端之间实现互通； ④ 当一方用户终端设备忙或交换网负载过重时，可能会出现呼损现象

世界各国曾一度对建设电路交换方式的数据通信网投入很大热潮，投资建造了电路交换数据通信网。但是，由于在实现各种不同类型和特性的数据终端设备（包括计算机在内）之间的互通方面存在灵活性差等问题，所以其发展前景不如分组交换数据通信网好。

4.7.2 报文交换

为了克服电路交换存在的缺点，提出了报文交换的思想。当A用户欲向B用户发送数据时，A用户并不需要先接通至B用户的整条电路，而只需与直接连接的交换机接通，并将需要发送的报文作为一个独立的实体，全部发送给该交换机。然后该交换机将存储着的报文根据报文中提供的目的地址，在交换网内确定其路由，并将该报文送到输出线路的队列中去排队，一旦该输出线路空闲，就立即将该报文传送给下一个交换机。以此类推，最后送到B用户。

图 4-43 为报文交换示意图。图中，由发信端H_S发送的报文M经由路径N_1-N_3-N_6 传送到收信端H_D。

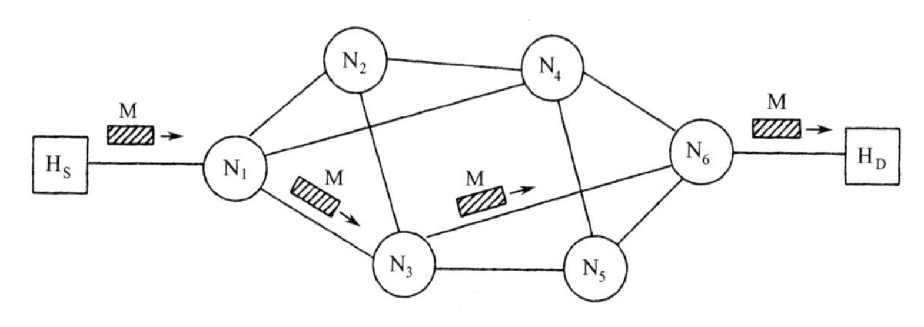

图 4-43 报文交换示意图

报文交换的特点是交换机要对用户信息（即报文）进行存储和处理，因此它是一种接收报文之后，将它存储起来，等到有合适的输出线路再转发出去的技术（简称“存储-转发”）。它适用于电报业务和电子信箱业务。

表 4-5 列出了电路交换的优缺点。

表 4-5 报文交换的优缺点

优　　点	缺　　点
① 线路利用率较高。 ② 交换机采用“存储-转发”方式，既起到匹配传输速率的作用，还能防止呼叫阻塞和平滑通信业务量的峰值。 ③ 易于实现各种不同类型终端之间的互通。 ④ 不需要发、收两端同时处于激活状态。 ⑤ 便于实现多种服务功能	① 信息在交换网中的时延较长，不利于实时或交互型业务。 ② 交换机需具有存储报文的大容量和高速分析处理报文的功能，增加了交换机的投资费用

*4.7.3 分组交换

分组交换是报文分组交换的简称，又称包交换。它是综合了电路交换和报文交换的优点的一种交换方式。分组交换仍采用报文交换的“存储-转发”技术。但它不像报文交换那样，以整个报文为交换单位，而是设法将一份较长的报文分解成若干个定长的“分组”，并在每个分组前都加上报头和报尾。报头中含地址和分组序号等内容，报尾是该分组的校验码，从而形成一个规定格式的交换单位。在通信过程中，分组是作为一个独立的实体，各分组之间没有任何联系，既可以断续地传送，也可以经历不同的传输路径。由于分组长度固定且较短（例如，每个分组为 512b），又具有统一的格式，就便于交换机存储、分析和处理。

图 4-44 为分组交换示意图。图中，发信端 H_S 将报文 M 划分成 3 个分组 P_1、P_2 和 P_3，这 3 个分组经由不同的路径传输到目的结点交换机。P_1 经由 N_1-N_2-N_4-N_6，P_2 经由 N_1-N_4-N_5-N_6，P_3 经由 N_1-N_3-N_5-N_6。请注意图中 P_3 可能先于 P_2 到达 N_6。

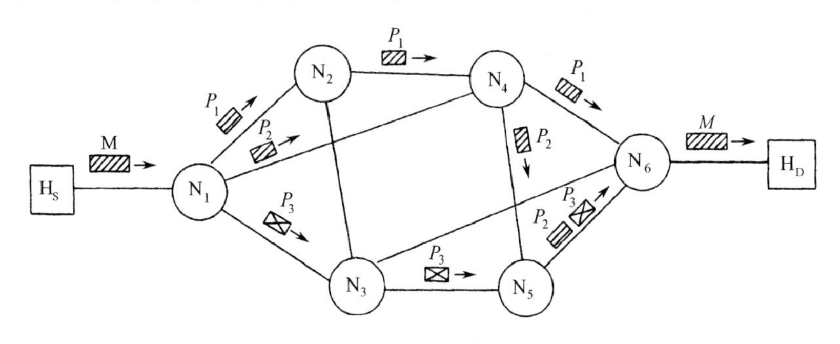

图 4-44　分组交换示意图

分组交换的特点与报文交换相同。但是，由于分组穿越通信网以及在交换机中滞留的时间很短，因而分组交换能满足大多数用户对实时数据传输的要求，适用于需要实时通信的场合。

在分组交换网中，为了控制和管理通过交换网的“分组”流，目前主要采用数据报和虚电路两种方式。

表 4-6 列出了电路交换的优缺点。

表 4-6　分组交换的优缺点

优　点	缺　点
① 传输时延较小。 ② 易于实现统计时分多路复用，提高线路利用率。 ③ 便于在不同类型的数据终端之间实现互通。 ④ 可靠性好。传输误码率低（在 10^{-11} 以下），“分组”的多路由传输，也提高了网络通信的可靠性。 ⑤ 经济性好。交换机以“分组”为存储和处理单位，降低交换机的费用	① 由于附加的传输信息较多，影响了分组交换的传输效率。 ② 交换机需具有较强的处理功能，实现技术复杂

图 4-45 表示了以上 3 种交换技术的通信过程。图中，A 和 D 分别表示源点和终点，而 B 和 C 则是 A、D 之间的中间交换结点。图中最下方归纳了 3 种交换技术在数据传送过程中的主要特点。

由图 4-45 可见，对于需要连续传送大量的数据，且其传送时间远大于连接建立时间的场合，则采用电路交换为宜。报文交换和分组交换因不需要预先分配传输带宽，所以有利于传送突发数据时提高整个网络的信道利用率。由于分组交换中的分组长度通常远小于整个报文长度，与报文交换相比，分组交换的时延小，灵活性也更好。

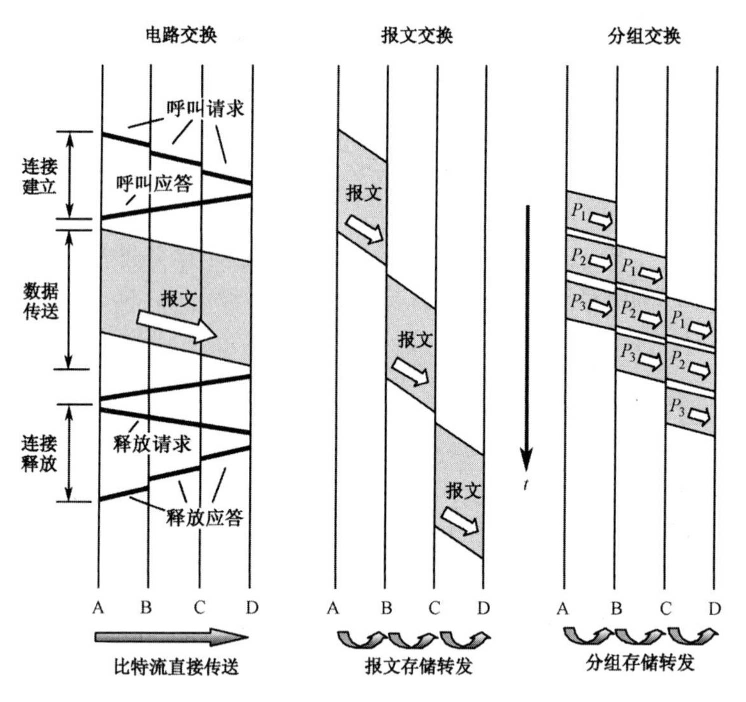

图 4-45　3 种交换技术的通信过程

*4.8　差错控制技术

4.8.1　差错控制概述

数据通信系统的基本任务是高效而无差错地传输和处理数据信息，然而数据通信系统的各个组成部分都存在着产生差错的可能性（见图 4-46），所幸的是设备部分可以达到很高的可靠性和稳定度，因而一般认为数据通信中的差错主要来自于数据传输信道。

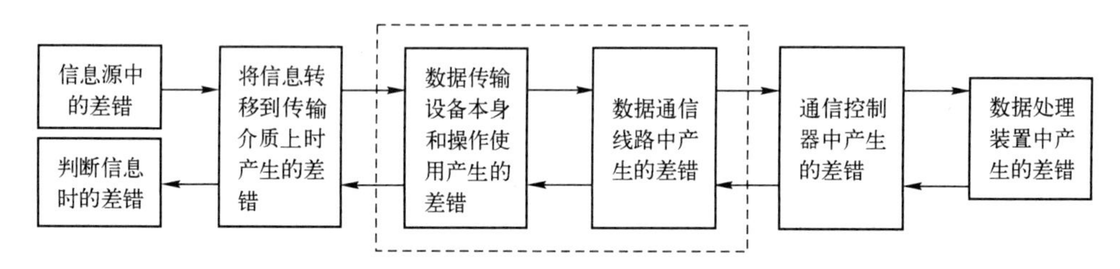

图 4-46　数据通信系统中可能产生差错的各组成部分

数据信号经过远距离的传输信道，往往会受到各种外来干扰（如宇宙噪声、工业干扰等）的影响，这种干扰将使接收到的数据信号出现差错。另外，数据传输信道本身传输特性不理想，也会使被传输的数据信号产生失真和时延，这也是导致接收信号产生差错的原因。由这两种原因引起的数据信号序列错误可归纳为两种类型：①随机性错误，主要由起伏噪声所引起，其特点是数据信号序列中前后出错位分布较分散且彼此没有一定的关系；②突发性错误，主要由脉冲噪声所引起，其特点是出错位分布较集中，且前后出错位之间具有某种相关性。这两种类型的错误往往是同时存在的。

误码率（见 2.3.2 节）是评估数据传输信道传输质量的一个重要指标。当实际信道的误码率不能达到用户的要求时，可以采用两种方法予以改进。一种是改善信道的电性能，包括选择合适的传输信道、改善其传输特性、选用性能优良的设备等，这种方法因受到技术和经济因素的制约，不可能获得理想的效果；另一种是采用差错控制技术。在实际应用中这两种方法都应受到足够的重视。

差错控制是指对传输的数据信号进行错误检测和错误纠正，以及发现错误虽不能及时纠正错误，但能以某些方法适当处置。香农于 1948 年发表的题为“通信的数学理论”的论文中，曾证明：“在存在噪声的信道上，可以定义一个被称为最大信息速度的通信容量，如果用低于这个通信容量的速度发送数据，则存在着某种编码方法，采用这种编码方法可以使数据的误码率变得足够小”。这个结论既说明了对抗干扰编码理论和技术进行研究的重要性，同时也指出了对传输的数据进行某种抗干扰编码将是检测和纠正错误的有效手段。

检测和纠正错误的基本方法有 3 种：①时间冗余法，依靠占用同一设备时间（包括传输媒体）的冗余来换取传输可靠性的提高。②设备冗余法，通过使用较多的信道，也就是依靠设备（包括传输媒体）的冗余来换取传输可靠性的提高。③数据冗余法，是前两种方法之综合，通过对数据块进行某种抗干扰编码来提高传输可靠性。显然，使用这些方法的目的都是为了提高传输的可靠性，只是采用的措施不同而已。

差错控制的基本方法是通过对信号码元序列作某种变换，使得原来彼此独立、无相关性的信号码元之间产生某种规律性或相关性，从而在接收端可根据这种规律性来检测甚至纠正传输序列中可能出现的错误。利用不同的变换方法可构成不同的抗干扰编码和不同的差错控制方式，目前数据通信采用的基本差错控制方式有以下 4 种：

（1）自动请求重传 ARQ（Automatic Repeat reQuest）方式

发送端按编码规则对拟发送的信号码元附加冗余码元之后再发送出去，接收端对收到的信号序列进行差错检测，并通过反馈信道把检测结果回送到发送端。发送端对其作如下处理：如接收端认为有错，则重发原来的数据，直至接收端正确接收为止；否则，将继续发送新的数据。

ARQ 方式常用的有 3 种：停止等待 ARQ、连续 ARQ 和选择重传 ARQ。这 3 种 ARQ 方式将在 8.3.3 予以介绍。ARQ 方式需要提供一条反馈信道及相应的缓冲器和控制机构，重发的次数则与信道状况有关。但这种方式的检错效果较好，所附加的冗余码元约占总发送码元的 5～20%，因传输效率比前向纠错要高，因此适用于对数据通信实时性无特殊要求的场合。

（2）前向纠错 FEC（Forward Error Correction）方式

发送端按照一定的编码规则对拟发送的信号码元附加冗余码元，构成纠错码。接收端将附加冗余码元按一定的译码规则进行变换，用来检测所收到的信号中有无错码。如有错，能自动地确定错码位置并加以纠正。

FEC 方式的物理实现简单，无须反馈信道，适用于实时通信系统。但是 FEC 差错控制码与信道的差错统计特性有关，因此对信道的差错统计特性必须有充分了解。另外，冗余码元要占总发送码元的 20%～50%，因而降低了传输效率。

（3）混合纠错 HEC（Hybrid Error Correction）方式

此方式是前两种方式的结合。发送端发送具有检错和纠错能力的码元，接收端对所接收的码组中的差错个数在纠错能力以内者，能自动进行纠错，否则通过反馈重发的方法来纠正错误。

这种方式虽综合了 ARQ 和 FEC 的优点，但未能克服各自的缺点，因而限制了它的实际应用。

（4）不用编码的差错控制方式

这种方式无须对被传输的信号码元进行差错编码，而在传输方法中附加冗余措施来减少传输中的差错。

由于抗干扰编码理论及技术涉及的内容极其丰富，本书仅介绍差错控制的基本概念，以及数据通信中常用的差错检测和差错纠正的方法，在内容安排上不追求数学的严格性和完整性。有兴趣的读者可参阅有关书籍和专著，以便更深入地理解。

4.8.2 差错检测

下面介绍几种实用的检错码及其检错方法。这些检错码的生成方法简单，便于实现，检错效果也好，因而得到了广泛的应用。

1. 奇偶校验

奇偶校验是一种古老而简单的差错检测方法，在低速数据通信设备中得到了普遍使用。其编码规则是：将所要传送的数据信息分组，再在一组内诸信息码元后面附加一个校验码元，使得该组码元中“1”的个数成为奇数或偶数。按照此规则编成的校验码分别称为奇校验码或偶校验码。换句话说，如有一信息组各码元为 k_1， k_2，…， k_{n-1}，附加校验码元为 k_n， k_n 与 $k_1 \sim k_{n-1}$ 之间有下列关系：

$$k_n = \sum_{i=1}^{n-1} k_i \quad (\text{mod } 2) \tag{4-33}$$

$$\sum_{i=1}^{n-1} k_i + k_n = \begin{cases} 1 & （奇校验）\\ 0 & （偶校验）\end{cases} \quad (\text{mod } 2) \tag{4-34}$$

根据上述两式在发送端生成所需要的奇偶校验码，同时在接收端又重新生成新的奇偶校验码，并与之相比较，以确定传输中是否存在差错。

从上述奇偶校验码的编码过程中可以看出，奇偶校验只有在出错码元个数是奇数的情况下才有效。当出错码元个数成对出现时，是无法检测出错误的。因此，奇偶校验的检错概率只有 50%。由于检错率低，所以目前多数网络基本上不再采用该技术进行差错检测。

对于选用奇校验还是偶校验，ISO 规定：在同步传输系统中，采用奇校验；而在异步传输系统中，采用偶校验。

在实际应用中，奇偶校验又可分为垂直（纵向）奇偶校验、水平（横向）奇偶校验和垂直水平奇偶校验。垂直奇偶校验又称字符奇偶校验，它是指在（n–1）位表示字符信息码元后面再附加一个第 n 位的校验码元。水平奇偶校验是将传输的字符分为若干个信息码组，对同一码组内的各字符的同一位进行奇偶校验，从而形成一个校验字符。垂直水平奇偶校验是将传输的字符分成若干信息码组，并对同一码组内的各字符同时进行垂直和水平奇偶校验。图 4-47 表明了垂直水平奇偶校验各信息码元与校验码元之间的关系。这 3 种奇偶校验除能检测出奇数个差错外，后两种奇偶校验尚能分别检测出突发长度小于（n–1）和 n 的全部突发差错。

位 \ 字符	C_1	C_2	C_3	C_4	C_5	C_6	C_7	C_8	C_9	C_{10}	C_{11}	C_{12}	C_{13}	C_{14}	C_{15}	水平偶校验位
b_1	0	1	0	1	1	1	0	1	0	1	1	1	1	1	0	0
b_2	0	1	1	1	1	1	1	1	0	0	0	0	0	0	1	0
b_3	0	1	1	1	1	1	1	1	0	1	1	0	1	0	1	1
b_4	1	1	1	0	0	1	1	0	1	0	0	1	0	0	1	0
b_5	1	0	0	0	0	0	0	0	1	1	0	1	1	0	0	1
b_6	0	0	0	0	0	0	0	0	0	0	0	0	0	0	0	0
b_7	1	1	1	1	1	0	1	1	1	0	1	1	1	1	1	1
垂直偶校验位	1	1	0	0	0	1	0	0	1	0	1	0	0	0	0	1

图 4-47　垂直水平奇偶校验

2. 循环冗余校验

循环冗余校验 CRC（Cyclic Redundancy Code） 是目前最流行的一种差错检测方法，它可生成一种高性能的检错、纠错码，但在实际应用中常用作检错码。由于它的检错能力强、实现简单，因而在数据通信中得到了非常广泛的应用。循环码的特点是有严密的数学结构，对其进行分析要用到近代代数理论。本小节仅着眼于介绍循环码的有关概念，不作严格的数学分析。

因为循环码是线性码的一个子集，所以有必要先介绍线性码的有关知识。

（1）线性码和循环码

由 k 个信息码元和 r 个校验码元构成的码组，其中每一个校验码元是该码组中某些信息码元的模 2 和，具有这种结构格式的码组称为线性码。习惯上，用（ n,k ）来表示码长为 n ，信息码元为 k 的线性码。

假如要构成一个（7，3）的线性码。其码元序列为 $C_6\ C_5\ C_4\ C_3\ C_2\ C_1\ C_0$。这里，信息码元 C_6、C_5、C_4 是已知的，而校验码元 C_3、C_2、C_1、C_0 是未知的。它们之间的关系可由下面的方程组来确定。

$$\left.\begin{aligned} C_3 &= C_6 \qquad + C_4 \\ C_2 &= C_6 + C_5 + C_4 \\ C_1 &= C_6 + C_5 \\ C_0 &= \qquad C_5 + C_4 \end{aligned}\right\} \pmod 2 \qquad (4\text{-}35)$$

这是一种线性变换的关系。由式（4-35）可得，对于任何一组信息码元都有一组与之相对应的校验码元，并一起构成唯一的码组。如表 4-7 所示。

表 4-7　由式（4-35）编出的（7,3）线性码

信息码元			码组						
C_6	C_5	C_4	C_6	C_5	C_4	C_3	C_2	C_1	C_0
0	0	0	0	0	0	0	0	0	0
0	0	1	0	0	1	1	1	0	1
0	1	0	0	1	0	0	1	1	1
0	1	1	0	1	1	1	0	1	0
1	0	0	1	0	0	1	1	1	0
1	0	1	1	0	1	0	0	1	1
1	1	0	1	1	0	1	0	0	1
1	1	1	1	1	1	0	1	0	0

线性码具有封闭性，即线性码的任何两个码组对应位按模 2 相加所得到的新码组仍然是该线性码的一个码组。例如，表 4-7 中，码组 1101001 和 1110100 对应位按模 2 相加得到的 0011101 便是信息码元 001 对应的码组。

对于码长为 n、有 k 个信息码元的线性码，若它具有如下性质：任一码组的每一次循环左移或右移所得到的是码中另一码组。即若（C_{n-1}，C_{n-2}，…，C_0）是（n,k）码的码组，则（C_{n-2}，C_{n-3}，…，C_0，C_{n-1}）或（C_0，C_{n-1}，…，C_1）也是（n,k）码的码组。我们把具有这种循环移位不变性的线性码称为循环码。

为了便于用代数来研究循环码，可以把码组中的各个码元当作一个多项式的系数，即码组 C =(C_{n-1}，C_{n-2}，…，C_1, C_0）所对应的多项式可表示为

$$C(x) = C_{n-1}x^{n-1} + C_{n-2}x^{n-2} + \cdots + C_1x + C_0 \tag{4-36}$$

这样，每个码组都与一个不大于$(n-1)$次的多项式相对应。不过码组和多项式只是两种不同的表示方法而已。

用多项式表示循环码可以发现循环码的某些重要特性，例如：在一个(n,k)循环码中，有一个且仅有一个$(n-k)$次的生成多项式

$$g(X) = x^{n-k} + g_{n-k-1}x^{n-k-1} + \cdots + g_2x^2 + g_1x + 1$$

此循环码中的每个码多项式 $C(x)$ 都是 $g(x)$ 的倍式。反之，能被 $g(x)$ 除尽的、次数不大于$(n-1)$次的多项式，也必定是码多项式。

循环码用多项式表示时所呈现的这些重要特性，将有助于简化编码和译码功能的实现。

（2）循环码编码原理

假设待编码 k 位信息的码组为

$$M=(m_{k-1},\ m_{k-2},\ \cdots,\ m_2,\ m_1,\ m_0)$$

它所对应的码多项式是

$$M(x)=m_{k-1}x^{k-1}+m_{k-2}x^{k-2}+\cdots+m_2x^2+m_1x+m_0$$

用 x^{n-k} 乘以 $M(x)$，得

$$x^{n-k} \bullet M(x)= m_{k-1}x^{n-1}+m_{k-2}x^{n-2}+\cdots+m_2x^{n-k+2}+m_1x^{n-k+1}+m_0x^{n-k}$$

再用给定的(n,k)循环码的生成多项式 $g(x)$ 除 $x^{n-k}\cdot M(x)$，得

$$x^{n-k}\cdot M(x) = g(x)\cdot Q(x) + R(x) \tag{4-37}$$

式中，$Q(x)$ 和 $R(x)$ 分别是商式和余式。因为 $x^{n-k}\cdot M(x)$ 的最高幂次为$(n-k)+(k-1)=n-1$；而 $g(x)$ 的最高幂次为 $n-k$；所以，$Q(x)$ 的最高幂次将是$(n-1)-(n-k)=k-1$；$R(x)$ 的最高幂次就是 $n-k-1$。即 $Q(x)$ 的幂次与码组中信息码元相对应，$R(x)$ 的幂次与码组中校验码元相对应。

按模 2 运算规则，加与减是相同的，故上式移项后，可得

$$x^{n-k}\cdot M(x) + R(x) = g(x)\cdot Q(x) \tag{4-38}$$

此式表明，$x^{n-k}\cdot M(x)+R(x)$ 是 $g(x)$ 的倍式，它是一个$(n-1)$次多项式，其中 $x^{n-k}\cdot M(x)$ 正好对应于编码码组中的信息码元，而 $R(x)$ 则对应于校验码元。将其展开，便得

$$x^{n-k} \bullet M(x)+R(x)=m_{k-1}x^{n-1}+m_{k-2}x^{n-2}+\cdots+m_2x^{n-k+2}+m_1x^{n-k+1}+m_0x^{n-k}$$

$$+r_{n-k-1}x^{n-k-1}+r_{n-k-2}x^{n-k-2}+\cdots+r_2x^2+r_1x+r_0$$

它所对应的码组是

$$(m_{k-1}, m_{k-2}, \cdots, m_2, m_1, m_0, r_{n-k-1}, r_{n-k-2}, \cdots, r_2, r_1, r_0)$$

这说明，待编码组 M 所生成的循环码是由不加改变的 k 位信息码元之后，再附加 $(n-k)$ 位校验码元组成的。

【例 4-5】 设待编码信息 $M(x)$=110。利用生成多项式 $g(x)=x^4+x^3+x^2+1$ 生成(7，3)循环码。

【解答】待编码元多项式 $M(x)=x^2+x$

采用长除法，将 $x^4 \cdot M(x)=x^6+x^5$ 除以 $g(x)$

$$
\begin{array}{r l}
 & x^2 \qquad\qquad\quad +1 \quad \cdots\cdots（商式）\\
x^4+x^3+x^2+1 \,\big) & x^6+x^5 \\
 & \underline{x^6+x^5+x^4+x^2} \\
 & \qquad\quad x^4+x^2 \\
 & \qquad\quad \underline{x^4+x^3+x^2+1} \\
 & \qquad\qquad x^3 \qquad +1 \quad \cdots\cdots（余式）
\end{array}
$$

得到余式 $R(x)=x^3+1$。由此可得生成的循环码多项式为

$$x^{n-k} \cdot M(x)+R(x)=(x^6+x^5)+(x^3+1)$$

所对应的码组为 1101001。这个结果与表 4-7 所列的内容是一致的。

（3）常用的生成多项式

循环码的校验能力与生成多项式有关。若能针对传输信息的差错模式设计生成多项式，就会得到较强的检测差错的能力。目前人们已经设计了许多生成多项式，最常见的有：

CRC-16 $g(x)=x^{16}+x^{15}+x^2+1$

CRC-CCITT $g(x)=x^{16}+x^{12}+x^5+1$

CRC-32 $g(x)=x^{32}+x^{26}+x^{23}+x^{22}+x^{16}+x^{12}+x^{11}+x^{10}+x^8+x^7$
$+x^5+x^4+x^2+x+1$

其中，CRC-16 和 CRC-CCITT 用于 8 位字符同步系统，它们能够检测出全部的 1 位、2 位和奇数位的差错，所有长度不大于 16 位的突发错，以及 99.997%的 17 位突发错和 99.998%的 18 位或更多位的突发错。CRC-32 的检错能力比 CRC-16 和 CRC-CCITT 大有提高，尤其是它能检测出所有长度不大于 32 位的突发错，对 33 位和大于 33 位突发错的检错能力可分别达到 99.99999995%和 99.99999998%。

（4）循环冗余检验的实现

由前面介绍的循环码编码原理可知，对 k 位长信息码组 $M(x)$ 进行循环码编码的核心工作是计算校验码组 $R(x)$，即获得 $x^{n-k} \cdot M(x)$ 除以生成多项式 $g(x)$ 的余式。采用硬件方法（如除法电路）进行循环码编码，实现方法简单，结构也不复杂。随着 VLSI 技术的发展，现已有专用芯片实现上述编码功能。但是，对于某些不具备条件的场合，采用软件方法（如编制完成长除法的程序或者用查表法）来完成循环码的编码工作，则更为简单。

如前所述，由于循环码编码器的输出为

$$M'(x)=x^{n-k} \cdot M(x)+R(x)$$

但是，该信息在传输过程中将受到各种干扰的影响，因而接收端真正收到的信息码组为 $M''(x)$。$M''(x)$ 与 $M'(x)$ 之差就是引起差错的多项式 $E(x)$，即

$$M''(x) = M'(x) + E(x)$$

因此，在接收端可用同一生成多项式 $g(x)$ 去除 $M''(x)$。若能除尽，即 $E(x)=0$，表示无传输差错；否则，$E(x)\neq 0$，表示有传输差错。此时，可采取重传、丢弃或其他纠错措施。

循环码的译码也可以通过硬件法或软件法来实现。

4.8.3 差错纠正

差错检测是一种非常有用的技术。但是使用差错检测码，如需纠正差错就要重传整块数据，这对无线传输就很不适用，其原因是：①无线传输的差错率很高，这将引起大量数据的重传；②在卫星链路中，由于传播时延很长，差错重传将大大降低系统的传输效率。因此，人们希望根据传输的比特流，传输具有既有检错又有纠错功能的抗干扰编码，这种编码就是纠错码。下面介绍一种较简单的纠错码——汉明码的纠错原理。

汉明码是 1949 年由美国贝尔实验室汉明（Hamming）提出来的，是纠正单个随机错误的线性码。目前汉明码及其变型已被广泛应用于数据通信和数字存储系统的差错控制中。

汉明码的码型结构与循环码相同，也是码组结构，由信息码元和校验码元组成。发送端根据编码规则生成校验码元，接收端则按照译码规则找出差错的具体位置，然后自动纠正。

汉明码具有下列参数：

码长　　$n = 2^r - 1$（r 是不小于 3 的任意正整数）

信息码元数　　$k = 2^r - 1 - r$

检验码元数　　$r = n - k$

最小码距　　$d_{\min} = 3$

其中，码距是指两个等长码组之间对应位取值不同的个数。上述参数表明，如要指明单个错误的位置，码长与检验码元之间应满足下列关系式：

$$2^r - 1 \geqslant n \quad 或 \quad 2^r \geqslant n + 1 \tag{4-39}$$

这个不等式称为汉明不等式。当不等式取等号时，表示码长一定，用来纠正一位错码的汉明码所用的校验码元个数最少。这说明，汉明码与相同码长的纠一位错的其他线性分组码相比，它的编码效率最高。

汉明码 (n, k) 的编码规则如下。

① 如采用 $r = n - k$ 个校验码元，则可组成 r 个校验组，分别用 G_1，G_2，…，G_r 表示。并规定每个校验码元只允许参加一个组的奇偶校验。

② 每一个信息码元必须参加 2～r 个校验组，但在参加模式的组合上不应重复。

根据上述编码规则，如果某一信息码元或校验码元发生错误的话，那么必然会使它参加的校验组的奇偶校验出现错误。知道了差错位置，取其反，便可达到纠错的目的。这就是纠错的基本原理。

下面我们以简单的（7，4）汉明码为例，来说明汉明码的编码和纠错过程。

（7，4）汉明码的码长 $n=7$，信息码元数 $k=4$，校验码元数 $r=3$。编码结构的形式是 $m_3m_2m_1m_0r_2r_1r_0$，其中 m_i（$0\leqslant i\leqslant 3$）是信息码元，r_i（$0\leqslant i\leqslant 2$）是校验码元。根据编码规则，表 4-8 列出了（7，4）汉明码的一种编码形式。因为有 3 个校验码元，所以可组成 3 个校验组，分别用 G_1、G_2、G_3 表示。每个校验码元只参加一个组的奇偶校验，如 r_2 参加

G_1。表中用符号“△”表示该码元参加这一组的校验操作。

表 4-8 （7,4）汉明码的一种编码形式

码元 / 校验组	m_3	m_2	m_1	m_0	r_2	r_1	r_0
G_1		△	△	△	△		
G_2	△		△	△		△	
G_3	△	△		△			△

由此编码关系可得到下面的编码方程组

$$\begin{aligned} r_2 &= \quad m_2+m_1+m_0 \\ r_1 &= m_3 \quad +m_1+m_0 \qquad (\text{mod } 2) \\ r_0 &= m_3+m_2 \quad +m_0 \end{aligned} \tag{4-40}$$

式（4-40）表明，校验码元 r_i 与信息码元 m_i 之间是一种线性变换关系。于是，发送端便可根据输入的信息码元来确定相应的校验码元。

为了达到检错和纠错的目的，接收端只要对收到的码组按照上述编码关系进行计算，故得译码方程组为

$$\begin{aligned} G'_1 &= \quad m_2+m_1+m_0+r_2 \\ G'_2 &= m_3 \quad +m_1+m_0+r_1 \qquad (\text{mod } 2) \\ G'_3 &= m_3+m_2 \quad +m_0+r_0 \end{aligned} \tag{4-41}$$

显然，当未出现传输差错时，G'_i 应等于 0，即差错模式｛G'_1,G'_2,G'_3｝为 000。而当出现差错且差错的数目在允许范围之内时，G'_i 就不等于 0。根据差错模式的不同可以准确判断码组中出现一个差错时发生差错的具体位置（见表 4-9）。对于检测到的差错码元，只要令其取反，便实现了自动纠错的功能。

表 4-9 汉明编码的差错模式

差错模式 G_1'	G_2'	G_3'	差错位置
0	0	0	无错
0	0	1	r_0
0	1	0	r_1
0	1	1	m_3
1	0	0	r_2
1	0	1	m_2
1	1	0	m_1
1	1	1	m_0

根据汉明码的理论,当汉明码的最小码距 $d_{\min}=3$ 时，这种编码可以检测出码组内出现的 2 个以下的差错（包括校验码元在内），或者纠正每个码组内出现的 1 个差错。

用于纠错的抗干扰编码，除汉明码外，还有 BCH 码、格雷码、卷积码等，它们都有很强的纠正随机差错的能力。

习 题 4

4-01 简述脉冲编码调制的基本原理。对于语音信号，为什么采样频率设置为 8000Hz？

4-02 在 PCM 系统中，为什么常用折叠码进行编码？

4-03 利用 PCM 数字电话信道传输数据信号时，影响 PCM 信道中继间隔的有哪些因素？

4-04 试述研究基带传输的意义，以及基带传输对传输信号的要求。

4-05 已知二进制信息序列｛a_n｝=01001100000100111，分别画出相应的单极性归零与不归零码、双

极性归零与不归零码、传号差分码的波形。

4-06 已知二进制信息序列｛ a_n ｝=10011000001100000101，分别画出它所对应的单极性归零码、双相码和差分双相码的波形。

4-07 已知二进制数字信号｛ a_n ｝=1011010，试画出 2ASK、2FSK 和 2DPSK 的波形（设起始参考码元为 1）。

4-08 已知码元速率为 200 波特，试求 8PSK 系统的数据信号速率。

4-09 试计算 1000 波特的 16QAM 信号比特率，以及比特率为 72000b/s 的 64QAM 信号的波特率。

4-10 正交幅度调制（QAM）与 ASK 和 PSK 相比较，具有什么优点？

4-11 试比较轮询轮叫和传递轮询这两种轮询访问技术的优缺点。

4-12 CSMA 技术有哪几种类型？它们采用的载波监听策略有什么不同？

4-13 设令牌环网的传输速率为 5Mb/s，传播时延为 5μs/km。试问在令牌环接口中 1b 的时延相当于多少米长的电缆？若该令牌环网的电缆长度为 10km，共有 50 个站。试问该令牌环网的等效长度是多少？

4-14 设令牌环网的传输速率为 4Mb/s，令牌保持计时器的值为 10ms，试问此令牌环上可发送的最长帧是多少？

4-15 人们常认为以太网采用 CSMA/CD 技术，因重传会影响实时信息的传输。试问在什么情况下，这一说法也适用于令牌环网？假定令牌环网上站点的数目是固定的，试问在什么情况下，令牌环网才会出现这种最坏情况？

4-16 设有一个 200 个结点的时隙环，相邻两站间的距离为 10m，环路上数据传输速率为 10Mb/s，传播时延为 5μs/km，每个时隙总长为 38b。试求此时隙环允许的时隙个数是多少？

4-17 多路复用技术的理论依据是什么？常用的多路复用技术是如何实现多路信号的有效分割的？

4-18 有一通频带为 100kHz 的信道，假设每路信号的带宽为 3.3kHz，保护频带为 0.8kHz，若采用频分多路复用，试问能传输的最多路数？

4-19 统计时分复用与传统时分复用相比较，为什么前者的效率会更高？

4-20 假设有 10 路 9600b/s 的线路进行时分复用，复用所需的额外开销比特可忽略。试问传统时分复用所需的总容量是多少？假设希望把线路的平均利用率限制在 80%，以及每一线路只有 50%处于忙状态，试问统计时分复用所需的总容量是多少？

4-21 假设在一条线路上要复用 11 个数据源，其中：源 1 和源 2 是模拟信号，带宽为 2kHz；源 3 也是模拟信号，带宽为 4kHz；源 4 到源 11 是数字信号，带宽为 7.2kb/s。试问复用线路上的总带宽是多少？并用图示说明复用的情况。

4-22 为什么码分复用 CDMA 可使所有用户在同一时间内使用同样的频率进行通信而不会互相干扰？这种复用方法有何优缺点？

4-23 若有 4 个站进行码分多址 CDMA 通信。4 个站的码片序列为

A: (−1 −1 −1 +1 +1 −1 +1 +1)　　B: (−1 −1 +1 −1 +1 +1 +1 −1)

C: (−1 +1 −1 +1 +1 +1 −1 −1)　　D: (−1 +1 −1 −1 −1 −1 +1 −1)

现收到这样的码片序列：(−1 +1 −3 +1 −1 −3 +1 +1)。问哪个站发送了数据？发送数据的站发送的 1 还是 0？

4-24 载波同步的基本要求是什么？实现载波同步有哪些方法？

4-25 利用插入导频法实现位同步时，如何消除导频对信号的干扰。

4-26 群同步的基本要求是什么？实现群同步有哪些方法？

4-27　设一通信网采用水库法进行码速调整，已知数据速率为 4.096Mb/s，寄存器容量为 64 位，初始为半满状态，当时钟的相对频率稳定度为 $|\pm\Delta f/f| = 10^{-10}$ 时，试计算间隔校正时间。

4-28　试述 3 种主要交换技术的特点及其适用场合。

4-29　假设交换网具有下列参数：从源站到目的站的中继站数为 n，即需要经过 k 段链路（$k=n+1$）；每段链路的传播时延为 d(s)；需要传送的报文长度为 l(b)；线路传输速率为 b(b/s)。在电路交换时，电路的建立时间为 s (s)。在分组交换时，分组长度为 p (b)，且各结点的排队时间可忽略不计。试问：

（1）对电路交换和分组交换，导出端到端时延的一般表达式。

（2）在什么情况下，分组交换的时延小于电路交换的时延。

（3）设 n=4，d=0.001s，l=4800b，b=9600b/s，s=0.2s，p=1024b，计算它们端到端的时延。

4-30　实现差错控制的基本思想是什么？目前数据通信中主要的差错控制方式有哪几种？

4-31　写出下列二进制数的奇校验码和偶校验码。

（1）1001110　　（2）0101110　　（3）1100101　　（4）0110010

4-32　设有一码组为 1010001101，生成多项式 $g(x)=x^5+x^4+x^2+1$，试问发送在线路上的码组是什么？

4-33　设拟发送的码组为 10011101，使用 CRC 校验，生成多项式为 x^3+1。试问实际传输的码组是什么？假设在发送时，拟发送的码组左边第三位变反（即为 10111101），试问在接收端能检测出来吗？

4-34　若信息位为 6 位，欲要构成能纠正一位错的汉明码。试问至少要几位冗余位？该汉明码的编码效率是多少？

第5章　物　理　层

本书自本章起，较详细地介绍计算机网络体系结构的有关知识。本章首先介绍物理层的基本概念和接口特性，然后介绍物理层常用标准，最后对数字传输系统进行简单介绍，讨论几种常用的宽带接入技术。

*5.1　物理层概述

物理层是网络体系结构中的最低层，但它既不是指连接计算机的具体物理设备，也不是指负责信号传输的具体物理介质，而是指在连接开放系统的物理介质上为上邻的数据链路层提供传送比特流的一个物理连接。用 OSI 的术语来说，物理层的主要功能就是为它的服务用户（即数据链路层的实体）在具体的物理介质上提供发送或接收比特流的能力。这种能力具体表现为物理层首先要建立（或激活）一个连接，然后在整个通信过程中保持这种连接，通信结束时再释放（或去活）这种连接。

目前，可供计算机网络使用的物理设备和传输介质种类很多，特性各异。物理层的作用就在于要屏蔽这些差异，使得数据链路层不必去考虑物理设备和传输介质的具体特性，而只要考虑完成本层的协议和服务。

物理层的协议（也称为通信规程）与具体的物理设备、传输介质及通信手段有关。物理层的许多协议是在 OSI 模型公布之前制订的，并为众多的制造商接受和采纳，显然这些物理层协议与 OSI 的严格要求相比存在着一定的差距，因为它们既没有按照 OSI 那样严格的分层来制订，也没有像 OSI 那样将服务定义和协议规范严格地区分开来。因此，对物理层协议就不便利用 OSI 的术语加以阐述，而只能将物理层实现的主要功能描述为与传输介质接口有关的一些特性，即机械特性、电气特性、功能特性和规程特性。物理层就是通过这 4 个方面特性，在 DTE 和 DCE 之间实现物理通路的连接的。

*5.2　物理层接口特性

物理层协议实际上是 DTE 与 DCE 之间的一组约定。这组约定规定了 DTE 与 DCE 之间的标准接口特性。在具体说明接口特性之前，有必要先介绍 DTE 和 DCE 的含义和作用。

DTE（Data Terminal Equipment）是数据终端设备的英文缩写，它是一种具有一定的数据处理和转发能力的设备。它还具有根据协议控制数据通信的功能。此类设备既可以是数据的源点或终点，也可以既是源点又是终点。DTE 是对属于用户所有的组网设备或工作站的总称。由于多数数据处理设备的数据传输能力有限，因而必须在数据处理设备与传输线路之间嵌入一个中间设备，这个中间设备称为数据电路终接设备 DCE（Data Circuit-Terminating Equipment）。DCE 的作用是在 DTE 和传输线路之间提供信号变换和编码的功能，并且负责建立、保持和释放数据链路。DCE 是对网络设备的通称，调制解调器是典型的 DCE。图 5-1 为 DTE 与 DCE 的连接示意图。

图 5-1　DTE 与 DCE 连接示意图

图中，DTE/DCE 接口是 DTE 与 DCE 之间的界面。在这个界面上设有多条信号线和控制线，而且控制线上的信号操作是高度协调的。为了减轻数据处理设备用户的负担，同时使不同制造商生产的产品能够互连和互通，DTE 与 DCE 之间在插接方式、引线分配、电气特性、功能定义以及应答关系等方面均应符合统一的标准和规范。也就是说，DTE/DCE 接口必须是标准化的。标准化的 DTE/DCE 接口具有以下 4 个方面的特性。

5.2.1　机械特性

DTE/DCE 标准接口的机械特性涉及接口的物理结构，DTE 与 DCE 之间通常采用接线器来实现机械上的连接。机械特性就是对接线器（包括插头和插座的形状及尺寸、插针或插孔的数目及其排列、固定或锁定装置等）做出详细的规定。

在 ISO 标准中，涉及 DTE/DCE 接口机械特性的标准如下。

（1）ISO 2110 数据通信——25 芯 DTE/DCE 接口接线器及引线分配。用于串行和并行音频调制解调器、公用数据网接口、电报（包括用户电报）接口和自动呼叫设备。

（2）ISO 2593 高速数据终端设备用接线器和引线分配。34 芯接线器用于 ITU-T V.35 的宽带调制解调器。

（3）ISO 4902 数据通信——37 芯和 9 芯 DTE/DCE 接口接线器和引线分配。用于串行音频和宽带调制解调器。

（4）ISO 4903 数据通信——15 芯 DTE/DCE 接口接线器和引线分配。用于由 ITU-T X.20，X.21 和 X.22 所规定的公用数据网接口。

5.2.2　电气特性

DTE/DCE 标准接口的电气特性规定了 DTE/DCE 之间多条信号线的电气连接及有关电路特性，通常包括：发送器和接收器的电路特性（如发送信号电平、发送器的输出阻抗、接收器的输入阻抗、平衡特性等）、负载要求、传输速率和连接距离等。表 5-1 和表 5-2 分别列出了普通电话交换网接口电气特性的主要规定和 ITU-T V.28，V.10/X.26，V.11/X.27 有关建议的某些电气特性。

表 5-1　普通电话交换网接口电气特性的主要规定

发送电平	≤0dBm
接收电平	−5～−35dBm，视各种 modem 而定
阻　抗	600Ω
平衡特性	平衡输入/输出

表 5-2　ITU-T V/X 系列有关建议的某些电气特性

ITU-T 建议	“1”信号电平	“0”信号电平	速率范围
V.28	−5～−15V（对地）	+5～+15V（对地）	≤20kb/s
V.10/X.26	−4～−6V（对地）	+4～+6V（对地）	≤300kb/s
V.11/X.27	−2～−6V（差动）	+2～+6V（差动）	≤10Mb/s

DTE/DCE 标准接口的电气连接有以下 3 种方式。

（1）非平衡方式。如图 5-2（a）所示，这种方式应用于按分立元件设计的非平衡接口。此时，发送器和接收器是单端入/出的，收发两端共用一根信号地线。一般情况下，信号地线与收、发端的逻辑地是相连的，但当两端的逻辑地之间存在电位差时，就极易造成接收误差。这种接口电路的不对称性会使信号由“1”到“0”和由“0”到“1”的过渡时间不相同。当连接电缆增长时，线间电容随之增大，从而引起信号的严重畸变。一般适用于低于 20kb/s 的数据传输速率，传输距离不大于 15m。ITU-T V.28 采用了这种电气连接方式，EIA RS-232-C 基本上与之兼容。

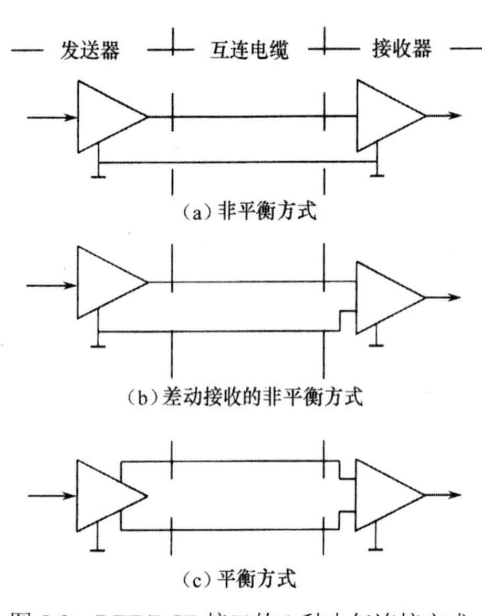

图 5-2　DTE/DCE 接口的 3 种电气连接方式

（2）差动接收的非平衡方式。如图 5-2（b）所示，这种方式应用于按集成电路元件设计的非平衡接口。与前者相比，发送器虽仍采用非平衡方式，但接收器采用差动输入方式，因而有效地减少了逻辑地电位差及外界干扰信号的影响。因发送端的信号电平为+4～+6V 和-4～-6V，接收端的信号电平为+0.2～+6V 和-0.2～-6V，故信号电平允许变化范围（又称噪声容限）为 3.8V。数据传输速率与传输电缆长度有关，当速率为 3kb/s 时，电缆长度可达 1000m；而当速率为 300kb/s 时，电缆长度仅为 10m。ITU-T V.10 / X.26 采用了这种电气连接方式，EIA RS-423A 与之兼容。

（3）平衡方式。如图 5-2（c）所示，这种方式应用于按集成电路元件设计的平衡接口。这种接口的发送器是平衡方式的，接收器则采用差动输入方式，两者用一对称平衡电缆连接。对平衡型发送器来说，两根输出引线对地电位的代数和是恒定不变的，对地的阻抗应相等。由于接收器采用差动输入，有效地减少逻辑地电位差及外界干扰的影响。发送端的信号电平为+2～+6V 和-2～-6V，接收端的信号电平为+0.2～+6V 和-0.2～-6V，则噪声容限为 1.8V。数据传输速率与传输长度有关，当速率为 100kb/s 时，电缆长度可达 1000m；而当速率为 10Mb/s 时，电缆长度仅为 10m。ITU-T V.11/X.27 采用了这种电气连接方式，EIA RS-422A 与之兼容。

5.2.3　功能特性

DTE/DCE 标准接口的功能特性主要是对各接口信号线做出确切的功能定义以及相互间的操作关系定义。对每根接口信号线的定义通常采用两种方法：一种是一线一义法，即每根信号线定义为一种功能。ITU-T V.24、EIA RS-232-C、EIA RS-449 等都采用这种方法；另一种是一线多义法，指每根信号线被定义为多种功能，此法有利于减少接口信号线的数目。它被 ITU-T X.24、ITU-T X.21 所采用。

接口信号线按其功能一般可分为接地线、数据线、控制线、定时线等类型。对各信号线的命名通常采用数字、字母组合或英文缩写 3 种形式。如 EIA RS-232-C 采用字母组合，EIA RS-449 采用英文缩写，而 ITU-T V.24 则以数字命名。在 ITU-T V.24 建议中，对 DTE/DCE 接口信号线的命名以“1”开头，所以通常将其称为 100 系列接口线；而用于

DTE/ACE 接口信号线命名以“2”开头，故将它称作 200 系列接口信号线。

为了使读者对不同标准接口功能特性的兼容性有所了解，表 5-3 列出了 EIA RS-232-C、EIA RS-449 和 ITU-T V.24 3 种常用标准接口信号线的对应关系。

表 5-3　3 种常用标准接口信号线的对应关系

EIA RS-232-C		EIA RS-449		ITU-T V.24(100 系列)	
AB	信号地线	SG SC RC	信号地线 发送公共回线 接收公共回线	102 102a 102b	信号地线 DTE 公共回线 DCE 公共回线
CE CD CC	振铃指示 数据终端就绪 数据设备就绪	TS IC TR DM	终端服务 入呼 终端就绪 数据模式	125 108/2 107	呼叫指示器 数据终端就绪 数据设备就绪
BA BB	发送数据 接收数据	SD RD	发送数据 接收数据	103 104	发送数据 接收数据
DA	发送器信号码元定时（DTE 源）	TT	终端定时	113	发送器信号码元定时（DTE 源）
DB	发送器信号码元定时（DCE 源）	ST	发送定时	114	发送器信号码元定时（DCE 源）
DD	接收器信号码元定时	RT	接收定时	115	接收器信号码元定时
CA CB CF CG	请求发送 允许发送 接收线路信号检测器 信号质量检测器	RS CS RR SQ NS SF	请求发送 清除发送 接收器就绪 信号质量 新信号 选择频率	105 106 109 110 126	请求发送 允许发送 接收线路信号检测器 数据信号质量检测器 选择发送频率
CH	数据信号速率选择器（DTE 源）	SR	信号速率选择器	111	数据信号速率选择器（DTE 源）
CI	数据信号速率选择器（DCE 源）	SI	信号速率指示器	112	数据信号速率选择器（DCE 源）
SBA SBB SCA SCB SCF	辅助信道发送数据 辅助信道接收数据 辅助信道请求发送 辅助信道允许发送 辅助信道接收线路信号检测器	SSD SRD SRS SCS SRR	辅助信道发送数据 辅助信道接收数据 辅助信道请求发送 辅助信道清除发送 辅助信道接收器就绪	118 119 120 121 122	发送反向信道数据 接收反向信道数据 发送反向信道线路信号 反向信道就绪 反向信道接收线路检测器
		LL RL TM	本地环路返回 远程环路返回 测试模式	141 140 142	本地环路返回 远程环路返回 测试指示器
		SS SB	选择备用设备 备用设备指示器	116 117	选择备用信道 备用信道指示器

5.2.4　规程特性

DTE/DCE 标准接口的规程特性规定了 DTE/DCE 接口各信号线之间的相互关系、动作顺序及维护测试操作等内容。规程特性反映了通信双方在数据通信过程中可能发生的各种事件。由于这些可能事件出现的先后次序不尽相同，而且又有多种组合，因而规程特性往往比较复杂。描述规程特性一种较好的方法是利用状态变迁图。因为状态变迁图反映了系统状态的迁移过程，而系统状态迁移正是由当前状态和所发生的事件（指当时所发生的控制信号）所决定的。

目前，用于物理层规程特性的标准有：ITU-T V.24、V.25、V.54、X.20、X.20bis、X.21、X.21bis、X.22、X.150 等。

表 5-4 列出了 EIA、ITU-T 和 ISO 有关 DTE/DCE 主要接口标准及其兼容关系。

表 5-4　DTE/DCE 的主要接口标准及其兼容关系

接口特性	EIA	ITU-T	ISO	说　明
机械特性	RC-232-C RS-366-A	X.24,X.20bis X.21bis	ISO 2110	25 芯引脚
	RS-449		ISO 4902	37 芯及 9 芯引脚
		X.20,X.21	ISO 4903	15 芯引脚
			ISO 2593	34 芯引脚
电气特性	RS-232-C	V.28,X.20(DTE)* X.20bis,X.21bis	ISO 2110	用于非平衡电路
	RS-423-A	V.10/X.26,X.20 X.21,X.21bis(DTE)*	ISO 4903	用于集成电路的非平衡电路
	RS-422-A	V.11/X.27,X.21 X.20(DTE)*	ISO 4903	用于集成电路的平衡电路
功能特性	RS-232-C RS-449 RS-366-A	V.24,X.20bis X.21bis	ISO 1177	接口间互换电路的规定
		X.20		用于异步公用数据网
		X.21		用于同步公用数据网
规程特性	RS-232-C RS-449 RS-366-A	V.24,X.20bis X.21bis	ISO 1177	接口间互换电路的工作过程
		X.20		用于异步公用数据网
		X.21		用于同步公用数据网

* 表示只在 DTE 侧适用。对于 X.20，当 DTE 侧采用 V.28 而 DCE 侧采用 V.10 时，接口电路中应接入一个 ISO 2110 至 ISO 4903 的适配器。

5.3　物理层的常用标准

*5.3.1　EIA RS-232

EIA RS-232 是美国电子工业协会 EIA 于 1962 年制订的著名物理层异步通信接口标准。在该标准的标识中，RS 表示 EIA 的一种推荐标准，232 为编号。在 1969 年修订为 RS-232-C，C 是 RS-232 标准的第 3 个修订版本。该标准最初是为了促进使用公用电话网进行远程数据通信而制订的，但目前也广泛地应用于主机与终端间的近程连接。

EIA RS-232-C 的机械特性建议使用 25 芯的接线器，并对该接线器的尺寸及芯针排列位置作了确切的使用说明。它与 ISO 2110 标准是兼容的。通常，RS-232-C 在 DTE 一侧采用针式（凸插头）结构，而在 DCE 一侧采用孔式（凹插座）结构。需要注意的是，针式和孔式结构插头座的引线排列顺序是不相同的。另外，在实际使用中，由于并非一定要用到该标准的全集（即各条信号线的功能），因此也可以采用芯针较少的标准接线器，如 9 芯接线器。

EIA RS-232-C 的电气特性规定采用单端发送单端接收、双极性电源供电电路，其逻辑“1”电平为-5～-15V，逻辑“0”电平为+5～+15V，在-3～+3V 的过渡区，逻辑状态是不定的。因此，噪声容限为 2V。表 5-5 列出了有关 RS-232-C 的电气特性。

表 5-5　EIA RS-232-C 接口的电气特性

驱动器输出电平(3～7 kΩ)	逻辑 0: +5～+15V 逻辑 1: -5～-15V
驱动器输出电平（无负载）	-25V～+25V
驱动器通断时的输出阻抗	＞300Ω
输出短路电流	＜0.5A
驱动器转换速率	＜30V/μs
接收器输入阻抗	3～7kΩ
接收器输入电压允许范围	-25～+25V
接收器输出（输入开路时)	逻辑 1
接收器输出（输入经 300Ω 接地)	逻辑 1
接收器输出（+3 伏输入)	逻辑 0
接收器输出（-3 伏输入)	逻辑 1
最大负载电容	2500pF

由表 5-5 可见，RS-232-C 的接口电平不能和 TTL、DTL 输出、输入的电平（“1”为 2.4V，“0”为 0.4V）相兼容，而必须外加传输线驱动/接收器（如 MC 1488 和 MC 1489）实现电平的转换。另外，目前使用的多芯电缆线间电容为 150pF/m，而该标准要求信号线上最大负载电容不能超过 2500pF，所以，RS-232-C 的最大传输距离为 15m。数据传输速率一般为 50b/s，75b/s，110b/s，150b/s，300b/s，600b/s，1200b/s，2400b/s，4800b/s，9600b/s，19200b/s 等。实际的数据传输速率应根据传输距离和信道质量加以选择，一般是距离远、信道误码率高，宜选择低速率。反之，则选择高速率。

EIA RS-232-C 的功能特性将 25 芯接线器中的 20 条信号线分为 4 类：数据线（4 条）、控制线（11 条）、定时线（3 条）和地线（2 条），余下的 5 条是未定义的或专用的。表 5-6 列出了这些信号线的功能定义。RS-232-C 接口有主、辅两种信道。辅信道用于在互连的设备之间传送一些辅助的控制信息，其速率要比主信道低得多，通常很少使用。在表 5-6 中，信号线名后面冠以“*”的是最常用的（共有 10 条）。

表 5-6　EIA RS-232-C 接口各信号线的功能定义

接线编号	信号线名称	方向		类型			
		DTE→DCE	DCE→DTE	数据	控制	定时	地线
1	屏蔽地线*						△
2	发送数据*	△		△			
3	接收数据*		△	△			
4	请求发送*	△			△		
5	允许发送*		△		△		

续表

接线编号	信号线名称	方向		类型			
		DTE→DCE	DCE→DTE	数据	控制	定时	地线
6	数据设备就绪*		△		△		
7	信号地/公共地*						△
8	载波检测*		△		△		
9	数据组检测（保留)						
10	数据组检测（保留)						
11	未定义						
12	辅信道载波检测		△		△		
13	辅信道允许发送		△		△		
14	辅信道发送数据	△		△			
15	发送器定时		△			△	
16	辅信道接收数据		△	△			
17	接收器定时		△			△	
18	未定义						
19	辅信道请求发送	△			△		
20	数据终端就绪*	△			△		
21	信号质量检测		△		△		
22	振铃指示*		△		△		
23	数据信号速率选择	△			△		
24	发送器定时	△				△	
25	未定义						

EIA RS-232-C 的规程特性描述了在不同的条件下，各条信号线呈现“接通”（正电平，逻辑“0”）或“断开”（负电平，逻辑“1”）状态的顺序和关系。例如，在 DTE 与 DCE 连接时，只有当 CC（数据设备就绪）和 CD（数据终端就绪）均处于“接通”状态时，两者才可能进行通信。随后，如 DTE 要发送数据，则先将 CA（请求发送）呈“接通”状态，等待 CB（允许发送）线上的“接通”应答出现之后，才能在 BA（发送数据）线上发送串行数据。因此，CB 线呈“接通”状态表示 DCE 确认已经作好了向传输线路发送数据的准备。由此可见，DTE 若想将数据发往传输线路，必须做到 CC、CD、CA、CB 这 4 条控制线全部呈“接通”状态，也就是既做到设备就绪，又做到线路就绪。

通过对 EIA RS-232-C 以上特性的简单分析，不难看出，RS-232-C 对许多用户环境有所限制。当然，用户迫切要求对原有的特性加以改善，提高数据传输速率和增大传输距离，追加某些必要的功能（如环回测试等），以及解决机械接口问题，并完善设计，使许多不相容的接口可以相互连接。为达到这一目的，EIA 于 1987 年 1 月，将 RS-232-C 修订为 RS-232-D。1991 年，又修订为 RS-232-E。1997 年，再次修订为 RS-232-F。由于标准的内容修改得并不多（主要是追加了环回测试功能等），所以许多制造商仍使用原来的名称。

RS-232-C 接口用于通信时常用的物理连接方法如图 5-3（a）表示远程连接，图 5-3（b）表示近程连接，这是一种称为零调制解调器方式（null modem）。这里，所谓零调制解调器其实是一段连接电缆，这段连接电缆采用交叉跳接信号线的方法，使得连接在电缆两端的 DTE 通过电缆看对方都好像是 DCE 一样，从而满足了 RS-232-C 接口需要

DTE/DCE 成对使用的要求。

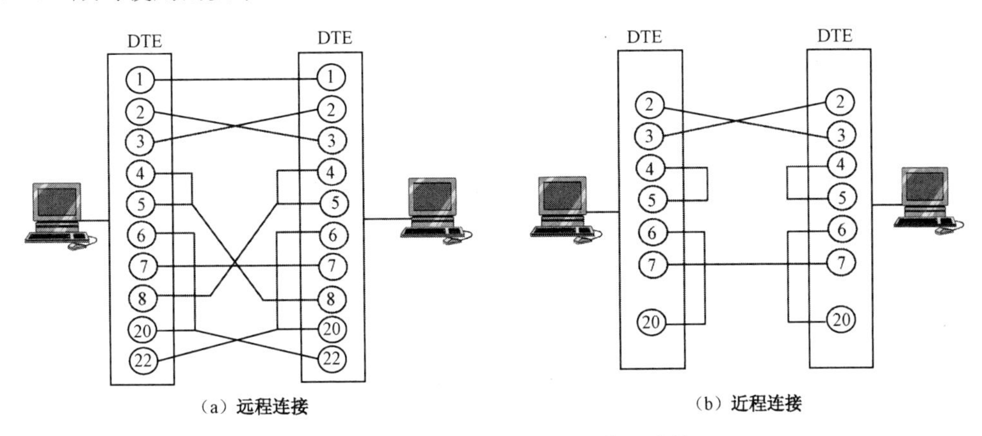

（a）远程连接　　（b）近程连接

图 5-3　EIA RS-232-C 接口的物理连接

5.3.2　EIA RS-449

改进 RS-232-C 性能的另一途径是沿用 RS-232-C 基本概念，并在 ITU-T X.21 的基础上，制订一个新的标准。于是，EIA 于 1977 年公布的 RS-449 意欲取代 RS-232-C。实际上，RS-449 需与 RS-422-A 及 RS-423-A 配套使用。这是因为 RS-449 仅规定了接口的机械特性、功能特性和规程特性。

RS-449 的机械特性规定使用 37 芯和 9 芯接线器，后者仅用于辅信道操作。接线器引脚 1 为连接屏蔽电缆而设计的。

RS-449 的电气特性涉及 RS-422-A 和 RS-423-A 两个标准。RS-423-A 规定了接口采用差动接收的非平衡电气连接方式的电气特性。由于采用差动接收方式，信号电平采用±6V 的负逻辑，-4～+4V 的过渡区，使传输距离和速率比 RS-232-C 有较大提高。当传输距离为 100m 时，速率为 10kb/s；而距离为 10m 时，速率为 300kb/s。RS-422-A 规定了接口采用平衡电气连接方式的电气特性，因采用双线平衡传输，大大地提高了抗干扰性能。又由于信号电平采用±6V 的负逻辑，-2～+2V 的过渡区。传输距离为 1km 时，速率为 100kb/s；而在距离为 10m 时，速率可达 10Mb/s。由此可见，其性能远优于 RS-232-C。通常，对于速率高于 20kb/s 的交换电路，只能使用 RS-422-A 标准，而速率低于 20kb/s，则使用 RS-422-A 和 RS-423-A 均可。

RS-449 的功能特性对 30 条信号线作了功能性定义。与 RS-232-C 相比，新增的信号线主要是为了解决环回测试和其他功能的问题。这些信号线包括：发送公共回线（SC）、接收公共回线（RC）、本地环路返回（LL）、远程环路返回（RL）和测试模式（TM）等。图 5-4 给出了 DTE / DCE 接口采用 RS-449 标准的主要信号线。图中，数字“2”表示该信号线的数目。

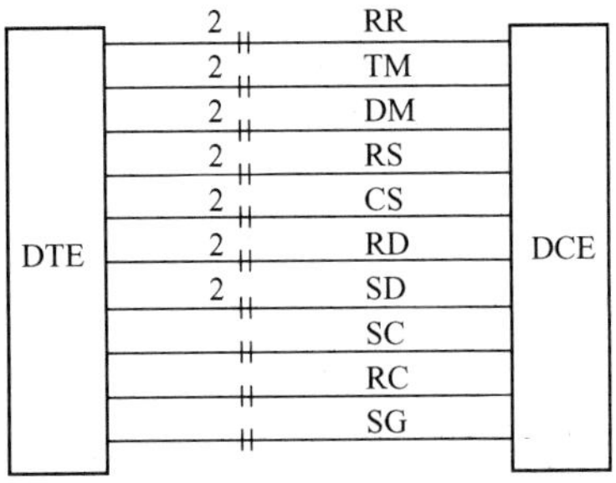

图 5-4　RS-449 的主要信号线

RS-449 的规程特性沿用了 RS-232-C 的规程特性。对于环路测试规程是基于“作用-反作用对”实现的。例如，DTE 请求（作用）本地环返回来实现环测试。接着，DTE 进入等待状态。当 DCE 建立起环返回时，就打开其测试电路（反作用），指明环已被建立。此时，DTE 开始发送数据，且发送的任一数据都被本地环所返回。对于拆除环返回，也可按同理进行。

通常，EIA RS-232/ITU-T V.24 用于标准电话线路（一个话路）的物理层接口，而 RS-449/ITU-T V.35 则用于宽带线路的点到点同步传输，其典型的传输速率为 48～168kb/s。

*5.3.3 RJ-45

RJ（Registered Jack）是一个常用名称，来源于贝尔系统的通用服务分类代码 USOC（Universal Service Ordering Codes）。USOC 是由贝尔系统开发的一系列已注册的插孔及其接线方式，用于将用户的设备连接到公共网络的代码。RJ-45 连接器指的是由 IEC(60)603-7 标准化的接插件标准定义的 8 芯的模块化插孔或插座，又称 RJ-45 插头。IEC(60)603-7 也是 ISO/IEC 11801 国际通用综合布线标准的连接硬件的参考标准。

RJ-45 插头是一种只能沿固定方向插入并自动防止脱落的塑料接头，俗称“水晶头”。之所以这样称它，是因为它的外表是晶莹透亮的。网线的两端必须都安装 8 芯 RJ-45 公插头，以便插入网卡 NIC、集线器或交换机的 RJ-45 接口的母插座上。图 5-5 表示 RJ-45 水晶插头。

RJ-45 插头用于局域网与ADSL 宽带上网用户的网络设备间网线的连接。EIA/TIA 的布线标准中规定了 RJ45 插头上的网线排序有两种方式：

第一种是 T568A 线序，用于网络设备需要交叉互连的场合。所谓“交叉”是指网线的一端和另一端的 RJ-45 网线插头的接法不同，一端按 T568A 线序连接，另一端按 T568B 线序连接，也就是有几根网线在另一端是先做了交叉才接到 RJ-45 插头上的（见图 5-6）。交叉连接适用于连接两个网络设备，如两台计算机、集线器或交换机之间。

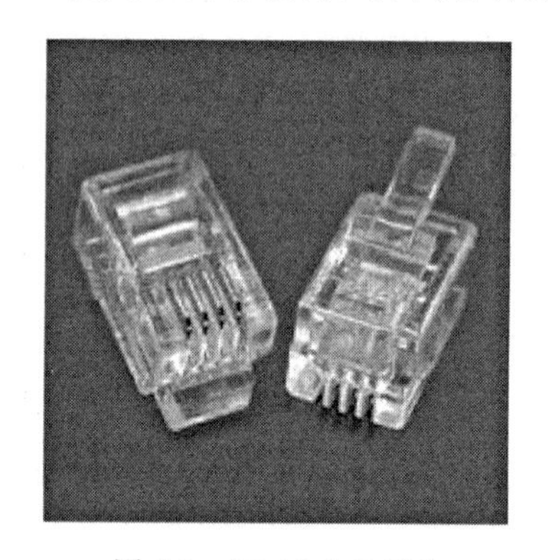

图 5-5 RJ-45 水晶插头

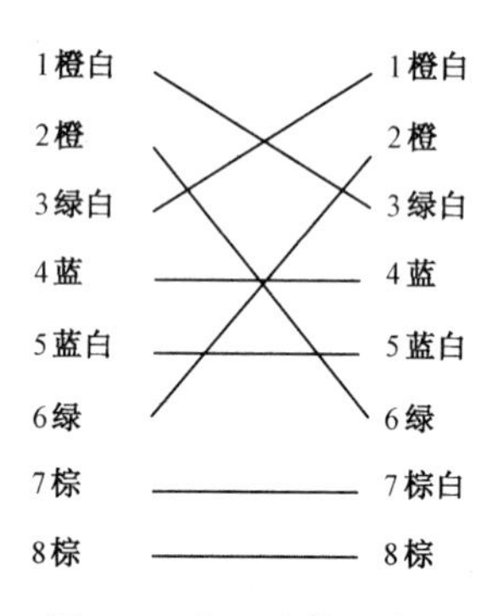

图 5-6 交叉连接示意图

第二种是 T568B 线序，用于网络设备直接互连的场合。此时网线两端都使用 T568B 线序（见图 5-7）。直通连接适用于布线系统用户工作区的墙壁插座到计算机，以及两台不同网络设备之间的连接。使用直通连接是因为集线器、交换机等设备的内部已做好了交叉设置。但需注意的是，现在市场上的很多网络设备具备自动翻转功能，所以无论是直通连接还是交叉连接都可使网线两端的设备连通。

图 5-8 表示 RJ-45 插头上的网线排序。图中，568A 线序：1—绿白， 2—绿，3—橙白，4—蓝，5—蓝白，6—橙，7—棕白，8—棕。568B 线序：1—橙白， 2—橙，3—绿白，4—蓝，5—蓝白，6—绿，7—棕白，8—棕（注：“橙白”是指浅橙色，或者白线上有橙色的

色点或色条的线缆，绿白、棕白、蓝白亦同)。其中，1 和 2 、3 和 6、4 和 5、7 和 8 是一对线。

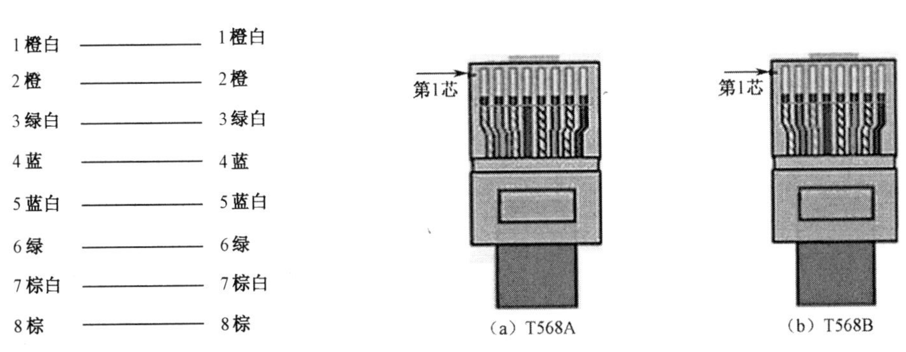

图 5-7　直通连接示意图　　图 5-8　RJ-45 插头上的网线排序

表 5-7 列出了 RJ-45 上各条网线的用途。必须强调，线序不能随意改动的。如果将以上规定的线序随意搞乱，如将 1 和 3 作为发送，2 和 4 作为接收，那么这些连接线的抗干扰能力就会下降，就不可能保证网络的正常工作。

表 5-7　RJ-45 上各条网线的用途

线　序	功　用	线　序	功　用
1	发送+	5	不用
2	发送−	6	接收−
3	接收+	7	不用
4	不用	8	不用

还需说明，当 RJ-45 插头用于 10/100Mb/s 自适应网卡时，其中第 4 芯和 5 芯可用于语音服务。因此，在同一根 4 对网线电缆中可以同时传送 10/100Mb/s 的数据和语音数据。但是，在实际应用中，为了避免电话振铃电路的噪声影响网络数据传输，需将语音和数据服务隔离开。

*5.4　数字传输系统

早期电话网的长途干线采用语音信号频分多路载波通信系统，该系统采用频分复用（FDM）的模拟传输方式。由于数字通信性能优于模拟通信，长途干线就采用时分复用（TDM）的脉冲编码调制（PCM）的数字传输方式。目前，电信网的传输信息已数字化，传输业务也多样化，而且光纤也成为长途干线最主要的传输介质。

但是，PCM 传输体制存在着许多不足，主要体现在以下两个方面。

（1）速率标准不统一。由于历史原因，多路复用的速率有着两个互不兼容的标准：一个是北美使用的 T1 速率，采样频率为 8kHz，T1 一次群的数据率为 1.544Mb/s。另一个是欧洲使用的 E1 速率，采样频率也为 8kHz，而 E1 一次群的数据率为 2.048Mb/s。日本采用 T1 速率，但在三次群以上与北美采用的不一样。我国采用的是 E1 速率。

为了提高传输线路的效率，可采用时分复用的方法将数据装载成帧后，再送往线路一帧帧地进行传输。表 5-8 给出了 PCM 体制中高次群的话路数和数据率。

表 5-8　PCM 传输体制中高次群的话路数和数据率

系统类型		一次群	二次群	三次群		四次群		五次群	
欧洲体制	符号	E1	E2	E3		E4		E5	
	话路数	30	120	480		1920		7680	
	速率（Mb/s）	2.048	8.448	34.368		139.264		565.148	
北美体制	符号	T1	T2	T3（北美）	T3（日本）	T4（北美）	T4（日本）	T4（北美）	T4（日本）
	话路数	24	96	672	480	4032	1440	8064	5760
	速率（Mb/s）	1.544	6.312	44.736	32.064	274.176	97.728	560.160	397.200

（2）通信双方不同步。为了达到数据通信系统的有效、可靠工作，系统必须有一个性能良好的同步系统。在提出同步数字系列 SDH（Synchronous Digital Hierarchy）之前，各国的数字网主要采用准同步数字系列 PDH（Permit Digital Hierarchy）。在这一系列中，主要有两种传输体制：欧洲体制和北美体制。而在高次群，日本又提出一种不兼容的标准。这三者互不兼容，国际互通困难。准同步数字系列 PDH 采用脉冲填充法以补偿因频率不准确而造成的定时误差，这在传输速率较低时，发收时钟的细微差异并不会造成严重的影响，但当数据传输速率不断提高，发收时钟的同步就显得十分重要，就成为一个亟待解决的问题。为此，美国 Bellcore 公司在 1988 年首先提出采用光纤传输的物理层标准，取名为同步光纤网 SONET（Synchronous Optical Network）。这是一种潜在的全球性网络，在世界范围内得到广泛的支持。

SONET 为光纤传输系统定义了同步和等时信息（如实时视频）的传输。整个同步网络的各级时钟均来自一个非常精确的铯时钟（其精度达到$\pm1\times10^{-11}$）。SONET 对传输速率、光纤接口、操作和维护作了规定。SONET 为光纤传输系统规定了同步传输的以 51.84Mb/s 为基础的不同级别传输速率。这一速率对电信号称为第 1 级同步传送信号 STS（Synchronous Translort Signal），即 STS-1；对光信号称为第 1 级光载波 OC（Optical Carrier），即 OC-1。SONET 规定了光纤电缆和发生光的规范，数据的多路传送和帧的生成。SONET 信号以同步数据流形式运载数据和控制信息。控制信息被嵌入信号中并被看作是辅助操作，SONET 信号的辅助操作包括分段（指处理帧生成和差错监控）、线路（指用于监控线路状态）和路径（指用于控制网上端点（路径终端设备）间的信号传送和差错监控）等。

ITU-T 于 1988 年接受了 SONET，并重新命名为 SDH，使其成为不仅适用于光纤也适用于微波和卫星传输的通用技术体制。它可实现网络有效管理、实时业务监控、动态网络维护、不同制造商设备间的互通等多项功能，从而大大提高了网络资源的利用率、降低了管理及维护费用、实现了灵活可靠和高效的网络运行与维护，是当今世界信息领域在传输技术方面的发展和应用的热点，受到人们的广泛关注。

SDH 的基本速率为 155.52Mb/s，采用的信息结构等级称为同步传送模块 STM-N（N=1，4，16，64），最基本的模块为 STM-1，4 个 STM-1 同步复用构成 STM-4，16 个 STM-1 或 4 个 STM-4 同步复用构成 STM-16；SDH 采用块状的帧结构来承载信息，每帧由纵向 9 行和横向 270×N 列字节组成，每字节含 8b。整个帧结构分成段开销区、净负荷区和管理单元指针区 3 个区域。其中，段开销区主要用于网络的运行、管理、维护及指配以保证信息能够正常灵活地传送，它又分为再生段开销区和复用段开销区；净负荷区用于存放真正用于信息业务的比特和少量的用于通道维护管理的通道开销字节；管理单元指针区用来指示净负荷区内的信息首字节在 STM-*N* 帧内的准确位置，以便接收时能正确分离净负荷。SDH 的帧传输时按由左到右、由上到下的顺序排成串型码流依次传输，每帧传输时间为 125μs，每秒传输 $1/(125\times10^6)$帧。对 STM-1 而言，每帧为 8b×(9×270×1)=19440b，每秒钟传送 8000 帧，则 STM-1 的传输速率为 19440×8000=155.520Mb/s；而 STM-4 的传输速率为 4×155.520=622.080Mb/s；STM-16 的传输速率为 16×155.520（或 4×622.080）= 2488.320Mb/s。

表 5-9 列出了 SONET 和 SDH 的速率等级。

表 5-9 SONET 和 SDH 的线路速率等级

SONET		SDH	线路速率（Mb/s）	线路速率近似值	相当的话路数（每话路 64kb/s）
电	光	光			
STS-1	OC-1	-	51.840	-	810
STS-3	OC-3	STM-1	155.520	156Mb/s	2430
STS-12	OC-12	STM-4	622.080	622Mb/s	9720
STS-24	OC-24	STM-8	1244.160	-	19440
STS-48	OC-48	STM-16	2488.320	2.5Mb/s	38880
STS-96	OC-96	STM-32	4976.640	-	77760
STS-192	OC-192	STM-64	9953.280	10Gb/s	155520
STS-768	OC-768	STM-256	39813.120	40Gb/s	622080

SDH 具有如下特点。

① 具有统一的帧结构、数字传输标准速率和标准的光路接口，有很好的横向兼容性，能与现有的 PDH 完全兼容，形成了全球统一的数字传输体制标准。

② SDH 接入系统的不同等级的码流在帧结构净负荷区内的排列很有规律，而净负荷与网络是同步的，克服了 PDH 对全部高速信号进行逐级分解然后再生复用的过程。

③ 采用了较先进的分插复用器、数字交叉连接、网络的自愈功能和重组功能，具有较强的生存率。

④ 具有多种网络拓扑结构，具有网监，运行管理和自动配置功能，使网络的功能非常齐全和多样化。

⑤ 具有传输和交换的性能，通过功能块的自由组合，灵活地实现了不同层次和各种拓扑结构的网络。

⑥ 可采用双绞线、同轴电缆和光缆不同的传输介质，既适合用于干线通道，也可用于支线通道。

⑦ SDH 属于其最底层的物理层，但并未对其高层有严格的限制，便于在 SDH 上采用各种网络技术，支持 ATM 或 IP 传输。

⑧ SDH 的严格同步，保证了整个网络稳定可靠，误码少，且便于复用和调整。

⑨ 标准的开放型光接口可以在基本光缆段上实现横向兼容，降低了联网成本。

现在 SONET/SDH 标准已成为公认的新一代理想的传输体系，得到了空前的应用与发展，这对世界电信网络的发展具有重大的意义。随着网络的发展，它将进一步为终端用户提供宽带服务。SONET/SDH 标准也适用于微波和卫星传输的技术体制。

*5.5 宽带接入技术

对因特网而言，任何个人、家庭、机关、企业的计算机欲想接入因特网，都必须首先连接到本地区的一个 ISP，然后通过主干网才能与因特网相连接。接入服务在我国是将它作为“电信业务的第二类增值电业务”。根据我国电信管理部门的规定，因特网接入是指利用接入服务器和相应的软硬件资源建立业务结点，并利用公用电信基础设施将业务结点与因特网相连接，以便为各类用户提供接入因特网的服务。因此，接入网技术关系到千家万户所能得到的网络服务类型、服务质量、资费等，是城市网络基础建设中的一个重要问题。

由于因特网的应用越来越广泛，社会对接入网技术的需求也越来越强烈，况且该技术又有着广阔的市场前景，所以接入网技术已成为当前网络技术研究、应用与产业发展的热门课题。为了提高用户的上网速率，近年来已经有多种宽带接入技术应用于用户的家庭。然而至今“宽带”尚无统一的定义。目前一般有以下几种说法：一种是指接入因特网远大于 56kb/s 的速率（注：56kb/s 是用户电话线接入因特网的最高速率）；另一种是美国联邦通信委员会 FCC 认为只要双向速率之和超过 200kb/s 的速率。2015 年 1 月，FCC 又将原定的宽带上行速率调整为 3Mb/s，下行速率调整为 25Mb/s。

从宽带接入的介质而言，它可分为宽带有线接入和宽带无线接入两大类。本节仅讨论宽带有线接入技术。

5.5.1 基于五/六类线的以太网接入技术

从 20 世纪 80 年代开始，以太网就成为普遍采用的网络技术。传统以太网技术并不属于接入网的范畴，而属于用户驻地网领域。然而其应用领域却正在向包括接入网在内的其他公用网领域扩展。

基于以太网技术的宽带接入网由局侧设备和用户侧设备组成。局侧设备一般位于小区内，用户侧设备一般位于居民楼内；或者局侧设备位于商业大楼内，而用户侧设备位于楼层内。局侧设备提供与 IP 骨干网的接口，用户侧设备提供与用户计算机相接的 10/100Base-T 接口，具有汇聚用户侧设备网管信息的功能。与其他接入网技术一样，宽带以太网接入技术具有强大的网管功能（包括配置、性能、故障和安全管理等），还可以为计费系统提供计费信息，能够按信息流量、连接时间或包月制等计费方式进行计费。

五类线（CAT5），带宽 100MHz，速率 100Mb/s，主要用于 100Base-T。超五类线（CAT5e），带宽 155MHz，主要用于吉比特以太网。六类线（CAT6），带宽 250MHz，用于架设 10 吉比特以太网，是未来发展的趋势。

基于五类线的高速以太网接入技术特别适合我国居民集中居住的环境，适于发展光纤到小区，再以快速以太网连接到用户的接入方式。目前大部分的商业大楼和新建住宅楼都进行了综合布线，采用 5 类无屏蔽双绞线 UTP，将以太网插口延伸到办公桌边。以太网接入能给每个用户提供 10Mb/s 或 100Mb/s 的接入速率，能够满足用户对宽带接入的需求。

5.5.2 基于铜线的 xDSL 技术

铜线接入网络是目前使用历史最久、分布地域最广、覆盖用户群最大的接入网络。xDSL 技术是利用数字技术对现有的模拟电话用户线进行改造，使它能够承载宽带业务的一种技术。xDSL 是各种数字用户线接入技术的统称，DSL 是数字用户线（Digital Subscriber Line）的缩写，而字母 x 作为前缀，用以表示在数字用户线上实现不同的宽带接入方案。由于 xDSL 技术使用的是现有网络，因而节省了投资，并且在开展宽带业务的同时，不会对原有的话音业务造成影响。

xDSL 技术在线路编码、回波抵消、自适应均衡等方面都采用了数字信号处理的新技术。目前有多种 xDSL 技术被应用于不同的场合，如 IDSL（ISDN DSL）是 ISDN 数字用户线，ADSL（Asymmetric Digital Subscriber Line）是非对称数字用户线，SDSL（Single-line Digital Subscriber Line）是单线对数字用户线，HDSL（High speed DSL）是高速数字用户线，以及 VDSL（Very high speed DSL）是超高速数字用户线。它们的技术特性如表 5-10 所示。

表 5-10　各种 xDSL 技术的特性

xDSL	调制方式	下行速率	上行速率	传输距离
IDSL	2B1Q	56kb/s，64kb/s， 128kb/s，144kb/s	56kb/s，64kb/s， 128kb/s，144kb/s	4.5km
ADSL	CAP，DMT	1.5～8Mb/s	512kb/s～1Mb/s	4km
SDSL	2B1Q	1.5～8Mb/s	1.5～8Mb/s	4km
HDSL	2B1Q，CAP	2Mb/s	2Mb/s	4km
VDSL	DMT，QAM	13～52Mb/s 非对称 26Mb/s 对称	1.5～2.3Mb/s 非对称 26Mb/s 对称	300m～1.3km

下面介绍目前使用较为广泛的 ADSL 技术。

ADSL 是充分利用现有电话网络的双绞线资源，实现宽带接入的一种技术。ADSL 是 DSL 的一种非对称版本，这是因为用户上网主要是从网上下载各种文档，而向因特网发送的信息一般是一些简单的请求命令，所以 ADSL 把上行（用户到 ISP）和下行（ISP 到用户）的带宽做成不对称的。ADSL 在用户线的两端各安装一个 ADSL 调制解调器。我国在这种调制解调器中采用离散多音频 DMT（Discrete MultiTone）调制技术。DMT 技术采用频分复用，把 40～1100kHz 频段划分成许多子信道，其中 25 个子信道用于上行信道，249 个子信道用于下行信道。每个子信道占用 4kHz 带宽（实为 4.3125kHz），并使用不同的音频进行数字调制。由于用户线的实际使用条件不一，ADSL 采用自适应技术使用户线能够传送尽可能高的数据率，因此 ADSL 并不使用固定的数据率，但保证向用户提供所承诺的 ADSL 数据率。通常上行数据率是 32～640kb/s，下行数据率是 32kb/s～6.4Mb/s。图 5-9 为 DMT 调制技术的频谱结构。

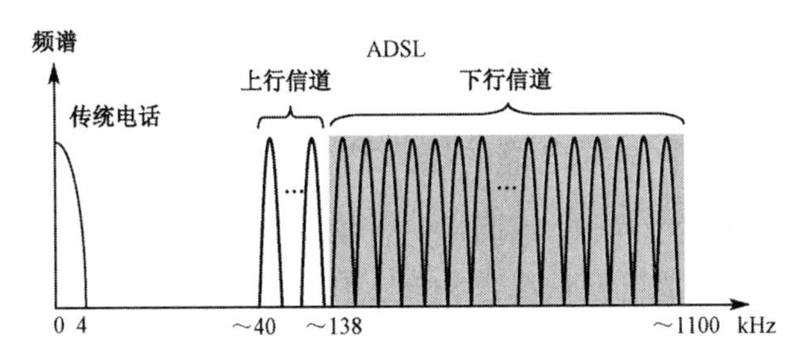

图 5-9　DMT 调制技术的频谱结构

图 5-10 给出了住宅使用 ADSL 的结构示意图。图中，ADSL 调制解调器是成对使用的。

电话分离器（Pots Splitter，PS）利用低通滤波器把电话信号与数字信号分开，同时它是做成无源的，以便断电时不影响电话机的使用。

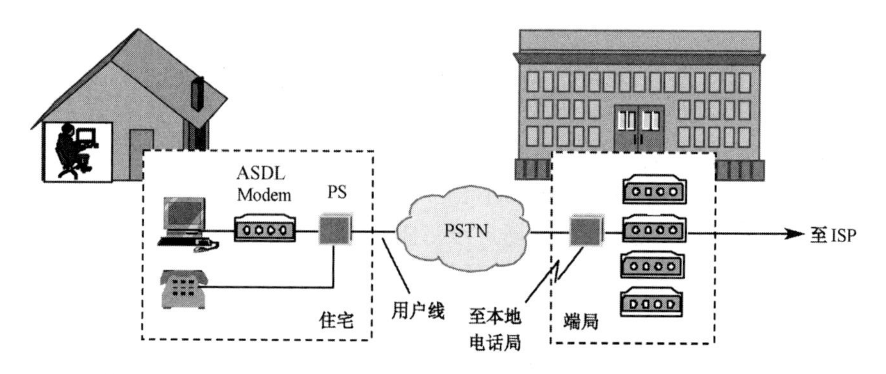

图 5-10　住宅使用 ADSL 的结构示意图

ADSL 最主要的特点是：可以利用现有的用户电话线通过公用交换电话网，进行传统的电话业务和高速数字业务，因而不需重新布线，节省大量的投资。

目前 ADSL 技术正在不断发展，通常把 ADSL1（G.992.1、G.992.2）称为第一代 ADSL 技术，而以 ADSL2（G.992.3、G.992.4）和 ADSL2+（G.992.5）为代表的 ADSL 技术都称为第二代 ADSL 技术。第二代 ADSL 技术的主要改进如下。

（1）在功能方面：拓展了应用范围，增加了分组传送模式，能更高效地传送日益增长的以太网和 IP 业务；增强了线路故障诊断和频谱控制能力，能支持单端和双端测试的功能；采用无缝速率自适应 SRA（Seamless Rate Adaptation）技术，能在不影响业务的情况下，增加了速率配置能力，动态地调整线路速率以适应变化的线路条件；增加了节能特性，允许在业务量小或无业务的情况下进入低功率模式或休眠状态；支持多线对速率捆绑，实现更高的数据速率；改善了线路质量评测和故障定位功能，提高了网络的运行维护水平。

（2）在传输性能方面：数据速率有进一步提升，如 G.992.3 规定的 ADSL2 上行速率为 800kb/s，下行速率为 8Mb/s。而 ADSL2+主要是将频谱范围由 1.104MHz 扩展到 2.208MHz，相应的最大子信道数增至 512，下行速率最高可达 25Mb/s。不过，由于线路衰减的影响，当线路长度增至 3km 后，信号在 1.104MHz～2.208MHz 范围内已衰减到无法使用，所以 ADSL2+的下行速率并不比 ADSL1 有所提高。

近年来，高速 DSL 技术有所突破。2011 年 ITU-T 成立了 G.fast 项目组，从事短距离超高速接入新标准的制定，目标是使用单对铜线在 100m 内能提供超过 500Mb/s 的接入速率。2012 年我国华为公司成功研制出 Giga DSL 样机，使用时分双工 TDD（Time Disision Duplex）和 OFDM 技术，有效地降低了幅射干扰和设备功耗，在 100m 内上下行速率可达 1Gb/s，而在 200m 内，接入速率可超过 500Mb/s。

5.5.3　基于混合光纤/同轴电缆的接入技术

随着有线电视网络 CATV 的双向传输改造，有线电视网络也可提供双向数据的传输服务。这就是 1988 年提出的光纤同轴混合 HFC（Hybrid Fiber Coax）网，它是新一代有线电视网，HFC 网除了按照传统方式接收电视信号外，还提供电话、数据和其他宽带交互型业务。

传统的有线电视网采用同轴电缆为传输介质，呈分支形或树形拓扑结构。由有线电视头端、长距离干线、放大器、配线和下引线组成。有线电视头端主要负责接收来自各种信源（如广播电视台、卫星等）的电视频道信号。高质量的同轴电缆被用作干线，将信号传送到配线网，最终传送到指定的用户。配线网和下引线使用普通的 CATV 同轴电缆。因为电视信号在同轴电缆中传送会引起衰减（每 30m 的衰减为 1dB），所以每隔 600m 就要加入一个放大器，用来单向放大从头端到用户的模拟电视信号。不过，放大器的加入不但会使信号失真增大，也增加了投资，降低了可靠性。

HFC 网的结构如图 5-11 所示。在 HFC 网中，从头端到光纤结点采用模拟光纤连接，构成星形网，其典型距离为 25km。光信号在光纤结点（又称为光分配结点）转换为电信号。光纤结点以下仍采用 CATV 同轴电缆，构成树形网。一个光纤结点可连接 1～6 根同轴电缆。一个光结点下的所有用户组成一个用户群（cluster），又称服务区（service area）。一个服务区的用户数为 500～2000。从光纤结点到用户群中的用户一般不超过 2～3km.。信号在同轴电缆中的传输衰减可用放大器进行补充，以提高电视信号的质量和网络的可靠性。

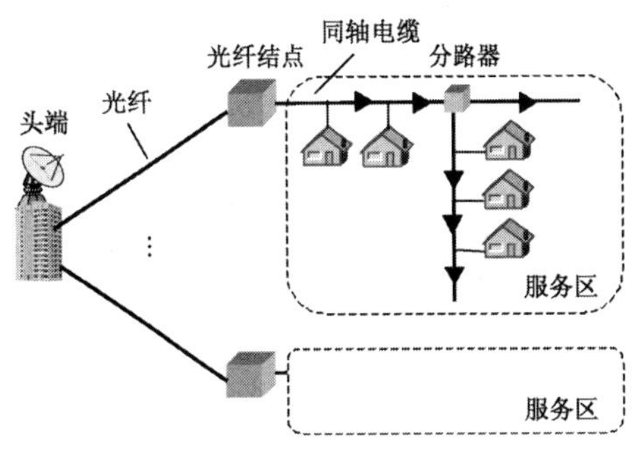

图 5-11　HFC 网结构示意图

HFC 网的一个重要问题是频谱分配问题。HFC 使用的标称频带为 750MHz、860MHz 和 1000MHz，目前用得最多的是 750MHz。HFC 网采用频分复用技术和射频电磁波技术，将不同性质的业务信号调制到通频带上的不同位置进行传输。图 5-12 给出了 HFC 网频谱分配的参考方案：把原来 CATV 并不使用的低频段（5～40MHz）用于上行信道，其中再进一步划分为几个子频道，分别用于电话通信、数据通信以及对 HFC 网的监视。下行信道使用 50～750MHz，其中，50～550MHz 用于传输模拟电视，还可包含调频广播或数字广播；550～750MHz 用于传输各种数字信号（包括数字电视和各种交互式多媒体信息或视频点播信号）。750MHz 以上则留待后用。

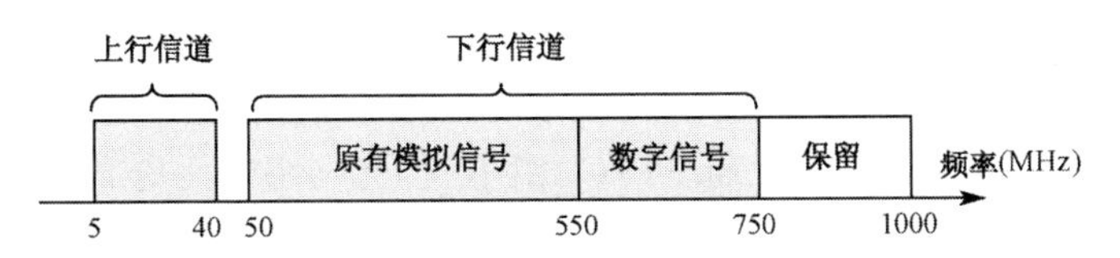

图 5-12　HFC 网频谱分配的参考方案

连接到 HFC 网上的用户需安装一个用户接口盒 UIB（User Interface Box），该接口盒可提供 3 种连接：第一种是使用同轴电缆接到机顶盒，再接至电视机；第二种是用双绞线接至电话机；第三种是用电缆调制调解器接到计算机。

电缆调制解调器（cable modem）是一种专门为有线电视网进行数据传输而设计的。它不仅包含调制解调部分，还有加/解密和协议适配与集线器、路由器的部分功能。利用频分复用技术，上行信道采用的载波频率为 5～42MHz，信道带宽一般在 200kb/s～10Mb/s。下行信道采用的载波频率为 450～750MHz，信道带宽最高可达 36Mb/s。电缆数据服务接口规约 DOCSIS（Data Over Cable Service Interface Specifications）1.0 是由美国有线电视实验室制定的，后来又有两个版本问世，即 DOCSIS 1.1 和 2.0。

HFC 网最大的优点是具有很宽的频带，能够利用已有相当大覆盖面的有线电视网。它存在的主要问题是：①HFC 网的同轴电缆部分采用树形结构，安全保密性差，易产生噪声积累，影响网络传输质量；②HFC 网采用双向传输，低频段（上行）和高频段（下行和上行）频率干扰问题不容忽视，这使滤波技术难度增大；③HFC 网的上行信道是所有用户共享的，这极易出现信道访问的冲突问题，随着用户传输容量增加，系统性能会越来越差。

5.5.4 光纤接入技术

既然 HFC 技术已将光纤与用户的距离越来越近，那么为什么不直接把光纤连接到用户呢？显然，这是一个极好的设想。

光纤接入网是指接入网中的传输介质为光纤的接入网。光纤接入网从技术上可分为两大类：有源光网络 AON（Active Optical Network）和无源光网络 PON（Passive Optical Network）。PON 由光纤和无源光分路器构成，不含有源设备和器件，是一种纯媒体网络，避免了外部设备的电磁干扰和雷电影响，减少了线路和外部设备的故障率，因而 PON 可靠性高，维护方便，投资也比 AON 低，因此光纤接入网多采用 PON 结构。

目前最流行的 PON 有两种：一种是以太网无源光网络 EPON（Ethernet PON），标准是 802.3ah，EPON 在链路层使用以太网协议，利用 PON 的拓扑结构实现以太网的接入，其优点是与现有的以太网兼容性好，且成本低，扩展性强，管理方便；另一种是吉比特无源光网络 GPON（Gigabit PON），标准是 ITU-T G.984。GPON 采用通用封装方法 GEM（Generic Encapsulation Method），可承载多种业务类型，并能提供服务质量保证，是一种很有潜力的宽带光纤接入技术。

为了有效地利用光纤资源，光纤干线与用户之间还设置一个光配线网 ODN（Optical Distribution Network），以便多个用户共享一根光纤干线。光配线网采用波分复用，上行和下行分别使用不同的波长。

根据光纤接入网中光纤向用户终端延伸的趋势，现在光纤接入方式已有多种 FTTx，其中最主要有以下 3 种形式。

① 光纤到路边 FTTC（Fiber tO the Curb）。FTTC 主要为住宅用户提供宽带通信服务，光网络单元设置在路边，用户驻地网通常采用有线的方式，使用同轴电缆或双绞线。

② 光纤到大楼 FTTB（Fiber tO the Building）。FTTB 主要为大、中型事业单位和企业、商业用户提供宽带通信服务，结构上与 FTTC 相同，但光网络单元更靠近用户，设置在大楼内的配线箱处。

③ 光纤到户 FTTH（Fiber tO the Home）。FTTH 是将光网络单元设置在用户家中，为住户家庭提供各种宽带通信业务。这种方式较为理想，但每个用户均需有一个光网络单元，因而成本昂贵。FTTC 和 FTTB 则采用若干用户共有一个光网络单元的方式，因而成本相对较低。如果再能结合采用 PON 的传输方式，则更为理想。

除此之外，还有其他一些形式，如光纤到办公室 FTTO（Fiber tO the Office），光纤到邻区 FTTN（Fiber tO the Neighbor），光纤到门户 FTTD（Fiber TO The Doo），光纤到楼层 FTTF（Fiber TO The Floor），光纤到小区 FTTZ（Fiber tO the Zone），以及光纤到公寓 FTTA（Fiber tO the Apartment）。这里就不赘述了。

光纤接入技术与其他接入技术相比，最大优势在于光纤的带宽容量几乎是无限的。现代光纤传输系统在单个波长上的传输速率达 10Gb/s，而密集波分复用在一根光纤上可以承载 64 个波长。这些系统对光纤的利用率还不到理论容量的 1%。另外，光纤信号可经过很长的距离无须中继，如典型 CATV 网络在同轴电缆上每隔 500～700m 需加一个放大器，而光纤传输系统的中继距离可达 100km 以上。当然，光纤接入网也存在的一些问题，主要是成本还比较高。尤其是光结点离用户越近，每个用户分摊的接入设备成本就越高。

以上讨论的各种宽带有线接入技术存在的问题主要有：部分地区线路难以架设，建设速度慢，投资较大。因此，采用宽带无线接入技术就是一个比较合适的选择。

习　题　5

5-01　物理层的含义是什么？它的主要功能是什么？

5-02　通信规程与通信协议有什么区别？

5-03　物理层接口应包括哪些特性？

5-04　根据 RS-232-C 标准，DTE 只有在哪 4 条信号线都处于开通状态（ON）的情况下，才能发送数据？

5-05　试比较 RS-232-C 与 RS449 的电气特性。

5-06　RJ45 插头上的网线排序有哪两种方式？这两种方式在应用上有何不同？各用在什么场合？

5-07　SONET 与 SDH 有何关系？它们的线路速率等级的对应关系是什么？

5-08　SONET 时钟的漂移率大约是 10^{-9}。试问：漂移等于 1 位的时间宽度需要经过多长时间？并说明该结果的意义。

5-09　试比较各种宽带有线接入技术的优缺点。

5-10　EPON 和 GPON 有何不同？ODN 的作用是什么？

5-11　在 ADSL 中，为什么在不到 1MHz 的带宽中传送速率却可以高达每秒几兆比特？

第 6 章　数据链路层

数据链路层是网络体系结构中的次低层。数据链路层按信道通信方式有两种类型：一种是使用一对一通信方式的点对点信道；另一种是使用一对多通信方式的广播信道。前者的通信过程较为简单，后者的通信过程比较复杂，必须使用专用的共享信道协议来协调其操作过程。本章先对数据链路层进行概述，接着介绍数据链路层的 3 个基本问题，以及在点对点信道上常用的 PPP 和 PPPoE 协议，然后再专门讨论使用广播信道的数据链路层的有关内容。

*6.1　数据链路层概述

从体系结构的角度，图 6-1（a）表示了主机 A 通过通信网络和路由器与远程主机 B 进行通信的情况。通信网络既可以是电话网，也可以是局域网、城域网或广域网。当主机 A 发送数据时，从协议层次上看，数据比特流的流向如图 6-1（b）所示。主机 A 和 B 都有完整的协议栈，但路由器在转发分组时使用的协议栈一般只有最下面的三层。当路由器的物理层在收到比特流后，往上送至数据链路层，由数据链路层从比特流中取出帧，再从帧中提取 IP 数据报上交网络层。路由器的网络层根据 IP 数据报的首部信息，从转发表中找出下一跳的地址，再将 IP 数据报下送至数据链路层，重新封装成新的帧，然后交给物理层发送出去。如果数据从主机 A 传送到主机 B 的路径中要经历多个路由器，则数据在路由器的协议栈需向上向下流动多次。然而当我们专门研究数据链路层的问题时，需要关心的是在协议栈水平方向上的各数据链路层，似乎数据是在数据链路层从左向右沿着水平方向传送的。

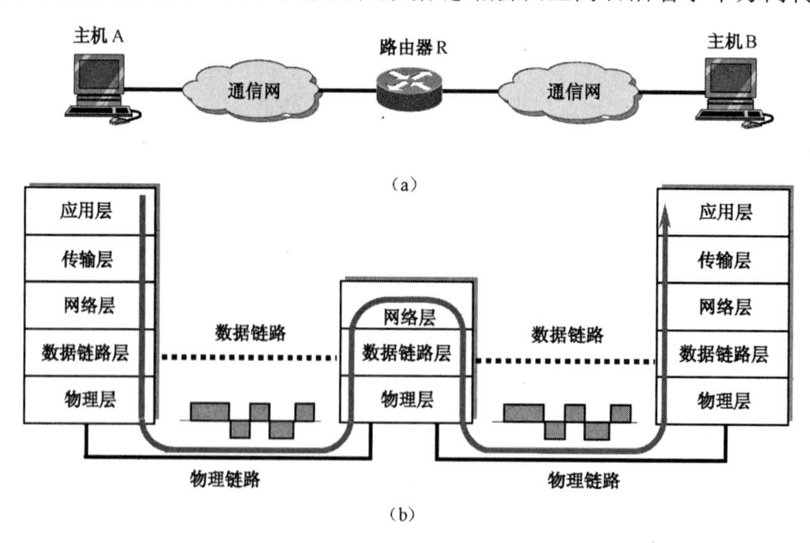

图 6-1　两台主机通过通信网络和路由器进行通信

图 6-1 中，“物理链路”和“数据链路”是两个不同的概念。“物理链路”（简称链路）是指相邻两结点之间（其间没有任何交换结点）的一段传输线路。计算机网络中任意两台计

算机之间的通信路径往往需要经过若干个交换结点转接，此时这两台计算机之间是由多段这样的链路串接而成的。“数据链路”（又称逻辑链路）则是另一个概念，它是由物理链路及实现通信协议的硬件和软件组成的。在链路上传输数据时，除了链路不可缺少，还需要有一些必要的通信协议来控制在链路上的数据传输。常用的网络适配器就是实现通信协议的硬件和软件，它通常具有物理层和数据链路层的功能。因此，“数据链路”如同一条可以在其中传输信息的数字管道，而在这条数字管道中传输的数据以帧为单位。实际的物理链路常采用多路复用技术，此时一条物理链路可以构成多条数据链路，从而提高了链路利用率。

数据链路层在物理层提供服务的基础上向网络层提供服务。它的基本任务是：把网络层下传的 IP 数据报封装成帧往下传给物理层；从接收到的物理层上传无差错帧中提取 IP 数据报上交给网络层，如是差错帧则将其丢弃。

数据链路层的协议数据单元是帧。帧由首部、数据部分和尾部组成。一般来说，首部含有帧的控制信息（如地址、控制等），尾部包含帧校验序列，数据部分作为存放网络层下传 IP 数据报的数据域。

数据链路层的主要功能如下。

（1）链路管理。对于面向连接的服务，数据链路层必须对数据链路的建立、维持和释放实施管理。

（2）帧定界。数据链路层以帧为单位传送数据。帧定界的作用就在于接收端能够从收到的比特流中准确地确定帧的边界位置，即一帧的开始和结束。

（3）透明传输。所谓透明传输是指不管链路上传输的是何种形式的比特组合，都不会影响数据传输的正常进行。

（4）流量控制。流量控制的实质是控制发送方的发送数据速率，不应超过接收方所能承受的能力。数据链路层和传输层都具有流量控制的功能，但它们的流量控制的对象不同。数据链路层控制的是相邻两结点之间数据链路上的流量，而传输层控制的则是从源点到终点之间的流量。

（5）差错检测。差错检测是指数据在传输过程中检测是否存在差错的一种技术。通常采用在被发送的比特流后面附加差错检测码，接收端根据接收到的比特流重新计算差错检测码，然后与收到的差错检测码相比较，指出差错的存在与否。

*6.2 点对点信道的 3 个基本问题

早期的数据链路层协议称为通信规程。规程和协议是同义语。数据链路层协议已有多种，但都需解决 3 个基本问题，即帧定界、透明传输和差错检测。下面就来讨论这 3 个基本问题。

6.2.1 帧定界

帧定界（framing）就是确定帧的边界，从传送的比特流中正确地分离出帧。帧定界可采用下面几种方法。

1. 字节填充法

字节填充法采用一些特定的字符来定界一帧的开始和结束。过去采用的开始和结束字节是不同的，但近几年多数协议倾向于采用使用相同的字节，称为标志字节（flag byte），作为帧开始和结束的分界符，如图 6-2 所示。

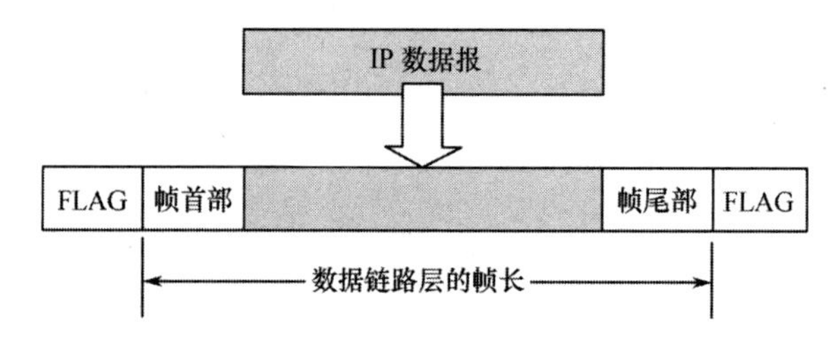

图 6-2 以标志字节作为帧定界

这里有一个值得考虑的问题，就是当标志字节出现在待传送的数据信息当中时，就会被误认为是帧的边界。解决这一问题的一种方法是，发送端的数据链路层在出现标志字节前插入一个转义字符（ESC）；接收端的数据链路层在将数据送往网络层之前删除掉这个转义字符。这种技术称为字节填充（byte stuffing）。然而，如果转义字符出现在待发送的数据信息当中，又该如何处理呢？答案仍是用一个转义字符来填充。因此，接收端的数据链路层在去掉填充字符后上交给网络层的 IP 数据报与发送端发送的原始 IP 数据报是完全相同的。图 6-3 为字节填充举例。面向字符的二进制同步通信规程 BSC 及 ARPANET 仍使用的 IMP-IMP 协议都采用这种字节填充法，但因特网数据链路协议 PPP 使用的字节填充法略作简化。

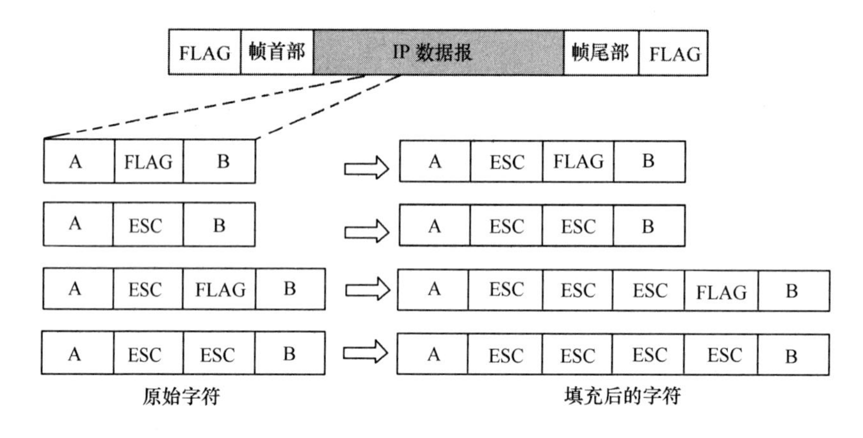

图 6-3 字节填充举例

2. 比特填充法

字符填充法的主要缺点是依赖于特定的字符模式。比特填充法则采用一特定的比特组合 01111110 来标志帧的边界，其实这是一个标志字节。这种方法既允许数据帧包含任意长度的字符，也允许每个字符有任意长度的位。为了避免在传送的数据信息中出现的相同比特组合被误认为是帧的首、尾标志，必须对其进行比特填充（bit stuffing），即采用“零比特插入、删除”技术，如图 6-4 所示。具体地说，发送端的数据链路层遇到数据比特流中出现 5 个连续“1”的时候，它就自动在输出比特流中插入一个“0”；接收端遇到 5 个输入比特为“1”，且后面紧接的是“0”时，自动将其删除。

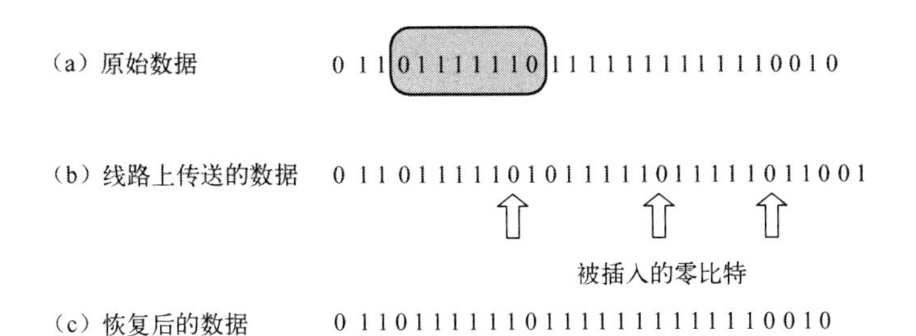

图 6-4　零比特的插入与删除

3．字节计数法

字节计数法采用一个特定字符来表示一帧的开始，随后使用一字节计数字段指明该帧所要求传输的字节数。接收端通过对特定字符的识别，从比特流中确切地区分出帧的起始位置，接着按照字节计数字段注明的字节数来确定该帧的结束位置。字节计数法存在的问题是，如果字节计数值在传输过程中出现错误，那么就无法确定帧的结束边界。正因为这个原因，所以字节计数法很少使用。面向字节计数的数据链路控制规程 DDCMP 是采用字节计数法实现帧定界的例子。

4．非法比特编码法

非法比特编码法仅适用于物理介质上采用特定的比特编码的场合。例如，当基带传输码型采用双相码时，每个码元的中点都存在电平跳变，如以“先高后低”电平变化表示比特“0”，而以“先低后高”电平变化表示比特“1”[见图 4-8（a）]。这样，对于码元中点不发生电平跳变的比特编码就属于非法比特编码，这种非法比特编码可用作帧的定界。局域网 IEEE 802 标准采用了这种方法。

在上述 4 种帧定界方法中，字符填充法与特定的字符编码集的关系过于密切，而且实现较为复杂；字符计数法的字节计数字段的传输正确性至关重要，否则，其错误不但影响本帧，还要影响到下一帧；非法比特编码法只适用于采用冗余编码的特殊编码环境，而且对比特编码的码型有一定的要求。因此，目前较为常用的是比特填充法。但需指出，随着通信线路性能的改善，许多数据链路层协议又出现将字节计数法与其他某一种方法联合使用，以提高其安全性。

6.2.2　透明传输

透明传输是指不管链路上传输的是何种形式的比特组合，都不会影响数据传输的正常进行。为了解决透明传输的问题，上面介绍的几种帧定界方法采用了不同的技术。

在字节填充法中，采用了字节填充技术，所填充的字节是转义字符（ESC，其十六进制编码是 1B）。也就是说， IP 数据报中出现标志字节时，在其前插入一个转义字符（ESC），表示后续的标志字节将不作为帧的定界之用。当 IP 数据报中出现转义字符时，同样也是插入一个转义字符。从而实现了透明传输。

在比特填充法中，采用“零比特插入、删除”技术。如果 IP 数据的中含有特定的比特组合 01111110，则将其当作 011111010 来传输，但接收端上交给网络层的 IP 数据报中仍是特定的比特组合 01111110。这种“零比特插入、删除”过程对网络层是完全透明的，也不会影响数据传输的正常进行。

字节计数法虽然仍以特定字符的识别来区分帧的起始位置，但却以一字节计数字段指明所要传输的字节数，从而确定帧的边界。这样，即便特定字符出现在数据信息中，也不会被认为是帧边界。

6.2.3　差错检测

数据信号在通信线路上传输因受干扰的影响，接收端往往不可能接收到发送端所发送的原样比特流。误码率是衡量传输差错的度量指标。如误码率为 10^{-12}，表示平均每传送 10^{12} 比特就会出现一比特的差错。同样，在计算机网络中传输数据时也采用各种差错检测措施。循环冗余检验 CRC 是数据链路层被广泛采用的一种差错检测技术。

在帧格式中，通常将检错用的帧校验序列 FCS（Frame Check Sequence）放在帧格式的尾部（见图 6-2）。必须指出，FCS 与 CRC 有着不同的含义。CRC 指的是一种检错方法，而 FCS 则是添加在数据域后面起着检错作用的冗余码。在数据链路层，发送端帧检验序列 FCS 的生成及接收端 CRC 检验都是用硬件来完成的。

必须指出，数据链路层仅使用 CRC 技术并不能做到百分之百的无差错，也就是说，差错还是可能存在，只不过差错出现的概率已在可接受的范围之内。因此，数据链路层并不具有“可靠传输”的功能。不过，现在对数据链路层并没有要求它向网络层提供“可靠传输”的服务。所谓“可靠传输”，意即在数据链路层发送端发送的与接收端收到的是一样的。出现的传输差错有两类：一类是比特差错；另一类是帧丢失、帧重复和帧失序，此类差错将在 8.3.3 节中进行讨论。

对于数据链路层如何做到“可靠传输”，曾有两种观点：OSI 认为数据链路层必须做到可靠传输，为此在 CRC 检错的基础上，又增加了流控制、确认和重传机制。因特网则考虑到现有的通信线路质量大有改善，由通信线路引起的差错率已大为降低，数据链路层并非一定要为具有“可靠传输”功能而付出过高的代价，仅配置差错检测，一旦发现错误的帧将其丢弃即可。由此可见，因特网处理差错采用区别对待的方法：对于通信质量较差无线传输链路（如无线网络），数据链路层使用确认和重传机制，向上层提供可靠传输服务；而对于通信质量良好的有线传输链路，数据链路层协议不使用确认和重传机制，当数据链路层发现传输数据出现差错，则把可能出现的差错上交给高层协议（如传输层 TCP 协议）去处理，显然这将使网络的通信效率大为提高。

*6.3　点对点信道的数据链路层协议

数据链路控制协议又称链路控制规程，在 OSI 模型中称为数据链路层协议。在通信线路质量较差的年代，数据链路层使用可靠传输协议是一种较好的选择。当时能实现可靠传输的高级数据链路控制 HDLC（High-level Data Link Control）规程就成为颇为流行的数据链路层协议。但是，随着技术的进步和通信线路质量的改善，现在 HDLC 规程已很少使用。对于点对点信道，简单可行的 PPP 和 PPPoE 协议已成为因特网广泛使用的数据链路层协议。

6.3.1　PPP 和 PPPoE 协议

目前用户接入因特网有多种方式，常用的是电话拨号入网和宽带入网。但是，无论何种入网方式都不可能自己直接连接到因特网上去，而是要通过某一种接入网连接到因特网服务提供者 ISP，才能接入因特网。PPP 协议正是用户计算机与 ISP 进行通信时使用的数据链路层协议。

对于点对点信道，在 PPP 协议出现之前仍使用面向字符的 SLIP 协议，但 SLIP 存在不少缺点，如无差错检测功能、通信双方需事先知道对方的 IP 地址、SLIP 仅支持 IP 不支持其他协议、存在多种版本等。为了克服 SLIP 这些缺点，1992 年又制订了点对点协议 PPP（Poine-to-Point Protocol）。经 1993 年和 1994 年的修订，PPP 协议现已成为因特网的正式标准（RFC 1661）。

在制订 PPP 协议时，因特网工程部 IETF 曾对该协议设计提出了多方面的需求，尽量使 PPP 协议设计简单。同时，在帧封装、透明传输、差错检测、检测连接状态、支持多种网络层协议和多种类型链路、最大传送单元、网络层地址协商和数据压缩协商等方面也有明确的需求，还明确不再设置纠错控制、流量控制、编制序号、只支持点对点的全双工链路通信等功能。PPP 协议的简单设计既提高了协议的可靠性，也有利于提高不同制造商对协议的不同实现的互操作性。

PPP 协议由 3 个部分组成。

① 一个将 IP 数据报封装到串行链路的方法。它既支持异步链路，也支持面向比特的同步链路。IP 数据报作为 PPP 帧的信息部分，其长度仅受最大传送单元 MTU 的限制。

② 一个用来建立、配置和测试数据链路连接的链路控制协议 LCP（Link Conlrol Protocol）。该协议允许通信双方协商一些配置选项。RFC 1661 定义了 11 种 LCP 帧的类型。

③ 一组网络控制协议 NCP（Network Control Protocol）。其中的每一个协议支持不同的网络层协议，如 IP，OSI 网络层，DECnet 等。

这里需要指出的是，1999 年还公布了可运行在以太网上的 PPP，即 PPPoE 协议（PPP over Ethernet），这是一个目前流行于宽带接入方式 ADSL 使用的数据链路层协议。PPPoE 基于两个广泛接受的标准，即以太网协议和 PPP 协议。这样，ISP 可利用 PPPoE 协议为用户提供廉价的互联网接入服务。另外，单纯的以太网并无验证功能，也没有建立和断开连接的处理，因此无法实现按时计费功能，如采用 PPPoE 管理以太网的连接，就可以利用 PPP 的验证等功能有效地管理用户的使用。

6.3.2 PPP 和 PPPoE 协议的帧格式

PPP 协议的帧格式如图 6-5 所示。

各字段的含义如下：

（1）标志字段 F(1B)。规定为 0x7E（“0x”表示它后面的字符是十六进制，即二进制 01111110）。该标志字段作为 PPP 帧定界符，表示一帧的开始或结束。若两个标志字段连续出现，则表示这是一个空帧，应将其丢弃。

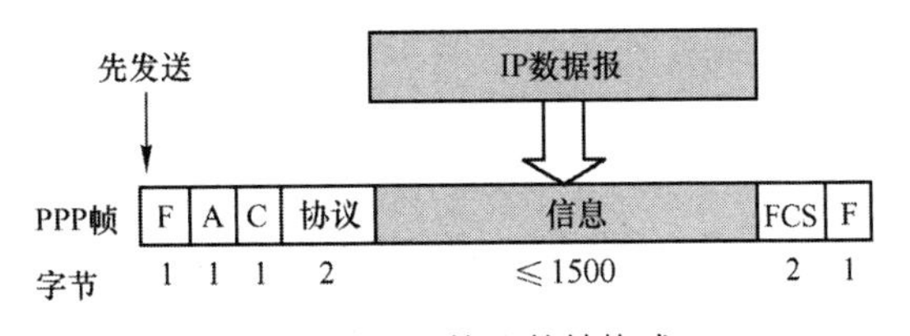

图 6-5 PPP 协议的帧格式

（2）地址字段 A(1B)。规定为 0xFF（即 11111111），表示所有的站都可接收此帧。

（3）控制字段 C(1B)。规定为 0x03（即 00000011），表明这是一个无序号帧。

由于地址和控制字段总是常量，所以 LCP 提供了必要的机制，允许通信双方协商省略这两个字段，这样每一帧可节省 2B。

（4）协议字段(2B)。该字段指明信息字段中含有的数据属于哪一种网络层协议。例如，当该字段为 0x0021 时，表示 PPP 帧中的信息字段为 IP 数据报。若该字段为 0xC021 时，则信息字段为链路控制协议 LCP 的数据，而 0x8021 则表示是网络层的控制数据。

（5）信息字段。用来存放网络层下传的数据，其长度可变，未经协商的默认长度为 1500B。当信息字段中出现与标志字段一样的比特组合时，也必须采取一些措施加以区分。PPP 协议规定：该协议在 SONET/SDH 链路使用同步传输时，通常用硬件实现比特填充法，即采用“零比特插入、删除”技术来实现透明传输。而使用异步传输时，则采用一种特殊的字节填充法，RFC 1662 规定了如下的具体方法：

① 将信息字段中出现的每一个 0x7E 字节转变成为 2 字节序列（0x7D，0x5E）；

② 若信息字段中出现一个 0x7D 字节，则将其转变成为 2 字节序列（0x7D，0x5D）；

③ 若信息字段中出现 ASCII 码的控制字符（其数值小于 0x20 的字符）时，则在该控制字符前面要加入一个 0x7D 字节，起到“转义”的作用。另外，还要将该控制字符的编码加以改变。如传输结束控制字符 ETX 的代码 0x03 要转换为 2 字节序列（0x7D，0x23）。

（6）帧校验序列字段 FCS(2B)。规定使用 CRC 的帧校验序列 FCS。此字段也可经协商后扩展为 4 字节。

这里也顺便给出 PPPoE 协议的帧格式，如图 6-6 所示。

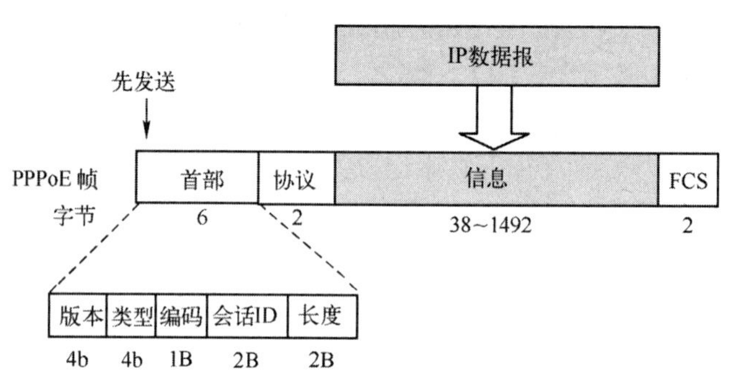

图 6-6 PPPoE 协议的帧格式

其中，首部字段 6 字节，包括版本（4b），其值为 0x01；类型（4b），其值为 0x01；编码（1B），表示 PPPoE 数据类型；会话 ID（2B），用来定义一个 PPP 会话；长度（2B），表示负载长度，但不包括以太网首部和 PPPoE 首部。协议字段（2B），其值为 0xc021。

PPPoE 帧在以太网上传送，还需在此帧前追加目的地址（6B）、源地址（6B）和类型（2B）3 个字段，其中类型字段的值为 0x8864。

6.3.3 PPP 协议的状态图

用户拨号入网的操作过程可用状态图来描述，如图 6-7 所示。

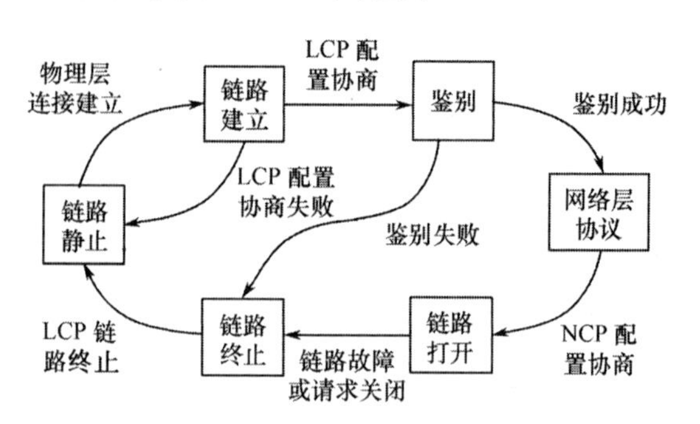

图 6-7 PPP 协议的状态图

其具体过程如下。

PPP 链路的初始状态和终止状态是“链路静止”（link dead）状态，此时未建立物理层连接。当用户通过调制解调器呼叫路由器（指用鼠标单击屏幕上一个连接图标），路由器能检测到调制解调器输出的载波信号。在通信双方建立了物理层连接后，PPP 就进入链路的“链路建立”（link establish）状态，也就是建立了链路层的 LCP 连接。此时用户 PC 向路由器发送 LCP 的配置请求帧（configure-request）。该 PPP 帧的协议字段为 LCP 对应的代码，信息字段中含有特定的配置请求选项，其中包括链路上的最大帧长、所使用的鉴别协议的规约（如有的话），以及不使用的地址和控制字段。链路的另一端则以下列 3 种帧之一作为响应。

① 配置确认帧（configure-ack）。所有选项均被接受；

② 配置否认帧（configure-nak）。所有选项均被理解，但不能接受；

③ 配置拒绝帧（configure-reject）。某些选项无法识别或不能接受，需再作协商。

协商结束后通信双方就建立了 LCP 链路，接着就进入“鉴别”（authenticate）状态。如果鉴别身份失败，则转入“链路终止”状态。若鉴别身份成功，则进入“网络层协议”状态。此时，PPP 链路两端的网络控制协议 NCP 根据网络层的不同协议互相交换网络层特定的网络控制分组。由于现在的路由器都能够同时支持多种网络层协议，如在 PPP 链路上运行的是 IP 协议，则在 PPP 链路两端配置 IP 协议模块时就要使用支持 IP 协议的 IP 控制协议 IPCP（IP Control Protocol），并将 IPCP 分组封装成 PPP 帧在链路上传送。当网络配置完毕后，链路就进入“链路打开”（link open）状态，此时链路的两个 PPP 端点就可进行通信，或通过发送回送请求 LCP 分组和回送回答 LCP 分组来检查链路的状态。

用户通信结束后可由链路的一端请求终止链路连接而发送终止请求（terminate-request）LCP 分组。当链路的另一端收到对方发来的终止确认 LCP（terminate-ack）分组后，就转入“链路终止”（link terminate）状态。如果链路出现故障，也可从“链路打开”状态转入到“链路终止”状态。NCP 释放网络连接，收回原来分配出去的 IP 地址。接着释放物理层连接。当调制解调器的载波停止后，则重新回到“链路静止”状态。

最后必须指出，由于 PPP 协议不提供使用序号和确认的可靠传输手段。在信道质量较差的场合（如无线通信），则应使用序号和确认机制。

6.4 广播信道的数据链路层

广播信道使用一对多的通信方式，其典型应用是局域网。局域网是计算机网络的重要组成部分，它组网简单、通信方式灵活、应用范围广泛，是日常生活中最常见到的一种网络形式。下面先介绍局域网的基本概念，然后再讨论局域网的体系结构和局域网的标准。

*6.4.1 局域网概述

自 20 世纪 70 年代开始，随着计算机硬件价格的不断下降，微型计算机的出现和普及，用户有了共享计算机的硬、软件资源的要求，将多台微型机互连成网的局域网技术就是在这样的客观需求下迅速发展起来的。

局域网通常是指在较小地理区域内，将计算机、数据通信设备通过通信线路互连在一起的通信网络。从系统功能的角度，局域网具有以下 6 个主要特点。

① 复盖的地域范围较小，如一幢楼房、一个单位等，一般不超过 10km；

② 通信速率较高，一般为 10～100Mb/s，最高可达 10Gb/s；

③ 因通信距离近，故通信时延小，通信误码率也较低，一般为 10^{-8}～10^{-11}；

④ 通信方式很灵活，既可以进行单播，也可以进行多播和广播；

⑤ 便于系统安装、扩展和维护，提高了系统的可靠性和可用性；

⑥ 性能价格比较高。一般采用基带传输，而配置上又可采用价格低廉、功能强的微型机，这就使得整个系统的性价比较为理想。

局域网的技术性能主要取决于拓扑结构、传输介质和信道访问控制方式。

局域网按拓扑结构进行分类，通常有星形、环形及总线形等几种。图 6-8（a）所示的是星形网，它采用集中控制方式。网络中设一中心结点，可通过轮询方式实现网络中各结点之间的通信。集线器的出现和双绞线在局域网中的大量应用，使得星形网得到了广泛的应用。图 6-8（b）所示的环形网则属于分布控制方式，它是由许多干线耦合器用点到点链路连接成单向环路，每一个干线耦合器再与一个计算机或终端相连接。最典型的环形网是令牌环形网（token ring），简称令牌环。图 6-8（c）为总线网，网上的所有站点均连接到同一条总线上，总线的两端所加接的匹配电阻是为了吸收电磁波信号在总线上的反射。各站点对总线控制权的分配既可以采用随机争用方式，或者把物理上的总线网视作逻辑上的令牌环，而采用令牌传送方式。令牌按一定的地址码在总线上传递，因此它具有令牌环和总线网的双重优点，但控制复杂，现已退出市场。

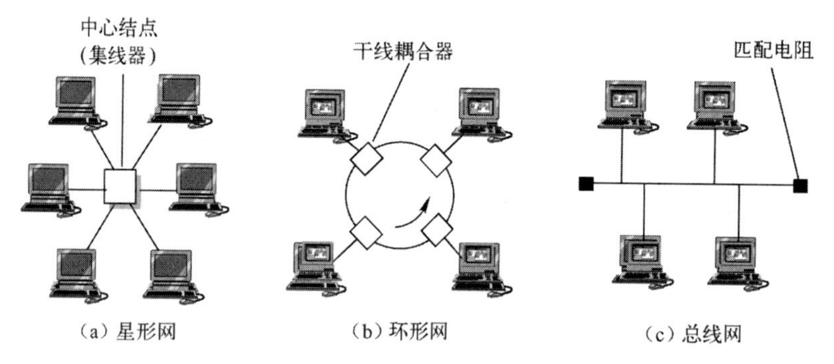

图 6-8　不同拓扑结构的局域网

对局域网另一种分类的方法是根据它是否拥有专用的服务器，而分为专用服务器局域网和非专用服务器的局域网（即端到端通信方式的局域网）。目前拥有专用服务器的局域网已占局域网市场的 90%份额。但端到端的局域网因硬件和软件较便宜，所以很适用于小型局域网的资源共享。

局域网可使用多种传输介质。双绞线价格低，一般用于低速的基带局域网（1～2Mb/s）。现在网速为 10～100Mb/s，甚至 1Gb/s 的局域网也可使用双绞线。双绞线已成为局域网的主流传输介质。同轴电缆具有良好的屏蔽性能，50Ω 和 75Ω 同轴电缆的传输速率分别可达 10Mb/s 和几百 Mb/s。当要求得到很高网速时，可使用光纤，其数据传输率可达 100Mb/s，甚至高达 10Gb/s。光纤具有频带宽和抗干扰性强的特性，主要应用于环形网中，在点-点线路中光纤也得到了日趋普遍的使用。

局域网是共享通信介质的，如何使得多个用户能够合理方便地使用信道资源是局域网需要考虑的一个技术问题。这涉及采用何种信道访问控制方式。从实现的技术角度，可采用信道复用技术。但信道复用的控制方式因代价高，并不适用于局域网。也可采用信道访问技术。轮询访问技术在局域网中很少使用，这是因为它必须接受一定的访问控制，才允许用户发送信息。争用访问技术则允许所有用户均可随机发送信息，但如果两个或多个用户在同一时刻发送信息，就会在共享信道上发生冲突（或碰撞），从而导致发送信息的操作失败。这就要采用解决冲突的网络协议。以太网采用争用访问技术。自高速以太网进入市场后，以太网在局域网市场已处于绝对优势，成为局域网的同义词。

目前局域网大都采用基带传输，以提供单一的数据传输服务为主。宽带局域网既可以传输数据，又可以传输话音和图像等信息，还可提供综合服务，具有广阔的发展前景。

*6.4.2 局域网的体系结构

以 OSI 模型的观点，局域网是一个计算机通信网，它只具有最低的 3 个层次。就这 3 个层次而言，物理层涉及具体的物理连接以及在物理介质上比特流的透明传送。由于可采用不同传输介质的接入控制，多数局域网的物理层是由两个子层组成的，一个子层的位置接近于物理介质，用来描述与给定传输介质有关的物理层特性；另一个子层与数据链路层相邻，用来描述与传输介质无关的物理层特性。数据链路层能将原始的物理连接改造成基本上无差错的数据链路。同样，数据链路层必须具有接入多种传输介质的访问控制方法，因此局域网的数据链路层也被划分成两个子层，即媒体接入控制 MAC（Medium Access Control）子层和逻辑链路控制 LLC（Logical Link Control）子层。MAC 子层与物理传输介质有关，以便于接入新的传输介质及其访问控制方法，只有在 MAC 子层上才能体现所连接的是何种类型的局域网。LLC 子层则与传输介质无关，起着屏蔽局域网类型的作用，不同传输介质的 MAC 子层与 LLC 子层有着统一的界面。至于网络层，从局域网通常采用的拓扑结构来看，由于结点间通信无须中间转接，即不存在路由选择的问题，因此网络层可以省略。但是，从开放系统互连的观点，认为一个连接在网络上的设备应当是连接在网络层的某个服务访问点 SAP 上的。因此，网络层的存在是信息由源站通过访问点传送到目的站的保证。不过，目前所采用的处理方法是不设网络层，将网络层的其他功能，如分组寻址、排序、流量控制、差错控制等并入数据链路层，而在数据链路层的 LLC 子层与相邻的高层界面上设置网络的服务访问点 SAP。

现在看来，上述局域网体系结构的设计思想是成功的。把物理层和数据链路层划分为两个子层的参考模型已成为局域网的标准。图 6-9 示出了局域网的体系结构。图中，LSAP 为 LLC 子层服务访问点，NSAP 是网际服务访问点。

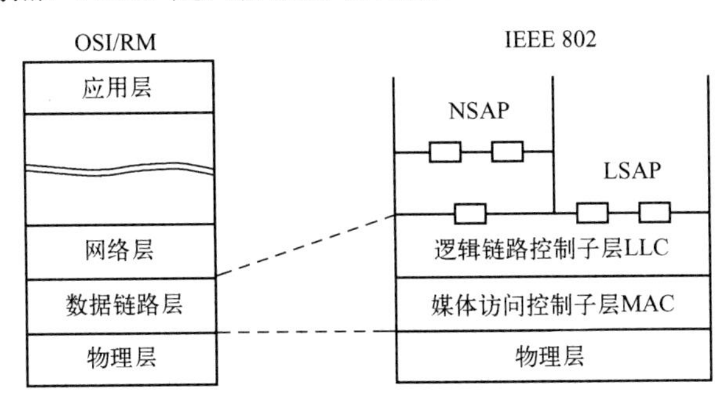

图 6-9 局域网的体系结构

后来，由于因特网 TCP/IP 体系经常使用的局域网标准是 DIX Ethernet V2，而不是 IEEE 802.3 标准，这说明 IEEE 802 委员会制定的 LLC 子层的作用已消失，制造商生产的适配器上也仅安装 MAC 协议而没有 LLC 子层，因此人们已经不再考虑 LLC 子层。由于 MAC 子层与物理传输介质有关，所以 MAC 子层的协议机制相当复杂。

6.4.3 IEEE 802 标准

局域网的出现势必推动局域网标准化工作的进展。美国电气和电子工程师学会 IEEE 是最早从事局域网标准制订的机构。它于 1980 年 2 月成立了 802 委员会（又称 802 课题组），专门从事局域网和城域网标准研究和制订。该委员会发布了一组标准，于 1985 年分别被美国国家标准局 ANSI 采纳作为美国国家标准。后来 ISO 对这些标准作了修改，并于 1987 年作为国际标准重新发布，其名称为 IEEE 8802。从那时起，802 委员会继续对该标准进行修改和扩展，最终均被 ISO 所采纳。

局域网标准的制订，面临着以下两个事实：一是局域网上的通信任务非常复杂，必须划分为多个可管理的子任务；二是不可能采用单一的技术，制订出单一的标准来满足各种需求，支持多种拓扑、接入方法和传输介质。因此，802 委员会下设多个工作组，它们从事的工作反映了各自标准化的情况。目前尚活跃的工作组有：

- 802.1 高层局域网协议工作组
- 802.3 以太网工作组
- 802.11 无线局域网工作组
- 802.15 无线个域网工作组
- 802.16 宽带无线接入工作组
- 802.17 弹性分组环工作组
- 802.18 无线规章 TAG
- 802.19 共存 TAG
- 802.20 移动宽带无线接入工作组
- 802.21 媒体无关切换工作组
- 802.22 无线地区网工作组
- 802.23 应急服务工作组

*6.5 使用广播信道的以太网

6.5.1 以太网概述

美国施乐（Xerox）公司的 Palo Alto 研究中心于 1975 年研制成功一种基带总线局域网，数据传输速率为 2.94Mb/s，以无源电缆作为传输介质，并以传播电磁波的以太（Ether）命名，故有“以太网”之称。1981 年，Digital、Intel、Xerox 三家公司合作提出了以太网规约。次年又修改成第二版，即 DIX Ethernet V2，这是世界上第一个局域网产品的规约。以此为基础，802.3 工作组于 1983 年制订了第一个以太网标准 IEEE 802.3，其数据传输速率为 10Mb/s。因此，目前以太网流行着两种标准，即 DIX Ethernet V2 和 IEEE 802.3。因为这两个标准只在 MAC 帧格式存在着细微差别，所以人们也常把“IEEE 802.3”称为“以太网”。

以太网可供选择的传输介质有双绞线、同轴电缆（基带和宽带）和光纤。IEEE 制定了一系列使用相应传输介质的标准，并采用<数据率（Mb/s）> <信令方式> <最大网段长度>的记法。如 10BASE5 表示使用粗缆（直径为 10mm，特性阻抗为 50Ω）作为传输介质的以太网。这里，10 表示信号在电缆上的传送速率为 10Mb/s，BASE 表示电缆上传输是基带信号，5 表示每一段电缆的最大长度为 500m。还用 T 表示双绞线，用 F 表示光纤，用 BROAD36 表示 CATV 电缆（特性阻抗为 75Ω）。表 6-1 列出了常见以太网使用的线缆。

表 6-1　常见以太网使用的线缆

名称 项目	10BASE5	10BASE2	10BASE-T	10BASE-F
传输介质	粗同轴电缆（50Ω）	细同轴电缆（50Ω）	非屏蔽双绞线	光纤对（850nm）
信号编码	基带信号（曼彻斯特编码）	基带信号（曼彻斯特编码）	基带信号（曼彻斯特编码）	光信号（曼彻斯特编码）
拓扑结构	总线	总线	星形	星形
单网段最大长度（m）	500	185	100	2000
每网段站点数	100	30	1024	1024
最大网络长度（用转发器）	2500	925	2500	—
线缆直径	10mm	5mm	0.4～0.6mm	62.5/125μm
连接器类型	DB-15	BNC-T	RJ-45	—
优点和适用场合	现已弃用	不需要集线器	价格最便宜	适用于楼宇间

以太网的物理结构是总线形的，即把多台计算机都连接在一根总线上。人们常把局域网上的计算机称为“主机”、“工作站”、“站点”或“站”。以太网发送的数据使用曼彻斯特编码的信号，并采用具有广播特性的点对点的通信方式，即总线上的任一台计算机以广播方式发送数据，但每台计算机都拥有不同于其他站的地址。发送站在发送数据帧时，帧的首部中附有接收站的目的地址。因此，仅当数据帧中的目的地址与接收站的地址一致时，该计算机才收下这个数据帧，否则将其丢弃。以太网采用灵活的无连接方式、对帧不设编号，不要求对方发回确认，所以它提供的是不可靠交付服务，也就是尽力而为的服务。对于有差错帧的重传处理，则由高层协议决定。

最后讨论一下计算机是如何与以太网相连接的呢？计算机与以太网的连接是通过插入在主机箱内的一块网络接口板（现在这种接口板都已经嵌入在主机板上）来进行的。这块接口板称为网络适配器（简称适配器），又称网络接口卡NIC（Network Interface Card）或网卡。在笔记本电脑中是 PCMCIA 卡。适配器是计算机与 LAN 的联网设备，它是计算机与以太网传输介质的接口，它不仅能实现与以太网传输介质之间的物理连接和电信号匹配，还涉及数据链路层和物理层的功能（如帧的发送与接收、帧的封装与拆装、链路管理、曼彻斯特编码与解码以及数据缓冲管理等）。

适配器上安装有处理器和存储器（包括 RAM 和 ROM）。适配器与以太网之间的通信是通过电缆或双绞线以串行传输方式进行的，而适配器与计算机间的通信则通过计算机主板上的 I/O 总线以并行传输方式进行。因此，进行串行/并行转换是适配器的一个重要功能。由于网络上的数据率与计算机总线上的数据率不同，因此在适配器上设有对数据进行缓存的存储芯片。适配器对接收到的差错帧予以丢弃，而对无差错帧通过中断通知计算机并交付协议栈中的网络层。当计算机发送 IP 数据报时，由协议栈把 IP 数据报向下传递给适配器，组装成帧后再发送到以太网。

适配器作为计算机的一种设备，计算机必须将管理适配器的设备驱动程序安装在操作系统中。这个驱动程序会告诉适配器应当从存储器的什么位置上将以太网传送过来的数据块存储下来。适配器的主要技术参数有带宽、总线方式、电气接口方式等。

6.5.2 以太网的 MAC 子层

1. MAC 子层的地址

MAC 子层的地址实际上就是局域网上每个站的站名编号或标识符，也就是通常所说的计算机的硬件地址，又称物理地址或 MAC 地址。IEEE 802 标准对局域网上的站名编号作了如下规定：网上各个站都由网络管理员分配一个长度为 48 位的全局地址（简称“地址”），是指连接在局域网上的计算机中固化在网络适配器 ROM 中的地址。全局地址意味着位置透明性，亦即当站名编号被确定后，无论这个站设在何处，其地址永不改变。事实上，为了使用户在买到适配器后，无须等待网络管理员分配网络地址就能把机器联网运行，用户可以自行分配一个 16 位的局部地址。

现在 IEEE 的注册管理委员会 RAC（Registration Authority Committee）是局域网全局地址的法定管理机构，它仅负责分配 48 位地址字段中的前 3 字节（即高 24 位）。凡是生产局域网适配器的制造商都必须向 IEEE 购买这 3 字节构成的一个编号，称为组织唯一标识符 OUI（Organizationally Unique Identifier），通常也称为公司标识符（company_id）。地址字段中的后 3 字节（即低 24 位）则由制造商自行指配，称为扩展标识符。用这种方式得到的 48 位地址称为 MAC-48，它的通用名称是 EUI-48。这里 EUI 表示扩展的唯一标识符（Extended Unique Identifier），它的使用范围并不局限于局域网的硬件地址，也可用于软件接口。在生产适配器时，这 6 字节的 MAC 地址已被固化在适配器的 ROM 中。因此 MAC 地址也称硬件地址（hardware address）或物理地址，其实它就是适配器地址或适配器标识符。

IEEE 802 标准规定地址字段第一字节的最低位为 I/G 位（即“单播 / 多播位”）。当 I/G 位为 0 时，地址字段表示单站地址。I/G 位为 1，表示多播的组地址。IEEE 802 标准中还考虑到地址是否被制造商购买的情况，规定地址字段第一字节的次低位为 G/L 位（即“全球 / 局部位”）。G/L 位为 1，表示全球管理，制造商向 IEEE 购买的地址块都属于全球管理。G/L 位为 0，表示局部管理（或本地管理），此时用户可以任意分配网络地址。采用 16 位地址字段就是局部管理。

2. MAC 帧的格式

由于 MAC 子层可采用不同的协议，其 MAC 帧的格式虽大同小异，但还是略有区别。常用的以太网 MAC 帧格式有两种标准：DIX Ethernet V2 标准（即以太网 V2 标准）和 IEEE 802.3 标准。由于目前市场上流行的是以太网 V2 标准，下面我们就来说明以太网 V2 标准使用的 MAC 帧的格式（见图 6-10）。这里假设网络层使用的是 IP 协议，当然使用其他协议也是可以的。

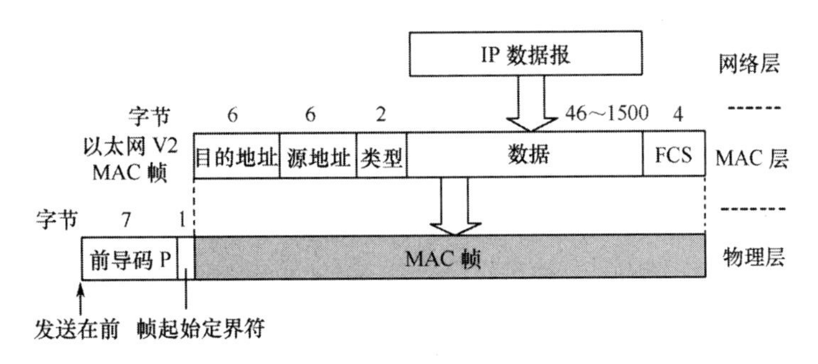

图 6-10　以太网 V2 标准使用的 MAC 帧格式

如图 6-10 所示，MAC 帧由 5 个字段组成。第 1 和第 2 个字段分别为目的地址字段和源地址字段，长度分别为 6B。第 3 个字段类型字段，长度为 2B，用来表明上一层使用的协议类型，如该字段的值是 0x0800，表示上层使用的是 IPv4 数据报；如该字段的值是 0x08DD，表示上层使用的是 IPv6 数据报。第 4 个字段是数据字段，其长度为 46～1500B。当数据字段小于 46B 时，MAC 子层会在数据字段后面加入整数字节的填充字段，以保证以太网的 MAC 帧长不小于 64B。这里需要指出的是，在有填充字段的情况下，接收端的 MAC 子层在剥去了首部和尾部之后就把数据字段和填充字段一起交给上层协议，因此上层协议就必须具有识别数据字段有效性的功能。最后一个字段是帧校验序列字段 FCS，长度为 4B，用来存放采用 CRC-32 校验的冗余码。需要注意的是，FCS 的检验范围并不包括前导码和帧起始定界符。当传输介质的误码率为 1×10^{-8} 时，MAC 子层可使未检测到的差错小于 1×10^{-14}。

由图 6-10 可见，在物理介质上真正传送的帧还需在 MAC 帧前加上前导码 P（7B，每字节的值为 0xAA）和帧起始定界符（1B，其值为 0xAB）。前导码的作用是使接收端的适配器在接收 MAC 帧时能够迅速实现位同步。帧起始定界符定义为 10101011，它的前 6 位的作用和前同步码一样，最后两位为连续的 1，它告诉接收端适配器："MAC 帧的信息马上就到，请注意接收"。顺便指出，在以太网上传送以帧为单位的数据时，各帧之间必须留有一定的间隙，因此接收端只要找到帧起始定界符，其后面的连续到达的比特流均属同一个 MAC 帧。以太网既不需要使用帧结束定界符，也不需要使用字节填充法来实现透明传输。

MAC 子层标准对帧的最小长度和帧间最小间隔作了规定。MAC 帧的最小长度是 64B。这是因为 CSMA/CD 协议（见后述）规定，当发送站正在发送而检测到冲突时，应立即终止发送。如果所发送的帧过短，就可能会出现尚未来得及检测冲突，帧已经发完了的情况。因此必须规定：发送最短长度的帧应保证在发送完之前能够检测到可能最晚来到的冲突信号。以太网把这段时间取为 51.2μs，对于 10Mb/s 速率的以太网，这相当于发送 512b（或 64B）。如再除去 MAC 帧的首部 14B 和尾部 4B，则可得数据字段的最小长度为 46B。当数据字段小于 46B 时，则应在数据字段后面加入一个整数字节的填充字段，以确保以太网的 MAC 帧长不小于 64B。

802.3 标准规定凡出现下列情况之一者，即认为是无效 MAC 帧。

① 帧的长度不是整数字节；

② 用帧校验序列 FCS 检验出差错的帧；

③ 接收到的帧的数据字段长度不在 46～1500B 之间。

对于不合规范的无效 MAC 帧，其处理方法是将其丢弃，发送端也不重传被丢弃的帧。

6.5.3　CSMA/CD 协议

从资源共享的角度，只要有一个加接在以太网总线上的站发送数据，总线资源就被占用。因此，同一时间内只允许一个站发送数据，否则就会引起相互干扰无法正常通信。为此，以太网采用一种协调工作机制，称为载波监听多点访问/冲突检测 CSMA/CD。该机制有 3 个要点。

①“载波监听”。指加接在以太网上的每个站在发送数据之前，先要检测总线上是否有其他站正在发送数据，如果有，就暂时不发送数据，以免发生冲突（常称“碰撞”）。其实，以太网规定总线上传输的是曼彻斯特编码信号，并无载波，“载波监听”只是用来表明检测总线上信号存在与否的一种技术手段。

②“多点接入”。指计算机以多点接入的方式连接到同一根总线上。

③“冲突检测”。指计算机边发送数据边检测总线上信号电压的变化情况。当信号电压变化超过一定的门限值时，表明此时至少有两台计算机在同时发送数据，而引起了冲突。于是，正在发送数据的计算机只得立即停止发送，等待一段随机时间后再重新执行发送操作。

由于信号在总线上传输的速率是有限的。以同轴电缆为例，电磁波在电缆中的传播速度只是在自由空间中的 65%，即 1km 长电缆的传播时延约为 5μs。如果 A、B 两站之间的传播时间为τ，A 向 B 发送一个帧，B 只有在经过时间τ后才能感知到 A 向 B 发送了信息。这就是说，若在时间τ内，B 也向 A 发送一个帧，这必将会与 A 所发的帧发生冲突。为了防止这种冲突的发生，CSMA 采用发送数据前进行载波监听的策略，即监听到信道空闲就发送数据，并继续监听下去；如听到冲突已发生，则冲突双方就立即停止本次帧的发送。但由于信号传播时间的存在，冲突仍不可避免，而且一旦发生冲突，将浪费信道的可用时间为$T_0+\tau$，其中T_0为发送一帧所需的时间。

实现冲突检测的方法很多，如基于模拟技术的接收信号电平比较法、信号编码波形特征鉴别法和发/收同时进行的逐位比较法等。在实际应用中，往往还会采用一种强化冲突的措施，亦即当发送帧的站监听到冲突时，除了立即停止正常发送之外，还要继续发送若干比特（通常为 32b 或 48b）的人为干扰信号，以强化所发生的冲突，使得所有站都能确知现在已经发生了冲突。

关于监听到冲突后继续强化冲突的情况，可用图 6-11 进一步说明。图中，A 站向 B 站先发送一个帧（帧长为T_0），该帧经过传播时间τ才到达 B 站。如果 B 站在 A 发出帧后的某一时刻X（$X<\tau$），因监听信道空闲也发送一个帧，显然，此时 A、B 站各自发出的帧将会发生冲突，冲突点为C。待冲突信号各自传送到 A 站和 B 站，它们都将停止正常发送，而改为发送强化冲突的干扰信号（持续期为T_j）。由图可见，只要发生冲突，每个站将浪费信道可用时间为$2\tau+T_j$。就整个系统而言，实际浪费信道可用时间是$X+2\tau+T_j$。

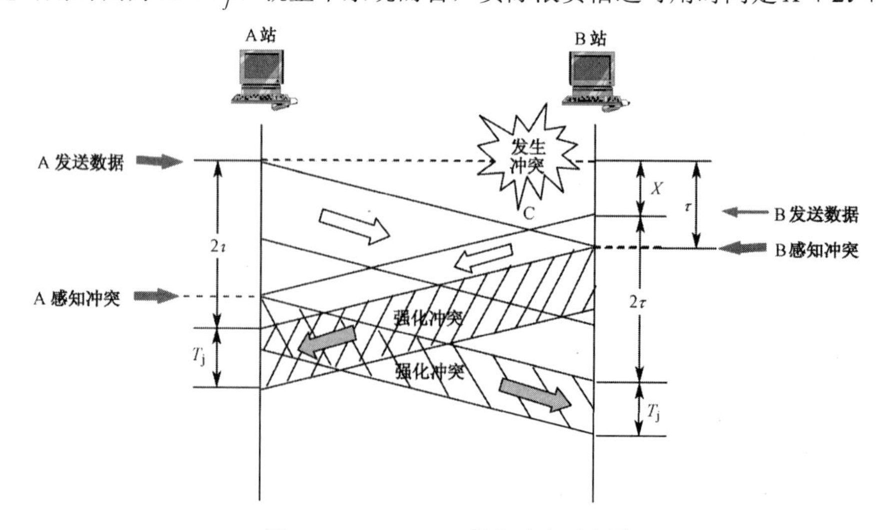

图 6-11　CSMA/CD 强化冲突示意图

由图 6-11 可见，若先发送数据帧的 A 站，在发送数据帧后最多要经过时间2τ方可知道所发送的数据帧是否遭遇冲突。以太网端到端的往返时延2τ称为争用期（contention period）或碰撞窗口。如在争用期内未检测到冲突，那么本次发送就不会再发生冲突了。争用期的长短与发送速率有关。对于速率为 10Mb/s 的以太网，以太网把争用期定为 51.2μs。在争用期内可发送 512b（64B）。由此以太网规定了最短有效帧长为 64B，凡长度小于 64B 的帧认为是无效帧，接收端对无效帧作丢弃处理。因此，以太网最大的端到端时延必须小于争用期的一半（即 25.6μs），这相当于以太网的最大端到端长度约为 5km，而实际的以太网覆盖范围并非有如此之大，因此 10Mb/s 以太网在争用期 51.2μs 内可检测到可能发生的冲突。争用期被规定为 51.2μs，不仅是考虑了以太网的端到端时延，而且还包括其他的许多因素，如转发器所增加的时延，以及强化冲突的干扰信号的持续时间等。

以太网还规定了帧间最小间隔为 9.6μs，这是为了使刚收到数据帧的站的接收缓存来得及清理，做好接收下一帧的准备。

当检测出冲突之后，通信双方都要各自延迟一段随机的时间实行退避，然后再继续载波监听。由于退避时间是随机的，网卡又无记忆功能，一次冲突所涉及的两个站在下一次发送中再次发生冲突的可能性很小。为了使这种退避能保证系统的稳定，以太网采用一种称为截断二进制指数退避算法，来确定重发帧所需的时延。即让发生冲突的站在停止发送数据后，不是立即发送数据，而是推迟一个随机时间，以使重传再次发生冲突的概率减小。该算法的具体要点如下。

① 确定基本退避时间，它就是争用期2τ。

② 从整数集合{0，1，…，(2^k-1)}中随机取一整数，记为r。重传被推迟的时间是r倍的争用期。整数集合中的参数k，可按下式计算：

$$k=\mathrm{Min}\,[\text{重传次数},\ 10] \tag{6-1}$$

此式表明，当重传次数不超过 10 时，参数k等于重传次数；当重传次数超过 10 时，参数k就不再增大而一直等于 10。

③ 当重发次数达到 16 次仍不能成功时，则丢弃该帧，并向高层报告差错情况。

例如，在第 1 次重传时，$k=1$，随机数r从整数{0，1}中选一个数。因此重传被推迟的时间 0 或2τ，在这两个时间中随机选取一个。若再发生碰撞，则进行第 2 次重传，$k=2$，随机数r就从整数{0，1，2，3}中选一个数。因此重传被推迟的时间是在 0，2τ，4τ和6τ这 4 个时间中随机地选取一个。同样，若再发生碰撞，则进行第 3 次重传，$k=3$，随机数r就从整数{0，1，2，3，4，5，6，7}中选一个数。依此类推。显然，若连续多次发生冲突，则表明可能有较多的站参与争用信道，使用上述退避算法可使重传需要推迟的平均时间随重传次数而增大（称为动态退避），从而减小了发生碰撞的概率，有利于整个系统的稳定。

如上所述，在使用 CSMA/CD 协议时，显然不能同时进行发送和接收。也就是说，使用 CSMA/CD 协议的以太网不可能进行全双工通信，而只能进行半双工通信。

6.5.4 以太网的信道利用率

假设 10Mb/s 以太网总线上连接着有 N 个站在同时工作，那么就会发生碰撞，一旦发生碰撞就造成信道资源的浪费，所以以太网的信道利用率是达不到百分之百的。

一个帧在发送过程中，如发生碰撞则需经过一个争用期2τ后才能再发送，这样经历了若干次碰撞重传，最终获得发送成功且信道转为空闲。我们应注意到，成功发送一个帧需要占用信道的时间是$T_0+\tau$，比这个帧的发送时间要多一个单程端到端时延τ。这是因为当一个站发完最后 1b 时，该比特还要在以太网上传播。如果这时有其他站发送数据，就必然产生碰撞。因此，必须在$T_0+\tau$以后才允许其他站发送数据。图 6-12 表示发送一帧数据以太网信道被占用的实际情况。

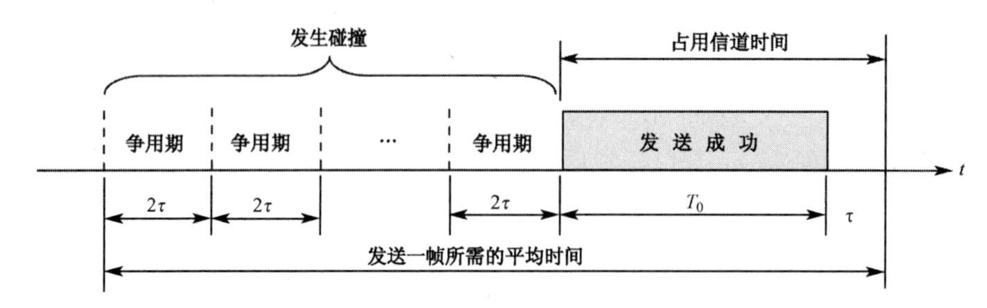

图 6-12 发送一帧数据以太网信道被占用的实际情况

由图 6-12 可见，要提高以太网的信道利用率，就必须减少τ与T_0之比值。以太网定义参数 a，表示以太网单程端到端时延τ与帧的发送时间T_0之比，即

$$a=\frac{\tau}{T_0} \tag{6-2}$$

当 $a\to 0$ 时，表示只要一发生碰撞，就立即可以检测出来，并立即停止发送，因而信道资源被浪费的时间会很少。反之，参数 a 越大，表明争用期所占的比例增大，这就使得信道利用率明显降低。因此，以太网参数 a 的值应当尽可能小些。从式（6-2）可见，这就要求该公式的分子τ的数值要小些，分母 T_0 的数值要大些，这就是说，当数据传输速率一定时，以太网的连线的长度受到限制（否则τ的数值会太大），同时以太网的帧长不能太短（否则 T_0 的值会太小，使 a 值太大）。

现在再考虑一种理想化的情况。假设以太网上的各站发送数据都不会产生碰撞（这显然已经不是 CSMA/CD，而是需要使用一种特殊的调度方法），并且能够非常有效地利用网络的传输资源，即总线一旦空闲就有某一个站立即发送数据。这样，发送一帧占用线路的时间是$T_0+\tau$，而帧本身的发送时间是 T_0。于是我们可计算出极限信道利用率

$$S_{\max}=\frac{T_0}{T_0+\tau}=\frac{1}{1+a} \tag{6-3}$$

此式指出：只有当参数 a 远小于 1 才能得到尽可能高的极限信道利用率。反之，若参数 a 远大于 1，则极限信道利用率就远小于 1，而这时实际的信道利用率就更低了。统计表明，当以太网的利用率达到 30%时就已处于重载，此时网络容量已被网上冲突消耗掉了。

*6.6 扩展的以太网

随着以太网的普及，在同一单位内建有数个以太网的现象已屡见不鲜。然而，用户往往有扩展现有以太网覆盖范围的要求。下面从体系结构的角度（在物理层和数据链路层），介绍几种扩展以太网覆盖范围的方法。扩展后的以太网在网络层看来仍然是一个网络。

6.6.1 在物理层扩展以太网

以太网使用的传输介质最初是粗同轴电缆，后来改用质地较软、使用方便的细同轴电缆。因为信号在电缆上传输要衰减，所以对电缆长度有一定的限制。以细缆以太网为例，每段电缆的最大长度为 185m。当实际网络的范围超过 185m 时，就需要利用转发器（又称中继器）将两个网段连接起来。转发器工作在物理层，它的作用在于消除信号经过电缆所造成的失真和衰减，将其放大整形后再转发出去。

一般来说，转发器的两端通常连接相同的传输介质，但有的转发器也可以完成不同介质的转发工作。从理论上讲，使用转发器的个数是无限的，网络的覆盖范围也因此可以无限扩展，其实并非如此。IEEE 802.3 标准规定：任意两个站之间最多可以经过 3 个网段。但随着双绞线以太网成为以太网的主流，扩展以太网的覆盖范围已很少使用转发器。

目前以太网的传输介质一般都使用双绞线，网络呈星形结构。在星形的中心是集线器，一个集线器可有多个接口（如 8 到 16 个），每个站用两对无屏蔽双绞线（分别用于发送和接收）与集线器相连。双绞线的两端使用 RJ-45 插头，其长度不超过 100m。若要扩展主机与集线器之间的距离，最简单的方法是使用光纤和一对光调制解调器。使用光纤可使主机与集线器之间的距离扩大到数千米。

使用集线器的以太网在物理上是一个星形网，但在逻辑上是一个总线网，各站共享逻辑上的总线，使用 CSMA/CD 协议。各站对传输介质必须实行争用访问控制，并且在同一时刻只允许一个站发送数据。

集线器内采用专用的芯片，进行自适应串音回波抵消。这样可避免较强信号的回波对接收到的较弱信号产生干扰。

如果使用多个集线器，就可组成多级星形结构的以太网。图 6-13 表示某大学 3 个系各有一个 10Base-T 以太网，通过一个主干集线器把各系的以太网互连起来。显然，这种做法有两个好处：一是使不同系以太网上的计算机可相互通信；二是扩大了以太网的覆盖范围。

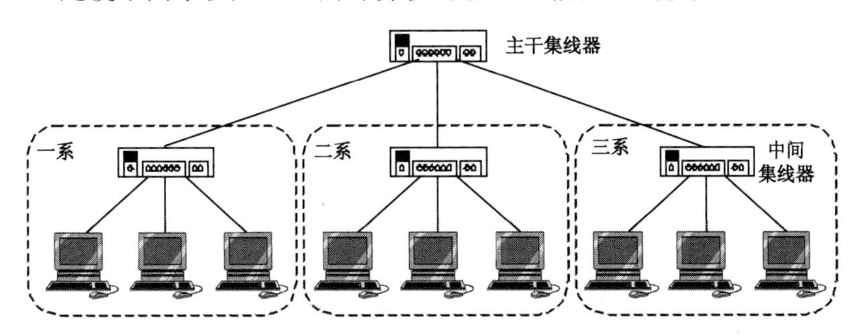

图 6-13 利用集线器扩展以太网

利用集线器扩展的以太网通常采用堆叠式（stackable）集线器，即将多个（4～8 个）集线器堆叠在一起通过级联使用。通过对集线器的配置，可识别正在阻塞网络的出错站，并把该站与网络隔离。

但是，使用集线器的多级结构以太网存在两个问题。

① 所有用户共享带宽，每个用户的可用带宽随接入用户数的增加而减少，它不允许多个接口同时工作，因此不可能增加以太网的总吞吐量。图 6-13 中的每个系以太网的吞吐量为 10Mb/s，3 个系的以太网通过主干集线器互连，此时冲突域的范围由一个系扩大到 3 个系，最后 3 个系合起来的扩展以太网的吞吐量仍为 10Mb/s。

② 如果不同系使用不同的以太网技术（如数据率不同），那么就不可能用集线器将它们互连起来。因为集线器基本上是一个转发器，它只能消除信号因传输距离较远而造成的失真和衰减，使信号的波形和强度恢复到所要求的指标，但没有设置缓存，无法实现存储转发。

6.6.2 在数据链路层扩展以太网

最初人们是使用网桥在数据链路层扩展以太网。网桥是一种存储型的转发设备。从实现协议和功能转换的角度，网桥工作在数据链路层，它根据接收到的帧的 MAC 地址，通过查找网桥中的地址表，找到该帧应从某个接口进行转发或过滤（指丢弃 CRC 检验存在差错的帧和无效帧）。

如上所述，利用集线器来扩展以太网不可能增加以太网的总吞吐量。但是，如把中央集线器更换成交换式集线器（switching hub），情况就大有改观。1990 年问世的以太网中曾使用了交换式集线器，这种交换式集线器常称为以太网交换机（switch）或第二层交换机。以太网交换机也是一种即插即用设备，可以在多个接口之间同时建立多个并发连接，其内部的交换表（或称转发表）是通过自学习功能逐渐建立起来的。

下面介绍以太网交换机的特点和工作原理。

1. 以太网交换机概述

以太网交换机本质上是一台多接口的网桥，通常具有十几个或更多的接口。它的每一个接口直接与一台主机或者另一台以太网交换机相接，一般都以全双工方式工作。以太网交换机工作具有并行性，这是因为它可同时连通多对接口，实现多对主机之间独占传输介质，进行无冲突地同时通信。

在使用以太网交换机时，假如每个接口到主机的数据率还是 10Mb/s，正由于一个用户在通信时是独占而不是和其他网络用户共享传输介质带宽，因此对拥有 N 对接口的以太网交换机式以太网而言，其总容量应为 $N\times10$ Mb/s。这是以太网交换机的优点之一。

以太网交换机具有以下特点。

① 从总线式以太网或集线器式以太网转换成交换机式以太网，不需要对所有接入设备的软件和硬件作任何改动。也就是说，所有接入的设备可继续使用 CSMA/CD 协议。

② 交换机式以太网的扩充非常容易，通过增加交换机的容量，就可接入新的设备。

③ 以太网交换机一般都具有多种速率（如 10Mb/s，100Mb/s 和 1Gb/s 等）的接口，这便于满足各种不同类型用户的需要。

目前以太网交换机主要有以下 4 种转发方式。

① 直通式。这种方式是在输入接口接收帧的同时，不对其进行缓存处理，立即按数据帧的目的 MAC 地址决定该帧的转发接口来完成交换功能。

② 存储转发式。这种方式是在输入接口接收帧，将其缓存，并进行差错检测滤去无效帧，对正确帧取其目的地址，通过内部地址表确定其相应的输出接口再进行转发。

③ 无碎片直通式。碎片是指发送信息过程中由于冲突而产生的残缺不全的无用帧（残帧）。这种方式采用先进先出 FIFO（First In First Out）的工作方式，其转换速度比直通式低，但高于存储转发式。

④ 混合式。这种方式综合了前 3 种方式的优点，根据网络的状况采用多种转发方式共

存的设计理念来决定其转发方式，因而是一种自适应交换机。自适应交换机通过检测各个接口信号的速率，确定所连接的以太网类型，支持不同速率之间的转换，具备对速率的自适应能力。由于自适应交换机的结构复杂和造价高，判断网络工作状态需要更多的时间，因而不适合应用于各种方式频繁切换的复杂网络环境。

曾经风行一时的总线式以太网，随着网上站点数目的增多，使得可靠性下降。与此同时，大面积集成电路及专用芯片的发展，使得星形以太网交换机性价比更好。因此，采用以太网交换机的星形结构是目前以太网拓扑结构的首选方案，而传统总线结构的以太网业已退出市场。不过这种以太网交换机方式的网络为什么还称它是以太网呢？这是因为它仍然采用以太网的帧结构。

2. 以太网交换机的工作原理

假设以太网交换机具有 8 个接口，如图 6-14 所示。每一个接口连接一台主机，其 MAC 地址分别为 A、B、C、…、H。在初始状态以太网交换机内的交换表是空的。

若主机 A 向主机 B 发送一帧，由接口 1 进入交换机。交换机接收到帧后，查找交换表。由于此时交换表是空的，找不到目的主机 MAC 地址为 B 的表项，于是就把该帧的源地址 A 和接口 1 写入到交换表中，并向除了接口 1 以外的其他接口（即接口 2～8）转发这个帧。显然，只有加接在接口 2 的主机 B 因 MAC 地址相符可接收此帧，而其他主机均因 MAC 地址不符便将此帧丢弃（即过滤）。

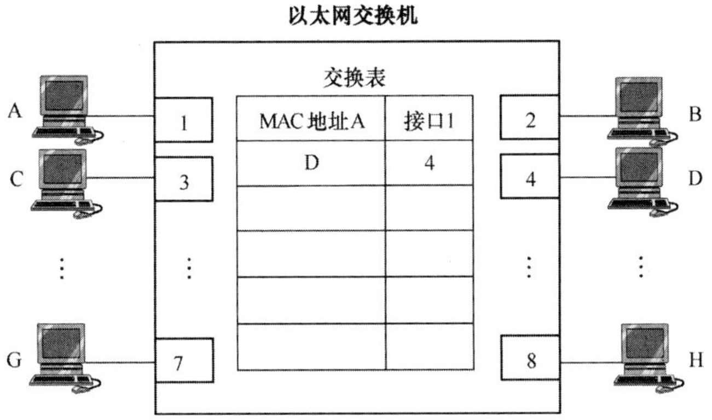

图 6-14　以太网交换机工作原理示意图

刚写入交换表的表项（MAC 地址 A，接口 1）表明，以后不管从哪个接口接收到帧，只要目的 MAC 地址为 A，都应该把收到的帧从接口 1 转发出去，而送往主机 A。

接下来，假定主机 D 从接口 4 向主机 A 发送一帧。交换机查找交换表，发现交换表中有 MAC 地址 A，表明发送给主机 A 的帧应从接口 1 转发。当然此时就没有必要再向其他接口转发此帧了。交换表中此时增加一新表项（MAC 地址 D，接口 4），表明今后如有发送给主机 D 的帧，应当从接口 4 转发出去。

显然，经历一段时间之后，除 A 和 D 主机外的其他主机发送帧，如果未能从交换表查到想要的表项，都会通过广播方式向除本接口外的其他接口转发帧，而仅有目的主机因地址相符才被接收此帧，非目的主机均过滤之。这样，交换表就建立起来了，任何一台主机发送帧，都可以从交换表中找到相应的转发接口，把帧送往目的主机。上述建立交换表的过程是一个自学习的过程，所以以太网交换机具有自学习的功能，使得交换机能够做到即插即用。

考虑到加接在交换机接口上的主机有时会发生变化，或者主机更换网卡，这样就要更改交换表的表项。为此对交换表中的每个表项可设定一个有效时间，过期的表项即自动删除，从而使交换表符合网络当前的最新状态。

有时，为了增加网络的可靠性，在使用以太网交换机组网时，往往会增加一些冗余的链路。此时，以太网交换机的自学习过程可能导致帧在两台交换机之间出现兜圈子的现象。图 6-15 可解释这一现象。

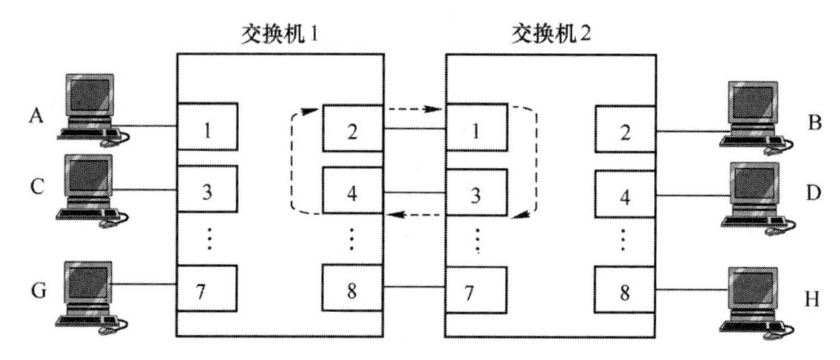

图 6-15　帧在两台交换机之间出现兜圈子的现象

在图 6-15 中，主机 A 与主机 B 通信要经历交换机 1 和交换机 2。当主机 A 发送帧到交换机 1 的接口 1，交换机接收到这个帧后就向所有其他接口进行广播发送。现在帧可能有这样一种走向：离开交换机 1 的接口 2→交换机 2 的接口 1→交换机 2 的接口 3→交换机 1 的接口 4→交换机 1 的接口 2→……。如此循环下去造成兜圈子的现象。

为了解决兜圈子的问题，IEEE 802.1D 制定了一个生成树协议 STP（Spanning Tree Protocol）。该协议的要点是不改变网络的拓扑结构，但在逻辑上切断某些链路，使得从一台主机到其他所有主机的路径呈无环路的树状结构，从而消除帧在网络中的兜圈子现象。

3. 虚拟局域网

在采用以太网交换机式局域网的基础上，再利用增值软件可以组建一个跨越不同物理局域网段、不同类型网络站点而属于同一逻辑局域网段的虚拟工作组，这就构成了虚拟局域网 VLAN（Virtual LAN）。IEEE 802.1Q 标准对 VLAN 的定义是：VLAN 是由一些局域网网段构成的与物理位置无关的逻辑组，而这些网段具有某些共同的需求。每一个 VLAN 的帧都有一个明确的标识符，指明发送这个帧的工作站是属于哪一个 VLAN。因此，虚拟局域网并不是一种新型的局域网，只是用户与局域网资源的一种逻辑组合，是局域网向用户提供的一种新服务。

虚拟局域网仍由若干物理网段组成的网络，在功能和操作上与传统的局域网基本相同，"虚拟"两字体现在组网方法上，网络上同一个工作组内的用户站点不一定都连在同一个物理网段上，它们只是因某种性质关系或隶属关系而逻辑地连接在一起。虚拟工作组的划分和管理是由虚网管理软件来实现的。属于同一虚拟工作组的用户，如因工作需要，可以通过软件划归到另一个工作组网段上去，而不必改变原来的网络物理连接，这就增加了组网的灵活性。虚拟局域网的示意图如图 6-16 所示。

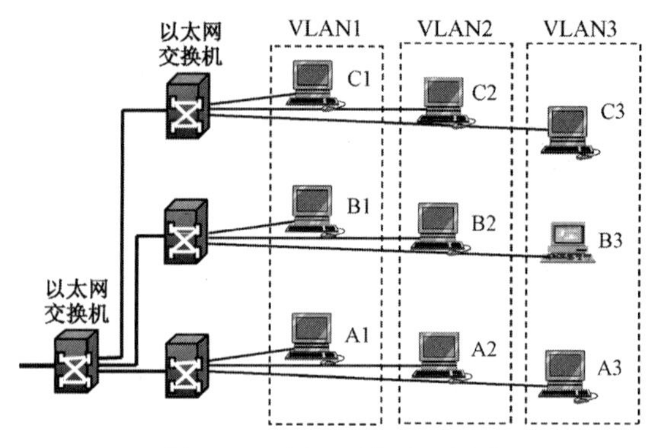

图 6-16　虚拟局域网示意图

图中，原来按物理网段划分的局域网为 LAN1(A1，A2，A3)，LAN2(B1，B2，B3)，LAN3(C1，C2，C3)。现按逻辑网段划分为 3 个虚拟局域网 VLAN 为 VALN1(A1，B1，C1)，VLAN2(A2，B2，C2)，VLAN3(A3，B3，C3)。同一虚拟局域网内的每一个站都能接收到同一组内其他成员发送的广播，但它所发送的数据且不能被位于同一以太网交换机上但不是同一虚拟工作组的站所接收到。也就是说，以太网交换机不会向虚拟工作组以外的站传送广播信息，从而限制了接收广播信息的站的数目，不会因传播过多的广播信息（即“广播风暴”）而导致网络性能恶化。由于虚拟局域网是用户和网络资源的逻辑结合，因此可以按照用户的需要将有关设备和资源非常方便地进行重组，用户可以从不同的服务器或数据库中存取所需资源。

IEEE 802.1Q 标准定义了支持虚拟局域网的以太网帧格式，如图 6-17 所示。在常用的以太网 V2 标准使用的 MAC 帧格式中增加了一个 VLAN 标记字段（4B），插入在源地址字段和类型字段之间。VLAN 标记字段的前 2 字节设置为 0x8100，称为 802.1Q 标志类型。后面 2 字节中，前 3 位表示用户优先级，接着是规范格式指示符 CFI（Canonical Format Indicator），最后 12 位是该虚拟局域网的标识符（VLAN ID 或 VID），用来指出这是属于哪一个 VLAN。由此可见，支持虚拟局域网的以太网帧格式的首部增加了 4B，因此以太网的最大长度由原来的 1518B（数据为 1500B，再加上首部 18B）变为 1522B。

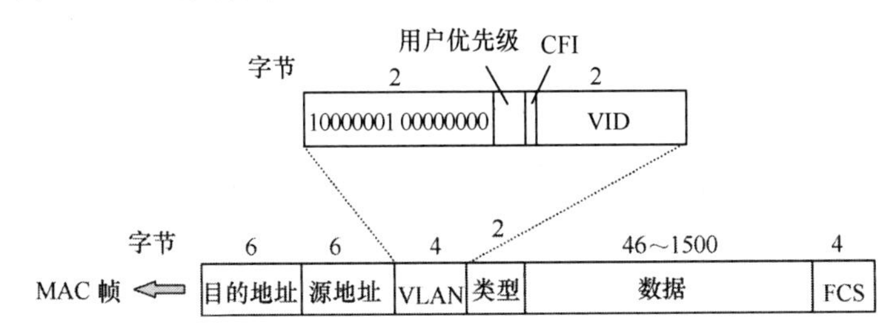

图 6-17　支持虚拟局域网的以太网 MAC 帧格式

根据定义 VLAN 成员关系的方法的不同，VLAN 的组网方式通常有以下 4 种：

① 基于交换机接口的 VLAN。这是一种把交换机式局域网从逻辑上按照交换机的接口划分成各自独立的虚拟子网的通用方法。但是，此法不允许不同的虚拟局域网包含相同的物理网段或交换接口，而且当用户需要更换接口时，必须由网络管理员对虚拟局域网成员重新进行配置。

② 基于 MAC 地址的 VLAN。这是一种按照用户站点的 MAC 地址来定义虚拟局域网成员的方法。虚拟局域网的初始配置阶段，是通过人工操作完成的。

③ 基于网络层地址的 VLAN。这是一种按照用户站点的网络层地址（如 IP 地址）来定义虚拟局域网成员的方法。此法既允许按照协议类型来组建 VLAN，有利于组成基于服务或应用的虚拟局域网；也允许用户随意移动而无须重新配置网络地址。

④ 基于 IP 组播 VLAN。由于 IP 组播 VLAN 是动态建立的，它代表一组 IP 地址，由代理对其成员进行管理。因此，需先由代理通过广播信息来建立一个 IP 广播组，凡是响应此广播信息的均可成为 VLAN 的成员，并与同一 VLAN 内的其他成员通信。IP 组播 VLAN 的动态特性表明它具有很高的灵活性。

虚拟局域网的优点主要是便于网络用户的管理，提供了更好的安全性，以及改善了网络服务质量。

*6.7 高速以太网

数据传输速率达到或超过 100Mb/s 的以太网，称为高速以太网。下面简单介绍几种高速以太网技术。

6.7.1 100Base-T 以太网

100Base-T 是一种使用双绞线传送 100Mb/s 基带信号的星形拓扑以太网，仍使用 IEEE 802.3 标准规定的帧格式，故又称快速以太网。

快速以太网和传统以太网的组成相同，由工作站、网卡、集线器、中继器、传输介质和服务器等组成。其中，工作站必须是较高档的微机（有 PCI 总线或 EISA 总线）。100Base-T 与 10Base-T 布线兼容，仍保持 10Base-T 以太网的网络拓扑结构，即所有的站点都以星形方式连接到集线器上。所有在 10Base-T 上的应用软件和网络软件都可保持不变，用户只需更换网卡和配置一台 100Mb/s 的集线器，就可将 10BASE-T 以太网升级为 100BASE-T 快速以太网。因而，对需要尽快升级网络性能的用户，颇具经济上的吸引力。100BASE-T 通常采用自适应的 10/100 类型网卡（即具有两种速率：10Mb/s 和 100Mb/s），当网络升级为快速以太网时，它能自动识别速率的变化并立即转换传输速率。

1995 年，IEEE 已将 100Base-T 的快速以太网定为正式的国际标准，其代号为 802.3u，是对 IEEE 802.3 标准的补充。该标准已得到所有主流网络制造商的支持。

100Base-T 支持全双工和半双工两种工作模式，这是它与传统以太网的最大区别。要实现全双工模式，主机需要通过网卡的两个通道，例如 2 对双绞线或 2 根光纤，其中 1 对双绞线（或 1 根光纤）用于发送，而另 1 对双绞线（或 1 根光纤）用于接收。显然，这是一种点-点连接方式，与传统以太网的连接方式不同。

在 100Base-T 中，MAC 帧的格式仍按照 IEEE 802.3 标准规定。帧的最短长度仍为 64B（512b），争用期是 5.12μs，帧间隔为 0.96μs，但每一网段的长度最大长度减少为 100m，为 10BASE-T 的 1/10。

表 6-2 列出了 100BASE 以太网物理层标准。

表 6-2 100Base 以太网物理层标准

名　称	100Base-TX		100Base-FX	100Base-T4
传输介质和数量	2 对，STP	2 对,5 类 UTP	2 根光纤	4 对，3 或 5 类 UTP
最大网段长度（m）	100		2000	100
信号技术	MLT-3		4B5B，NRZI	8B6T，NRZ

虽然 100Base-T 对桌面领域是很好的解决方案，但它不宜作为主干中的高速以太网，因为这里的信息流量太大，快速以太网无法满足。

6.7.2 吉比特以太网

现在越来越多的单位和机构采用 100Base-T，从而把巨大的业务负载放到主干网上，因此对吉比特以太网（又称吉比特以太网）的需求越来越强烈。

1997 年，IEEE 通过了吉比特以太网的标准 802.3z，1998 年成为正式标准。1999 年 IEEE 还批准了 802.3ab。吉比特以太网与快速以太网一样，仍保留了 CSMA/CD 协议和以太网格式，允许在 1Gb/s 传输速率下进行全双工（不使用 CSMA/CD 协议）或半双工（使用

CSMA/CD 协议）方式工作，但它定义了新的介质和传输规约，因此它与现有的以太网是向后兼容的。

对于采用共享集线器式的吉比特以太网，为了能够进行冲突检测，采用两项新措施。

① 载波延伸。为保持兼容性，最短帧长仍为 64B（512b），但将争用时间提高到 512B（4096b）。因此，当发送的帧长不足 512B 时，就用一些特殊字符填充到 512B。这就使得一次传输的帧长超过 1Gb/s 时的传播时间。

② 帧冲突。当需要发送多个短帧时，第一个短帧要用“载波延伸”的方法进行扩充，但后继若干短帧可以连续发送，它们之间只要留有帧间最小间隔即可。这一特点允许连续发送某个限度内的多个短帧，而无须在帧间放弃对 CSMA/CD 的控制。

表 6-3 列出了吉比特以太网物理层标准。

表 6-3　吉比特以太网物理层标准

名　　称	1000Base-SX		1000Base-LX		1000Base-CX	1000Base-T
传输介质（光纤）	多模		单模	多模	2 对 STP 双绞线缆	4 对 UTP 双绞线缆
	50μm	62.5μm	10μm	62.5μm		
最大网段长度（m）	550	275	5000	550	25	100
信号技术	8B/10B					

6.7.3　10 吉比特以太网

10 吉比特以太网是将吉比特以太网的数据传输速率再提高 10 倍，也就是万兆比特以太网。它的帧格式与 10Mb/s、100Mb/s 和 1Gb/s 以太网的帧格式完全相同，并保留了 802.3 标准规定的以太网帧长，以便于用户升级使用。线路信号码型采用 8B/10B 两种类型编码，只工作在全双工方式（不使用 CSMA/CD 协议）。

10 吉比特以太网有两种不同的物理层：一种是以太网物理层 LAN PHY，其速率为 10.000Gb/s（表示精确的 10Gb/s）；另一种是可选的广域网物理层 WAN PHY，其速率为 9.95328Gb/s，这是为了与现有的电信网络 SONET/SDH（即 OC-192/STM-64）兼容。

表 6-4 列出了 10 吉比特以太网物理层标准。

表 6-4　10 吉比特以太网物理层标准

名　　称	10GBase-SR	10GBase-LR	10GBase-ER	10GBase-CX4	10GBase-T
传输介质	多模	单模	单模	4 对双芯同轴电缆	4 对 6AUTP 双绞线
	850nm	1310nm	1550nm		
最大网段长度	300m	10km	40km	15m	100 m
信号技术	64B/66B	64B/66B	64B/66B		

表 6-4 中自左至右，前三项的标准是 802.3ae，已于 2002 年 6 月完成。第四项的标准是 802.3ak 于 2004 年完成。最后一项的标准 802.3an 于 2006 年完成。

10 吉比特以太网的出现，使得以太网的工作范围已由以太网，扩大到城域网和广域网。以太网的发展经历，证明了它具有强大的生命力，究其原因在于它的简单性和灵活性。简单性体现在可靠、廉价，以及易于维护。另外，IP 是一个无连接协议，它非常适合于以太网，而以太网也是无连接的。利用 TCP/IP，以太网很容易互联。再有，以太网在速率上提高几个数量级、在结构上集线器和交换机的引入，并不要求更新软件，这对用户有很大的吸引力。当以太网在速率上赶上了 FDDI、ATM 之后，除了 ATM 已经渗透到电话系统的核心以外，以太网的市场占有率将会进一步得到提高。

6.7.4　40/100 吉比特以太网

近年来，随着视频流量的不断增长和更强大服务器结构的推动，计算机和网络应用程序对带宽的要求也随之增高，但是当前的 10 吉比特以太网并不能满足汇接结点带宽的实际需求。

2006 年 7 月，IEEE 802.3 工作组成立了一个高速研究小组（High Speed Study Group，HSSG），负责调查下一代以太网的需求和要求。HSSG 的目标是试图确定在未来 3～7 年内满足市场需求的下一代以太网的速率。HSSG 的一项调查的结果表明：核心网络（网络汇接）和服务器网络（计算 I/O）的带宽增长速率是不同的。核心网络的带宽需求则主要由服务器性能、用户和访问点的增长以及多媒体内容所需的更高数据速率决定的。而服务器网络的带宽主要由 CPU、主机总线和内存性能决定，通常遵循摩尔定律。过去 5 年的统计数据显示，Internet 骨干网带宽每 12～18 个月翻一倍，而计算 I/O 带宽则大概是每 24 个月翻一倍，这种增长速率上的差别表明：Internet 骨干网比服务器网络有着更高的带宽增长需求。

为了保证以太网能够更高效更经济地满足不同应用的需要，IEEE802.3 起草了下一代以太网标准 IEEE802.3ba-2010（40 吉比特以太网）和 802.3bm-2010（100 吉比特以太网），并于 2010 年 6 月公布，其中包含的两种传输速率，主要是针对服务器和网络方面的不同需求。

表 6-5 列出了下一代以太网物理层标准。

表 6-5　下一代以太网物理层标准

名称	40GBase-KR4	40GBase-CR4	40GBase-SR4	40GBase-LR4	100GBase-CR10	100GBase-SR10	100GBase-LR4	100GBase-ER4
传输距离	1m	10m	100m	10km	10m	100m	10km	40km
线缆	背板传输	双轴铜缆	OM3 并行 MMF	SMF	双轴铜缆	OM3 并行 MMF	SMF	SMF
信号方式	—			CWDM	—		DWDM	DWDM+SOA
实现方式	4×10Gb/s	4×10Gb/s	4×10Gb/s	4×10Gb/s	10×10Gb/s	10×10Gb/s	4×25Gb/s	4×25Gb/s

注：CWDM—稀疏波分复用；DWDM—密集波分复用；MMF—多模光纤；SMF—单模光纤；SOA—半导体光放大器

必须指出，40/100 吉比特以太网仍保持以太网的帧格式和 802.3 标准规定的以太网最小和最大帧长，并且只工作在全双工方式（不使用 CSMA/CD 协议）。

综上所述，从以太网速率由 10Mb/s 到 10Gb/s 再到 100Gb/s 的不断提升，可以看出以太网是一项成熟的，却很有生命力的技术，受到了使用者的广泛欢迎。可以相信，随着 IEEE802.3ba 标准的成熟，以及设备成本的降低，下一代以太网将会很快得到应用。

习　题　6

6-01　物理链路与数据链路的区别是什么？

6-02　试述数据链路层的基本任务和主要功能。

6-03　数据链路层进行帧定界有哪几种方法？试比较它们的优缺点。

6-04　若要传输包含下面 4 个字符的帧：A B ESC FLAG，其中：A=01000111；B=11100011；ESC=11100000；FLAG=01111110。假设分别采用(1)字节计数法，（2）字节填充法，（3）比特填充法，试问所发送的比特序列是什么？

6-05 一个数据流中出现了这样的数据段：A　B　ESC　C　ESC　FLAG　FLAG　D，假设采用字节填充算法，试问经过填充之后的输出是什么？

6-06　字节填充法和比特填充法是如何实现透明传输的？

6-07　采用“零比特插入、删除”技术，对于丢失、插入或修改单个比特的错误，差错校验是否会发现不了？此时检验和的长度还起作用吗？

6-08　试问字节填充法的最大开销是多少？

6-09　数据链路协议几乎总是把 CRC 放在尾部，而不是放在首部，这是为什么？

6-10　PPP 协议适用于何种网络环境？为什么 PPP 协议不能使数据链路层实现可靠传输？

6-11　一个 PPP 帧的数据部分（用十六进制写出）是 7D 5E FE 27 7D 5D 7D 5D 65 7D 5E。试问真正的数据是什么（用十六进制写出）？

6-12　PPP 协议使用同步传输技术传送比特串 0110111111111100。试问经过零比特填充后变成怎样的位串？若接收端收到的 PPP 帧的数据部分是 0001110111110111110110，试问删除发送端加入的零比特后变成怎样的比特串？

6-13　使用点对点协议 PPP 发送一个 IP 数据报时，每帧最小的开销是多少？（注：这里仅考虑由 PPP 本身所引入的开销，而不计及 IP 分组首部的开销。）

6-14　局域网有哪些主要特点？指出局域网是一个通信网的理由。

6-15　试述局域网参考模型与 OSI 参考模型的异同。

6-16　为什么局域网体系结构中要把数据链路层划分为两个子层，而在目前流行的以太网中又不认为 LLC 子层的存在是必要的，为什么？

6-17　说明 10BASE5，10BASE2，10BASE-T，1BASE5 所表示的意思？

6-18　10BASE-T 以太网的波特率是多少？

6-19　在以太网 V2 标准的 MAC 帧格式的首部中，并未设长度字段，试问 MAC 子层如何从接收到的以太网帧中确定数据字段的结束位置呢？

6-20　假设通过以太网传送的 IP 分组长 60B，其中包括其首部。如果没有使用逻辑链路控制子层 LLC。试问，需要往以太网帧中填补字节吗？如果需要，试问需要填补多少字节？

6-21　当数据传输速率为 5Mb/s，且信号在电缆上的传播速度为 200m/μs 时，试问令牌环接口中的 1b 时延相当于多少米的电缆？

6-22　以太网使用 CDMA/CD 协议通过争用来共享信道，这种方式与时分复用相比较有何优缺点？

6-23　假定采用 CSMA/CD 协议的以太网，其长度为 1km，数据信号速率为 1Gb/s。设信号在网络上的传播速率为 200000km/s。求能够使用此协议的最短帧长。

6-24　在 10Mb/s 以太网中，若采用 CSMA/CD 协议，某站在发送数据时检测出碰撞，执行退避算法时选择了随机数 r =100。试问该站需要等待多长时间后才能再次发送数据？若在 100Mb/s 以太网中，又如何呢？

6-25　若 A 和 B 是 10Mb/s 以太网上的两个站，两站间的传播时延为 225b 时间。现假设 A 向 B 发送以太网容许的最短帧，并在发送结束之前 B 也向 A 发送了一帧。试问：在 A 检测到冲突时，它是否已发送完自己的数据？（提示：在物理信道上实际传送的应是 MAC 帧前面加上 7B 的前同步码和 1B 的帧开始定界符。）

6-26　为什么早期的以太网选择总线拓扑结构而不使用星形拓扑结构，但现在却改为使用星形拓扑结构？

6-27　一个由 10 个站组成的以太网，试计算以下 3 种情况下每一个站所得到的带宽各是多少？

（1）10 个站都连接到一个 10Mb/s 以太网集线器；

（2）10 个站都连接到一个 100Mb/s 以太网集线器；

（3）10 个站都连接到一个 10Mb/s 以太网交换机。

6-28　在图 6-18 中，某学院的以太网交换机有 3 个接口分别与学院 3 个系的以太网相连，另外 3 个接口分别与万维网服务器、电子邮件服务器以及一个连接因特网的路由器相连。图中的 A、B、C 都是 100Mb/s 以太网交换机。假设所有的链路的速率都是 100Mb/s，并且图中的 9 台主机中的任何一台都可以和任何一个服务器或主机通信。试计算：

（1）这 9 台主机和两个服务器产生的总的吞吐量的最大值。为什么？

（2）若 3 个系的以太网交换机都换成为 100Mb/s 的集线器。试计算这 9 台主机和两个服务器产生的总的吞吐量的最大值，为什么？

（3）若所有的以太网交换机都换成为 100Mb/s 的集线器。试计算这 9 台主机和两个服务器产生的总的吞吐量的最大值，为什么？

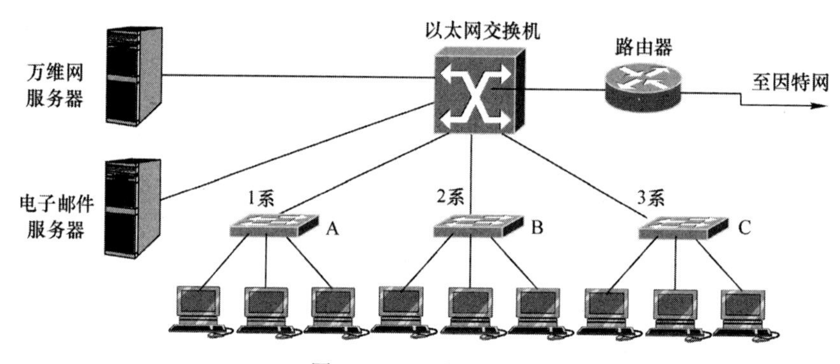

图 6-18　习题 6-28 图

6-29　假设一以太网的 75%的通信量是在网内传送，其余的通信量则与因特网交互。另一以太网的情况则相反。试问：若使用以太网交换机应用在哪一个以太网上？

6-30　如何使用交换集线器构建虚拟局域网？

6-31　有些书将以太网帧的最大长度说成是 1522B 而不是 1500B。这种说法错了吗？请加以说明。

6-32　以太网由 10Mb/s 升级到 100Mb/s、1Gb/s 和 10Gb/s 时，需要解决哪些技术问题？以太网为什么能在发展中淘汰其他竞争对手？

第7章 网 络 层

网络层是处理端到端数据传输的最低层。在数据链路层提供传送数据帧服务的基础上，网络层需要解决多个网络由路由器互连成一个互连网络的各种问题。

本章首先介绍网络层的基本概念，随后重点讨论本章的核心内容——网际协议 IPv4、常用的路由选择协议（RIP、OSPF、BGP）、网际控制报文协议 ICMP、多协议标签交换 MPLS、IP 多播及其协议和移动 IP。最后介绍下一代因特网的网络层协议（IPv6、ICMPv6 和移动 IPv6）。

*7.1 网络层概述

7.1.1 虚拟互连网络

基于计算机技术和通信技术的飞速发展，以及社会对计算机网络需求的不断增长，人们对计算机网络的应用需求已经不再满足于单一的网络环境，而是需要将两个甚至多个计算机网络互连起来，构成一个互联网（Internet）的环境。多个计算机网络实现互连之后，不仅可以使用户能更广泛有效地实现资源共享，而且可以提高网络的可靠性等性能。

由于现有各种类型的网络在性能或功能上都存在着不同程度的差异，因此将它们互连起来就必须克服它们之间的差异。这些差异包括寻址方式、最大分组长度、网络接入机制、超时控制机制、差错控制方法、状态报告方式、路由选择技术、用户接入控制、网络服务类别和网络管理机制等。再者，由于用户的要求又是多种多样的，因此不可能有一种单一的网络能够适应所有用户的需求。还有，网络技术的不断发展，制造商也会不断推出新的网络产品，供用户选择使用。

实现网络互连需要使用一些中间设备（ISO 称为中继系统）。这个中间设备起着不同网络之间的数据传送和终止每个网络内部协议的作用。中间设备的复杂程度取决于网络之间在数据格式和协议规范等方面的差异程度。根据中间设备所在的层次，有以下 4 种中间设备。

① 在物理层使用的中间设备称为转发器（repeater）。

② 在数据链路层使用的中间设备称为网桥或桥接器（bridge）。

③ 在网络层使用的中间设备称为路由器（router）。

④ 在网络层以上层次使用的中间设备称为网关（gateway）。

当使用转发器或网桥时，因为它只是扩大一个网络的覆盖范围，一般不认为是网络互连。而网关又比较复杂，目前已较少使用。互联网一般都是用路由器来实现网络互连，其主要功能是进行路由选择。

用网关实现网络互连，网关实际上是一个协议转换器。当有 N 个网络需要互连时，由于每两个网络之间都需要有一个协议转换器，因此 N 个网络就需要有多达 $N(N-1)$个协议转换器。显然，这给设计与实现带来了困难。

为了简化网关的设计，人们提出了一种互联网的概念。当采用这一概念时，只要实现

网络 i 协议转换为互联网协议，以及互联网协议转换为网络 i 协议。这样，对 N 个网络互连而言，所需的协议转换器个数为 $2N$ 个。而且 N 越大，其效果越明显。在采用 TCP/IP 体系结构的因特网中，实现网络互连的做法是在网络层采用标准化的协议。图 7-1 为多个计算机网络通过路由器互连的概念图。由于参加互连的计算机网络均使用相同的网际协议 IP，因此可以把互连后的网络看成是虚拟互连网络（亦简称为 IP 网）。虚拟互连网络是一个逻辑互连网络。所谓“虚拟”其意在于本来互连的多个网络的异构性是客观存在的，但由于使用了 IP 协议就使得这些性能异构的网络在网络层上看起来好像是一个统一的网络。

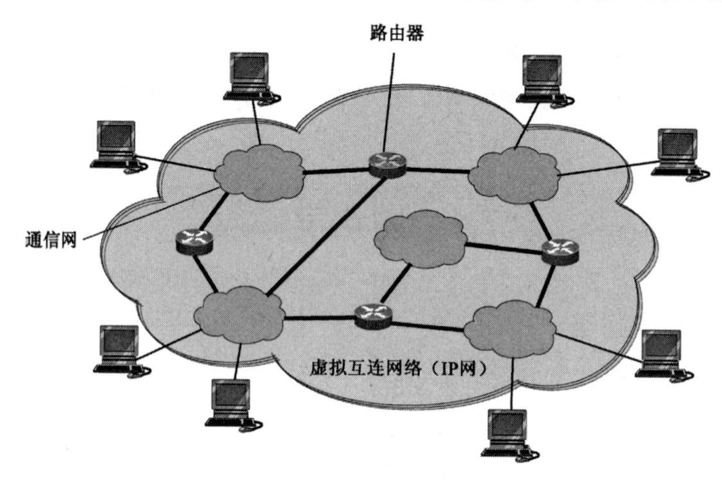

图 7-1　互联网的概念图

7.1.2　网络层提供的服务

在计算机网络体系结构中，网络层究竟应向传输层提供怎样的服务，曾经有过两种不同意见的激烈争论。其争论的实质是：计算机网络的可靠交付应由谁来负责？是网络还是端系统。

一种意见认为，应当借助于电信网的成功经验，由网络提供可靠的、面向连接的服务。两台计算机通过网络进行通信时，可模仿电话通信方式，应先建立连接（在分组交换网中是建立一条虚电路 VC（Virtual Circuit）），以确保通信双方所需的网络资源，然后通信双方就沿着这条虚电路传送分组。在通信结束后再释放所建立的虚电路。另一种意见则认为，由于计算机网络中的端系统是智能化的计算机，具有很强的差错处理能力。两台计算机通过网络进行通信时，无须先建立连接，每一个分组（亦即 IP 数据报）独立传送，与其前后的分组无关。网络层也不提供服务质量的保证（指对所传送的分组可能产生出错、丢失、重复、失序和超时传送等）。

因特网的设计者注意到电信网的成功经验，也注意到计算机网络端系统具有智能性，因而采用了不同于电信网的设计思路。具体来说，认为网络层无须提供端到端的可靠传输服务，这有利于简化路由器的设计。对于需要端系统进程之间提供可靠通信，则可由传输层来负责（包括差错处理、拥塞控制、流量控制等）。采用这种设计思路的好处是：降低了网络造价，运行方式灵活，适应多种应用。因特网的实践充分证明了这种设计思路的正确性。

从通信的角度，网络层提供了两种服务，即面向连接服务和无连接服务。网络层对这两种服务的具体实现，就是虚电路服务和数据报服务。下面对这两种网络服务进行介绍。

1. 虚电路服务

虚电路服务是网络层向传输层提供的一种使所有分组都能按序到达目的端系统的可靠的数据传送方式。在进行数据通信的两个端系统之间存在着一条为之服务的虚电路。由于虚电路服务使得所有分组通信经由同一条虚电路，因而这些分组到达目的端系统的顺序与发送时的顺序是完全一致的。图 7-2 所示为互联网的虚电路服务示意图，两个路由器之间的网络等效于一条链路。图中，VC_1 是主机 H_1 进程 P_1 与主机 H_4 进程 P_4 建立的虚电路：H_1—A—B—C—D—H_4，VC_2 是主机 H_1 进程 P_2 与主机 H_5 进程 P_5 建立的虚电路：H_1—A—C—E—H_5。

2. 数据报服务

数据报服务则是另一种情况。每一个分组都携带完整的目的地址信息，独立地选择不同的路由。由于每个分组经历的路由不同，到达目的端系统的所花费的时间也不一样，因而这种服务不能保证分组按发送顺序交付给目的端系统。图 7-3 所示为互联网的数据报服务示意图，两个路由器之间的网络等效于一条链路。图中，主机 H_1 发送到主机 H_5 的分组可以经过 A—B—C—E 或 A—C—E，也可以经过 A—B—C—D—E 等。究竟选择哪一条路由取决于网络的状态和路由选择策略。

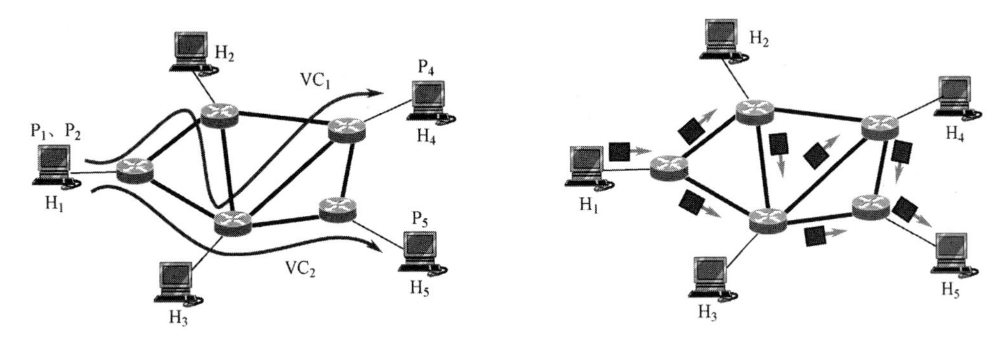

图 7-2　虚电路服务　　　　图 7-3　数据报服务

虚电路服务与数据报服务的比较如表 7-1 所列。

表 7-1　虚电路服务与数据报服务的比较

项　目	虚电路服务	数据报服务
设计思路	可靠通信由网络负责	可靠通信由用户主机负责
端—端连接	需要	不需要
目的地址	仅在建立连接时使用，每个分组使用虚电路号	每个分组均有完整的目的地址
分组转发	所有分组均按所建的同一条（虚）路由进行转发	每个分组独立选择路由进行转发
结点故障	虚电路中故障的结点均不能工作	故障的结点可能会丢失分组，也会使某些路由发生改变
分组顺序	按序发送、按序接收	按序发送，但不一定按序接收
端到端的差错控制和流量控制	由网络负责，也可由用户主机负责	由用户主机负责

由于 TCP/IP 体系的网络层提供的是数据报服务，下面就围绕着网络层如何传送 IP 数据报这一主题展开讨论。

*7.2　网际协议 IPv4

网际协议 IP 是 TCP/IP 体系中两个重要的协议之一，IPv4 是它的第 4 版，IPv4 虽有最终被 IPv6 取代的趋势，但目前它仍是最重要的因特网协议。与 IP 配套使用的还有 3 个协议：

① 地址解析协议 ARP（Address Resolution Protocol）

② 因特网控制报文协议 ICMP（Internet Control Message Protocol）

③ 网际管理协议 IGMP（Internet Group Management Protocol）

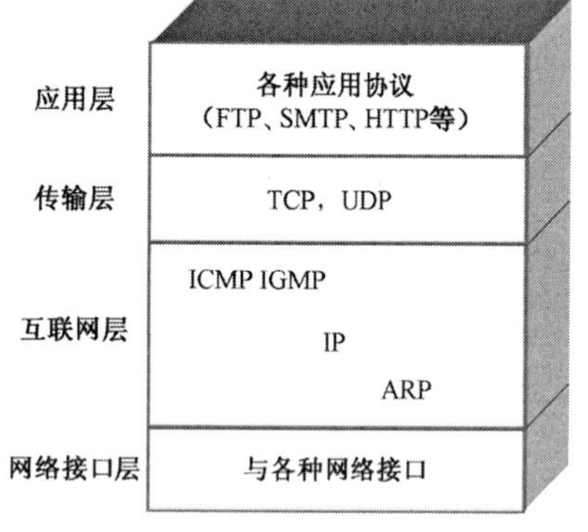

图 7-4　IP 协议与其配套协议

图 7-4 所示为 IP 协议与其配套协议。请注意图中协议所在的具体表示位置，如 ARP 处于 IP 的下方，表示 IP 可调用它；而 ICMP 和 IGMP 在 IP 的上方，则表示它们要用到 IP。

IPv4 协议具有以下主要特点。

① IPv4 协议提供一种无连接的分组传送服务，它不承诺服务质量的保证（即不保证传送的分组可能出现的差错、丢失、重复和失序等现象）。

② IPv4 协议是点 - 点的网络层通信协议。在因特网中，分组交付有直接交付和间接交付。这两种交付的判断依据是分组的目的 IP 地址与源 IP 地址是否属于同一网络。

③ IPv4 协议对传输层屏蔽了物理网络的差异。通过 IPv4 协议，网络层向传输层提供统一的 IP 分组。对传输层而言，互联的各种网络在帧结构和地址上的差异均不复存在。因此，IPv4 协议有助于各种异构网络的互连。

7.2.1　分类的 IP 地址

IP 地址是 TCP/IP 体系中的一个重要概念。因为我们把整个因特网看成一个单一抽象的网络，IP 地址就是唯一为每一台连接在因特网上的主机（或路由器）分配的长度为 32 位的标识符。IP 地址是由因特网名字与号码指派公司 ICANN（Internet Corporation for Assigned Names and Numbers）进行分配的。

对 IP 地址如何编址经历了两个历史阶段。

（1）分类的 IP 地址。这是最基本的 IP 地址编址方法，于 1981 年通过相应的标准协议。这种 IP 地址编址方法在实际使用中发现不甚合理，故作了许多改进，如子网划分、变长子网划分等。

（2）无分类的 IP 地址。这是 1993 年提出的新的分类方法，已得到广泛应用。

下面将依次介绍这两种分类方法。

为便于对 IP 地址的管理，同时考虑到网络拥有的主机数目差异很大，把 IP 地址划分为 5 类，即 A 类到 E 类，如图 7-5 所示。

常用的 A 类、B 类和 C 类 IP 地址均由网络号（net-id）和主机号（host-id）两个字段组成。其中，网络号指出某主机（或路由器）所连接的网络编号，主机号表明该主机（或路由器）在该网络中的编号。显然，网络号字段表明某类 IP 地址所包含的网络个数，而主机号字段表明该类网络所包含的主机个数。因为网络号在整个网络范围内是唯一的，主机号在所指定的网络内也是唯一的，所以一个 IP 地址在整个网络内是唯一的。

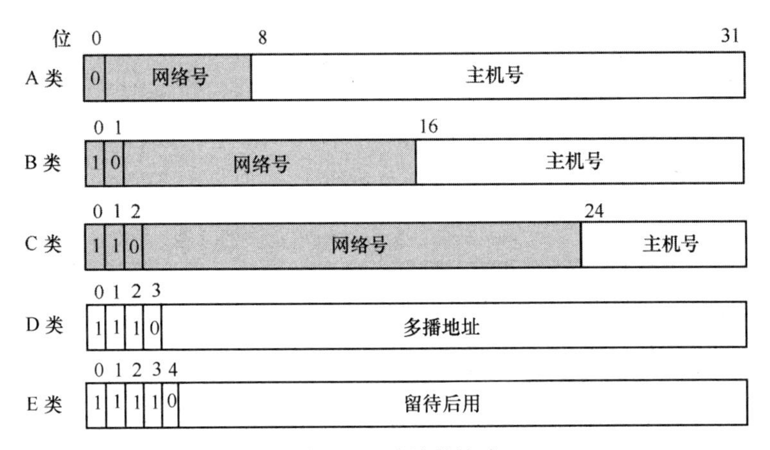

图 7-5　IP 地址的格式

这种两级结构的 IP 地址可记为

IP 地址∷={<网络号>，<主机号>}　　（7-1）

式中符号“∷=”表示“定义为”。

为了书写方便起见，以及提高其可读性，通常对 32 位二进制代码的 IP 地址采用点分十进记法（dotted decimal notation）。此方法是将 IP 地址中的每 8 位用其等效十进制数字表示，并在这些数字之间加上一个点。图 7-6 是点分十进记法举例。

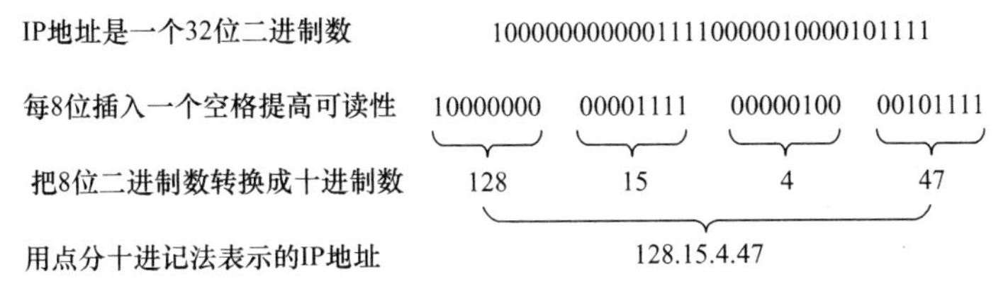

图 7-6　点分十进记法举例

下面就图 7-5 所示的 IP 地址做几点说明：

① A 类地址的网络号字段长度为 1B，首位是类别位（其数值规定为 0），只有 7 位可供使用，实际可分配的网络号为 125 个。这是因为保留了 3 个网络地址：一个是网络号为全零，表示本网络；另一个是网络号为 127（即 01111111），作为本地软件环回测试本主机进程之间的通信之用，称为回送地址（loopback address）；再一个是网络号为 10，作为专用地址（见后述）。主机号字段长度为 3B，实际可分配的主机号为 $2^{24}-2=16777214$ 个。这里也保留了两个主机号：一个是全 0，表示本主机；另一个是全 1，表示该网络上的所有主机。

② B 类地址的网络号字段长度为 2B，首两位是类别位（其数值规定为 10），还有 14 位可供使用，考虑到 B 类网络号 128.0.0.0 和专用网络号 172.16.0.0～172.31.0.0 是不分配的，因此 B 类地址可分配的网络号为 $2^{14}-17=16367$ 个。主机号字段长度为 2B，除去保留的全 0 和全 1 外，实际可分配的主机号为 $2^{16}-2=65534$ 个。

③ C 类地址的网络号字段长度为 3B，首三位是类别位（其数值规定为 110），还有 21 位可供使用，且网络号 192.0.0.0 和专用网络号 192.168.0.0～192.168.255.0 是不分配的，因此 C 类地址可分配的网络号为 $2^{21}-257=2096895$ 个。主机号字段长度为 1B，除去保留的全 0 和全 1 外，实际可分配的主机号为 $2^{8}-2=254$ 个。

以上 A 类、B 类和 C 类地址都是常用的一对一通信的单播地址。把 IP 地址划分为 A、

B、C 三类是为了更好地满足不同用户的要求。由于 A 类地址包含的主机数太多，现在能申请到的 IP 地址只有 B、C 类地址。其实，某单位申请到一个 IP 地址，只是得到具有同一网络号的一块地址，具体的主机号则由本单位自行指派。这样，我们就可得出表 7-2 所列的 A、B、C 类 IP 地址可指派的范围。

表 7-2　A、B、C 类 IP 地址可指派的范围

地址类别	可指派的最多网络数	第一个可指派的网络号	最后一个可指派的网络号	每个网络中可拥有的最多主机数	约占整个地址空间的比例
A	125	1	126	16777214	50%
B	16367	128.1	191.255	65534	25%
C	2096895	192.0.1	223.255.255	254	12.5%

④ D 类地址的前 4 位为 1110，用于一对多的多播通信，主要留给因特网体系结构委员会 IAB（Internet Architecture Board）使用。

⑤ E 类地址的前 4 位为 1111，留作将来发展之用。

在使用 IP 地址时，还应注意一般不使用的特殊 IP 地址，见表 7-3 所列。

表 7-3　一般不使用的特殊 IP 地址

网络号	主机号	源地址	目的地址	含　义
0	0	可用	不可用	本网络上的本主机
0	host-id	可用	不可用	本网络上的某台主机
全 1	全 1	不可用	可用	只在本网络上进行广播（各路由器均不转发）
net-id	全 1	不可用	可用	对 net-id 上的所有主机进行广播
127	非全 0 或全 1	可用	可用	用作本地软件环回测试之用

在上述 IP 地址指派范围内，ICANN 从其授权控制的 IP 地址分配方案中留出部分 A、B 和 C 类 IP 地址，供不连接到因特网上的专用网使用。专用 IP 地址又称为可重用地址（reusable address）。RFC 1918 指明了这些专用的 IP 地址。这些专用 IP 地址只能供单位内部使用，不能用于和因特网上的计算机进行通信。换句话说，专用 IP 地址只能作为本地地址，而不能用作全球地址。因特网中的所有路由器对目的地址是专用 IP 地址的数据报一律不进行转发。2013 年 4 月，RFC 6890 全面地给出了这些专用的 IPv4 地址，如下所列。

A 类：10.0.0.0～10.255.255.255（或记为 10/8，又称 24 位地址块）

B 类：172.16.0.0～172.31.255.255（或记为 172.16/12，又称 20 位地址块）

C 类：192.168.0.0～192.168.255.255（或记为 192.168/16，又称 16 位地址块）

综上所述，IP 地址具有以下重要特点：

（1）IP 地址是一种分级式地址结构，它不反映主机（或路由器）所在地理位置的任何信息。这种地址结构的优点是便于 IP 地址的管理和减少路由表所占用的存储空间。

（2）IP 地址指明了一台主机（或路由器）和一条链路的接口。当一台主机（或路由器）同时连接到多个网络上时，该主机（或路由器）必须具有多个不同网络号的 IP 地址。这种主机称为多归属主机（multihomed host）。

（3）在 IP 地址指派中，凡所有分配到网络号的网络，不论其规模大小都是平等的。

（4）按因特网的观点，一个网络是指具有相同网络号的主机的集合，因此用转发器或网桥连接起来的若干局域网仍为一个网络，因为这些局域网都具有相同的网络号。

7.2.2 划分子网

1. 三级 IP 地址的构成

在实际使用中发现，上面所述的 IP 地址结构存在一些不合理性。例如，A、B 和 C 类 IP 地址，可供分配的网络号超过 211 万个，而这些网络上可供使用的主机号的总数则超过 37.2 亿个。似乎这么多 IP 地址足以供全世界用户使用，其实不然。原因在于当初 IP 地址的设计不合理，主要体现在以下 3 个方面：

（1）IP 地址的使用存在很大的浪费现象，地址空间的利用率不高。例如，某单位申请到了一个 B 类地址，但该单位只有 5000 台主机。于是，在这个 B 类地址中就白白浪费了其余的 6 万多个主机号，地址空间的利用率仅为 7.63%。IP 地址的浪费，将导致 IP 地址空间资源的紧张。

（2）原来的两级 IP 地址不够灵活。因为某单位申请到一个 IP 地址，其实所得到的是一个网络号，主机号则由本单位自行分配。一般来说，单位对本单位的网络都有按部门划分的要求，在两级 IP 地址结构中却没有做出这方面的规定。

（3）按物理网络分配一个网络号的方法，将导致路由表的表项越来越多，这不但增加路由器的成本，还使查找路由表花费更多的时间，因而不易改善网络性能。

基于上述原因，自 1985 年起，在 IP 地址格式中增加了一个“子网号字段（subnet-id)”，使 IP 地址结构由两级变为三级，从而大大增加了使用的灵活性。这种做法称作划分子网（详见 RFC 950）。

划分子网的基本思路如下。

（1）划分子网纯属单位内部的事情，对本单位以外的网络是完全透明的。也就是说，本单位的网络划分子网，对外仍然表现为一个没有划分子网的网络。

（2）划分子网的具体方法是，利用 IP 地址中的主机号字段的前若干比特作为子网号字段，后面剩下的仍为主机号字段。这样就构成了三级 IP 地址，这种地址结构的 IP 地址可记为

IP 地址∷={<网络号>，<子网号>，<主机号>}　　（7-2）

（3）凡从其他网络传送到本单位网络某主机的 IP 数据报，仍然按 IP 数据报的目的网络号传送到连接在本单位网络上的路由器。此路由器再按目的子网号找到目的子网，再把 IP 数据报交付给目的主机。

由此可见，划分子网只是对 IP 地址的本地部分（即原来的主机号）进行再划分，并未改变 IP 地址的原始结构。

2. 子网掩码

划分子网要用到子网掩码（subnet mask）的概念。TCP/IP 体系规定：子网掩码是一个 32 位二进制数，由一串连续的“1”后随一串连续的“0”组成。其中“1”对应于 IP 地址的网络号和子网号字段，而“0”对应于 IP 地址的主机号字段。图 7-7 所示为以 B 类 IP 地址为例，说明子网掩码的用法。

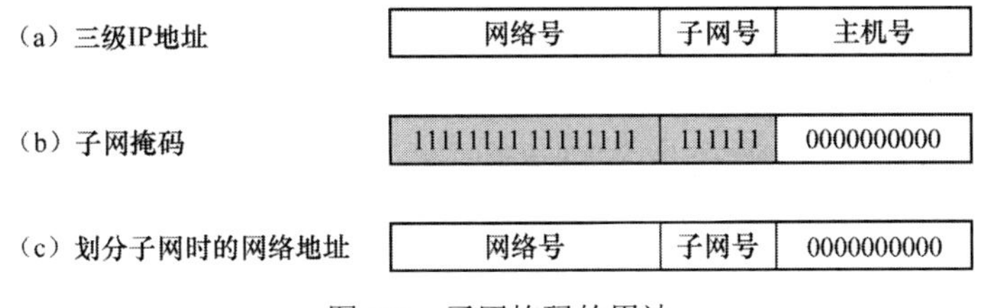

图 7-7　子网掩码的用法

如图 7-7 所示，把接收到的 IP 数据报中的目的 IP 地址与子网掩码逐位相“与”，便可得出子网所在的网络地址。

子网掩码的表示可采用点分十进制表示法，也可用十六进制记法，特别是当子网的边界不是正好在一字节的位置时。这样，根据给出的 IP 地址，就可判断出它的地址类别，而子网掩码则指出子网号和主机号的界限。子网掩码的表示还可采用网络前缀标记法（又称斜线记法），即在 IP 地址后面加一斜线再加一数字，此数字是网络号与子网号位数之和。例如，某主机的 IP 地址为 140.120.84.24，子网掩码为 255.255.240.0，用网络前缀标记法就可以表示为 140.120.84.24/20。

子网掩码是一个网络或一个子网的重要属性。因特网标准规定：所有的网络都必须有一个子网掩码，同时在路由器的路由表中也必须设有子网掩码这一项。路由器之间交换路由信息时，必须把自己所在网络（或子网）的子网掩码告知相邻的路由器。若一个路由器连接在数个子网上，它就拥有数个网络地址和子网掩码。如果一个网络不划分子网，那么该网络的子网掩码就使用默认子网掩码。默认子网掩码中的“1”的位置和 IP 地址中的网络号字段相对应。因此，

A 类地址的默认子网掩码是 255.0.0.0，或 0xFF000000；

B 类地址的默认子网掩码是 255.255.0.0，或 0xFFFF0000；

C 类地址的默认子网掩码是 255.255.255.0，或 0xFFFFFF00。

这样，若用默认子网掩码和某个 IP 地址逐位相“与”，就能得出该 IP 地址的网络地址，而不必先查找该地址的类别位再确定是属于哪一类的 IP 地址。

如上所述，子网号字段的长短决定子网的个数。下面以 B 类 IP 地址为例，来说明子网号字段与子网数及主机数的关系，如表 7-4 所列。对 A 类和 C 类地址的子网划分也可得出类似的表格。

表 7-4　B 类 IP 地址非变长子网的划分

子网号位数	子网数	每个子网的主机数	子网掩码	子网号位数	子网数	每个子网的主机数	子网掩码
2	2	16382	255.255.192.0	9	510	126	255.255.255.128
3	6	8190	255.255.224.0	10	1022	62	255.255.255.192
4	14	4094	255.255.240.0	11	2046	30	255.255.255.224
5	30	2046	255.255.248.0	12	4094	14	255.255.255.240
6	62	1022	255.255.252.0	13	8190	6	255.255.255.248
7	126	510	255.255.254.0	14	16382	2	255.255.255.252
8	254	254	255.255.255.0	-	-	-	-

在表 7-4 中，“子网号位数”这一列没有 0、1、15 和 16 这 4 项是因为它们没有意义。同时，“子网数”这一列是除去了全 0 和全 1 这两种情况。不过，随着无分类域间路由选择 CIDR 的广泛使用，现在全 0 和全 1 的子网号也可以被使用了，但必须确认路由器所用的路由选择软件是否支持全 0 和全 1 的子网号的识别。

划分子网增加了网络设计的灵活性，但它是以减少主机数为代价的。这里仍以图 7-7 所示的 B 类 IP 地址为例。本来一个 B 类 IP 地址可容纳 65534 个主机号。但划分出 6 位长的子网号字段后，最多可有 62 个子网（除去全 1 和全 0 的子网号）。每个子网有 10 位的主机号，即每个子网最多可加接 1022 台主机（除去全 1 和全 0 的主机号）。因此主机的总数是

62×1022=63364 个。显然，这比未划分子网时要少。

当采用子网掩码时，单从 IP 地址有时还不能很方便地看出子网号和主机号。例如，一个 B 类 IP 地址 140.252.20.68，其网络号是 140.252。子网掩码为 0xFFFFFFE0（其二进制记法为 11111111 11111111 11111111 11100000）。由于子网号为 11 位，则主机号只占 5 位。上面 IP 地址的后 2 字节（20.68）的二进制记法是 00010100 01000100，其中前 11 位是子网号，后 5 位是主机号。因此用十进制记法的子网号是 162，而主机号是 4。

其实，子网掩码的概念相当于采用三级寻址。当路由器在收到一个分组时，首先检查该分组的目的 IP 地址中的网络号。若网络号不是本网络，则从路由表中找出下一站地址将其转发出去；若网络号是本网络，则再检查目的 IP 地址中的子网号。若子网不是本子网，也同样转发出去；若子网是本子网，则根据主机号将分组交付给该目的主机。

3. 变长子网

子网划分的最初目的是把基于类的网络（A 类、B 类、C 类）划分为几个规模相同的子网，即每个子网包含相同的主机数。例如，一个 B 类网络当使用主机号字段的 4 位作为子网号字段时，就可以产生 16 个规模相同的子网（包括全 0 和全 1 子网在内）。其实，子网划分只是一种通用的利用主机号字段划分子网的方法，不一定要求子网的规模相同，实际应用正是如此。例如，一个单位中的各个网络包含不同数量的主机，如能为其创建不同规模的子网，就可避免 IP 地址的浪费。对于不同规模的子网划分，称为变长子网划分（详见 RFC 1009），并使用相应的变长子网掩码 VLSM（Variable Length Subnet Mask）技术，从而进一步提高 IP 地址资源的利用率。

变长子网划分是一种用不同长度的子网掩码来分配子网号字段的技术。它是对已划分好的子网使用不同的子网掩码做进一步划分，形成不同规模的网络，从而提高 IP 地址资源的利用率。下面用一个实例来说明变长子网划分的细节。

【例 7-1】 某公司申请了一个 B 类 136.48.0.0 的 IP 地址空间，现要求为该公司配置 1 个能容纳 32000 台主机的子网，15 个能容纳 2000 台主机的子网，以及 8 个能容纳 254 台主机的子网。试问应如何进行 IP 地址的分配？并给出地址的利用率。

【解答】下面给出的是一种配置方案（见图 7-8，注意图中列出的 IP 地址是各子网的起始地址）。

（1）对于 1 个能容纳 32000 台主机的子网。用主机号字段中的 1 位进行子网划分，产生两个子网，即 136.48.0.0/17 和 136.48.128.0/17。由于每个子网可加接 32766 台主机。拟选择 136.48.0.0/17 作为能满足容纳 32000 台主机需求的子网。

（2）对于 15 个能容纳 2000 台主机的子网。再使用主机号字段中的左 4 位对子网网络 136.48.128.0/17（第（1）步中所划分的第 2 个子网 136.48.128.0/17）进行子网划分，就可以划分 16 个子网，即 136.48.128.0/21，136.48.192.0/21，…，136.48.240.0/21，136.48.248.0/21，从这 16 个子网中选择前 15 个子网就可满足每个子网容纳 2000 台主机的需求。

（3）对于 8 个能容纳 254 台主机的子网。再使用主机号的左 3 位对子网网络 136.48.248.0/21（第（2）步中所划分的第 16 个子网 136.48.248.0/21）进行划分，可以产生 8 个子网，即 136.48.248.0/24，136.48.249.0/24，136.48.250.0/24，136.48.251.0/24，136.48.252.0/24，136.48.253.0/24，136.48.254.0/24，136.48.255.0/24。这 8 个子网每一个都可以容纳 254 台主机。

地址利用率为（32000+15×2000+8×256）/65534=64048/65534=97.73%

图 7-8 所示为该配置方案的变长子网划分过程。

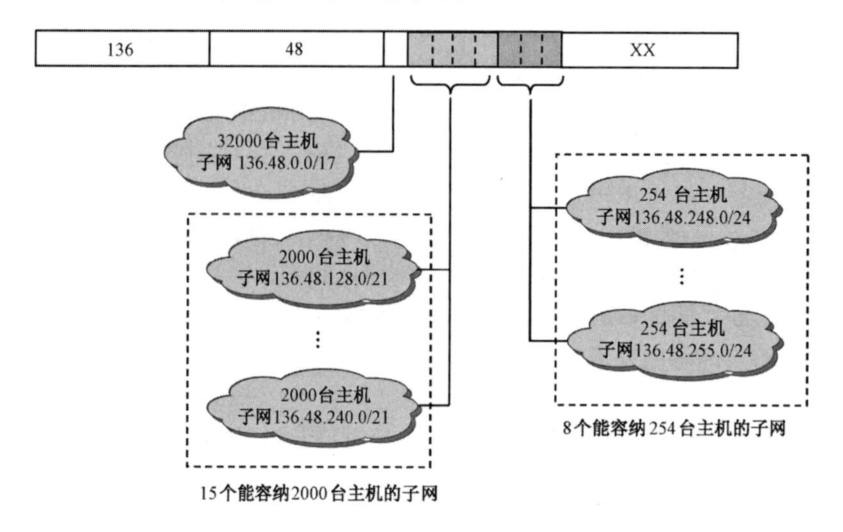

图 7-8　变长子网划分举例

7.2.3　无分类编址

划分子网概念的提出，在一定程度上缓解了当初 IP 地址设计不够合理所引起的矛盾，而变长子网的概念也符合用户对 IP 地址实际使用的需要。但这些措施并未从根本上解决因特网在发展过程中所遇到的问题。在 1992 年，因特网已面临 3 个问题：①B 类 IP 地址在 1992 年已分配过半；②因特网主干网上的路由表上项目数急速增加；③2011 年 2 月 3 日，IANA 宣布 IPv4 地址已经耗尽。为此，因特网工程部 IETF 在 VLSM 的基础上，着手研究无分类编址方法来解决前两个问题。至于第 3 个问题，则由专门成立 IPv6 工作组来解决。

无分类编址方法的正式名字是无分类域间路由选择 CIDR（Classless Inter-Domain Routing），它的主要特点是：

（1）CIDR 取消了以往对 IP 地址进行分类以及划分子网的概念，利用“网络前缀”（network-pfefix，简称前缀）来代替分类地址中的网络号和子网号。这样，就使得 IP 地址从三级编址重新回到了两级编址，只是这种编址是无分类的两级编址。可记为

IP 地址∷={<网络前缀>，<主机号>}　　（7-3）

CIDR 还使用斜线记法（slash notation，或称 CIDR 记法），即在 IP 地址后面加一斜线“/”，再写上网络前缀所占的位数。在无分类编址中，有时还会用到“网络后缀”，“网络后缀”是地址中的主机号。例如，136.48.52.36/20，表示该 IP 地址的前 20 位是网络前缀，网络后缀便是 12 位的主机号。

（2）CIDR 把网络前缀相同的连续的 IP 地址块组成一个“CIDR 地址块”。CIDR 地址块可用它的起始地址和块中地址数来表示。例如，136.48.32.8/20 表示某 CIDR 地址块中的一个地址，这个地址用二进制可表示为

136.48.32.8/20—→**10001000 00110000 0010**0000 00001000

这个地址所在地址块中共有 2^{12} 个地址，但全 0 和全 1 的地址一般不使用。该地址块的最小地址是 136.48.32.0（即 **10001000 00110000 0010**0000 00000000），而最大地址是

136.48.47.255（即 **10001000 00110000 0010**1111 11111111）。通常，我们可用地址块中的最小地址和网络前缀的位数来指明这个地址块。如上面的地址块可记为 136.48.32.0/20。在不需要指明地址块的起始地址时，也可把这个地址块简称“/20 地址块”。

使用 CIDR 后，由于一个 CIDR 地址块包含多个地址，路由表的表项也可改用地址块来表示。这种地址聚合称为路由聚合（route aggregation）。路由聚合既有利于缩减路由表，又可以减少查找路由表所花费的时间，从而提高了因特网的性能。路由聚合也称构建超网（supernetting）。因此，构建超网的目的是将现有的 IP 地址合并成较大的、具有更多主机地址的地址域。

为了更方便地进行路由选择，CIDR 使用 32 位的地址掩码（又称超网掩码），其组成规则同前。如对于/20 地址块，它的地址掩码是 11111111 11111111 11110000 00000000，即地址掩码中 1 的个数就是斜线记法中斜线后面的数字。

CIDR 记法还有其他几种形式。一种是把点分十进制中的低位连续的“0”省去，如 20.0.0.0/10，可表示为 20/10。另一种是在网络前缀后面加一个星号“*”，如 00010100 00*，其中星号前是网络前缀，而星号表示 IP 地址中的主机号。

前面曾指出，CIDR 取消了划分子网的概念，这是指 CIDR 并没有在 32 位 IP 地址中再指明子网字段（subnet-id），但是，凡分配到一个 CIDR 地址块的单位仍可按本单位的需要进行划分子网的操作。这些子网也都只有一个网络前缀和一个主机号，但各子网的前缀比该单位的网络前缀要长。例如，某单位分配到/20 地址块，若要再继续划分 6 个子网，此时每一个子网的网络前缀应是 23 位，比该单位的网络前缀多 3 位。

表 7-5 给出了常用的 CIDR 地址块。

表 7-5　常用的 CIDR 地址块

CIDR 前缀长度	网络前缀（点分十进制表示）	块内地址数（含全 0 和全 1 地址）	相当于分类地址的网络数
/13	255.248.0.0	512K(K=2^{10}=1024)	8 个 B 类或 2048 个 C 类网络
/14	255.252.0.0	256K	4 个 B 类或 1024 个 C 类网络
/15	255.254.0.0	128K	2 个 B 类或 512 个 C 类网络
/16	255.255.0.0	64K	1 个 B 类或 256 个 C 类网络
/17	255.255.128.0	32K	128 个 C 类网络
/18	255.255.192.0	16K	64 个 C 类网络
/19	255.255.224.0	8K	32 个 C 类网络
/20	255.255.240.0	4K	16 个 C 类网络
/21	255.255.248.0	2K	8 个 C 类网络
/22	255.255.252.0	1K	4 个 C 类网络
/23	255.255.254.0	512	2 个 C 类网络
/24	255.255.255.0	256	1 个 C 类网络
/25	255.255.255.128	128	1/2 个 C 类网络
/26	255.255.255.192	64	1/4 个 C 类网络
/27	255.255.255.224	32	1/8 个 C 类网络

由表 7-5 可见，除了最后 4 项外，每一 CIDR 地址块都包含着相当于多个 C 类地址，最前三项还包含着相当于数个 B 类地址。另外，表中网络前缀小于 13 和大于 27 的都很少使

用，这主要是所包含的地址数太多或太少的缘故。

使用 CIDR 地址块的最大好处是可以更加有效地来分配 IPv4 的地址空间。现举一例来说明。假如某因特网服务提供者 ISP 拥有地址块 208.18.128.0/17（相当于 128 个 C 类网络）。某单位需用 900 个 IP 地址。在不使用 CIDR 之前，ISP 可以分配给该单位一个 B 类地址或者 4 个 C 类地址。但在使用 CIDR 之后，ISP 可分配给该单位一个地址块 208.18.128.0/22，它包含 1024 个 IP 地址，相当于 4 个连续的/24 地址块。

使用 CIDR 地址块还有一个好处是可以按网络所在的地理位置来分配地址块，这样就可以大大缩小路由表所占的空间，即减少路由表的表项数。这就是后来提出的将世界划分为四大地区，每一地区分配一个 CIDR 地址块的设想：

欧洲地址块	194/7(194.0.0.0～195.255.255.255)
北美洲地址块	198/7(198.0.0.0～199.255.255.255)
中、南美洲地址块	200/7(200.0.0.0～201.255.255.255)
亚太地区地址块	202/7(202.0.0.0～203.255.255.255)

每一地址块约有 3200 万个 IP 地址。按网络所在的地理位置来分配地址块，虽可实现 IP 地址与地理位置相关联，但却是件难以取舍的事情。因为在使用 CIDR 之前因特网的地址管理机构是不按地理位置来分配 IP 地址的，现在如要作更改，一是要重新收回和分配已分配出去的所有 IP 地址，二是很多正在工作的主机必须修改其 IP 地址。

最后需要指出的是，使用 CIDR 构建超网时，要求得到相关的路由器和路由协议的支持。因特网内部网关协议 RIP2 和外部网关协议 BGPv4 都支持 CIDR，但 RIPv1 不支持 CIDR。

7.2.4 地址解释和地址转换

1．IP 地址与硬件地址

在 TCP/IP 体系中，除了 IP 地址这一重要概念外，还有另一个重要的地址概念，即硬件地址（又称物理地理）。图 7-9 表明了这两种地址的使用区别。由图可见，硬件地址是数据链路层和物理层使用的地址，而 IP 地址是网络层及以上层次使用的地址，是一种逻辑地址。IP 地址放在 IP 数据报首部，而硬件地址则放在 MAC 帧的首部。

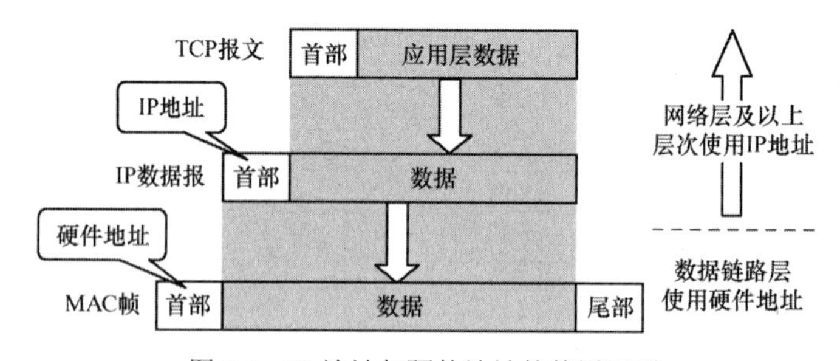

图 7-9　IP 地址与硬件地址的使用区别

图 7-10 表示分组在网络上传送时使用不同地址。假设图中的两个以太网通过因特网互连起来，以太网 1 上的主机 H_1 与以太网 2 上的主机 H_2 通信，加接在以太网上的两个主机的 IP 地址分别是 IP_1 和 IP_6，而硬件地址分别为 HA_1 和 HA_6。通信的路径是主机 H_1→路由器 R_1→因特网→路由器 R_2→主机 H_2。

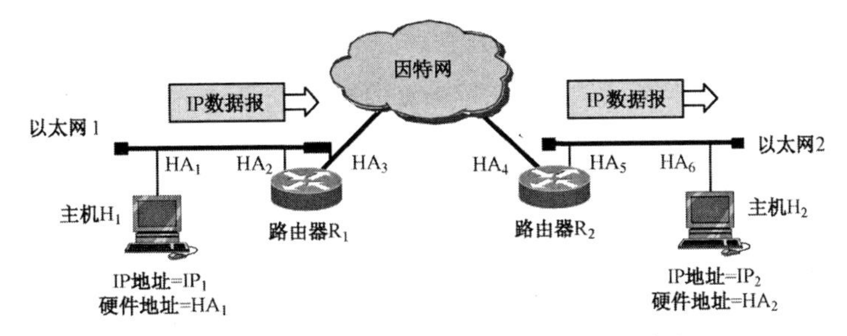

图 7-10　分组在网络上传送时使用不同地址

这里须强调以下几点。

① 在 IP 层上只能看到 IP 数据报。IP 数据报的首部中写明源地址 IP_1 和目的地址 IP_6。路由器根据目的站的 IP 地址的网络号进行路由选择，但传送途径中路由器的 IP 地址不应出现在 IP 数据报的首部。

② 在数据链路层上看到的只是 MAC 帧。IP 数据报是被封装在 MAC 帧中的。MAC 帧在不同网络上传送时，其首部中填写的源地址和目的地址是不同的。开始传送时，MAC 帧首部写的源地址是 HA_1 而目的地址是 HA_2，在路由器 R_1 转发时却将其转换成 HA_3 和 HA_4，最后在路由器 R_2 转发时，又一次转换成 HA_5 和 HA_6。MAC 帧首部的这种变化，在 IP 层上是看不到的。

③ 路由器 R_1 和 R_2 因同时接在两个网络上，故各有两个 IP 地址和两个硬件地址。

④ 尽管互连在一起的网络的硬件地址体系各不相同，但 IP 层抽象的互联网却屏蔽了下层的这些复杂细节，并使得互连在一起的网络能够使用统一的、抽象的 IP 地址进行通信。

2. 地址解析协议 ARP

在 TCP/IP 体系中，如何将网络层使用的 IP 地址解析出数据链路层使用的硬件地址，这是由地址解析协议 ARP 来完成的。在地址解析协议中，过去曾有过称之逆地址解析协议 RARP，该协议的作用是将它所知道自己的硬件地址找出其 IP 地址。不过，现在的动态主机配置协议 DHCP 已包含了 RARP 协议的功能。

下面举例说明地址转换机制的基本过程及有关地址解析协议的作用。

图 7-11 所示为主机名与 IP 地址、IP 地址与硬件地址之间的转换情况。源主机名为 host-a 要与目的主机名为 host-b 进行通信，可通过域名系统 DNS 从目的主机名 host-b 得出其 IP 地址为 219.0.0.2。再通过地址解析协议 ARP 把 IP 地址 219.0.0.2 转换成目的主机硬件地址 08002B00EE0B（假设目的主机连接在某个局域网上）。这里需要注意的是，IP 地址是 32 位，而局域网的硬件地址是 48 位，因此它们之间不是一个简单的转换关系。

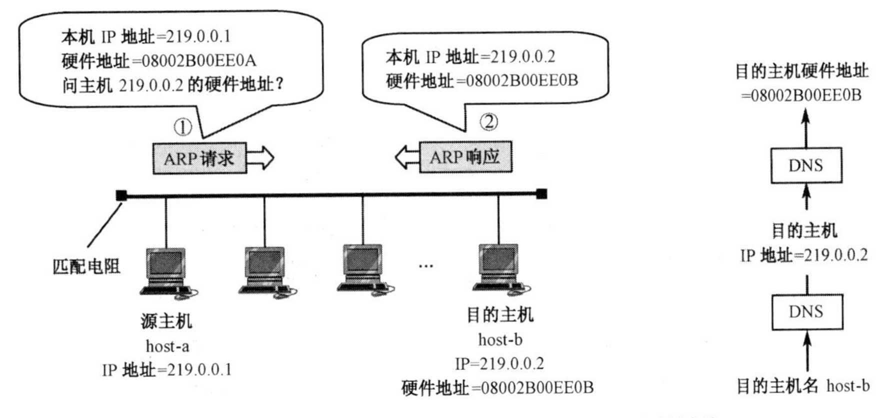

图 7-11　主机名与 IP 地址、IP 地址与硬件地址的转换

为了实现 IP 地址与硬件地址之间的转换，在每一台主机上都设有一个 ARP 高速缓存（ARP cache），其中存放有本网络上目前已知的各主机（和路由器）IP 地址到硬件地址的映射表。当源主机 host-a 欲向本局域网上目的主机 host-b 发送一个 IP 数据报时，就先在其 ARP 高速缓存中查看有无目的主机 host-b 的 IP 地址。如有，即查出其对应的硬件地址，然后将此硬件地址写入 MAC 帧，并将此 MAC 帧发往局域网。如查不到，这可能是目的主机 host-b 才入网，或者源主机 host-a 刚加电，其高速缓存还是空的。此时，源主机 host-a 就自动运行 ARP，并按下列步骤查找目的主机 host-b 的硬件地址。

① 源主机 host-a 的 ARP 进程在本局域网上广播发送一个 ARP 请求分组（内含目的主机 host-b 的 IP 地址）。

② 目的主机 host-b 收到此 ARP 请求分组，在分组中见到了自己的 IP 地址，就向源主机 host-a 发送一个 ARP 响应分组，上面写入自己的硬件地址。

③ 源主机 host-a 收到目的主机 host-b 的 ARP 响应分组后，就在 ARP 高速缓存中写入目的主机 host-b 的 IP 地址到硬件地址的映射。

为了减少网络上的通信量，源主机 host-a 在发送 ARP 请求分组时，就将自己的 IP 地址到硬件地址的映射写入 ARP 请求分组。当目的主机 host-b 收到源主机 host-a 的 ARP 请求分组时，目的主机 host-b 就将源主机 host-a 的这一地址映射写入自己的 ARP 高速缓存中。这就为以后主机 host-b 与主机 host-a 进行通信提供了方便。

ARP 对存放在高速缓存中的“IP 地址–硬件地址”映射表设置了生存时间。凡是超过了生存时间的表项将被删除。被删除的表项需重新建立，同样也要经过前面所述的查找目的主机硬件地址的过程。显然，映射表的及时更新将能保证网络的畅通。

这里需要说明的是，在图 7-11 所介绍的例子中，ARP 解决了同一网络上的地址映射问题。但是，如果所要找的目的主机与源主机不在同一网络上（如图 7-10 所示），此时由源主机发送的 MAC 帧中的目的地址必须先解析为转发此 MAC 帧的路由器的硬件地址。接下来寻找目的主机硬件地址的工作，则由该路由器重复上述步骤来完成。这样，经过数次接力传送才能将 ARP 请求分组传送到目的主机，目的主机再在 ARP 响应分组中写入自己的硬件地址。然后，再次反向接力传送到源主机。

必须指出，由 IP 地址到硬件地址址的解析是自动进行的，主机的用户并不知道这种地址的解析过程，且这种地址解析可能需要经历多次。

3. 虚拟专用网 VPN

在过去几十年中，商业模式和通信模式发生了重大变化，很多公司都进行了全球化扩张，其办事处遍布世界各地，面对全球服务，就要求能够在全球各地的办事处之间进行快速、安全、可靠的通信。但是，为了安全起见，公司并不想把内部所有的计算机接入到外部的因特网，而只是想实现公司内部计算机之间的通信。如果这样建立的内部网络，计算机之间的通信仍采用 TCP/IP 协议，这样原则上本机构内部的计算机就可以自行分配 IP 地址。这就是说，公司内部的计算机使用仅在本机构有效的 IP 地址（称为本地地址），而不向因特网管理机构申请全球唯一的 IP 地址（称为全球地址），这样也就可以大大地节约全球 IP 地址的资源。

如前所述，ICANN 已预留了部分 IP 全球地址可供内部网络使用，这些专用地址是 A 类：10.0.0.0～10.255.255.255；B 类：172.16.0.0～172.31.255.255；C 类：192.168.0.0～

192.168.255.255。专用 IP 地址也称为可重用地址（reusable address）。采用专用 IP 地址构建的内部网络称为专用互联网或本地互联网（简称专用网）。

为了实现分布在不同地点的本地网之间的通信，可以有两种方法：一种是租用电信公司的公用通信网络，另一种是利用公用的因特网作为公司专用网的通信载体。后一种方法实现的专用网称为虚拟专用网 VPN（Virtual Private Network）。

虚拟专用网至今未有统一的定义。但其含义具有两个方面：首先是“虚拟”，因为整个 VPN 网络上的任意两个结点之间的连接并没有传统专用网所需的端到端的物理链路，而是将它建立在分布广泛的公用网络的平台上；其次它又是一个“专用网”，每个 VPN 用户都可以从临时的“专用网”上获得所需的资源。

虚拟专用网技术存在 3 个问题：①安全性。因为因特网不是一个可信赖的安全网络，为确保数据传输的安全，应对入网传输的数据进行加密处理。②可管理性。VPN 的管理要能应对电信公司需求的快速变化，以避免额外的远行开销。③性能。由于 ISP 是“尽力交付”传输 IP 分组，而跨因特网的传输性能又无法得到保证，且时有变化，所以附加的安全措施也会显著地降低性能。

虚拟专用网具有以下特点：①成本低廉。它使用诸如因特网的公共网络基础设施，而不是昂贵的租用专线，因此只需支付日常的上网费用；②支持广泛。VPN 支持最常用的网络协议，基于 IP、IPX 和 NetBEUI 协议的网络的客户机都可以使用 VPN；③安全可靠。它使用的协议具有身份验证、数据加密等功能，且 VPN 数据包在网络上传输时，只能看到它的源地址和目的地址，无法知道数据是发往内部网络的哪台机器，这样既隐藏了内网的拓扑，也增加了安全性。④易于扩充和管理。

实现 VPN 可采用隧道技术。一条隧道一般由隧道发起者、公共网络以及一个或多个隧道终端。隧道发起者既可以是便携计算机，也可以是路由器或远程访问服务器。隧道发起者的任务是在公共网络中开辟一条隧道。隧道终端则是隧道的终点。隧道的建立有两种：一种是自愿隧道，指服务器计算机或路由器可以通过发送 VPN 请求配置和创建的隧道；另一种是强制隧道，指由 VPN 服务提供商配置和创建的隧道。隧道有两种类型：①点-点隧道。隧道由远程用户计算机延伸到企业服务器，由两边的设备负责隧道的建立，以及两点之间数据的加密和解密。②端-端隧道。隧道中止于防火墙等网络边缘设备，它的主要功能是连接两端的局域网。VPN 中还必须包含一些安全服务器（如防火墙），并采用标准的 Internet 技术提供数据加密、身份认证和授权确认等功能。VPN 具有的功能可以通过对现有的网络设备进行软件升级或更换其中的模块来实现。

图 7-12 所示为利用隧道技术实现虚拟专用网。此图说明同一单位已建有内部网络的两个部门 1 和 2，因相距遥远通过因特网建立虚拟专用网的情况。现设部门 1 的主机 A 要与部门 2 的主机 B 通信，源地址是 146.16.0.15，目的地址是 146.16.10.65。主机 A 发送的数据报作为部门 1 的内部数据报传送到路由器 R_1。由 R_1 对此内部数据报进行加密，并重新加上首部封装成在因特网上传输的外部数据报，此时其源地址是路由器 R_1 的 IP 地址 136.1.25.36，而目的地址是 R_2 的 IP 地址 174.2.45.30。路由器 R_2 收到外部数据报后将取出数据部分并解密，恢复成原来的内部数据报，再传送给目的主机 B。此例中部门 1 和 2 同属一个单位，这样构成的 VPN，通常称为内联网（intranet）。如果有外单位的内部网络也加入到这个内联网中，那么所构成的 VPN 则称为外联网（extranet）。无论是内联网还是外联网，它们都采用基于 TCP/IP 协议的因特网技术。

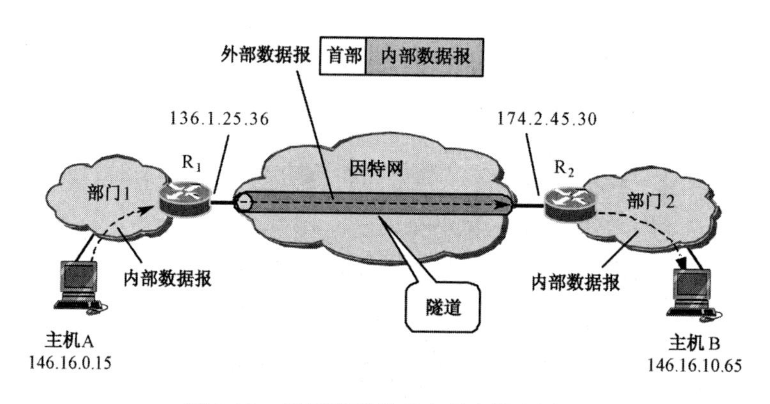

图 7-12　利用隧道技术实现虚拟专用网

4. 网络地址转换 NAT

如前所述，专用网内部的计算机使用仅在本机构内部有效的 IP 地址（即本地地址），如果在不需要加密的情况下，现在它们还想与因特网上其他的主机通信，则应采取何种措施呢？

显然，最简单的方法是为想通信的这些主机再申请全球 IP 地址，但由于 IP 地址的紧缺，此法难以做到。目前使用得最多的方法是网络地址转换 NAT（Network Address Translation）。

网络地址转换 NAT 是 1994 年提出的一种将一个 IP 地址域映射到另一个 IP 地址域的技术。这种技术需要在内部网络（通常是专用网）连接到因特网的路由器上安装 NAT 软件，这种路由器称为 NAT 路由器。NAT 路由器持有一个或多个有效的全球 NAT 地址。通过 NAT 路由器的所有出分组，都把分组中的本地源地址转换为全球 NAT 地址，而通过 NAT 路由器的所有入分组，都把分组中的目的地址（即该 NAT 路由器的全球 NAT 地址）转换为适当的本地地址。NAT 路由器的地址转换是依靠 NAT 转换表来实现的。NAT 实现了内部网络地址域与公用网络地址域的转换，以解决 IP 地址的匮乏问题，同时也起到内外网络的隔离作用，提供了一定的网络安全保障，减少受到外部攻击的风险。

图 7-13 所示为 NAT 路由器进行网络地址转换的工作原理。图中，连接内部网络（专用网）和外部网络（因特网）的 NAT 路由器，它有一个全球 IP 地址 179.16.62.2。若内部网络（192.168.0.0）上主机 A（192.168.0.5）要与连接到因特网上主机 B（210.32.166.58）通信。NAT 路由器收到来自主机 A 发送给主机 B 的 IP 数据报，其中源 IP 地址是 192.168.0.5，目的 IP 地址是 210.32.166.58。此时 NAT 路由器需将源 IP 地址 192.168.0.5，转换为新的源 IP 地址 179.16.62.2，再转发出去。当然，主机 B 收到后，会误认为主机 A 的 IP 地址为 179.16.62.2。然后主机 B 回送应答的 IP 数据报，其中目的 IP 地址是 NAT 路由器的 IP 地址 179.16.62.2。当 NAT 路由器收到此数据报时，通过查找 NAT 地址转换表，再把目的 IP 地址 179.16.62.2 更换成新的目的 IP 地址 192.168.0.5（即主机 A 的 IP 地址）。显然，上述通信过程只能由内部网络内的主机发起，而不能由因特网上的主机所为，这是因为 NAT 路由器无法将目的 IP 地址转换成哪一个内部网络的本地 IP 地址。由此说明，内部网络内的主机不能充当服务器，为因特网上的客户机提供所需的服务。

这里顺便指出，为了充分利用 NAT 路由器的全球 IP 地址，在 NAT 路由器的地址转换表上记录着不只是 IP 地址，还有传输层端口号。使用端口号的 NAT 称为网络地址和端口号转换 NAPT（Network Address and Port Translation），而对于不使用端口号的 NAT 称为传统 NAT（traditional NAT）。这样，多个拥有本地地址的主机，就可以共用一个 NAT 路由器上的全球 IP 地址，同时与因特网上的不同主机进行通信。

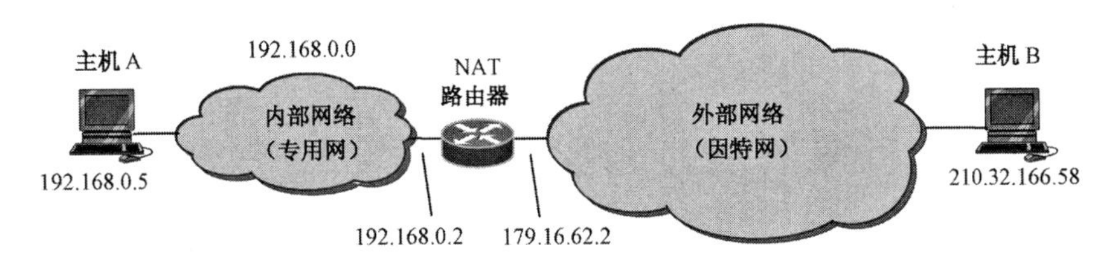

图 7-13　网络地址转换的工作原理

NAT 技术有 3 种类型：①静态 NAT（Static NAT），把内部网络的每个主机 IP 地址永久映射成外部网络的某个合法的全球 IP 地址。②动态 NAT（Pooled NAT），为每个内部网络的 IP 地址分配一个临时性的外部网络的全球 IP 地址，用完即收回。③网络地址端口转换 NAPT（Port-Level NAT）。为了更有效地利用 NAT 路由器上的全球 IP 地址，在 NAT 地址转换表中填入 IP 地址和端口号，这样就可使多个本地主机和应用进程共用一个 NAT 路由器上的全球 IP 地址，与因特网上的不同主机进行通信。上述 NAT 技术的实现方案各有利弊，NAT 已是因特网的一个重要构件。

NAT 功能通常被集成到路由器、防火墙、ISDN 路由器或者单独的 NAT 设备中。例如，网络管理员只需在 Cisco 路由器的 IOS 中设置 NAT 功能，就可以实现对内部网络的屏蔽。NAT 设备保持着一张转换表，用来把非法的 IP 地址映射成合法的 IP 地址。虽然每个 IP 数据报在 NAT 设备中都被映射成正确的 IP 地址会给处理机带来一定的负担，但这种负担对一般的网络是可以承受的。

7.2.5　IP 数据报的格式

在 TCP/IP 标准中，各种数据格式常以 32 位（即 4B）为单位加以描述。图 7-14 所示为 IP 数据报的完整格式。

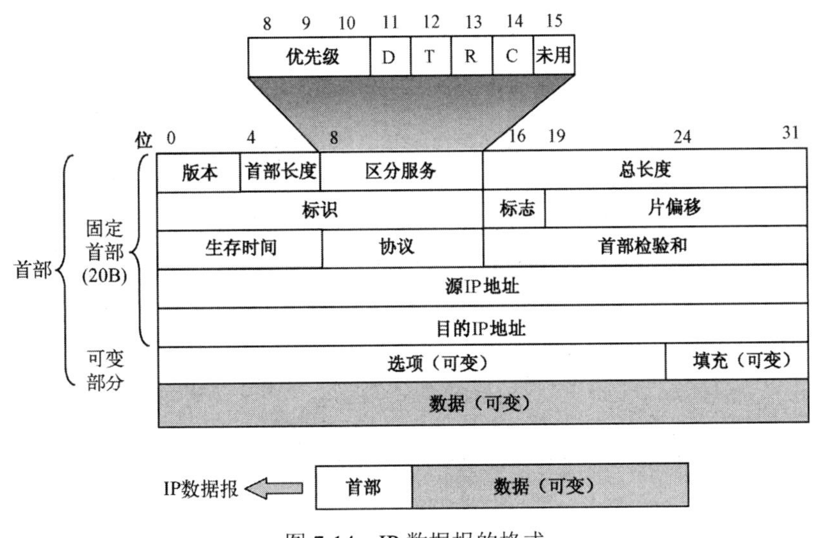

图 7-14　IP 数据报的格式

由图 7-14 可见，IP 数据报是由首部和数据两部分组成的。首部的前一部分为固定长度（20B），其后是选项和填充字段（长度可变）。数据部分的长度是可变的。下面介绍 IP 数据报各个字段的含义。

1. IP 数据报的首部

（1）版本（4 位）。指明 IP 协议的版本号。通信双方及它们之间的路由器使用的 IP 协议必须一致，以便对数据报的内容做出相同的解释。当前使用的版本号为 4（即 IPv4）。

（2）首部长度（4 位）。表示数据报首部的长度。因首部长度可表示的最大数值为 15 个单位（每单位 4B），所以 IP 的首部长度的最大值为 60B。当首部长度不足 4B 的整数倍时，可利用填充字段予以补齐，使得数据区总在 4B 的整数倍处开始。最常用的首部不含选项，其长度为 20B，即首部长度为 0101。

（3）区分服务（8 位）。表示对数据报的服务要求，曾经称为服务类型。1998 年该字段改名为区分服务 DS（Differentiated Services）。它分为以下 6 个子字段。

① 优先权子字段（3 位）。表示本数据报的优先权的高低，其取值范围为 0（一般优先权）到 7（网络控制优先权）。优先权由用户指定。该字段提供了一种允许控制信息享有比一般数据更高的优先权的机制。

② D 子字段（1 位）。表示要求有更低的时延服务。

③ T 子字段（1 位）。表示要求有更高的吞吐率服务。

④ R 子字段（1 位）。表示要求有更高的可靠性服务。

⑤ C 子字段（1 位）。表示要求选择费用更低廉的路由服务。

⑥ 最后一位留待后用，被置为 0。

该字段只在使用区分服务时才起作用，一般都不使用。现在重新启用这些字段，前 6 位用来标识分组的服务类别，后 2 位用来发送显式拥塞指示。

（4）总长度（16 位）。表示整个 IP 数据报（包括首部和数据）的长度，以字节为单位。由于总长度为 16 位，所以 IP 数据报的最大长度为 65535B。实际使用的数据报长度很少超过 1500B，通常使用的数据报长度被限制在 576B（包括最长首部 60B，数据 512B 和富余量 4B）。

当主机需要发送长度超过 576B 的数据报时，就要对数据报进行分片和重装。分片是为了适应物理网络的最大传输单元 MTU（Maximum Transfer Unit），而 MTU 的大小是由物理网络的硬件所决定的。需要注意的是，首部中的“总长度”指的是分片后每片的首部与数据之和。下面 3 个字段是用来控制分片和重装。

（5）标识（16 位）。该字段用于目的主机将数据报各分片重装成原来的数据报。当数据报由于长度超过网络的 MTU 而必须分片时，该标识字段的值被复制到所有的数据报片的标识字段中。这样，目的主机最终能正确地将标识字段值相同的各数据报分片重装成原来的数据报。

（6）标志（3 位）。该字段目前只有后两位有意义。其中，最低位记作 MF（more fragment），用于把数据报最后一片与前面其他各片区分开来。MF=1 表示片未完，即该片不是原数据报的最后一片；MF=0 表示该片已是若干数据报分片中的最后一片。次低位 DF（don’t Fragment），用来控制数据报是否允许分片。DF=1 表示该数据报不允许分片；DF=0 才允许分片。其实，数据报的分片和重组都是由机器自动完成的，因此设置 DF 位的真正意义在于，使得程序员可以控制数据报的分片过程，这为程序调试提供了方便和灵活性。

（7）片偏移（13 位）。表示本片在原数据报中的偏移，偏移量以 8B 为单位。由于各片数据均按独立数据报方式传输，因此到达目的站的片序是不定的，目的主机在重装数据报时需由该字段提供片偏移。

为了说明 IP 数据报分片和有关字段的使用情况，下面举一个例子。

【例 7-2】 若有一数据报总长度为 4820 字节，其中包括固定首部 20 字节，数据部分 4800 字节。若某一网络能传送的数据报片的最大长度为 1420 字节。试问应如何进行分片？

【解答】 根据题意，需将该数据报分为 4 个分片，每个数据报片的数据部分长度分别为 1400 字节、1400 字节、1400 字节和 600 字节。原始数据报首部内容将被复制到各数据报片，但有关字段（总长度、标志、片偏移等）的值必须进行修改。图 7-15 所示为数据报分片的过程。

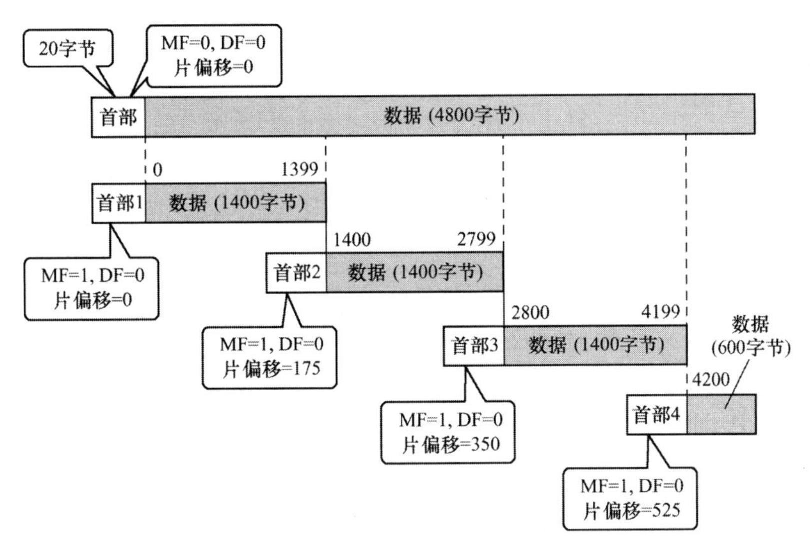

图 7-15　数据报分片举例

（8）生存时间（8 位）。表示本数据报在网络中存在的最长寿命，记作 TTL（Time To Live），最初以秒为计量单位。该字段用来防止数据报在网络中作无限制地循环传递，而消耗大量网络资源。由于因特网中所有结点的时钟难以做到精确同步，因此不可能精确地计算生存时间。为简化起见，凡路由器每处理一次数据报首部，则使生存时间减 1，或者数据报在路由器中因等待服务被延迟，则从生存时间中减去等待时间。一旦生存时间减至零，系统就将该数据报丢弃，并给源主机回送一个警告分组。随着技术的进步，现在 TTL 的单位是跳数（最大值为 255）。其值指明数据报在因特网中至多可通过的路由器个数。当某路由器转发分组时，就将 TTL 减 1。若减 1 之后该字段的值为零，则丢弃该分组。

（9）协议（8 位）。表示此数据报携带的数据所使用的协议编号。常用的一些协议和相应协议字段的值如下：

协议名称	ICMP	IGMP	TCP	EGP	IGP	UDP	IPv4	IPv6	ESP	OSPF
协议字段值	1	2	6	8	9	17	29	41	50	89

（10）首部检验和（16 位）。该字段只用于检验数据报的首部，但不包括数据部分。首部检验和的计算方法是：设首部检验和初始值为零，然后用二进制反码加法对首部数据的每 16 位求和，再将结果取反写入检验和字段。接收端收到数据报后，将首部中所有的 16 位字序列用二进

制反码加法再相加一次，将所得的和取其反码，即得到接收端检验和的计算结果。若首部未发生变化，此计算结果应为 0，则保留此数据报；否则认为该数据报出现差错，将其丢弃。这种将首部和数据区校验分开处理的方法可明显地节省路由器处理每一个数据报的时间，同时也允许较高层协议选用适合自己的数据校验方案。但是，这不仅给较高层带来了数据不可靠的问题，而且也增加了协议的负担。图 7-16 所示为 IP 数据报首部检验和的计算。

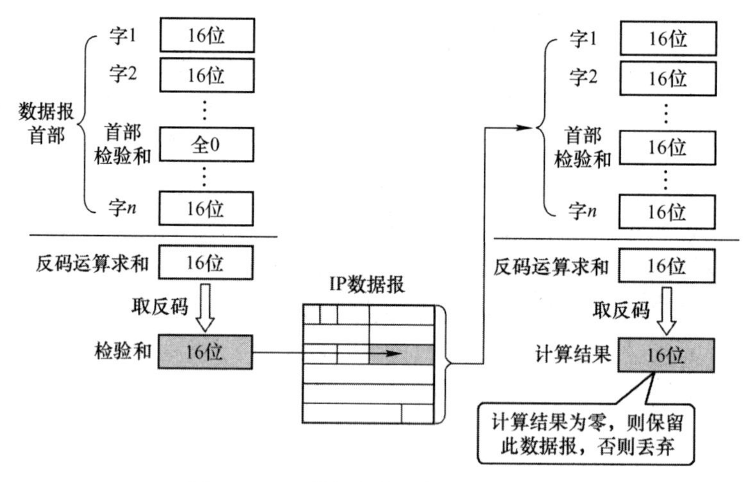

图 7-16　IP 数据报首部检验和的计算

（11）源 IP 地址（32 位）和目的 IP 地址（32 位）。这两个字段分别表示本数据报的源主机和目的主机的因特网地址。

（12）选项和填充（可变）。选项字段的长度取决于所选取的选项个数，其长度 1～40B。选项用于支持网络测试、排错以及安全等措施。选项字段并非每个数据报所必需，然而该字段却是 IP 协议的一个组成部分，因此所有标准的实施都包含此项。

每一选项由 3 个部分组成：选项码（1B）、长度（1B）和选项数据（由“长度”部分决定）。而选项码又由复制（1 位）、选项类（2 位）和选项号（5 位）三部分组成。其中复制用于控制路由器分片时如何对待选项。该位为 1 表示该选项复制到所有的分片当中；该位为 0 意味着本选项只复制到第一个分片当中。选项类和选项号用于确定选项的具体内容。选项类根据选项的目的划分，而选项号则是同一类中的进一步细化。选项类共有 4 类（0～3），目前暂用 0 和 2 类。每一类又分若干选项号，目前在用的 0 类有 7 个选项号，而 2 类有 1 个选项号。这些选项号的含义列于表 7-6 中。

表 7-6　IP 数据报可用的选项号

选项类	选项号	长度	含　义
0	0	1B	选项表结束，表示数据报首部选项字段的结束
0	1	1B	无操作
0	2	11B	安全与处理限制（军事应用）
0	3	可变	非严格源路由选择，数据报通过一条并非完备的路由
0	7	可变	记录路由，用于跟踪路由
0	8	4B	数据报标识，用于传递一个 SATNET 数据流标识
0	9	可变	严格源路由选择，数据报通过规定的路由
2	4	可变	时间戳，用于记录路由器处理数据报的时间。

填充字段是可变的，这是为了确保 IP 数据报首部长度为 4B（32 位）的整数倍。否则需在填充字段内添“0”补齐。

2. IP 数据报的数据部分

数据部分用于封装上层（传输层）报文，表示所发送数据报的具体内容，其长度以字节计，数据报的最大长度（含首部）为 65535B。

7.2.6 IP 层的分组转发机制

分组转发又称分组交付，是指互联网中路由器转发 IP 分组的物理传输和转发交付机制。分组交付有两种：直接交付和间接交付。路由器根据分组的源 IP 地址和目的 IP 地址是否属于同一网络来判断是直接交付还是间接交付。当源主机和目的主机位于同一网络，或者当目的路由器向目的主机传送分组时，分组被直接交付。如果源主机和目的主机不在同一网络，那么分组就要进行间接交付。在间接交付时，路由器从路由表中查到下一跳路由器的 IP 地址，再把 IP 分组转发给下一跳路由器，仅当 IP 分组到达与目的主机所在的网络连接的路由器时，分组才被直接交付。下面讨论互联网中进行分组交付的 3 种分组转发机制。

1. 未划分子网的分组转发

下面通过一个例子来说明路由器是如何进行分组转发的。图 7-17 所示为未划分子网时的路由器的分组转发。图中，主机 H_1 与主机 H_2 通信时，要经历 3 个网络（网 1、网 2 和网 3）和两个路由器（R_1 和 R_2）。每个路由器中都设有路由表，路由表是按照目的主机所在的网络地址来制作的，这样制做出来的路由表的表项要比按目的主机号制作的少得多。图中列出的是路由器 R_1 的路由表，它只有 3 个表项，前两个表项表示只要目的主机加接在网 1 和网 2 上，就可通过端口 0 和 1 将分组直接交付给目的主机。最后一个表项表示若目的主机加接在网 3 上时，则应先将分组传送给路由器 R_2（其 IP 地址为 145.40.0.75），再由路由器 R_2 转发给网 3，在网 3 上就可找到目的主机 H_2，这是实现分组的间接交付。由此可见，路由表的每一表项应包含两个内容：目的主机网络号和下一跳地址。当然，实际路由表的表项并非只有这两个内容，还会有其他一些内容，如标志、计数值、接口、使用情况等。

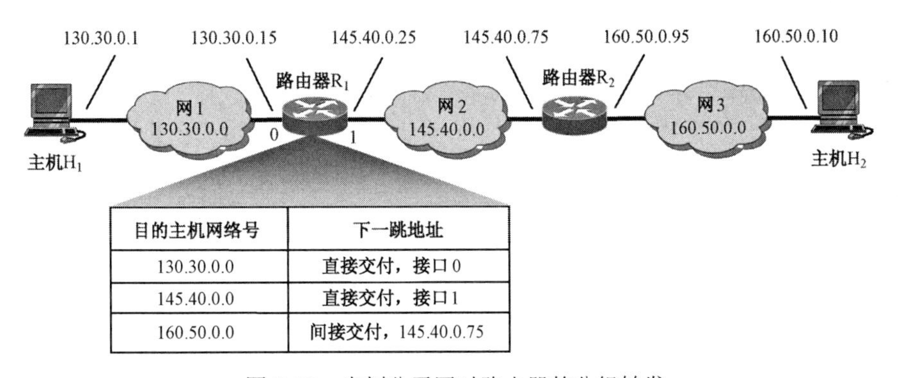

目的主机网络号	下一跳地址
130.30.0.0	直接交付，接口 0
145.40.0.0	直接交付，接口 1
160.50.0.0	间接交付，145.40.0.75

图 7-17　未划分子网时路由器的分组转发

尽管因特网所有的分组转发都是基于目的主机所在的网络，那么就允许出现这样的情况：为特定目的主机指定路由，称之为特定主机路由。采用主机特定路由既便于网络管理人员控制和测试网络，也可在需要考虑某种安全问题时予以采用。因此在对网络连接或路由表进行排错时，指明到某一主机的特定路由是十分有用的。

为了减少路由表的占用空间和搜索时间，还可以用默认路由来代替所有具有相同“下一跳地址”的表项。承担默认路由的路由器称为默认路由器。

这里需要指出，在 IP 数据报的首部中只有源 IP 地址和目的 IP 地址，并没有中间执行转发操作的下一跳路由器的 IP 地址。那么如何找到这个下一跳路由器的 IP 地址呢？

当路由器收到一个待转发的数据报时，在路由表中得到转发路由器的 IP 地址后，就把它交付给下层的网络接口软件。由网络接口软件利用 ARP 协议把转发路由器的 IP 地址转换成硬件地址，并把此硬件地址放入数据链路层 MAC 帧的首部，这样就可根据这个硬件地址找到转发分组的路由器了。显然，在分组传送过程中，这种查找路由表、转换成硬件地址和写入 MAC 帧的过程是重复进行的，这自然会造成一定的开销。

综上所述，可得出未划分子网时路由器转发分组的算法。

① 从 IP 数据报的首部提取目的主机的 IP 地址 D，得出目的主机网络地址为 N。

② 若 N 就是与此路由器直接相连的某个网络地址，则进行直接交付，也就是不需要再经过其他的路由器直接把数据报交付给目的主机（这里应包括 IP 地址到硬件地址的转换、数据报封装和转发等操作）；否则就是间接交付，执行下一步。

③ 若路由表中有目的主机 IP 地址为 D 的特定主机路由，则把数据报传送给路由表中所指明的下一跳路由器，并由它转发该分组；否则，执行下一步。

④ 若路由表中有目的主机的网络地址 N，则把数据报传送给路由表中所指明的下一跳路由器，并由它转发该分组；否则，执行下一步。

⑤ 若路由表中有一个默认路由，则把数据报传送给路由表中所指明的默认路由器，并由它转发该分组；否则，报告转发分组出错。

2. 划分子网的分组转发

在划分子网的情况下，从 IP 数据报首部提取目的主机的 IP 地址 D，还不能得到真正的目的主机所在的网络号，因为划分子网时要用到子网掩码的概念。因此，采用划分子网时，路由表的每一表项应包含 3 个内容：目的主机网络地址、子网掩码和转发接口（或称下一跳路由器的地址）。

图 7-18 所示为划分子网时路由器的分组转发。图中三个子网通过两个路由器互连，主机 H_1、H_2 和 H_3 分别连接在这三个子网上。假设主机 H_1 要与某一台主机通信。则主机 H_1 应先判明是直接交付还是间接交付，其方法是将分组的 IP 目的地址与主机 H_1 的子网掩码逐位“与”运算。若运算结果等于 H_1 的网络地址，说明目的主机与 H_1 连接在同一个子网上，则可直接交付不必经转发路由器转发。若运算结果不等于 H_1 的网络地址，则表明应采用间接交付，需将分组传送给本子网上转发路由器进行转发。

下面结合图 7-18 来说明分组的转发情况。现假设主机 H_1(130.30.3.18)要与主机 H_2(130.30.3.138)通信。H_1 先将目的 IP 地址 130.30.3.138 与它所在的子网掩码 255.255.255.128 逐位相“与”，得结果为 130.30.3.128。此结果不等于 H_1 所在的网络地址(130.30.3.0)，这说明 H_2 与 H_1 不在同一子网上，H_1 不能进行分组的直接交付，而必须先传送给默认路由器 R_1，由 R_1 进行转发。

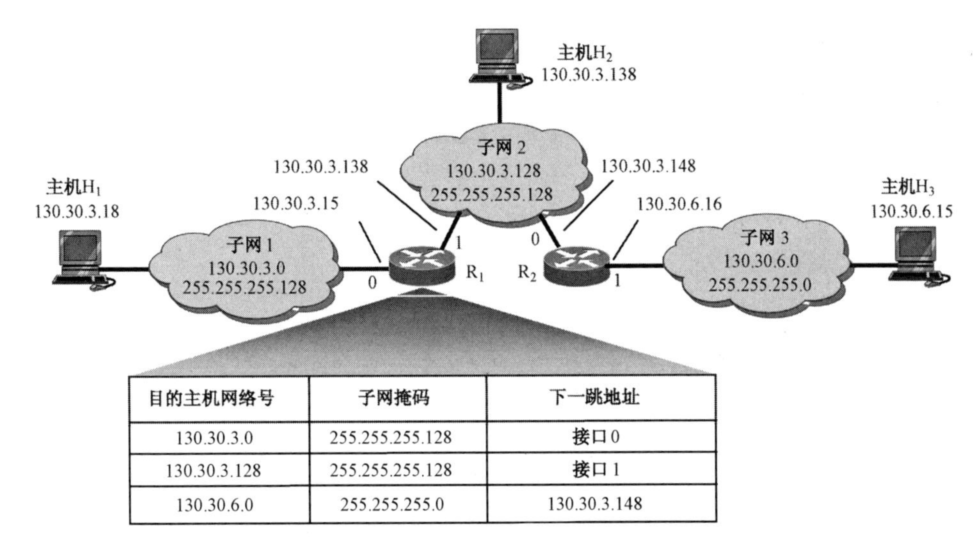

目的主机网络号	子网掩码	下一跳地址
130.30.3.0	255.255.255.128	接口 0
130.30.3.128	255.255.255.128	接口 1
130.30.6.0	255.255.255.0	130.30.3.148

图 7-18　划分子网时路由器的分组转发

于是，分组被传送到路由器 R_1。R_1 取路由表第一个表项的子网掩码 255.255.255.128，与所收到分组中的目的地址 130.30.3.138 逐位相“与”，得结果 130.30.3.128。由于这个结果与此表项给出的目的主机网络号不匹配，所以需继续查找第二个表项。接着取第二个表项中的子网掩码 255.255.255.128 再与目的地址 130.30.3.138 逐位相“与”，得结果 130.30.3.128。这一结果正好与第二表项给出的目的主机网络号相匹配，说明这个子网 2 就是所要寻找的目的网络。R_1 将分组从接口 1 直接传送给目的主机 H_2。

综上所述，可归纳出划分子网时路由器转发分组的算法。

① 从收到的 IP 数据报的首部取得目的主机的 IP 地址 D。

② 判断可否直接交付。对路由器直接相连的网络逐个进行检查：用各网络的子网掩码和 D 逐位进行“与”操作，检查其结果是否和相应的网络地址相匹配。若匹配，则把该分组直接交付给目的主机（这里应包括 IP 地址－硬件地址的转换、数据报封装和转发等操作）。否则，进行间接交付并执行下一步。

③ 若路由表中有目的主机 IP 地址为 D 的特定主机路由，则把数据报传送给路由表中所指明的下一跳路由器，并由它转发该分组；否则，执行下一步。

④ 对路由表中的每一表项，用其中的子网掩码和 D 逐位进行“与”操作，其结果为 N。若 N 与该表项的目的网络地址相匹配，则把数据报传送给该表项指明的下一跳路由器，并由它转发该分组；否则，执行下一步。

⑤ 若路由表中有一个默认路由，则把数据报传送给路由表中所指明的默认路由器，并由它转发该分组；否则，报告转发分组出错。

3. 使用 CIDR 的分组转发

使用 CIDR 时路由器转发分组的算法与前述相似，只是此时 IP 地址是由网络前缀和主机号两部分组成的，因此路由表的表项内容也应作相应的改动，即路由表的每一表项的内容为“网络前缀”和“下一跳地址”。另外，在查找路由表时会出现不只一个匹配结果，因而就存在应从这些匹配结果中选择哪一条路由的问题。

正确的结论是：应当从匹配结果中选择具有最长网络前缀的路由，这称为最长前缀匹配（简称最长匹配）。这是因为网络前缀越长，其地址块就越小，所指明的路由就越具体。

为了说明最长前缀匹配的概念，下面举一例子来加以讨论。

假设某 ISP 已拥有地址块 218.0.64.0/18（包含 16384 个 IP 地址，相当于 64 个 C 类网络），而某大学仅需要 800 个 IP 地址。在使用 CIDR 时，ISP 可以给该大学分配一个地址块 218.0.68.0/22，它包含 1024 个 IP 地址，相当于 4 个连续的 C 类/24 地址块。在此基础上，这个大学还可自主将所得地址块再划分给下属的各个系使用。图 7-19 所示为 CIDR 地址块划分的情况。

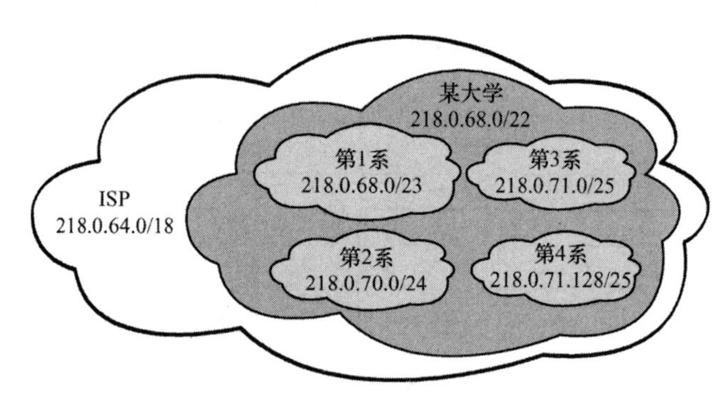

图 7-19 CIDR 地址块划分举例

该大学分配给各个系地址块的情况如下：第 1 系的地址块为 218.0.68.0/23，包含的 IP 地址数为 512；第 2 系的地址块 218.0.70.0/24，包含的 IP 地址数为 256；第 3 系的地址块 218.0.71.0/25，包含的 IP 地址数为 128；第 4 系的地址块 218.0.71.128/25，包含的 IP 地址数为 128。

按照一般的做法，在 ISP 路由器的路由表中，设有该大学的一个表项，凡是发送到该大学的数据报都传送到大学，然后再下送到相应的系。但是，现假定该大学下属的第 4 系希望把发往该系的数据报直达而不要经过大学的路由器转发，但又要求不再修改原来使用的 IP 地址块。于是，在 ISP 路由器的路由表中应包含该大学的两个表项，即该大学的 206.0.68.0/22 和第 4 系的 206.0.71.128/25。

现假定 ISP 路由器收到的一数据报，其目的 IP 地址为 D=218.0.71.130（其二进制为 11011010 00000000 01000111 10000010）。此时，将 D 和路由表中这两个表项的地址掩码进行逐位“与”运算，得结果如下：

D 与 11111111 11111111 11111100 00000000 逐位相“与”，得 218.0.68.0/22，说明 D 与该大学的网络地址是匹配的。

D 与 11111111 11111111 11111111 10000000 逐位相“与”，得 218.0.71.128/25，说明 D 与第 4 系的网络地址也是匹配的。

可见，同一个 IP 地址 D 在 ISP 路由表中找到两个网络相匹配。根据最长前缀匹配的规定，应选择后者，即将该数据报传送给第 4 系的那个地址块。

使用 CIDR 后，由于要寻找最长的前缀匹配，使得路由表的查找过程更趋复杂，尤其是路由表项数目很大时，将大大增加查表时间。为了缩短查表时间，有必要在路由表中采用更好的数据结构和寻求先进的快速查找算法。对使用 CIDR 的路由表最简单的查找算法是对所有可能的前缀进行循环查找，但这种算法的缺点在于查找次数太多。为了进行更有效的查找，通常把使用 CIDR 的路由表存放在一种层次的数据结构当中，然后自上而下地按层次进行查找。这里最常用的是二叉线索（binary trie），它是一种特殊结构的树。不过，二叉线索只是提供了一种可以在路由表中快速地找到匹配的叶结点的机制。至于是否与网络前缀匹配，还要和子网掩码进行一次逻辑与运算方可知道。

*7.3　因特网的路由选择协议

本节讨论常用的几种路由选择协议，说明路由表是如何建立起来的。

7.3.1　路由选择协议概述

1．路由算法的设计考虑

路由选择协议的核心是路由算法。路由算法指明了计算机网络中的结点机（或路由器）在接收到一个分组之后，应选择哪条输出链路的策略。一个理想的路由算法应具有以下一些特点。

① 正确性。指路由算法指明的路由最终一定能够到达目的网络和目的主机。

② 简单性。简单的路由算法不仅可以缩短结点机（或路由器）进行路由选择的计算时间（即缩短分组的结点时延），还能减少为路由选择计算而增加的网络通信开销。

③ 适应性。指路由算法能够适应包括通信流量和软、硬件故障在内的网络状态变化，自适应地改变路由，确保网络仍能正常运行。

④ 稳定性。当网络通信量和拓扑结构发生变化时，稳定性将能使路由算法得到一个收敛的可接受的解，不至于发生振荡。

⑤ 公平性。算法对所有用户都平等对待，以达到网络内部流量的平衡分布。

⑥ 最佳性。指实现路由算法所花费的开销最低。衡量开销的因素可以是跳数、带宽、时延、负载、费用等。当然不存在绝对的最佳路由算法，所谓“最佳”只能是在某一特定条件下做出较为合理的选择。

实际的路由算法应尽可能接近于理想的路由算法，针对不同的应用条件，对以上提出的 6 个方面的特点有所侧重。但是，路由选择是个非常复杂的问题，它涉及到网络中所有主机、路由器、通信线路等网络环境随时发生变化，而这种变化又是无法事先知道的。

根据路由选择策略是否自适应网络状态（如通信量、网络拓扑等）的变化，路由算法可分为两大类：非自适应的和自适应的。非自适应的路由算法是不会根据当前网络流量和拓扑结构的变化来调整路由策略，又称静态路由算法。常用的静态路由算法有：洪泛法、固定路由法和查表选择法等。自适应的路由算法则会根据当前网络流量和拓扑结构的变化自动调整路由策略，又称动态路由算法。当然，不同的自适应路由算法又因获取信息的来源、改变路径的策略、用于优化的度量的不同而有所不同。常用的动态路由算法有：孤立选择法、集中选择法和分布选择法等。

2．路由决策的类型

路由决策有 3 种基本类型，它们是：

① 集中式路由决策。指所有路由决策均由网络中一台计算机（或路由器）做出。

② 静态路由决策。指路由决策由单个计算机（或路由器）以一种固定的方式做出。此时路由表由网络管理员建立，网管人员将每个目的地址的路径输入路由表中。当网络的状态发生变化时（如计算机的入网和出网、网络线路的增删等）网管人员更新静态路

由表。因此这种决策仅适用于小型的、结构不经常改变的局域网系统中。由于静态路由决策是非集中式的，它意味着网络中的所有计算机（或路由器）遵循路由选择协议做出自己的路由决策。

③ 动态路由决策。指路由决策由计算机以一种非集中式的方式做出。最初的路由表由网络管理员建立，但路由表由计算机自身得以持续不断的更新，根据不断变化的网络状态而选择最佳路径。对动态路由表的管理是通过运行路由程序来完成的，这种路由程序也可分为静态和动态两种。在复杂的互连环境中，如果路由程序只接收其他路由器发来的路由表信息，而不广播自己的路由表，这种路由程序称为静态路由程序。反之，如果路由程序既接收来自其他路由器发来的路由表信息，又广播自己的路由表，则称为动态路由程序。大型互联网通常采用动态路由决策，路由程序通过收集来自其他路由器发来的路由表信息动态地修改自己的路由表，因而能够适应网络环境的变化。

3．因特网路由选择协议

由于因特网的规模很大，如果让所有的路由器知道分组是如何通过整个网络送达的，那么路由表的规模就会非常庞大，处理起来也要花费很多的时间。而且，所有路由器之间为交换路由信息也将给因特网带来很大的通信量。另外，许多单位一般不愿意外界了解本单位网络的布局细节以及选路技术，但却又希望将本单位的网络连接到因特网上。因而，因特网将整个互联网划分为若干个较小的自治系统 AS（Autonomous System）。自治系统的经典定义是：在单一的技术管理下的一组路由器，使用一种 AS 内部的路由选择协议和共同度量来确定分组在该 AS 内的路由，同时还使用一种 AS 之间的路由选择协议来确定分组在 AS 间的路由。其实，现在一个自治系统内也采用多种内部选择协议和多种度量来进行路由选择。所以，现在对自治系统仅强调：一个自治系统对外表现出一个单一的和一致的路由选择策略。在自治系统内部的路由选择称为域内路由选择。如果一个自治系统的规模较大，还可将其进一步地划分。凡在自治系统之间的路由选择称为域间路由选择。因此，一个自治系统最重要的特点是它有权自主地决定本系统内应采用何种路由选择协议。

因特网采用层次式、自适应的分布式路由选择协议，其类型可分为两大类。

① 内部网关协议 IGP（Intrior Gateway Protocol）。指在一个自治系统内部使用的路由选择协议，与在互联网中的其他自治系统选用什么路由选择协议无关。目前这一类路由选择协议有多种，如 RIP 和 OSPF 等。

② 外部网关协议 EGP（External Gateway Protocol）。当源主机和目的主机在不同的自治系统中（这两个自治系统可能使用不同的内部网关协议），数据报传到一个自治系统的边界时，就需要使用一种协议将路由选择信息传送到另一个自治系统中。这样的协议称为外部网关协议 EGP。目前使用最多的外部网关协议是 BGP 的第 4 版。

图 7-20 所示为自治系统使用的网关协议。

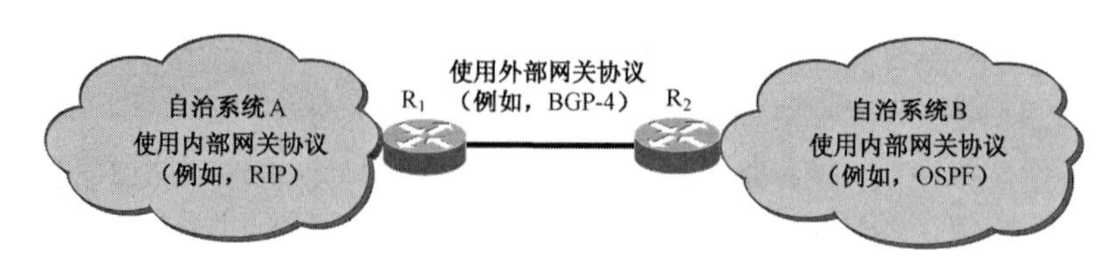

图 7-20　自治系统使用的网关协议

7.3.2 内部网关协议

因特网最初使用的内部网关协议是路由信息协议 RIP（Routing Information Protocol），是从 APRANET 继承过来的，并在小系统中得到广泛使用。但是，随着自治系统 AS 的逐步扩大及协议存在的不足，后来它就被一个称为开放最短通路优先协议 OSPF（Open Shortest Path First）的链路状态协议取代了。OSPF 于 1990 年成为因特网标准，并且得到许多制造商的支持。

内部网关协议无论是 RIP，还是 OSPF 都是分布式路由选择协议，它们的共同特点是每一个路由器都要不断地和其他路由器交换路由信息，其中包括 3 项内容，即与哪个路由器交换信息？交换什么信息？什么时候交换信息？

下面介绍这两种内部网关协议。

1．路由信息协议（RIP）

（1）基本原理

RIP 是一个基于距离向量的分布式路由选择协议。此协议要求网络中的每一个路由器都要保存从它自己到其他每一个目的网络的“距离”记录，这一组距离也就是距离向量。RIP 协议对“距离”（又称“跳数”）的定义是：从一个路由器到直接连接的网络的距离定义为 1。从一个路由器到非直接连接的网络的距离定义为所经过的路由器数加 1。RIP 认为一条好的路由就是它经历的路由器的数目少，也就是说“距离短”。RIP 允许一条路由最多只能包含 15 个路由器。因此“距离”的最大值为 16 时即相当于不可达。

RIP 不能同时使用多条路由，而只选择一条具有最少路由器的路由，即使还存在另一条高速（低时延）但路由器较多的路由。

RIP 的工作原理是：互联网中的每一个路由器每隔规定的时间便向相邻路由器广播自己的路由表。每一个路由器根据其相邻路由器发送来的路由信息，逐步建立并不断更新自己的路由表。这里，所谓相邻路由器就是连接在同一个网络上的两个路由器。路由表中最主要的信息是到某个网络的最短距离，以及应经过的下一站路由器地址。路由表更新的原则是使得到每个目的网络的距离最短。其更新算法称为距离向量算法。

RIP 协议有 3 个特点：①路由器仅与相邻的路由器交换路由信息；②路由器交换的是当前本路由器所知道的全部路由信息，即自身路由表的全部内容；③路由器按照规定的时间间隔（如 30s），或者当网络拓扑发生变化时，才与相邻的路由器交换路由信息。

必须指出，路由器刚刚开始工作时，它的路由表是空的。它先与相邻的路由器交换并更新路由信息，这样经过若干次更新之后，所有的路由器最终都知道到达本自治系统中任何一个网络的最短距离和下一跳路由器的地址。

路由表的主要内容是：到某个网络的最短距离，以及应经过的下一跳地址。更新路由表的原则是找到每个目的网络的最短距离，所采用的算法称为距离向量算法。

（2）距离向量算法

距离向量算法是基于 Bellman-Ford 算法。Bellman-Ford 算法的基本要点是：设 X 是结点 A 到结点 B 最短路径中的一个结点，把路径 A→B 分拆成两段路径，即 A→X 和 X→B，那么每一段路径 A→X 和 X→B 也分别是结点 A 到 X 和结点 X 到 B 的最短路径。

距离向量算法可具体描述如下。当路由器收到相邻路由器（地址为 X）发送来的 RIP 报文时，进行下列步骤。

① 修改此 RIP 报文中的所有表行项目：首先把“下一跳路由器地址”字段改为 X，其次把“距离”字段的值加 1，以便更新本路由器的路由表。每个表行项目中有 3 个内容，即目的网络地址 N、距离 d 和下一跳路由器地址 X。

② 对修改后的 RIP 报文中每一个表行项目进行下列操作：

若原来路由表中没有目的网络地址 N，则把该表行项目添加到路由表中，表示这是一个新加入的网络；

否则，因路由表中有目的网络地址 N，就查看“下一跳路由器地址”项，

若下一跳路由器的地址为 X，则把收到的项目替换原路由表的项目，因为这是最新的路由信息；

否则，因下一跳路由器的地址不是 X，就要查看“距离”项，

若收到的项目中的距离 d 小于路由表中的距离，则更新成更短的路由；

否则，什么也不做，表示不必更新原来的更短路由。

③ 若 3min 还没有收到相邻路由器的更新路由表，则把此相邻路由器记作不可达路由器，也就是把距离置为 16（距离为 16 时，表示不可达）。

④ 返回。

【例 7-3】 已知路由器 R_5 的路由表如图 7-21（a）所示。现路由器 R_5 收到相邻路由器 R_4 发来如图 7-21（b）所示的路由更新信息。试问：路由器 R_5 如何更新它的路由表？

目的网络	距离	下一跳路由器地址
网络2	3	R_4
网络3	4	R_5

（a）路由器R_5的路由表

目的网络	距离	下一跳路由器地址
网络1	3	R_1
网络2	4	R_2
网络3	1	直接交付

（b）路由器R_4发来的路由更新信息

图 7-21 利用 RIP 协议修改路由表举例

【解答】 先把图 7-21（b）中的距离都加 1，并把下一跳路由器都改为 R_4，得出图 7-22（a）所示的路由信息更新表。下面把它与图 7-21（a）中的各表行的项目相对照，可得结论如下：第 1、4 行更新信息在图 7-21（a）中没有，应添加到此表中。第 2 行更新信息在图 7-21（a）中有，虽下一跳路由器也是 R_4，但距离已增大为 5，因此需要更新。第 3 行更新信息在图 7-21（a）中也有，但下一跳路由器改为 R_4，且距离缩短为 2，因此也需要更新。这样经更新之后，路由器 R_5 的路由表如图 7-22（b）所示。

目的网络	距离	下一跳路由器地址
网络1	4	R_4
网络2	5	R_4
网络3	2	R_4

（a）修改后的图7-21（b）

目的网络	距离	下一跳路由器地址
网络1	4	R_4
网络2	5	R_4
网络3	2	R_4

（b）更新后的路由器R_5的路由表

图 7-22 利用 RIP 协议修改路由表举例（续）

必须指出，在路由器刚刚开始工作时，该路由器只知道到直接相连的网络的距离（此距离定为 1）。接着，每一个路由器都与相邻的路由器交换并更新路由信息，但经过若干次更新之后，该路由器就可知道它到本自治系统中的任一网络的最短距离和下一跳路由器的地址。RIP 协议使得网络中的所有路由器都与相邻的路由器不断地交换路由信息，并不断更新

其自身的路由表，从而达到每一个路由器到每一个目的网络的距离为最短（即跳数最少）。实际使用证明：使用 RIP 协议可使自治系统中所有路由器都能较快地得到正确的路由选择信息，亦即它的收敛过程较快。

（3）RIP 的报文格式

现在使用的 RIP 协议版本是 1998 年 11 月公布的第 2 版（RFC 2453），已成为因特网的标准。该版本具有支持变长子网和 CIDR，还提供简单的鉴别功能支持多播的功能。RIP 报文由首部和路由部分组成，图 7-23 所示为 RIP2 报文的格式。

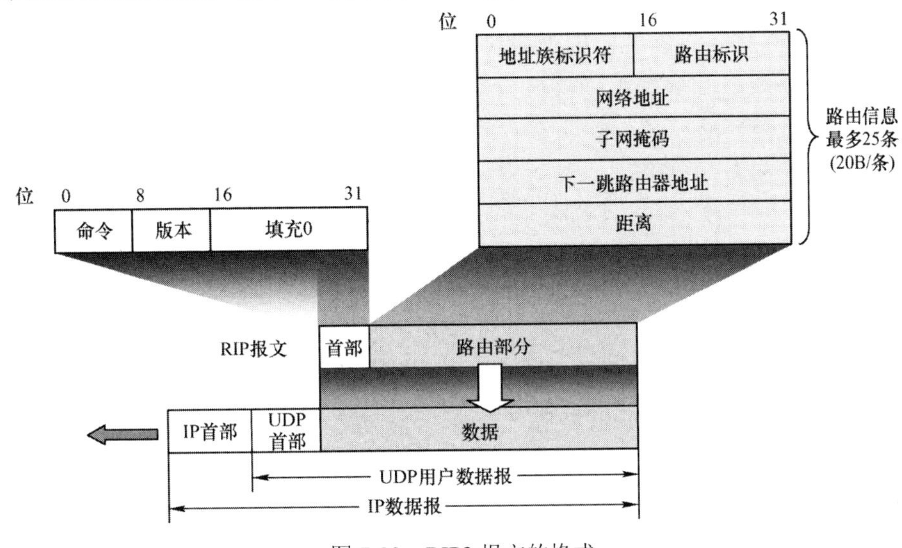

图 7-23　RIP2 报文的格式

RIP 首部占 4B。其中，命令字段指出报文的含义，如路由信息请求、路由信息响应、路由更新等。版本字段指出协议所用的版本。首部的第 3 个字段作为填充之用，使首部 4B 字对齐。

RIP 报文的路由部分由若干条路由信息组成。每一条路由信息占 20B，其中包括：地址族标识符（又称地址类别，16 位）表示所用的地址协议，如采用 IP 地址则赋值为 2。路由标识（16 位）表示自治系统的编号，由因特网号码指派机构分配。还有网络地址、子网掩码、下一跳路由器地址和距离。每一个 RIP 报文最多可包含 25 条路由信息，因此 RIP 报文的最大长度为 4+25×20=504（B）。

RIP2 具有简单的鉴别功能。使用鉴别功能时，第一条路由信息（20B）用于鉴别，其中地址族标识符置为全“1”，路由标识填入鉴别类型，其余 16B 为鉴别数据。此时，一个 RIP 报文只能填入 24 条路由信息。

（4）RIP 存在的问题

RIP 协议存在的问题是当网络出现故障时，其故障信息往往需要经历较长的时间才能传送到所有的路由器。出现这种情况的原因是，假设路由器 R_1 到网络 N_1 的链路突然出现故障，于是路由器 R_1 把路由表中的相应表行的距离更改为 16，但这一更新消息是要经过 30s 后才能发送出去。而在此之前且又收到了相邻路由器 R_2 发送来的路由更新报文，其中含有可达网络 N_1 的信息，这样路由器 R_1 从收到 R_2 的更新报文中误认为可经过路由器 R_2 到达网络 N_1，即更新自己的路由表再发送出去，这样的更新继续下去，直到 R_1 和 R_2 到网络 N_1 的距离增大到 16，方知网络 N_1 是不可达的。RIP 协议的这一传播消息的特点称为“好消息传播快，坏消息传播慢”。这里，所谓“好消息”是指可达消息，而“坏消息”则指不可达消息。

综上所述，RIP 协议的最大优点是实现简单、开销较少。其主要缺点有：RIP 协议把最大距离定为 15，限制了网络的实际规模；路由器交换的路由信息是完整的路由表，随着网络规模的增大，开销也随之增加；由于“坏消息传播慢”，使得更新过程的收敛时间过长。由此可见，RIP 协议仅适用规模较小的网络。

2. 开放最短通路优先协议（OSPF）

（1）基本特点

随着因特网规模的不断扩大，RIP 协议的缺点渐趋明显。为了克服 RIP 协议存在的缺点，于 1989 年开发出开放最短通路优先 OSFP（Open Shortest Path First）协议，目前 OSPF2 已成为因特网标准协议（RFC 2328）。由于多数路由器制造商都支持 OSFP，它已成为最主要的内部网关协议。

OSFP 协议采用了“开放”的设计思想，并使用了 Dijkstra 所提出的最短通路算法。它的主要特征是它是一种分布式的链路状态协议（link state protocol），其基本特点是：

① 路由器采用洪泛法向本自治系统中的所有路由器发送路由信息。所谓洪泛法是指路由器把收到的信息通过除输入链路之外的所有输出链路转发给相邻的路由器，而且每一个相邻路由器又将收到的信息再次发往相邻的路由器。路由器依据链路状态数据库中的数据，使用 Dijkstra 算法计算出自己的路由表。仅当链路状态发生变化，路由器才用洪泛法向所有路由器发送路由信息，路由器据此计算路由表，更新链路数据库。因此，OSFP 的更新收敛过程较快。OSFP 对“链路状态”的变化用一个 32 位的序号来表示，序号越大则状态越新。OSFP 规定，链路状态序号的增长速率不得超过 5s/次。按此计算，600 年内不会产生序号重复。

② 所有的路由器都维持一个链路状态数据库。所谓路由器的“链路状态”是指该路由器与哪些网络或路由器相邻，以及该链路的“度量”。有时为了方便起见，也称“度量”为“代价”。OSFP 用“度量”来表示费用、距离、时延、带宽等。这些均可由网络管理人员进行设定。OSFP 可根据 IP 分组的不同类型对不同的链路设置成不同的代价。例如，对于非实时业务的高带宽卫星链路可设置为较低的代价，而对时间敏感的实时业务设置为较高的代价。链路的代价用一个无量纲的 16 位二进制数（相当于十进制数 1～65535）来表示。

③ OSFP 对于到同一目的网络存在多条相同代价的路径，可以进行通信量的分配，以达到多条路径间的负载平衡。

④ OSFP 对路由器之间交换的路由信息具有鉴别的功能，保证了仅在可信赖的路由器之间交换链路状态信息。

⑤ OSFP 支持变长子网划分和无分类编址 CIDR。

由此可见，OSFP 协议的工作原理与 RIP 协议不同。OSFP 是依靠各路由器间频繁地交换信息动态地更新链路状态数据库，并维持这个数据库在全网范围内的一致性。每一个路由器都知道全网的拓扑结构和各链路的代价。每一个路由器使用链路状态数据库中的数据，构造出自己的路由表。

需要指出的是，OSPF 分组不是用 UDP 而是直接用 IP 数据报传送的（注：IP 数据报首部的协议字段值为 89），可见 OSPF 协议的位置在网络层。且 OSPF 构成的数据报很短，这样做可减少路由信息的通信量，且不必将长的数据报进行分片传送。

（2）自治系统的划分

为了使 OSPF 能够用于规模较大的网络，OSPF 将一个自治系统 AS 划分成若干个规模较小，且不重叠的区域（area）。一个区域是一个网络或一组邻近的网络，并以一个 32 位的区域标识符（用点分十进制）表示。一个区域内的路由器数目最好限制在 200 个以内，以免区域的规模过大。

划分区域的想法在于把利用洪泛法交换链路状态信息的范围局限在每一个区域之内，而不是整个自治系统，从而减少网络的通信量。OSFP 采用层次结构的区域划分方法，每一个 AS 有一个主干区域（backbone area），称为 0 号区域，其标识符为 0.0.0.0。同一 AS 内的所有区域都连接到主干区域上，因此从 AS 的任何一个区域出发，经过主干区域，就可以到达该 AS 的其他区域。采用分层次划分区域的方法，虽然使交换信息的种类增加，同时也使 OSFP 协议更加复杂，但却使每个区域内的交换路由信息的通信量大大减少，这就使得 OSFP 协议能够用于规模很大的自治系统当中。

图 7-24 表示主干区域与其他区域之间的关系。图中，OSFP 所使用的路由器有 4 种。

① 在一个区域使用的内部路由器（如 R_2、R_5～R_8）；

② 连接两个或多个区域的区域边界路由器（如 R_3、R_4）；

③ 位于主干区域内的主干路由器（如 R_1～R_4）；

④ 位于 AS 边界上的 AS 边界路由器（如 R_1）。

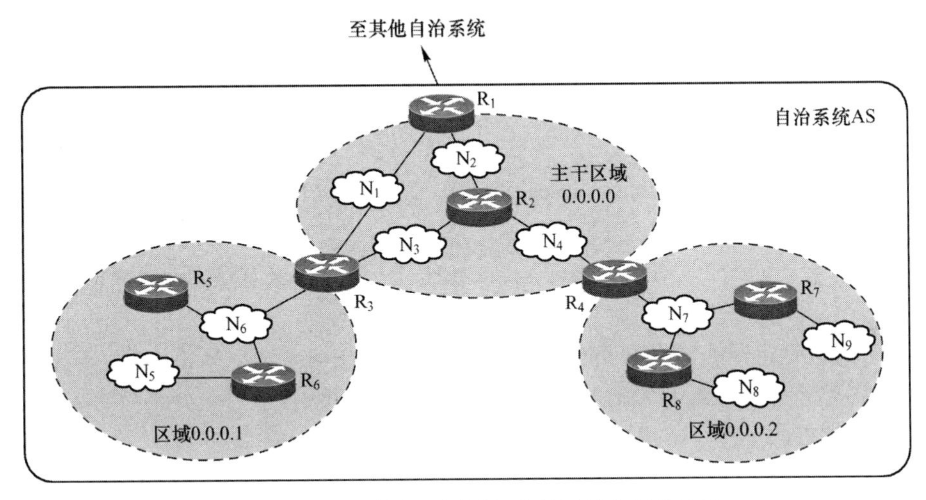

图 7-24　OSFP 的主干区域与其他区域之间的关系

这些路由器允许兼用，如 R_3 和 R_4 既是主干路由器，也是区域边界路由器。显然，每一个区域至少有一个区域边界路由器。所有区域边界路由器都是主干区域中的路由器，反之，主干区域中的路由器不一定是区域边界路由器。

（3）OSFP 分组的格式

OSFP 分组由首部和数据部分组成，如图 7-25 所示。

首部的各字段的含义如下：

① 版本（8 位）。指明 OSFP 协议的版本号，当前版本号为 2。

② 类型（8 位）。指明 5 种分组类型之一。

③ 分组长度（16 位）。指明包含分组首部在内的长度（以字节为单位）。

④ 路由器标识符（32 位）。表示发送该分组的路由器端口的 IP 地址。

⑤ 区域标识符（32 位）。表示路由器所属区域的标识符。

⑥ 检验和（16 位）。用于检测分组存在的差错。

⑦ 鉴别类型（16 位）。目前只有两种，0（不用）和 1（口令）。

⑧ 鉴别（64 位）。鉴别类型为 0 时填入 0，否则就填入 8 个字符的口令。

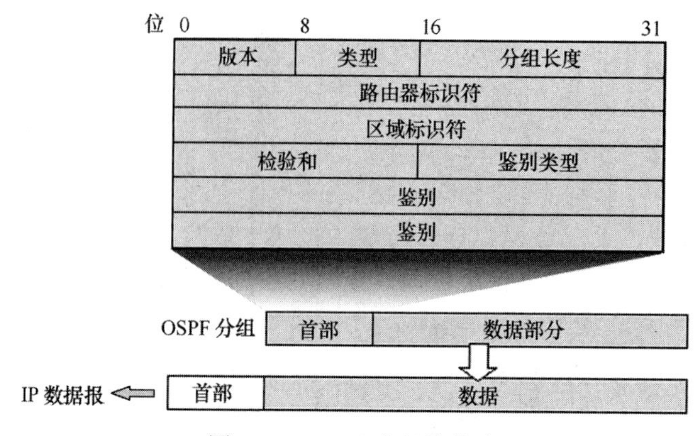

图 7-25　OSFP 分组的格式

数据部分是某一种 OSPF 分组类型。OSPF 共有 5 种分组类型：

① 问候分组（hello）。用于发现和维持邻站的可达性。OSFP 规定，每两相邻路由器每隔 10s 要交换一次问候分组，以便确知哪些邻站是可达的。因为只有可达邻站的链路状态信息才存入链路状态数据库，并由此计算出路由表。若 40s 内没有收到某个相邻路由器发来的问候分组，则可认为该相邻路由器是不可达的，应立即修改链路状态数据库，并重新计算路由表。

② 数据库描述分组（database description）。向邻站提供自己链路状态数据库中的所有链路状态项目的摘要信息。

③ 链路状态请求分组（link state request）。向邻站请求发送某些链路状态项目的详细信息。

④ 链路状态更新分组（link state update）。用洪泛法向全网更新链路状态。路由器使用该分组类型将其链路状态通信邻站，以便更新路由表。链路状态更新分组共有 5 种，表示 5 种不同的链路状态。

⑤ 链路状态确认分组（link state acknowledgment）。对链路更新分组的确认。

上述后 4 种分组类型都是用来维持链路状态数据库的同步。所谓“同步”是指不同路由器的链路状态数据库的内容保持一致。两个同步的路由器称为完全邻接（ fully adjacent）路由器。显然，相邻路由器与完全邻接路由器不是同一个概念。相邻路由器只强调物理上的相邻性，而完全邻接路由器既表明它们在物理上是相邻的，更强调它们的链路状态数据库的一致性。

当一台路由器刚启动时，它通过发送“问候”分组得知与它相邻的路由器是否工作。为了减少网络通信量，OSFP 协议要求路由器使用“数据库描述”分组与相邻的路由器交换本数据库中已有的链路状态摘要信息。此后，路由器就可使用“链路状态请求”分组，向对方请求发送自己所缺少的某些链路状态项目的详细信息。通过一系列的这些分组交换，全网同步的链路数据库就建立起来了。

在网络运行过程中，每台路由器周期性地把“链路状态更新”分组发送给它的邻接路由器，此分组含有一个序列号。当邻接路由器收到后，以“链路状态确认”分组予以应答，并通过判别序列号来确定链路状态信息的新旧，从而决定是否更新路由表。当一条链路刚刚启用或停止使用，或者链路状态发生变化，路由器都要发送“链路状态更新”分组。为了确保链路状态数据库与全网的状态保持一致，OSPF 规定每隔一段时间（如 30min），要刷新一次数据库中的链路状态。

7.3.3 外部网关协议

外部网关协议自 1989 年起称为边界网关协议 BGP（Border Gateway Protocol），它的较新版本 BGP4 是 2006 年 1 月公布的（RFC 4271）。BGP 是不同自治系统的路由器之间交换路由信息的协议。

在介绍 BGP 之前，我们首先要说明为什么不同自治系统之间的通信不能使用前面介绍的 RIP 或 OSFP 呢？这是因为内部网关协议主要考虑在一个自治系统中如何把数据报有效地从源站传送到目的站，而 BGP 的使用环境不同，它需要考虑自治系统之间的通信可使用多种路由选择策略的情况。这些策略涉及的因素有：①因特网的规模太大，使得自治系统之间的路由选择颇为困难；②在自治系统之间寻找最佳路由是不现实的，因为不同自治系统对“代价”的度量不同；③出于其他政治、经济和安全等方面因素的考虑。因此，BGP 只能试图寻找一条能够到达目的网络的比较好的路由，而并非是要寻找出一条最佳的路由。BGP 采用的是路径向量路由选择协议，它与基于距离向量的 RIP 和采用的链路状态协议的 OSFP 是有区别的。

从 BGP 路由器的角度，因特网是由一些 BGP 路由器及其连接线路组成的。在配置 BGP 路由器时，网络管理员要为每一个自治系统至少选择一个路由器作为该系统的“BGP 发言人（BGP speaker）”。一般来说，两个 BGP 发言人通过一个共享网络连接在一起。BGP 发言人除了必须运行 BGP 协议之外，还必须运行它所在自治系统使用的内部网关协议（如 RIP 或 OSFP）。BGP 发言人往往是边界路由器，但也可以不是边界路由器。BGP 发言人与其他自治系统的 BGP 发言人交换路由信息时，需先建立 TCP 连接（端口号为 179），然后通过发送 BGP 报文来交换路由信息。BGP 发言人所交换的路由信息其实就是到达某个网络（用网络前缀表示）所要经过的一系列的自治系统。换句话说，也就是网络可达性的信息。当 BGP 发言人互相交换了网络可达性的信息后，各 BGP 发言人就可根据所采用的策略从收到的路由信息中找出到达各自治系统的较好的路由。图 7-26 所示为 BGP 发言人与自治系统的关系。

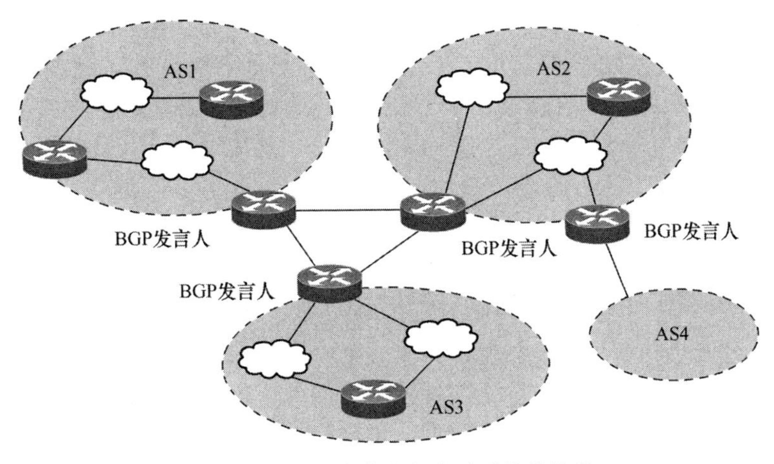

图 7-26　BGP 发言人与自治系统的关系

由于 BGP 协议支持 CIDR，所以在 BGP 的路由表中应包含目的网络前缀、下一跳路由器，以及到达该目的网络所要经过的各自治系统序列。在 BGP 路由器刚刚投入运行时，它与邻站交换整个路由表，但以后只当网络状态发生变化时才更新有变化的部分。这样做有利于节省网络带宽和减少路由器的处理开销。

图 7-27 所示为 BGP 报文的格式。报文有一个 19B 的首部，其中有 3 个字段。

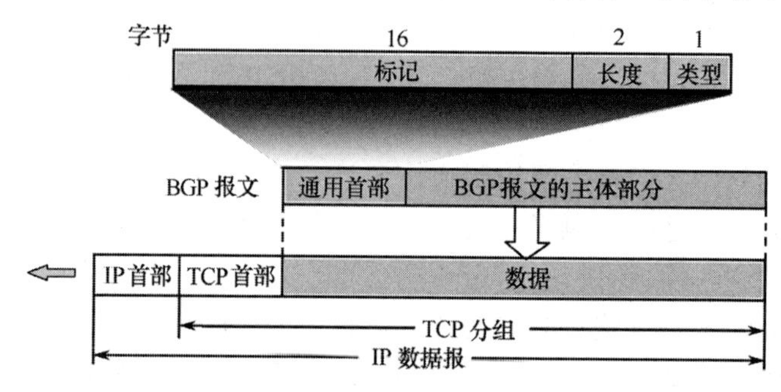

图 7-27　BGP 报文的格式

① 标记（16B）。用于鉴别收到的 BGP 报文。当不使用鉴别时，该字段置为全 1。

② 长度（2B）。指出包括通用首部在内的整个 BGP 报文的长度（以字节为单位），最小值为 19，最大值为 4096。

③ 类型（1B）。分别表示所使用的 4 种报文，其值为 1～4。

BGPv4 使用的 4 种报文如下。

① OPEN 报文，用于与相邻的另一个 BGP 发言人建立关系，使通信初始化。

② UPDATE 报文，用于发送一条路由信息或列出多条被取消的路由。

③ KEEPALIVE 报文，用于确认 OPEN 报文，且周期性地证实邻站的连通性。

④ NOTIFICATION 报文，用于发送检测到的差错状态。

BGP 涉及 3 个功能性的过程：邻站获取、邻站可达和网络可达。连接到同一个网络上的两个 BGP 发言人被认为是邻站或对等站。如果两个邻站属于不同的自治系统，它们之间要交换路由选择信息，需由其中的一个邻站向另一个邻站发送 OPEN 报文，若后一个邻站接受这个请求，就发回一个 KEEPALIVE 报文予以响应，这一个过程称为邻站获取。一旦邻站关系确立，就可用邻站可达来维持这个关系。为了维持这种邻站关系，两个邻站需周期性地（一般是每隔 30s）交换 KEEPALIVE 报文。最后一个过程是网络可达，每个 BGP 发言人都维持一个数据库，其中包含了它能够到达该网络的最佳路由信息。一旦这个数据库有所改变，该发言人就会向其他所有实现了 BGP 发言人广播一个 UPDATE 报文。通过此报文的广播，所有 BGP 发言人都能够建立和维持路由选择信息。当某一路由器或链路出现故障时，由于 BGP 发言人可以从不止一个邻站获得路由信息，因此很容易选择出新的路由，这样 BGP 协议较容易地解决了基于距离向量的 RIP 协议存在的“坏消息传播慢”的问题。

7.3.4　路由选择的关键部件——路由器

路由器在网络互连中得到广泛使用，始于 20 世纪 80 年代后期。因为互联网的规模越来越大，同时更多的异种网进行互连，网桥已无法适应这种环境。路由器则与网桥不同，是在网络层实现网间互连的，它可实现同类型或不同类型的网络互连。

其实，路由器是一种具有多个输入端口和多个输出端口的专用计算机，其主要功能是建立、维护和更新路由表，并实现网络间的分组转发。另外，路由器还具有数据处理功能（如分组过滤、分组转发、优先级、复用、加密、压缩和防火墙等）和网络功能。路由表根据路由算法产生，表中存储着可能的目的地址及如何到达目的地址的路由信息。路由器在转发分组时必须查询路由表，以确定将分组通过哪个端口转发出去。路由器的构成如图 7-28 所示。

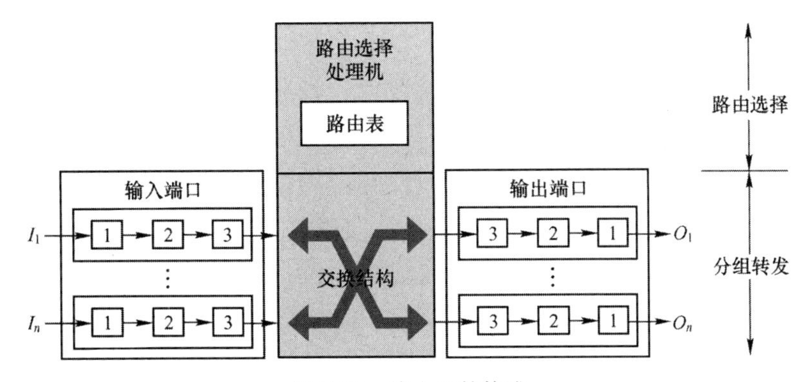

图 7-28　路由器的构成

如图所示。路由器由路由选择和分组转发两个部分组成。其中，路由选择部分的核心构件是路由选择处理机。该处理机的主要任务是根据所选用的路由选择协议构建路由表，并与相邻路由器交换路由信息，更新和维护此路由表。分组转发部分由交换结构、一组输入端口和一组输出端口组成。交换结构起着根据转发表对分组进行转发处理的作用。交换结构的具体实现方法有多种，常用的有通过存储器、总线和纵横交换结构三种方法。输入端口和输出端口在图 7-28 中各含有三个方块 1、2 和 3 分别表示代表物理层、数据链路层和网络层的处理模块。物理层处理模块进行比特的接收和发送。数据链路层处理模块按照链路层协议接收到达的帧，并去掉帧的首部和尾部，将其送往网络层处理模块。若帧的内容是路由交换信息则送往路由选择处理机，只有帧的内容是数据分组时才按首部中的目的地址查找转发表，把分组转发到合适的输出端口。网络层处理模块完成分组的转发功能。为了适应传输线路的传送速率，在网络层的处理模块中设有缓冲区，逻辑上它是一个队列结构。

前面曾指出，路由表与转发表是有区别的。在互联网中，实现路由选择的路由表是由多个路由器按照路由选择算法协同工作构建起来的，路由表一般仅包含从目的网络到下一跳（以 IP 地址表示）的映射。而转发表是由路由表得出的，其中包含完成转发功能所需的信息，如要到达目的网络的转发端口以及某些 MAC 地址的映射。路由表和转发表应采用不同的数据结构来实现。路由表的结构需适应网络拓扑的变化，而转发表的结构则应使查找过程最优化。所以路由表总是用软件来实现，而转发表则可用特殊的硬件来实现。有时为了简便起见，在讨论路由选择原理时，并不区分路由表和转发表，而是笼统地用路由表这一名词。

路由器有多种分类方法，可按支持协议数目、服务类别、交换能力、结构、功能、应用、性能以及所处的网络位置等进行分类。例如，单协议路由器用于具有相同网络层协议的网络的互连；多协议路由器则可支持多种网络层协议，使用多协议路由器几乎可以使多家制造商提供的异种网络实现互连。

*7.4　网际控制报文协议 ICMPv4

对于一个已构建好的 IP 网络，确认网络是否正常工作，以及遇到异常时进行故障诊断是两个必须注意的问题。网际控制报文协议ICMP（Internet Control Message Protocol）允许路由器或主机报告差错情况和提供有关异常情况的报告，为路由器和主机提供了一种特殊用途的报文传输机制。本节介绍的是ICMPv4。

ICMP的主要特点如下。

① ICMP是网络层的协议，但ICMP报文不能直接传送给数据链路层，而是要封装成IP数据报，再下传给数据链路层。

② ICMP报文只是为解决运行IP协议时可能出现的不可靠问题。它不是传输层赖以存在的基础，也不能独立于IP协议而单独存在，因此只能把它看作是IP协议的一个配套使用协议。

③ ICMP只报告差错，不能纠正差错。差错处理需要由高层协议去完成。如果IP数据报不能传输，那么ICMP报文同样也不能传输。我们不能期望有了ICMP协议之后，IP数据报的传输就变成可靠了。如果传输层及高层希望得到可靠通信，还需要采用其他的机制予以保证。

在TCP/IP结构中，ICMP与IP协议都是互联网层的协议。从使用协议的角度看，ICMP实际上是IP的一个用户。如同其他高层数据一样，ICMP报文作为IP层数据报的数据被封装在IP数据报的数据区内，再加上IP数据报的首部组成IP数据报进行发送。在这里，不把ICMP看成更高层的协议，是因为它的最终目的点不是目的计算机上的一个用户进程，而是该计算机网络层上的IP协议。也就是说，一旦IP软件接收到一个ICMP报文，它就交给ICMP软件进行处理，ICMP软件是以IP软件的一个模块的形式出现的。

ICMP报文由首部和数据两部分组成。图7-29所示为ICMP报文的格式及其封装。

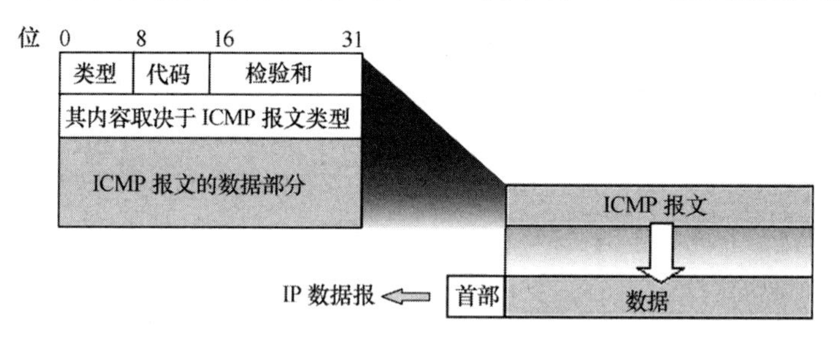

图7-29 ICMP报文格式及其封装

ICMP报文有两种类型：差错报告报文和询问报文。ICMP报文首部的前4B具有统一的格式，它们分别为

① 类型（8位）。指出了报文的类型。表7-7列出了ICMP报文的主要类型。

表7-7 ICMP报文的主要类型

报文种类	类型值	ICMP报文类型
差错报告报文	3	目的站不可达
	4	源站抑制
	5	改变路由（重定向）
	11	超时
	12	参数出错
询问报文	0 / 8	回送（Echo）应答 / 回送（Echo）请求
	13 / 14	时间戳请求 / 时间戳应答
	17 / 18	地址掩码请求 / 地址掩码应答
	9 / 10	路由器通告 / 路由器询问

② 代码（8 位）。提供报文类型的某些信息，以便进一步区分某种报文类型中的几种不同情况。

③ 检验和（16 位）。提供整个 ICMP 报文的检验和，检验和算法与 IP 数据报首部检验和计算相同。

接下来 32 位的内容与 ICMP 的类型有关。最后面是数据字段，其长度取决于 ICMP 的类型。

ICMP 报文中的差错报告报文共有 5 种。

（1）目的站不可达。当路由器或主机不能交付数据报时，就丢弃该数据报，然后向源点主机发送“目的站不可达”报文。将数据报送达目的进程涉及网络、路由、主机、协议和端口等 5 个方面的问题，且它们之间存在着依赖关系。因此，目的站不可达报文包括网络不可达、目的主机不可达、协议不可达、端口不可达、源路由选择不能完成、目的网络不可知和目的主机不可知等情况。

必须指出，路由器没有向源主机发送“目的站不可达”报文时，也不一定表示数据报已经被正确交付。这是由于因特网没有提供任何确认机制，因此路由器也无法检测出 IP 数据报是否正确交付。

（2）源站抑制。当路由器或主机因拥塞而丢失一个数据报，或者系统预测到缓存即将溢出时，就向源主机发送源点抑制报文，请求源主机放慢发送数据报的速率。源站抑制提供了一种通信量控制机制。

（3）改变路由（重定向）。路由器可以把改变路由报文发送给相连的主机，建议主机下一次将数据报发往更好的路由。

（4）超时。当路由器收到生存时间为零的数据报时，除丢弃该数据报外，还要向源主机发送超时报文。另外，当目的主机不能在规定时间内收到全部数据报片而完成重装时，就向源主机发送超时报文。

（5）参数出错。当路由器或目的主机收到的数据报的首部中存在语法或语义的差错，就丢弃该数据报，并向源主机发送参数出错报文。

不应发送 ICMP 差错报告报文有以下 4 种情况：①对 ICMP 差错报告报文不再发送。②对第一个数据报分片的所有后续数据报片都不发送。③对具有多播地址的数据报都不发送。④对具有特殊 IP 地址（如 127.0.0.0 或 0.0.0.0）的数据报不发送。

ICMP 差错报告采用路由器-源主机的传输模式，路由器在发现数据报传送出错时只向源主机报告差错原因。

上述 ICMP 差错报文是单向的，而 ICMP 询问报文则是双向成对出现的。设计 ICMP 询问报文的目的是实现对网络的故障诊断和网络控制。在 ICMP 询问报文中，一个结点发送信息请求报文，然后由目的结点用特定的格式进行应答。常用的 ICMP 询问报文有以下两种。

（1）回送请求和应答。此类报文提供了一种测试两个实体之间是否能够通信的手段，用来测试目的站是否可达以及了解其有关状态。回送请求报文中有一个标识符和一个序号，用来与回送应答报文进行相互匹配。

（2）时间戳请求和应答。此类报文提供了一种对互联网的时延特性进行采样的手段，用来进行时钟同步和测量时间。时间戳请求报文的参数字段中包含有一个标识符、一个序号和发送时间。接收端记录收到报文的时间，以及返回时间戳应答报文的时间。由此来测定特定路由的时延特性。在时间戳报文中，以 32 位二进制数表示时间值，其中写入的整数代表从 1900 年 1 月 1 日到当前时刻的秒数。

ICMP 的一个重要应用是用来探测两台主机之间的连通性，这就是常说的分组网间探测 PING（Packet InterNet Groper）。在应用层，PING 是直接使用 ICMP 回送请求/回送应答报文来实现的。

7.5 多协议标记交换 MPLS

7.5.1 MPLS 概述

传统的因特网采用“尽力而为（best-effort）”的无连接的分组交换 IP 技术，对时延、抖动等未提出要求，但是随着因特网的迅猛发展和普及，通信业务正向着音频、视频、多媒体等对服务质量 QoS 有严格要求的交互性宽带业务方向发展，这在客观上就迫切需要有一种高宽带、业务发展少受限制的网络传输交换技术。于是，在 20 世纪 80 年代，人们在研究如何提高分组的转发速度时，提出了一种新思路——用面向连接的方式取代 IP 的无连接分组交换方式，利用更快捷的查找算法，不用最长前缀匹配的方法来查找路由表。这种称为交换（switching）的概念与异步传递方式 ATM 有相似之处。

为了实现交换，可以利用面向连接的概念，使每一个分组携带一个叫做标记或标签（label）的小整数。当分组到达交换机时，交换机读取分组的标记，并用标记值来检索分组转发表。图 7-30 描述了这一转发过程。图中交换机 S_1 根据已建立的转发表，将标记 0 的分组从接口 1 转发出去，而将标记 1 的分组从接口 0 转发出去。显然，按标记转发分组在速度上要比查找路由表快得多。

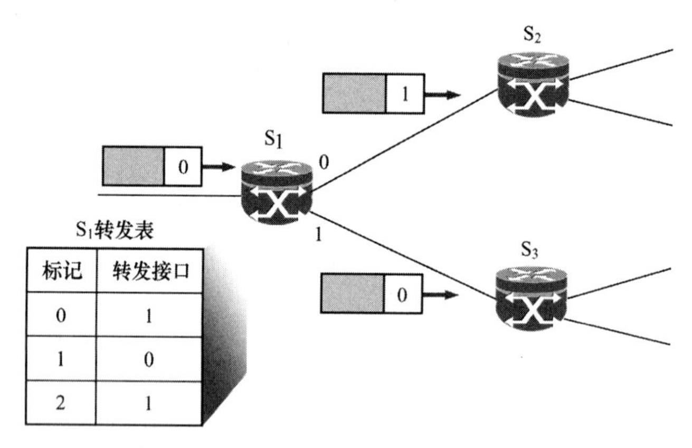

图 7-30 交换机根据分组标记转发分组

IETF 于 1997 年成立了 MPLS 工作组，并开发了一种新的协议标准。这种协议称为多协议标记交换 MPLS（MultiProtocol Label Switching）。后来，IETF 又综合了多家公司（如 Cisco、Ipsilon 等）的类似技术，于 2001 年公布了因特网的建议标准 RFC 3031，3032。

MPLS 最初是为了提高分组转发速度而提出来的，起源于 IPv4，其核心技术可扩展到多种网络协议，包括 IPX（Internet Packet Exchange）、Appletalk、DECnet、CLNP（Connection Less Network Protocol）等。MPLS 还可运行于不同底层的网络之上，支持 X.25、帧中继、ATM、PPP、SDH 和 DWDM 等，保证了多种网络的互连互通。

MPLS 具有以下特点：

① 支持面向连接的服务质量；

② 支持流量工程，平衡网络负载；

③ 有效地支持虚拟专用网。

7.5.2 MPLS 的基本原理

1. MPLS 转发分组的策略

在传统的 IP 网络中，分组到达一个路由器，是按照“最长前缀匹配”原则查找路由表，找出下一跳的 IP 地址。路由表的大小与网络规模有关，如果网络很大，路由表的容量必然很大，这会增加查表时间。一旦存放路由表的缓存溢出，不但引起分组丢失和时延增长，进而导致服务质量下降。

MPLS 转发分组的策略则不同。MPLS 给分组打上固定长度的“标记”并用硬件进行转发，这就使得在转发分组过程中省去了每到达一个路由器都要上升到第三层（网络层）用软件查找路由表的过程，从而大大加快了转发分组的速度。采用硬件技术对打上标记的分组进行转发称为标记交换。“标记交换”也表示在转发分组时不再上升到第三层用软件分析 IP 数据报的首部和查找转发表，而是根据标记在第二层（链路层）用硬件进行转发。这样，就大大加快了 IP 数据报转发的速率。同时，MPLS 充分采用了原来的 IP 路由，也保证了网络路由的灵活性。目前 MPLS 主要应用于 Internet 的 ISP 网络中。

2. MPLS 协议的基本原理

MPLS 协议实现了第三层的路由到第二层交换的转换。MPLS 工作组到目前为止，已经把在帧中继、ATM 和 PPP 链路以及 IEEE802.3 局域网上使用的标记实现了标准化。

图 7-31 描述了 MPLS 协议的基本原理。

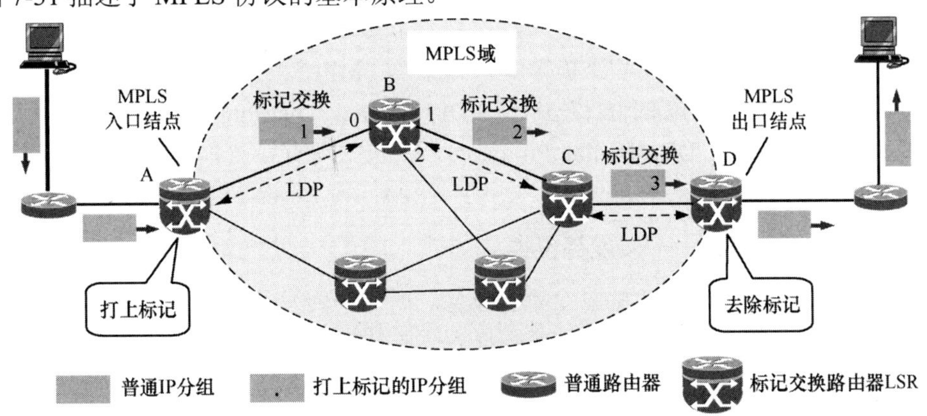

图 7-31 MPLS 协议的基本原理

在图 7-31 中，MPLS 域是指由许多支持 MPLS 技术的路由器构成的网络空间。MPLS 域包含两类路由器：标记边缘路由器 LER（Label Edge Router）和标记交换路由器 LSR（Label Switching Router）。这两类路由器都由两个独立的控制组件和转发组件所组成。LER 构成 MPLS 域的接入部分，LSR 构成 MPLS 域的核心部分。入口 LER 完成 IP 分组的分类、寻路、转发表和标记交换路径 LSP（Label Switched Path）表的生成、转发等价类 FEC（Forwarding Equivalence Class）（见后述）至标记的映射。出口 LER 终止标记交换路径，并根据弹出的标记转发剩余的 IP 分组。LSR 只是根据交换表完成转发功能。这样，所有复杂功能都在 LER 内完成，LSR 只完成高速转发功能。MPLS 域的优点是网络简单、易于扩展、降低建网费用。

MPLS 域内的基本工作过程如下。

（1）MPLS 域中的各 LSR 使用专门的标记分配协议 LDP（Label Distribution Protocol）交换报文，并找出和特定标记相对应的路径，即标记交换路径 LSP。如图中的路径 A→B→C→D。各 LSR 根据这些路径构造出分组转发表。

标记交换路径 LSP 分为静态和动态两种。静态LSP 由管理员手工配置，动态 LSP 则利用路由协议和标记分配协议动态产生。

（2）当一个 IP 分组进入到 MPLS 域时，MPLS 入口结点（ingress node）就给它打上标记（如后述，这实际上是插入一个 MPLS 首部），并按照转发表将该分组转发给下一个 LSR。

（3）在 MPLS 域内，以后的所有 LSR 都按照标记进行转发。每经过一个 LSR，要换一个新标记。这表明一个标记仅在两个 LSR 之间才有意义。LSR 要对通过它的分组做两件事：一是转发；二是更换新的标记，即把入标记更换成出标记。做这两件事所需的数据均已列在转发表中。更换标记的过程称为标记对换（label swapping）。如图 7-31 所示，标记交换路由器 B 从入接口 0 收到一个标记为 1 的分组，从转发表中查找到应从接口 1 转发出去，同时把标记对换为 2。而在标记交换路由器 C 则把入标记 2 对换成出标记 3。标记对换表明标记只具有本地意义，分组传送到下一个 LSR 再进行标记对换，原有的标记随即消失。

（4）当分组离开 MPLS 域时，MPLS 出口结点（egress node）则把分组的标记去除（如图 7-31 中的 D），转交给非 MPLS 域的主机或路由器。以后就按照普通 IP 分组的转发方法进行转发。

上述由“入口 LSR 确定进入 MPLS 域内的转发路径”称为显式路由选择（exlicit routing），显然这与因特网通常使用的“每一个路由器逐跳进行路由选择”有着根本性的不同。

标记分配协议是 MPLS 的控制协议，它相当于传统网络中的信令协议，负责 FEC 分类、标记分配以及 LSP 的建立和维护等一系列操作。MPLS 可以使用多种标记分配协议。包括专为标记分配而制定的协议，如 LDP（Label Distribution Protocol）、CR-LDP（Constraint-Routing Label Distribution Protocol），也包括现有协议扩展后支持标记分配的协议，如 BGP（Border Gateway Protocol）、RSVP（Resource Reservation Protocol）。

3. MPLS 的重要概念——转发等价类

转发等价类 FEC 是 MPLS 的一个重要概念。所谓“转发等价类”是指路由器按照同样方式对待 IP 数据报的集合。这里“按照同样方式对待”表示从同样接口转发到同样的下一跳地址，应具有同样服务类别和同样丢失优先级等。划分 FEC 的方法也不受什么限制，都由网络管理员来控制，显得非常灵活。入口结点并不是给每一个 IP 数据报指派一个不同的标记，而是将属于同样 FEC 的 IP 数据报都指派同样的标记，于是 FEC 和标记有着一一对应的关系。

FEC 的例子如下。

① 目的 IP 地址与某一个特定 IP 地址的前缀匹配的 IP 分组（这就相当于普通的 IP 路由器）；

② 所有源地址与目的地址都相同的 IP 分组；

③ 具有某种服务质量需求的 IP 分组。

FEC 可以有不同的粒度。细粒度的例子是为特定源主机和目的主机之间的特定应用指派的 FEC。粗粒度的例子则是与特定出口 LSR（不管数据流是从哪一个源结点发送过来的）相关联的 FEC。在这种情况下，许多应用流聚合到出口 LSR 离开 MPLS 域，像一颗倒置的树，它的根在出口 LER。这种应用流的聚合也称为虚电路合并（VC merging）。这样做可以大大减少转发表的表项数。图 7-32 给出了应用流是如何聚合到出口 LSR 的例子。该图表示进入一个 LSR 的带有不同标记的 IP 分组将在此对换标记。例如，标记路由交换器 S_1 把入标记 1 和 3 的 IP 分组对换成出标记 2，而 S_2 和 S_3 也一样要完成对换。

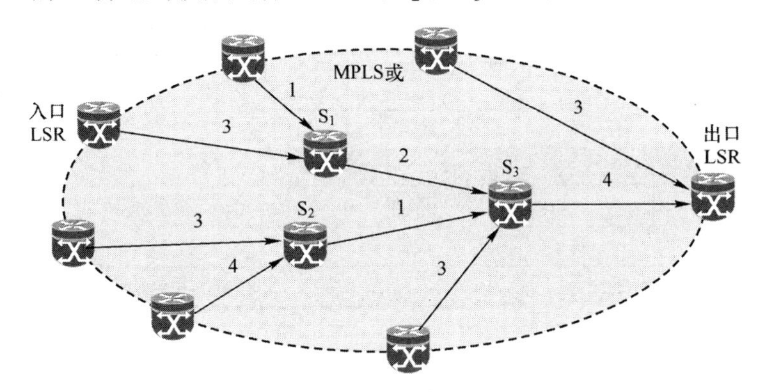

图 7-32　应用流聚合到出口 LER

FEC 还可用于负载平衡。图 7-33 给出了用于负载平衡举例。图 7-33（a）中的主机 H_1 和 H_2 分别向主机 H_3 和 H_4 发送数据。路由器 A 和 C 是必经之路。但传统的路由选择协议只能选择最短路径 A→B→C，这就可能导致这段最短路径过载。图 7-33（b）则表示采用 MPLS 的情况。此时，入口结点 A 可设置两种 FEC：一种是“源地址为 H_1 而目的地址为 H_3”，其 FEC 的路径设置为 H_1→A→B→C→H_3；另一种是“源地址为 H_2 而目的地址为 H_4”，其 FEC 的路径设置为 H_2→A→D→E→C→H_4。这样就使得网络负载较为平衡。网络管理员采用自定义的 FEC 可以更好地管理网络的资源。这种均衡网络负载的做法也称为流量工程（traffic engineering）或通信量工程。

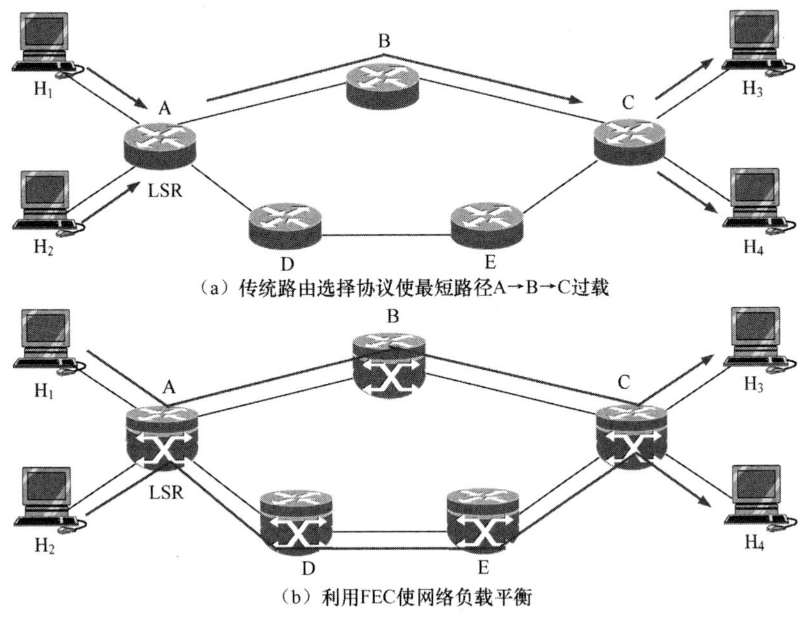

图 7-33　FEC 用于负载平衡举例

7.5.3 MPLS 的首部和格式

由于 MPLS 路由器之间的物理连接，既可以是专用线路，也可以是以太网。对于 IP 分组如何存放 MPLS 标记，MPLS 采用了封装技术，亦即在 IP 分组封装成以太网帧之前，插入一个 MPLS 首部。如果从一台 MPLS 路由器到另一台 MPLS 路由器之间的线路使用 PPP 作为成帧协议，那么帧格式中包含了 PPP、MPLS、IP 和 TCP 首部。MPLS 首部对客户端往往是透明的，ISP 用它来为超大流量建立长期的连接；而当服务质量变得很重要，还需要协助其他 ISP 完成流量管理任务时，MPLS 的作用就越来越明显了。图 7-34 所示为 MPLS 首部和格式。

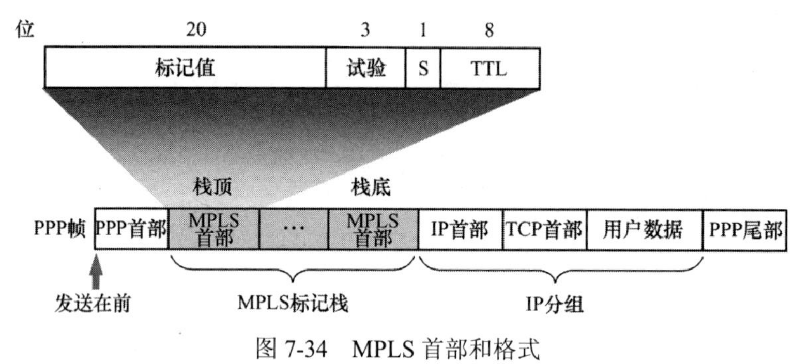

图 7-34 MPLS 首部和格式

MPLS 首部有 4 个字段组成，共 4B。各字段的含义如下。

（1）标记值（20 位）。从理论上讲，表示在设置 MPLS 时可以使用的所有值，即高达 2^{20} 个流（即 1048576 个流）。但在实际上并未用到如此大数目的流。

（2）试验（3 位）。目前保留用作试验，指明服务质量 QoS。

（3）栈 S（1 位）。当标记栈内还有旧的标记，则 S 为 1，否则为 0。

（4）生存时间 TTL（8 位）。指出该 MPLS 帧还能被转发多少次，每经过一个路由器被递减 1。如果降为 0，则该 MPLS 帧将被丢弃，以防止在路由不稳定的情况下该 MPLS 帧在 MPLS 域中出现兜圈子的现象。

MPLS 允许使用多个 MPLS 标记来构成 MPLS 标记栈。并用栈 S 来标识。MPLS 标记一旦产生就压入到标记栈中，而整个标记栈放在数据链路层首部（如 PPP 首部）和 IP 首部之间。栈是一种后进先出的数据结构。MPLS 协议规定，标记栈的栈顶（最后进入栈的标记）最靠近数据链路层首部，而栈底最靠近 IP 首部。

MPLS 的标记栈用于 MPLS 域出现嵌套的情况，如图 7-35 示。

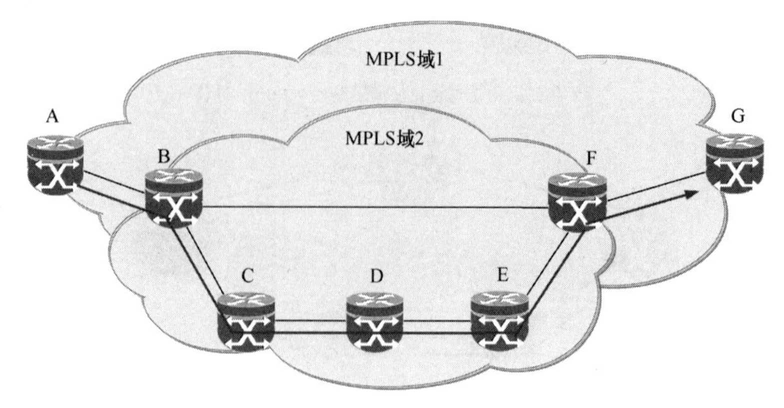

图 7-35 MPLS 域出现嵌套的情况

假定 IP 分组进入 MPLS 域 1 的 LSR A，并且要经过 B 和 F 到达 G。这个 IP 分组在 MPLS 域 1 中的标记交换路径是 A→B→F→G。分组在到达入口结点 LSR A 时被压入一个标记。但 IP 分组到达 LSR B 时就进入了 MPLS 域 2。在域 2 中的标记交换路径是 B→C→D→E→F，因此 LSR B 需要压入另一个标记。当分组到达 LSR F 时就弹出栈顶的标记。当分组到达 LSR G 时弹出标记栈剩下的一个标记。IP 分组实际通过的路径是 A→B→C→D→E→F→G。

7.6　IP 多播及其协议

7.6.1　IP 多播概述

1988 年，Steve Deering 在他的博士学位论文中提出了 IP 多播的概念。1992 年 3 月，IETF 在因特网上首次试验 IETF 会议声音的多播（multicast），当时有 20 个网点可同时收听会议的声音。在因特网上，多播是需要增加更多智能才能提供的一种服务。现在多播已成为因特网的一个热门课题。这是因为现实中有许多应用需要一种由一个源端到多个目的端的通信，即一对多的通信。例如：实时信息交付（如新闻、股市行情等）、软件更新、交互式会议等。随着因特网用户数的剧增和多媒体通信的开展，将会有更多的通信业务需要多播的支持。

在因特网上进行多播称为 IP 多播。多播是通过路由器来实现的，这些路由器需增加一些能够识别多播 IP 数据报的软件。能运行多播协议的路由器称为多播路由器（multicast router）。当然，多播路由器也能转发普通的单播 IP 数据报。与单播相比，多播可以节约网络资源。图 7-36 所示为视频服务器利用多播方式向属于同一个组 50 个成员传送节目的情况。此时，视频服务器只要把视频分组作为多播数据报来发送，且只需发送一次。图中，路由器 R_1 在转发分组时将其复制 2 份，分别送往路由器 R_2、R_3。当分组到达目的局域网时，因局域网具有硬件多播功能，就不需要再复制分组，局域网上的多播组成员都能收到这个视频分组。反之，如通过单播方式来向 50 个成员传送视频分组，则需要制作 50 个视频分组副本，通过 50 次单播才能完成任务。

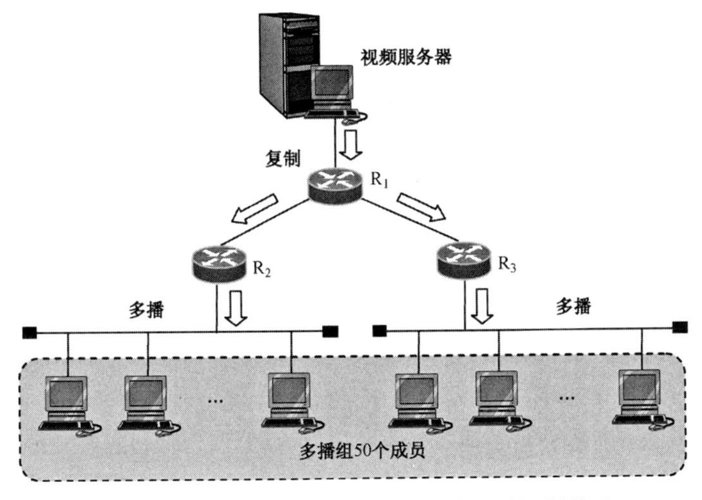

图 7-36　视频服务器利用多播方式来传送视频节目

为了适应交互式音频和视频信息的多播，1992 年起，在因特网上开始试验虚拟的多播主干网 MBONE（Multicast Backbone On the InterNEt）。此主干网可把分组传送到隶属同一个组且处在分散地域的许多主机。现在多播主干网已有相当大的规模，可含数千台多播路由器。

实现 IP 多播需要使用多播 IP 地址。由于属于同一多播组的成员可能有许多台主机，而多播数据报首部中却只有一个目的地址，因此，在多播数据报首部目的地址字段中填写的是多播组标识符，这个多播组标识符则与加入多播组的主机的 IP 地址相关联。

多播组标识符就是前面介绍的 D 类 IP 地址。由于 D 类 IP 地址的前 4 位是 1110，因此 D 类 IP 地址的范围是 224.0.0.0～239.255.255.255。如用每一个 D 类地址表示一个多播组，那么就可标志 2^{28} 个多播组。需要指出的是，在 D 类地址中有一些是不能随便使用的，因为这些地址已被因特网号码指派管理局 IANA（Internet Assigned Numbers Authority）指派为永久组地址。这些地址如下：

224.0.0.0　基地址（保留）
224.0.0.1　在本子网上的所有参加多播的主机和路由器
224.0.0.2　在本子网上的所有参加多播的路由器
224.0.0.3　未分配
224.0.0.4　DVMRP 路由器
⋮
224.0.1.0～238.255.255.255　全球范围均可使用的多播地址
239.0.0.0～239.255.255.255　限制在一个组织的范围

多播组数据报也是“尽最大努力交付”，不保证一定能交付给多播组内的所有成员。因此，多播数据报与一般 IP 数据报的区别就在于它使用了 D 类 IP 地址作为目的地址，并且首部中的协议字段值是 2，表示使用的是 IGMP 协议。另外，多播数据报在传送过程中，如出现差错，不会产生 ICMP 差错报文。

IP 多播有两种：一种是在本局域网上进行硬件多播，另一种是在因特网范围内进行多播。前一种情况最为简单实用，因为目前大部分主机都是通过局域网接入因特网的，所以因特网上的 IP 多播，最终还是要通过局域网用硬件多播交付给多播组的所有成员。

7.6.2　局域网 IP 多播

IANA 为以太网地址块的高 24 位指派为 00-00-5E（即 0.0.94），因此 TCP/IP 协议可使用的以太网多播地址的范围是 0-00-5E-00-00-00～00-00-5E-FF-FF-FF（即 0.0.94.0.0.0～0.0.94.255.255.255）。IEEE 802 标准规定地址字段（共 6B）第一字节的最低位为 I/G 位。I/G 位为 1 表示用于多播的组地址，这种多播地址占 IANA 所分配的地址数的一半。因此 IANA 拥有的以太网多播地址范围是 01-00-5E-00-00-00～01-00-5E-7F-FF-FF（即 1.0.94.0.0.0～1.0.94.127.255.255）。可见，在每一个地址中只有 23 位可用作多播，并与 D 类 IP 地址中的 23 位有一一对应的关系。而 D 类 IP 地址可供分配的有 28 位，因此这 28 位的前 5 位是不能用来构成以太网硬件地址的。例如，IP 多播地址 224.128.64.32（即 E0-80-40-20）和另一个 IP 多播地址 224.0.64.32（即 E0-00-40-20）转换成以太网的硬件多播地址都是 1.0.94.0.64.32（即 01-00-5E-00-40-20）。这说明多播 IP 地址与以太网硬件地址的映射关系并不是唯一的，因此收到多播数据报的主机，还要在 IP 层利用软件进行过滤，丢弃不是本主机该接收的数据报。

图 7-37 表示 D 类 IP 地址与以太网多播地址的映射关系。

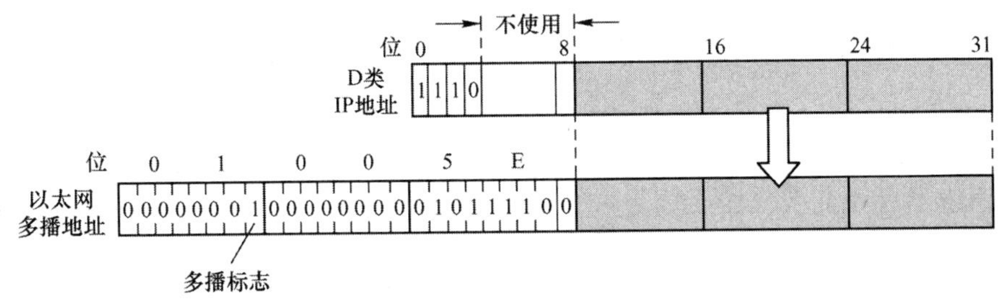

图 7-37 D 类 IP 地址与以太网多播地址的映射关系

7.6.3 因特网 IP 多播协议

在因特网上传送多播数据报需要使用两种协议：一种是网际组管理协议 IGMP（Internet Group Management Protocol）；另一种是多播路由选择协议。IGMP 是让连接在本地局域网上的多播路由器知道本局域网是否有主机（严格地讲是主机上的某个进程）参与或退出某个多播组，而不是对所有多播组成员进行管理。多播路由选择协议则是使连接在局域网上的多播路由器与因特网上的其他多播路由器协同工作，以便把多播数据报花费最少的代价送往多播组的所有成员。

1. 网际组管理协议（IGMP）

IGMP 协议已有 3 个版本，即 IGMPv1(1989)、IGMPv2(1997)和 IGMPv3(2002)。与网际控制报文协议 ICMP 协议相似，IGMP 报文也是通过 IP 数据报来传递的，即 IGMP 报文作为 IP 数据报的数据部分，再加上 IP 首部就构成 IP 数据报。因此，IGMP 并不是一个单独的协议，而是网际协议 IP 的一个组成部分。

从概念上讲，IGMP 的工作可分为两个阶段。

第一阶段：当某主机要求加入新的多播组时，该主机应以多播地址向该多播组发送一个 IGMP 报文，声明自己要成为该组的成员。本地多播路由器收到这个 IGMP 报文后，就利用多播路由选择协议把这种成员关系转发给因特网上的其他多播路由器。

第二阶段：因为多播组成员的关系是动态的，本地多播路由器需周期性地探询本地局域网上的主机，以便了解这些主机是否还继续是该组的成员。只要组内有一个主机予以响应，就认为该多播组是活跃的。但若经过数次探询仍没有一台主机响应，多播路由器就认为本网络上的主机已经离开本组，因此也就不再把这个组的成员关系转发给其他的多播路由器。

为了避免多播控制信息给网络增加更多的开销，IGMP 协议采用了一些具体措施。

① 主机和多播路由器之间的所有通信都使用 IP 多播。只要有可能，都用硬件多播来传送携带 IGMP 报文的数据报。因此在支持硬件多播的网络上，没有参加 IP 多播的主机是收不到 IGMP 报文的。

② 多播路由器在探询组成员关系时，只需要对所有的组发送一个询问报文，而不需要对每一个组发送一个询问报文（虽然也允许对一个特定组发送询问报文）。默认的探询速率是每 125s 发送一次。

③ 当同一个网络上连接有几个多播路由器时，它们能够迅速和有效地选择其中的一个来探询主机的成员关系。

④ 在 IGMP 的询问报文中有一个指明最长响应时间的数值 N（默认值为 10s）。当收到询问时，主机在 $0\sim N$ 之间随机选择发送响应所需经过的时延。因此，若一台主机同时参加了几个多播组，则主机对每一个多播组选择不同的随机数，且对应于最小时延的响应最先发送。

⑤ 同一个组内的每一个主机都要监听响应，只要有本组的其他主机先发送了响应，自己就可以不必再发送响应。这样就减少不必要的通信量。

多播路由器并不需要保留组成员关系的准确记录，多播路由器只需知道网络上是否至少还有一个主机是本组成员。对询问报文实际上每一个组内只有一个成员发送响应。如果一个主机有多个进程加入某个多播组，那么这个主机对发给这个多播组的每个多播数据报只接收一个副本，然后再给主机中的每一个进程发送一个本地复制的副本。

最后还需指出，多播数据报的发送者和接收者是不知道一个多播组中的成员和数量的，且因特网中的路由器和主机也不知道哪个应用进程将向哪个多播组发送多播数据报，因为这个应用进程是不加入这个多播组的。

IGMP 报文只有 8B（见图 7-38），分为 4 个字段。

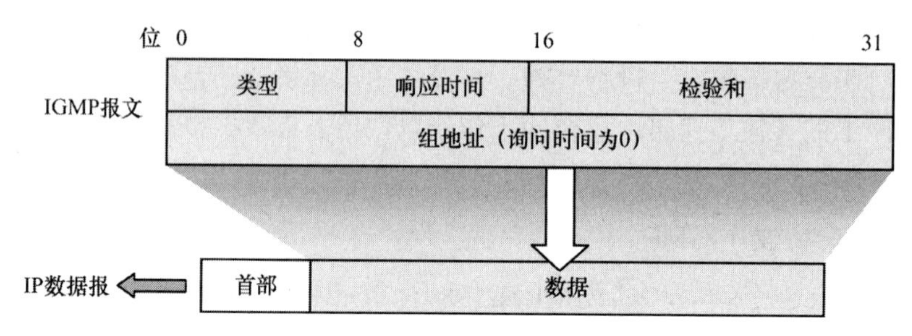

图 7-38 IGMP 协议的报文格式

① 类型(1B)。表示所用的 IGMP 报文类型。

② 响应时间(1B)。以 0.1s 为单位。默认值为 10s。

③ 检验和(2B)。对整个 IGMP 报文进行检验，其校验算法同 IP 数据报。

④ 组地址(4B)。表示组地址。当对所有组发出探询时，填入全零组地址；当探询特定的组时，填入该组组地址；当主机发送成员关系的报文时，填入自己的组地址。

2. 多播路由选择协议

虽然 IP 多播协议已成为建议标准，但多播路由选择协议（用来在多播路由器间传送路由信息）尚未标准化。多播路由选择协议要比单播路由选择协议复杂得多，其主要原因在于：在多播过程中，多播组的成员是随时变化的，多播路由选择协议必须动态地适应多播组成员的这种变化。

为适应多播组成员的动态变化，多播路由选择需要找出以源主机为根结点的多播转发树。在多播转发树上，每一个多播路由器向树的叶结点方向转发所收到的多播数据报。显然，不同的多播组对应着不同的多播转发树。同一个多播组，对不同的源主机也会有不同的多播转发树。

目前虽没有在整个因特网上使用的多播路由选择协议，但已有一些建议使用的多播路由选择协议，主要有：距离向量多播路由选择协议 DVMRP（Distance Vector Multicast Routing Protocol）（RFC 1075）、基于核心的转发树 CBT（Core Based Tree）（RFC 2189，2201）、开放最短通路优先的多播扩展 MOSPF（Multicast Extensions to OSPF）（RFC 1585）、协议无关多播-

稀疏方式 PIM-SM（Protocol Independent Multicast-Sparse Mode）（RFC 4601）、协议无关多播-密集方式 PIM-DM（Protocol Independent Multicast-Dense Mode）（RFC 3973）。这些协议在转发多播数据报时采用了洪泛与剪除、隧道技术以及基于核心的发现技术等方法。下面仅以隧道技术为例来说明隧道技术在多播中的基本应用原理，如图 7-39 所示。

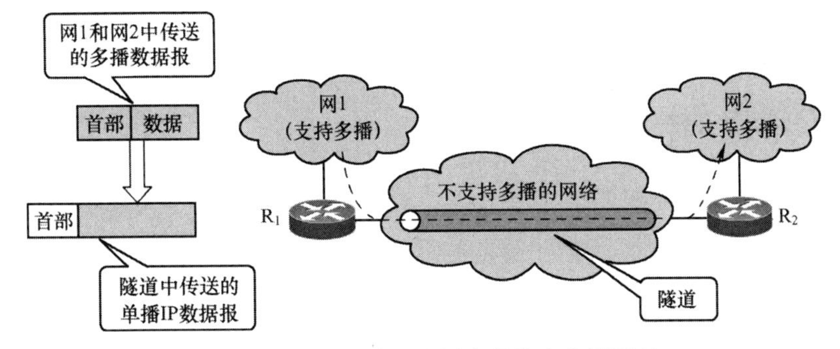

图 7-39　隧道技术在多播中的基本应用原理

在图 7-39 中，网 1 和网 2 都支持多播。当网 1 中的主机向网 2 中的一些主机发送多播数据报时，由于路由器 R_1 和 R_2 不支持多播，因而 R_1 和 R_2 就不能按多播地址进行转发。此时，可采用由路由器 R_1 对多播数据报进行再次封装（即加上普通 IP 数据报的首部），使之成为向单一目的站发送的单播数据报，然后通过 R_1 和 R_2 之间的“隧道”传送到 R_2。单播数据报传送到 R_2 后，由 R_2 剥去其加上的首部，使之恢复成原来的多播数据报，再发往多播组的各成员。这一情况与英吉利海峡利用隧道输送汽车的情况类似。

*7.7　移动 IP 及其协议

7.7.1　移动 IP 概述

当今因特网的网络规模正以惊人的速度不断扩大，同时移动通信也在突飞猛进地向前发展。越来越多的移动用户希望将移动主机（mobile host）（如便携式计算机、个人数字助理等）能够在任何地点、任何时间，以更加灵活的方式接入因特网。移动 IP 技术正是为了适应这种需求，产生的一种新的支持移动用户与因特网连接的互连技术。这种技术能够使移动主机在移动自己位置的同时无须中断正在进行的网络通信，因此成为当前业界研究的热门问题。

为了解决移动主机的上网接入问题，在不改变现有 IPv4 协议的条件下曾提出过两种方案：第一种方案是移动主机每次改变接入点时，可以使用 DHCP 得到新的 IP 地址并把它和新网络关联起来。该方案的主要缺点是不能保持通信的连续性，特别是当移动主机在网上漫游时，由于它的 IP 地址不断变化，会导致它无法与其他用户通信。第二种方案是改变接入点时不改变 IP 地址，而是在整个因特网采用该主机的特定主机路由，以便根据特定的主机路由进行路由选择。这种方案的缺点是路由器将对移动主机发送的每个分组都要进行路由选择，从而导致路由表急剧膨胀，加重了路由器处理特定路由的负荷。其实，对移动 IP 的研究要解决两个最基本的问题是：一个是移动主机可采用一个永久的 IP 地址接入到任何网络；另一个是移动主机在切换网络时，仍然能够保持与之通信的用户的正常通信。

当人们提出这种不受时空限制的上网需求时，IETF 就成立了移动 IP 工作组。该工作组制定出移动 IP 协议的目标是：①移动主机在任何地方仍使用它的永久不变的 IP 地址（俗称家乡地址）；②不允许改变从不移动位置的固定主机的软件；③不改变路由器软件和各类表格；④发送给移动主机的大多数分组不应绕道而行；⑤移动主机在家乡时不应有任何开销。针对这些目标，该工作组于 1992 年开始制定移动 IPv4 的标准草案（RFC 1701，RFC 2002～2006），并于 1996 年 6 月予以通过。1996 年 11 月又公布了建议标准，这就为移动 IPv4 成为正式标准打下了基础。

7.7.2 移动 IP 的基本原理

1. 移动 IP 的功能实体和基本术语

移动 IP 定义了 4 种功能实体：①移动结点（mobile node），指一台主机或路由器，当它在切换链路时可以不改变原有 IP 地址，仍能保持正在进行的通信。②本地代理（home agent，又称家乡代理或归属代理），指移动结点的本地网络连接到因特网的路由器，它保存着移动结点的位置信息，当移动结点离开本地网络时能够将发往移动结点的分组转发给移动结点。③外地代理（foreign agent，又称外埠代理），指移动结点当前所在的外地网络连接到因特网的路由器，它能够把由本地代理转发来的分组再转发给移动结点。本地代理和外地代理统称为移动代理。④通信结点（communication node），指与移动结点在移动过程中与之通信的结点，它既可以是固定结点，也可以是移动结点。

移动 IP 常用的基本术语有：①家乡地址（home address），指移动结点所在本地网络为它分配的一个长期有效 IP 地址；②家乡网络（home network，又称归属网络）和家乡链路（home link），分别指为移动结点分配长期有效 IP 地址的网络和移动结点在本地网络时接入的本地链路；③外地网络（foreign network）和外地链路（foreign link），分别指非本地网络和移动结点在接入外地网络时的接入链路；④转交地址（care-of address），指移动结点接入到外地网络时，被分配的一个临时 IP 地址；⑤移动绑定（mobility bonding），指本地网络维护移动结点的家乡地址与转交地址的关联。

2. 移动 IPv4 的基本原理

为了支持移动 IP 业务，通信结点与移动主机之间的通信要经历 3 个阶段：代理发现、注册和数据传送。下面分别讨论这 3 个阶段。

（1）代理发现

移动 IP 是通过扩展的“ICMP 路由发现”机制来实现代理发现的。代理发现机制能使移动主机在离开它的家乡网络之前发现本地代理（即知道它的 IP 地址），以及移动主机移动到外地网络之后发现外地代理，并获取转交地址。因此，“发现”是指知道了本地代理地址和转交地址。该机制定义了“代理通告”和“代理请求”两种报文。其实，这两种报文只是分别使用了“ICMP 路由器通告报文”（在其后附上“代理通告”报文）和“ICMP 路由器询问报文”（在其后附上“代理请求”报文）。

移动代理在自己所在的网络上周期性地广播“代理通告”报文，以表明自己的存在。移动结点监听“代理通告”报文，以判断自己是否漫游出本地网络。如果移动结点发现自己仍在本地网络上，即收到本地代理发来的“代理通告”报文，则不启动移动 IP 功能。如果移动结点检测到它已移动到外地网络，则通过向外地代理注册获得的转交地址，并把这个转交地址再通过移动绑定向本地代理进行注册，以便让本地代理存储移动结点的当前位置。

如果移动结点在一段时间内没有收到相应的“代理通告”报文，则应向它所在的网络发送“代理请求”报文，以便让链路上的所有代理立即广播“代理通告”报文。

（2）注册

移动 IP 的注册过程一般是在代理发现机制完成之后进行的。在移动主机移动到外地网络并发现外地代理后，就要进行注册。注册包括向外地代理注册；向它的本地代理注册（通常由外地代理移动主机）；如注册信息到了生存期，则需更新注册；如果移动主机返回家乡网络，则应取消注册（即办理注销）。

移动 IP 的注册具有下列功能：①移动结点通过注册可得到外地代理的路由服务；②移动结点通过注册可把它的转交地址通知本地代理；③移动结点通过注册可使过期的注册重新生效；④在先前不知道本地代理的情况下，移动结点可以通过注册，动态获得本地代理的地址；⑤移动结点可以同时注册多个转交地址，此时本地代理将通过隧道把发往移动结点本地地址的分组发往移动结点的每个转交地址。⑥在注销一个转交地址的同时保留其他转交地址。

移动 IP 有两种注册消息：注册请求和注册应答。注册操作使用 UDP 用户数据报，注册消息被放入 UDP 用户数据报的数据字段。

（3）数据传送

在代理发现和注册之后，移动主机就能与通信结点进行通信。为了更形象化地描述移动 IP 的数据传送过程，这里我们假设用户 A（在北京）与用户 B（在上海）进行通信，而当时用户 B 却出差去了昆明。此时，它们之间通信的实际路由过程如下（见图 7-40）：

① 用户 B 到达移动目的地（昆明）后，藉代理发现机制发现自己处于移动状态和找到外地代理，并使用动态主机配置协议 DHCP（Dynamic Host Configuration Protocol）从外地代理获取转交地址，再给本地代理发送一个带有转交地址的注册信息。

② 用户 A 的通信实体使用用户 B 的永久 IP 地址通过标准 IP 路由机制，向用户 B 发送一 IP 分组。

③ 用户 B 的本地代理截获分组，将该分组的目的地址与本地代理的移动绑定列表中的用户 B 的转交地址相比较。若有相同者，则将该分组进行封装，并采用隧道机制转发到用户 B 的转交地址。否则丢弃。

④ 用户 B 当前所在地的外地代理收到该分组，去其封装交给用户 B。用户 B 直接给用户 A 发送应答分组。

⑤ 用户 A 收到应答分组后，将随后的分组通过隧道发送到位于转交地址的用户 B。

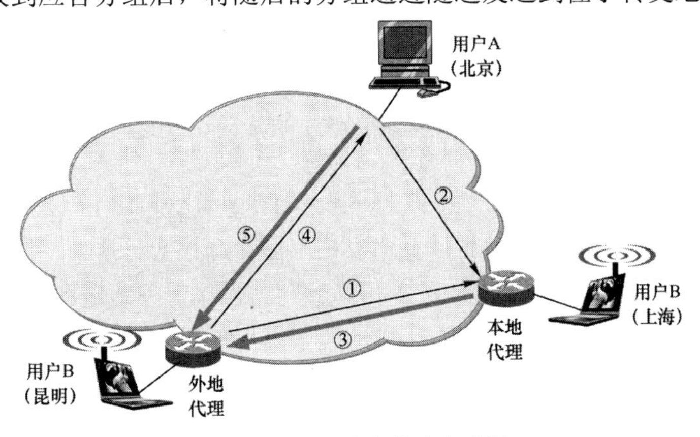

图 7-40　移动结点的路由过程

如图 7-40 所示，当用户 B 在移动过程中，由用户 A 发往用户 B 的分组必须经过本地代理，而从用户 B 发往用户 A 的分组是直接发送的，这两个方向的通信不是同一条路径，而产生了“三角路由”问题。当用户 B 离开本地代理很远时，就形成了一条迂回路由，这显然会影响通信效率。

读者需注意，以上通信过程是透明的。也就是说，用户 A 并不知道用户 B 的任何移动性，因特网的其余部分也不知道移动主机的移动性。

3．移动 IP 使用的隧道技术

隧道技术是移动 IP 的重要内容。移动 IP 使用的隧道技术有 3 种：IP 的 IP 封装、IP 的最小封装和通用路由封装。

IP 的 IP 封装由 RFC 2003 定义，用于将整个原始 IPv4 分组放在另一个 IPv4 分组净负荷部分中。它在原始 IPv4 分组的首部前插入一个外层 IP 首部，其中含有的源地址和目的地址分别标识隧道中的两个边界结点。原始 IPv4 分组首部中的源地址和目的地址则分别标识原始分组的发送结点和接收结点。移动 IP 要求本地代理和外地代理实现 IP 的 IP 封装，以实现从本地代理到转交地址的隧道。

IP 的最小封装由 RFC 2004 定义，是可选的隧道方式。它将 IP 的 IP 封装中内层 IP 首部和外层 IP 首部的冗余部分去掉，以减少隧道所需的额外字节数。但是，使用这种封装技术有一个前提，就是原始的分组不能被分片，因为 IP 的最小封装技术在新的 IP 首部和净负荷之间插入了一个最小转发首部，它并不保存有关分片的内容。

通用路由封装由 RFC 1701 定义，它允许一种协议的分组封装在另一种协议分组的净负荷中。除了 IP 协议，它还可以支持其他网络层协议。

7.7.3　移动 IP 的几个问题

1．移动切换

移动结点从一条链路移动到另一条链路的漫游过程称为切换。移动结点在切换前后的转交地址是不一样的。由于移动 IP 是利用无线通信的环境，受无线链路的高误码率、信号强度又是动态变化等因素的影响，因而切换过程会导致移动结点在某一时间内不能正常收发分组，从而引起通信的暂时中断。如何保持移动结点在移动过程中的通信连续性，缩短移动切换时间，以减少对通信服务质量的影响，是移动 IP 的关键技术之一。

移动 IP 协议属于网络层协议，它必须保持与数据链路层的相对独立。移动结点只有在完成从一条链路移动到另一条链路的移动切换之后，通过移动 IP 获取了转交地址，才能够开始注册和绑定更新。因此，物理层和数据链路层的移动切换速度、延迟与稳定性直接影响着移 IP 协议的实现和服务质量。

移动 IPv4 协议采用低延迟切换技术，其基本思想是使移动结点在切换过程中通信连接中断的时间达到最小。移动 IPv4 低延迟切换采用下面 3 种基本方法。

① 预注册（pre-registration）切换。是指当移动结点接入外地链路时，在进行切换之前就与新的外地代理通信，建立注册关系，然后再进行切换，以减少时间。

② 过后注册（post- registration）切换。是指当移动结点接入外地链路时，在完成进行注册之前，在新、旧两个外地代理之间建立双向隧道，移动结点继续使用前一个外地网络的转交地址，通过前一个外地代理维持已有的通信连接，以减少切换带来的影响。

③ 组合切换。是指预注册切换可在数据链路层切换实现之前完成，就使用预注册切换；如果预注册切换没有在数据链路层切换实现之前完成，那么就采用过后注册切换。

2. 移动 IP 的安全

移动 IP 除面临着计算机网络几乎所有的安全威胁，还有特有的安全问题。本地代理、外地代理与通信结点，以及代理发现、注册与隧道机制都可能成为攻击的目标，因此移动 IP 的安全问题是一个重点研究课题。

从物理层和数据链路层的角度，移动结点多数是通过无线链路接入的，而无线链路易受窃听、重放和其他攻击。从网络层移动 IP 协议的角度，移动结点从一个网络移动到另一个网络，通过本地代理和外地代理，使用代理发现、注册和隧道机制，实现与通信结点的通信。

代理发现机制很容易遭到一个恶意结点攻击，它可以发出一个伪造的代理通告，使得移动结点认为当前绑定已失效。

移动注册机制也很容易受到拒绝服务和假冒攻击。典型的拒绝服务是攻击者向本地代理发送伪造的注册请求，把自己的 IP 地址当作移动结点的转交地址。在注册成功后，发送到移动结点的分组就被转发给攻击者，而真正的移动结点却接收不到。攻击者也可以通过窃听会话与窃取分组，藏匿一个有效的注册信息，然后采取重放攻击向本地代理注册一个伪造的转交地址。

隧道机制也易受到攻击。攻击者可以伪造一个从移动结点到本地代理的隧道分组，从而冒充移动结点非法访问家乡网络。

3. 移动 IP 的服务质量

影响移动 IP 服务质量 QoS（Quality of Service）的因素有：无线通信质量、手持设备的电池使用时间、屏幕尺寸与显示精度、无线连接费用与移动管理等问题。移动结点在相邻区域间的切换，会引起分组传输路径的变化，从而造成对服务质量的影响。移动结点转交地址的变化，也会引起传输路径上的某些结点不能满足分组传输所需要的服务质量要求。

提高移动 IP 服务质量，需要考虑切换期间通信连接的中断时间，有效确定切换过程中原有路径中的重建，以及切换完成后及时释放原有路径上的服务质量状态和已分配资源等因素。现已公布的资源预留协议 RSVP（Resource Reservation Protocol）为不同的服务质量会话管理提供更为灵活的机制。

在移动 IP 服务质量保证机制中，服务质量的协商机制也很重要。当移动结点的位置发生变化或网络所能提供的服务质量发生变化时，都要进行服务质量的协商，从而保证移动结点在一定的条件下可以得到比较满意的服务质量。

*7.8 下一代因特网的网络层协议

7.8.1 网际协议 IPv6

1. IPv6 概述

IPv4 是因特网的核心协议，它是 20 世纪 70 年代末期设计的。因特网经过几十年的发展，到 2001 年 2 月，IPv4 地址已经耗尽。所谓“IPv4 地址已耗尽”，是指 ICANN 在 2011

年 2 月 3 日发布的一个公告。该公告称：最后所剩的 5 组 IPv4 地址已分配给了全球五大区域互联网地址管理机构，以后没有再可供分配的 IPv4 地址了。我国在 2014 年至 2015 年也逐步停止了向新用户分配 IPv4 地址，同时全面开始商用部署 IPv6。

为了解决 IPv4 地址耗尽，以及满足对更多地址空间、安全性、路由选择的灵活性和通信量的支持等方面的迫切需求，因特网工程部 IETF 于 1992 年 6 月提出要制订下一代 IP，即 Ipng（IP Next Generation）。现在将 IPng 正式称为 IPv6。到目前为止，IPv6 的标准还只处在草案标准阶段（RFC 2460，4862，4443）。

与 IPv4 相比，IPv6 所作的主要改进如下。

① 扩充了地址空间。IPv6 使用的地址长度为 128 位，使地址空间增大了 2^{96} 倍。

② 采用灵活的首部格式。IPv6 虽采用了一种全新的数据报格式，但仍允许与 IPv4 共存。它使用一系列固定格式的扩展首部取代了 IPv4 中可变长度的选项字段，这不仅提供了更多的功能，还提高了路由器的处理效率。

③ 对选项支持的改进。IPv6 把选项放在单独的扩展首部中，选项只在必要时才进行检验和处理。

④ 对网络资源实施预分配。支持实时视像等需要一定的带宽和时延的应用。

⑤ 允许协议继续扩充，使之适应未来技术的发展。

⑥ 支持即插即用（即自动配置）。

⑦ 首部长度必须是 8B 的整数倍（即 8B 对齐），而 IPv4 的首部是 4B 对齐。

⑧ 可进行身份验证和保密。IPv6 有一套完整的安全保护机制。

尽管 IPv6 性能上优于 IPv4，但更换一个新版协议涉及世界上许多国家和团体的切身利益，因此争论在所难免。目前 IPv6 还处于草案标准阶段。

2. IPv6 数据报的格式

IPv6 数据报的通用格式如图 7-41 所示。

IPv6 数据报由首部和数据两个部分组成。首部中除固定长度为 40B 必有的基本首部（简称为 IPv6 首部）外，还有一些任选的扩展首部。数据部分存放上层协议数据单元的内容。所有扩展首部和数据合起来称为数据报的有效载荷（payload）或净负荷。

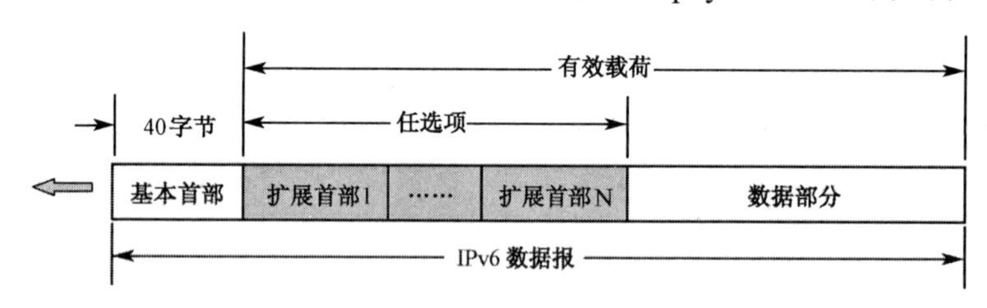

图 7-41　IPv6 数据报的通用格式

（1）IPv6 基本首部

IPv6 基本首部为 40B 的固定长度，如图 7-42 所示。与 IPv4 相比较，IPv6 取消了首部中的某些字段（如首部长度、服务类型、总长度、标识、标志、片偏移、协议、首部检验和及选项等），将“生存时间”字段改为“跳数限制”字段，使其名称与作用更一致。这样，就使得 IPv6 基本首部的字段数减少到 8 个，从而减少了路由器处理首部的工作量，提高了路由选择速度。下面介绍这 8 个字段的含义。

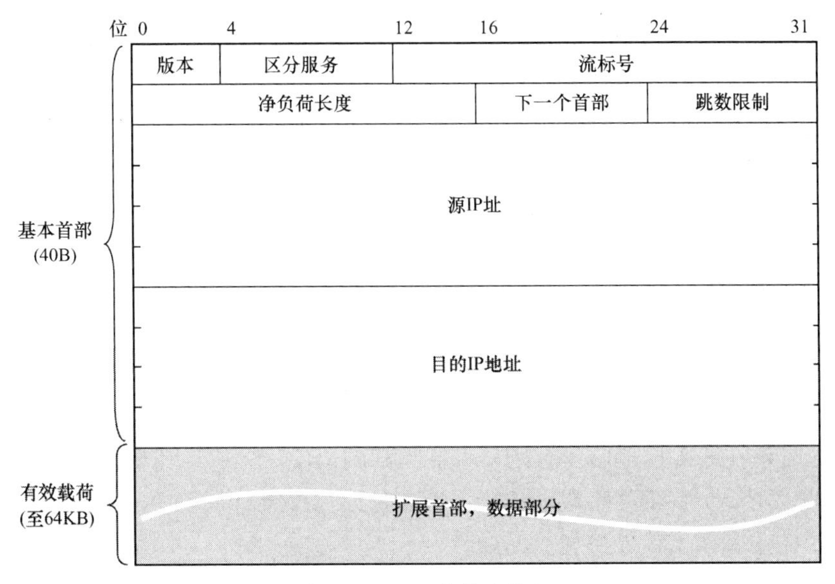

图 7-42　IPv6 的基本首部

① 版本（4 位）。它指明协议的版本号，对 IPv6 该字段为 6。

② 区分服务（8 位）。该字段由原始结点或转发路由器使用，以指明数据报的服务类别，以表示这些分组具有不同的实时传送需求。此字段的使用方式与 IPv4 分组的同名字段一样。

③ 流标号（20 位）。流是一个抽象的概念。所谓“流”就是互联网上从一个特定源站到一个特定目的站（单播或多播）的一系列数据报，而源站要求在数据报传输路径上的路由器保证指明的服务质量。例如，两个欲发送视像的应用程序可以建立一个流，它们所需要的带宽和时延在此流上可得到保证。网络提供者也可要求用户指明他所期望的服务质量，然后使用一个流来限制某个指明的计算机或指明的应用程序的发送的业务质量。所有属于同一个流的数据报都具有同样的流标号。源站在建立流时是在 $2^{20}-1$ 个流标号中随机地选择一个流标识符（注意：流标号 0 保留，表示未采用流标号）。由于路由器将一个流与一个数据报相关联，使用的是数据报的源地址和流标号的组合，所以源站随机选择流标号并不会产生冲突。

④ 有效载荷长度（16 位）。它指明 IPv6 数据报所载的字节数（除基本首部外）。该字段的最大值是 64KB（即 65536 字节）。

⑤ 下一个首部（8 位）。它相当于 IPv4 的协议字段或可选字段。当 IPv6 无扩展首部时，该字段的值指出传输层协议的编号，即数据部分的数据是属于传输层哪一个协议（例如，6 表示应交付给 TCP，而 17 表示应交付给 UDP）。当 IPv6 有扩展首部时，该字段的值标识后面所接的扩展首部的类型。

⑥ 跳数限制（8 位）。表示该数据报还能允许的跳数，藉以防止数据报在网络中无限期地存在下去。跳数限制由源站设置（最大值为 255）。路由器在转发该数据报时，要对跳数限制字段的值减 1。当跳数限制的值为零时，就将此数据报丢弃。

⑦ 源 IP 地址（128 位）。指明该数据报发送站的 IP 地址。

⑧ 目的 IP 地址（128 位）。指明该数据报接收站的 IP 地址。

（2）IPv6 扩展首部

IPv6 把 IPv4 首部中选项的功能放到扩展首部中，并把扩展首部留给源站和目的站主机来处理，在传输途径中所经过的路由器都不处理 IPv6 数据报这些扩首部（只有一个首部例外，即逐跳选项扩展首部），这样就大大提高了路由器处理 IPv6 数据报的效率。

RFC 2460 定义了 6 种扩展首部。当使用多个扩展首部时，它们在首部中出现的顺序如下。

① 逐跳选项，对要求逐跳处理的特殊选项进行定义。

② 源路由选择，提供了类似于 IPv4 源选路的扩展路由选择。

③ 分片，包含分片和重装的信息。

④ 鉴别，提供数据报的完整性及其鉴别。

⑤ 封装安全有效载荷，提供了保密措施。

⑥ 目的选项，包含了由目的结点检查的可选信息。

扩展首部由若干个字段组成，其长度和内容随首部种类而异。但所有扩展首部的第一个字段都是 8 位的“下一个首部”字段。此字段的值指出了在该扩展首部后面的是什么字段。图 7-43 表示在基本首部后面有两个扩展首部的情况。图中，第一个扩展首部是路由选择首部，它的“下一个首部”字段的值指出后面是分片扩展首部，而分片扩展首部的“下一个首部”字段的值又指出传输层协议的编号。

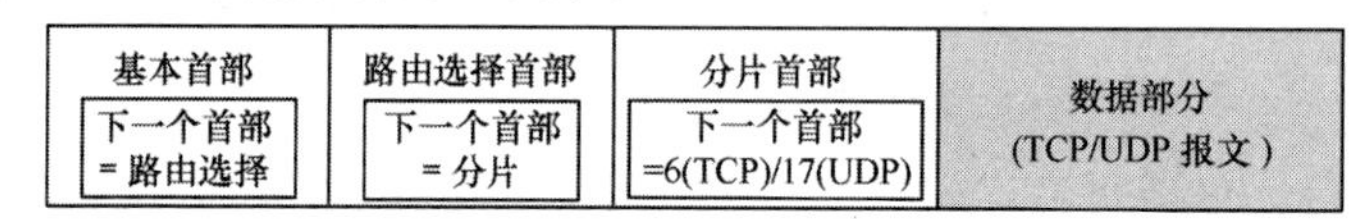

图 7-43　IPv6 扩展首部示例

（3）IPv6 数据部分

IPv6 数据部分用来存放上层协议的数据单元，它既可以是一个 TCP 报文段或 UDP 数据报，也可以是一个 ICMPv6 报文。

3. IPv6 的地址

在 IPv6 中，主机和路由器均称为结点。由于一个结点可能有多个与链路相连的接口，IPv6 给每一个接口都指派一个 IP 地址。每个 IP 地址占 128 位，即 3.4×10^{38} 个地址。这个地址空间有多大呢？如以地址分配速率为 100 万个/μs，则需要 10^{19} 年的时间才能将所有可能的地址分配完毕。再打个比方，若整个地球表面（包括陆地和水面）均被计算机所复盖，那么每平方米可有 7×10^{25} 个 IPv6 地址。可见 IPv6 确实有足够大的地址空间。

（1）IPv6 地址的记法

庞大的地址空间应便于网络维护人员阅读和操作。由于采用点分十进制记法来表示 128 位的地址会显得冗长和不够简洁，再考虑到十六进制数和二进制数之间易于转换，所以 IPv6 使用冒号十六进制记法（colon hexadecimal）。它把每个 16 位的量用十六进制值表示，各量之间用冒号分隔，且允许省略数字前的“0”。例如：一个 128 位地址的两种记法分别是

点分十进制记法　　128.94.141.104.255.255.255.255.0.0.34.130.9.88.255.255

冒号十六进制记法　　805E:8D68:FFFF:FFFF:0:2282:95B:FFFF

冒号十六进制记法还包含两种有用技术。首先，冒号十六进制记法允许零压缩，即一连串连续的零可以为双冒号所取代，例如：FE08:0:0:0:0:0:0:B6 可以写成 FF08::B6。为了保证零压缩有一个确切的解释，规定在任一地址中，只能使用一次零压缩（即仅允许出现一次双冒号）。其次，冒号十六进制记法可结合有点分十进制记法的后缀。例如，用冒号十六进制记法表示的串 0:0:0:0:0:138.20.24.18 是合法的，但需注意的是冒号所分隔的每个值是一个 16 位的量，而每个点分十进制部分的值却指明一字节的值。若再使用零压缩可写成 ::138.20.24.18。这两种记法的结合在 IPv4 向 IPv6 的过渡阶段将会特别有用。

另外，CIDR 的斜线记法仍可用。例如，地址 18AB:0000:0000:CDE0:0000:0000:0000 的前缀是 60 位，则可写成 18AB::CDE0:0:0:0/60 或 18AB:0:0:CDE0::/60。

（2）IPv6 地址空间的分配

根据 2006 年 2 月发表的 RFC 4291，IPv6 的地址分类如表 7-8 所列。

表 7-8　IPv6 的地址分类

序号	地址类型	二进制前缀
1	全球单播地址	0010…0（128 位），可记为 2::/128
2	本地链路单播地址	1111111010（10 位），可记为 FE80::/10
3	本地站点单播地址	1111111011（10 位），可记为 FEC0::/10
4	多播地址	11111111（8 位），可记为 FF00::/8
5	未指明地址	000…0（128 位），可记为::/128
6	环回地址	000…1（128 位），可记为::1/128

（3）IPv6 地址的类型

根据 RFC 4291 对 IPv6 地址的分类，可分为以下 4 种类型。

① 单播地址

单播地址供正常结点单播使用。根据单播地址使用的受限范围，可分为全球单播地址、本地单播地址等。

全球单播地址用路由前缀字段值“001”来标识（见表 7-8 序号 1）。其地址结构如图 7-44 所示。图中，全球路由选择前缀字段指明路由层次的最高层，由因特网号码指派管理局 IANA 来管理，通常根据地区的地址注册机构分配给永久的 ISP。子网标识符字段由 ISP 在自己的网络中建立多级寻址结构，以便这些 ISP 既可为下级的 ISP 组织寻址和路由，也可识别其下属机构的站点。单独机构内部也可再建立自己的站点子网。接口标识符字段指明特定的一个结点与子网的接口（详见后述），这相当于分类 IPv4 地址中的主机号字段。

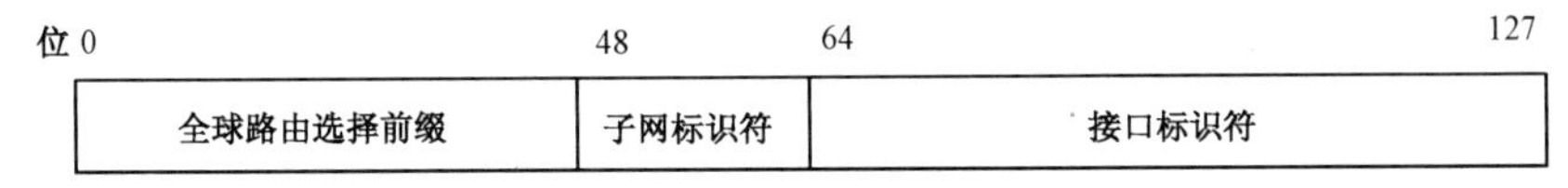

图 7-44　全球单播地址的结构

本地单播地址有两种：本地链路单播地址和本地站点单播地址。这两种地址的结构如图 7-45 所示。

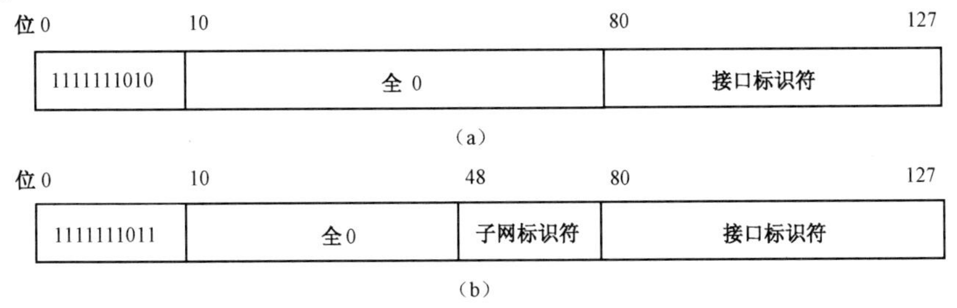

图 7-45　本地链路单播地址（a）和本地站点单播地址（b）的结构

本地链路单播地址（link-local unicast address）用路由前缀字段值“1111111010”来标识（见表 7-8 序号 2）。它用于同一链路上的相邻结点之间的通信，因此它的作用范围是本地链路，即以路由器为界的单链路范围之内。

本地站点单播地址（site-local unicast address）用路由前缀字段值“1111111011”来标识（见表 7-8 序号 3）。本地站点单播地址用于同一机构中的结点之间的通信。

② 多播地址（multicast address）

多播地址用于一点对多点的通信，由源结点发送数据报到一组计算机中的每一台计算机。因此，这里的多播具有组播的意思。IPv6 将广播看作多播的一个特例。

图 7-46 表示 IPv6 多播地址的结构。其中，类型前缀为 1111 1111（见表 7-8 序号 4）。标记字段（4 位），最高位必须为 0，次高位 R 表示是否为内嵌的多播地址，次低位 P 表示是否基于单播网络前缀的多播地址，最低位 T 是多播地址的状态标志位，T=0 表示当前的多播地址是永久的，而 T=1 则表示当前的多播地址是暂时的。暂时组地址只是临时使用，如参加远程会议的系统就可以使用。范围字段（4 位）表示多播数据所发送的范围。该字段的含义如表 7-9 所列。组标识符字段（112 位）目前并未将全部用于定义组标识，仅建议使用 112 位中的低 32 位定义组标识，其余 80 位置为 0。

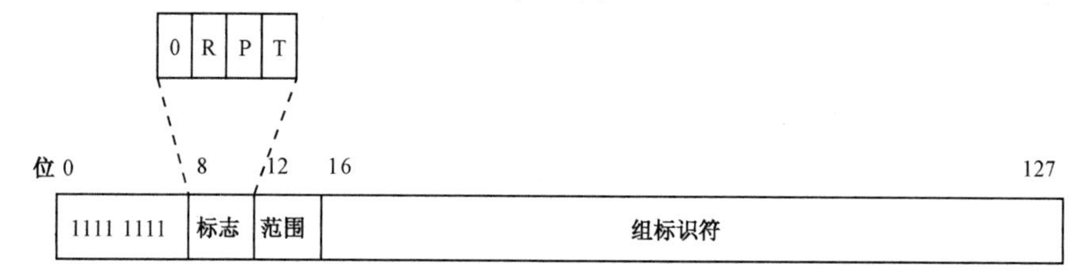

图 7-46 IPv6 多播地址的结构

表 7-9 IPv6 多播地址的范围字段值的含义

范围字段值	字段值的含义	范围字段值	字段值的含义
0	保留	8	本地机构范围
1	本地结点范围	E	全球范围
2	本地链路范围	F	保留
5	本地站点范围		

③ 任播地址（anycast address）

组播地址用于一个结点对多个结点（one to many）的通信，而任播地址则用于一个结点对多个结点中的一个结点（one to one of many）的通信。有的书上称任播为泛播。带有任播地址的数据报将被路由器转发给与其连接一组计算机的输出端口，但数据报只交付给与它距离最近的那台计算机。

为便于路由器的转发，路由结构必须知道哪些输出端口具有任播功能，以及它们如何通过路由来度量距离。任播地址仅用作目的地址，目前只分配给路由器。

④ 特殊地址

特殊地址有以下两种。

- 未指明地址　该地址为全 0（或缩写成∷，见表 7-8 序号 5）。这个地址只能用作某主机的源地址，而不能用作目的地址。当某主机尚未分配到一个标准的 IP 地址时，可使用未指明地址进行查询，得到它的 IP 地址。
- 环回地址　该地址为 0:0:0:0:0:0:0:1（或缩写成∷1，见表 7-8 序号 6）。这个地址用来测试它自己而不需要连接到网络上。此时，由应用层产生一个报文，发送到传输层，再下传给网络层，但网络层不再往下传送，而是回送给传输层，再上传给应用层。这在计算机连接到网络之前测试这些层次的软件功能是非常有用的。

（4）IPv6 接口标识符

单播地址接口标识符字段的长度为固定的 64 位，这个长度并不是为了要在同一子网上可能加接多达 2^{64} 台主机，而是将 64 位接口标识符配置为修订的（EUI-64）接口标识符。典型的修订 EUI-64 接口标识符是由常用以太网使用的 48 位网卡 MAC 地址扩展而成的。

EUI-48 地址（参见 6.5.2 节）是由前 24 位的组织唯一标识符和后 24 位的扩展标识符组成。EUI-64 地址可以由 EUI-48 地址扩展得到，其方法是：在 EUI-48 正中间（即两个 24 位之间）插入 16 位的"11111111 11111110"（0xFFFE），其过程如图 7-47 所示。

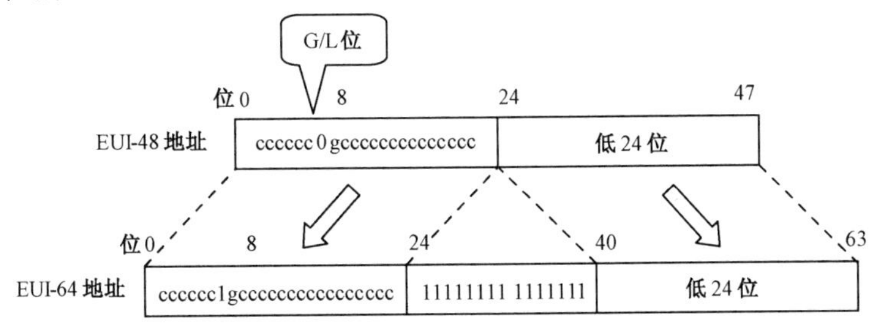

图 7-47　由 EUI-48 生成 EUI-64 地址的过程

生成 IPv6 接口标识符，是先将 EUI-48 扩展成 EUI-64 地址，然后再修改 EUI-64 地址的 G/L（全球/本地）位，将该位值取反，即生成修订的 EUI-64 地址，这个地址就是 IPv6 接口标识符。

下面举例说明其过程。

【例 7-4】 试写出将 EUI-48 地址 00-A8-11-3F-16-4C 转换成 IPv6 接口标识符的过程。

【解答】

EUI-48 地址（十六进制记法）　　00-A8-11-3F-16-4C

二进制表示　　00000000 10101000 00010001 00111111 00010110 01001100

插入 FFFE　　00000000 10101000 00010001 11111111 11111110 00111111 00010110 01001100

G/L 位取反　　00000010 10101000 00010001 11111111 11111110 00111111 00010110 01001100

修订的 EUI-64 地址（十六进制记法）　　02-A8-11-3F-16-4C

IPv6 接口标识符（冒号十六进制记法）　　2A8:11FF:FE3F:164C

本地链路单播地址（冒号十六进制记法）　　FE80::2A8:11FF:FE3F:164C

（5）IPv6 与 IPv4 地址的兼容

在 IPv4 和 IPv6 共存的情况下，需要解决这两种地址的兼容问题。RFC 4213 对这种处于过渡阶段的特殊地址形式做了规定，定义了两种类型的地址结构（见图 7-48）。

① IPv4 兼容的 IPv6 地址。该类地址的前 96 位为 0（0：0：0：0：0：0），后 32 位是 IPv4 地址。这种类型地址适用于两台使用 IPv6 的计算机之间的通信，但数据报必须通过仍然使用 IPv4 地址的区域。例如，IPv4 地址 2.13.17.14（点分十进制记法）与其对应兼容的 IPv6 地址为 0::020D：110E（冒号十六进制记法）。此类地址已在 RFC 4213 中被废除。

② IPv4 映射的 IPv6 地址。该类地址的前 80 位为 0，后面跟着 16 位的 1（0：0：0：0：0：FFFF），再后面才是 32 位的 IPv4 地址。亦称嵌有 IPv4 的 IPv6 地址。此类地址适用于已过渡到 IPv6 的计算机要与仍然使用 IPv4 的计算机进行通信，其间数据报经过的网络大部分是 IPv6 的，只是最后要交付给 IPv4 的主机。例如，IPv4 地址 2.13.17.14（点分十进制记法）与其对应兼容的 IPv6 地址为 0::FFFF：020D：110E（冒号十六进制记法）。

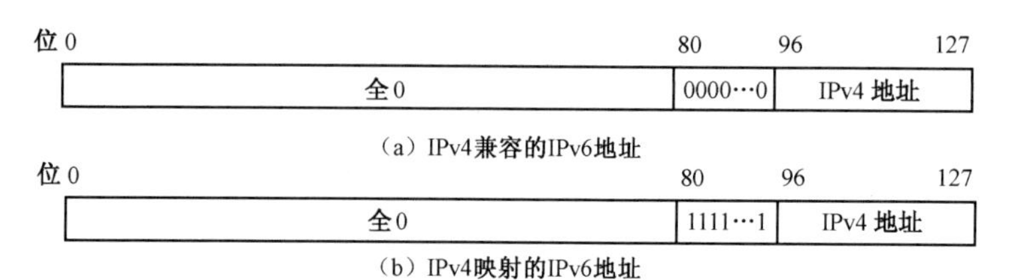

图 7-48　IPv6 与 IPv4 地址的兼容

4．由 IPv4 过渡到 IPv6

因特网地址空间如何从 IPv4 过渡到 IPv6 的问题。采用限时过渡显然是不可取的，而比较现实的做法则是采用逐步过渡的策略，同时还需考虑新安装的 IPv6 必须做到软件的向后兼容。下面介绍 3 种实现策略。

（1）采用双协议栈（图 7-49）。这是一种最简单的过渡方法，就是让 IPv6 结点同时安装上 IPv4 协议，这样，它们既能转发 IPv6 数据报，也能转发 IPv4 数据报。当转发 IPv6 数据报时，若通过域名系统查询到下一站的路由器运行 IPv4，则该结点就将 IPv6 数据报首部转换成 IPv4 的首部后再进行转发。需要注意的是，这一策略会存在问题。因为等到 IPv4 数据报到达 IPv4 网络出口再需要转发到 IPv6 结点时，该结点因 IPv4 首部中缺少 IPv6 首部中的某些字段（如流标号）而无法全部恢复成原来 IPv6 数据报的首部。

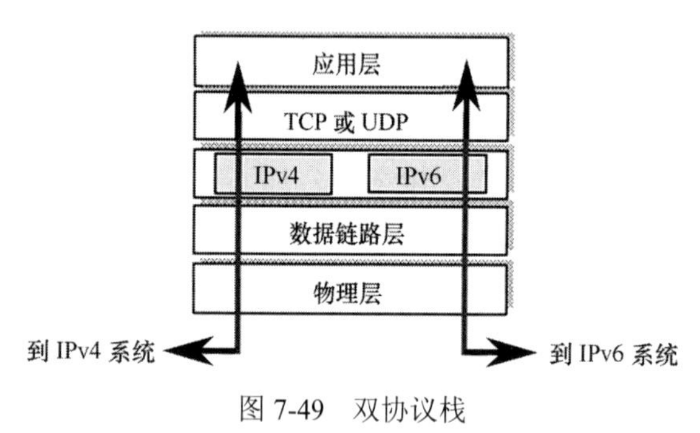

图 7-49　双协议栈

（2）使用隧道技术。当两个使用 IPv6 的结点通信而数据报又需要通过使用 IPv4 的网络时，数据报必须具有 IPv4 地址，因此进入这一 IPv4 的网络的 IPv6 数据报必须被封装成 IPv4 数据报，然后在“隧道”中传输，当 IPv4 数据报离开“隧道”时，再拆去其封装恢复原来的 IPv6 数据报。图 7-50 所示为使用隧道技术传输 IPv6 数据报的情况。这里需注意的是，隧道中传送的数据报的源地址和目的地址分别是隧道入口处结点机的地址 B 和隧道出口处结点机的地址 G。

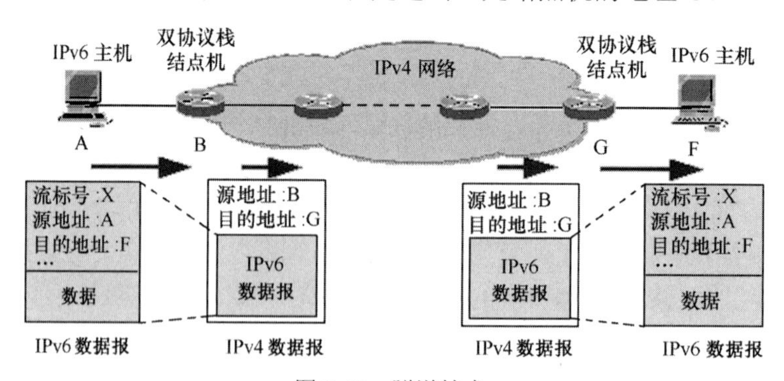

图 7-50　隧道技术

（3）使用首部转换技术。当因特网中的大部分站点已过渡到 IPv6，但仍有少数站点使用 IPv4，则可采用首部转换技术。如果发送端使用 IPv6，而接收端使用 IPv4，则接收端无法识别 IPv6 数据报的格式，这种情况可采用首部转换技术，使用地址映射技术对这两种地址进行映射。图 7-51 所示为 IPv6 首部转换成 IPv4 首部的情况。

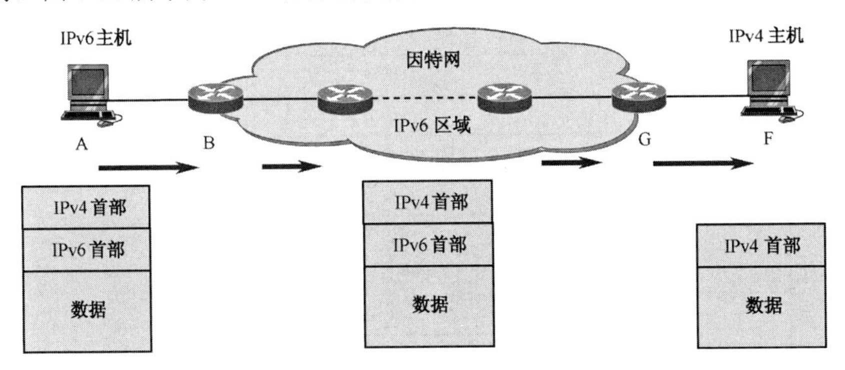

图 7-51　首部转换技术

对于由 IPv4 过渡到 IPv6 的问题，目前比较感兴趣的是欧洲和亚洲的一些用户。北美的一些因特网服务提供者 ISP 近期并不打算将其路由器升级到 IPv6。他们认为只有少数用户需要使用 IPv6 的功能，只要对 IPv4 协议打上补丁（例如，地址转换程序）即可。

7.8.2　网际控制报文协议 ICMPv6

与 IPv4 一样，IPv6 也需要有一个 ICMPv6 与之配套使用。在由 IPv4 升级到 IPv6 的过程中，修改原来的 ICMPv4 协议使它更适合于 IPv6。需要指出的是，版本 4 中的 ARP 和 IGMP 协议的功能并入了 ICMPv6，而 RARP 协议的功能则由 BOOTP 协议完成。

ICMPv6 是面向报文的协议，它利用报文来报告差错、获取信息、探测邻站或管理多播通信。ICMPv6 还增加了几个定义报文的功能及含义的其他协议，如邻站发现 ND（Neighbor-Discovery）报文、反向邻站发现 IND（Inverse- Neighbor-Discovery）报文和多播听众交付 MLD（Multicast Listener Delivery）报文。这些报文分别是在 ND、IND 和 MLD 协议的控制下进行发送和接收的，而 ND、IND 和 MLD 协议则运行在 ICMPv6 协议之下。

ICMPv6 报文的格式和 ICMPv4 相似（见图 7-29），即前 4 字节的字段名称相同，第 5 字节起作为报文主体。当生成 ICMPv6 差错报文，再封装成一个 IPv6 报文，此时 IPv6 首部中的“下一个首部字段”的值应填为 58。

ICMPv6 的主要特点如下。

（1）与适用于 IPv4 的 ICMP 使用同样的首部格式。

（2）ICMPv6 简化了报文类型，省略了很少使用的 ICMP 报文种类。

（3）ICMPv6 报文的最大值为 576B（包括 IPv6 的首部）。

（4）ICMPv6 报文也是被封装在 IP 数据报的数据区内进行传输的。

ICMPv6 报文的主要类型如表 7-10 所示。其中差错报告报文只有 4 种，即目的站不可达、分组太长、超时和参数出错（在 IPv6 首部出现了语法或语义的错误）。目的站不可达又分为以下 5 种情况，即没有到达目的站的路由、与目的站的通信被管理员禁止、不是邻站、地址不可达和端口不可达。超时可分为跳数超限和分片重装超时两种情况。参数出错包括首部字段错误、无法识别下一个首部类型和无法识别 IPv6 选项。另外，还有提供信息的 3 种报文，即诊断报文、多播组管理报文和邻站发现报文。其中，诊断报文是回送请求/回送应答报文对，它是 ping 功能的基础。ping 具有重要的诊断功能，因为它提供了一种方法来决定一个特定的主机是否与其他一些主机连接在相同的网络上。

表 7-10　ICMPv6 报文的主要类型

<table>
<tr><th colspan="2">报文种类</th><th>类型值</th><th>ICMP 报文类型</th><th>应用场合</th></tr>
<tr><td colspan="2" rowspan="4">差错报文</td><td>1</td><td>目的站不可达</td><td rowspan="4">一般用于路由器
到主机的信息传输</td></tr>
<tr><td>2</td><td>分组太长</td></tr>
<tr><td>3</td><td>超时</td></tr>
<tr><td>4</td><td>参数出错</td></tr>
<tr><td rowspan="10">信息报文</td><td rowspan="2">诊断</td><td>128</td><td>回送请求</td><td rowspan="10">用于主机间
信息传输</td></tr>
<tr><td>129</td><td>回送应答</td></tr>
<tr><td rowspan="3">多播组管理</td><td>130</td><td>多播侦听查询</td></tr>
<tr><td>131</td><td>多播侦听报告</td></tr>
<tr><td>132</td><td>多播侦听完成</td></tr>
<tr><td rowspan="5">邻站发现</td><td>133</td><td>路由器请求</td></tr>
<tr><td>134</td><td>路由器公告</td></tr>
<tr><td>135</td><td>邻站请求</td></tr>
<tr><td>136</td><td>邻站公告</td></tr>
<tr><td>137</td><td>重定向</td></tr>
</table>

7.8.3　移动 IPv6

随着人们对移动通信业务需求的日益增长，移动IPv4 协议的局限性就暴露出来了，这是移动 IPv6 产生和发展的客观背景。

移动IPv6 技术是在移动 IPv4 的基础上发展起来的。移动 IPv6 协议定义了 3 种功能实体：移动结点、本地代理和通信结点，不再有外地代理的概念。当移动结点离开家乡链路时，可利用 IPv6 的增强功能来获取所访问的外地链路的转交地址和子网前缀。转交地址是在移动结点访问外地链路时获得的 IP 地址，子网前缀就是它所访问的外地链路的子网前缀。移动结点的本地代理得到转交地址后，使用 IPv6 的“邻居发现”机制来截获发往移动结点的数据包。并在本地链路上广播邻居广播消息，接收到这个消息的其他结点就要修改自己的邻居缓存，使移动结点的转交地址与本地代理的链路层地址进行关联，这样将来发往移动结点的数据包就可以直接被路由到移动结点上，而不再发向移动结点的本地代理，从而减轻了网络的负担，也解决了 IPv4 协议中存在的路由迂回问题。

移动 IPv6 协议还新增了 4 种目的地选项：绑定更新、绑定认可、绑定请示和本地地址。当移动结点离开家乡链路时，它要向本地链路上的一个路由器注册自己的一个转交地址，并把它作为自己的本地代理。进行注册时，移动结点先向本地代理发送绑定更新消息。绑定更新消息中的转交地址就是移动结点的数据包利用 IPv6 协议进行封装时，IPv6 封装首部的目的地址就是移动结点的转交地址。当通信结点需要更新某个绑定时，可以发送一个绑定请求消息到移动结点，移动结点再返回一个绑定更新消息。如果移动结点离开本地链路时，原来作为它本地代理的路由器被别的路由器所替换，这时移动结点就要利用 IPv6 中的“动态本地代理地址发现”机制动态地在本地链路上发现一个新的本地代理的 IP 地址。当移动结点在外地链路上发送数据包时，它就把当前的转交地址作为数据包首部中的源地址，并在数据包中增加本地地址这个目的地选项。这样由于转交地址与外地链路具有相同的子网前缀，移动结点发送的数据包就可以顺利地通过具有入口过滤功能的路由器。当通信结点接收包含这一选项的数据包时，就能够自动地把源地址替换成本地地址目的选项中的本地地址，从而保证了移动结点位置的透明性。

为了实现“动态本地代理地址发现”机制，IPv6 协议定义了两种 ICMP 消息类型：归属代理地址发现请求消息和归属代理地址发现应答消息。另外还定义了两种“邻居发现”选项：宣告消息间隔和本地代理信息选项。

目前移动 IP 技术还处在发展阶段，还有许多有待完善的地方。但是它的出现将无疑带来通信领域一次新的革新，它带给人们的将是非常便利的网络通信服务，因此它的发展前景相当乐观。

习 题 7

7-01 实现计算机网络互连有何实际意义？网络互连的基本要求是什么？

7-02 用于网络互连的中间设备有哪些？它们的主要区别是什么？

7-03 网络层提供了哪两种服务？试对它们作一比较。

7-04 与 IP 协议配套使用的协议有哪些？它们各有什么作用？

7-05 IPv4 协议有哪些主要特点？

7-06 在 IPv4 中，IP 地址如何进行分类？IP 地址有哪些重要特点？

7-07 说明下列 IP 地址的网络类别：

（1）128.36.199.3　　（2）21.12.240.17　　（3）183.194.76.253

（4）192.12.69.248　　（5）89.3.0.1　　（6）200.3.6.2

7-08 指出下列 IP 地址中的错误，如果有的话。

（1）112.56.048.76　　（2）211.35.240.17.20

（3）183.256.76.253　　（4）192.10100111.69.248

7-09 划分子网（包括变长子网）有何实际意义？子网掩码的作用是什么？

7-10 回答下列问题：

（1）若子网掩码为 255.255.255.0，它的含义是什么？

（2）如一网络的子网掩码为 255.255.255.248，该网络能够连接多少台主机？

（3）假如一 A 类网络和一 B 类网络的子网号分别为 16 位和 8 位的 1，试问这两个网络的子网掩码有何不同？

（4）如一 A 类网络的子网掩码为 255.255.0.255，它是一个有效的子网掩码吗？

（5）在 B 类网络中，可以使用掩码 255.255.255.139 吗？

7-11 假设一段地址的首地址为 148.110.28.0，末地址为 148.110.32.255，求这个地址段的地址数。

7-12 给出某个地址块中的一个地址为 85.22.17.25。求该地址块的地址数及其首地址和末地址。

7-13 假定 B 类 IP 地址不是使用 16 位而是 20 位作为该类地址的网络部分，那么将会有多少个 B 类网络？

7-14 假定一个 IP 地址用十六进制表示为 C22F1582，请用点分十进制表示法表示它。

7-15 假设因特网上的一个网络的子网掩码为 255.255.240.0。试问该网络最多能够容纳多少台主机？

7-16 说明下面 4 个子网掩码，哪个是不推荐使用的？

（1）176.0.0.0　　（2）96.0.0.0　　（3）127.192.0.0　　（4）255.128.0.0

7-17 为什么不能使用子网掩码 255.255.255.254？

7-18　已知某网络有一个地址是 186.100.178.85/27，问这个网络的网络掩码、网终前缀长度和网络后缀长度。

7-19　若目的地址是 200.45.34.56，而子网掩码是 255.255.240.0，试问子网地址是什么？

7-20　某单位分配到一个 B 类 IP 地址为 129.250.0.0。该单位有 4000 台机器，分布在 16 个不同地点。如选用子网掩码为 255.255.255.0，试给每一个地点分配一个子网号码，并计算出每个地点主机号码的最小值和最大值（注：子网号码和主机号码均从 1 开始编号）。

7-21　已知 IP 地址是 141.14.72.24，子网掩码是 255.255.192.0。试求网络地址。如果把子网掩码改为 255.255.224.0，试再求网络地址。针对这两种情况进行讨论，并指出其结果。

7-22　假设有两台主机，主机 A 的 IP 地址为 208.17.16.165，主机 B 的 IP 地址为 208.17.16.185，它们的子网掩码为 255.255.255.224，默认网关为 208.17.16.160。试问：

（1）主机 A 能否与主机 B 直接通信？

（2）为什么主机 B 不能与 IP 地址为 208.17.16.34 的 DNS 服务器通信？

（3）若要排除此故障，需要做什么修改？

7-23　假设一个主机的 IP 地址为 192.55.12.120，子网掩码为 255.255.255.240，试求其子网号、主机号以及直接广播地址。如果子网掩码改为 255.255.192.0，那么下列哪些主机（A：129.23.191.21，B：129.23.127.222，C：129.23.130.33，D：129.23.148.122）必须通过路由器才能与主机 129.23.144.16 通信？

7-24　假设某公司有 3 个办事处：第一办事处通过专用点对点广域网线路与第二、第三办事处相连，该公司通过第一办事处与因特网相连。公司分配到具有 64 个 IP 地址的地址块，其开始地址是 70.12.100.128/26。管理机构决定把 32 个 IP 地址分配给第一办事处，其余的 IP 地址平均分配给另外两个办事处。试给出管理机构所设计的配置。

7-25　假设主机 A 要向主机 B 传输一个长度为 512KB 的报文，数据传输速率为 50Mb/s，途经 8 个路由器。每条链路长度为 1000km，信号在链路中的传播速度为 2×10^5km/s，且链路是可靠的。若对于报文与分组，每个路由器的排队延迟时间为 1ms，数据传输速率也为 50Mb/s。试问在下列情况下，该报文需要多长时间才能到达主机 B？

（1）采用报文交换方式，报文首部为 32B。

（2）采用分组交换方式，每个分组携带的数据为 2KB，首部为 32B。

7-26　举例说明子网掩码与超网掩码的区别，它们与默认掩码的位数有何不同？

7-27　若有下面 4 个/24 地址块，试进行最大可能的地址聚合。

（1）212.56.132.0/24　　（2）212.56.133.0/24

（3）212.56.134.0/24　　（4）212.56.135.0/24

7-28　若有两个 CIDR 地址块 228.128/10 和 228.130.28/20，以及地址块 228.128/10 和 228.127.28/20。试问：这两种情况中两个地址块之间是否存在相互包含的情况？请说明其理由。

7-29　某单位需要有 420 个子网，每个子网中要有 170 个主机地址。试问：CIDR 块的大小应是多少？如何利用 CIDR，使地址分配更有效？

7-30　若某地址块中的一地址为 146.120.86.26/20。试问：该地址块的最小地址和最大地址？该地址块有多少个地址？它相当于多少个 C 类地址？

7-31　若收到一个分组，其目的地址 D＝11.1.2.5。要查找的路由表中有这样三项：

路由 1　到达网络 11.0.0.0/8

路由 2　到达网络 11.1.0.0/16

路由 3　到达网络 11.1.2.0/24

试问在转发这个分组时应当选择哪一个路由？

7-32　已知一个 CIDR 地址块 202.56.168.0/21。

（1）试用二进制表示这个地址块。

（2）这个 CIDR 地址块包括有多少个 C 类地址块？

7-33　已知局域网 10.10.1.32/27 上面连接了一个路由器和六个主机，它们的 IP 地址分别为 10.10.1.33、10.10.1.40、10.10.1.41、10.10.1.50、10.10.1.51、10.10.1.70 和 10.10.1.86。试问这些 IP 地址有没有不正确的？如有，请说明理由。

7-34　基于 ARP 协议向网际层提供了从逻辑地址到物理地址的映射功能，因此有人认为 ARP 应当属于网络接口层。这种说法是正确的吗？

7-35　在网络链路上传送的帧最终是以硬件地址来找到目的主机的。试问为什么不直接使用硬件地址进行通信，而是要使用 IP 地址并调用 ARP 协议解析出相应的硬件地址呢？

7-36　试述如何利用隧道技术来实现虚拟专用网？

7-37　某路由器接收到一数据报，其首部有如下信息（十六进制表示）：

45 00 00 54 00 03 00 00 20 06 00 00 7C 4E 03 02 B4 0E 0F 02

试解释首部中各字段的含义。

7-38　IP 数据报中的首部检验和并不检验数据报中的数据，你认为这样处理的理由是什么？

7-39　假设 IP 数据报使用固定长度的首部（即没有选项和填充字段），其中各字段的初始数值如表 7-11 所示（十进制）。

表 7-11　IP 数据报首部各字段的初始数值

<table>
<tr><td>4</td><td>5</td><td>0</td><td colspan="2">28</td></tr>
<tr><td colspan="3">1</td><td>0</td><td>0</td></tr>
<tr><td colspan="2">4</td><td>17</td><td colspan="2">0</td></tr>
<tr><td colspan="5">10.12.14.5</td></tr>
<tr><td colspan="5">12.6.7.9</td></tr>
</table>

试计算首部中的检验和字段的数值。

7-40　一个数据报长度为 4000B（含固定首部）。现经过一个网络传送，但此网络能够传送数据报最大长度仅为 1500B。试问应如何对此数据报进行分片？各数据报片的数据字段长度、片偏移字段和 MF 标志应为何值？

7-41　当某路由器发现一份 IP 数据报的检验和存在差错时，为什么采用丢弃而不采用要求源站重发此数据报的策略？计算首部检验和时，为什么不采用 CRC 检验？

7-42　现有 4 个地址：86.33.224.123，86.79.65.216，86.58.119.74 和 86.68.206.154。试问哪一个地址是与 86.32/12 匹配的？并说明理由。

7-43　试问下面 4 个地址前缀：（1）0/4；（2）15/4；（3）33/6；（4）128/4 中的哪一个与地址 32.86.50.129/4 匹配？并说明其理由。

7-44　试问下面 4 个地址前缀：（1）150.40/13；（2）150.15/12；（3）150.64/12；（4）153.40/9 中的哪一个与地址 150.7.88.151 和 150.15.68.251 相匹配？并说明其理由。

7-45　一个理想的路由算法应具有哪些特点？

7-46　若某路由器所建立的路由表内容如表 7-12 所示。

表 7-12　某路由器的路由表

目的网络	子网掩码	下一跳
128.96.39.0	255.255.255.128	接口 0
128.96.39.128	255.255.255.128	接口 1
128.96.40.0	255.255.255.128	R_2
192.4.153.0	255.255.255.192	R_3
*（默认）	–	R_4

现收到 5 个分组，其目的 IP 地址分别为：（1）128.96.39.10，（2）128.96.40.12，（3）128.96.40.151，（4）192.4.153.17，（5）192.4.153.90。试计算它们的下一跳。

7-47　若路由器 R1 的路由表如表 7-13 所示：

表 7-13　路由器 R1 的路由表

序号	地址掩码	目的网络地址	下一跳	路由器接口
1	/26	140.4.12.64	180.14.2.5	I_2
2	/24	130.6.8.0	190.18.6.2	I_1
3	/16	110.72.0.0	-	I_0
4	/16	180.16.0.0	-	I_2
5	/16	190.15.0.0	-	I_1
6	默认	默认	110.72.4.5	I_0

试画出网络拓扑，并在图中标注路由器的接口和必要的 IP 地址。

7-48　因特网路由选择协议分为两大类：IGP 和 EGP，它们的主要区别是什么？

7-49　简述 RIP 和 OSPF 这两种内部网关协议在工作原理上的根本区别。

7-50　假设网络中的路由器 B 的路由表有如表 7-14 所示的表项。

表 7-14　路由器 B 的路由表

目的网络	距离	下一跳路由器
N_1	7	A
N_2	2	C
N_6	8	F
N_8	4	E
N_9	4	F

现在路由器 B 收到来自路由器 C 的路由信息，如表 7-15 所列。

表 7-15　路由器 B 收到来自路由器 C 的路由信息

目的网络	距离	下一跳路由器
N_2	4	C
N_3	8	C
N_6	4	C
N_8	3	E
N_9	5	F

试求出路由器 B 更新后的路由表，并加以说明。

7-51　为什么 RIP 使用 UDP，OSPF 使用 IP，而 BGP 使用 TCP？

7-52　当路由器转发某个 IP 数据报发现差错时，该路由器只向原主机而不向途径中的路由器发送 ICMP 差错报文，为什么？

7-53　多协议标记交换 MPLS 的工作原理是什么？它有哪些主要功能？

7-54　什么叫做显式路由选择？它与通常在因特网中使用的路由选择有何不同？

7-55　在因特网实现多播需要哪两种协议？IGMP 协议如何实现组管理功能？

7-56　假设用户 A 生活在上海，现在她携带着笔记本电脑去武汉出差。她入住的酒店内设置的局域网是无线局域网，所以她的笔记本电脑可以不插网线直接上网。试问：位于北京的用户 B 此时是如何与用户 A 通信的？

7-57　与 IPv4 相比，IPv6 作了哪些主要改进？

7-58　为什么 IPv6 的基本首部中取消了首部长度、服务类型、总长度、标识、标志、片偏移、协议、首部检验和及选项等字段，这样做有何好处？

7-59　为什么 IPv4 中的“协议”字段并没有在 IPv6 的固定首部中出现？

7-60　IPv6 使用 128 位的地址空间。假定每隔 1ps（$1s=10^{12}ps$）就分配出 100 万个地址。试计算大约要用多少年才能将 IP 地址空间全部用光。可以和宇宙的年龄（大约有 100 亿年）进行比较。

7-61　试把下列 IPv6 地址用零压缩方法写成简洁形式。

（1）2340∶1ABC∶119A∶A000∶0000∶0000∶0000∶0000

（2）0000∶00AA∶0000∶0000∶0000∶0000∶119A∶A231

（3）2340∶0000∶0000∶0000∶0000∶119A∶A001∶0000

（4）0000∶0000∶0000∶2340∶0000∶0000∶0000∶0000

7-62　试将以下零压缩的 IPv6 地址写成原来的形式，并指出它们是哪一种地址类型？

（1）0∶∶0　　　　（2）0∶1234∶∶3

（3）FE80∶∶12　　　　（4）582F∶1234∶∶2222

7-63　试述由 IPv4 过渡到 IPv6 有哪些方法。

7-64　ICMPv6 有哪些主要特点。

7-65　移动IPv6 技术是在移动 IPv4 的基础上发展起来的，它更新的主要内容有哪些？

第8章　传　输　层

在计算机网络体系结构中，传输层（或运输层）是一个关键层次。它的重要性就在于如果没有传输层，网络体系结构的整个分层概念将变得毫无意义。本章首先介绍传输层的基本功能、协议、服务和端口等基本概念，接着讲述较简单的 UDP 协议，然后讨论较为复杂的 TCP 协议，其中包括 TCP 报文的格式，可靠传输的基本原理（含停止等待协议、ARQ 协议），TCP 的传输控制机制和拥塞控制机制，以及 TCP 连接管理及其模型。

*8.1　传输层概述

8.1.1　传输层的基本功能

从网络体系结构的角度，传输层既是面向通信的最高层，又是用户功能的最低层。在通信网络的路由器中只用到下三层的功能，只有在主机的协议栈中才有传输层。

传输层的基本功能是利用通信子网为两台主机的应用进程之间，提供端-端的性能可靠、价格合理、透明传输的通信服务。传输层的这种基本功能可用图 8-1 予以说明。

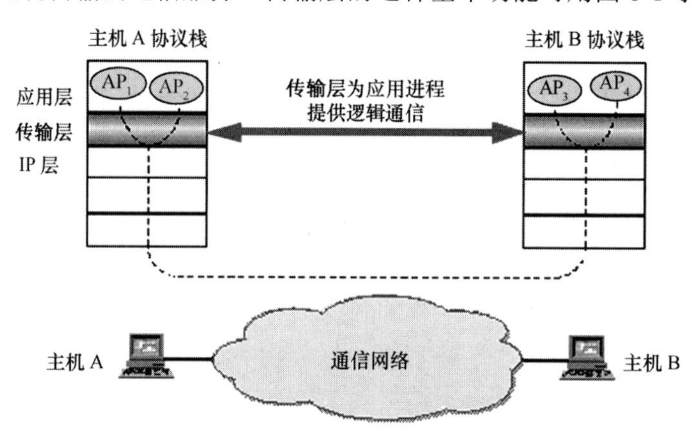

图 8-1　传输层提供端–端通信服务

图 8-1 表示两台主机（A 和 B）通过互连的通信网络进行通信的情况。图中两个传输层之间有一条双向箭头，表示传输层为应用进程（AP_1～AP_4）之间提供的逻辑通信。所谓“逻辑通信”意指应用进程的报文交给传输层后，传输层似乎是沿着水平方向直接传送到远地的传输层，但事实上应用进程之间并没有这一水平方向的物理连接，被传送的数据实际上是沿着图中虚线方向经过传输层以下各层及通信网络来传送的。当两主机通过多个通信网络通信时，由于各通信网络所提供的服务不一定相同，传输层会弥补各通信网络所提供服务的差异和不足，并在其提供的服务的基础上，利用传输层的协议及其服务功能，使应用进程得到一个面向通信的通用传输接口。此时，各通信网络对两端应用进程是透明的。也就是说，传输层向高层用户屏蔽了通信网络的具体细节（如采用的拓扑、协议等），它使应用进程所看到的只是在两个传输层实体之间存在着一条端-端的可靠的逻辑通信链路。这条逻辑通信

链路对上层却因传输层使用的不同协议而有很大的差异。当传输层采用面向连接的 TCP 协议时，尽管下面的网络是不可靠的（只提供尽最大努力的服务），这条逻辑通信链路仍相当于一条全双工的可靠信道。当传输层采用无连接的 UDP 协议时，这条信道则是一条不可靠信道。

通常，在一台主机中存在多个应用进程与另一台主机中的多个应用进程同时通信的情况。如图 8-1 中主机 A 的 AP_1 与主机 B 的 AP_4 通信，与此同时，AP_2 也与 AP_3 通信。这表明传输层可同时支持多个进程的连接，具有复用（multiplexing）和分用（demultiplexing）的功能。这里的“复用”是指发送端不同的应用进程都使用同一个传输层协议传送具有一定格式的报文，而“分用”是指接收端的传输层剥去报文首部后将数据部分正确交付给目的应用进程。

传输层还必须具有流量控制、拥塞控制和差错控制等功能，既要负责报文无差错、不丢失、不重复，还要保证报文的顺序性，从而提高其服务质量。从某种意义上来讲，传输层协议与数据链路层协议相类似，但它们所处的环境不同。数据链路层的环境是两个交换结点直接相连的一条物理信道，而传输层的环境是两台主机之间的通信网络。因此，传输层协议比数据链路层协议要复杂。另外，传输层与网络层也有着明显的区别。传输层为应用进程之间提供端-端的逻辑通信，而网络层是为主机之间提供逻辑通信。因此，传输层还具有网络层无法替代的许多重要功能。

8.1.2 传输层的协议

根据应用程序的不同要求，因特网的传输层主要有两个传输协议：一个是无连接的用户数据报协议（UDP），另一个是面向连接的传输控制协议（TCP）。这两个协议都是因特网的正式标准。它们所使用的传输协议数据单元 TPDU（Transport Protocol Data Unit）分别称为 UDP 用户数据报和 TCP 报文段。

在 TCP/IP 体系结构中，传输层位于提供网络服务的网络层之上，又在应用层协议和其他高层协议之下。传输层的两个协议在具体运作方面存在着明显的差异。UDP 在传送数据之前不必先建立连接，远地主机的传输层在收到 UDP 用户数据报后，也不需要给出任何确认信息。而 TCP 是面向连接的，在传送数据之前必须先建立连接，并在数据传送结束后还要释放连接。由于 TCP 提供可靠的、面向连接的传输服务，因此它比 UDP 要花费更多的开销，占用处理机更多的资源。

图 8-2 所示为 TCP/IP 体系中传输层协议与其他协议之间的关系。

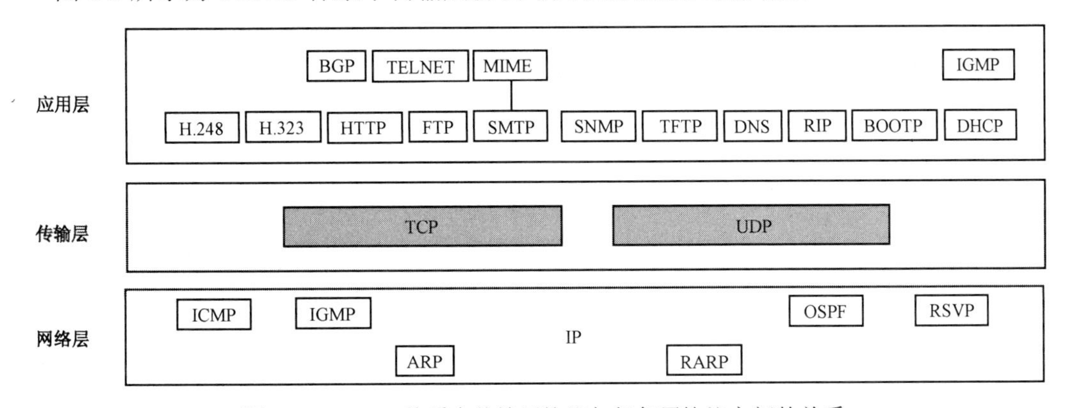

图 8-2　TCP/IP 体系中传输层协议与相邻层协议之间的关系

8.1.3 传输层的服务

传输层利用传输层协议向它的用户（通常是应用层中的进程）提供高效、可靠和性价比合理的服务。传输服务的内容包括：服务类型、服务质量、服务原语、连接管理和状态报告等。

传输服务有两种类型，即面向连接的传输服务和无连接的传输服务。

面向连接的传输服务与面向连接的网络服务十分相似，连接需经历 3 个阶段：建立连接、数据传输和释放连接。在编址和流控制方面，连接的传输服务与无连接的网络服务也有相似之处。那么，既然传输层服务与网络层服务如此相似，为什么还要设立两个独立的层次呢？这里的问题就在于传输层的代码是完全运行在用户主机上的，而网络层主要运行在由网络服务提供者控制的路由器上面。如果网络层提供的服务不理想，造成分组的频繁丢失或路由器时常崩溃，那又如何解决呢？显然，问题就出在用户对网络层并没有真正的控制权，解决这一问题的唯一可行的办法就是在网络层上面增加一个层次——传输层。这样，传输层的存在将使得传输服务比网络服务更可靠，分组的丢失、损坏甚至网络重组都可以被传输层检测到，并采取相应的补救措施。而且因传输服务独立于网络服务，就可以采用一个标准的原语集提供传输服务。传输服务原语可以通过调用库函数来实现，从而使这些原语独立于网络服务原语。而网络服务则因不同的网络，其服务原语可能存在很大的差别，如无连接的 LAN 服务就可能完全不同于面向连接的 WAN 服务。将网络服务隐藏在一组服务原语后面，其好处是一旦改变了网络服务，只要求替换一组库函数即可，新的库函数使用了不同的低层网络服务，却实现了同样的传输服务原语。由于有了传输层，又有了标准的传输服务，应用开发人员就可以根据一组标准的原语来编写程序代码，使其应用程序广泛地运行在各种不同的网络平台上。

无连接的传输服务在传送数据之前不必先建立连接，远地主机的传输层在收到对方用户的数据报时没有流控制机制，也不给出任何确认。因此，面向连接的传输服务比无连接的传输服务要花费更多的开销，占用处理机更多的资源。

传输实体根据用户的不同要求提供不同的服务质量，服务质量可用参数来表示。这些参数（如优先级、建立/释放连接时延、建立/释放连接失败概率、传输失败概率、残留误码率、最大传送时延、最大吞吐率，以及安全保护参数等）是在建立连接时商定的。

传输服务通过执行传输服务原语来实现，并由位于传输层内部的硬件或软件（称为传输实体）来完成。传输服务原语是传输服务用户与服务提供者之间交换的一些必要信息。一种服务通常由一组原语来描述，用户进程通过调用这些原语来实现该服务。各种原语带有不同的参数，如被地址、主叫地址、确认、加速数据选择、服务质量、响应地址、用户数据、释放原因等。

8.1.4 传输层的端口

传输层与网络层在功能上的最大区别就是传输层提供了进程通信的能力（即端–端通信）。大家知道，运行在计算机中的进程是用进程标识符来标志的。但是在因特网环境中，由于计算机所用的操作系统各不相同，不同操作系统又使用不同格式的进程标识符，因此各种应用进程不应当采用由计算机操作系统所指派的进程标识符，而必须用统一的方法对 TCP/IP 体系的应用进程进行标志。另外，由于进程存在创建和撤消的动态性，通信一方无法识别对方计算机上的进程。因此，可以利用目的主机提供的功能来识别终点，至于具体实现该功能的哪个进程就不必知道。

在 TCP/IP 体系中，解决上述问题的方法是在传输层使用协议端口号（protocol port number），或简称为端口（port）。这种端口是协议栈各层之间的抽象的软件端口，它不同于路由器或交换机中的硬件端口。硬件端口是不同硬件设备进行交互的接口，而软件端口是应用层各种协议进程与传输实体进行层间交互的一种地址。端口的具体实现方法则取决于系统使用的操作系统。在传输层协议中，端口就是传输协议的服务访问点 TSAP。端口是一个非常重要的概念，因为应用层的各种进程都是通过相应的端口与传输实体进行交互的。图 8-3 表示端口在进程通信中的作用。

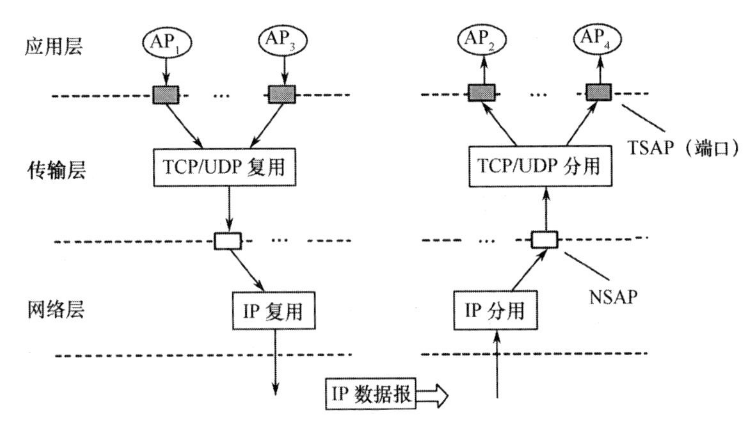

图 8-3　端口在进程通信中的作用

传输层对每个端口都赋予一个 16 位（二进制）的端口号。这个端口号只具有本地意义，因为它仅标志本计算机应用层中的进程与传输层实体交互时的层间接口。由于 TCP 和 UDP 是彼此独立的两个软件模块，它们的端口号允许相同。而且因特网中不同计算机中的端口号无不关联，各台计算机也允许使用相同的端口号。

由于因特网上计算机之间的通信采用客户/服务器模式，两台计算机中的进程通信时，不仅必须知道对方的 IP 地址，而且还需要知道对方的端口号。

传输层的端口号可分为下面两大类：

（1）服务器端使用的端口号

此类端口可分为两类：一类是熟知端口号（well-known port number）或系统端口号，其数值为 0～1023。因特网号码指派管理局 IANA 负责分配一些常用的和新出现的应用层程序固定使用的熟知端口，并为所有客户进程所共知。常用的熟知端口号如表 8-1 所示。另一类是登记（或注册）端口号，其数值为 1024～49151。此类端口号供没有熟知端口号的应用程序使用。使用此类端口号必须在 IANA 登记，以免重复。

表 8-1　常用的熟知端口号

应用程序	Echo	FTP (data)	FTP (control)	TEL NET	SMTP	DNS	TFTP	HTTP	POP3	SNMP	SNMP (trap)	BGP	RIP
熟知端口号	7	20	21	23	25	53	69	80	110	161	162	179	520

（2）客户端使用的端口号（又称临时端口号）

其数值为 49152～65535。此类端口供客户进程运行时临时选择使用。当客户进程需要传输服务时，可向本地操作系统动态申请，操作系统随即返回一个本地唯一的端口号。一旦通信结束，随即收回此端口号供其他客户进程使用。

*8.2 用户数据报协议 UDP

8.2.1 UDP 概述

用户数据报协议 UDP 只在网际协议 IP 的基础上增加了复用/分用功能和差错检测功能，为网络用户提供高效率的数据传输服务。

UDP 具有以下主要特点：

① UDP 是无连接的，没有建立连接和释放连接的过程。

② UDP 只能尽最大努力交付，提供不可靠的传输服务。对于出现差错的报文进行丢弃处理。

③ UDP 是面向报文的，与应用层交付的是完整的报文，既不合并，也不拆分，保留原始报文的边界。因此，应用层必须选择合适的报文长度，以免在 IP 层进行分片工作，从而降低 IP 层的效率。

④ UDP 没有拥塞控制的功能。即使网络出现拥塞也不会使源主机降低发送速率，宁愿丢失数据，也不允许传送的数据存在较大的时延，这正适合实时应用（如 IP 电话、实时视频会议）的需要。

⑤ UDP 支持一对一、一对多、多对一和多对多的交互通信。

⑥ UDP 首部简短，只有 8B，减少了通信开销。

虽然某些应用需要使用没有拥塞控制的 UDP，但对于某些实时应用（如高速实时视频流），因使用无拥塞功能的 UDP 可能会引起网络的严重拥塞，而使用户无法正常接收。另外，还有一些实时应用要求减少数据的丢失，这就需要对 UDP 的不可靠的传输进行适当的改进，如采用前向纠错或重传等措施。

UDP 协议适用于发送短报文又不关心可靠性的场合。例如，在客户/服务器情况下，客户向服务器发送一个短的请求，并期望得到一个短的应答。如请求或应答丢失的话，客户会因超时而重传，其开销就比建立和释放连接的开销要小得多。应用层的 DNS、RIP、SNMP 等协议都使用 UDP。UDP 也适用于具有流量控制和差错控制机制的应用层协议，如简单文件传送协议 TFTP。

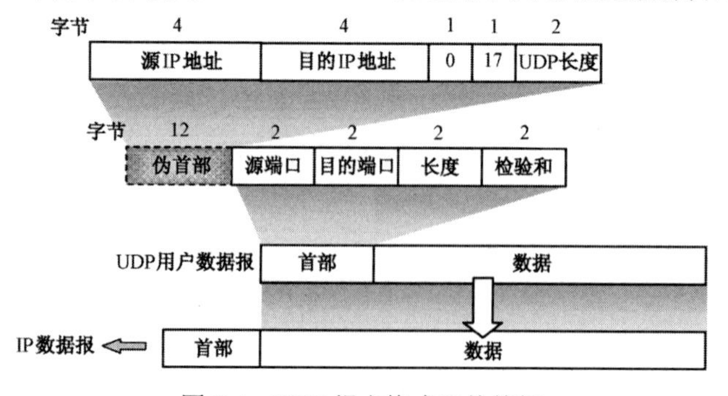

图 8-4 UDP 报文格式及伪首部

8.2.2 UDP 报文的格式

UDP 报文又称用户数据报，由首部和数据字段两部分组成。其格式如图 8-4 所示。

首部字段由 4 个字段组成，共 8B。各字段的含义如下：

（1）源端口（16 位）。这是源主机上运行的进程使用的端口号。在多数情况下，若源主机是客户端（即客户进程发送请求时），这个端口就是临时端口号。若源主机是服务器时（当服务器进程发送响应时），这个端口号是熟知端口号。

（2）目的端口（16 位）。这是目的主机上运行的进程使用的端口号。在多数情况下，若目的主机是服务器端（当客户进程发送请求时），这个端口号是熟知端口号。若目的主机是客户端（当服务器进程发送响应时），这个端口号是临时端口号。

（3）长度（16 位）。指明包括首部在内的 UDP 报文的总长度（包括首部和数据，以字节为单位），其最小值为 8。该字段的作用只是便于目的端的 UDP 从用户数据报提供的信息中计算出数据长度。

（4）检验和（16 位）。用于检验 UDP 报文在传输中是否存在差错。检验和的检验范围是整个 UDP 报文（包括首部和数据）。必须指出，UDP 检验和的计算与 IP 和 ICMP 检验和的计算不同。这里的检验和包括 3 个部分：伪首部、UDP 首部以及来自应用层的数据。在计算检验和时，在 UDP 报文之前要增加一个伪首部（12B），它作为 IP 分组首部的一部分。伪首部有 5 个字段：前两个字段分别为源 IP 地址（4B）和目的 IP 地址（4B）。第 3 字段（1B）为全零。第 4 字段（1B）为协议值（UDP=17）。第 5 字段（2B）是 UDP 报文长度。所谓“伪首部”是因为它并不是 UDP 报文的真正首部，它只是在计算检验和时，临时性地与 UDP 报文拼接在一起，构成一个临时性的 UDP 报文。

UDP 检验和的具体计算方法与计算 IP 数据报首部检验和的方法相似。所不同的是 UDP 的检验和是把首部和数据部分一起检验的。检验和的具体计算过程如下。

在发送端，①把伪首部添加到 UDP 用户数据报上；②把检验和字段置为全零；③把伪首部以及 UDP 用户数据报的所有位划分为 16 位（2B）的字，若字节总数不是偶数，则要填充一个全零字节（此填充字节只是用于计算检验和）；④把所有 16 位的字，按二进制反码算术运算求和；⑤将得到的结果取反码写入检验和字段；⑥把伪首部和填充字节丢弃；⑦最后把 UDP 数据报交付给 IP 软件进行封装。

在接收端，①把伪首部加到接收到的 UDP 用户数据报上；②若需要，应添加全零的填充字节；③把所有位划分为 16 位（2B）的字；④把所有 16 位的字按二进制反码算术运算求和，并取其反码；⑤若得到的结果是全 1，表示无传输差错，则丢弃伪首部和填充字节（如有的话），接收此用户数据报。否则就表明有差错存在，应丢弃此用户数据报（也可上交应用层，并附上出现差错的警告）。

图 8-5 所示为 UDP 用户数据报检验和的计算举例。

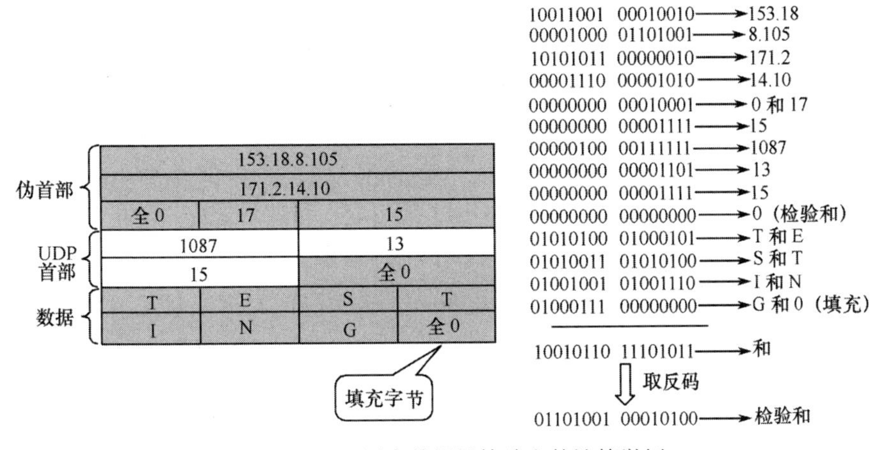

图 8-5　UDP 用户数据报检验和的计算举例

*8.3 传输控制协议 TCP

8.3.1 TCP 概述

传输控制协议 TCP 是一个专门为了在不可靠的互联网上提供可靠的端-端字节流通信而设计的传输层协议。TCP 的设计目标是能够动态地适应互联网的固有特性（包括互联网不同部分可能存在不同的拓扑、带宽、时延、分组大小和其他参数等），且面对多种差错应有足够的坚定性（robustness）。因此，TCP 是一个非常复杂的协议。

1. TCP 的主要特点

① TCP 是面向连接的。应用进程之间进行通信必须经历建立连接、数据传输和释放连接 3 个阶段。

② 应用进程之间的通信是通过 TCP 连接来进行的。每条 TCP 连接有两个端点，只能实现点-点通信。

③ TCP 提供可靠交付的服务。也就是通过 TCP 连接传输的数据，不存在差错、丢失和重复现象，能按序到达目的端。

④ TCP 提供全双工通信。TCP 允许通信双方的应用进程同时发送数据。在 TCP 连接两端都设有发送缓存和接收缓存，缓存是发送（或接收）数据的临时存放点。

⑤ TCP 是面向字节流的。“面向字节流”的含义是：TCP 把应用层下传给传输层的数据块可看成是一串无结构的字节序列流。当然，TCP 并不意识所传送的字节流的含义，也不保证接收端应用进程收到的数据块与发送端发出的数据块有着对应大小的关系，但它保证接收端应用进程收到的字节流与发送端发出的字节流是完全一样的。也就是说，TCP 创建了一种环境，它使得发送应用进程与接收应用进程之间好像有一条假想的“管道”，而在这条管道上传送的是以字节流形式的数据。

以上特点说明，TCP 有着与 UDP 完全不同的传输协议机制。就发送报文的方式而言，TCP 传输实体根据接收端给出的窗口大小和当前的拥塞程度来决定一个报文段应包含多少字节。如果应用进程给出的数据块太大，TCP 就有必要把它分片，以便用单独的 IP 数据报形式发送每一个分片。另外，由于 IP 层并不保证数据报一定被正确地传输给接收端，所以 TCP 必须具有超时判断、重传数据、纠正错序，按序重装等功能。总之，TCP 必须提供多数用户所期望的可靠服务，也就是 IP 层没有提供的功能。

2. TCP 的连接

前面提到，每条 TCP 连接有两个端点。TCP 连接的这个端点称为套接字（socket）或插口。根据 RFC 793 的定义：端口号拼接到（contatenated with）IP 地址即构成了套接字。套接字的表示方法是在点分十进制的 IP 地址后面加上端口号，其间用冒号（或逗号）隔开。即

套接字∷=(IP 地址：端口号)　　(8-1)

例如，IP 地址是 130.8.16.86，端口号是 80，那么得到的套接字就是（130.8.16.86:80）。

每一条 TCP 连接可用通信两端的两个端点（即两个套接字）来标识，即

TCP 连接∷={ $socket_1$，$socket_2$}={（IP_1：$port_1$），（IP_2：$port_2$）}　　(8-2)

式中，$socket_1$ 和 $socket_2$ 是这条传输连接的两个套接字，IP_1 和 IP_2 分别表示两个端点主机的 IP 地址，而 $port_1$ 和 $port_2$ 分别是两个端点主机中的端口号。

总之，TCP 连接是协议软件所提供的一种抽象。为两个进程之间通信而建立的一条 TCP 连接，其端点是套接字，即（IP 地址：端口号）。基于传输层具有支持多个进程通信的功能，同一个 IP 地址可以有多条不同的 TCP 连接，而同一个端口号也可以出现在多个不同的 TCP 连接当中。

8.3.2 TCP 报文段的格式

前面指出，TCP 把所使用的传输协议数据单元 TPDU，称为 TCP 报文段。一个 TCP 报文段由首部和数据两部分组成，其格式如图 8-6 所示。

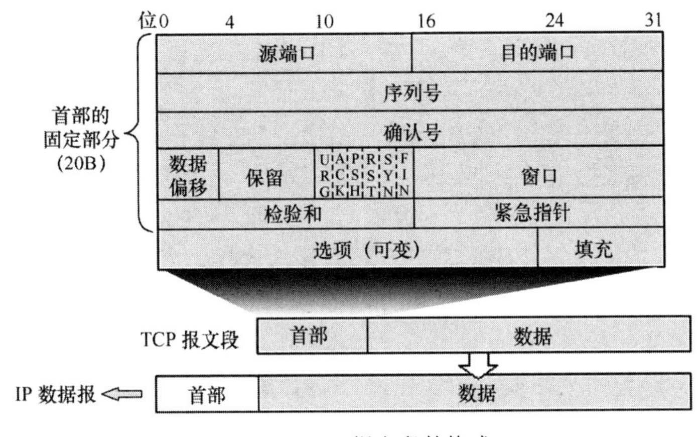

图 8-6 TCP 报文段的格式

首部由“基本部分（20B）”和“选项（4*N* 字节，*N* 为整数）”组成。基本部分各字段的含义如下。

（1）源端口（16 位）和目的端口（16 位）。这两个字段分别填入发送该报文段应用程序的源端口号和接收该报文段的应用程序的目的端口号。

（2）序列号（32 位）。表示本报文段所发送的字节流第一字节的序号。例如，本报文段序列号为 101，所携带的数据为 200B，则最后一字节的序列号应是为 300。下一个报文段的序列号则应从 301 开始。在连接建立时，通信双方都使用随机产生器产生初始序列号。

（3）确认号（32 位）。表示期望收到对方下一个报文段的第一数据字节的序号（请注意：确认号不是已经正确接收到的最后一字节的序号）。例如，接收端已正确收到一个报文段，其序列号为 101，所携带的数据为 200B，这表明接收端正确收到了的序列号在 101～300 之间的数据。因此，接收端期望收到的下一个报文段的数据应从序列号从 301 开始，于是接收端在发送的确认报文中将确认号字段置为 301。必须指出，TCP 常采用捎带技术，往往在发送的数据中捎带对对方数据的确认信息。

序列号和确认号都是 32 位长，可编序号为 $0\sim2^{32}-1$，共有 2^{32}（即 4294967296）个序号。相当于可对 4GB 的数据字节进行编号。在一般情况下，不会出现序号重复使用。

（4）数据偏移（4 位）。又称首部长度。它指出首部的长度（以 32 位为单位），即数据部分离本报文段开始的偏移量。这是因为首部中的选项字段是可变长的，使得整个首部也是可变长的，因此设立数据偏移字段是必要的。由于数据偏移字段为 4 位，所对应的最大十进制数为 15，因此数据偏移的最大值是 60B，这也是 TCP 首部的最大长度，即选项长度不能超过 40B。

（5）保留（6 位）。留待后用，目前被置为 0。

（6）标志（6 位）。又称控制字段，其中每一位都具有特定的意义。标志字段用于 TCP 的流量控制、连接建立和释放以及数据传送方式等方面。各位的含义如下。

① 紧急 URG。表示本报文段中数据的紧急程度。URG=1 表示后面的紧急指针字段有效，说明本报文具有高优先级，应尽快被发送。接收端 TCP 收到 URG=1 的报文段，它就利用紧急指针的值从报文段中提取紧急数据，不再按序地把它交付给应用程序。

对于 URG 位的使用方法，在 2011 年公布的建议标准 RFC 6093 中做出了更明确的解释。

② 确认 ACK。仅当 ACK=1 时，确认号字段才有意义。如果 ACK=0，则首部中的确认号无效。TCP 规定，在连接建立后所有传送的报文段都必须把 ACK 置为 1。

③ 推送 PSH。PSH=1 表示请求接收端 TCP 将本报文段立即送往其应用层，而不是将它缓存起来直到整个缓冲区被填满后再向上交付。

④ 复位 RST。RST=1 表示 TCP 连接中出现了严重错误，必须立即释放传输连接，而后再重建。该位还可用来拒绝一个非法的报文段或拒绝一个连接请求。

⑤ 同步 SYN。该位在连接建立时使用，起着序号同步的作用。当 SYN=1，而 ACK=0 时，表示这是一个连接请求报文段。若对方同意建立连接，则在应答报文段中应使 SYN=1 和 ACK=1。可见，SYN 被置位，表示该报文段是一个连接请求报文或连接接收报文，然后再用 ACK 来区分是哪一种报文。

⑥ 终止 FIN。该位用来释放一个连接。FIN=1 表示欲发送的数据已发送完毕，并要求释放传输连接。

（7）窗口（16 位）。该字段用于流控制。窗口值大小为 $0 \sim 2^{16}-1$。此窗口值通常由接收端确定，指的是发送本报文段的一方的接收窗口的大小，即从被确认的字节起算，还允许对方发送的字节数，作为发送端设置发送窗口的依据。例如，若确认号为 501，窗口为 1000，表明从序号 501 起算，接收端还能够接收 1000B 的数据。这里，窗口值为 0 也是合法的，这相当于接收端现在状态不佳，需等一会儿才能继续接收更多的数据。

（8）检验和（16 位）。该字段的检验范围是整个报文段（包括首部和数据）。在计算检验和时，要在 TCP 报文段的前面加上一个伪首部（长度为 12B）。伪首部的格式与图 8-4 中 UDP 用户数据报的伪首部一样。但需在伪首部的第 4 个字段填入 TCP 协议号 6，并把第 5 字段改为 TCP 长度。TCP 报文段的检验和计算以及出错处理与 UDP 的一样。必须指出，UDP 使用检验和是可选的，而 TCP 使用检验和则是必选的。

（9）紧急指针（16 位）。该字段仅当 URG=1 才有意义，它指出了紧急数据的末尾在报文段中的位置（紧急数据结束后就是普通数据），使得接收端能知道紧急数据的字节数。需要注意的是，即使窗口为零时，也可发送紧急数据。

（10）选项与填充（可变）。最长可达 40B。TCP 最初只定义一种选项，即最大报文段长度 MSS（Maximum Segment Size）。这个 MSS 指出 TCP 报文段中的数据部分的最大长度，而不是整个 TCP 报文段的长度，即 TCP 报文段长度中减去 TCP 首部长度才是 MSS。若主机未填写 MSS，则取其默认值为 536B，此时因特网上主机应能接受的报文长度是 556B（含首部的固定部分 20B）。对 MSS 大小的规定并不是考虑接收端接收缓存可能存放不下 TCP 报文中的数据，而是使得 TCP 报文中的数据部分占有较高的比例，从而提高网络的利用率。当然，MSS 较大，允许 TCP 报文段较长，但这在网络层传输时需考虑分片，到了接收端又得重组，也会增大网络的开销。因此，以网络层不分片为度，MSS 应尽可能大一些。不过，最佳的 MSS 值很难确定，它是在建立连接的过程中，由一端把 MSS 值设定好并通知另一端。随着因特网的发展，TCP 又增加了几个选项，如窗口扩大、时间戳、选择确认（SACK）和允许选择确认等。当选项长度不是 32 位的整数倍时，填充字段用于填充补齐。

首部后面是数据部分，用于封装上层（应用层）报文，表示所发送 TCP 报文段的具体内容。

8.3.3 TCP 传输控制

由于互联网层只能提供尽最大努力的交付服务（即不可靠的传输服务），传输层所面临的不只是报文段传送出错、丢失，还有可能出现因传送时延的不同而产生失序等情况。因此，TCP 实现可靠传输的机制比较复杂。究其复杂的原因，归纳起来有以下 4 个方面。

① TCP 连接是面向字节流的。因为 TCP 报文段的长度变化很大，以报文段作为确认的单位显然不够方便。因此 TCP 采用序号确认机制。同时，为了提高传输效率，通常还采用捎带确认的策略，也就是在自己发送数据时把确认信息一起带上，而不再专门发送确认报文段。

② TCP 能提供全双工通信，亦即通信双方可同时发送数据。为了实现传输控制，TCP 连接的每一端都设有一个发送窗口和一个接收窗口。就全双工通信而言，对一条 TCP 连接两端的 4 个不同作用的窗口实施控制，使得 TCP 传输控制过程显得比较复杂。另外，TCP 实现流量控制采用的是滑动窗口机制。

③ TCP 允许发送端连续发送多个报文段，而不是采用停等确认策略。发送端可连续发送的字节数取决于当时网络的拥塞程度，以及接收端的接收能力等因素。这些因素都是随着时间而变化的。

④ 数据在传送过程中的传送路径和网络拥塞情况是动态变化的，一条 TCP 连接的往返时间并不是固定的，因此需要设计特定的算法来估算较合理的重传时间。

在介绍 TCP 传输控制之前，有必要先阐述可靠传输的基本原理，然后再来讨论 TCP 传输控制所采用的一些机制。

1. 可靠传输的基本原理

理想的传输条件具有以下两个特点：①传输信道不会引起差错；②不管发送端以何种速率发送数据，接收端都来得及处理所接收到的数据。如果能在这样理想的传输条件下，当然用不着采取任何措施就能实现可靠的数据传输。然而，实际情况并非如此。需要采用一些可靠的传输协议，在出现差错时让发送端重传出现错误的数据，以及在接收端来不及接收数据时，及时告诉发送端降低发送数据的速率。

在计算机网络发展初期，由于通信线路不可靠，在数据链路层采用可靠的通信协议，其中最简单的是停止等待协议（简称停等协议）。

（1）停止等待协议

为了讨论问题方便起见，下面仅考虑 A 向 B 发送数据，B 向 A 发送应答的情况。并设 A 为发送端，B 为接收端。

停止等待协议的基本要点如下。

① A 发送完一个分组后，等待 B 发回应答。B 收到一个分组，如果未检测出传输过程中出现的差错，则向 A 发回确认应答。A 收到确认应答后再发送下一个分组，如图 8-7（a）所示。

② B 收到 A 发来的一个分组，如果检测出传输过程中出现差错，则丢弃该分组；或者分组在传送过程中丢失，则 A 通过超时计时器的超时，再重传前面发送过的分组，如图 8-7（b）所示。

③ B 收到 A 发来的一个分组，如果未检测出传输过程中出现差错，则发回一个确认应答，但这个确认应答却在回传过程中丢失了。此时，A 在设定的超时重传时间内没有收到确认，也无法知道是自己发送的分组出错或丢失，还是 B 发回的确认丢失了。因此，只能在 A 超时计时器超时后重传前面发送过的分组。当 B 再次收到重传的分组时，应丢弃该重传分组，并向 A 发送确认，如图 8-7（c）所示。

④ B 收到 A 发来的一个分组，如果未检测出传输过程中出现差错，则发回一个确认应答，但这个确认应答却在回传过程中延误了。此时，A 因在设定的超时重传时间内没有收到确认，只得超时重传。当 B 再次收到重传的分组时，应丢弃该重传分组，并向 A 发送确认。A 收到确认后，即发送下一个分组。A 对迟到确认则以丢弃处理，如图 8-7（d）所示。

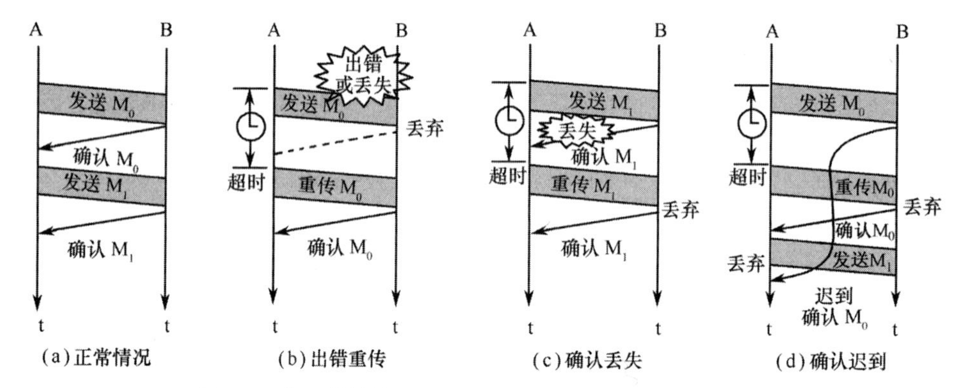

图 8-7　停止等待协议处理分组在链路上传输的几种情况

这里需要注意 3 点：①A 在发送完一个分组后，必须保留该分组的副本直至收到相应的确认后方可清除；②分组和应答都必须进行编号，以便分辨发送的分组是否得到了相应的应答；③超时计时器的重传时间应当设定得比分组传输平均往返时间更长一些。

根据上面的阐述，停止等待协议又称自动重传请求 ARQ（Automatic Repeat reQuest）。停等协议的可取之处在于简单，但其缺点是信道利用率太低。停等协议的信道利用率 U 可用下式计算：

$$U = \frac{T_d}{T_d + RTT + T_a} \tag{8-3}$$

式中，T_d 是发送端发送分组所需要的时间，RTT 是与所用的信道有关的往返时间，T_a 是接收端发送确认分组需要的时间。

为了提高信道利用率，发送端可以采用流水线的传输方式，这便是连续 ARQ 协议。

（2）连续 ARQ 协议

连续 ARQ 协议的基本要点如下。

① A 在发送完一个分组后，不是停下来等待应答的到来，而是连续地再发送若干个分组。

② B 收到 A 发来的分组，只按序接收没有差错的分组，并给出相应的确认应答，或者只对按序到达的无差错的最后一个分组发送确认应答。对于检测出差错的分组则丢弃。

③ A 在每发完一个分组时都要开启该分组的超时计时器。如果在所设置的超时时间内

收到了确认应答，就立即将超时计时器清零。若在设置的超时时间内未收到确认应答，则要重传前面发送过的分组。

④ 如果 B 检测出传输过程中出现的差错、丢失或延误，其处理方法同停等协议。

连续 ARQ 协议又称 Go-back-N ARQ，意思是当出现差错必须重传时，要往回走 *N* 个分组，然后再开始重传。关于连续 ARQ 协议中用到的滑动窗口概念将在本节后面介绍。图 8-8 表示连续 ARQ 协议的原理示意图。

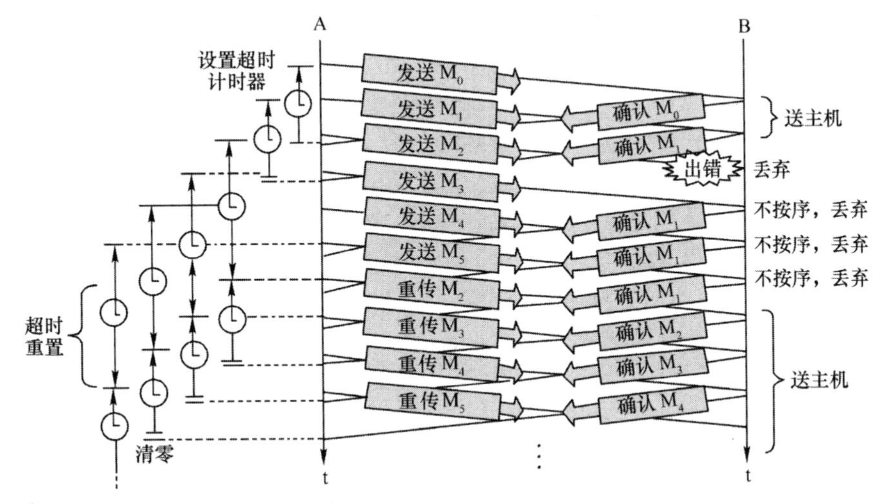

图 8-8 连续 ARQ 协议的原理示意图

当采用连续 ARQ 协议时，很有可能出现这样的情况：B 接收到的错误分组后面跟随着正确的分组。此时，如从出错分组起都重传，已传送的正确分组将会重复。为此，可采用选择重传策略，也就是只重传出现错误的分组。

利用上述协议中的序号、确认和重传机制，就可以在不可靠的链路上实现可靠的通信。虽然在传输层使用的传输控制协议要比上述协议复杂得多，但有了上面介绍的知识，就便于深入学习 TCP 传输控制机制。

2. 序号确认

针对不可靠的网络服务，TCP 协议如何来实现传输实体之间的可靠传输呢？TCP 采用了序号确认机制。

由于 TCP 协议是面向字节流的，TCP 将所要传送的整个报文视为一个个字节组成的数据流，并对每一字节进行按序编号来解决失序问题。通信双方在建立连接时要商定初始序号。TCP 将每一次传送的报文段中的第一个数据字节的序号，写入 TCP 首部的序列号字段中。这种按序编号的方法也用于某些传输协议，如 ISO 传输协议。不过，TCP 所使用的机制略有不同，其差别在于它采用隐式编号，即第一字节的序列号可能为 0。

确认是对正确接收发送来的数据所表示的一种形式。TCP 的确认是对接收到的数据流的最高序号（即收到的数据流中的最后一字节的序号）表示正确接收，而接收端返回的确认号是已收到的数据的最高序号加 1，亦即确认号表示接收端期望下一次收到数据中的第一个字节的序号。当报文段按序到达时，接收端传输实体在确认时序上有两种选择。

① 即时确认（immediate）。指接收端收到的数据正确而被接受，就立即返回一个确认报文。

② 累积确认（cumulative）。指接收端收到的数据正确而被接受，先将其作为需要确认的报文段记录在案，但不立即发送确认报文，而是在收到几个分组后，仅对按序到达的最后一个分组发送确认。

显然，即时确认策略很简单，但需要额外地传输用于 ACK 的无数据报文段（即空报文），这可能会导致更多的网络负荷。由于 TCP 连接提供全双工通信，通常使用的是累积确认策略，此时通信的每一端都不必专门发送确认报文段，而且尽可能在传送数据时采用捎带确认的方法，这样做有利于提高传输效率。但通信双方都需设置一个窗口计时器来确定报文往返传送的时间间隔。

为了实现可靠传输，TCP 对发送接收过程中出现的下列情况作如下处理。

① 如发送端在规定的时间内未能接收到确认报文段，则需重新发送未确认的报文段。

② 如接收端收到的报文段检测出差错，则丢弃该报文段，也不发否认报文段。

③ 如接收端收到重复的报文段，应将其丢弃，但要发回确认报文段。

④ 如接收端收到的报文段虽未检测出差错，但未按序号。TCP 规定：这种情况由 TCP 实现者自行处理。一般采用的方法是，将不按序的报文段丢弃，或者先将其暂存于接收缓存内，待所缺序号的报文段收齐后再一并上交应用层。后一种方法通常称为选择确认 SACK（selective ACK）策略。因为选择确认可使发送端能更好地知道哪些报文段丢失，哪些报文段是失序到达的。这样，发送端就可以仅仅发送那些真正丢失的报文段，从而提高了传输效率，改善了网络性能。

RFC 2018 定义了两个选项：允许 SACK 和 SACK。允许 SACK 选项（2B）只用于连接建立阶段。如果发送端在发送 SYN 报文段中有此选项，就说明它能够支持 SACK 选项。如果接收端在它的 SYN+ACK 报文段中也包含此选项，则表示通信双方在数据传送阶段都能使用 SACK 选项。具有长度可变的 SACK 选项只能用于数据传送阶段，但需在通信双方事先进行商定。必须指出，由于 TCP 首部中并没有表明丢失报文段的信息，因此该信息只能体现在选项字段当中。每一个报文段都可用左边界 L_i 和右边界 R_i（i 为字节块序号）来指明该报文段的首末字节序号。需注意的是，右边界 R_i 正好与接收端返回的确认号相同，右边界减 1 才是该报文段末字节的序号。

如前所述，TCP 的选项字段大小只有 40B。而指明一个边界要用去个 4B（因为序号为 32 位，需用 4B 表示），因此选项字段中最多只能指明 4 个报文段的边界信息。这是因为 4 个报文段共有 8 个边界，这需要用 32B 来描述。另外，为了指明允许 SACK 还需 2B，一个指明选项种类，另一个指明该选项占用的字节数。显然，如果要通知 5 个报文段的边界信息，就需用（5×2）×4+2=42（B），显然这已超过选项字段长度的限制。

图 8-9 所示为选择确认示意图。如图所示，接收端收到了 5 个报文段。这些报文段在传送过程中未出现传送错误，且都在接收窗口之内。只是第 1 和第 2 报文段是连续的，而第 3、第 4 和第 5 报文段是失序的，这种失序体现在第 2 和第 3 报文段，以及第 4 和第 5 报文段之间。接收端对第 1、2 报文段可发送一个累积确认，而对失序的报文段可发送一个 SACK。SACK 包括两个块，第一块表示字节 3001～5000 是失序的，第二块表示字节 6001～7000 也是失序的。这意味着发送端必须重发已被丢失的字节 2001～3000 和 5001～6000。

3. 流量控制

用户总是希望在网络上快一点传输数据。但是发送端如发送数据过快，接收端就可能来不及接收，从而造成数据丢失。流量控制旨在让发送端的发送速率不要过快，一定要使接收端来得及接收。在传输层实现流量控制比较复杂，主要有两个原因：一是传输实体之间的传输时延通常都比较长，也就是流量控制信息的通信存在相当可观的时延；二是传输层是在网络上操作的，其传输时延是随时变化的，这使得超时重传机制难以做到高的效率。

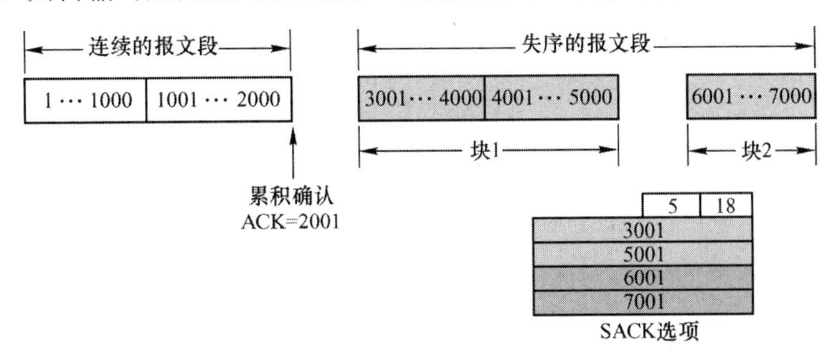

图 8-9　选择确认示意图

下面介绍 TCP 实现流量控制的机制。

（1）滑动窗口的概念

TCP 的滑动窗口是以字节为单位的。为了说明滑动窗口的工作原理，首先，假设数据只在一个方向上进行，即 A 发送数据，B 接收数据并给出应答。这样讨论仅涉及两个窗口：A 的发送窗口和 B 的接收窗口。其次，我们把传送的字节数取得较少，便于图示。这样做既能简化问题，又不影响问题的实质。

假定 A 接收到 B 发来的确认报文段，其中窗口字段值为 20，而确认号为 21。按照报文段格式中提供的这两个数据，A 就可构建出自己的发送窗口情况，如图 8-10 所示。此时 A 的发送状态可用 3 个指针 P_1、P_2 和 P_3 来加以描述。

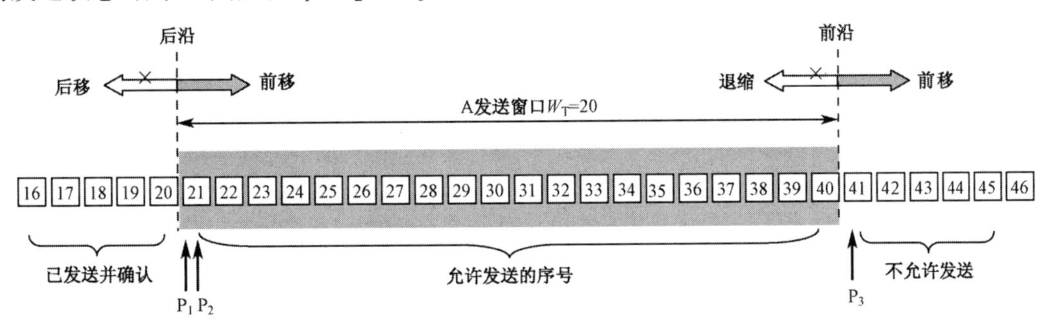

图 8-10　根据 B 给出的窗口值，A 构建自己的发送窗口

P_1 指向发送窗口内接收端期望收到的字节序号，即可发送的首字节序号。

P_2 指向发送窗口内允许发送而尚未发送的字节序号。

P_3 指向发送窗口外不允许发送的字节序号。

此时，因为 A 尚未发送数据，所以指针 P_1 和 P_2 是重合的。

在图 8-10 中，发送窗口 W_T 用来对发送端进行流量控制。W_T 的大小表示 A 在没有收到 B 的确认的情况下，最多还可连续发送的字节数。显然，在接收端来得及进行接收处理的情况下，W_T 越大，允许发送端在未收到确认之前可连续发送的数据也越多，从而获得更高的传输效率。考虑到超时重传的需要，凡是已经发送的数据，在未收到确认之前都必须暂时保留着，以备后用。

发送窗口的大小由窗口的前沿和后沿来确定。发送窗口后沿的变化有两种可能：不动（未收到新的确认）和前移（收到了新的确认）。发送窗口后沿不会后移，因为不能撤消已收到的确认。发送窗口前沿通常是不断地向前移动，但也有两种保持不动的可能：一是没有收到新的确认；二是收到了新的确认但接收端通知发送窗口要缩小，使得发送窗口前沿正好不动。当然，发送窗口前沿也可能向后退缩，这可能发生在接收端要求缩小发送窗口的时候，但 TCP 不支持这样做，因为发送数据后又收到缩小窗口的通知，会产生错误。由此可见，发送窗口后沿外面的数据表示已发送且已收到了确认，这些数据无须再作保留。发送窗口前沿外面的数据表示不允许发送的数据，因为接收端并没有为这些数据预留存储空间。

假定 A 已发送了序号为 21～32 的数据。图 8-11（a）表示 A 现在的发送窗口状态。发送窗口 W_T 内左边的 12B(21～32)表示已发送但未收到确认，而右边的 8B(33～40)是允许发送而尚未发送的。

假定 B 接收窗口 W_R 为 20。图 8-11（b）表示 B 现在的接收窗口状态。在接收窗口左边的数据是已经得到确认的，并已交付主机，所以 B 不必再保存这些数据。接收窗口内的序号为 21～40 是允许接收的数据。此时 B 的接收状态可用两个指针 Q_1 和 Q_2 来描述：

Q_1 指向接收窗口内允许接收，但尚未发送确认的字节序号；

Q_2 指向接收窗口外不允许接收的字节序号。

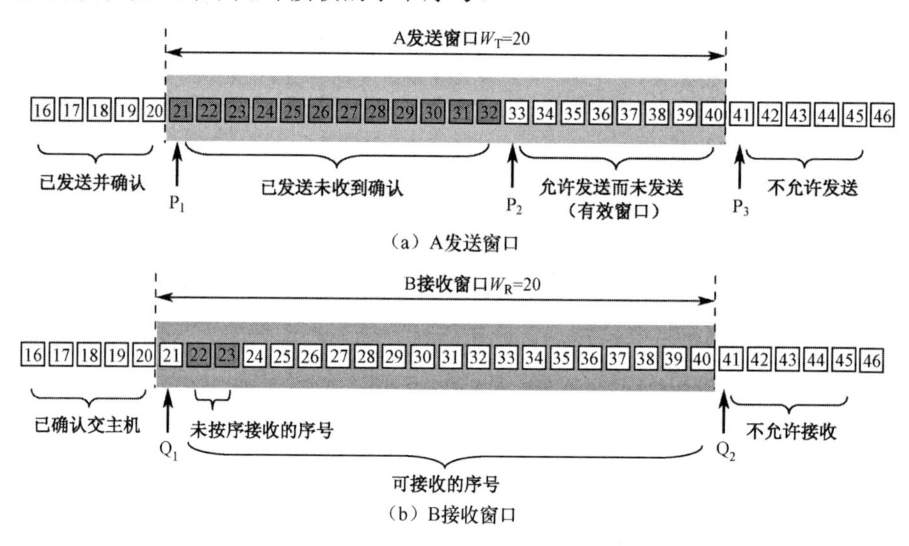

图 8-11 A 发送了 12B 数据的窗口状况

现在假定 B 收到的数据未按序到达，只收到序号为 22～23，而没有收到序号 21，此时 B 仍然只能对最高序号给出确认，即确认报文段中的确认号为 21，而不是 23 和 24。因此 Q_1 和 Q_2 都不能移动。

若 B 后来收到了序号 21 的数据，B 就可将 21 及原先收到的 22～23 一起交付给主机，并删除这些数据。接着，B 就可把接收窗口 W_R 前移 3 个序号，如图 8-12（b）所示，同时给 A 发送确认。此时的接收窗口 W_R 仍为 20，而确认号为 24。A 在收到 B 的确认后，把发送窗口前移 3 个序号，但指针 P_2 未动，如图 8-12（a）所示。另外，B 因没有收到序号 24，且收到了序号 25～32，未能实现按序到达，因此这些数据只能暂时存放在接收窗口中。由图可见，现在 A 的有效窗口已改变，可发送的序号范围是 24～43。

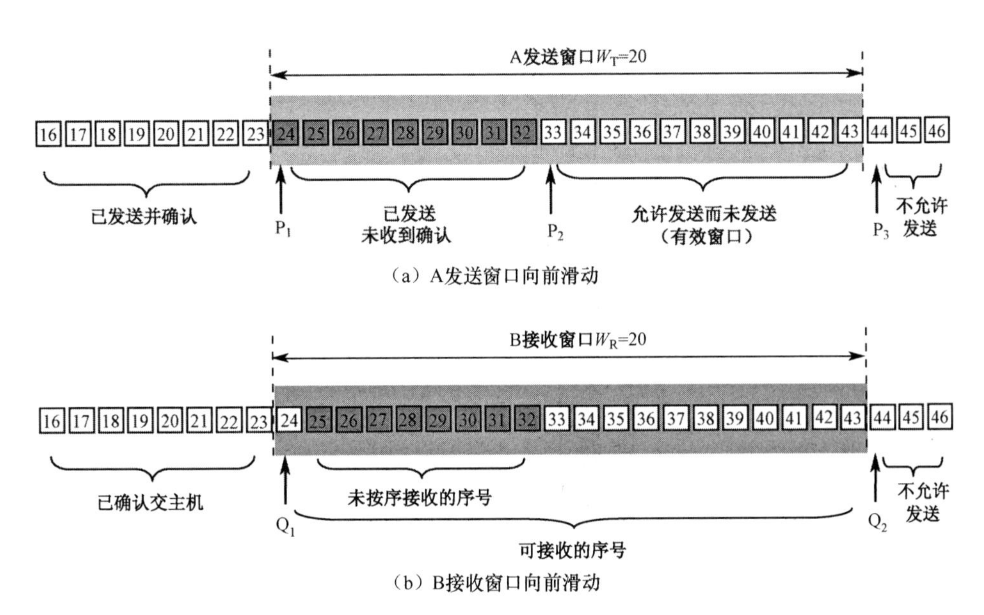

图 8-12　A 收到 B 的确认，窗口向前滑动的状况

接着 A 继续发送完序号 33～43 的数据，指针 P_2 前移到与 P_3 重合，如图 8-13 所示。此时发送窗口内允许发送的序号已用完（即 A 的有效窗口已减小到零），虽还没有收到确认，但必须停止发送。应注意的是，在 A 没有收到确认之前，只能认为 B 还没有收到这些数据。当 A 所设置的超时计时器超时时，A 就进行重传并重置超时计时器，直到收到 B 的确认为止。如果 A 收到的确认号落在发送窗口之内，A 就将发送窗口前移，并继续发送新的数据。

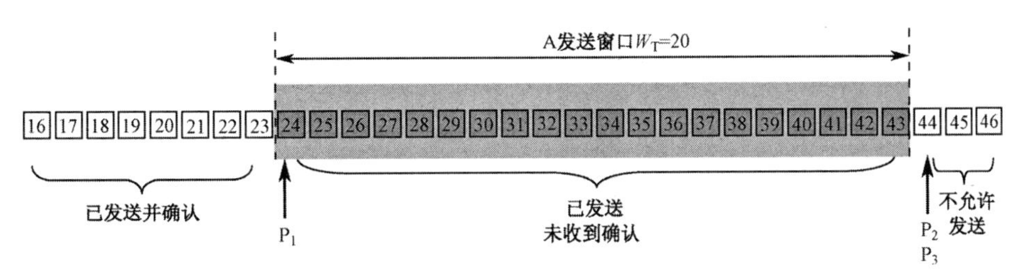

图 8-13　发送窗口内允许发送的序号全部发完但未被确认

最后还需强调：①尽管 A 的发送窗口 W_T 是依据 B 的接收窗口 W_R 来设置的，但两者大小不一样。这是因为窗口值通过网络传送要经历一定的时延，且这个时延是不确定的。其次，A 还可能根据网络当时的拥塞情况减小自己的窗口值；②对于不按序到达的数据，TCP 没有明确的处理规定。通常把不按序到达的数据暂存于接收窗口中，等待尚缺序号到达，再一并按序交付主机。③为了减少传输开销，TCP 要求接收端具有累积确认的功能。

（2）利用滑动窗口实现流量控制

下面通过一个例子来说明如何利用滑动窗口在 TCP 连接上实现流量控制。

通信双方的发送和接收的过程，如图 8-14 所示。假设 A 向 B 发送数据，每一个报文段为 1024B。在建立连接时，接收端 B 设有 4KB 的缓冲区。

首先，A 发送 2 个报文段，序号分别为 SN=0 和 SN=1024。B 正确收到后给出确认报文段，确认号为 AN=2048，窗口 WIN=2048，表示自己的缓冲空间只有 2KB。

A 又发送 2 个报文段，序号分别为 SN=2048 和 SN=3072。B 正确收到后给出确认报文段，确认号为 AN=4096，窗口 WIN=0，表示自己的缓冲区已满。此时 A 必须停止下来，等待接收端主机上的应用程序取走一些数据。

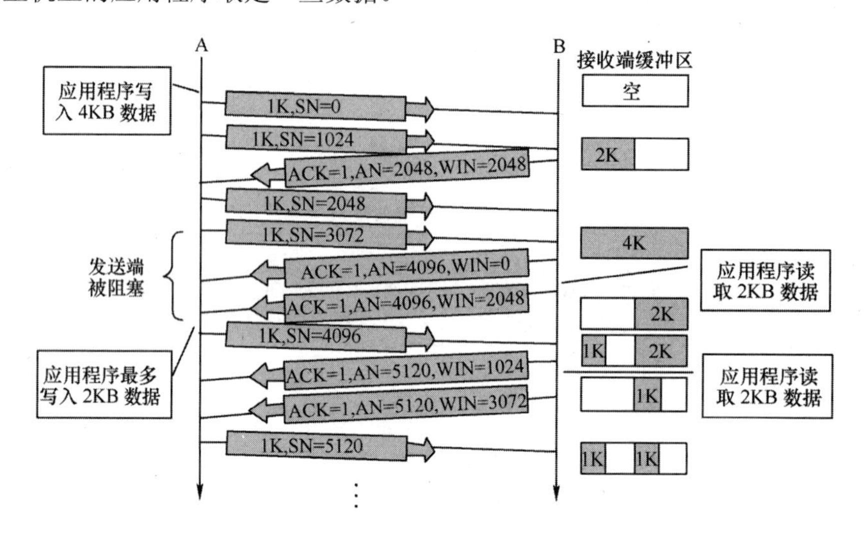

图 8-14　TCP 利用可变窗口实现流量控制示例

若接收端主机从接收缓冲区读取 2KB 数据后，B 发一确认报文段，确认号仍为 AN=4096，窗口 WIN=2048，表示自己的缓冲空间尚有 2KB。

A 又发送 1 个报文段，序号为 SN=4096。B 正确收到后给出确认报文段，确认号为 AN=5120，窗口 WIN=1024，表示自己的缓冲空间只有 1KB。此时接收端主机从接收缓冲区读取 2KB 数据后，B 发一确认报文段，确认号仍为 AN=5120，窗口 WIN=3072，表示自己的缓冲空间尚有 3KB。

A 又发送 1 个报文段，序号为 SN=5120。如此等等。

当窗口为 0 时，原则上发送端是不能再正常地发送报文段了，但有两种意外情况。

① 紧急数据仍可以发送。如要求用户中止远程主机上运行的某一个进程。

② 在图 8-14 中，B 向 A 发送了窗口 WIN=0 的确认报文段后，因应用程序读取了数据，B 的接收缓冲区又有了存储空间。于是向 A 发送窗口 WIN≠0 的确认报文段。但是，如果这个报文段在传送过程中丢失，A 将一直等待接收 B 发送的非零的窗口通知，这样，就会造成相互等待的死锁现象。

为了解决这个问题，TCP 为每一个连接设置一个持续计时器（persistence timer）。当 TCP 连接的一方收到对方的零窗口确认报文段，就启动持续计时器。若持续计时器超时，就发送一个零窗口的探询报文段（仅携带 1 字节的数据），以便让接收端重新发送下一个期望的字节号和窗口大小。对方在确认这个探询报文段时应给出现有的允许窗口值。如果窗口值仍然为零，那么收到这个报文段的一方就重置持续计时器。否则，死锁僵局结束。

4. 发送控制

应用程序把数据写入 TCP 发送缓冲区后，发送这些数据的任务是由 TCP 来完成的。RFC 793 建议中仅指出："TCP 在它方便时以报文段为单位发送数据"，但并没有指明发送数据的具体时机。

其实，TCP 控制报文段的发送可以有 3 种机制：

① TCP 维持一个变量，它等于最大报文长度 MSS。只要缓冲区中存放的数据达到 MSS

字节时，就组装成一个报文段发送出去。

② 由发送端的应用进程指明要求发送报文段，利用 TCP 报文段格式中控制字段的推送操作位（push）的作用。接收端 TCP 收到此报文段后，就尽快地交付给接收端的应用进程，而不再等到整个缓冲区都填满了以后再向上交付。

③ 发送端设置一个计时器，待计时器所设置的时间一到，就把当前缓冲区中的数据装入报文段（长度不超过 MSS）发送出去。但问题在于如何控制 TCP 发送报文段的时机。

例如，用户考虑使用一条 telnet 连接，该交互式编辑器对用户的每次击键动作都做出响应。假设用户只发一个字符，这个字符到达发送端的 TCP 实体的时候，TCP 就创建一个 21B 的 TCP 报文段（其中首部 20B，数据部分 1B），并将它交给 IP 作为一个 41B 的 IP 数据报（含 IP 首部 20B）发送出去。在接收端，TCP 立即发送一个 40B 的确认报文段（仅 TCP 首部 20B 和 IP 首部 20B）。如果用户要求远端主机回送这个字符，则又要发回 41B 的 IP 数据报和 40B 确认 IP 数据报。这样，用户每发送一个字符，就需要传送 4 个报文段（共 162B）。这对于带宽紧缺的场合，显然不是一种合适的处理方法，因为此法的传送效率太低。针对这种情况，TCP 采用了捎带确认的方法。

尽管采用捎带确认可使报文段个数和所用的带宽减少一半，但发送端的工作方式是低效的。因为发送 41B 的报文段中只包含 1B 的数据，其利用率只有 1/41。所以，在 TCP 实现中，广泛采用 Nagle 算法。该算法指出：应用进程把要发送的数据以一字节一字节的方式送入发送缓冲区，发送端只先发送第 1 字节，把后面到达的字节缓存起来，直到收到对第 1 字节的确认为止。然后将缓冲区中的所有数据组装成一个报文段发送出去，并继续对随后到达的数据进行缓存，直到前面发送出去的报文段被确认，再继续发送下一个报文段。如果数据到达较快而网络速率较慢，用这种方法可以大大减少所用的网络带宽。Nagle 算法还规定：当到达的数据填满发送窗口的一半或达到报文段的最大长度时，也允许发送一个报文段。

另一个可使 TCP 性能退化的问题值得考虑。当数据以大块的形式被传送给发送端的 TCP 实体时，在接收端缓冲区已满的情况下，如果接收端的交互式应用每次仅读 1B 数据，然后向发送端发送确认（此时窗口值仅为 1B）；接着发送端又发来 1B 的数据（实际上发来的是 41B 的 IP 数据报），接收端再发回确认（窗口值仍为 1B），那么这个过程可能会永久地持续下去，使得网络效率十分低下。这种现象称为愚蠢窗口综合征（silly windows syndrome）。图 8-15 表示了愚蠢窗口综合征的症状。

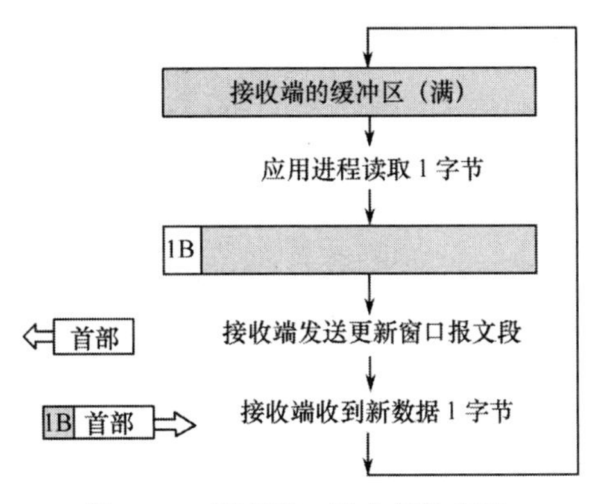

图 8-15 愚蠢窗口综合征的症状

为了解决愚蠢窗口综合征的症状，Clark 提出的解决方案是禁止接收端发送只有 1B 的窗口更新报文段，而是等待一段时间，直到有了一定数量的缓冲区空间之后再通知发送端。特别是，当接收端能够处理它在建立连接时通信双方协商好的最大报文长度 MSS 的大小，或者它的缓冲区已有一半空出时，它就应该发送窗口更新报文段。

上述 Nagle 算法和 Clark 针对愚蠢窗口综合征的解决方案是互补的。Nagle 试图解决由于发送端应用进程每次向 TCP 传送一字节而引起的问题，而 Clark 则试图解决由于接收端应用进程每次从 TCP 字节流中读取一字节所带来的问题。这两种策略均有效，可以配合使用。这使得在发送端不要发送太小的报文段的同时，接收端也不要在接收缓冲区刚刚有一点空间时就匆忙地把这个很小的可用窗口通知给发送端。

5．重传控制

在传送报文段过程中，凡出现下列两种情况都必须将该报文段重新传送。

（1）报文段在传输过程中受损，但仍能到达接收端。该报文段被接收端检验发现差错，接收实体便将其丢弃。此后，发送端等待应答超时，必须重传原来发送过的报文段。

（2）报文段在传送过程中被丢失，没能到达接收端目的站，这纯属偶然事件。对这种情况，由于发送端的传输实体并不知道这个报文段的传输已经失败，因此也要重传原来发送过的报文段。

为了控制丢弃的或丢失的报文段，TCP 使用了重传计时器（retransmission timer）。该计时器用来处理报文段的确认与等待重传的时间。当 TCP 发送报文段时，就要创建该报文段的重传计时器，并设定超时重传时间 RTO（Retransmission Time-Out）。在此之后可能会发生两种情况：一是如果在计时器设定的 RTO 时间内收到了对该报文段的确认，则将该计时器撤消。二是如果在报文段被确认之前重传计时器超时，那么发送端就要重传这一报文段，并重置重传计时器。但是，超时重传时间的选择却是个非常复杂的问题，因为 TCP 面临的是互联网环境。如果把超时重传时间设置得太短，就会引起很多报文段不必要的重传，从而增大网络负荷。但若把超时重传时间设置得过长，则又使网络的空闲时间延长，降低了传输效率。

解决这一问题的方案是使用一种自适应的算法，它根据网络性能的连续测量情况，动态地调整超时重传的时间。这种算法记录着传送报文段的往返时间 RTT（Round-trip Time）。TCP 保留 RTT 的一个加权平均往返时间 RTT_S（又称平滑往返时间，S 是 Smoothed）。当第一次测量到 RTT 样本时，RTT_S 值就取为所测量到的 RTT 样本值。但以后每测量至一个新的 RTT 样本，就按下式重新计算：

$$新的\ RTT_S=(1-\alpha)\times 旧的\ RTT_S+\alpha\times 新的\ RTT\ 样本 \qquad (8\text{-}4)$$

式中，$0\leqslant\alpha<1$。显然，当α接近于 0，表示新的 RTT_S 值和旧的 RTT_S 值相比变化不大，亦即新的 RTT 样本影响不大，RTT 值更新缓慢。当α接近于 1，则表示新的 RTT_S 值受新的 RTT 样本影响较大，RTT 值更新较快。RFC 6298 推荐的α值为 1/8（即 0.125）。

显然，超时计时器的超时重传时间 RTO 应略大于上面得出的加权平均往返时间 RTT_S。RFC 6298 建议 RTO 可按下式计算：

$$RTO=RTT_S+4\times RTT_D \qquad (8\text{-}5)$$

其中，RTT_D 是 RTT 的偏差的加权平均值，它与 RTT_S 和新的 RTT 样本之差有关。RFC 6298 建议：当第一次测量时，RTT_D 值取为被测量到的 RTT 样本值的一半，在以后的测量中，则用下式来计算加权平均的 RTT_D：

$$新的\ RTT_D=(1-\beta)\times|旧的\ RTT_D + \beta\times|RTT_S-新的\ RTT\ 样本| \tag{8-6}$$

这里的β是一个小于 1 的系数，其推荐值为 1/4（即 0.25）。

由此可见，自适应算法是基于新的 RTT 样本的正确测定。但在有重传的情况下，新的 RTT 样本是很难测定的。因为若未重传的确认报文段在报文重传之后才收到，就无法断定确认报文段的真正归属。为此，Karn 提出了一个新的测定平均往返时间的 Karn 算法：在计算加权平均 RTT_S 时，只要报文段重传了，就不采用其往返时间样本。这样得出的加权平均 RTT_S 和重传时间就较准确。但是，Karn 算法避开重传，只测定无重传报文的平均往返时间，这与实际情况不甚相符。

后来对初始的 Karn 算法作了修正，其方法是：把重传确认考虑在内，每重发一次报文段，就把重传时间增大一些。典型的做法是取新的重传时间为旧的重传时间的 2 倍。而在无重传情况下，超时重传时间仍按公式（8-5）计算。Karn 算法把传输样本分为有效的和无效的往返时间样本，改进了往返时间的估测。实践证明，经改进的 Karn 算法是合理有效的。

8.3.4 TCP 拥塞控制

1．拥塞控制的基本原理

计算机网络中拥有许多资源（如带宽、缓存、路由器、主机等），当对网络中某一资源的需求超过了该资源所能提供的能力，而导致网络性能下降，这种现象称为拥塞（congestion）。网络出现拥塞的条件可表示为

$$\sum 对资源的需求 > 可用资源 \tag{8-7}$$

图 8-16 表示网络吞吐量与输入负荷的关系曲线。此曲线的横坐标表示提供给网络的输入负荷，即单位时间内输入网络的分组数目。纵坐标表示吞吐量，即单位时间内从网络输出的分组数目。对于具有理想拥塞控制的网络，在吞吐量饱和之前，网络吞吐量与提供的输入负荷是成正比的，即吞吐量曲线呈 45° 斜线。当输入负荷超过某一数值后，由于网络资源有限，吞吐量就不再增长而保持水平线，表明此时吞吐量已达到饱和，所提供的输入负荷中有一部分被某些结点丢失了。

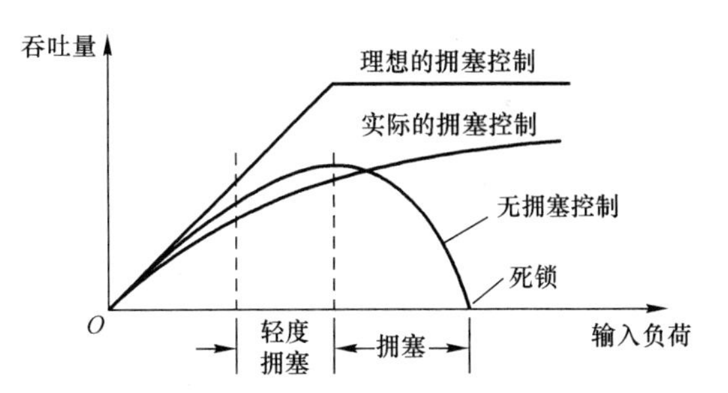

图 8-16 网络吞吐量与输入负荷的关系曲线

实际的情况则不同。在没有拥塞控制的情况下，随着输入负荷的增加，网络吞吐量的增长速率会逐渐减慢。也就是说，在吞吐量尚未达到饱和之前，就已经有一部分输入分组被丢失了。吞吐量明显小于理想的吞吐量表明网络已进入轻度拥塞的状态。更值得注意的是，当输入负荷达到一定数值时，吞吐量反而随着输入负荷的增大而下降，此时网络进入了拥塞状态。当输入负荷继续增大到某一数值时，吞吐量就会下降为零，说明网络已无法运行。这种现象称为死锁（deadlock）。为了改善网络的性能，实际上都要采取一定的拥塞控制措施，此时的曲线情况就界于理想的和无拥塞控制之间。

从前面介绍的出现网络拥塞的条件来看，造成网络拥塞的原因，表面上看似乎是资源短缺，只要增大网络的某些可用资源，或者减少一些用户对某些资源的需求，就可解决网络

的拥塞问题。其实不然，因为造成网络拥塞涉及许多因素，并不是单纯地通过增加网络资源就能得到解决的。例如，增大结点的缓存空间是有利于存放到达该结点的分组数目，但输出链路和主机的处理速率并未提高，这只能使分组在结点中的排队时间大大增加，因传送超时上层软件只得重传分组，这使问题更加严重。又如，提高主机的处理速度可能会将问题转移到其他地方，而造成新的瓶颈。可见，只有改善整个网络的匹配状况，使得各部分保持平衡，问题才能解决。

实施拥塞控制有两种机制：一种是开环拥塞控制，它是在拥塞发生之前使用一些策略（如重传、确认和丢弃）以免网络进入拥塞状态的“预防”机制，防止过多的分组输入网络以免网络过载。在此机制中，拥塞控制既可以在源端也可在目的端来进行。另一种是闭环拥塞控制，它是试图在拥塞发生后如何使网络从拥塞状态中摆脱出来的“恢复”机制。不同的协议采用不同的“恢复”机制（如反压、阻流点、发送隐式或显式信号等）。显然，这两种机制都必须了解网络内部的流量分布状况。同时，实施拥塞控制还必须在结点之间传送命令和信息，这些都是额外的开销。拥塞控制有时还需要将一些资源（如带宽、缓存等）分配给个别用户单独使用，这更会造成资源的短缺。这些都说明进行拥塞控制是需要付出代价的。

拥塞控制与流量控制存在着一定的关系。流量控制是一个局部性的问题，属于点-点的通信量控制，其目的在于抑制发送端发送数据的速率，以便接收端来得及接收。拥塞控制却是一个全局性的问题，它涉及所有的主机、路由器和链路等网络资源，以及与降低网络性能有关的所有因素。不过，实现拥塞控制时也要向发送端发送控制报文，请求发送端降低发送速率，这一举措两者是相同的。

实践证明，实现拥塞控制并不容易。因为这是一个属于动态控制的问题。从控制理论来看拥塞控制，包括开环控制和闭环控制两种方法。前者就是在设计网络时必须周密地考虑产生拥塞的各种因素。后者则基于反馈环路，通过监测系统发现拥塞、发送拥塞信息、调整运行状态等来达到拥塞控制的目的。不过，过于频繁地采取拥塞措施将使网络处于不稳定的振荡状态，迟缓地采取行动又不具有任何价值，因此只能选择某种折中措施。

在因特网中，尽管网络层也试图进行拥塞控制，但真正解决网络拥塞是由传输层 TCP 来完成的，降低发送数据速率是解决网络拥塞的有效措施。下面介绍 TCP 采用的一些拥塞控制方法。

2. TCP 的拥塞控制方法

为了进行拥塞控制，TCP 曾出现过多种版本。2009 年 9 月公布的因特网草案标准 RFC 5681 定义了 4 种拥塞控制算法，它们是慢启动（slow-start）、拥塞避免（congestion avoidance）、快重传（fast retransmit）和快恢复（fast recovery）。

为了简化拥塞控制的讨论，这里假设：①数据传送是单向的，即发送端发送数据报文，接收端接收后发送确认报文。②接收端拥有足够大的缓冲空间，发送窗口的大小由网络的拥塞程度来决定。

下面通过拥塞窗口 cwnd 大小的变化，来说明上述 4 种算法的基本思想。

（1）慢启动和拥塞避免

一般来说，发送端使用的发送窗口越大，它在等待确认之前可发送的报文段就越多。但是这种设想在初次建立连接时可能会出现问题，因为发送端如将整个窗口中的报文段都发送出去，会造成网络中的流量过大。要避免这种情况，可让发送端从某个相对较大的窗口而不是最大窗口开始发送，然后在发送过程中逐渐逼近连接最终提供的窗口大小。为此，发送端设置一个拥塞窗口 cwnd（congestion window），其大小（以报文段为单位）取决于网络的拥塞程度，并随网络的状况而随时变化。

发送端确定控制拥塞窗口的原则是：以不出现网络拥塞为前提，只要没有出现拥塞，就增大拥塞窗口，以利提高网络的利用率；否则就将其减小，以缓解网络的拥塞程度。

那么，发送端又是如何知道网络发生拥塞现象呢？因为当网络发生拥塞时，发送端就不能按时收到应当到达的确认报文，从而报文传送过程中就会出现超时，因此是否出现超时可作为判断网络拥塞的依据。

慢启动算法的思路是：当创建或打开一个连接时，传输实体将“拥塞窗口”初始化为 1（注：此数字“1”表示一个最大报文段 MSS 的数值）。这就是说，只允许发送一个报文段，并在传送第二个报文段之前等待确认应答的到来。以后每收到一个对新的报文段的确认，就将拥塞窗口的值增加 1。以此逐渐增大拥塞窗口，使得注入网络的分组速率更加合理。当出现超时，拥塞窗口降低到 1。慢启动算法是由 Van Jacobson 提出的。

其实，慢启动算法在启动阶段发送端发送的分组数是按指数递增的。也就是说，在第一次往返时间里，发送端发送一个报文段到网络（接收端可接收到一个报文段）。在第二次往返时间里，发送 2 个报文段。然后在第三个往返时间发送 4 个报文段，如此继续下去。

由于慢启动导致拥塞窗口按指数增长，发送端将以很快的速度把报文段注入网络。此时，到达接收端的报文段将建立起队列，一旦队列满溢，就只能将来不及接收的报文段丢弃。此时，由于确认未能如期返回到发送端，发送端将出现超时。

为了防止慢启动阶段拥塞窗口增长过快引起网络拥塞，发送端为每个连接设置了一个慢启动门限 ssthresh。这个慢启动门限的用法如下：

① 设慢启动的门限值 ssthresh 为出现拥塞时发送窗口值的一半。

② 先设置 cwnd=1，当 cwnd＜ssthresh 时，使用慢启动算法。

③ 当 cwnd＞ssthresh 时，停止使用慢启动算法而改用拥塞避免算法。

④ 当 cwnd=ssthresh 时，慢启动算法和拥塞避免算法均可使用。

图 8-17 所示为慢启动和拥塞避免算法的示意图。

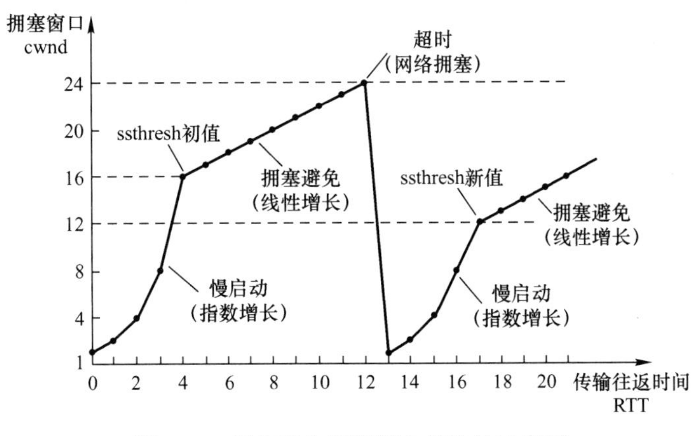

图 8-17　慢启动与拥塞避免算法的示意图

如图 8-17 所示，使用慢启动算法时，设 cwnd=1，ssthresh=16。以后发送端每收到一个对新报文段的确认 ACK，再开始下一次的传输。此时，cwnd 是按指数规律增长的。当 cwnd 增长到 ssthresh 时（即当 cwnd=16 时），就改为使用拥塞避免算法，cwnd 按线性规律增长。当 cwnd 增长到 24 时，网络呈拥塞状态而出现超时。于是更新慢启动门限值 ssthresh 为 12（即发送窗口值 24 的一半），cwnd 再重新设置为 1，并使用慢启动算法。以后当 cwnd = 12 时，改为使用拥塞避免算法，cwnd 按线性规律增长，每经过一个往返时延就增加 1。

图 8-17 的曲线表明，使用慢启动算法在网络拥塞时动态地调整了窗口大小，使得防止发生网络拥塞的性能得到了明显的改善。不过“拥塞避免”并未完全能够避免拥塞，只是使网络不容易出现拥塞而已。

拥塞避免算法的思路是：让拥塞窗口 cwnd 按线性规律增长，每经过一个往返时间 RTT 就把发送端的拥塞窗口 cwnd 加 1，因此此阶段就有“加法增大 AI（additive increase）”的特点，意即使用拥塞避免算法后，当收到对报文段的确认就将 cwnd 加 1，以使拥塞窗口慢慢增大，防止网络过早出现拥塞。

（2）快重传和快恢复

前面两种算法是 TCP 最早使用的拥塞控制算法。后来人们对它们进行改进，其目的是为了尽快判明是否真正出现了拥塞，而不必因等待重传计时器的超时而浪费较长的时间。为此又增加了两种新的拥塞控制算法——快重传和快恢复。

快重传算法的思路是：该算法要求接收端收到发来的一个报文段（含失序的）就立即发送确认报文，而不要等待自己发送数据时才进行捎带确认；发送端只要接连收到 3 个重复的确认报文，就认为该报文段已经丢失，而立即进行重传，这样就不会出现超时，发送端也不误认为出现了网络拥塞。采用快重传可以使整个网络的吞吐量增加约 20%。图 8-18 为快重传的示意图。

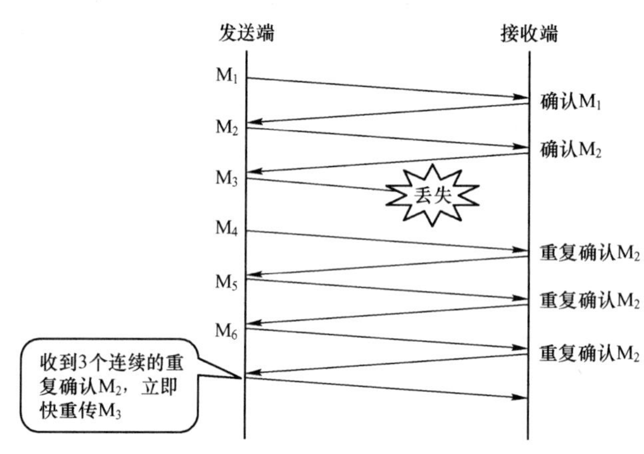

图 8-18　快重传的示意图

与快重传配合使用的还有快恢复算法。在不使用快恢复算法时，发送端发现网络出现拥塞就把 cwnd 重新设置为 1，然后使用慢启动算法。这样做的缺点是网络不能很快地恢复到正常工作状态。

快恢复算法的思路是：当发送端收到 3 个重复的某确认报文段时，调整慢启动门限值 ssthresh=cwnd/2，这就大大地减小拥塞窗口的数值，通常称为“乘法减少 MD（Multiplicative Decrease）”，此时发送端并不认为现在网络已发生拥塞。然后再将拥塞窗口 cwnd 设置为调整后的慢启动门限值 ssthresh，并开始使用拥塞避免算法继续发送报文段，使拥塞窗口缓慢地线性增大。

图 8-19 给出了“TCP Reno 版本”的快重传和快恢复算法的示意图，这是目前使用得最为广泛的一种版本。

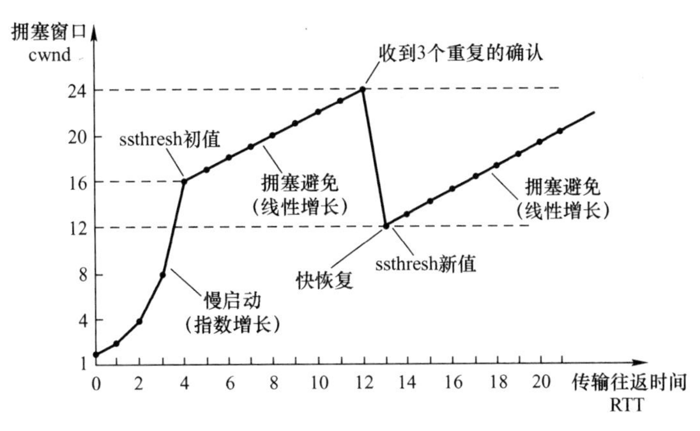

图 8-19 “TCP Reno 版本”的快重传和快恢复算法的示意

不过，也有的快重传算法（RFC 5681）是把开始时的拥塞窗口 cwnd 值再增大一些，设置为 ssthresh+3×MSS。其理由是既然发送端收到了 3 个重复的确认，就表明有 3 个报文段是停留在接收端的缓存中，而不是堆积在网络里，因而可以适当地增大拥塞窗口。

显然，采用快恢复算法将使 TCP 拥塞控制性能得到明显的提高。同时，不难看出，在采用快重传和快恢复算法时，慢启动算法只在 TCP 连接建立或网络出现超时的情况下才得以使用。

综上所述，TCP 拥塞控制可归纳为图 8-20 所示的流程图。图中已把出现超时（即出现了网络拥塞）和收到 3 个重复确认的情况，发送端应该采取的措施都考虑在内。

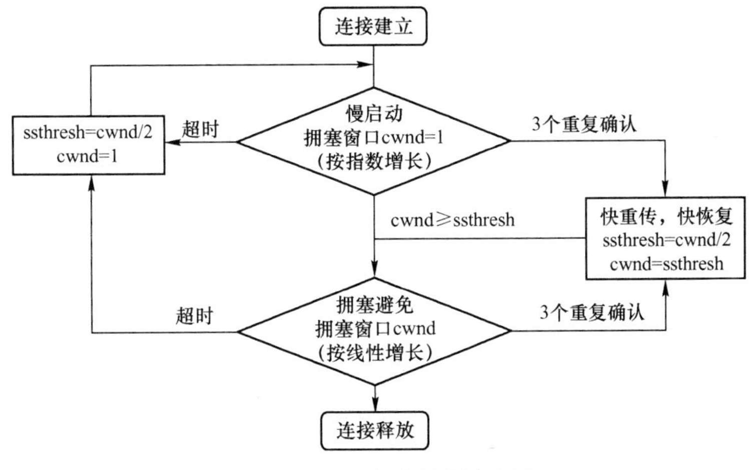

图 8-20 TCP 拥塞控制流程图

最后必须指出，在本节开始曾假设接收端拥有足够大的缓冲空间，但实际情况是接收端的缓存空间是有限的，因此接收端还需设置一个接收窗口 rwnd(receiver window)，又称通知窗口，指接收端根据其接收能力许诺的当前允许发送的最新窗口值（以报文段为单位）。接收端将此窗口值写入 TCP 报文首部的“窗口”字段发送给发送端。

把以上发送端和接收端对流控制一起考虑在内，发送端的发送窗口可按下式确定。

$$\text{发送窗口}=\text{Min}[\text{rwnd}，\text{cwnd}] \tag{8-8}$$

此式表明，当 rwnd<cwnd 时，是接收端的接收能力限制了发送窗口的最大值。而当 rwnd>cwnd 时，则是网络的拥塞限制发送窗口的最大值。也就是说，以 rwnd 和 cwnd 中较小的一个来控制发送端的发送速率。

3. 主动队列管理 AQM

数据通信有别于其他通信的最大特点是它的突发性，往往其峰值流量可达到平均值的数十倍。正是由于这种突发性，就极易引发网络在短时间内的拥塞现象。拥塞控制就是网络结点为了避免发生拥塞所采取的措施。

网络层对传输层 TCP 所采取的拥塞控制影响最大的是路由器的分组丢弃策略。因为路由器的队列通常都是按照“先进先出”FIFO（First In First Out）的规则来处理到达的分组，而队列长度又是有限的，因此当队列已满，以后到达的所有分组将被丢弃。这种策略称为尾部丢弃策略（tail-drop polocy）。

尾部丢弃策略往往会导致一连串分组的丢失，这就迫使发送端进行超时重传，TCP 重新进入拥塞控制的慢开始状态，导致 TCP 连接的发送端突然把数据的发送速率降低到很小的数值。更为严重的是，因为网络中通常有许多 TCP 连接，这些连接中的报文段通常是复用在网络层的 IP 数据报中传送，此时若发生了路由器中的尾部丢弃，就可能会同时影响很多条 TCP 连接，结果就使这许多 TCP 连接同一时间突然都进入慢开始状态。这在 TCP 术语中称为全局同步（global synchronization）。全局同步会使全网的通信量突然下降很多，而在网络层恢复正常后，其通信量又会突然增大很多。

为了避免在网络中发生全局同步现象，1998 年提出了主动队列管理 AQM（Active Queue Management）。所谓“主动”就是要等到路由器的队列长度已达到最大值才不得不丢失后面到达的分组，而是在队列长度达到某个值得警惕的数值时（即网络拥塞有了某些拥塞征兆时）就主动丢弃到达的分组。ARQ 有不同的实现方法，其中以随机早期检测 RED（Random Early Detection）最为流行。RED 是一种采用主动方式的队列管理，其目的是结合平均队列长度和早期拥塞指示来同时实现低排队延迟和高的吞吐量。

RED 的基本思想是：通过监视路由器队列的平均长度来探测网络的拥塞程度，一旦发现拥塞逼近，就随机地选择 TCP 连接，使它们在队列溢出导致丢失分组之前减少拥塞窗口，从而降低发送数据速率来缓解网络拥塞。由于 RED 是基于 FIFO 队列调度策略，并且只是丢弃正在进入路由器的分组，无须在路由器中维持每个流（per-flow）的状态信息，因此这种方法能有效地实施且方法较为简单。

在 RED 算法中，为路由器的队列设置了两个参数：队列长度的最小门限 TH_{min} 和最大门限 TH_{max}。图 8-21 说明了这两个参数的意义。由图可见，RED 把分组到达路由器队列划分为三个区域。即排队区、以概率 p 丢弃区和必须丢弃区。

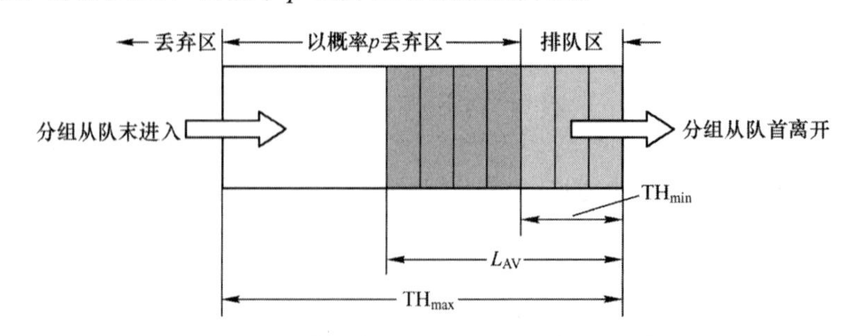

图 8-21　RED 算法把路由器的队列划分成 3 个区域

RED 的算法是：每当一个分组到达时，RED 就要计算平均队列长度 L_{AV}。如果平均队列出现如下情况：

（1）若 L_{AV}＜TH_{min}，则把到达的分组放入队列进行排队。

（2）若 L_{AV}＞TH_{max}，则把新到达的分组丢弃。

（3）若 TH_{max}≥L_{AV}≥TH_{min}，则按照某一概率 p 将新到达的分组丢弃。

由此可见，RED 算法的“随机早期预测”是体现在不等发生拥塞才把所有在队列尾部的分组全部丢弃，而是在检测到网络拥塞早期征兆，即路由器平均队列长度超过了一定的门限值时，就先以概率 p 随机丢弃个别的分组，让拥塞控制只在个别的 TCP 连接上进行，从而避免发生全局性的拥塞现象。

显然，如何选择最小门限 TH_{min}、最大门限 TH_{max} 和概率 p 是保证 RED 正常工作的关键。当然，TH_{min} 应足够大，以保证连接路由器的输出链路有较高的利用率。而 THmax 和 TH_{min} 之差也应当足够大，使得在一个 TCP 往返时间 RTT 中队列的正常增长仍在最大门限 TH_{max} 之内。经验证明，令 TH_{max} 等于 TH_{min} 值的两倍是合适的。如果门限值设定得不合适，RED 仍可能会引起类似于尾部丢弃那样的全局振荡。由此可见，丢弃概率 p 是最难选择的，因为它不是一个常数。对每一个到达的分组，都需计算它的 p 值，而 p 的数值又取决于当前的 L_{AV} 和所设定的 TH_{min} 和 TH_{max}。更确切来说，在 L_{AV}＜TH_{min} 时，p=0。在 L_{AV}＞TH_{max} 时，p=1。在 TH_{max}≥L_{AV}≥TH_{min} 时，p 应在 0 和 1 之间。

IETF 曾推荐在因特网的路由器使用的 RED 机制（RFC 2309），但实践证明，其效果并不理想。因此，2015 年公布的 RFC 7567 已不再推荐使用 RED。现在已有几种算法替代 RED，但均尚未成为 IETF 的标准。

8.3.5 TCP 连接管理

TCP 是面向连接的协议。传输连接的建立和释放是每一次面向连接通信中两个不可缺少的过程。传输连接管理就是使传输连接的建立和释放均能正常地进行。

在建立 TCP 连接过程中要解决 3 个问题：①使通信双方都能够确知对方的存在；②允许通信双方协商可选参数（如最大报文段长度、最大窗口、服务质量等）；③对传输实体资源（如缓存空间、连接表的表项等）进行分配。

TCP 连接的建立采用客户/服务器方式。主动发起连接建立的应用进程为客户（client），而被动等待连接建立的应用进程为服务器（server）。

1. TCP 连接的建立

若 A 是运行 TCP 客户程序的客户机，而 B 为运行服务器程序的服务器。两者的最初状态都处于 CLOSED 状态。

TCP 连接过程是由服务器开始的。B 运行服务器程序的进程首先创建传输控制块 TCB（Transmission Control Block），准备接受来自客户进程的连接请求。然后进入 LINTEN 状态（即“听”的状态），不断检测是否有客户进程发出的连接请求。如有，则立即予以响应。

A 运行客户程序的进程也创建传输控制块 TCB，并向其 TCP 发出主动打开（active open）命令，表示要向某个 IP 地址的指定服务器建立传输连接。

TCP 连接的建立过程如下。

① A 客户进程向 B 服务器发出连接请求报文段，其首部中的 SYN=1，同时选择一个序列号 SN = i，这表明在即将传送的数据的第一个字节的序号为 i。TCP 的标准规定：对 SYN=1 的报文段要赋予一个序列号，即便这个报文段中没有数据。此时，TCP 客户进程进入 SYN-SENT

状态。

② B 服务器收到 A 的连接请求报文段后，如同意连接，则回答确认报文段。确认报文首部中的 SYN=1，ACK=1，其序列号 SN=*j*，确认号 AN = *i*+1。此时 TCP 服务器进程进入 SYN-RCVD 状态。

③ A 客户进程收到确认报文段后，还要向 B 回送确认。确认报文段首部中的 ACK=1，确认号为 AN = *j*+1，而序列号为 SN= *i*+1。此时，运行客户进程的 A 告知上层应用进程连接已建立（或打开），进入 ESTABLISHED 状态。而运行服务器进程的 B 收到 A 的确认后，也通知上层应用进程，同样也进入 ESTABLISHED 状态。

TCP 建立连接的过程如图 8-22 所示。

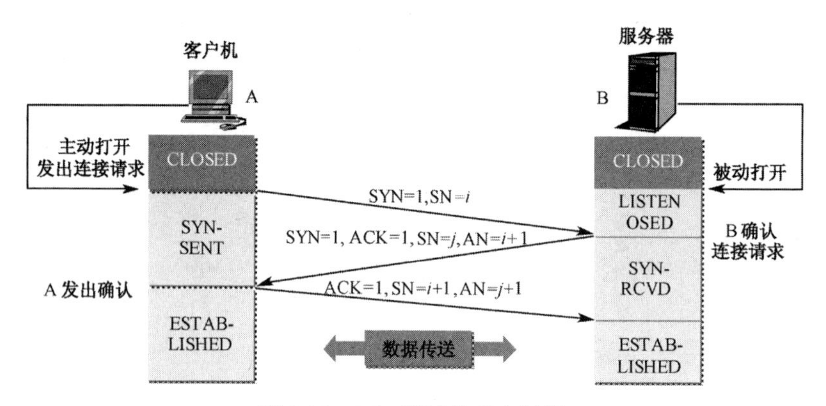

图 8-22　TCP 连接的建立过程

以上连接建立的过程，通常称为 3 次握手（three-way handshake）。其实，三次握手是指在连接建立过程中通信双方交互 3 个报文（请求—确认—再确认）的过程。那么，为什么建立连接时需要发送第 3 个报文段（即第 3 次握手）呢？这主要是为了防止已失效的连接请求报文段又传送到 B 而产生差错。

在正常情况下，假设 A 向 B 发出连接请求报文，B 应返回确认报文以证实这条连接。此时可能会出现两种错误：一种是 A 的连接请求报文丢失，另一种是 B 的确认应答报文丢失。这两种情况都可以通过重传计时器超时来处理。一旦重传 SYN 计时器超时，A 再重发一个连接请求报文，待收到 B 的确认，就建立了连接。数据传输完毕后，再释放本次连接。

但是，建立连接必须考虑到网络服务的不可靠性。如果出现了这样的异常情况，假设 A 向 B 发出的第一个连接请求报文并没有丢失，而是滞留在网络中的时间过长，以致延误到在连接释放之后才传送到 B。其实，这已是一个失效的连接请求报文，但 B 却把这个失效的连接请求报文误认为是 A 发出的一个新的连接请求。于是 B 就向 A 发出确认报文，同意建立连接。但实际上 A 并没有建立连接的要求，因此就不理会 B 的确认，也不向 B 传送数据，而 B 却以为连接已经建立，并一直苦等 A 发送数据，从而白白地浪费了 B 的许多资源。针对这种异常情况，采用三次握手的策略，A 就不会对 B 发出的确认给予再确认，而 B 也因收不到 A 的确认，就知道 A 并没有建立连接的要求。这样，就防止了已失效的连接请求报文又传送到 B 而出现的错误。

顺便指出，在连接建立阶段，一条连接的源端口与目的端口是唯一的。因此，任何时候一对端口之间仅仅存在一条 TCP 连接。当然，一个给定的端口允许支持多个连接，但这条连接的另一端的端口号肯定是不同的。

2. TCP 连接的释放

TCP 连接建立起来后，接着是进行数据传输。数据传输结束后，A 和 B 均处于 ESTABLISHED 状态。此时，通信的任何一方都可以发出释放连接的请求，要求终止本次连接。与连接连接建立过程相比较，连接释放过程比较复杂。

TCP 连接的释放过程如图 8-23 所示。

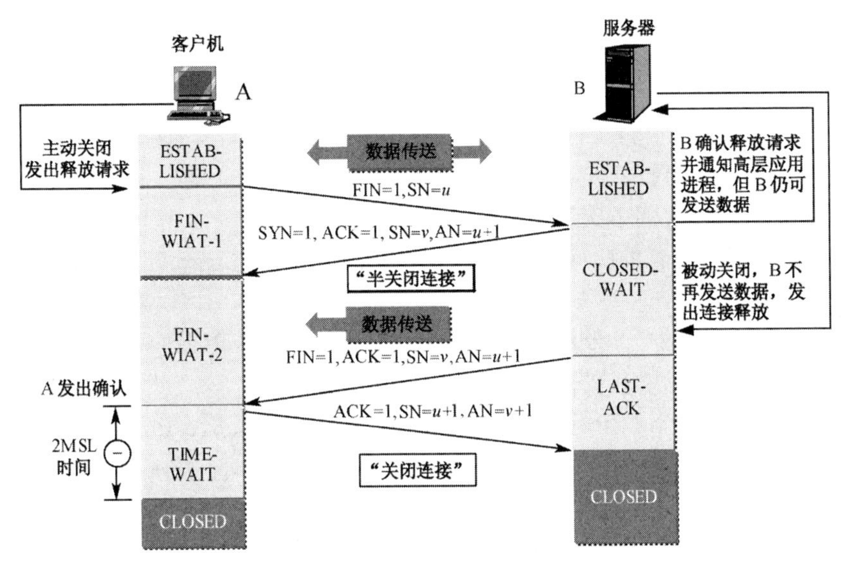

图 8-23　TCP 连接的释放过程

下面仍然结合双方状态的变化来阐述 TCP 连接的释放过程。

① 假设由 A 向 B 发出连接释放报文段，其首部中的 FIN=1，同时选择一个序列号 SN = u，它是前面已传送过的数据的最后一字节的序号加 1，表示发送数据已告结束，主动关闭 TCP 连接。此时 A 进入 FIN-WAIT-1 状态，等待来自 B 的确认。

② B 收到释放连接报文后，如同意连接，则回答确认报文段。确认报文段首部中的 SYN=1，ACK=1，其序列号 SN = v，确认号 AN = u+1。然后 B 进入 CLOSED-WAIT 状态，同时通知高层应用进程。这样，从 A 到 B 的连接就释放了，连接处于半关闭（half-close）状态，这相当于 A 告诉 B："我已没有数据要发送，但你仍可向我发送数据"。A 收到来自 B 的确认报文段后，就进入 FIN-WAIT-2 状态，等待 B 再发来连接释放报文段。

此后，B 不再接收来自 A 的数据，但 B 若有数据要发往 A，仍可继续发送。若 B 向 A 的数据发送完毕后，就向 A 发出连接释放报文段。在此报文段中应将 FIN 置成 1。同时置 SN = v，它是前面已传送过的数据的最后一字节的序号加 1。另外，必须重复上次已发送过的确认号 AN = u+1。此时 B 进入 LAST-ACK 状态，等待 A 发来的确认报文段。

③ A 收到连接释放报文段后，必须对此发出确认，其确认号为 AN=v+1，而序列号 SN = u+1。然后进入到 TIME-WAIT 状态。B 收到了来自 A 的确认报文段后，就进入 CLOSED 状态，并撤消相应的传输控制块 TCB，就结束了本次的 TCP 连接。

必须注意的是，进入到 TIME-WAIT 状态后，本次 TCP 连接还没有完全释放掉，必须再经过时间等待计时器设置的时间（=2MSL）后，A 才进入到 CLOSED 状态，此时整个连接才全部释放。

上述连接释放过程是 4 次握手（four-way handshake）。

有的读者可能会问：为什么要设置 TMIE-WAIT 状态并使 A 在该状态下等待 2MSL 时间呢？这主要出于两个方面的考虑：①为了防止“已失效的连接请求报文”出现在本次连接当中。当 A 发送完最后一个确认报文段后，再经过足够的时间间隔 2MSL，就可避免“已失效的连接请求报文”出现在新的连接中。②为了保证 A 发送的最后一个确认报文段能够到达 B（上述第③步）。因为这个最后的确认报文段可能丢失，使得处于 LAST-ACK 状态的 B 还以为它所应答的 FIN+ACK 报文段丢失了，于是 B 就会因超时而重传 FIN+ACK 报文段。设置时间等待计时器就是为了在 2MSL 时间内能够收到这个重传的 FIN+ACK 报文段。这样，A 收到此报文后重传一次确认，并重启时间等待计时器。最后，A 和 B 都进入 CLOSED 状态。如果 A 在 TIME-WAIT 状态不等待 2MSL 时间，而提前关闭本次连接，那么 A 就永远收不到 B 重传的 FIN+ACK 报文段，也不会再发送确认报文段，这样，B 就无法进入 CLOSED 状态，关闭本次连接。

时间等待计时器所设置的时间为最长报文段寿命 MSL（Maximum Segment Lifetime）的两倍。RFC 793 建议这个时间为 2min，但工程上可根据用户具体情况加以调整，如设为 4min，那么要经过 4min，A 才能进入 CLOSED 状态，这样就可以确保本次连接上创建的所有报文段都已消失，然后才允许开始建立新的连接。

除时间等待计时器外，TCP 还设有一个保活计时器（keepalive timer）。这是为防止建立本次连接的一端出现故障而设置的。当一个连接空闲了较长时间之后，保活计时器可能超时，从而促使客户端（或服务器端）发送探询报文段查看服务器端（或客户端）是否仍然存在。如果另一端没有应答，则本次连接关闭。

3. TCP 连接管理模型

在因特网的管理中心设有管理信息库 MIB(Management Information Base)，该库中存放着各主机的 TCP 连接表，表中对每一个连接都记录着连接信息，其中包括本地的和远地的 IP 地址、端口号，以及每一个连接所处的状态。

TCP 连接的建立和释放过程可用一个有限状态机来描述。该状态机有 11 种可能的状态，如表 8-2 所示。每一种状态中都存在一些合法事件。发生合法事件时可能要采取某个动作，而发生其他事件时，则应报告一个错误。

表 8-2 TCP 连接管理有限状态机所用的状态

名　称	说　明
CLOSED	没有连接
LISTEN	服务器正在等待连接请求的到来
SYN_RCVD	一个连接请求已到达，等待 ACK
SYN_SENT	应用程序已经开始打开连接
ESTABLISHED	正常的数据传送状态
FIN_WAIT_1	应用程序表示它已经结束连接
FIN_WAIT_2	另一端已经同意释放连接
TIMED_WAIT	等待所有的报文段逐渐消失
CLOSING	双方试图同时关闭连接
CLOSED_WAIT	另一端已经发起释放连接的过程
LAST_ACK	等待所有的报文段逐渐消失

TCP 连接管理有限状态机描述了所有连接可能处于的状态及其变迁，如图 8-24 所示。图中方框表示 TCP 当时所处的状态，状态名称用大写英文字符串表示。各方框（即状态）间的带箭头线条表示可能发生的状态变迁。箭头线旁边的标注文字说明状态变迁的原因或发生状态变迁后出现的动作。箭头线上注有斜线隔开的两个字符串。前者表示 TCP 收到的输入，后者表示 TCP 发出的输出。请注意，图中粗实线表示客户进程的正常状态变迁，粗虚线表示服务器进程的正常状态变迁，而细线表示异常的状态变迁。在未建立连接时，系统处于关闭状态 CLOSED（图中起始点）。

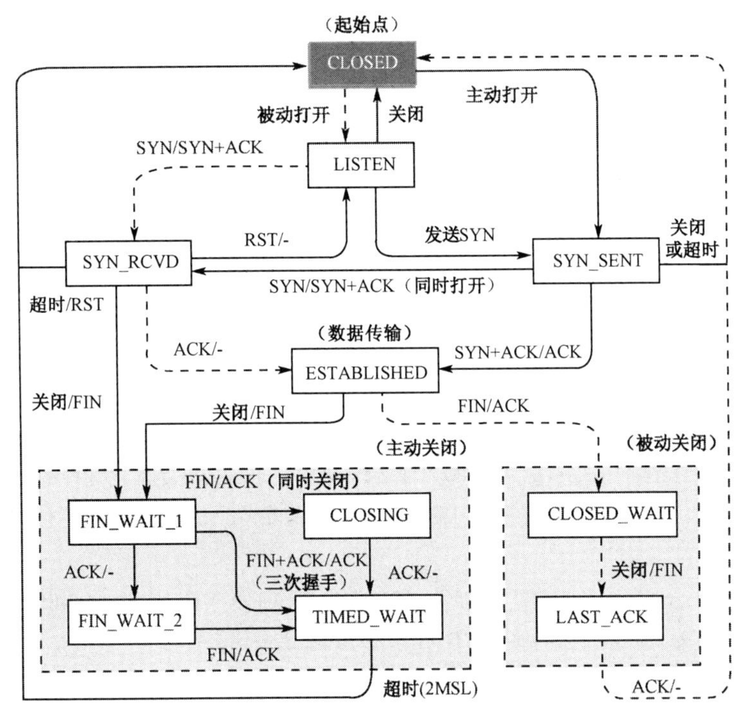

图 8-24　TCP 连接管理有限状态机

为了更好地理解图 8-24 中的内容，我们先从粗实线的客户路径开始来分析状态变迁的情况。假设主机上的客户进程发出连接请求（主动打开），本地 TCP 传输实体就创建一条连接记录，并发送一个 SYN=1 的报文段，而进入 SYN_SENT 状态。应注意，一台机器上可以有多个进程同时打开多条连接，而状态是针对每一条连接的，每条连接的状态都被记录在相应的连接记录当中。当收到 SYN+ACK 时，TCP 发送 3 次握手中的最后一个 ACK，进入连接建立状态 ESTABLISHED，便可进行发送和接收数据操作。

当应用进程结束数据传送时，可释放已建立的连接。此时运行客户进程的主机的本地 TCP 传输实体发送一个 FIN=1 的报文段，并等待确认 ACK 的到来。此时的状态变为 FIN_WAIT_1（在表示主动关闭的左边虚线框内）。当收到 ACK 时，则一个方向的连接现已被关闭，状态变为 FIN_WAIT_2。

当运行客户进程的主机收到运行服务器进程的主机发送的 FIN=1 的报文后，并回答确认 ACK，此时另一方向的连接也被关闭，即双方都已关闭了连接。但是，TCP 要等待一段时间（可取报文段在网络中的生存时间的两倍），确保该连接所有报文段都已经消失，TCP 才删除该连接的记录，返回到起始点 CLOSED 状态。

现在再从服务器进程的角度，沿着粗虚线来分析状态变迁的情况。服务器进程执行被动打开，进入“监听”状态 LISTEN。当收到 SYN=1 的连接请求报文段后，即发送一个 SYN=1 的确认报文段 ACK，服务器进入 SYN_RCVD 状态。当收到三次握手中的最后一个确认 ACK 时，服务器进程就进入连接建立状态 ESTABLISHED，以后双方便可开始数据传送操作。

当客户进程的数据已经传送完毕，就发送 FIN=1 的报文段给服务器进程（在表示被动关闭的右边虚线框内），此时的状态变为 CLOSED_WAIT。然后，服务器进程发送 FIN=1 的报文段给客户进程，状态变为 LAST_ACK。当收到客户进程的确认 ACK 时，服务器就释放该连接，随即删除该连接的记录，重新返回到起始状态 CLOSED。

在状态变迁图中还有一些其他的状态变迁，这里不再作更多的解释，读者可自行思考分析。

习　题　8

8-01　传输层的基本功能是什么？传输层的通信与数据链路层和网络层的通信有何区别？为什么说传输层是不可缺少的？

8-02　传输层提供了哪两种服务？其间有什么区别？网络层提供的服务（指数据报服务和虚电路服务）对传输层有什么影响？

8-03　当应用进程使用面向连接的 TCP 和无连接的 IP 时，这种传输是面向连接的还是无连接的？

8-04　端口的作用是什么？端口号有哪几种分类？端口号是唯一的吗？套接字（或插口）与端口号有何不同？

8-05　由主机上的 SNMP 客户（IP 地址为 123.45.16.8）向另一主机上的 SNMP 服务器（IP 地址为 202.114.36.80）发送报文。试问在它们通信时使用的这对套接字是什么？

8-06　在 IP 地址为 IP_1 的主机 1 上的一个进程被分配端口 p，在 IP 地址为 IP_2 的主机 2 上的一个进程被分配端口 q。试问：在这两个端口之间是否可以同时建立两条或多条 TCP 连接？

8-07　为什么说 UDP 是面向报文的，而 TCP 是面向字节流的？UDP 和 TCP 各适合于何种场合？

8-08　接收端收到存在差错的 UDP 用户数据报如何处理？

8-09　UDP 数据报的最小长度和最大长度分别是多少？封装在 UDP 数据报中的上一层报文的最小长度和最大长度是多少？

8-10　若某个应用进程使用传输层的用户数据报 UDP。继续向下交给 IP 层后，又封装成 IP 数据报。这里既然两者都是数据报，是否可以跳过 UDP 而且直接交给 IP 层？UDP 提供了哪些功能是 IP 没有提供的？

8-11　一个应用程序运用传输层的 UDP 协议，而到了 IP 层将数据报再划分为 4 个数据报片发送出去。结果前两个数据报片丢失，后两个到达目的站。过一段时间应用程序重发 UDP，而 IP 层仍然划分为 4 个数据报片来传送。结果这次前两个到达目的站而后两个丢失。试问：若目的站第一次收到的后两个数据报片仍然保存在目的站的缓冲区中，那么目的站能否将这两次传输的 4 个数据报片组装成完整的数据报？

8-12　一个 UDP 用户数据报的数据部分为 8192B。在数据链路层是使用以太网来传送的。试问：应划分成几个 IP 数据报？并说明每个 IP 数据报的总长度字段和片偏移字段的值。

8-13　若有一份 UDP 用户数据报首部的十六进制表示为 C0 88 00 19 00 1C E2 17。试求源端口、目的端口、用户数据报的长度和数据部分长度。这个用户数据报是从客户发送给服务器还是从服务器发送给客户的？使用 UDP 的服务器程序是什么？

8-14　某客户进程使用 UDP 把数据（16B）发送给一服务器。试计算：

（1）在传输层的传输效率（指有用字节与总字节之比）。

（2）在网络层的传输效率。假定 IP 首部无选项。

（3）在数据链路层的传输效率。在数据链路层使用以太网。

（4）在物理层的传输效率。假定在物理层采用以太网 V2 标准。

8-15　在传输层协议（UDP 和 TCP）中都要用到伪首部的概念，试说明伪首部的作用。

8-16　UDP 和 IP 协议的可靠性是否相同？请加以解释。

8-17　若某用户使用 UDP 将数据发送给一服务器，数据共 16B。试计算：

（1）在传输层的传输效率（有用字节与总字节之比）。

（2）在 IP 层的传输效率。假定 IP 首部无选项。

（3）在数据链路层的传输效率。在数据链路层使用以太网。

8-18　为什么要把 TCP 的端口号放在 TCP 首部中最开始的 4 个字节？

8-19　为什么在 IP 数据报首部中有一个“首部长度”字段，在 TCP 报文段中有“数据偏移”字段，而 UDP 用户数据报的首部中却没有指出“首部长度”的字段？

8-20　主机 A 向主机 B 发送 TCP 报文段，首部中的源端口是 m，而目的端口是 n。当 B 向 A 发送回信时，其 TCP 报文段的首部中的源端口和目的端口分别是什么？

8-21　一个 TCP 报文段的数据部分最多为多少字节？为什么要有这个限制？如果用户要传送的数据的字节长度超过 TCP 报文段中的序号字段可能编出的最大序号，试问还能否用 TCP 来传送？

8-22　假设 TCP 首部有如下信息（十六进制表示），试解释首部中各字段的含义。

05320017　00000001　00000000　500207FF　00000000

8-23　为什么 TCP 报文段的有效载荷为 65495B 呢？

8-24　假定网络允许的最大报文长度为 128B，序号用 8 位表示，报文段在网络中的寿命为 30s。试求发送报文段的一方所能达到的最高数据率。

8-25　假设使用 TCP 协议，在 40Gb/s 的线路上传送数据。

（1）如果 TCP 充分利用了线路的带宽，试问需经过多长的时间 TCP 才会发生序号绕回？

（2）假定现在 TCP 的首部中采用了时间戳选项。时间戳占用了 4B（32 位）。每隔一定的时间（这段时间叫做一个嘀答）时间戳的数值加 1。如设计的时间戳是每隔 859 微秒，其值加 1。试问需经过多长时间才发生时间戳数值的绕回。

8-26　停止等待协议中不使用序号可以吗？为什么？

8-27　假设在传输层使用停止等待协议。发送端在发送报文段 M_0 后在设定的时间内未收到确认，于是重传 M_0，但 M_0 又迟迟不能到达接收端。不久，发送端收到了迟到的对 M_0 的确认，于是发送下一个报文段 M_1，不久就收到了对 M_1 的确认。接着发送端发送新的报文段 M_0，但这个新的 M_0 在传送过程中丢失了。正巧，一开始就滞留在网络中的 M_0 现在到达接收端。接收端无法分辨 M_0 是旧的。于是收下 M_0，并发送确认。显然，接收端后来收到的 M_0 是重复的，协议失败了。试画出类似于图 7-7 的双方交换报文段的过程。

8-28　试证明：当用 nb 进行分组的编号时，若接收窗口 W_R 等于 1（即只能按序接收分组，窗口单位是分组），则仅在发送窗口 W_T 不超过 2^n-1 时，连续 ARQ 协议才能正确运行。

8-29　在连续 ARQ 协议中，若发送窗口 W_T 等于 7，则发送端在开始时可连续发送 7 个分组。因此，在每一分组发出后，都要置一个超时计时器。现在计算机里只有一个硬时钟。设这 7 个分组发出的时间分

别为 t_0，t_1，…，t_6，且 t_{out} 都一样大。试问如何实现这 7 个超时计时器（这叫软时钟法）？

8-30　主机 A 向主机 B 发送一个很长的文件，其长度为 L 字节。假定 TCP 使用的 MSS 为 1460B。

（1）在 TCP 的序号不重复使用的条件下，L 的最大值是多少？

（2）假定使用上面计算出的文件长度，而传输层、网络层和数据链路层所用的首部开销共 66B，链路的数据传输率为 10Mb/s，试求这个文件所需的最短传输时间。

8-31　主机 A 向主机 B 连续发送了两个 TCP 报文段，其序号分别是 70 和 100。试问：

（1）第一个报文段携带了多少字节的数据？

（2）主机 B 收到第一个报文段后发回的确认中的确认号应是多少？

（3）如果主机 B 收到第二个报文段后发回的确认中的确认号是 180，那么主机 A 发送的第二个报文段中的数据有多少字节？

（4）如果主机 A 发送的第一个报文段丢失了，但第二个报文段到达了主机 B。主机 B 在第二个报文段到达后再向主机 A 发送确认。那么这个确认号应是多少？

8-32　在使用 TCP 传送数据时，如果有一个确认报文段丢失了，也不一定会引起与该确认报文段对应的数据的重传。试说明理由。

8-33　若通信信道带宽为 1Gb/s，端-端传播时延为 10ms。TCP 的发送窗口为 65535B。试问：可能达到的最大吞吐量是多少？信道的利用率是多少？

8-34　假设 TCP 使用的最大窗口为 65535B，而传输信道不会产生差错，带宽也不受限制。若报文段的平均往返时间为 20ms，试问能得到的最大吞吐量是多少？

8-35　在传送 TCP 报文过程中，如果有一个确认报文丢失，是不是存在“不一定会引起与该确认报文所对应的 TCP 报文的重传”的情况。若存在，说明其理由。

8-36　假设需要设计一个类似于 TCP 的滑动窗口协议，该协议将运行于带宽为 100Mb/s 网络上，网络中线路的往返时间 RTT 为 100ms，报文段最大生存时间为 60s。试问，所设计的协议首部中的窗口字段和序号字段最少应该有多少比特？

8-37　如果接收端主机的缓存大小是 5000B，其中 1000B 用于存放收到而未处理的数据。试问发送端主机的接收窗口值（rwnd）是多少？

8-38　如果 rwnd=3000，cwnd=3500，试问发送端主机的窗口值是多少？

8-39　什么是 Karn 算法？在 TCP 的重传机制中，若不采用 Karn 算法，而是在收到确认时都认为是对重传报文段的确认，那么由此得出的往返时间样本和重传时间都会偏小。试问：重传时间最后会减小到什么程度？

8-40　假设第一次测得 TCP 的往返时间 RTT 是 30ms。接着收到了 3 个确认报文段，用它们测量出的往返时间样本 RTT 分别是：28ms，33ms 和 27ms。设α=0.1。试计算每一次的新的加权平均往返时间值 RTT_S。讨论所得出的结果。

8-41　假定 TCP 在开始建立连接时，发送方设定超时重传时间 RTO=6s。试计算在下面两种情况下的 RTO 值。

（1）当发送方收到对方的连接确认报文段时，测量出 RTT 样本值为 1.5s。

（2）当发送方发送数据报文段并收到确认时，测量出 RTT 样本值为 2.5s。

8-42　在 TCP 的拥塞控制中，什么是慢启动、拥塞避免、快重传和快恢复算法？每一种算法的作用是什么？“乘法减小”和“加法增大”各用在什么场合？

8-43　假设 TCP 连接的建立采用慢启动和拥塞避免算法，以便发送端尽快决定本次连接窗口的合理值。若慢启动的门限初始值 ssthresh 为 12（单位：报文段）。当拥塞窗口 cwnd 提升到 18 时网络发生超时，就改为执行拥塞避免算法。参照图 8-17 说明拥塞窗口的变化情况。

8-44　TCP 在进行流量控制时以分组丢失作为产生网络拥塞的标志。试问是否存在不是因网络拥塞而引起分组丢失的情况？请举例说明之。

8-45　流量控制和拥塞控制的最主要区别是什么？发送窗口的大小取决于流量控制还是拥塞控制？

8-46　随机早期检测 RED 的基本思想是什么？为什么说选择最小门限 TH_{min}、最大门限 TH_{max} 和概率 p 是保证 RED 正常工作的关键？

8-47　在图 8-23 所示的连接释放过程中，在 ESTABLISHED 状态下，服务器进程能否先不发送 $AN=u+1$ 的确认报文段？（因为后面要发送的连接释放报文段中仍有 $AN=u+1$ 这一信息）

8-48　试用具体例子说明在传输连接建立时要使用三次握手。如以两次握手替代三次握手，也就是不需要第三个报文，试问可能会出现什么情况？

8-49　为了实现 TCP 协议的功能，TCP 设置了 4 种计时器：重传计时器（或超时计时器）、持续计时器、保活计时器和时间等待计时器。简述这 4 种计时器的作用。

第9章 应 用 层

前面几章讨论了计算机网络的通信服务，那么究竟这些通信服务是如何提供给应用进程来使用的呢？本章就来讨论各种应用进程通过何种应用层协议来使用网络所提供的通信服务。本章首先讨论许多应用层协议都要用到的域名系统，接下来重点介绍万维网的工作原理及其主要协议，然后再介绍电子邮件、动态主机配置协议 DHCP，最后介绍有关网络编程方面的基本知识。

9.1 应用层概述

如前所述，应用层是网络体系结构的最高层。在传输层为应用进程提供端到端通信服务的基础上，不同网络应用的应用进程之间有着不同的通信规则，因此在传输层协议之上还需设有应用层协议。其次，由于每一个应用层协议都是为了解决某类应用问题，通过位于不同主机的多个进程之间的通信和协同工作来解决问题的。因此，应用层协议就是定义应用进程之间通信应该遵循的规则。具体来说，应用层协议应当定义以下内容，即应用进程交换的报文类型、各类报文类型的语法、报文中各字段的语义、进程发送报文的时间及对报文响应的规则。

应用层的一个重要特点是它的“可扩展性”。这是因为某个具体的应用层协议所提供的服务往往不能满足用户的所有需求，所以协议的制订者必须为用户提供对协议进行扩展的手段，使得用户可通过二次开发来满足自己的特殊需求。因此，应用层协议有一部分是标准化的，还有一些是非标准化的。这些非标准化的协议是为了满足特定的应用需求而制订的，却位于标准化协议之上。从纯技术的角度看，标准化协议和非标准化协议并无本质上的区别。非标准化协议只要通过标准化组织的认可就可成为标准化协议。可以这样来看待应用层协议：把所有经过标准化的协议放在应用层之内，而将进程和所有未经标准化的协议放在应用层之上，它们通过调用应用层所提供的服务来完成自己的功能。这也就意味着应用层和最终用户之间还存在一个层，并且这个层中的某些非标准化协议一旦变成了标准化的，应用层就会往上延伸，因此其间的界线是不固定的。

大家知道，计算机网络的基础构件是客户端计算机、服务器和通信线路。而任何应用程序都具有以下 4 个功能：①数据存储，多数应用程序都有数据存储和检索的要求。②数据访问，亦即访问数据的处理过程。③应用逻辑，该功能的复杂程度取决于具体的应用。④表示逻辑，指信息的表示以及用户命令的输入等。这 4 个功能构建成任何应用程序的 4 大基础模块。

所谓应用体系结构是指应用程序的上述 4 个功能在客户端和服务器端的分布方式。目前，最基本的应用体系结构主要有 3 种：基于主机的体系结构、基于客户端的体系结构和基于客户/服务器的体系结构。其中，基于客户/服务器的体系结构已经成为主流。在这种体系结构中，客户端负责表示功能，服务器端负责数据存储和数据访问，应用逻辑既可以分布在客户端，也可以分布在服务器端，甚至于两者各分布一部分，以利于平衡两者之间的负荷。

在基于客户/服务器的体系结构中，按应用逻辑在客户端和服务器端分布情况是通用分类方法，即层次式（如 2 层、3 层和 n 层）的体系结构。另外，还有一种根据分布在客户机上的应用逻辑的比例进行分类的方法，即瘦客户端与胖客户端。瘦客户端是极少或没有将应用逻辑布置在客户端的，而胖客户端是几乎将所有的应用逻辑都布置在客户端。显然，瘦客户端便于管理，当应用程序改变时，只需升级包含应用逻辑的服务器即可。而胖客户端则要升级用户端上的所有应用软件。因此，瘦客户端体系结构是未来的发展趋势。

*9.2 域 名 系 统

9.2.1 概述

前面曾介绍过因特网使用的两种地址：IP 地址和物理地址，这两种地址处于不同的层次上。物理地址是物理网络内部使用的地址，不同网络的物理地址格式各不相同；IP 地址是因特网内一种全局性的通用地址，用于 IP 层及其以上层次的高层协议当中，其目的在于屏蔽物理地址细节。由于采用了统一的 IP 地址，因特网上任意一对主机的上层软件才能相互通信，也为上层软件设计提供了极大的方便。然而，对于一般用户而言，32 位二进制组成的 IP 地址太抽象，难于记忆和理解。为了向一般用户提供一种直观明白的主机标识符，TCP/IP 专门设计一种字符型的主机命名机制，这就是本节要讨论的域名系统 DNS（Domain Name System）。之所以称它为“域名系统”而不是“名字系统”，是因为在因特网命名系统中使用了“域”（domain）的概念。不过，只有应用层软件才直接使用域名系统，用户只是间接而不是直接使用域名系统。

计算机网络中的主机标识符分为三类：名字、地址和路径。对主机命名的具体要求有 3 个：①命名应具有全局唯一性，即在整个因特网内是通用的。②命名要便于管理，包括名字分配、确认和回收等。③命名要便于名字与 IP 地址之间的映射。因为用户级的名字不能为使用 IP 地址的协议软件所接受，而 IP 地址又不能为一般用户所理解，所以两者之间存在映射需求。为此，因特网设计了一种特定的命名机制。

因特网最初采用的是一种无层次命名机制，每一主机名由一个无层次结构的字符串组成，由全部无结构主机名构成无层次名字空间。无层次名字的管理和映射在理论上很简单，由网络信息中心对整个名字空间进行集中管理，名字地址映射通过一张一一对应的表格来实现。因而无层次名字具有简短方便的优点。但是，随着因特网规模的扩大，网络上的主机数量迅速增加，这种无层次命名机制暴露出以下缺点：①名字冲突的可能性越来越大；②单一的中央管理机构的工作负担越来越重；③随着对象的大量增加，映射效率变得越来越低。

1983 年因特网在主机名字中引入了“结构”的概念，以层次型命名机制取代无层次命名机制，并使用域名系统 DNS，较好地满足了日益增长的因特网主机名字管理的需求。DNS 的因特网标准是 RFC 1034，1035。

域名系统 DNS 是一个联机分布式数据库系统，采用客户/服务器方式。由于多数名字解析都能在本地进行，所以 DNS 系统的运行效率很高。DNS 又具分布特性更使系统具有很好的坚定性。

其实，由域名到 IP 地址的解析是由分布在因特上的许多域名服务器程序协同完成的。这个地址解析过程可简述为：当某一个应用进程需要把主机名解析为 IP 地址时，该应用进程作为 DNS 的一个用户调用解析程序，以 UDP 用户数据报方式把待解析的域名放在 DNS 请求报文中发送给本地域名服务器。本地域名服务器在数据库系统中查找到域名后，在回答报文中把对应的 IP 地址送回。应用进程获得了目的主机的 IP 地址后即可进行通信。如果本地域名服务器不能回答该请求，就作为 DNS 的另一个客户向其他域名服务器发出查询请求，这一操作一直持续到找到能够回答该请求的域名服务器为止。上述过程后面会深入讨论。

9.2.2 因特网的域名结构

所谓层次型命名机制，就是在名字中引入结构的概念，而这种结构又是层次型的。具体地讲，层次型名字空间不再采用集中式管理，而是将名字空间划分成若干个部分，每一部分授权给某个机构管理，被授权的管理机构可以再将其所管辖的名字空间作进一步划分，并授权给若干个子机构管理。如此下去，名字空间的管理机构便形成一种层次型树形结构。

任何一台连接在因特网上的主机或路由器，都有一个唯一的层次结构的名字，即域名。完整的域名是从树叶结点到树根各结点标识符的有序字符串，不完整域名则是从一个结点开始且不以树根为结束的有序字符串。显然，只要同一子树下每层结点的名字不发生冲突，域名也不会发生冲突。这里，“域”是名字空间中一个可被管理的划分。域还可以继续划分为若干个子域，而子域还可继续划分为子域的子域，于是就形成了顶级域、二级域、三级域等。

从语法来讲，每一个域名由若干个分量组成，各分量之间用小数点“.”隔开，如

……．三级域名.二级域名.顶级域名

其中，各分量分别代表不同级别的域名。DNS 规定：域名中的分量由英文和数字组成，每一级域名不超过 63 个字符（为记忆方便，最好不超过 12 个字符），也不区分大小写字母，但不能使用除连字符（-）以外的其他标点符号。级别最低的域名写在最左边，而级别最高的顶级域名则写在最右边。完整的域名应不超过 255 个字符。域名系统既不规定一个域名需要包括多少个下级域名，也不规定每一级的域名代表什么意思。各级域名由其上一级的域名管理机构管理，而最高的顶级域名则由因特网名字与号码指派公司 ICANN 进行管理。需要指出的是，现在 IETF 已规定允许采用中文域名，中文域名在技术上符合 2003 年 3 月份 IETF 发布的多语种域名国际标准 RFC3454、RFC3490～3492。目前已有一些由两个汉字组成的中文顶级域名，如商城、公司、新闻等。到 2016 年，在 ICANN 注册的中文顶级域名已有 60 个，中文域名已属于互联网上的基础服务。

必须注意，域名只是一个逻辑概念，并未包含计算机所在的物理位置信息。据 2012 年 5 月的统计，现有的顶级域名 TLD（Top Level Domain）已有 326 个。原先的顶级域名可分为三大类：

① 国家顶级域名 nTLD（或 ccLTD）：此类域名是按地理位置来划分的，如 cn 表示中国，us 表示美国，uk 表示英国等等，也称地理型域名。到 2012 年 5 月为止，国家顶级域名总共有 296 个。

② 通用顶级域名 gLTD：此类域名是按管理上的组织机构来划分的，也称组织型域名。它与地理位置和网络互连情况无关，如表 9-1 所列。最先确定的通用顶级域名有 7 个（表 9-1 中的 edu、com、net、org、int、gov 和 mil），后来又陆续补充了 13 个。

表 9-1　常见通用顶级域名

域名	说　明	域名	说　明
edu	美国的教育机构	cat	使用加泰隆人的语言和文化团体
com	商业组织	coop	合作团体
net	网络服务机构	info	提供信息服务的单位
org	非赢利性组织	jobs	人力资源管理者
int	国际组织	mobi	移动产品与服务的用户和提供者
gov	美国的政府部门	museum	博物馆
mil	美国的军事部门	name	个人
aero	航空运输业	pro	拥有证书的专业人员（如医生、律师等）
asia	亚太地区	tel	Telnic 股份有限公司
biz	公司和企业	travel	旅游业

③ 基础结构域名：此类域名只有 1 个，即 arpa，用于反向域名解析，故又称反向域名。

这里需要说明，除保留的顶级域名外（如 mil），其他顶级域名的申请和使用并没有严格的控制，com 域名并不一定就是某个商业组织的域名，也完全可能被个人申请和使用。其次，ICANN 于 2011 年 6 月在新加坡会议上正式批准新顶级域名（New gTLD），允许任何公司和机构向 ICANN 申请新顶级域名（需支付申请费），并以后缀表明企业的特征。

在国家顶级域名下注册的二级域名均由该国自行确定。我国的域名注册管理机构是中国互联网网络信息中心 CNNIC。我国把二级域名划分为“类别域名”和“行政区域名”两大类。“类别域名”共 7 个，分别为：ac（科研机构）；com（工、商、金融等企业）；edu（中国的教育机构）；gov（中国的政府机构）；mil（中国的国防机构）；net（提供互联网络服务的机构）；org（非盈利性的组织）。“行政区域名”共 34 个，适用于我国的各省、自治区、直辖市。例如：bj（北京市），js（江苏省）等等。

图 9-1 表示因特网的域名空间。其结构形状呈一棵倒置的树，最上面是没有名字的根。根下面一级的结点是最高级的顶级域名，即二级域名。顶级域名往下可划分子域，就是三级域名、四级域名等等。例如：清华大学的域名是 www.tsinghua.edu.cn。最右边的顶级域名 cn 指中国；二级域名是 edu；三级域名 tsinghua 表示该主机属于清华大学；最前面的 www 是 World Wide Web 的简称，指万维网。可见，因特网的名字空间是按照机构的组织来划分的，与物理的网络无关，与 IP 地址中的“子网”也没有关系。

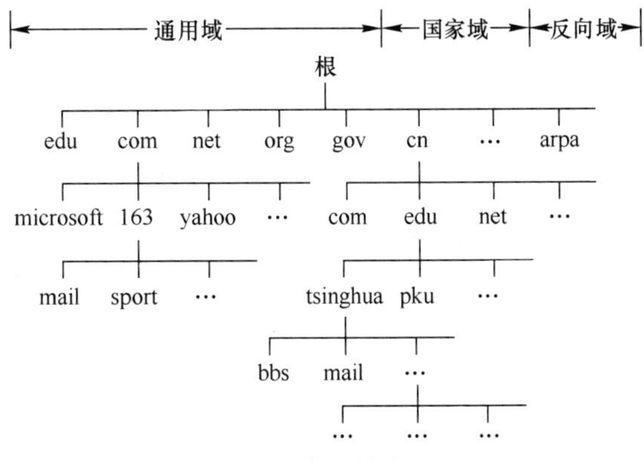

图 9-1　因特网的域名空间

9.2.3 域名服务器

域名空间所包含的信息存储在各地计算机上，这些计算机称为域名服务器。因特网的域名服务器也是按树形结构的层次来安排的，图 9-2 为域名服务器的树形结构。

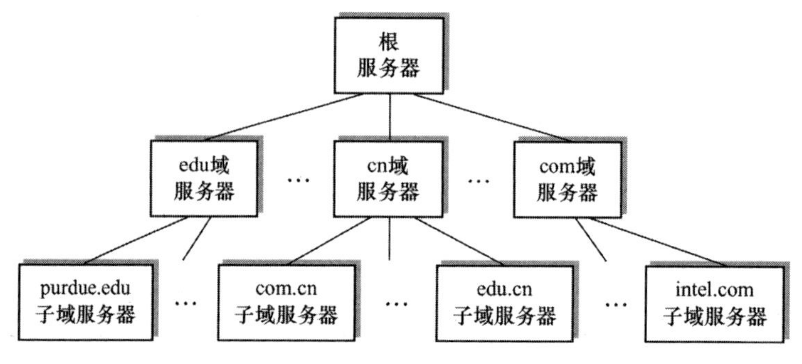

图 9-2　域名服务器的树形结构

一个域名服务器实际负责管辖（或有权限）的范围称为区（zone）。每个区设置相应的权限域名服务器，用来存放该区内所有主机的域名与 IP 地址之间的映射信息。若服务器只对一个域负责，而且这个域并没有再划分为一些更小的域，那么“域”和“区”是同一概念。如果服务器把它所管辖的域划分为若干子域，并把它的部分权限委托给其他服务器，此时，“域”和“区”就有区别。总之，区可以等于或小于域，但不会大于域，区是“域”的一个子集。图 9-3 表示域和区概念上的区别。图中，假设网易公司 163 划分为两个区：163.com 和 sport.163.com，这两个区都隶属于域 163.com，并设置相应的权限域名服务器。如果网易公司 163 不划分区，那么域 163.com 和区 163.com 就是同一回事了。

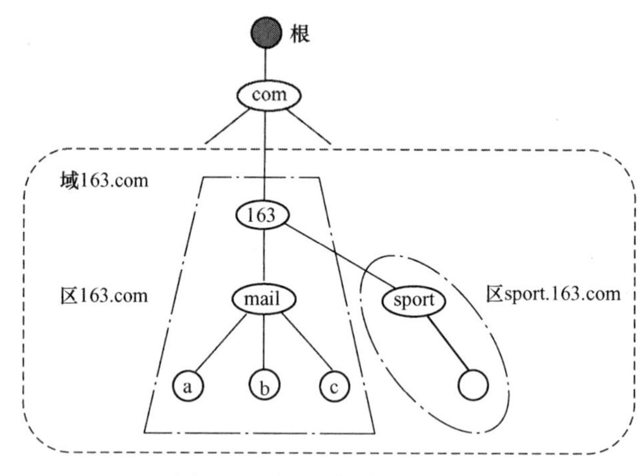

图 9-3　域和区概念上的区别

根据域名服务器的作用，可把域名服务器分为以下 4 种类型：

① 根域名服务器（root name server）。它是最重要的域名服务器，也是最高层次的域名服务器。根域名服务器知道所有顶级域名服务器的域名和 IP 地址。因此，当本地域名服务器无法对因特网上的一个域名进行解析时，就可求助于根域名服务器。至 2016 年 2 月，全世界已在 588 个地点安装了根域名服务器，但这些根域名服务器只使用 13 个不同 IP 地址的

域名，即 a.rootservers.net～m.rootservers.net。每个域名的根域名服务器由专门的公司或美国政府的某个部门负责运营。这里需要说明的是，在因特网中由 13 套装置构成的 13 组根域名服务器，每一套装置在很多地点安装的根域名服务器都使用同一个域名，而且为了可靠起见，在每一个地点的根域名服务器往往由多台机器组成。目前世界上多数 DNS 域名服务器都能就近在一个根域名服务器进行查询，以提高域名解析的效率。不过，在许多情况下，根域名服务器并不直接把待查询的域名服务器直接转换成 IP 地址，而是告诉本地域名服务器下一步应如何查找哪一个顶级域名服务器。

② 顶级域名服务器（top level domain name server）。它是负责管理在该顶级域名服务器注册的所有二级域名的域名服务器。当收到 DNS 查询报文请求时，它可能给出最终的查询结果，也可能给出下一步应查询的域名服务器的 IP 地址。

③ 权限域名服务器（authoritative name server）。它是负责一个区的域名服务器。如果在它的权限内还不能给出查询结果时，它将给出下一步应查询的权限域名服务器。

④ 本地域名服务器（local name server）。本地域名服务器对域名系统非常重要，因为当一台主机发出 DNS 查询请求时，这个查询请求报文就发往本地域名服务器。它通常是为一个因特网服务提供者 ISP 或者一个大单位所设立的，有时也称为默认的域名服务器。本地域名服务器离用户较近，如果某主机所要查询的另一主机同属一个本地域名服务器的话，那么该本地域名服务器就会立即把被查询结果告诉它，而不必访问其他域名服务器。

为了提高域名服务器的可靠性，因特网的域名系统定义了两类服务器：主域名服务器（primary name server）和次域名服务器（secondary name server）。主域名服务器存储着它所管辖的区的文件，并负责创建、维护和更新。次域名服务器存储着一个区的全部信息，但它不能创建也不能更新区文件。更新工作必须由主域名服务器来进行，并把更新后的内容传送给次域名服务器，以期保证两者信息的一致性。当主域名服务器出现故障时，次域名服务器就可以继续为用户提供服务，从而提高了系统的可靠性。

9.2.4 域名解析

域名解析包括由域名到 IP 地址的正向解析和 IP 地址到域名的逆向解析。它是由分布在因特网上的许多域名服务器程序协同完成的。域名服务器程序是在专设的 DNS 结点上运行的，运行域名服务器程序的计算机被称为域名服务器。

因特网的域名解析具有以下特点：①高效，多数名字本地即可解析，只有少数名字需经过因特网的传输；②可靠，单台计算机的故障不会影响整个域名系统的正常运行；③通用，系统不仅限于解析机器名，还可以解析电子邮箱名等；④分布，可由不同结点上的一组服务器合作完成名字解析工作。

域名解析可采用两种查询策略：一种是递归查询（recursive query），主机向本地域名服务器的查询一般都采用这种策略。递归查询的过程是：如果主机访问的本地域名服务器不知道被查询域名的 IP 地址，那么本地域名服务器就以 DNS 客户的身份，向根域名服务器发出查询请求报文，由根域名服务器替代该主机继续查询，直至查询到所需的 IP 地址，或者报告无法得到查询结果的错误信息，最后将查询结果返回给主机。另一种是迭代查询（iterative query），本地域名服务器向根域名服务器查询通常采用这种策略。迭代查询的过程是：当根域名服务器收到来自本地域名服务器的查询请求报文时，就给出查询所需的 IP 地址，或者通常返回它认为可以解析本次查询的顶级域名服务器的 IP 地址。然后，由本地域名服务器再向顶级域名服务器查询。顶级域名服务器在收到本地域名服务器的查询请求报文后，就给出查询所需的 IP 地址，或者返回它认为可以解析本次查询的权限域名服务器的 IP 地址。于是本地域名服务器继续进行如此迭代查询，最后获得了所要解析域名的 IP 地址，再把这个结果返回给发起查询的主机。由于根域名服务器知道查询所需结果的域名服务器，所以查询最终一定会得到结果。本地域名服务器选择何种查询策略，可在最初的查询请求报文中设定。

图 9-4 表示以客户 y.sport.163.com 查询域名为 x.yahoo.com 的 IP 地址的过程为例，来说明递归查询和迭代查询的基本过程。图中，序号❶～❽表示查询步骤。

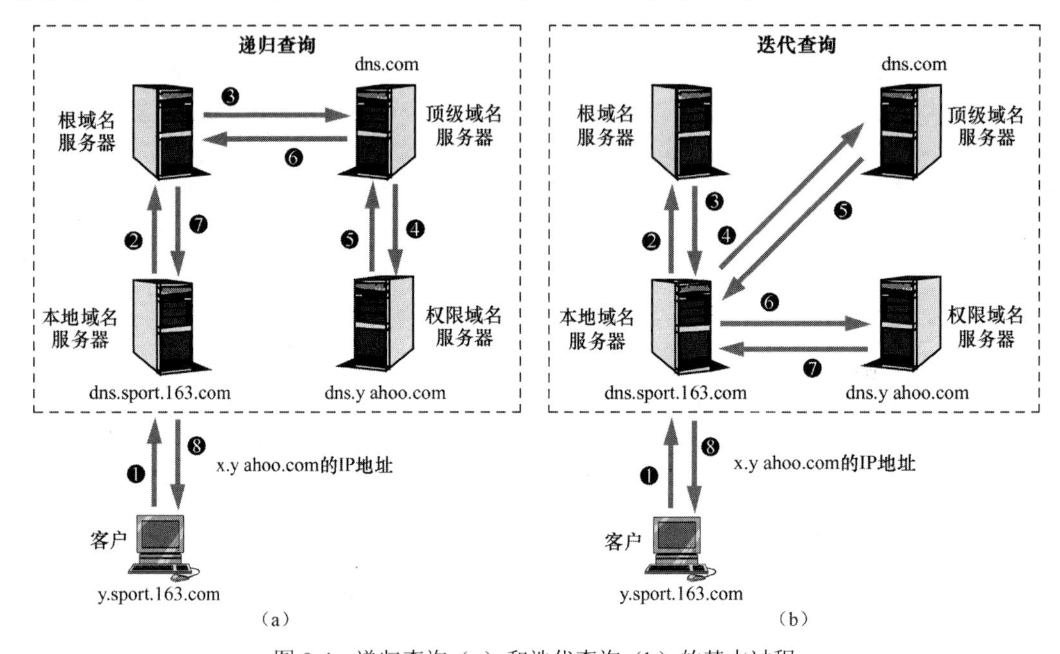

图 9-4 递归查询（a）和迭代查询（b）的基本过程

在图 9-4 中，无论是递归查询还是迭代查询都发送了 4 个请求报文和 4 个响应报文，但是这些报文的传送途径是不相同的。

为了提高查询效率和减少因特网上 DNS 查询报文的数量，域名服务器往往采用高速缓存（cache）。高速缓存中存放着最近查询过的域名以及如何获取域名映射信息的记录。于是，当客户再次请求同样的映射时，它就可直接从高速缓存中取得结果。

高速缓存的设计理念不但适用于本地域名服务器，同样也适用于主机。主机在启动时从本地域名服务器下载名字和地址的映射信息，把自己最近使用过的域名存储于高速缓存中，这样主机只在从高速缓存中找不到域名解析结果时才去访问本地的域名服务器，从而加速了域名解析过程。

高速缓存加快了域名解析过程，但存放在高速缓存中的内容必须保持是“最新”的。要解决这个问题，可使用两种技术：①权限域名服务器为地址映射信息添加生存时间（TTL），一旦超过生存时间，那么高速缓存中的地址映射信息就失效，任何域名查询都必须发送给权限域名服务器。②DNS 要求域名服务器对保存在高速缓存中的每项内容设置一个计时器。高速缓存必须定期更新，处理超过合理时间的地址映射。

*9.3 万 维 网

9.3.1 概述

万维网 WWW（World Wide Web，简称为 Web）是一个规模宏大的联机式信息储存库。万维网是欧洲粒子物理实验室的 Tim Berners-Lee 于 1989 年 3 月最先提出的，其目的是想利用它让分散在不同地域的物理学家们能共享和编辑学术文档。1993 年 2 月，第一个图形化界面的浏览器（其名为 Mosaic）开发成功。1995 年 Netscape Navigator 浏览器上市。目前最流行的浏览器是微软公司的 IE（Internet Explorer）。用户使用浏览器访问 Web 上的内容，根据导航链接，可方便地从一个站点访问另一个站点，在因特网上遨游，快捷地获取所需的信息。因特网是 Web 存在的基础，反过来 Web 的出现，极大地推动了因特网的普及与推广。

万维网也是一个分布式的超媒体（hypermedia）系统，它是超文本（hypertext）系统的扩充。超文本是一个包含指向其他文档的链接的文本。换句话说，一个超文本是由多个文档链接而成的，而这些文档可位于世界上任何一个加接在因特网上的超文本系统当中。超文本包含一个或多个指向其他信息源的链接，称为超链接（hyperlink），用户利用这些链接可找到另一个文档，而这个文档又可以是超文本，也向用户提供访问其他信息源的链接……超媒体与超文本的区别在于文档内容不同，超文本仅包含文本信息，而超媒体除包含传统的文本信息外，还包含图形、图像、声音、动画和视频等多种媒体信息。

万维网以客户/服务器模式工作。运行万维网的客户程序的用户主机通常称为浏览器。而储存万维网文档、运行服务器程序的主机称为万维网服务器。浏览器（即客户程序）向服务器（即服务器程序）发出服务请求，服务器向浏览器回送客户所需要的万维网文档。在用户主机屏幕上显示的万维网文档，称为页面（page）。

为了突出万维网采用的客户/服务器模式的特点，通常称它为浏览器/服务器模式（Browser/Server，简称 B/S 模式）。与 C/S 模式相比较，B/S 模式具有以下特点：①B/S 模式把任务重心移到了 Web 服务器上，客户端使用的浏览器仅负责与用户交互并显示服务器返回的信息，因此无须开发和安装针对某一具体应用的客户端软件，从而简化和降低了客户机的运行环境要求；②B/S 模式可以随时根据应用的变化，及时集中更改服务器的相关内容；③B/S 模式便于应用到因特网环境，扩大了应用的范围；④由于浏览器使用的普及程度很高，B/S 模式有利于缩减一般客户软件使用前的培训开支。

根据浏览器实现技术的不同，浏览器的功能和结构不尽相同。但是，浏览器的基本功能是解释和显示万维网页面。浏览器通常由 3 个部分组成：控制程序、客户协议和解释程序。控制程序接收来自键盘或鼠标的输入，使得客户程序访问需要浏览的文档。文档找到之后，控制程序就使用某一个用户协议（如 FTP、TELNET、SMTP 或 HTTP 等）。解释程序有 HTML、Java 或 JavaScript，这取决于文档的类型。图 9-5 所示为浏览器的基本结构。

万维网服务器是提供因特网 WWW 服务的软件及其运行所需的硬件环境。它负责向提出信息请求的浏览器提供服务。为了提高效率，服务器通常采取高速缓存技术。如通过多线程或多进程，服务器在同一时间内可响应多个请求，就更利于提高服务器的效率。

综上所述，不难看出要了解万维网必须解释以下问题：如何定位分布在因特网上的万维网文档？如何实现万维网文档的链接？如何显示不同风格的万维网文档？以及如何高效地找到所需要的信息？

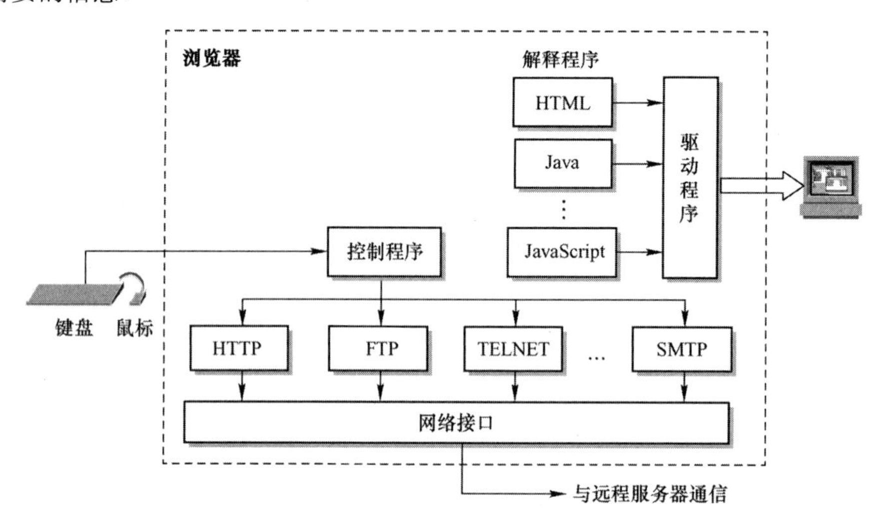

图 9-5 浏览器的基本结构

要解答这些问题，有必要对万维网使用的一些技术，包括统一资源定位符 URL（Uniform Resource Location）、超文本传送协议 HTTP（Hypertext Transfer Protocal）、超文本标记语言 HTML（Hypertext Markup Language），以及搜索技术等。下面逐一进行介绍。

9.3.2 统一资源定位符 URL

因特网上的“资源”是指可访问的任何对象，包括目录、文件、文档、图片、图像、声音等，以及与因特网相连的任何形式的数据。随着因特网(特别是 Web)的迅速发展，其信息资源也急剧膨胀，如何在浩如烟海的信息海洋里定位一个资源显得尤为重要。

统一资源定位符 URL 是对因特网上资源的位置和访问方法的一种简洁的表示方法。资源通过 URL 被定位后，系统就可以对其进行操作，如存取、更新、替换和查看属性等。

统一资源定位符 URL 相当于一个文件名在网络范围的扩展，成为与因特网相连的任何计算机上任何可访问资源对象的一个指针。由于访问对象所使用的协议不同，所以 URL 还需指出对象所使用的协议。URL 由协议、主机、端口和路径（即目录）4 个部分构成，其一般形式为

<协议>：//<主机>：<端口>/<路径>

其中，<协议>指明访问该万维网文档需用何种协议。现在最常用的协议是 HTTP。<主机>是指万维网文档存放在哪一台主机上，不过，这里所指的是主机在因特网上的域名，或者以字符“WWW”开始的别名。在<协议>和<主机>之间必须用“：//”隔开，不可省略。<端口>是指服务器的端口号，<路径>是指文档存放的路径名，这两者之间需用“/”隔开。若省略<端口>，表示使用协议的默认端口。如省略<路径>，则 URL 就指向因特网上的某个主页（home page）。URL 里面的字母没有大小写之区分。

更复杂一些的路径还可指向层次结构的从属页面。例如：

http://www.microsoft.com/download/index.html

其中，http://表示资源访问需用超文本传送协议 HTTP。www.microsoft.com 是 Web 服务器的地址，/download 是文件所在目录，index.html 则是文件名，后缀名.html（或用 htm）表示这

是一个用超文本标记语言 HTML 编写的文件。

9.3.3 超文本传送协议 HTTP

超文本传送协议 HTTP 是万维网的核心，是浏览器与服务器之间的通信协议。HTTP 具有以下特点。

① HTTP 是面向事务的。所谓事务是指一系列不可分割的信息交换事件，这就保证了在万维网上进行多媒体文件传送的可靠性。

② HTTP 是无连接的，尽管它使用了传输层提供面向连接的 TCP 服务。这就是说，虽然 HTTP 使用了 TCP 连接，但通信双方在交换 HTTP 报文之前，并不需要先建立 HTTP 连接。

③ HTTP 是无状态的。服务器无记忆功能，并不记住曾经为客户服务的次数。这种无状态特性简化了服务器的设计，使服务器更容易支持大量并发的 HTTP 请求。

另外，HTTP 协议还具有双向传输、能力协商、支持高速缓存和代理服务器的特点。

从协议功能角度来看，HTTP 和 TELNET、FTP 等应用程序一样，也是以客户/服务器模式工作的。HTTP 的功能犹如 FTP 和 SMTP 的组合。HTTP 比 FTP 简单，是因为它只使用一条 TCP 连接，即数据连接，而没有控制连接。HTTP 与 SMTP 相似之处在于客户与服务器之间传送的数据很像 SMTP 报文，报文格式则受类似于 MIME 首部的控制。HTTP 与 SMTP 不同的地方是，HTTP 报文由 HTTP 客户（浏览器）和 HTTP 服务器读取和解释。SMTP 报文采用存储转发方式，HTTP 却采用立即交付。客户发给服务器的命令嵌入在请求报文中，而服务器回送的内容或其他信息则嵌入在响应报文当中。

1997 年以前使用的版本是 HTTP/1.0，1998 年升级为 HTTP/1.1，目前是因特网草案标准。

1. HTTP 的操作过程

用户浏览页面可采用两种方法：一种是在浏览器的地址窗口中输入所要寻找的页面的 URL；另一种是在某个页面上标志可链接的地方（呈“小手”形状）用鼠标单击之，此时浏览器就会自动地在因特网上寻找到所要链接的页面。

假设用户拟访问 Web 服务器 A 上的网页，其 URL 是

http://www.mysamples.com/show/index.html

该页面还包含了指向 Web 服务器 B 上内容的一个超链接。

以下是客户访问万维网的基本工作过程（见图 9-6）。

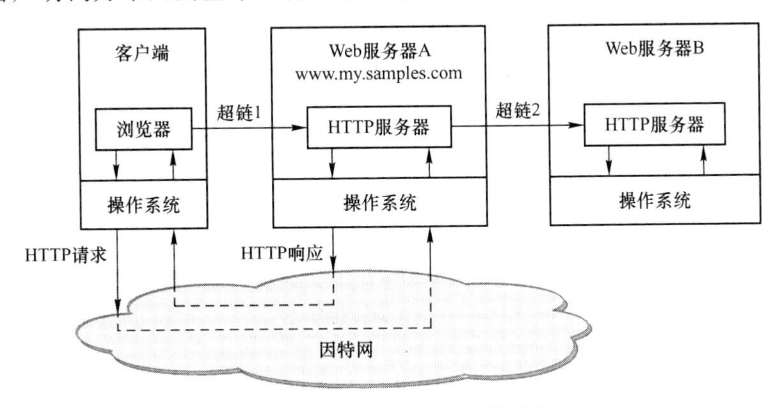

图 9-6 万维网的基本工作过程

（1）客户端浏览器根据用户输入的 URL 或者鼠标单击“超链”的标志处，向 DNS 查询 www.mysamples.com 的 IP 地址。

（2）浏览器根据 DNS 返回的 IP 地址，与服务器的熟知端口 80 建立 TCP 连接。

（3）浏览器向服务器提交一 HTTP 请求，内含取文件命令：GET/show/index.html。

（4）基于该请求的内容，服务器找到相应的文件，并根据文件的扩展名，形成一个 MIME 类型的 HTTP 回答报文，回送给浏览器，服务器释放本次 TCP 连接。

（5）根据 HTTP 回答报文首部，浏览器按某种方式显示该文件内容。如果该文件中有<... SRC =URL>之类，浏览器将随时发出新的请求（可能对不同的服务器），以获取有关内容。

其中，第（2）～（4）步是 HTTP 的一次操作，也称为 HTTP 的一次事务。在一次事务操作过程中，HTTP 首先要与服务器建立 TCP 连接，如第 8 章介绍，这需要经历三次握手。而万维网客户的 HTTP 请求报文作为三次握手的第 3 个报文的数据发送给万维网服务器。服务器收到这个请求报文后，再把所请求的文档作为响应回送给客户。显然，这是一种花费在 TCP 连接上的开销。另外，万维网客户与服务器为每一次建立 TCP 连接都需要分配缓存和变量则是另一种开销。尤其当服务器为多个客户提供服务时，这会使服务器的负担更重。

为了解决这些问题，HTTP1.1 使用了持续连接（persistent connection）的概念。所谓持续连接是指万维网服务器在发送响应后仍在一段时间内保持这条连接，以使同一客户（浏览器）与该服务器可以继续在这条连接上传送后续的 HTTP 请求报文和响应报文。只要这些文档来自于同一服务器，就不局限于传送同一个页面上链接的文档。HTTP1.1 把持续连接作为默认连接。

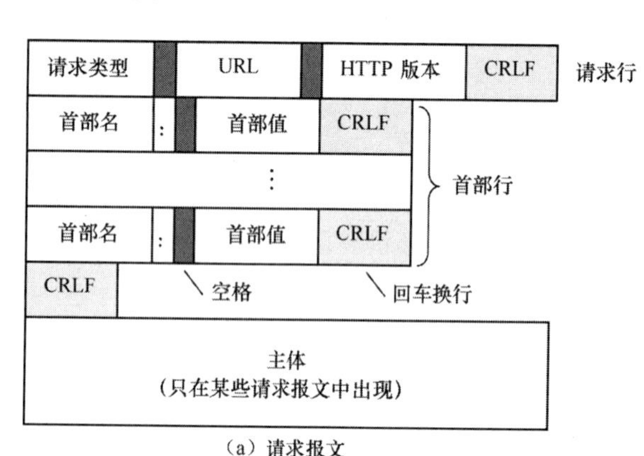

（a）请求报文

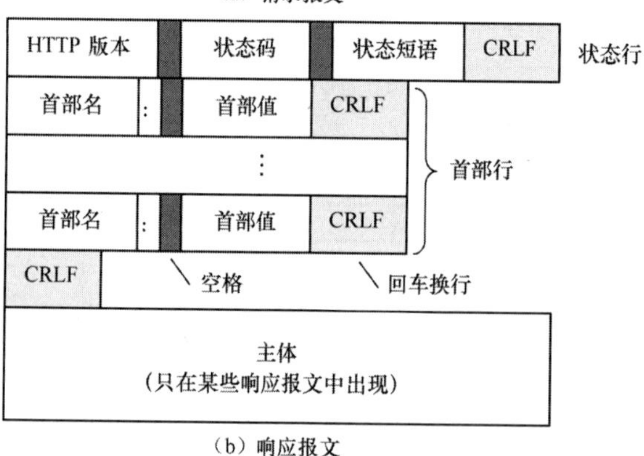

（b）响应报文

图 9-7　HTTP 请求报文和响应报文的格式

HTTP1.1 使用的持续连接有两种工作方式：①非流水线（without pipelining）方式。其工作特点是：客户收到前一个 HTTP 响应报文后才能发出下一个请求。②流水线（with pipelining）方式。其工作特点是：客户收到来自服务器的 HTTP 响应报文之前，能接着发送新的请求报文。显然，流水线工作方式可减少 TCP 连接中的空闲时间，从而提高了访问文档的效率。

2. HTTP 的报文格式

HTTP 定义了两种报文：请求报文和响应报文。图 9-7 所示为这两种报文的格式。

如图 9-7 所示，请求报文包括一个请求行、一个首部行，有时还有一个主体。响应报文包括一个状态行、一个首部行，有时还可有一个主体。下面对各有关项进行说明。

（1）请求行。由请求类型、URL 和 HTTP 版本 3 个部分组成。

请求类型是指对请求对象进行操作的方法（即命令），表 9-2 列出了 HTTP 请求报文中常用的一些方法。

表 9-2　HTTP 请求报文中常用的一些方法

请求方法	操作说明
GET	请求读取由 URL 标志的文档
HEAD	请求读取由 URL 标志的文档的首部
POST	由客户向服务器发送一些信息
PUT	由服务器向客户发送一些信息（如将指明的 URL 文档下载）
TRACE	用于进行环测的报文回送
CONNECT	用于代理服务器
OPTION	询问关于可用选项的信息
DELETE	删除 URL 所标志的资源

（2）状态行。由 HTTP 版本、状态码和状态短语 3 个部分组成。

状态码由 3 位数字组成，分 5 大类，共 33 种。其中，1xx 表示对请求的通知信息；2xx 表示请求成功；3xx 表示把客户重定向到另一个 URL；4xx 表示客户端出现的差错；5xx 表示服务器端出现的差错。

常见到在响应报文中有下面 3 种状态行：

HTTP/1.1 202 Accepted　　　　（接受）

HTTP/1.1 400 Bad Request　　　（错误的请求）

HTTP/1.1 404 Not Found　　　　（找不到）

（3）首部行。这是客户与服务器间交换的附加信息，用来对浏览器、服务器和报文主体加以说明。首部行可以有一个或多个。每个首部行由首部名、一个冒号、一个空格和首部值组成，最后以“回车换行”结束。整个首部行结束时，还需用一个空行把首部行与主体隔开。

首部行有 4 种类型：通用首部、请求首部、响应首部和实体首部。通用首部给出关于报文的通用信息。请求首部指明客户的配置和优先使用的文档格式。响应首部指明服务器的配置和有关请求的特殊信息。实体首部给出文档主体的信息。请求报文中可包含通用首部、请求首部和实体首部。响应报文中可包含通用首部、响应首部和实体首部。

（4）主体。包含要发送或接收的文档。

下面给出一个 HTTP 请求的示例。

GET　/download/index.html　HTTP/1.0

Accept：text/plain

Accept：text/html

Accept：image/gif

其中，第 1 行是请求类型、URL 和 HTTP 版本号；后面几行指示浏览器可以接收的信息类型。

下面再给出一个 HTTP 响应的示例。

HTTP/1.0 200 Document follows

Server：CERN/3.0

Content-type：text/html

```
Content-length：3260

<HEAD><TITLE>WELCOME TO NETWORK WORLD</TITLE></HEAD>
<BODY>
……
</BODY>
```
其中，第 1 行显示了 HTTP 版本号，请求成功，并将返回信息；第 2 行标识服务器软件是 CERN/3.0；第 3 行指示文档类型是 text/html；第 4 行指示文档长度是 3260B；接着是空行和请求的文档。

3．代理服务器

代理服务器（proxy server）是一台计算机，它把最近一些请求和响应的副本保存在高速缓存当中。在有代理服务器的情况下，HTTP 客户把请求发送给代理服务器。代理服务器检查它的高速缓存。如果代理服务器发现这个请求与暂存在高速缓存中的请求相同，则返回响应。如果高速缓存中没有所需的响应，代理服务器就把请求发送给相应的服务器。最终，代理服务器获得所需的响应，把它存储在高速缓存中以备后用，再把此响应结果返回给发出这次请求的客户。在此访问过程中，代理服务器可在客户端或服务器端工作，也可在中间系统中工作。代理服务器接收来自浏览器的 HTTP 请求是作为服务器使用的，而当代理服务器代为发出 HTTP 请求或接收来自目标服务器的响应时，则作为客户使用。

代理服务器减少了目标服务器的负荷，减少了因特网上的通信量，也减少了访问因特网所带来的时延。但是，由于使用了代理服务器，客户必须配置成接入到代理服务器而不是目标服务器。

4．万维网站点识别用户的功能

HTTP 的无状态特点有利于简化服务器的设计。但是，实际使用中却希望万维网站点应具有识别用户的功能，意即万维网站点只允许已经注册的用户进行访问。为了做到这一点，HTTP 使用 Cookie。Cookie 的原意是“小甜饼”，用在这里的含义是表示在 HTTP 服务器与客户之间传递的一些状态信息。

使用创建和存储 Cookie 与具体实现有关，但其原理是相同的。

① 当服务器收到来自客户的请求后，它就把有关客户的信息存储在一个文件或字符串当中。这里，有关客户的信息包括客户的域名、Cookie 内容（指服务器收集的客户信息，如名字、注册号等）、时间戳，以及其他与实现有关的信息。

② 服务器在回答的响应报文中包含了 Cookie 内容。

③ 当客户收到响应时，浏览器就把 Cookie 内容存储到按域名服务器的名字来分类的 Cookie 目录中。

于是，当一个客户向服务器发送请求时，浏览器就查找 Cookie 目录中是否有那个服务器发送的 Cookie。如果有，就把这个 Cookie 包含在请求当中。当服务器收到这个请求后，就知道这是一个老客户。否则，就认为是新客户。显然，Cookie 是服务器制作的，由服务器发给浏览器的一种特殊形式的信息。在操作过程中，Cookie 的内容并没有被客户所知晓，也不被暴露给客户。

这样，万维网上使用 Cookie 的站点，可以在客户首次注册时，向该客户发送一个

Cookie。以后，只有持有 Cookie 的客户才允许访问该网站。利用 Cookie 识别用户的功能，也适用于在电子商店购物，以及选择所需的网站等场合。

9.3.4 超文本标记语言 HTML

为了解决网页制作的标准化问题，早在 1986 年，ISO 就制订了一个描述标记的标准通用标记语言 SGML（Standard Generalized Markup Language）。但是，SGML 过于复杂，Tim Berners-Lee 以 SGML 为基础开发了 HTML。最初 HTML 的规则只用到了 SGML 的重要元素和文档类型定义，这就大大降低了 HTML 的复杂性和网络传输超文本文档的负担，并使扩展 HTML 标准变得很容易。由于 HTML 是一种结构化语言，易于掌握和实施简单，且具有平台无关性。于是，无论用户使用何种操作系统，只要有相应的浏览器程序，就可以运行 HTML 文档，当然人们也可以以源码的方式查看 HTML 文档。因此，HTML 是一种制作万维网页面的标准语言，也是设计制作 Web 页面的基础。HTML 自 1993 年问世后，其版本不断得到更新。现在最新版本 HTML 5.0 是 2008 年推出的，该版本增加了在网页中嵌入音频、视频以及交互式文档等功能。

万维网的页面由两部分组成：首部和主体。首部是万维网页面的第一部分，其中包含页面的标题和浏览器要用到的参数。主体是页面的内容所在，包括正文和标记。正文是页面中所包含的真正信息，标记则被嵌入在正文当中，用来定义文档的外观。浏览器对正文结构的识别是基于标记的。

每一个 HTML 标记是一个名字，名字后面有等号和属性值。每一个标记都被包含在小于号和大于号（即“＜”和“＞”）之间。有些标记可以单独使用，但有些必须成对使用。成对使用的标记由开始标记和结束标记组成。开始标记可以有一些属性和值，结束标记则不能具有属性和值，但必须在名字前面有一个斜线。下面是标记格式的示例。

开始标记　　＜TagName　Attribute=Value　Attribute=Value　……＞

结束标记　　＜/TagName＞

HTML 常用的标记是正文排版标记，例如：＜B＞和＜/B＞表示正文必须用粗体字；＜I＞和＜/I＞表示正文必须用斜体字；＜U＞和＜/U＞表示正文必须用下划线。

HTML 允许在万维网页面中插入图像。但 HTML 并没有规定图像的格式。图像标记 IMG 是用来在万维网页面插入图像的。图像标记定义要读取的图像地址（URL），指明图像被读入后应如何插入，以及可供选择的许多属性。最常用的属性有：SRC（源）用来定义源地址，ALIGN 用来定义图像的对齐。SRC 属性是必选的。实际上，多数浏览器都支持 GIF 和 JPEG 格式的图像。下面是拟读取存储在目录/bin/images 中文件名为 image1.gif 的图像的图像标记的示例。

＜IMG　SRC=“/bin/images/image1.gif’　ALIGN=MIDDLE＞

HTML 还设有超链标记，用来把一些文档相互链接起来。每一条链接都有一个起点和终点。在一个页面中，链接的起点可以是一个字、短语、段落或图像，并通过称之锚（anchor）的机制指向另一个文档。被指向的文档不一定与原来的文档存储在同一个服务器上。锚用标记＜A……＞和＜/A＞来表示，开始标记＜A……＞可以有几个属性，其中属性 HREF（超链参照）是必须有的，它定义被链接的文档的地址（URL）。在浏览器所显示的页面上，链接的起点容易识别。当以文字作为链接起点时，为醒目起见，这些文字往往用不同的颜色显示字体（如一般文字用黑色，链接起点用蓝色），甚至还加上下画线。当鼠标移动到一个链接起点时，表示鼠标位置的箭头就呈“小手”形状。此时只要单击鼠标，这个链接即被激活。

一条链接的终点可以指向本计算机中的某一文档或本文档的某处，此时必须在 HTML 文档中指明链接的路径，这种链接方式称为本地链接。如链接终点指向其他网站上的页面，此时必须在 HTML 文档中指明链接到的网站的 URL，这种链接方式称为远程链接。其实，目前链接的文档已不限于万维网文档，在 Word 文字处理软件中也可以进行超链接的操作。

表 9-3 列出了 HTML 常用的部分标记。

表 9-3 HTML 常用的部分标记

标　记		作　用
基本结构	<HTML>…</HTML>	表示文档是以 HTML 语言编写的
	<HEAD>…</HEAD>	定义页面的首部
	<TITLE>…</TITLE>	定义页面的标题
	<BODY>…</BODY>	定义页面的主体
文本	 …</BR>	换行
	<P>…</P>	划分段落
	<HR>…</HR>	换行并在该行下画水平线
	<B>…</B>	设置为粗体字
	<I>…</I>	设置为斜体字
	<U>…</U>	设置为带下画线字
列表	<UL>…</UL>	无序列表
	<OL>…</OL>	排序列表
	<DIR>…</DIR>	目录列表
	<LI>	列表项目
表格	<TABLE>…</TABLE>	定界表格
	<CAPTION>…</CAPTION>	表格标题
	<TR>…</TR>	定义表格的行
	<TH>…</TH>	表头元素的内容
	<TD>…</TD>	单元格内容
超链	<A HREF=“URL”>x</A>	从标记有“x”的位置跳转到 URL 的超链
图像	<IMG SRC=“…”>	插入图像

一个 HIML 文档包括两个元素：首部和主体。元素是 HTML 文档的基本组成部分。首部包含文档的标题，以及系统用来标识文档的一些其他信息。主体是 HTML 文档的主要部分，位于首部后面，内含文档的主要信息。主体往往又由若干个更小的元素组成，如段落、表格、列表等。HTML 文档的基本结构如下：

```
〈HTML〉                                         {HTML 文档开始}
    〈HEAD〉                                     {首部开始}
        〈TITLE〉HTML 编程知识〈/TITLE〉          {文档标题}
    〈/HEAD〉                                    {首部结束}
    〈BODY〉                                     {主体开始}
        〈H1〉HTML 编程概要〈/H1〉
```

〈P〉第 1 段。〈/P〉
〈P〉第 2 段。〈/P〉　　　　{文档主体}
……
〈P〉第 *n* 段。〈/P〉
〈/BODY〉　　　　{主体结束}
〈/HTML〉　　　　{HTML 文档结束}

HTML 只注重文档内容，信息内涵的表达，其不足是非结构化风格以及表现力较弱。目前还有一些和浏览器有关的其他语言，如可扩展标记语言 XML（Extensible Markup Language），可扩展超文本标记语言 XHTML（Extensible HTML）和 CSS（Cascading Style Sheets）等，从文档结构化和表现力两个方面得到了改善。

9.3.5 万维网的文档

万维网文档可分为 3 大类：静态文档、动态文档和活动文档。如此分类是基于文档内容被确定的时间。

1. 静态文档

静态文档是指内容固定的文档，它由万维网服务器创建，并存放在其中。当客户利用浏览器访问万维网服务器里的该文档时，这个文档的副本被传送到客户，客户就可使用浏览程序显示这个文档。当然，服务器中的文档内容是可以修改的，但客户却不能修改它。图 9-8 表示了静态文档的访问过程。

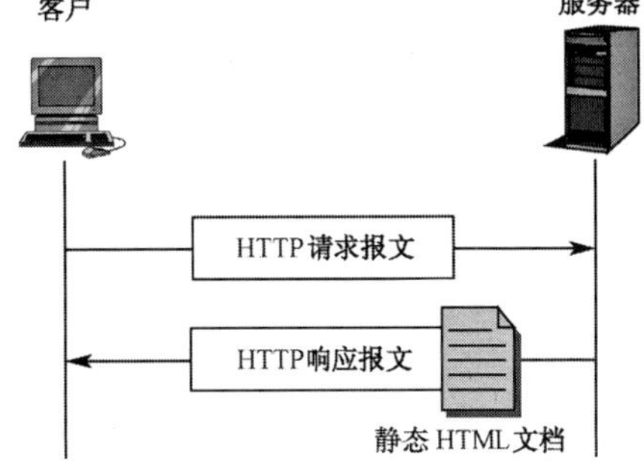

图 9-8　静态文档的访问过程

静态文档的最大优点是简单，文档可以由非程序设计人员来创建。它的缺点是不够灵活。因此，对于内容变化频繁的文档是不适合做成静态文档的。

2. 动态文档

动态文档是指文档的内容是在浏览器访问万维网服务器时才得以创建。当浏览器的请求到达时，万维网服务器就运行一个创建动态文档的应用程序。该应用程序对浏览器发送来的数据进行处理，服务器把该程序或脚本的输出作为对浏览器请求该文档的响应。由于浏览器每次请求的响应都是动态生成的，因此每一个请求所得到的动态文档的内容也不一样。可见，动态文档的最大优点是具有告知当前最新信息的能力。在天气预报、股市行情等需要预报实时信息的场合，动态文档将得到非常广泛的应用。当然，动态文档的创建难度比静态文档要高，因为开发人员必须具有一定的编程能力，编写出用于生成动态文档的应用程序。

从浏览器的角度，就文档的内容而言，静态文档和动态文档并无差别，它们都按照 HTML 规定的格式。这两种文档的根本区别在于文档内容的生成方法不同，动态文档是应请求而随机生成的，静态文档则不然。

创建动态文档可采用以下两种技术。

（1）通用网关接口 CGI

通用网关接口 CGI（Common Gateway Interface）是一种创建和处理动态文档的技术。它是一种标准，定义了动态文档应如何创建，输入数据应如何提供给应用程序，以及如何使用应用程序的输出结果。

CGI 包含 3 个术语：通用、网关和接口。“通用”是指这个标准所定义的一组规则对任何语言和平台都是通用的；“网关”在这里表示 CGI 可用来访问其他资源，如数据库、图形软件包等；“接口”是指一些预定义的变量、调用等可供其他 CGI 程序使用。

CGI 程序是一种遵循 CGI 标准使用某种语言（如 C、C++等）编写的代码。当程序被执行时，通过参数传递可以使程序适用于不同的情况。浏览器与服务器应用程序间的参数传递是使用表单来实现的。如果表单中的数据很少，则可把它直接附加在 URL 后面的问号之后。当服务器收到这个 URL 时，就使用在问号前的 URL 去访问要运行的 CGI 程序，并把问号后面的数据保存到一个变量中。CGI 程序执行时，可以访问这个变量。如果表单中的数据太长，浏览器可以请求服务器发送表单，把数据填入该表单并发送给服务器。这样，CGI 程序就可以使用表单上的数据了。

在服务器端执行 CGI 程序后，其结果可以是 HTML 结构的正文或者其他形式。它包括两个部分：首部和主体，其间用空行隔开。浏览器使用首部和空行来解释主体。

图 9-9 所示为使用 CGI 的动态文档的访问过程。

（2）动态文档的脚本技术

在实际应用中，当要创建的文档中只有部分内容需要随机更改时，那么每一次请求使用 CGI 程序都需生成整个文档，这就显得效率太低了。解决这个问题的办法是在 CGI 程序中嵌入一个“脚本”源代码，由它来生成文档的变化部分。这里，“脚本”指的是一个程序，它可被另一个程序（解释程序）来解释或执行。脚本不一定是一个独立的程序，也可以是一个动态装入的库，甚至是服务器的一个子程序。可用于编写脚本的语言有 Perl，Java，JavaScript 等。由于使用脚本语言可以较快地进行编码，所以对于一些功能有限的小程序是适合的。但脚本运行要比一般的编译程序慢，这是因为它的每一条指令都要被另一个程序来处理。

图 9-10 所示为使用脚本技术的动态文档的访问过程。

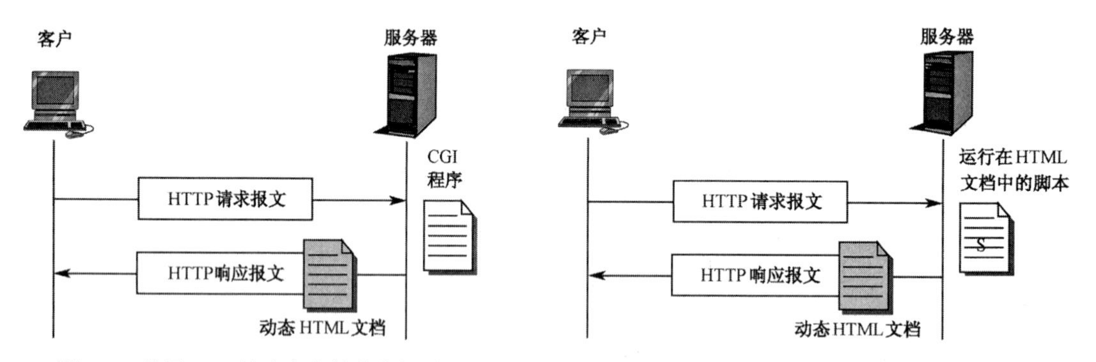

图 9-9　使用 CGI 的动态文档的访问过程　　图 9-10　使用脚本技术的动态文档的访问过程

3．活动文档

虽然动态文档克服了静态文档内容固定不变的不足，但动态文档一旦建立，它所包含的内容也就被固定下来而无法及时刷新。另外，动态文档也无法提供像动画那样的显示效果。活动文档提供了一种能够连续更新屏幕内容的技术，这种技术把创建文档的工作移到浏览器端进行。当浏览器请求一个活动文档时，服务器就返回这个活动文档程序的副本或脚本，然后就在浏览器端运行，此时，活动文档程序可与用户直接交互，以便连续地更新屏幕的显示内容。

用于创建和运行活动文档的一种方法是使用 Java 小应用程序（applet）。applet 是在服务器端用 Java 语言编写的程序。该程序在浏览器端可以两种形式运行。一种是浏览器在 URL 中直接请求 applet，并以二进制代码接收它。另一种是浏览器可以读取并运行已嵌入 applet 地址的 HTML 文件。图 9-11 表示使用 Java 小应用程序的活动文档的访问过程（指采用前一种形式）。

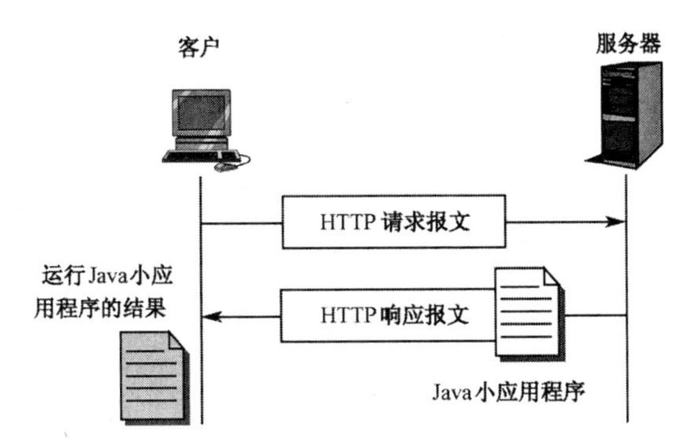

图 9-11　使用 Java 小应用程序的活动文档的访问过程

同样，“脚本”技术也可用在活动文档中。当文档中的活动部分不大时，那么就可用脚本语言来编写它，然后在浏览器端进行解释和运行。JavaScript 就是脚本技术使用的一种高级语言。图 9-12 所示为使用脚本技术的活动文档的访问过程。

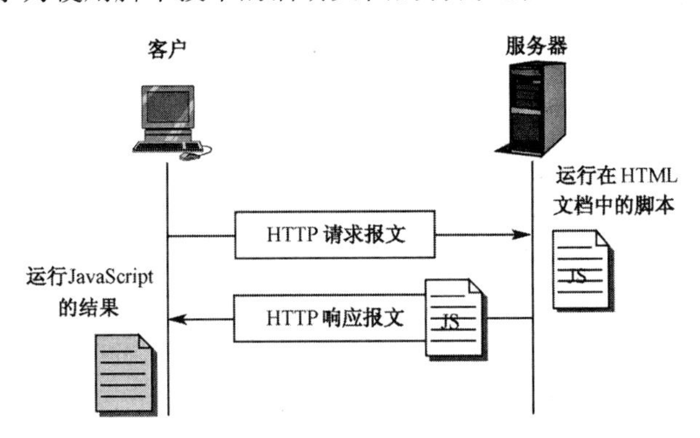

图 9-12　使用脚本技术的活动文档的访问过程

9.3.6　万维网的信息检索

如前所述，万维网是一个规模宏大的联机式信息储藏库。那么，如何寻找所需的信息是人们非常关心的事情。当然，如果已经知道存放信息的网站地址，就只要在浏览器的地址栏中输入该网站的 URL，按回车键即可进入该网站。但是，如果根本不知道信息的所在地，此时可使用搜索工具来达到查询信息的目的。

搜索引擎（search engine）是用来协助互联网用户查询信息的工具。搜索引擎的基本思路源于传统的信息全文检索理论，即计算机程序通过扫描每一篇文章中的每一个词，建立以词为单位的排序文件，检索程序根据检索词在每一篇文章中出现的频率和每一个检索词在一篇文章中出现的概率，对包含这些检索词的文章进行排序，最后输出排序的结果。

搜索引擎可分为全文检索搜索引擎和分类目录搜索引擎两大类。

全文检索搜索引擎是通过搜索软件（如 Spider 程序）到因特网的各网站上收集信息，并把这些网站有序地链接起来，然后按照一定的规则建立一个在线数据库。用户查询时可输入关键词，从已建立的索引数据库中查询所需的信息。为了使用户查询到的信息不过时，必须及时更新数据库中的内容。采用全文检索搜索引擎的著名网站有 Google（谷歌）网站（www.google.com）和百度网站（www.baidu.com）。

分类目录搜索引擎是利用各网站向搜索引擎提交的网站信息（如关键词、网站描述等），经过人工审核编辑，如认为符合网站登录的条件，则输入到分类目录的数据库以供用户查询。采用分类目录搜索引擎的著名网站有雅虎（www.yahoo.com）、雅虎中国（cn.yahoo.com）、新浪（www.sina.com）、搜狐（www.sohu.com）和网易（www.163.com）等。

从用户查询角度，这两种搜索工具都能达到查询目的。全文检索搜索引擎可直接检索到相关内容的网页，而分类目录搜索引擎一般只能检索到相关信息的网址。相比之下，全文检索的检索面宽，只是查询结果不够准确；而分类搜索具有针对性的逐级查询，因而查询的准确性较好。目前许多具有搜索引擎功能的网站往往同时具有这两种搜索功能。

为了提高搜索效率，目前已出现了垂直搜索引擎（vertical search engine）和元搜索引擎（meta search engine）。前者为特定群体或某一特定需求提供搜索服务，后者以提高查全率和准确率为目的。

9.3.7 博客、微博和轻博

本小节介绍目前较为流行的网络应用，即博客、微博、轻博和微信。

1. 博客

博客（Blog 或 Weblog）是使用特定的软件，在网络上出版、发表和张贴个人文章的人，或者是一种通常由个人管理、不定期张贴新的文章的网站。博客上的文章通常以网页形式出现，并根据张贴时间，以倒序排列。博客是继 MSN、BBS、ICQ 之后出现的第 4 种网络交流方式，现已受到大家的欢迎，是网络时代的个人“读者文摘”，是以超级链接为武器的网络日记，它代表着新的生活、工作和学习方式。

博客的作用体现在以下 4 个方面：①个人自由表达和出版；②知识过滤与积累；③深度交流沟通的网络新方式；④博客营销。

博客有以下几种分类：按功能可分为基本博客和微型博客；按用户可分为个人博客和企业博客；按存在方式可分为托管博客、自建独立网站博客，附属博客和独立博客。

博客爱好者常用的博客软件种类很多，各具特色。如PivotX（可支持文本数据库）、PJ-BLOG、ASBLOG、Z-Blog、ZJ-Blog、WordPress、Bo-Blog、Jblog、oBlog、emlog、L-BLOG、Sablog-XLxBlog和 Spacebuilder 等。

2. 微博

微博是微博客（MicroBlog）的简称，是一个基于用户关系的信息即时共享、传播以及获取的社交网络平台。用户可以通过 Web、WAP 等各种客户端组建个人社区，用户既可以作为观众在微博上浏览自己感兴趣的信息，也可以作为发布者在微博上发布供别人浏览的内容。发布的内容通常以 140 字（含标点符号）为限。最早最著明的微博是美国的 Twitter。

微博具有以下特点：①信息获取具有很强的自主性和选择性。用户可以根据自己的兴趣和发布内容的类别与质量，来选择是否“关注”个别用户或用户群，并对信息进行分类；

②宣传的影响力具有很大的弹性，却与内容质量高度相关。影响力的大小与用户现有被“关注”的数量有关。用户发布信息的新闻性越强，对该用户越感兴趣的人数就越多，影响力就越大。此外，微博平台本身的认证及推荐也有助于增加被“关注”的数量。③内容简短精悍，仅限定为 140 字左右。④信息共享便捷迅速。可通过各种网络平台，在任何时间、地点发布信息，其信息发布速度远超过传统纸媒及网络媒体。

国内可用于搭建微博站点的 Web 程序有 ThinkSNS、Xweibo、easytalk、记事狗、Spacebuilder、Ucenter home。

由于微博通常一次只能发送 140 字以内的内容，如想要发布超过 140 字就显得无法适应。为此提出了长微博来解决这一难题。长微博可将超过 140 文字转换成图片，最多支持 1 万字。然后以图片的形式发表。

3. 轻博

轻博（light blogging）是介于博客与微博之间的一种网络服务。轻博吸收了博客倾向于表达，也吸收了微博倾向于社交和传播的优点，是一种全新的的网络媒体。具体地说，轻博可视为简化版的博客，它去掉了第一代博客复杂的界面、组件和页面样式，用极简的风格重点显示用户产生的文字、照片等内容。同时，轻博也可视为微博的扩展版，主要体现在突破了 140 字的限制，保留了微博的转发、喜欢等社区特性。

轻博的特点是：①发送内容无字数限制，也可发送多张图片。②消息发表后，微博与轻博展现的位置不同，相对来说轻博的界面更美观。③轻博“推荐”与“发现”的内容比较丰富。

表 9-4 对博客、微博和轻博的性能进行了比较。

表 9-4　博客、微博和轻博的性能比较

项　目	博　客	微　博	轻　博
内容	全部支持	文字、图片、视频、链接、音频	文字、图片、视频、链接、音频等
关系	无	单向关注，公开对等交流	单向关注，非公开非对等交流
展示	自定义	缩略富媒体	突出富媒体
界面	自定义	更换背景	自定义
用户群	全民，大众	偏低端，大众	精英
时效性	最弱	最强	较强
复杂度	高	最低	低

9.3.8　社交网站

社交网站 SNS（Social Network Site，又称社区网）是指用户基于共同的兴趣、爱好、活动，在网络平台上构建的一种社会关系网络。“社交网站”与“社区网站”有着本质的区别。与社交网站英文缩写词同名的还有社会性网络服务 SNS（Social Networking Services），它是专指旨在帮助人们建立社会性网络的互联网应用服务，也指社会现有已成熟普及的信息载体，如短信 SMS（Short Messaging Service）服务。严格地讲，国内的 SNS 并非是社会性网络服务，而是社交网站。

社交网站具有以下主要特征：

① 聚合性：SNS 用户基数宏大，自然聚合，SNS 网站海量用户散布极其普遍，笼罩各个地区及各个行业，这些用户又依照必定的规矩聚合在一起，从而形成为营销不可或缺的多种准群体。

② 真实性：SNS 网站采取实名制，真实的人脉关系体现了社区真实世界的回归，这为网络营销提供很大的方便，解决了起码的信赖问题。

③ 黏粘性：牢固的现实交际圈和 SNS 网站社交圈能够将绝大多数的用户牢牢留在 SNS 网站上，并且坚持着沟通往来，这种用户之间的黏粘性远高于其他非社会性网站，大大提高了网络营销的效力。

社交网站按其功能不同，可大致分为五类：一般用途社交网站、特殊用途社交网站、基于兴趣的社交网站、提供移动性的社交网站，以及媒体分享的社交网站。

社交网站起源于美国校园，风靡了欧美、日本和中国等国家。社交网站在美国以脸书（Facebook）、推特（Twitter）为代表，在中国则以开心网为代表。在大量新崛起的社交网站中，一些另辟蹊径者正在引起人们的关注：它们有的提供求职、就业平台；有的帮助人们寻找失散多年的亲人、朋友；有的帮助有相同兴趣爱好的人聚集在一起、分享快乐……。

脸书是美国的一家社交网络服务网站，于 2004 年上线。主要创始人是美国人马克·扎克伯格。脸书的最大特点是便于寻找朋友或联系同学、同事，能简单地在朋友圈中分享图片、视频文件、音频文件和其他文件（如.docx，.xlsx 等），以及通过集成的地图功能分享用户所在位置。目前脸书已成为全美访问量最大的网站（官方域名是 Facebook.com）。国内的类似视频网站有优酷（www.youku.com）、土豆（movie.tudou.com）、56 网（56.com）等。

推特是另一家在美国广受欢迎的社交网络，创建于 2006 年，它可以让用户发表不超过 140 个英文字符的消息，这些消息也被称为“推文（Tweet）”。国内的类似网站有新浪微博（www.weibo.com）、腾讯微博（t.qq.com）等。

目前在我国最为流行的社交网站是微信（weixin.qq.com）。微信是腾讯公司于 2011 年 1 月推出的为智能终端提供即时通讯服务的免费应用程序。微信支持跨通信运营商、跨操作系统平台通过网络免费快速发送（需消耗少量网络流量）语音短信、视频、图片和文字。同时，微信也提供公众平台、朋友圈、消息推送等功能，用户可以通过“摇一摇”、“搜索号码”、“附近的人”、扫二维码方式添加好友和关注公众平台，将内容分享给好友以及将用户看到的精彩内容分享到微信朋友圈。

微信是一种基于即时通信的网络通信技术。微信采用两种通信模式，即 C/S 模式和 P2P 模式。P2P 是它运用的主要通信模式，而且是非对称中心结构。每一个客户（peer）都是平等的参与者，承担服务使用者和服务提供者两个角色。客户之间进行直接通信，同时由于没有中央结点的集中控制，系统伸缩性较强，也能避免单点故障，提高系统的容错性能。但由于 P2P 网络的分散性、自治性、动态性等特点，会出现在某些情况下客户的访问结果不可预见（指一个请求可能得不到任何应答消息的反馈）。

微信秉承“重后台轻客户端”的思路，因为客户端安装在用户手机上，变更成本很高；而后台则可以实现迅速的变更，在不发布新版本的情况下实现新功能（如群聊）。与短信不同，微信发消息不按短信计费，其中产生的 GPRS 流量费由运营商收取。腾讯官方信息称，针对网络通讯和数据传输层进行过专门的优化，因此微信只会产生很少的必要通讯流量，而受到广大用户的好评和使用。继微信之后，又出现了微话和微会等业务。

*9.4 电 子 邮 件

9.4.1 概述

电子邮件（E-mail）是一种非常流行的因特网应用服务，现在越来越多的用户习惯于使用电子邮件进行通信。与传统的邮政信件相比，它具有传递快、保密和准确等特点。与电话通信相比，它并不要求通信双方同时在场。

早在 1982 年，APRANET 的电子邮件标准就已问世。之后，又出现了简单邮件传送协议 SMTP（Simple Mail Transfer Protocol，RFC 5321）和因特网文本报文格式（RFC 5322）。考虑到 SMTP 协议仅允许传送 ASCII 码的报文，1993 年又提出了通用因特网邮件扩充协议 MIME（Multipurpose Internet Mail Extensions），允许非 ASCII 码的报文通过电子邮件传送，为在因特网传送多媒体信息提供了方便。

电子邮件系统有 3 个主要构件：用户代理 UA（User Agent）、邮件服务器（Mail Server）和邮件协议（如 SMTP 协议、邮局协议 POP（Post Office Protocol）或网际报文存取协议 IMAP（Internet Message Access Protocol））。电子邮件系统采用客户/服务器工作模式。图 9-13 表示电子邮件系统的组成。

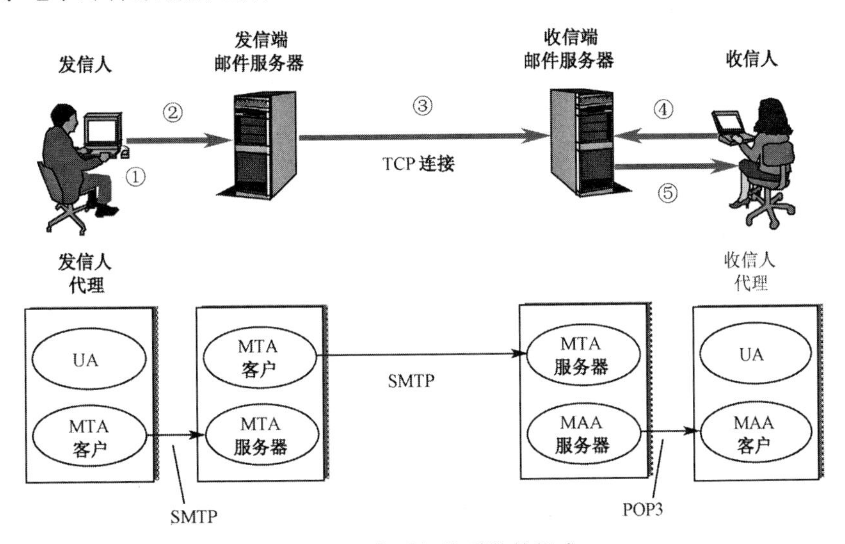

图 9-13 电子邮件系统的组成

为了提高电子邮件系统的运行效率，电子邮件系统把邮件工作系统与邮件发送和接收系统分开。用户代理 UA 是用户与电子邮件系统的接口，是运行在客户机上的应用软件，为用户与邮件系统之间交流提供了一种机制。现代的用户代理都是基于图形用户界面 GUI（Graphics User Interface）的，用户可通过键盘、鼠标与软件进行交互，为发送和接收电子邮件提供了方便。用户代理可提供的服务有以下几种。

① 撰写。为用户提供编辑电子邮件的环境。用户可直接在屏幕上撰写、编辑电子邮件的内容，并进行必要的文字处理工作。用户也可创建通讯录，以方便用户在发送邮件时提取收信人及其邮箱地址。

② 阅读。为用户检查接收到的电子邮件，并在屏幕上显示邮件的概要。

③ 回复。当阅读完邮件后，用户可使用用户代理对发信人或所有的收信人进行回复。回复的邮件通常包含收到的原邮件和撰写的新邮件。

④ 转发。用户可通过用户代理把接收到的邮件转发给第三者，并允许在转发邮件中加上额外的注释。

⑤ 处理。用户代理通常创建两个信箱：发信箱和收信箱。发信箱保留所有已发送的电子邮件，收信箱保存所有接收到的电子邮件。用户可根据需要按不同的方式对电子邮件进行处理，如删除、保存、分类、打印等。

邮件传送代理 MTA（Mail Transfer Agent）负责在因特网上传输邮件。客户端邮件传送代理 MTA 从发信人那里接收待发送的邮件，将它传送给本地的 MTA 服务器。本地邮件服务器中的 MTA 客户通过因特网把邮件发送出去，最终传送到收信端的 MTA 服务器。

邮件读取代理 MAA（Mail Access Agent）负责读取邮件，也就是把邮件从收信端邮件服务器中“拉回”到客户。

电子邮件在实际传递过程中，需要多个起到中继作用的邮件服务器。邮件服务器的主要功能是接收和转发邮件。为了便于用户随时使用，邮件服务器全天不间断工作。由于电子邮件系统以客户/服务器模式工作，在发送邮件时作为客户，而在接收邮件时作为服务器。因此邮件服务器需安装两种协议：一种是用于客户机向邮件服务器发送邮件，或在邮件服务器之间发送邮件的协议，如 SMTP；另一种是用于客户机从邮件服务器读取邮件的协议，如 POP3 和 IMAP4。

图 9-13 的上半部所示为电子邮件的发送和接收的操作步骤。

① 发信人在 PC 机上调用用户代理 UA，撰写和编辑要发送的邮件。

② 发信人通过 MTA 客户把邮件发送给发信端的 MTA 服务器。因为邮件服务器为多个用户代理提供服务，邮件服务器设有缓存，邮件是送入邮件缓存队列的。

③ 发信端 MTA 客户与收信端的 MTA 服务器建立 TCP 连接，并通过此连接把邮件发送到收信端邮件服务器的收信人邮箱中，等待收信人来读取。如果此连接无法建立，稍后再进行新的尝试。如果邮件在规定时间内不能发送出去，那么发信端邮件服务器将把这种情况通知发信人用户代理。

④ 收信人拟读取邮件时，在 PC 上调用用户代理 UA，并通过 MAA 利用 POP3（或 IMAP4）读取自己的邮件。

⑤ 收信端邮件服务器中的 MAA 服务器把邮件传送给 MAA 客户，再经 UA 传送给用户。

从上述操作中可以看出，步骤①和②使用的 SMTP 是一个“推送”协议，把邮件从客户推向服务器。而步骤④和⑤使用的 POP3（或 IMAP4）是一个“拉回”协议，把邮件从服务器拉向客户。

9.4.2 电子邮件的格式

因特网电子邮件由信封和内容两部分组成。信封通常包括发信人地址、收信人地址和邮件主题等。TCP/IP 体系规定的电子邮件地址的格式如下：

收信人邮箱名@邮箱所在主机的域名

其中，符号“@”读作“at”，表示“在”的意思。收信人邮箱名即用户名，是收信人自己定义的字符串标识符，用户往往希望使用易记的字符串作为邮箱名。每个用户必须在邮件服务器上拥有一定的存储信息的空间（称为邮箱），以便存放邮件。为了保证邮件能在整个因特网范围内准确交付，邮箱名在同一个邮箱主机域名下必须是唯一的。所以，新用户在申请邮箱时，往往由于邮箱同名而不得不更名重新申请。邮件传送程序只使用邮件地址的后一部分，即目的主机的域名。只有在邮件到达目的主机后，收信端邮件服务器才根据收信人邮箱名，将邮件放入收信人的邮箱中。

电子邮件的内容包括首部和主体两大部分。在 RFC 5322 中只规定了首部的格式，用户写好首部后，邮件系统将自动地把信封所需的信息提取到信封上，所以用户就不必填写信封上的信息了。

邮件内容首部包含一些关键字，如：

“Date：”表示发信日期。

“From：”表示发信人的电子邮件地址。

“To：”填写一个或多个收信人的电子邮件地址（或从通讯簿中选取）。

“Subject：”是邮件的主题，表明邮件的主要内容，便于用户查找和管理邮件。

“Cc：”表示此邮件可同时抄送其他收信人。

“Bcc：”表示发信人可将此邮件暗送给其他收信人，但此发信操作并不为收信人知道。

“Reply-To：”是收信人回信所用的地址，这个地址可以与发信人发信时的地址不同。

邮件主体则是用户撰写邮件的内容。

9.4.3 简单邮件传送协议 SMTP

如前所述，在发信人与发信端邮件服务器以及两个邮件服务器之间是通过邮件传送代理 MTA 来传送邮件的。因特网中 MTA 客户和 MTA 服务器的形式协议是简单邮件传送协议 SMTP。SMTP 的最大特点是简单，它只定义了发信端和收信端 SMTP 进程之间如何连接并传送邮件，而未规定其他任何操作。

SMTP 协议定义了一些命令和响应，供 MTA 客户与 MTA 服务器之间交互使用。命令共有 14 条，是从客户发送到服务器的，它包含关键词，后接零个或数个变量。响应共有 21 种，是从服务器送到客户的，由 3 位十进制数字组成，后接附加的文本信息。下面通过邮件传送机制的介绍，来说明主要的命令和响应。

SMTP 邮件传送包括 3 个阶段。

（1）连接建立。当 MTA 客户与 MTA 服务器的熟知端口（25）建立 TCP 连接后，MTA 服务器就开始了它的连接阶段。连接阶段包括以下 3 个步骤：

① 服务器发送代码为 220（服务就绪），告知客户它已作好了接收邮件的准备。若服务器未准备就绪，就发送代码为 421（服务不可用）。

② 客户发送 HELO 报文，并附有标志自己的域名。

③ 服务器发送代码为 250（请求命令完成）。

（2）邮件传送。在 MTA 客户与 MTA 服务器之间建立连接后，发信人就可以把邮件发送给收信人。邮件传送阶段包括以下 8 个步骤：

① 客户发送 MAIL FORM 报文，告知发信人的邮件地址。

② 服务器发送代码为 250 或其他代码。

③ 客户发送 RCPT TO 报文，告知收信人的邮件地址。

④ 服务器发送代码为 250 或其他代码。(若同一邮件发送给多个收信人，步骤③和④将重复执行)

⑤ 客户发送 DATA 报文，并对报文的传送进行初始化。

⑥ 服务器发送代码 354（开始邮件输入）或其他适当的报文。

⑦ 客户发送邮件的内容。发送完毕后，再发送<CRLF>.<CRLF>，表示邮件内容结束。这里<CRLF>是“回车换行”，在两个回车换行之间用一个“点”隔开。

⑧ 服务器发送代码 250 或其他代码。

（3）连接释放。邮件传送成功后，客户就释放 TCP 连接。释放连接阶段包括以下 2 个步骤：

① 客户发送 QUIT 命令。

② 服务器发送代码 221（关闭传输信道）或其他代码。

下面给出一个发信人向收信人发送邮件的例子。假设邮件发送时间是 2017 年 7 月 26 日 8:50:43，发信人的邮件地址是 me@public1.ptt.js.cn，收信人邮件地址是 someone@yahoo.com，此邮件同时抄送 otherone@sina.com。邮件的主题为“会议通知”。此邮件发送过程中客户与服务器之间的交互情况如下：

客户（发信端）　　　　　　　　　　服务器（收信端）

←—220 public1.ptt.js.cn Service ready

HELO：me@public1.ptt.js.cn—→

←—250 public1.ptt.js.cn OK

MAIL FROM：me@public1.ptt.js.cn—→

←—250 OK

RCPT TO：someone@yahoo.com—→

←—250 OK

DATA—→

←—354 start mail input;end with<CRLF>.<CRLF>

Date：26 Jul 2017 8:50:43—→

From：me@public1.ptt.js.cn—→

Subject：Have a good time—→

To：someone@yahoo.com—→

Cc：otherone@sina.com—→

现定于 2017 年 7 月 28 日下午 3 时在综合楼会议室召开庆祝八一建军节离退休干部座谈会，请各位老同志准时参加。

<CRLF>.<CRLF>—→

←—250 OK

QUIT—→

←—221 public1.ptt.js.cn closing transmission channel

必须指出，上述邮件发送过程用户是完全感觉不到（即透明）的，因为所有过程都被用户代理所屏蔽。其实，使用 Outlook、Express 等客户软件发送邮件，其后台进行的交互也类似。虽然 SMTP 使用 TCP 连接试图使邮件的传送可靠，但它并不保证不丢失邮件，而且邮件服务器也可能出现故障，使收到的邮件全部丢失。不过，一般认为基于 SMTP 的电子邮件是可靠的。

9.4.4 邮件读取协议 POP3 和 IMAP4

邮件读取是通过邮件读取代理 MAA 来进行的，在用户机上有 MAA 客户，在收信端邮件服务器上有 MAA 服务器。现在常用于 MAA 客户和 MAA 服务器之间的邮件读取协议有两个：一个是邮局协议 POP3，另一个是网际报文存取协议 IMAP4。目前，使用 POP3 更为普遍。

邮局协议 POP 最早公布于 1984 年，后经多次更新，现在使用的是 1996 年公布的版本 POP3（RFC 1939），是因特网的正式标准。POP3 协议比较简单，但功能有限。它通过一组简单指令和响应实现客户与服务器间的交互操作。POP3 协议采用客户/服务器模式工作。客户机必须运行 POP 客户程序，而收信人邮件服务器则需运行 POP 服务器程序。当用户需要从邮件服务器的邮箱中读取电子邮件时，首先由 MAA 客户与 MAA 服务器的 110 端口建立 TCP 连接。客户等待服务器发出问候信息，进入认证状态（authorization state），用户通过 USER 指令和 PASS 指令实现身份认证。认证成功后进入事务状态（transaction state），系统邮箱被复制至一个临时文件。此时，用户可以使用 LIST 命令列出邮件首部的信息，并用 RETR 指令将指定邮件取回本地主机，DELE 命令将指定邮件标识为删除等。服务器接到 QUIT 指令后，进入更新状态（update state），系统将没有被标识为删除的邮件重新复制回系统邮箱，然后关闭连接并退出。

POP3 协议使用两种工作方式：删除方式和保存方式。删除方式指每次读取邮件后，就把邮箱中的该邮件删除。保存方式是在读取邮件后，仍将该邮件保存在邮箱中。删除方式通常适用于使用固定计算机的场合，而保存方式则适合于用户临时读取邮件的场合。

网际报文存取协议 IMAP4（RFC 3501）与 POP3 相似，但功能更强，也更复杂。现最新版本 4 是 2003 年 3 月修订的，还只是因特网的建议标准。IMAP4 也采用客户/服务器模式工作。客户机的用户代理运行 IMAP 客户程序，而收信人邮件服务器需运行 IMAP 服务器程序。由于 IMAP 协议允许用户可在用户机上直接操纵邮件服务器的邮箱，因此它是一个联机协议。

当用户要从邮件服务器的邮箱中读取电子邮件时，MAA 客户与 MAA 服务器端口 143 建立 TCP 连接，打开邮件服务器上的邮箱时，用户就可看到邮件的首部（含邮件的发送时间、主题等信息）。当用户需要打开某个邮件，该邮件才传送到用户的计算机。除非用户发出删除该邮件的命令，IMAP4 服务器将始终保存该邮件。

IMAP4 使用上最大的特点是可在不同地方、不同的计算机上随时上网处理自己的邮件，还允许收信人读取邮件的某一部分，这就大大方便了用户的使用。

9.4.5 通用因特网邮件扩充协议 MIME

SMTP 协议是一个简单的电子邮件传送协议，但它只能传送 NVT 7 位 ASCII 码格式的报文。对于不使用 NVT 7 位 ASCII 码格式的语种（如中、法、德、日、俄等）不能传送，也不能传送音频和视频数据。为此，在 1993 年提出了通用因特网邮件扩充协议 MIME，1996 年修订后成为因特网的草案标准（RFC 2045～2049）。它是一个辅助性的协议，作为

SMTP 协议的补充。MIME 继续使用 RFC 5322 格式，增加了邮件主体结构，并定义了传送非 ASCII 码的编码规则。MIME 的功能是允许非 NVT 7 位 ASC II 码格式的数据能够通过现有的电子邮件程序和协议进行传送。

MIME 在发送端将非 ASC II 码格式的数据转化成 NVT 7 位 ASCII 码格式的数据，并把它交付给 MTA 客户，然后通过因特网发送出去。在接收端，接收到的 NVT 7 位 ASCII 码格式的数据再交给 MIME，由 MIME 还原成非 ASCII 码格式的数据。因此，MIME 相当于一个非 ASCII 码数据与 NVT 7 位 ASCII 码数据之间进行转换的软件。图 9-14 所示为利用 MIME 进行代码格式的转换。

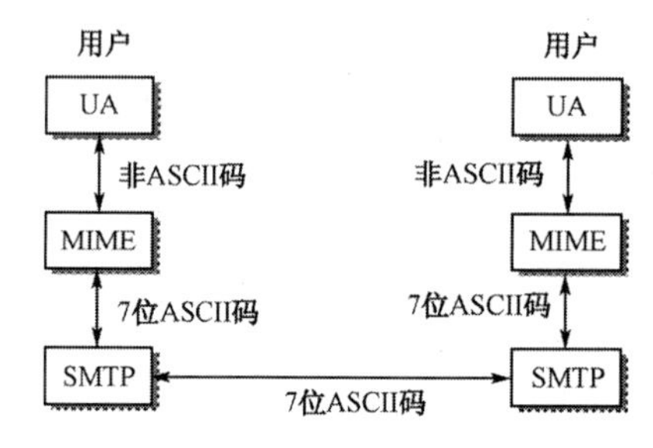

图 9-14　利用 MIME 进行代码格式的转换

MIME 定义了 5 种首部，把它加入到原始的电子邮件首部，用来定义参数的转换。这 5 种首部的名称及含义如下：

（1）MIME 版本（MIME-Version）。定义 MIME 使用的版本，当前的版本是 1.1。

（2）内容-描述（Content-Description，可选项）。定义邮件主体的是否为图像、音频或视频。

（3）内容-标识（Content-Id，可选项）。定义邮件的唯一标识符。

（4）内容-传送-编码（Content-Transfer-Encoding）。定义邮件在传送时是如何编码的。MIME 可采用 5 种类型的编码，因其中的两种（即 8 位非 ASCII 编码和 8 位二进制编码）不推荐使用，下面介绍常用的 3 种编码。

① 7 位 NVT ASCII 编码。这是最简单的编码。每行的长度不得超过 1000 字符。MIME 无须对 ASCII 码构成的邮件主体进行转换。

② base64 编码。这种编码可把发送的数据转换为可打印字符，以便作为 ASCII 字符或者邮件传送机制支持的任何类型字符集进行传送。其编码规则是：先将二进制数据（以位流形式）划分为 24 位的块，再把每块划分成 4 个组，每组 6 位。每个 6 位组再按以下方法转换成 ASCII 码。对 6 位组的编码规则是：6 位二进制码共有从 0～63 的 64 种不同值，分别代表大写英文字母、小写英文字母、数字 0～9、“+”号和“/”号（详见表 9-5）。再用连续的两个等号“= =”和一个等号“=”分别表示最后一组代码只有 8 位或 16 位。回车和换行符可插入在任何地方。例如：

24 位的二进制数据	11001100 10000001 00111001			
划分成 4 个 6 位组	110011	001000	000100	111001
对应的 base64 编码	z	I	E	5
对应的 ASCII 码	01111010	01001001	01000101	0110101…

不难看出，24 位的二进制数据经 base64 编码后，由 24 位变成为 32 位，开销达 25%。

表 9-5　base 64 编码表

二进制值	代码	二进制值	代码	二进制值	代码	二进制值	代码	二进制值	代码
000000	A	001101	N	011010	a	100111	n	110100	0
000001	B	001110	O	011011	b	101000	o	110101	1
000010	C	001111	P	011100	c	101001	p	110110	2
000011	D	010000	Q	011101	d	101010	q	110111	3
000100	E	010001	R	011110	e	101011	r	111000	4
000101	F	010010	S	011111	f	101100	s	111001	5
000110	G	010011	T	100000	g	101101	t	111010	6
000111	H	010100	U	100001	h	101110	u	111011	7
001000	I	010101	V	100010	i	101111	v	111100	8
001001	J	010110	W	100011	j	110000	w	111101	9
001010	K	010111	X	100100	k	110001	x	111110	+
001011	L	011000	Y	100101	l	110010	y	111111	/
001100	M	011001	Z	100110	m	110011	z		

③ 引用可打印编码（Quoted-printable）。这种编码适用于所传送的数据中只有少量的非 ASCII 码。其编码规则是：对于可打印的 ASCII 码（除等号“=”外），不作任何编码；对于等号“=”和非 ASCII 码，则用 3 个字符替代，第 1 个字符是等号“=”，第 2、3 字符是将这个等号“=”和非 ASCII 码表示成十六进制数，再分别转换成二进制数。

例如：

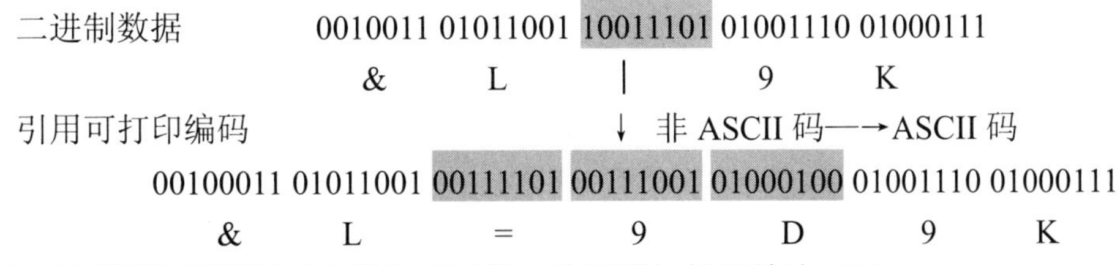

同样，引用可打印编码后也增加了开销，此例增加的开销达 40%。

（5）内容-类型（Content-Type）。定义邮件主体使用的 7 种基本内容类型和 15 种子类型。除此之外，MIME 还允许发信人和收信人自己定义专用的内容类型。但为避免可能出现的名字冲突，标准要求为专用的内容类型选择的名字要以字符串 X-开始。表 9-6 列出了在 MIME Content-Type 说明中可出现的类型及其意义。

表 9-6　在 MIME Content-Type 说明中可出现的类型及其意义

内 容 类 型	子 类 型	说 明
text（文本）	plain	无格式的文本
	richtext	带有简单格式的文本，如粗体、斜体、下画线等
	enriched	richtext 类型的明确化、简化和精练
	html	超文本标记语言文本
image（图像）	gif	GIF 格式的静止图像
	jpeg	JPEG 格式的静止图像
	tiff	TIFF 格式的静止图像
audio（音频）	basic，mpeg，mp4	不同格式的可听见的声音

续表

内容类型	子 类 型	说 明
video（视频）	mpeg，mp4，quicktime	各种格式的影片
application（应用）	octet-stream，pdf，zip	不同应用程序产生的二进制数据流
	PostScript，JavaScript	PostScript、JavaScript 可打印文档
message（报文）	rfc822	MIME RFC 822 邮件
	http	HTTP 报文
	partial	报文主体是更大报文的分片
	external-body	从网上获取报文主体
multipart（多部分）	mixed	按规定顺序的几个独立部分
	alternative	不同格式的同一邮件
	parallel	必须同时读取的几个部分
	digest	摘要，默认的是 RFC822 子类型报文

9.4.6 基于万维网的电子邮件

20 世纪 90 年代中期，Hotmail 网站引入了基于万维网的电子邮件。后来，不少著名网站（如新浪，网易等）都提供了基于万维网的电子邮件服务。在这种电子邮件系统中，从作为发信人用户代理的万维网浏览器到发信端邮件服务器是使用 HTTP 的，而从收信端邮件服务器到作为收信人用户代理的万维网浏览器也是使用 HTTP 的，只有发信端邮件服务器到收信端邮件服务器仍使用 SMTP。图 9-15 所示为基于万维网的电子邮件系统。

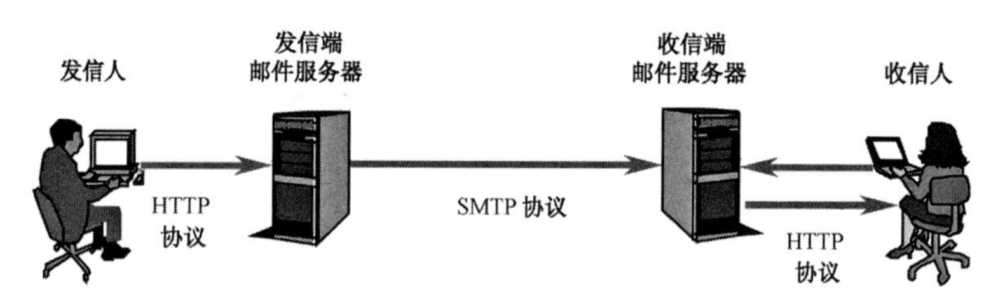

图 9-15 基于万维网的电子邮件系统

不难看出，基于万维网的电子邮件与前面介绍的电子邮件系统有两点不同。一是从万维网浏览器到发信端邮件服务器使用的是 HTTP，而不是 SMTP；二是从收信端邮件服务器到万维网浏览器使用的是 HTTP，而不是 POP3 或 IMAP4。但它们在发信端邮件服务器到收信端邮件服务器仍都使用的是 SMTP。

*9.5 动态主机配置协议 DHCP

大家知道，通常网络协议软件做成通用和可移植的，而协议软件的参数化将有助于适应不同的运行环境。对协议软件参数的赋值操作称为协议配置。这一操作是在协议软件运行之前进行的。具体配置哪些信息则与协议栈有关。对于连接到因特网上的主机，需要为协议软件配置的信息一般包括：IP 地址、子网掩码、默认路由器的 IP 地址、域名服务器的 IP 地址等。这些信息常被存储在一个配置文件中，计算机在引导过程中对它进行读取。那么，无盘工作站或者有盘计算机首次引导时是如何获取这些配置信息的呢？

因特网曾使用过引导程序协议 BOOTP（Bootstrap Protocol），它是一个基于 TCP/IP 的自举协议，它可以使无盘工作站从服务器上分配到动态的 IP 地址。在使用 BOOTP 协议之前，仍用 RARP 协议来获取 IP 地址信息，但 BOOTP 协议只需发送一个广播报文就可获取所需的全部配置信息。

尽管 BOOTP 可以为无盘工作站自动获取 IP 地址，但它是一个静态配置协议，在有限的 IP 资源环境中，BOOTP 的静态配置将会造成很大的浪费，因此 BOOPT 已被淘汰。目前广泛使用的是动态主机配置协议 DHCP（Dynamic Host Configuration Protocol）。DHCP 在 BOOTP 的基础上提供了即插即用连网的机制，即允许入网主机自动地获取 IP 地址等配置信息。从用户的观点来看，DHCP 不过是 BOOTP 的扩展，这就使得现有的 BOOTP 用户在不进行任何改动的情况下就可以使用 DHCP。

DHCP 协议为 IP 地址分配提供了两种机制：静态地址分配和动态地址分配，分配可以人工或自动的。静态地址分配是人工配置，DHCP 服务器有一个数据库，它静态地把物理地址绑定到 IP 地址。人工配置使用并不方便，且容易出错。动态地址分配是自动配置，当一个 DHCP 客户请求临时的 IP 地址时，DHCP 服务器就从数据库查找可用的 IP 地址，从中指派有一定使用期限的有效的 IP 地址。可见，动态分配是一种允许自动重用地址的机制，又称即插即用连网（plug-and-play networking）。这对于有临时上网要求的用户，在网络地址资源并不丰富的场合尤为适用。DHCP 可为位置固定且运行服务器程序的计算机分配永久的 IP 地址。

DHCP 协议使用客户/服务器模式。DHCP 服务器对所有的网络配置数据进行统一的集中管理，并负责处理客户端的请求。DHCP 所使用的熟知端口号与 BOOTP 相同，即 DHCP 服务器为 67，DHCP 客户为 68。

由于每个网络不可能都设有 DHCP 服务器，因此可以通过设置 DHCP 中继代理（relay agent）来解决这个问题。DHCP 中继代理配置了 DHCP 服务器的 IP 地址，当它收到客户机发来的发现报文后，就以单播方式向 DHCP 服务器转发此报文。待 DHCP 中继代理收到 DHCP 服务器回答的提供报文后，它再把此提供报文转发给客户机。图 9-16 所示为 DHCP 中继代理实现网络配置信息的传递过程。

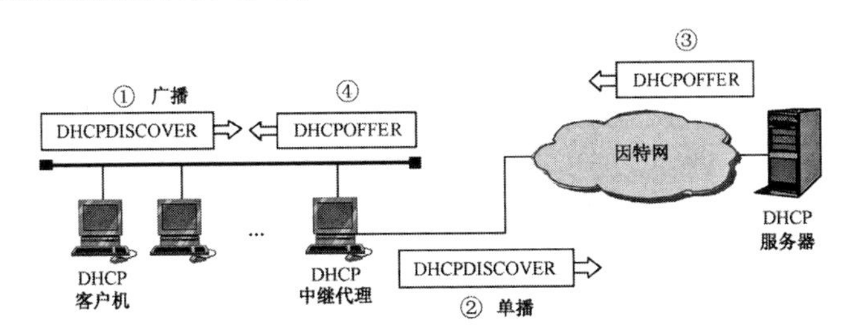

图 9-16　以 DHCP 中继代理实现网络配置信息的传递过程

DHCP 服务器为 DHCP 客户机配置的 IP 地址是临时的，它有一个租用期（lease period）。租用期的设置既可以由 DHCP 客户机提出，也可由 DHCP 服务器设定。根据 RFC 2132 规定，租用期由一个 32 位二进制数表示，时间以秒计算，可供选择的时间范围为 1s～136 年。

客户机获取 IP 地址的过程如下：

① 需要 IP 地址的主机运行 DHCP 客户程序（此时该主机称为 DHCP 客户机），把 DHCP 请求作为 UDP 数据报的数据封装在 UDP 数据报中，以全 0 为源 IP 地址，全 1 为目的 IP 地址，用广播方式向本地网络发送发现报文（DHCPDISCOVER）。

② 凡收到 DHCP 发现报文的 DHCP 服务器都对此广播报文做出响应，在其数据库中查找该客户机的配置信息。若找到，则将配置信息返回给客户机。若找不到，则从尚未租用的 IP 地址中取一个分配给该客户机，DHCP 服务器把配置信息放入提供报文（DHCPOFFER）内回送给客户机。

③ 客户机收到提供报文后，从中选择一个 DHCP 服务器，并向其发送 DHCP 请求报文（DHCPREQUEST）。

④ 被选择的 DHCP 服务器回答确认报文（DHCPACK）。

⑤ 客户机收到确认报文后，就获得了临时的 IP 地址。

⑥ 当租用期达到一半时，客户机向服务器发送请求报文（DHCPREQUEST）要求更新租用期。若服务器同意，则回答确认报文（DHCPACK），客户机得到新租用期，即可重新设置计时器。若服务器不同意，则回答否认报文（DHCPNAK），此时客户机必须停止使用原来申请的 IP 地址，返回到步骤②重新提出 IP 地址的请求。

⑦ 若 DHCP 服务器未响应步骤⑥，则在租用期达到 87.5%时，客户机重新发送请求报文（DHCPREQUEST）要求更新租用期，重复步骤⑥的动作。

⑧ 若 DHCP 客户机需提前终止租用期，可向 DHCP 服务器发送释放报文（DHCPRELEASE），告知服务器此 IP 地址不再使用。

DHCP 的安全性并不高，因为它是基于 UDP 和 IP 的，而且在开始的时候 DHCP 主要用于无盘站，在这样的环境中实现保密十分困难，因此 DHCP 的安全性并不好。非法的服务器和非法的客户都可能会对系统造成危害。

DHCP 很适合于便携式计算机的使用。当使用 Windows 操作系统时，若单击控制面板中的网络图标就可以找到某个连接中的“网络”下面的菜单，找到 TCP/IP 后单击其“属性”按钮，并选择“自动获得 IP 地址”和“自动获得 DNS 服务器地址”，就表示使用 DHCP。

9.6 应用进程间的通信

应用层协议为用户使用因特网资源提供了极大的方便。但是，如果有一些特定的应用需要得到因特网的支持，又苦于没有标准化的应用层协议，那么该如何进行工作呢？这就是本节所要介绍的内容。

9.6.1 系统调用

通常，操作系统内核中都设有一组用于实现各种系统功能的子程序，调用这些子程序的操作称为系统调用。用户可以通过系统调用命令在自己的应用程序中调用它们。因此，系统调用是应用程序与操作系统之间交换控制权的一种机制。从某种程度上来看，系统调用和普通的函数调用非常相似，其区别仅在于系统调用由操作系统核心提供，运行于核心态；而普通的函数调用则由函数库或用户自己提供，运行于用户态。此外在具体使用方式上也有相似之处。当然，有些操作系统核心还提供了函数库，这些库对系统调用进行了一些包装和扩展，因为这些库函数与系统调用的关系非常密切，所以习惯上把这些函数也称为系统调用。

操作系统中倒底有多少个系统调用呢？这个问题很难回答。因为狭义上的系统调用可以在“内核的源码目录”中找到。但广义上的系统调用，也就是以库函数的形式实现的系统调用，它们的个数就从来没有人去统计过。况且内核在不断地更新，内核中的函数数目也在不断变化，所以系统调用个数就难以说清楚。

实际上，许多人们习以为常的标准函数，在操作系统平台上的实现都是靠系统调用来完成的。所以，如果想对系统底层的原理作深入的了解，掌握各种系统调用便是初步的要求。当然，若要成为编程高手，则更应该对各种系统调用有透彻的了解。另外，在平常编程中，系统调用是实现编程算法简洁而有效的途径，所以尽可能多地掌握系统调用对提高编程能力将会有很大的帮助。

9.6.2　应用编程接口

一般情况下，进程是不能访问操作系统的内核的。它既不能访问内核所占内存空间，也不能调用内核函数。这是由 CPU 硬件决定的，称为“保护模式”。但系统调用则是例外，当某个应用进程启动系统调用时，控制权就通过系统调用接口由应用进程传递给操作系统，待操作系统执行完所请求的操作后，又把控制权通过系统调用接口返回给应用进程。因此，系统调用接口是应用进程与操作系统之间交接控制权的接口。由于应用程序在使用系统调用之前需先设置系统调用必需的许多参数，因此这种系统调用接口又称为应用编程接口 API（Application Programming Interface）。从程序设计的角度，API 定义了许多标准的系统调用函数，应用进程只要调用这些标准的系统调用函数就可得到操作系统的服务。

由于 TCP/IP 协议族被设计成能运行于多种操作系统的环境，然而 TCP/IP 并未规定与 TCP/IP 协议软件接口的细节，而是允许系统设计者能够选用合适的 API。目前已有几种可供应用程序使用 TCP/IP 的应用编程接口。其中，最著名的是美国加州大学伯克利分校为 Berkeley UNIX 操作系统定义的 API，称为套接字接口（socket interface）；微软公司的套接字接口 API，称为 Windows Socket；以及 AT&T 为其 UNIX 系统 V 定义的 API，又称 TLI（Transport Layer Interface）。

在编写网络程序时，常把套接字作为应用进程与传输层协议的接口。图 9-17 所示为应用进程通过套接字相互通信的情况。图中，套接字以上的进程是受应用程序控制，而套接字以下的传输层协议软件则受操作系统的控制。也就是说，应用程序设计人员对套接字以上的应用进程有着完全的控制权，如选择传输层的协议（TCP 或 UDP）以及一些参数（如最大存储空间和最大报文长度等）。

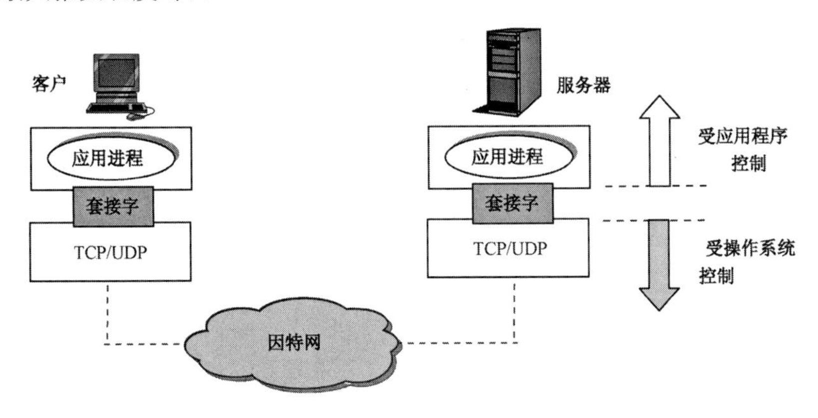

图 9-17　应用进程通过套接字相互通信

当计算机网络中计算机上的应用进程需要通过网络使用进行通信时，必须先发出 socket

系统调用，请求操作系统为其创建一个“套接字”。其结果是操作系统把网络通信所需要的一些系统资源（如 CPU 时间、存储空间、网络带宽等）分配给该应用进程。操作系统用套接字描述符（一个整数）来表示这些网络资源，并把这个套接字描述符返回给应用进程。以后，应用进程所进行的网络操作都使用这个套接字描述符。所以，几乎所有的网络系统调用都把这个套接字描述符作为套接字参数中的第一个参数。在处理系统调用时，通过套接字描述符，操作系统就可以识别出应使用哪些资源来为该应用进程服务。当通信完毕后，应用进程通过关闭套接字的 close 系统调用，通知操作系统回收与该套接字描述符相关的所有资源。由此可见，套接字是应用进程为获得网络通信服务与操作系统进行交互时使用的一种机制。

由于机器中可能同时存在多个套接字，这就需要有一张套接字描述符的表格。此表中的每一个套接字描述符都有一个指针，指向该套接字的数据结构。套接字数据结构中的参数包括协议族、服务类型、本地 IP 地址、远地 IP 地址、本地端口、远地端口等。图 9-18 所示为套接字描述符与套接字数据结构的关系。

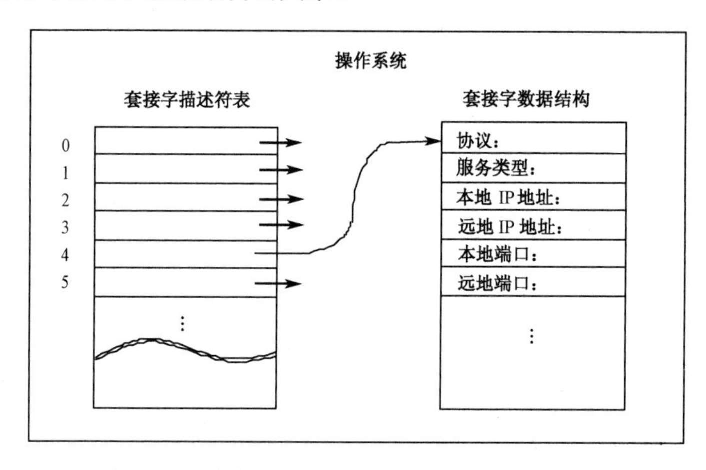

图 9-18　套接字描述符与套接字数据结构的关系

习　题　9

9-01　应用程序具有哪些基本功能？应用体系结构有哪几种类型？

9-02　基于客户/服务器的体系结构使用的客户/服务器模式有何特点？

9-03　域名系统的主要功能是什么？域名服务器负责管辖的范围有“区”和“域”之分，试问“区”和“域”有何区别？

9-04　域名服务器有哪几种类型？它们之间有何区别？

9-05　简述域名解析的过程。域名服务器中的高速缓存有何作用？

9-06　解释以下名词：WWW，URL，HTTP，HTML，CGI，浏览器，超文本，超媒体，超链，页面，活动文档，搜索引擎。

9-07　浏览器/服务器模式（B/S）与客户/服务器模式（C/S）有何不同？浏览器具有哪些特点？

9-08　假定一个超链从一个万维网文档链接到另一个万维网文档时，由于网络运行出现差错，使得超链指向一个无效的 URL。试问：浏览器在用户机屏幕上显示的信息是什么？

9-09　假定一个用户正在通过 HTTP 下载一个网页，该网页没有内嵌对象，TCP 协议的慢启动门限值为 30 个分组的大小。该网页长度为 14 个分组，用户主机与 WWW 服务器之间的往返时延 RTT 为 1s。不考虑其他开销（例如，域名解析、分组丢失、报文段处理）。试问：用户下载该网页大概需要多长时间？

9-10　假设用户单击某个超链接来访问某个网页。该网页的 URL 对应的 IP 地址没有被缓存，因此需要通过 DNS 来获得其 IP 地址。假设采用 n 个不同的 DNS 服务器，每个 DNS 服务器和当前机器的往返时延 RTT 分别为 RTT_1，RTT_2，…，RTT_n。同时假设网页设有内嵌对象，大小为 500B，当前主机和 WWW 服务器的 RTT 为 RTT_0。试问：从单击超链到接收到该网页最长的时间为多少？

9-11　若使用 HTTP1.1，一个万维网文档除了有文本之外，还有一个本地.gif 图像和 3 个远地.gif 图像。试问：用户单击这个万维网文档时，需要建立几次 TCP 连接？如用 UDP 连接，建立的次数又是多少？如果升级使用 HTTP1.1，请重新进行计算。

9-12　HTTP 如何实现万维网站点识别用户的功能？

9-13　假设 WWW 包含 1000 万个页面，平均每个页面有 10 个超链接。取一个页面平均花费 100ms 的时间。试问索引整个 WWW 的最短时间是多少？

9-14　万维网文档有哪几种类型？它们本质上的区别是什么？

9-15　搜索引擎有哪两种类型？其特点是什么？

9-16　简述博客、微博和轻博这 3 种网络服务的异同。

9-17　试述电子邮件系统的主要构件及其作用。

9-18　试述电子邮件的地址格式。其中内容首部中包含的关键字：To、Subject、Cc、Bcc 和 Reply to，它们各表示什么意思？

9-19　简述 SMTP 邮件传送的 3 个阶段。

9-20　简述邮局协议 POP 的工作过程。

9-21　在电子邮件系统中，为什么需要使用 SMTP 和 POP 这两种协议？接收邮件协议 POP3 和 IMAP4 有何区别？

9-22　通用因特网邮件扩充协议 MIME 的作用是什么？MIME 为什么要位于 SMTP 之上，而路由信息协议 RIP 且在应用层协议中？

9-23　内容-传送-编码常用的有哪三种编码？它们的编码规则是什么？

9-24　试将数据 01010111 00001111 11110000 进行 base64 编码，并得出最后传送的 ASCII 码。

9-25　试将数据 01010111 01001100 10011101 01110001 进行引用可打印编码，并得出最后传送的 ASCII 码。

9-26　若有一个 1500B 的二进制文件，使用 base64 编码，并且每发送完 80B 就插入一个回车符 CR 和一个换行符 LF。试问：一共发送了多少字节？

9-27　基于万维网的电子邮件系统有什么特点？在传送邮件时使用什么协议？

9-28　DHCP 协议的作用是什么？它们适用于何种场合。

9-29　系统调用的作用是什么？什么是应用编程接口 API？

第 10 章　因特网的多媒体应用服务

本章是第 9 章应用层内容的继续。首先对因特网提供多媒体应用服务进行概述，接着介绍流式存储媒体服务器和实时流式协议 RTSP，并以 IP 电话为例介绍实时交互媒体所使用的一些协议，如 H.323 协议、会话发起协议 SIP、实时传输协议 RTP 和实时传输控制协议 RTCP。最后讨论改进“尽力而为”服务质量的若干机制，以及介绍综合服务 IntServ 和区分服务 DiffServ。

*10.1　多媒体应用服务概述

在自然进化的过程中，人类利用自己的视觉、听觉、触觉、味觉和嗅觉各种器官感受和交流各种信息。据统计，在通过各种感官收集到的各种信息中，视觉占 65%，听觉占 20%，触觉占 10%，味觉占 2%左右，嗅觉占 3%左右。利用视觉和听觉收集的信息占绝大部分。

媒体是承载信息的载体，是人们借以感知、表示、显示、存储和传输信息的物质。CCITT 将媒体定义为 5 种类型，即感知媒体、表示媒体、显示媒体、存储媒体和传输媒体。多媒体服务主要涉及两种媒体和有关技术，一种是感知媒体，指人类感官能直接感知的媒体，如语音、音乐、文字、数据、动画、图形和图像等；另一种是表示媒体，指用于实现数据交换而对感知媒体实现的编码。

现今，科学技术的进步已经改变了人们对音频和视频的使用。在过去，人们通过无线电收音机收听音频广播，通过电视机观看视频广播节目，通过电话网络与另一方进行交互式通信。如今人们使用因特网不仅进行文字和图像通信，而且还可得到音频和视频服务。利用因特网传送音频/视频信息通常称为多媒体信息，它与传统的数据信息不同，是指内容上相互关联的文本、图形、图像、声音、动画和活动图像等所形成的复合数据信息。本节着重介绍如何使用因特网得到音频和视频的应用服务。

10.1.1　多媒体信息的传输特性

随着因特网的迅速发展和上网带宽的增加，许多用户都要求在因特网上传输多媒体信息，这就促使了流媒体传输技术的研究和发展。

流媒体是指采用流式传输方式在因特网或内部网播放的媒体格式。流媒体的互动性使其广泛应用于视频点播、互动游戏、远程培训等。流媒体涉及许多领域，如存储、压缩和传输技术已成为研究和应用的热点。但是，通过网络传输实时流媒体仍面临着许多问题。例如：带宽限制，时间延迟和拥塞控制等。

利用公用电话网传送多媒体信息已是一项成熟的技术。如电视会议，其传输质量是有保障的，存在的问题仅仅是因租用电信公司的线路费用太高。多媒体信息与以往的数据信息不同，是指内容上相互关联的文本、图形、图像、声音、动画等多种媒体所形成的信息。各种类型多媒体信息的传输指标如表 10-1 所示。

表 10-1 各种多媒体信息的传输指标

媒体类型 \ 传输特性	最大时延（ms）	最高传输速率（Mb/s）	可接受的平均误码率 BER	可接受的分组差错率 PER
声音	250	0.064	$<10^{-1}$	$<10^{-1}$
视频	250	100	$<10^{-2}$	$<10^{-3}$
压缩的视频	250	2～20	$<10^{-6}$	$<10^{-9}$
数据、文件	1000	2～100	0	0
实时数据	1～1000	<10	0	0
图形、静止图像	1000	1～10	$<10^{-4}$	$<10^{-9}$

与传统数据信息相比较，多媒体信息具有以下 3 个特点：

① 多媒体信息是实时信息，其信息量大，要求存储空间大、传输频带宽。这里仍以前述（例 3-1）的一张 2.55×10^6 像素的普通图片为例，如每个像素有 16 个亮度等级，那么传输这张图片的信息量为 9×10^6b（或 1.125MB）。可见，在因特网上传输图片必须采用信息压缩技术，但需注意的是，压缩比的提高是以损失原始数据的信息量为代价的。

② 不同的多媒体信息的传输速率差异很大。如对于电话，采用标准 PCM 编码，采样率为 8kHz，每个样本用 8 位二进制编码，则所需的传输速率是 64kb/s。对于高质量的立体声音乐 CD 信息，虽也采用 PCM 编码，但采样率为 44.1kHz，每个样本用 16 位二进制编码，则所需的传输速率达 1.4Mb/s。为此必须提高信道（或网络）的传输能力或传输带宽，使网络更能适应多媒体信息传输的要求。

③ 时延和时延抖动对多媒体信息传输有较大的影响。大家知道，模拟的多媒体信号经数字化后才能在因特网上以分组为单位进行传输，但使用 IP 的因特网对每一个分组是独立传送的，它们经历的路径不一定相同，因此尽管发送端发送的分组是等时间隔的，但到达目的端的分组就不一定是等时间隔的。如果我们在接收端将这些分组边接收边还原，就会产生很大的抖动失真。图 10-1 左半部说明多媒体信息在因特网中传输的非等时特点。

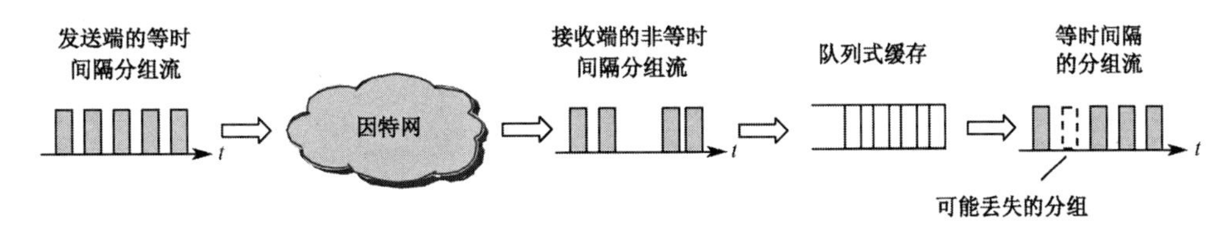

图 10-1 多媒体信息在因特网中的传输

解决抖动失真的一种方法是使用时间戳。如果每一个分组都有一个时间戳，这个时间戳就给出了它相对于第一个（或前一个）分组产生的时间，这样，接收端就可以把这个时间加到它开始重放的时间上面，从而把到达时间和播放时间区分开来。

欲把到达时间和重放时间分开，需要在接收端设置一定容量的缓存（俗称重放缓存）。当缓存中的分组数达到一定数量后再以恒速按序读出进行还原播放，从而解决因因特网传输非等时间隔传输带来的弊病。图 10-1 右半部分说明了缓存的作用。

显然，设置缓存会增加播放时延 T，但在很大程度上却消除了时延带来的抖动失真的影响。那么，应如何选取播放时延 T 呢？对于单向传输的视频节目选取较大的 T 并无多大影响，无非是等待较长一段时间才能看到所需的节目而已。但对于时延敏感的实时数据，不仅要求传输时延不宜太长，而且时延抖动也必须受到限制。如果选择的 T 太小，消除时延抖动的效果会较差；而选择的 T 过大，又会使分组的平均时延增大。所以，T 的选取应折中考虑。

除了设置时间戳和缓存之外，由于实时数据的分组在传输过程中还可能出现差错甚至丢失现象，而重传分组则使时延大大增加，所以在传输层应采用 UDP。其实，对传送实时数据来说，宁愿丢失少量分组，也不希望分组到达得太晚。对于实时通信，由于到达接收端的分组可能不按序，可为每一个分组编一个序号，使得在接收端用序号对分组进行排序。当然，这应得到相应协议的支持。

还有，通过改造现有的因特网，使得它能够传送高质量的多媒体信息，也是一个值得考虑的问题。

10.1.2　音频/视频服务的分类

目前，因特网提供的音频/视频服务大体上可划分为 3 大类。

（1）流式存储音频/视频

流式存储音频/视频指的是把事先已压缩好的音频/视频文件存储在服务器上，用户按需访问并下载这些音频/视频文件。有时也称为按需音频/视频。由于流式存储音频/视频文件可能很大，需要很长时间才能下载完毕，而用户又不愿意等待很长的下载时间，所以流式存储音频/视频服务的特点是边下载边播放。

必须注意，这里所述的“边下载边播放”的“下载”与传统意义上的“下载”有着本质上的区别。传统的“下载”是把需要下载的内容存储到硬盘上成为一个文件，然后用户可对被下载的文件进行打开、编辑、存储、更名等操作。而音频/视频的“下载”并没有把下载的内容存储到硬盘上，用户只能在屏幕上观看下载的内容，不能对下载内容进行任何操作。这一特性对保护版权显然是有利的。

（2）流式直播音频/视频

流式直播音频/视频指的是通过因特网广播的无线电和电视节目。此类音频/视频文件不是事先录制并存储在服务器中，而是发送端边录制边发放，为用户提供一对多的通信。流式直播音频/视频理应采用多播技术，以利于提高网络的资源利用率。目前流式直播音频/视频服务还不普及。

（3）交互式音频/视频

交互式音频/视频指的是用户通过因特网进行交互式的音频/视频通信。现在因特网上的电话通信，或者电视会议就是此类应用服务的典型事例。

因为音频/视频信号在送往因特网之前，必须先对其数字化，为了节省所需的带宽，还需要进行压缩，所以下面先介绍音频/视频信号的数字化及其压缩问题，然后再具体讨论上述主要的音频/视频服务。

10.1.3　音频/视频信号的数字化和压缩

1. 音频信号的数字化和压缩

当声音传入话筒时，语音变成了模拟的音频电信号，它是声音的振幅与时间的函数。根据采样定理，如将语音信号的频率限制在 4000Hz 以下，为了分辨语音数据，就需以每秒

8000 次对其采样，每个样本若以 8 位样本表示，则可得到 64kb/s 的数字信号。对于音乐，因频带较宽，采样速率应提高到 44100Hz，每个样本以 16 位表示，则单声道数字信号速率为 705.6kb/s，而立体声数字信号速率为 1.411Mb/s。

语音和音乐都可使用音频压缩，常用的音频压缩技术有预测编码和感知编码两种。预测编码是把采样之差而不是把所有采样的值进行编码，现已制订多种标准，如 GSM（13kb/s）、G.720（8kb/s）和 G.723（6.4 或 5.3kb/s）。感知编码基于音质科学，它的基本思想是基于人们的听觉系统中存在的缺陷：某些声音可能掩蔽其他的声音。这种掩蔽现象在时域或频域中都会发生。在时域掩蔽中，一个很强的声音会在这个声音停止后的一个短时间内使人们的耳朵失去听觉。而在频域掩蔽中，在一个频率范围内的强声音可以部分或全部地掩蔽另一个频率范围内的弱声音。感知编码 MP3 就是利用时域和频域掩蔽这两种现象来压缩音频信号的。MP3 技术对频谱进行分析，并把它划分为若干组：零位分配给完全被掩蔽的频率范围，小数目位分配给部分被隐蔽的频率范围，大数目位分配给未被掩蔽的频率范围。MP3 产生的数据速率是：96kb/s，128kb/s 和 160kb/s。

2．视频信号的数字化和压缩

视频信号是用帧来表示的，每一帧是一个图像。仅当这些帧在屏幕上以足够快的速率显示时，人们才能有运动图像的感觉。但每秒钟显示的帧数并没有统一的标准，如北美采用每秒 25 帧。为了避免闪烁，还需对每一帧进行刷新。电视信号对每一帧刷新两次，这相当于每秒发送了 50 个帧。电视信号的每一帧划分成许多个小格，称为图像元素（或像素）。对于黑白电视，每一个像素用 8 位整数，表示 256 个不同的灰度。对于彩色电视，每个像素是 24 位，每个基色（红、绿和蓝）为 8 位。因此，在最低分辨率的情况下，每个彩色帧由 1024×768 像素组成，彩色电视信号的传送速率为 2×25×1024×768×24=944（Mb/s）。这个速率非常之高，要使用低速率来传送视频信号，就需要对其进行压缩。

视频压缩其实是对图像进行压缩。目前流行的两个标准是：JPEG（用于压缩图像）和 MPEG（用于压缩视频）。

图像压缩标准 JPEG 把一个灰度图像划分为许多 8×8 像素的块。把图像划分成许多块是为了减少数学运算的工作量，因为对每一个图像而言，数学运算量就是这些单元的数的平方。JPEG 的基本思想是：把图像转换成能反映冗余度的数的线性（向量）集合，然后再使用一种文本压缩方法移去冗余度。图 10-2 表示 JPEG 的图像压缩过程。

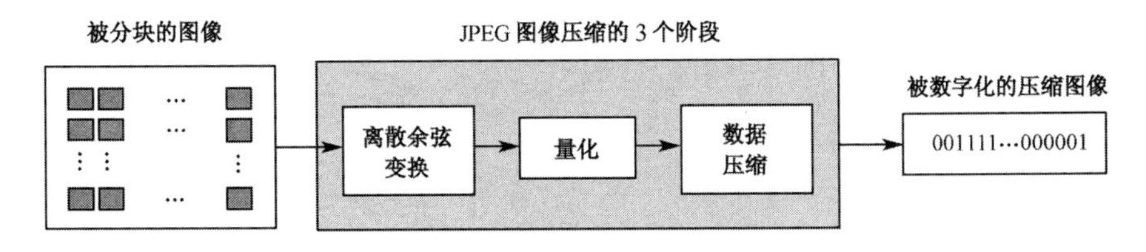

图 10-2　JPEG 的图像压缩过程

视频压缩标准 MPEG 把活动图像视为一组帧的快速流，而每一帧是一个图像。也就是说，一个帧是像素的空间组合，而视频是一个接一个帧发送的时间组合。因此，压缩视频就是对每一帧进行空间压缩，再对帧的集合进行时间压缩。空间压缩是对每一帧使用 JPEG，亦即把每一帧看作是一个能够独立进行压缩的图像。时间压缩是删除冗余的帧。MPEG 经历了两个版本：MPEG1 是为 CD-ROM 而设计的，数据率为 1.5Mb/s；MPEG2 是为高质量

DVD 而设计的，数据传输速率为 3～6Mb/s。

10.2 流式存储音频/视频

在讨论流式存储音频/视频服务的文件下载方法之前，我们先讨论用户使用传统的浏览器是如何从服务器下载音频/视频文件。图 10-3 所示为下载音频/视频文件的传统方法。

如图 10-3 所示，音频/视频文件的传统方法包含以下 3 个步骤。

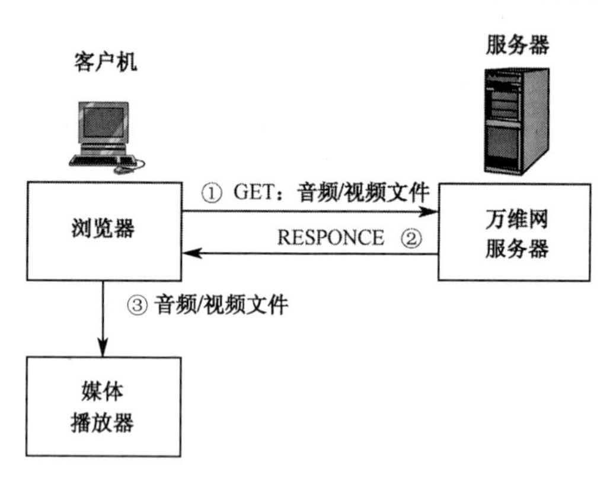

图 10-3 下载音频/视频文件的传统方法

① 用户从客户机的浏览器上，通过 HTTP 向服务器发送请求下载某个音频/视频文件的 GET 报文。请注意，HTTP 使用 TCP 连接。

② 服务器接收到 GET 报文后，如有此文件，就通过 RESPONSE 作为 HTTP 的响应报文，其中装有用户所需的被压缩的音频/视频文件。整个下载过程可能会花费很长的时间。

③ 当浏览器完全收下这个音频/视频文件后，就可以传送给自己机器上的媒体播放器进行解压缩，然后播放。

这里读者可能会问，为什么不能直接在浏览器中播放音频/视频文件呢？这是因为这种播放器并没有集成在万维网浏览器中。因此必须使用一个单独的应用程序来播放这种音频/视频节目。这个应用程序通常称为媒体播放器（media player）。现在流行的媒体播放器有 RealNetworks 的 RealPlayer、微软的 Windows Media Player 和苹果的 QuickTime。媒体播放器的主要功能是：管理用户界面、解压缩、消除时延抖动和处理传输可能出现的差错。

值得注意的是，图 10-3 所示的下载音频/视频文件的传统方法并没有涉及“流式”（即边下载边播放）的概念。传统下载方法的最大缺点就是历时太长。因为一个音频/视频文件即使是在压缩之后通常也是很大的（如音频文件通常是几十 Mb，而视频文件可能有几百 Mb），而传统方法又必须把所下载的音频/视频文件全部下载完毕后才能开始播放，这样用户在播放这个文件前就需要等待几秒甚至几十秒钟。为此，人们已经提出了几种改进的方法。

10.2.1 具有元文件的万维网服务器

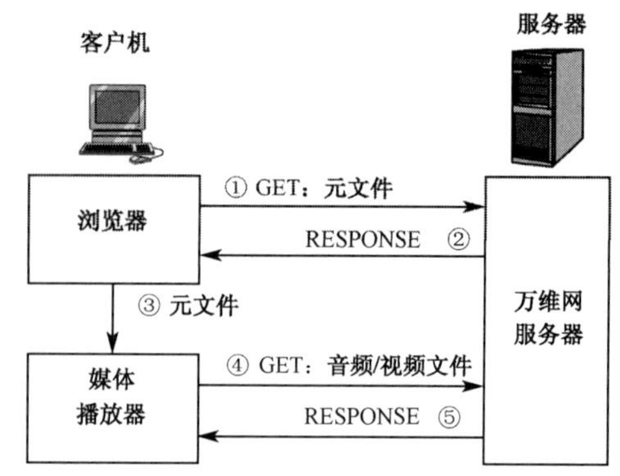

图 10-4 使用具有元文件的万维网服务器

第一种改进的方法是在万维网服务器中，除了存储真正的音频/视频文件外，还存储着一种保存与音频/视频文件有关信息的元文件。图 10-4 所示为使用元文件下载音频/视频文件的操作步骤。

① 浏览器用户单击所请求的音频/视频文件的超链，使用 HTTP 的 GET 报文接入到万维网服务器。注意，这个超链并未直接指向所请求的音频/视频文件，而是指向一个元文件，这个元文件中有所请求的音频/视频文件的 URL。

② 万维网服务器收到 GET 报文后，将该元文件装入 HTTP 响应报文发回给浏览器。在响应报文中还指明该音频/视频文件类型的首部。

③ 浏览器收到万维网服务器的响应后，分析其内容类型首部行，调用相关的媒体播放器（因客户机中可能装有多个媒体播放器），并提取元文件传送给媒体播放器。

④ 媒体播放器使用元文件中的 URL 直接与万维网服务器建立 TCP 连接，并向其发送 HTTP 请求报文，要求下载浏览器所请求的音频/视频文件。

⑤ 万维网服务器发送 HTTP 响应报文，把该音频/视频文件发送给媒体播放器。媒体播放器获得所需的音频/视频文件后，就以音频/视频流的形式边下载边解压边播放。

10.2.2 媒体服务器

第一种方法存在一个问题，即浏览器和媒体播放器都使用 HTTP 服务，但 HTTP 服务是在 TCP 连接上运行的。由于 TCP 可能出现重传出错或丢失报文段，因而这只适合于读取元文件，而不适合于读取音频/视频文件。可见，我们不应使用 TCP 而应该使用 UDP，而且存放音频/视频文件需要另一种服务器，即媒体服务器（media server）或流式服务器（streaming server）。媒体服务器与万维网服务器的最大区别在于它支持流式音频/视频文件的传送。现在媒体播放器向媒体服务器请求音频/视频文件的服务，仍然是客户/服务器的关系，但其间的交互不是使用 HTTP 进行的。

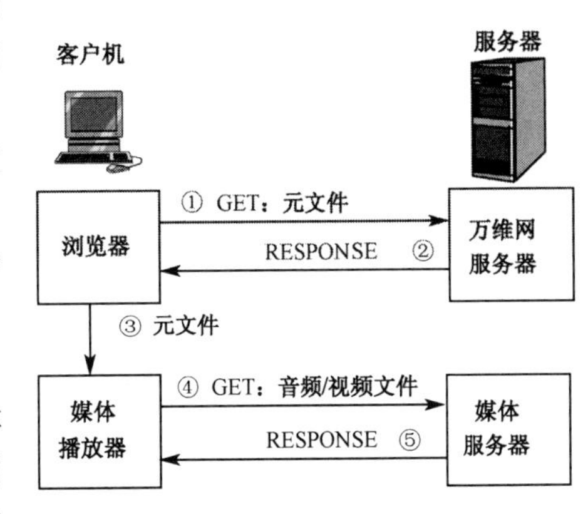

图 10-5 使用媒体服务器

图 10-5 所示为使用媒体服务器访问音频/视频文件的方法。

使用媒体服务器之后，下载音频/视频文件的步骤如下。

①～③ 这 3 个步骤与第一种方法相同。

④ 媒体播放器使用元文件中的 URL 访问媒体服务器，下载浏览器所请求的音频/视频文件可用 HTTP/TCP，也可用基于 UDP 的任何协议（如 RTP）。

⑤ 多媒体服务器给出响应，将所需的音频/视频文件回送给媒体播放器。媒体播放器获得所需的音频/视频文件后，就以音频/视频流的形式边下载边解压边播放。

顺便指出，前面提到在传送音频/视频文件时，既可用 TCP，也可用 UDP。当初人们曾担心使用了 TCP，会因网络出现分组丢失而造成重传，使得接收端播放不流畅，因而选用了 UDP。但是实践证明，采用 UDP 也存在不少缺点，诸如：①本单位的防火墙往往阻止外部 UDP 分组进入，因而使用 UDP 传送多媒体文件会被防火墙拦阻；②发送端按正常播放速率传送，由于网络情况多变，往往在接收端也难以做到始终按规定速率播放；③用户端往往要求能够对媒体播放操作实行控制，在使用 UDP 传送多媒体文件时，这就需要使用 RTP 和 RTSP 协议，从而增加了成本和复杂性。因而，现在的流式存储音频/视频文件的播放都采用 TCP 来传送，如 YouTube 和 Netflix。不过，如观看实况转播，最好还是考虑使用 UDP 来传送，因为此时即使因网络拥塞丢失了一些分组，对观看影响也不大。但是，如果使用 TCP 传送，当出现网络拥塞时会产生观看难以忍受的暂停播放现象。

10.2.3 实时流式协议 RTSP

这种方法与第二种方法的区别在于媒体播放器与媒体服务器之间使用实时流式协议 RTSP（Real-Time Streaming Protocol）。RTSP 是一种为了给流式过程增加更多功能而设计的协议。它本身不传送数据，而使媒体播放器能够控制音频/视频多媒体流的传送，犹如 FTP 有一个控制连接。因此，RTSP 是一个带外协议。

此时，媒体播放器与媒体服务器之间仍然是客户/服务器的关系，其间的交互使用 RTSP。RTSP 属于应用层的协议，它使用户在播放从因特网下载的实时数据时能够进行控制，如暂停/继续、快退、快进等。因此，RTSP 又称为“因特网录像机遥控协议”。

RTSP 的语法和操作与 HTTP 的相似（所有的请求和响应报文都是 ASCII 文本）。所不同的是 RTSP 是有状态的协议（HTTP 是无状态的）。RTSP 记录客户机所处的状态（初始化状态、播放或暂停状态）。而且 RTSP 控制分组既可在 TCP 上传送，也可在 UDP 上传送。只是 RTSP 没有定义音频/视频的压缩方案，也没有规定音频/视频在网络中传送时应如何进行封装，也不规定音频/视频流在媒体播放器中应如何缓存。

图 10-6 所示为使用 RTSP 的媒体服务器的工作步骤。

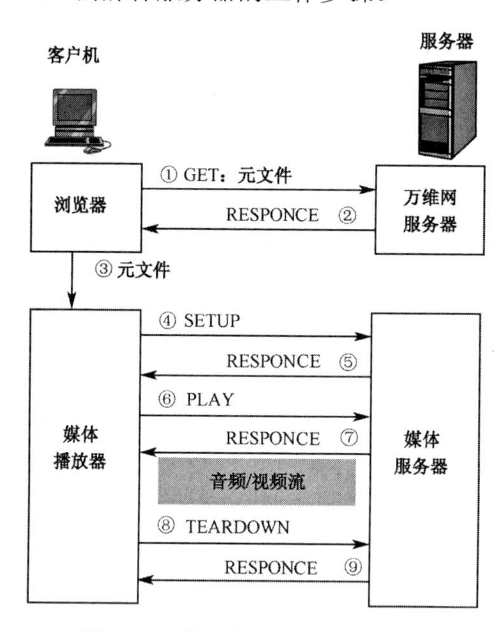

图 10-6 使用媒体服务器和 RTSP

具体步骤如下：

①～③ 前 3 个步骤与第一种方法相同。

④ 媒体播放器使用元文件中的 URL 访问媒体服务器，使用 RTSP 下载浏览器所请求的音频/视频文件。此时，作为 RTSP 客户的媒体播放器发送 SETUP 报文与作为 RTSP 服务器的媒体服务器建立连接。

⑤ 媒体服务器给出响应，回送 RESPONSE 报文。

⑥ 媒体播放器发送 PLAY 报文开始下载音频/视频文件（即开始播放）。

⑦ 媒体服务器给出响应，回送 RESPONSE 报文。此后，音频/视频文件被下载，所用的协议是运行在 UDP 上的。在音频/视频流播放的过程中，媒体播放器可以随时暂停（使用

PAUSE 报文）和继续下载（使用 PLAY 报文），也可以快进或快退。

⑧ 如果用户不想继续观看时，可以由 RTSP 客户发送 TEARDOWN 报文断开连接。

⑨ 媒体服务器给出响应，回送 RESPONSE 报文。

以上步骤④～⑨均使用实时流协议 RTSP。步骤⑦后面的“音频/视频流”使用的是传送音频/视频数据的协议（如 RTP）。

*10.3 实时交互音频/视频

实时交互音频/视频可使人们进行交互式实时通信。IP 电话通信是实时交互音频应用的典型例子，而电视会议则是使人们可以通过视觉和语音进行通信的又一个例子。

对 IP 电话的含义通常有两种解释：一种是狭义地认为在使用 IP 的分组交换网上打电话；另一种是广义地认为在使用 IP 的分组交换网上进行交互式多媒体（含语音、视像等）实时通信，甚至即时传信 IM（Instant Messaging）。目前颇为流行的即时传信应用程序有 QQ、MSN 和 Skype。IP 电话将成为一个多媒体服务的平台，是综合语音、视像、数据的基础结构。

限于篇幅，本小节只介绍交互式音频。即 IP 语音的基本原理、关键技术和信令标准，最后再介绍 RTP 和 RTCP 协议。

10.3.1 IP 电话的基本原理

IP 电话的基本原理是：对数字化的语音通过语音压缩算法进行压缩编码处理，然后再按 TCP/IP 标准进行打包，经过因特网把数据送至接收端，再把这些语音数据包按序组合起来，经过解码解压处理后，恢复成原来的语音信号，达到由因特网传送语音的目的。

IP 电话系统包括终端、网关和网闸（gatekeeper）等部分。图 10-7 所示为 IP 电话系统的组成。

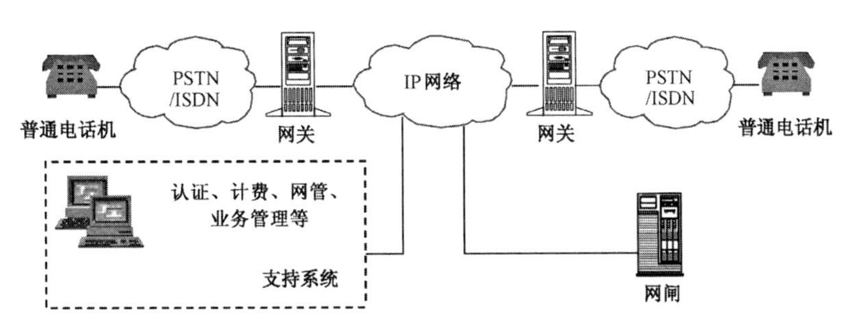

图 10-7 IP 电话系统的组成

图 10-7 中，各部分的功能如下。

（1）终端。终端有多种类型，其中包括传统的语音电话、ISDN 终端、PC，也可以是集语音、数据和图像于一体的多媒体业务终端。由于不同种类的终端产生的数据源结构是不同的，要在同一个网络上传输，就需要由网关或者适配器进行数据转换，形成统一的 IP 数据包。

（2）网关。网关负责提供 IP 网络和传统 PSTN 之间的接口，从而为用户提供廉价的长途通信业务。网关可支持多种电话线路（包括模拟电话线、数字中继线和 PBX 连接线路），提供语音编码压缩，配合网闸进行呼叫控制、信令转换、动态路由计算等功能。

（3）网闸。网闸是网关的管理者，控制网关完成呼叫接续过程。网闸的主要功能是地址翻译、用户认证、呼叫管理、带宽管理等。

（4）支持系统。包括认证中心、计费中心、网络管理中心和业务管理中心。认证中心负责存储用户的基本数据，完成用户的身份认证。计费中心负责计费信息的采集、处理并产生最终的计费话单、统计报表。网络管理中心负责网关、网闸等网络设备的配置、监控及故障处理。业务管理中心负责有关 IP 电话业务方面的管理。

应注意的是，在具体实现时并不是所有的 IP 电话系统都要用到上述的结构和功能。网闸和支持系统就不一定存在，但网关作为 IP 电话的核心与关键设备通常是必需的，当然也可以把网闸和支持系统的功能集中在网关上实现。

IP 电话系统的基本通话过程如下。

① 用户拨打接入号码与网关连接；

② 网关对用户进行认证及授权，并进行呼叫管理；

③ 网闸根据网关送来的用户输入的被叫号码选择对端网关，并将对端网关呼叫信令地址返回给发端网关；

④ 两端网关建立呼叫，呼叫成功后建立语音通道；

⑤ 在通话中，网关对语音信号进行编解码并传输，同时系统执行计费、管理等功能；

⑥ 通话结束，拆除呼叫连接并终止计费。

10.3.2 IP 电话的关键技术

IP 电话的关键技术涉及以下 5 个方面。

（1）信令技术。包括 ITU-T H.323 和 IETF 会话发起协议 SIP（Session Initation Protocol）两套标准体系（见后叙），还涉及进行实时同步连续媒体流传送控制的实时流协议 TRSP。

（2）媒体编码技术。包括 ITU-T G.723.1、G.729，G.729a 语音压缩编码算法和 MPEG-II 多媒体压缩技术等。

（3）媒体实时传输技术。多媒体传输应用需要多媒体编码类型、同步时标、数据包序列号等参数，主要采用实时传送协议 RTP。

（4）服务质量保障技术。采用资源预留协议 RSVP 和用于服务质量监视的实时传送控制协议 RTCP 来避免网络拥塞，保障通话质量。

（5）网络传输技术。控制、呼叫等信息流使用 TCP，语音数据流使用 UDP。因特网是无服务质量保障的数据网络，必然存在数据包丢失、失序到达和时延抖动的情况。于是就必须采取特殊的措施来确保一定的服务质量。高层协议 TCP 提供了流控制和差错恢复，但会产生显著的时延和时延抖动，因而 TCP 被用作话音等多媒体数据传送的传输层协议是不合适的。多媒体数据与一般计算机数据不同，它能容忍一定程度的差错，不会对通话或图像质量产生明显的影响，因此多媒体数据传输通常采用 UDP。

此外，IP 电话的关键技术还涉及分组重建技术和时延抖动平滑技术、动态路由平衡传输技术、网关互联技术（包括媒体互通和控制信令互通）、网络管理技术（SNMP）以及安全认证和计费技术等。

IP 电话的通话质量是 IP 电话业务中最令人关注的问题。影响 IP 电话通信质量的主要因素有以下几个方面。

① 语音编码质量。主要取决于所采用的语音压缩编码方案，通常用平均评估记分 MOS（Mean Opinion Score）来评价语音编码的质量。以打分表示优劣，5 分为最优，0 分为最劣。表 10-2 列出了几种编码方案的参考评价结果。目前在 IP 电话中采用较多的为 G.729a 与 G.723.1 两种编码方案。从表 10-2 所列的 MOS 值可以看出，前者已接近未压缩的 G.711，即一般的 PCM 编码质量，后者则稍差。

表 10-2　几种语音编码方案的参考 MOS 值

编码方案	比特率（kb/s）	编码时延（ms）	复杂度（MIPS）	话音质量（MOS）
G.711	64	0.125	0.34	4.1
G.723.1	5.3/6.3	37.5	14 -20	3.65/3.9
G.729a	8	15	10	3.7

② 延时与延时抖动。端到端的延时包括编、解码造成的延时，打包与解包的延时，网络传送延时和缓存延时。延时抖动主要由网络所引起，通常在接收端采用抖动缓冲器来消除抖动，但是这会带来附加的时延。此项因素对 IP 电话的通话质量影响甚大，一般要求端到端延迟必须在 250ms 以下，具体到网关要求延迟小于 100ms，IP 网延迟小于 150ms。

③ 回波。回波是指通过电话系统返回到发送端的经过延时和失真的语音信号。回波主要是由于通话两端的阻抗不匹配所引起的。在端到端延时较大的情况下（如大于 50ms），回波的干扰影响尤为明显。因此在 IP 电话设备中必须采取回波抵消的措施。

④ 包丢失率。包丢失主要是由 IP 网络引起的。为保证通话质量，一般要求包丢失率在 5%以下。

在上述诸因素中，时延和时延抖动直接影响着听觉效果，而包丢失和比特差错则影响语音包的解码。这两种因素是影响话音质量的主要原因。提高 IP 电话语音质量的主要途径有两条：一条是提高 IP 网络的服务质量，这是最根本的途径；另一条是采用前向纠错、重传、包插入、包再生等恢复技术。

近年来，IP 电话的质量已有了很大的提高。建造专用的 IP 电话线路可以有效地改善 IP 电话的话音质量。在 IP 电话领域中，值得一提的是 Skype IP 电话，它使用了 Global IP Sound 公司开发的互联网低比特率编解码器 iLBC（internet Low Bit rate Codec）进行语音的编解码和压缩，使语音质量优于传统的公用电话网。Skype 对语音分组的丢失作了特别处理，允许丢失率高达 30%。Skype 采用全球索引技术提供了快速路由选择机制，也使管理成本大为降低。Skype 使用 P2P 技术，对存放在公共网络目录中的用户数据采用数字签名，保证了用户数据的安全。Skype 采用端对端加密策略，确保通信的安全可靠。Skype 自 2003 年推出以来，用户数逐月增长，这不但给全球信息技术和通信产业带来了深远影响，也给网民使用带来生活方式上的改善。

10.3.3　IP 电话的信令标准

IP 电话通信至少涉及两种应用协议。一种是信令协议，它使主叫用户在因特网上找到所需的被听用户。另一种是语音分组的传送协议，它使电话通信中的语音数据能够以时延敏感属性在因特网中传送。目前，IP 电话有两套信令标准：H.323 协议和会话发起协议 SIP。下面分别介绍这两种信令标准。

1. H.323

H.323 是 ITU-T 为因特网的端系统之间进行实时语音和视频会议而设计的标准。它包括系统和构件的描述、呼叫模型的描述、呼叫信令过程、控制报文、复用、语音编解码器、视像编解码器，以及数据协议等，但不保证服务质量 QoS。图 10-8 表示连接在因特网上的 H.323 终端与连接在电话网上的电话进行通信的一般结构。

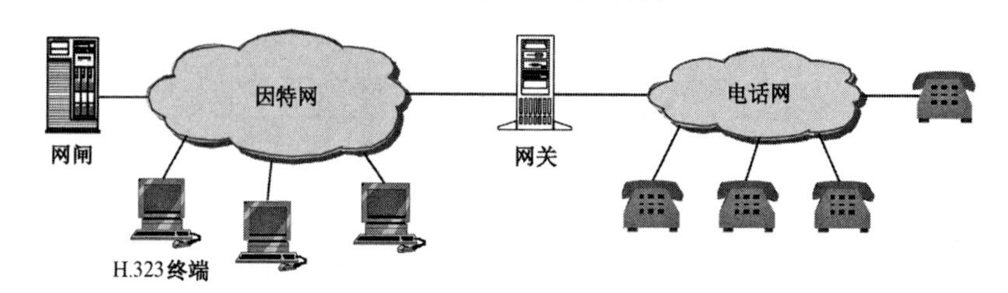

图 10-8　利用 H.323 协议进行通信的一般结构

H.323 标准涉及 4 种构件，这些构件连接在因特网上就可以进行点对点或一对多点的多媒体通信。

① H.323 终端。指可运行 H.323 协议的设备，如 PC。

② 网关（gateway）。用来连接两种不同类型的网络，是一种具有 5 层协议的设备。它能把一个报文从一种协议栈转换成另一种协议。

③ 网闸（gatekeeper）。它是一种能起到注册机构服务器功能（包括地址转换、授权、带宽管理和计费等）的设备。

④ 多点控制单元 MCU（Multipoint Control Unit）。它可支持 3 个或多个 H.323 终端的音频/视频会议，具有管理会议资源、确定使用音频/视频编解码器的作用。

网关、网闸和 MCU 在逻辑上是独立的构件，也可以集成在同一个设备当中。在 H.323 协议中把 H.323 终端、网关和 MCU 统称为 H.323 端点。

H.323 标准是一个协议族，它使用许多协议来建立和维持 IP 语音通信。图 10-9 表示 H.323 标准与其他协议之间的关系。

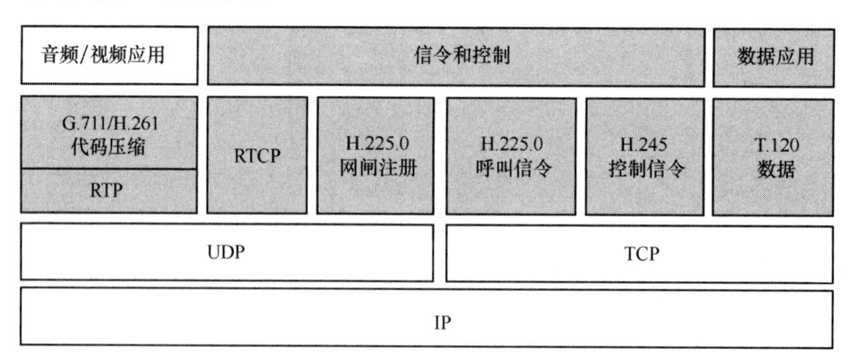

图 10-9　H.323 标准与其他协议的关系

下面结合图 10-8 和图 10-9，并通过一个简单例子来说明使用 H.323 进行电话通信的操作过程。图 10-10 表示 H.323 终端与电话间的通信，其步骤如下。

① H.323 终端向网闸发送广播报文。网闸收到后以 IP 地址作为响应。

② H.323 终端和网闸使用 H.225 进行通信，协商通信带宽。

③ H.323 终端、网闸、网关和电话使用 Q.931 协议进行通信，以建立连接。

④ H.323 终端、网闸、网关和电话使用 H.245 协议进行通信，协商代码压缩方法。

⑤ H.323 终端、网关和电话使用 RTP，并在 RTCP 的管理下进行语音对话。

⑥ H.323 终端、网闸、网关和电话使用 Q.931 协议进行通信，以释放连接，终止通信。

由此可见，H.323 标准以原有电话网为基础，增加了 IP 电话的功能（即远距离传输采用 IP 网络）。它的信令也是沿用原有电话网的信令模式，因此与原有电话网的连接容易兼容。

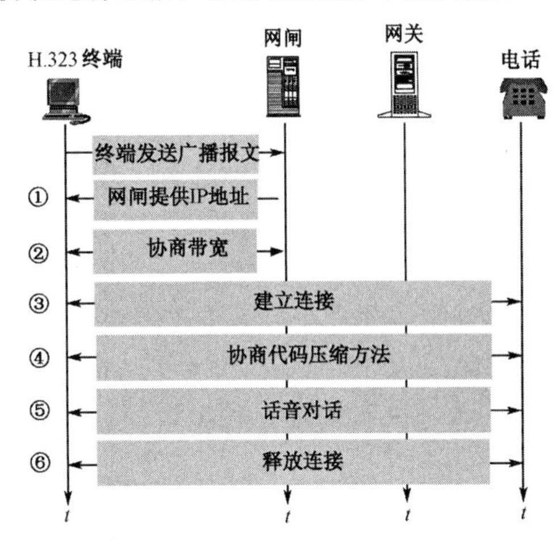

图 10-10　H.323 进行电话通信举例

2. SIP

由于 H.323 标准过于复杂，IETF 制订了另一套较为简单而实用的标准——会话发起协议 SIP（Session Initiation Protocol）。它是一个应用层协议，用来建立、管理和终止一个多媒体会话。

SIP 协议以因特网为平台，把 IP 电话视为因特网上的新应用。因此 SIP 只涉及 IP 电话所需的信令和服务质量问题，并没有提供 H.323 那样多的功能。在实际使用中，SIP 选用 RTP 和 RTCP 作为配合使用的协议。

SIP 协议与 HTTP 一样，也是基于报文的协议。它定义了 6 种报文，每一种报文都有首部和主体。首部含若干行，用来描述报文的结构、呼叫方的能力、媒体类型等。这 6 种报文的名称及功能如表 10-3 所示。

表 10-3　SIP 定义的 6 种报文

名　称	作　用
INVITE	主叫方发起会话请求
ACK	被叫方接受呼叫，以 ACK 进行确认
BYE	用来终止本次会话
OPTIONS	向对方查询其能力
CANCEL	取消业已开始的初始化进程
REGISTER	当呼叫失败时，可用此报文进行连接

SIP 协议使用的地址十分灵活，既可以使用电子邮件地址，也可以使用 IP 地址或其他类型的地址，但必须使用 SIP 的地址格式。例如：

- 电子邮件地址　　sip:yuechen@jlonline.com
- IPv4 地址　　sip: yuechen@201.23.45.67
- 电话号码　　sip: yuechen@86-25-87651234

SIP 使用客户/服务器方式。SIP 系统只有两种构件，即用户代理和网络服务器。用户代理包括两个程序：用户代理客户 UAC（User Agent Client）和用户代理服务器 UAS（User Agent Server）。前者用来发起呼叫，后者则用来接受呼叫。网络服务器分为代理服务器（proxy server）和重定向服务器（redirect server）。代理服务器接受来自主叫用户的呼叫请求（实际上是来自用户代理客户的呼叫请求），并将其转发给被叫用户或下一跳代理服务器，下一跳代理服务器再把呼叫请求转发给被叫用户（实际上是转发给用户代理服务器）。重定向服务器不接受呼叫，它通过响应报文告诉客户下一跳代理服务器的地址，以便客户按此地址向下一跳代理服务器重新发送呼叫请求。

SIP 的会话包括 3 个阶段：建立会话、语音对话和终止会话。图 10-11 给出了一个使用 SIP 的简单对话。

在图 10-11 中，主叫方先向被叫方发出 INVITE 报文，其中包括双方的地址信息，以及其他一些信息（如通话时的语音编码方式等）。被叫方如能接受呼叫，则发回 OK 响应。接着，主叫方再发送 ACK 报文作为确认（这个过程类似于建立 TCP 连接的 3 次握手）。然后，通信双方就可以使用临时端口进行通话。当通话完毕时，任何一方都可以发送 BYE 报文终止本次会话。

SIP 还具有跟踪被叫用户的机制。为了实现跟踪被叫用户的行踪，SIP 使用了注册的概念。SIP 定义了一些服务器作为注册机构。任何时刻，用户至少要向一个注册服务器进行注册，因此这个服务器就知道这个被叫用户当前所在终端的 IP 地址。当主叫用户需要与这个被叫用户通信时，主叫方将 INVITE 报文发送给代理服务器，该报文中可利用被叫用户的电子邮件地址来代替 IP 地址。代理服务器再向某个注册服务器发送一个查找报文（它不是 SIP 报文），并从注册服务器回送的回答报文中得知被叫用户的 IP 地址。然后，代理服务器再把得到的被叫方的 IP 地址插入到主叫方发送的 INVITE 报文中，转发给被叫方。被叫方收到后，以发送 OK 报文予以响应。代理服务器收到后即转发给主叫方。接着，主叫方发送 ACK 报文，经代理服务器转发给被叫方，从而完成了本次会话的建立。图 10-12 所示为 SIP 跟踪被叫用户的操作过程。

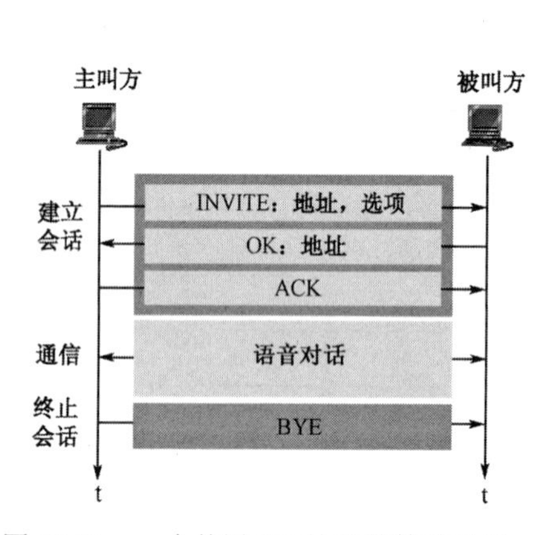

图 10-11　一个使用 SIP 协议的简单对话

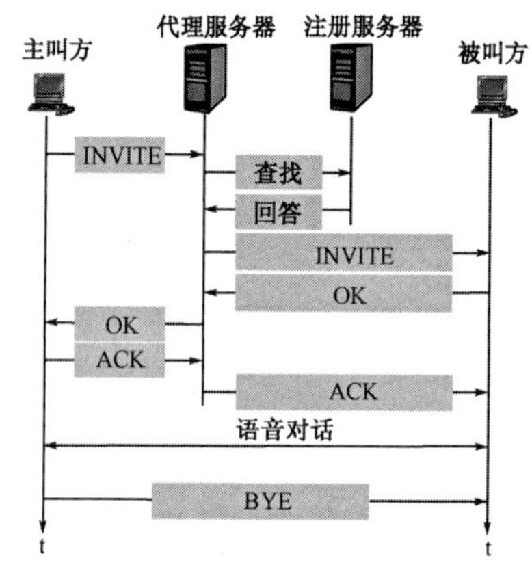

图 10-12　SIP 跟踪被叫用户的操作过程

这里值得一提的是，SIP 还有一个配套协议——会话描述协议 SDP（Session Description Protocol）。这个协议在召开电话会议时特别有用。这是因为电话会议的参与者是动态变化的。SDP 详尽地描述了媒体编码、端口号及多播地址。

10.3.4　实时传输协议 RTP

目前实现实时流式多媒体传输的协议，主要有实时传输协议 RTP（Real-time Transport Protocol）、实时传输控制协议 RTCP（Real-tme Transport Control Potocol）、实时流协议 RTSP、资源预留协议 RSVP（Resource Reservation Setup Protocol）和会话描述协议 SDP（Session Description Protocol）。多媒体传输协议的层次关系如图 10-13 所示。下面仅介绍 RTP 和 RTCP。

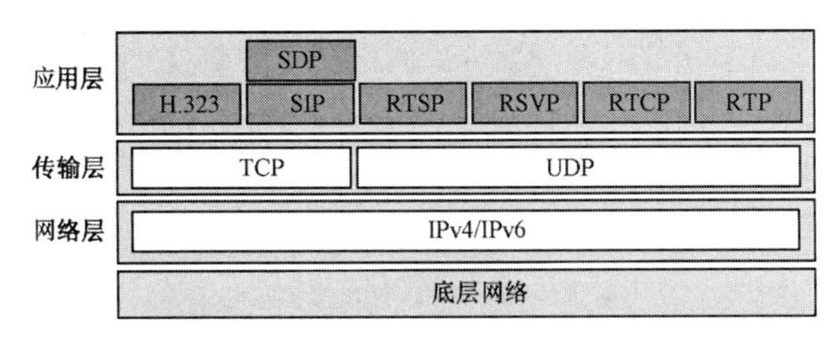

图 10-13　多媒体传输协议的层次关系

RTP 协议最早是 IETF 在 RFC1889 文件中提出的，在现行标准 RFC3550、3551 文件中进行了修订和更新，它是专门为交互式音频、视频、仿真数据等实时媒体应用而设计的协议。RTP 被定义为在一对一或一对多的传输情况下工作，其目的是提供时间信息和实现流同步。为了可靠、高效地传送实时数据，RTP 必须与实时传输控制协议 RTCP 配合使用，RTP 负责传送带有实时信息的数据包，而 RTCP 负责管理传输质量和在当前应用进程之间交换的控制信息。由于提供流量控制和拥塞控制服务，能以有效的反馈和最小的开销使传输效率最佳化，因而特别适合在因特网上传送实时数据。RTP 通常使用 UDP 来传送数据，但也可以在 TCP 等其他协议之上工作。当 RTP 工作于一对多的传输方式时，需依靠低层网络实现组播。

RTP 具有以下特点：

① 灵活性。RTP 不具备传输层协议的完整功能，不提供任何机制来保证实时传输数据，不支持资源预留，也不保证服务质量。RTP 报文甚至不包括长度和报文边界的描述，而是依靠下层协议提供长度标识和长度限制。另外，RTP 将部分传输层协议功能（如流量控制）上移到应用层去完成。这样既简化了传输层处理，也提高了该层的效率。

② 数据流和控制流分离。RTP 的数据报文和控制报文使用不同的相邻端口，极大提高了协议的灵活性和处理的简单性。

③ 可扩展性和适用性。RTP 通常为一个具体的应用提供服务。RTP 只提供协议框架，开发者可以根据应用的具体要求对协议进行充分的扩展。RTP 还可用于连续数据的存储，交互式分布仿真和一些控制、测量的应用当中。

RTP 为实时应用提供端到端的传输服务，但不提供任何服务质量的保证。当需要发送多媒体数据时，需先经压缩处理送往 RTP，并装入 RTP 分组的数据部分，同时在 RTP 分组首部配置时间戳、同步信息、序号等重要参数，此时的 RTP 分组已经具有典型的“流化”时间特征。被封装成的 RTP 分组（或称 RTP 报文）再封装成传输层的 UDP 用户数据报，然后再向下递交给 IP 层。需注意，RTP 本身并不对多媒体数据块作任何处理，只是向应用层提供了一些附加信息，让应用层了解应当如何进行处理。从上述应用数据封装的角度，因为 RTP 封装的是多媒体数据，又向多媒体应用程序提供了服务（如时间戳和序号），因此可以把 RTP 看成是在 UDP 之上的一个传输层的子层协议。但是，也有把 RTP 划入应用层的，这是因为从应用开发者的角度来看，RTP 应当属于应用层的一部分。发送端的开发者必须编写用 RTP 封装分组的程序代码，再把 RTP 分组交给 UDP 端口。而在接收端，RTP 分组通过 UDP 端口进入应用层后，还要利用开发者编写的程序代码从 RTP 分组中把应用数据块分离出来。还需要注意，RTP 并不使用熟知端口，端口号是按序选取的，唯一的限制是 RTP 选用的端口号必须是在 1025～65536 之间尚未用过的偶数，而同一次会话中的下一个奇数端口号则为RTCP所使用。

RTP分组包括固定首部和数据两个部分。固定首部的前12字节是必需的，而12字节以后则是可选的。如果RTP所依赖的低层协议对RTP分组的格式有所要求，那么RTP分组的格式必须进行修改或重新定义。

RTP分组的首部格式如图10-14所示。

图10-14　RTP分组的首部格式

RTP分组的首部各字段含义如下。

（1）版本V（2位）。指明所用的RTP版本。

（2）填充P（1位）。该位置1，表示在该RTP分组的末尾含有填充。在这种情况下，填充最后一个字节的值定义为填充长度。

（3）扩展X（1位）。该位置1，表示在基本首部和数据之间还有额外的扩展首部。

（4）参与源数（4位）。指出参与源的数目，最多可有15个参与源。

（5）标记M（1位）。这是一个标记。例如，应用程序可用它来指出数据的结束。

（6）有效载荷类型（7位）。对音频或视频等有效载荷的数据类型予以说明，并说明数据的编码方式。例如：对于音频有效载荷：μ律PCM(0)，GSM(3)，LPC(7)，A律PCM(8)，G.722(9)，G.728(15)等。对于视频有效载荷：活动JPEG(26)，H.261(31)，MPEG1(32)，MPEG2(33)等。以上每一种格式后面括号中的数字表示有效载荷的类型。

（7）序号（16位）。用来对RTP分组编号。序号可随机选择，按序加1。接收端可利用序号来检测分组的丢失或失序。

（8）时间戳（32位）。用来指出分组之间的时间关系，为同步不同的媒体流提供采样时间，重新建立原始音频或视频的时序。第一个分组的时间戳是随机选择的。对每一个后续分组，其时间戳的值是前一个时间戳加上采样第一个字节的时间。时钟滴答值与具体的应用有关。例如，音频应用通常产生160B的数据段，对此时钟滴答值是160。对于这种应用，对每一个RTP分组，时间戳就增加160。

（9）同步源标识符SSRC（Synchronous SouRCe identifier）（32位）。用来标志RTP流的源点，是源点选择的一个随机数。由于RTP使用UDP传送，因此允许有多个RTP源点混合到一个UDP用户数据报中，那么混合器就是同步源点，而其他源点则是参与源。

（10）参与源标识符CSRC（Contributing SouRCe identifier）（32位）。用来标识来源于不同地点的RTP流的源点。参与源标识符最多可达15个，每一个都定义一个参与会话的源点。当会话超过一个源点时，混合器是同步源点，而其余的源点则是参与源。

10.3.5　实时传输控制协议RTCP

由于RTP本身并不能为按顺序传送数据分组提供可靠的传送机制，也不提供流量控制和拥塞控制，因此必须与传输控制协议 RTCP 配套使用。RTCP 通过在会话用户之间周期性地递交控制报文来完成监听服务质量和交换会话用户信息等功能。根据用户间传输的反馈信息制订流量控制的策略，通过会话用户信息的交互则可制订会话控制的策略。

RTCP 具有下列 4 个功能。

（1）提供数据传送质量的反馈，这是 RTCP 最主要的功能。反馈可用来进行拥塞控制，也可以用来监视网络和诊断网络中的问题。

（2）为 RTP 源提供一个永久性的规范性名字 CNAME（Canonical NAME），规范名是参与者电子邮件地址的字符串。因为在发现冲突或者程序更新重启时，SSRC 会发生变化，所以接收端需要用 CNAME 来从一个指定的会话参与者得到相联系的数据流。

（3）根据会话参与者的数量来调整 RTCP 分组的发送率。

（4）传送会话控制信息，如可在用户接口显示会话参与者的标识符。这是可选功能。

表 10-4 列出了 RTCP 定义的 5 种分组类型，其分组格式与 RTP 类似，包括固定首部和可变长的数据。因为 RTCP 分组较小，通常把多个 RTCP 分组合并为一个 RTCP 分组，然后利用一个低层协议所定义的报文格式进行发送。

表 10-4　RTCP 定义的 5 种分组类型

名　称	编　号	意　义
发送端报告分组 SR	200	发送端周期性地向所有接收端用多播方式进行报告
接收端报告分组 RR	201	接收端周期性地向所有的站点用多播方式进行报告
源点描述分组 SDES	202	源端描述会话中参加者
结束分组 BYE	203	表示关闭一个数据流
特定应用分组 APP	204	使应用程序能够定义新的分组类型

发送端报告分组 SR 是使发送端周期性地向所有接收端用多播方式进行报告。发送端每发送一个 RTP 流，就要发送一个发送端报告分组 SR。SR 分组的内容包括该 RTP 流的同步源标识符 SSRC、该 RTP 流中最新产生的 RTP 分组的时间戳和绝对时间（指从 1970 年 1 月 1 日午夜起算的秒数）、该 RTP 流的分组数和包含的字节数。

接收端报告分组 RR 是使接收端周期性地向所有站点用多播方式进行报告。接收端每收到一个 RTP 流，就产生一个接收端报告分组 RR。RR 分组的内容包括所接收到 RTP 流的 SSRC、该 RTP 流的分组丢失率、该 RTP 流中最后一个分组的序号、分组到达时间间隔的抖动等。

源端描述分组 SDES 是源端对会话参与者的描述，它包含参与者的一些信息，如姓名、电子邮件地址和电话号码等。

结束分组 BYE 用来关闭一个数据流，表示源端宣布它正在退出本次会议。

特定应用分组 APP 用来为应用程序定义新的分组类型。

RTCP 协议采用与 RTP 数据报文相同的传送机制，周期性地把控制分组发送给所有连接者，低层协议则提供数据与控制分组的复用。RTCP 也和 RTP 一样，其报文也使用 UDP 来传送，但 RCTP 并不对音频/视频分进行封装。RTCP 不使用熟知端口，而是使用临时端口，其端口号必须是紧接着 RTP 选择的 UDP 端口号，即奇数端口号。

*10.4 服务质量的改进

10.4.1 服务质量概述

对计算机网络服务质量的研究始于 20 世纪 80 年代初期，尽管当时网络能够提供的服务质量的种类和质量非常有限，但是人们对网络的质量问题已引起了关注。到了 20 世纪后期，随着 ISDN 技术的出现，开展了对 ATM 交换网和多媒体网络应用的研究，此时人们才开始系统地研究网络的服务质量问题。

建设一个具有足够容量的网络是获取网络服务质量良好的最佳方案。这种方案的实质是采用过度配置（overprovisioning）。日常使用的电话系统就是过度配置的典型例子。因为电话网拥有太多的可用容量，所以很少遇到拿起电话听不到拨号音的情况。但是这种方案的成本太高，我们所需要的是以较低成本来满足应用需求的解决方案。

ITU－T 建议书 E.800 指出：服务质量 QoS（Quality of Service）是服务性能的总效果，此效果决定了一个用户对服务的满意程度。这就是说，有服务质量的服务就是能够满足用户应用需求的服务。当然，就具体服务而言，服务质量可用一组基本参数来加以描述。在因特网上，由源端发到一个目的端的一个或多个分组称为一个流（flow）。对每个流的服务需求可用 4 个参数来表示，即带宽、延迟、抖动和丢失率。这些参数表明了一个流所要求的服务质量。表 10-5 给出了一些典型的网络服务质量需求。

表 10-5 一些典型的网络服务质量需求

QoS 参数 \ 应用类型	电话	MPEG-1	HDTV	FTP
带宽	16kb/s	1.86Mb/s	＞1Gb/s（未压缩） ≈500Mb/s（无损压缩） 20Mb/s（有损压缩）	0.2～10Mb/s
延迟（端－端）	0-150ms	250ms	250ms	
抖动（端－端）	1ms	1ms	1ms	
丢失率	$\leqslant 10^{-2}$	$\leqslant 10^{-2}$（未压缩的视频） $\leqslant 10^{-11}$（压缩的视频）	$\leqslant 10^{-2}$（未压缩的视频） $\leqslant 10^{-11}$（压缩的视频）	

10.4.2 改进服务质量的几种机制

为了在因特网上提供所需的服务质量，可以增设一些机制对因特网上的流进行管理。这些机制包括调度机制、监管机制和混合机制。下面对这些机制逐一进行讨论。

1．调度机制

在同一个流或不同流的分组之间分配路由器资源的算法称为分组调度算法（packet scheduling algorithms）。为不同的流可以预约的网络资源有 3 种：带宽、缓冲区和 CPU 周期。分组调度算法就是负责分配这些网络资源。这里所讲的“调度”就是指排队机制，这涉及如何调度出入路由器的分组保证网络畅通的问题。通常采用的排队机制有如下几种。

（1）先进先出排队机制

这是最常用，也是最简单的排队机制。其排队规则是先进先出 FIFO（First In First Out）或先来先服务 FCFS（First Come First Service），意即进入路由器的分组按其进入的先后次序离开路由器，而当队列已满，后面到达的分组只能被丢弃。FIFO 调度算法易于实现，但它的最大缺点是不能公平地区别对待对时间敏感的分组和一般数据分组，从而无法提供良好的服务质量。因为当存在多个流时，如果第一个流含有大量的突发分组而占着队列，那么排列在队列后面的其他流就只能耐心等待，这样就会影响到其他流的服务性能。这种情况犹如在机场办理登机卡时，如果你前面的客户是办理团队登机的，那么你就必须耐心等待。当然机场管理部门为了避免出现这种情况，往往设置了多个窗口，其中就有专门办理团队登机卡的窗口。

（2）优先级排队机制

这是按照分组的优先级别在路由器中进行排队的机制。若分组按编号从小到大的次序进入路由器后，先由分类器对其进行优先级分类，然后按其类别进入相应的队列。另外有一调度器从队列中取走排在队首的分组，只要高优先级的队列中有分组，就先从高优先级队取走分组。只有当高优先队列已空时，才能到低优先级队列中取走分组。由此可见，简单地按优先级排队机制存在一个明显的缺点，就是当高优先级队列中总有分组时，低优先级队列中的分组就会较长时间无法得到服务。图 10-15 是按优先级排队的示意图。

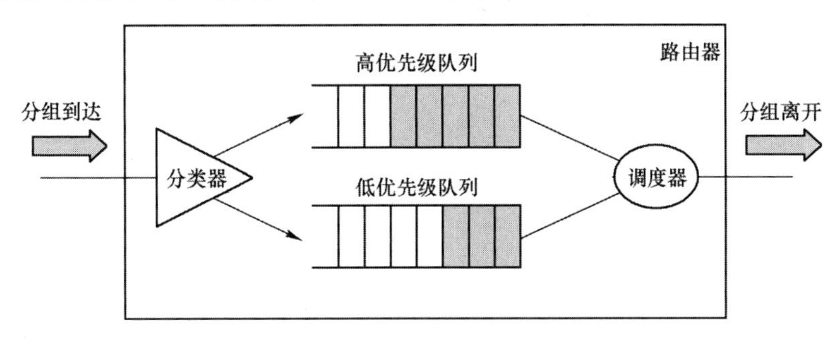

图 10-15　按优先级排队的示意图

（3）公平排队机制

为了克服按优先级排队机制存在不公平服务的缺点，提出了公平服务的排队机制。公平排队（fair queueing）算法的实质是为每种类别的分组设置一个队列，然后轮流使每个队列一次只能输出一个分组。如遇队列为空，则跳过去。不言而喻，这种公平排队机制也存在不公平。因为公平排队并没有区分分组的优先级，长分组得到的服务时间长，而短分组得到的服务时间就短。

为了使高优先级队列中的分组得到更多的服务机会，可引入“权重”的概念，这就是加权公平排队 WFO（Weighted Fair Queuing）机制。图 10-16 是加权公平排队的示意图（图中假设为 3 个类别）。加权公平排队的基本原理是：到达路由器的分组先进行分类，再分别送往与其类别相应的队列。各个队列按顺序依次把位于队首的分组输出。如遇到队首为空，则跳过去。诸队列又可根据其优先级的不同，设置不同的权重 w_i，再分配得不同的服务时间，因此队列 i 得到的平均服务时间为 $w_i/\sum w_i$。若路由器输出链路的数据率（即带宽）为 R，那么队列 i 得到的有保证的数据率 R_i 应为

$$R_i = R \times w_i / \sum w_i \tag{10-1}$$

除了上述排队机制以外，还可以有其他类型的调度算法。例如，当分组携带着时间戳途径一系列路由器进行发送时，路由器就按照时间戳的顺序进行发送。按分组时间戳顺序发送分组有利于加快发送慢速分组，而放缓发送快速分组，其结果使得在网络传输的分组延迟

更趋向一致。

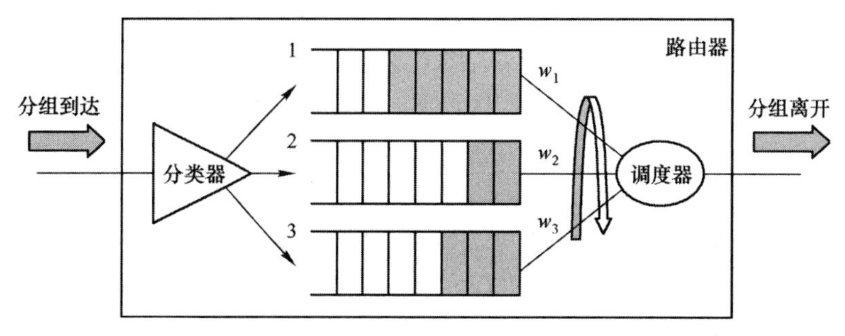

图 10-16 加权公平排队的示意图

2. 监管机制

对计算机网络的流量进行监管，尤其是对实时数据传输有着非常大的意义，因为音频和视频连接都是具有严格服务质量需求的数据流。

对数据流流量的控制，主要是对进入网络的数据分组流的 3 个指标（指平均速率、峰值速率和突发长度）进行监管。这可使用最著名的漏桶算法（leaky bucket algorithm），其基本原理是：漏桶容量为 b，意即漏桶中最多可装入 b 张令牌（token）。只要漏桶中未装满令牌，新令牌就可以每秒 r 张令牌的恒定速率装入到漏桶中。因为漏桶中装的是令牌，所以此算法又称令牌桶算法（token bucket algorithm）。

令牌桶算法对分组进入网络的监管过程如图 10-17 所示。分组进入网络前，先要进入一个队列排队。为了发送一个分组，就必须从漏桶中取一令牌，然后才准许一个分组从队列中进入到网络。如果桶内已无令牌，就需等待新的令牌装入漏桶，仅当漏桶中有令牌，就可从中取走一令牌，才能准许下一个分组进入网络。这里“准许进入”的意思是分组并未真正进入网络，而是还需视输出链路的带宽和分组在输出端的排队情况。

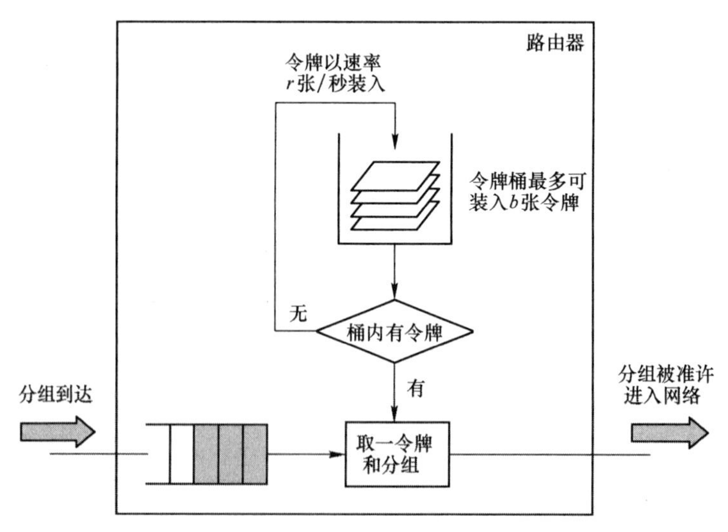

图 10-17 令牌桶算法对分组进入网络的监管过程

假如在时间间隔 t 内，可取走令牌桶中全部令牌，而在这个时间间隔内又在令牌桶中装入了 rt 张新令牌，那么在任何时间间隔 t 内准许进入网络的分组最大数为 $rt+b$。显然，令牌桶算法是通过控制令牌进入令牌桶的速率来对进入网络的分组速率 r 进行监管的。

数据流中的分组在经过网络的路由器时，沿途的每个路由器都要预留相应的资源。这些资源是由发送端、接收端，以及发收端之间的所有路由器进行流协商来确立的。精确地描述数据流必须用一组特定的参数，这样的一组参数称为流规范（flow specification）。监管机制就是通过这些参数来提供服务质量的。

作为一个流规范的例子是基于综合服务的一组参数（见 RFC 2210 和 2211），其中包括如下内容。

① 令牌桶速率。指发送端可以传输的最大持续速率，亦即在相当长时间间隔内的平均速率。

② 令牌桶容量。指在短时间间隔内可以发送的最大突发量。

③ 峰值速率。指网络能容忍的最大传输速率。发送端在短时间内不能超过这个速率。

④ 分组的最大字节数（含分组首部）。

⑤ 分组的最小字节数（含分组首部）。

3．混合机制

混合机制是指把上面介绍的令牌桶机制和加权公平排队机制合在一起，藉以控制队列中的最大时延。

现假设有一分组流 i 输入到一个路由器，然后各自进入 n 个队列，再以令牌桶机制进行监管，复用后从一条链路输出。令牌桶的容量和令牌的装入速率分别为 b_i 和 r_i，i=1，2，…，n。如果令牌桶内已装有 b_i 张令牌，那么分组流可立即从令牌桶中取得令牌，将 b_i 个分组从路由器输出。由于采用加权公平排队机制，此时路由器输出链路上的数据率由公式（10-1）求得。而这 b_i 个分组中最后一个分组所经历的最大时延为

$$t_{\max} = \frac{b_i \sum w_i}{R \times w_i} \tag{10-2}$$

10.4.3　综合服务

最初，IETF 提出的综合服务 IntServ（Integrated Services）是试图在因特网中将网络提供的服务划分为不同的类别。

IntServ 定义了 3 种不同等级的服务类型。

① 有保证的服务（guaranteed service），指提供有保证的容量、严格时延上限（时延指传播时限和排队时延之和）和带宽的服务，以及没有分组因缓冲溢出而丢失。

② 受控负载的服务（controlled-load service），指应用程序可得到比通常的“尽力服务”更可靠的服务，包括不指明排队时延上限和几乎没有排队丢失。

③ 尽力服务（best-effort service），不提供任何类型的服务保证。

IntServ 有 4 个组成部分。

① 资源预留协议RSVP，即 IntServ 的信令协议。

② 接纳控制（admission control）程序，用来决定是否同意对某一资源的请求。

③ 分类程序（classifier），用来将进入路由器的分组进行分类，并将其放入特定的队列当中。

④ 调度程序（scheduler），根据质量要求确定发送分组的前后次序。

资源预留协议 RSVP 是一种用于因特网质量整合服务的协议。该协议属于网络层的协议，而非传输层协议。它的主要特征如下。

① 为单播和组播传输建立预留资源（带宽和缓冲区）；

② 为单向数据流建立资源预留；

③ 为数据流接收者发起并维护资源预留；

④ 维护因特网中的软状态（soft-state）。这里的“软状态”是相对于“硬状态”而言的。所谓“硬状态”是指面向连接的实现机制是依靠沿着一条固定路由的路由器状态信息来建立和维护的，而“软状态”是指 RSVP 采取无连接方法，路由器缓冲的预留信息只储存有限时间，却被定期更新；状态信息未在规定时间内更新，则被清除。

“流”是多媒体通信中一个常用名词。可定义为“具有相同源 IP 地址、源端口号、目的 IP 地址、目的端口号、协议标识符及服务质量需求的一连串分组”。

资源预留协议 RSVP 进行资源预留是采用多播树的方式，却不携带应用数据。RSVP 端-端资源预留过程大致如下。

① 当发送端确定了发送数据流所需要的带宽、延迟和抖动等参数时，发送端就将这些参数放在 PATH 报文中，发往接收端。

② 当网络中的某个路由器接收到 PATH 报文时，它将该报文中的状态信息储存起来，该状态信息描述了 PATH 报文的上一跳路由器或主机的地址。

③ 当接收端收到 PATH 报文，将沿着 PATH 报文中获取的路径沿反方向发送一个 RESV 报文。该 RESV 报文包含着数据流进行资源预留所需要的流量、性能等 QoS 信息。这里需要注意的是，路由器在合并下游的 RESV 报文时，并不把下游提出的预留数据率简单地进行相加而是取其中的较大的数值。

④ 当网络中某个路由器接收到该 RESV 报文，它就根据 QoS 信息确定自己是否有足够的资源。如有，将进行资源预留，并存储相关信息，然后将 RESV 报文转发给下一跳路由器；如没有，它向接收端反馈一个错误信息。

⑤ 当发送端接收到 RESV 报文，则说明数据流的预留资源过程已完成，可开始向接收端发送数据。

⑥ 当数据流发送完毕，路由器将释放所设置的资源，为新的传输提供服务。

图 10-18 表示路由器内实现的 IntServ 体系结构。该体系结构分为前台和后台两个部分。该图下方是前台部分，完成路由器的转发功能。它包括两个功能模块：分类器（分组转发）和调度器。进入路由器的每一个分组都要经过这两个模块。该图的上方是后台部分，用来创建转发功能所使用的一些数据结构。它包括 4 个功能模块和两个数据库。这 4 个功能模块如下。

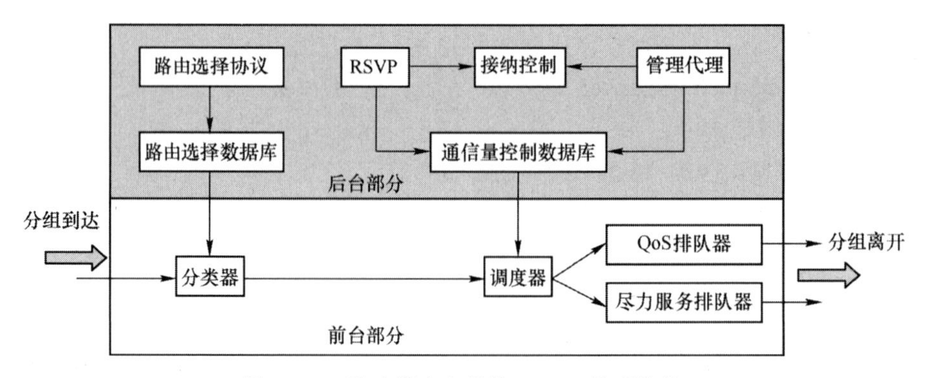

图 10-18　路由器内实现的 IntServ 体系结构

① 路由选择协议。它负责维护路由选择数据库，由此可查找到每个目的地址和每个流的下一跳地址。

② RSVP 协议。它为每一个流预留在给定 QoS 级别的必要资源，并不断更新调度器使用的通信量控制数据库，以便决定给每一个流的分组提供所需要的服务。

③ 接纳控制。当请求一个新的流时，RSVP 就调度接纳控制功能块，以便确定是否有足够的资源提供给这个流使用。

④ 管理代理。该代理可修改通信量数据库，以及为接纳控制功能块设置接纳控制策略。

IntServ 的优点是能够提供绝对有保证的服务质量。其缺点如下。

① 可扩展性能差。因为 IntServ 要求端到端的信令，在每一个路由器上都要检查进入的每一分组，并保证相应的服务，因而路由器都必须维护每一条流的状态信息，这就增加了综合服务的复杂性，导致可扩展性差。

② 如果传输分组的路径中存在不支持 IntServ 的结点或网络，虽然信令可以透明通过，但对应用来说，已经无法实现真正意义上的资源预留，所希望达到的 QoS 保证也会大受影响。

③ 对路由器有较高要求。由于需要端到端的资源预留，必须要求从发送端到接收端之间所有路由器都支持所实施的信令协议，因此所有路由器必须实现 RSVP、接纳控制、分类和调度。

④ 该模型不适合于具有生存期的业务流。

10.4.4 区分服务

随着因特网负责的不断增加以及不同应用种类的增多，人们急需为不同通信量提供不同级别的服务质量，同时为了克服 Inter-Serv 存在的可扩展性差等问题，IETF 于 1998 年提出的另一个服务策略，即区分服务 DS（Differentiated Service 或 DiffServ）。区分服务是一种具有保证 QoS 的网络技术，它为解决协议简单、有效和可扩展性等问题，制定了一个扩展性相对较强的方法来保证 IP 的服务质量，适应于骨干网的多种业务服务需求。

区分服务体系结构是一种可以在互联网上实施可扩展的服务分类的体系结构。所谓“服务”是指在一个网络内，在同一个传输方向上，通过一条或几条路径传输分组时的某些重要特征。这些重要特征包括吞吐率、时延、时延抖动，分组丢失率（又称丢包率）的量化值或统计值等，也可能是指其获取网络资源的相对优先权。服务分类要求应能适应不同应用程序和用户的需求，以及允许对互联网服务的分类收费等。

DiffServ 的特点主要体现在服务机制简单和采用层次化结构两个方面。区分服务简化了网络内部结点的服务机制，为改善系统的可扩展性把提供区分服务的网络分级为 DS 区与 DS 域。实现区分服务功能的结点称为 DS 结点。DS 结点有内部结点和边界结点之分。边界结点可以是路由器、主机或防火墙。DS 域由一组互联的 DS 结点组成，它们采用统一的服务提供策略。DS 域内的内部结点只完成简单的调度转发功能，而流状态信息和流监控信息则保留在边界结点上。不同 DS 域通过边界路由器互联构成 DS 区，一个 DS 区内可以支持跨越多个域的区分服务。边界路由器连接 DS 域与 DS 域或者 DS 域与非 DS 域。一般 DS 域由相邻的，属于同一个网络管理机构的网络组成，如校园网、企业网或 ISP 网。图 10-19 给出了 DiffServ 网络结构的示意图。

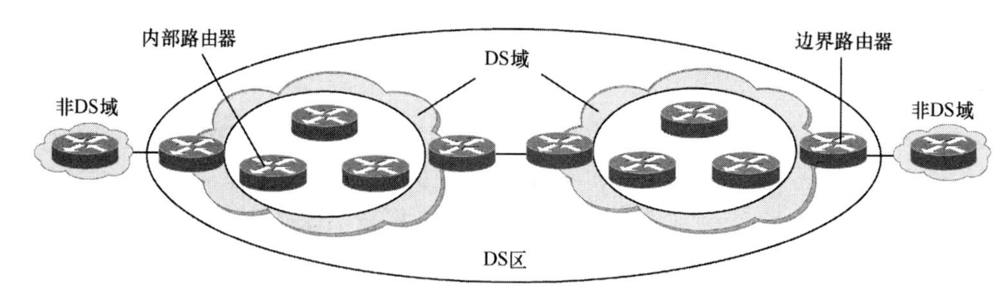

图 10-19 DiffServ 网络结构的示意图

DiffServ 为了不改变网络的基础结构，在路由器上增加了区分服务的功能。在 IPv4 和 IPv6 协议中原有 8 位的区分服务字段重新进行了定义（见图 10-20）。根据 RFC 2474 建议，DS 字段现在只使用前 6 位，即区分服务码点 DSCP（Differentiated Service Code Point），后面 2 位暂不使用，记为 CU（Currently Unused）。DSCP 字段可以形成 $2^6=64$ 个区分服务码点，它被分成 3 类：xxxxx0 用于标准操作；xxxx11 用于实验或局部使用；xxxx01 留待后用。利用 DS 字段的不同数值便可提供不同等级的服务质量，路由器则根据 DS 字段的值来处理分组的转发。在使用 DS 字段之前，因特网的 ISP 要与用户商定一个服务等级协议 SLA（Service Level Agreement）。该协议表示被支持的服务类型（如吞吐率、分组丢失率、时延和时延抖动、网络可用性等）以及每一种类型允许的通信量。

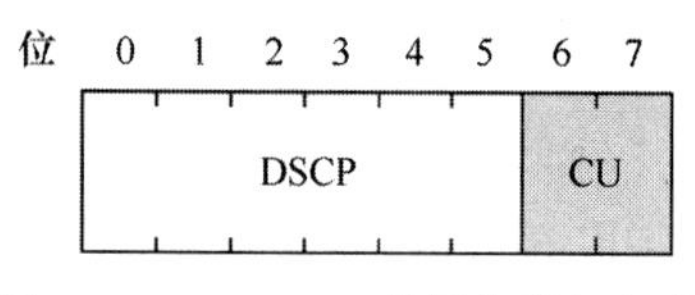

图 10-20 DiffServ 的区分服务字段

图 10-21 所示为 DiffServ 基本工作原理示意图。DiffServ 简化了 DS 域内部路由器的功能，把所有复杂的 QoS 服务功能都集中在边界路由器上。

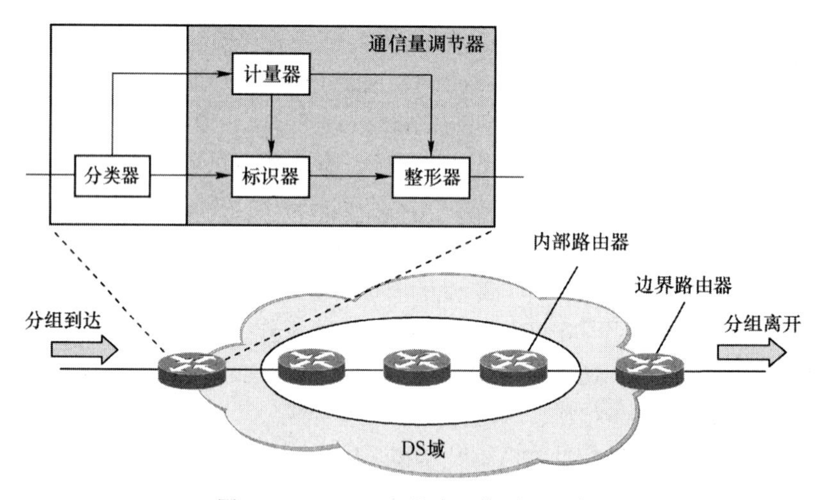

图 10-21 DiffServ 基本工作原理示意图

边界路由器可分为分类器和通信量调节器两个部分。调节器又由标识器、计量器和整形器 3 个部分组成。分类器根据到达的分组首部的某些字段（如源 IP 地址、目的 IP 地址、源端口、目的端口和区分服务标记等）对分组进行分类，然后将分组交给标识器。标识器根据 DS 字段的值使分组得到相应的服务。计量器根据事先商定的 SLA 值不断地检测分组流的实时速率，并将速率的统计信息传送给标识器和整形器。整形器内设缓冲队列，使用令牌桶算法，通过延迟或丢弃的方法，使分组传输符合传输调节规范。内部路由器是根据分组的

DS 值对分组进行转发的。

DiffServ 还提供了聚合功能。DiffServ 并不为网络中的每一个流维持转发时需要使用的状态信息，而是把若干个流根据其 DS 值聚合成少量的流。路由器再对相同的 DS 值按相同的优先级进行转发。这样就大大地简化了网络内部路由器的转发机制。DiffServ 不需要使用 RSVP 协议。

DiffServ 定义了路由器在转发分组时的体现服务水平的每跳行为 PHB（Per-Hop Behavior）。所谓“行为”是指本路由器对分组的处理方法，下一个路由器如何处理转发分组则与本路由器无关。由此可见，这与 RSVP 的“端-端”资源预留的思路是不一样的。

目前 IETF 已标准化的 PHB 有以下 4 种。

① 默认转发型。DSCP＝000000。它相当于尽力服务，属于最低优先级。任何一个 DS 结点都应支持这种服务。

② 加速转发型。DSCP＝101110。它用于构建通过 DS 域时一个低丢失率、低时延、低时延抖动和确保带宽的端-端服务。这种服务类似于“虚拟租用线”的工作方式。定义该类型的文档是 RFC 3246。

③ 确保转发型。该类型用 DSCP 的 0～2 位分为 4 个等级（分别为 001，010，011 和 100），分别是表示不同带宽与缓冲区空间；用 DSCP 的 3～5 位（分别为 010，100 和 110）分为 3 个等级，表示由低到高的不同丢失优先级。当网络发生拥塞时，对于每一个等级此类型，路由器首先丢弃“丢弃优先级”较高的分组。定义该类型的文档是 RFC 2597。

④ 类型选择转发型。该类型是为了使区分服务向后兼容于 RFC 1812 的 IP 优先级队列的结果。为了保持向后兼容，DSCP 的前 3 位保留，即 DSCP＝xxx000，这样就可保证优先级较高的分组在延时、丢失率等方面应有的服务。

除此之外，IETF 还在讨论准尽力服务型、允许丢失的加速型和协同 PHB 组型。

自从区分服务的概念问世以来，人们在 DiffServ 协议、服务等级、服务种类，以及 DiffServ 网络中的组播、带宽分配公平性等问题已开展了大量的研究工作。

10.5 P2P 的流媒体应用服务

10.5.1 P2P 流媒体应用服务概述

大家知道，传统的流媒体服务大都是采用客户/服务器（C/S）方式，即用户单击所需观看的音频/视频节目，然后流媒体服务器以单播方式把节目内容送往用户。然而，当流媒体业务发展到一定程度，用户数的急增，这种 C/S 方式的缺陷（如流媒体服务器带宽占用量大、处理能力要求高等）就显露出来了，因为此时流媒体服务器将成为集中式服务的系统瓶颈，经常工作在过载的状态，有的甚至引起工作瘫痪。为此，P2P 传输技术的引入，就为流媒体传输开辟了新的发展空间。

在基于 P2P 的流媒体技术中，每个流媒体用户是网络中的一个结点，用户可以根据各自的网络状态和设备能力，按照 P2P 工作方式与一个或几个用户建立连接来共享数据，这种连接既减少了服务器的负担，也提高了每个用户的视频质量。其实，基于 P2P 的流媒体服务系统并未改变现有的流媒体服务架构，只是在现有系统的基础上，改变了服务方式和数据传输路径，使请求同一媒体流的客户端组成一个 P2P 网络，服务器只须向这个 P2P 网络中的少数结点发送数据，这些结点把得到的数据再分享给其余的结点，以便得到高质量的视频服务。

目前 P2P 工作方式下的流媒体文件共享在因特网流量中已占据很大的份额，比万维网应用所占的比例还大得多，因此 P2P 流媒体技术代表着未来多媒体数据在网络中传输的发展方向。基于此项技术的软件产品诸如 Napster、Gnutella、BT、eMule、PPlive、PPStream等已得到广泛的应用，并展示出越来越好的发展前景。同时，由于对等网络中的流媒体数据对于网络带宽、延时、实时性和稳定性的要求非常高，就有待在应用层网络、媒体分布、结点管理与控制和安全控制等方面进行研究与探索。相信在不久的将来，P2P 流媒体系统将带给我们更优质的多媒体服务。

10.5.2 使用 P2P 的几种应用软件

1. Napster

Napster 是一款可以在网络中下载自己想要的 MP3 文件的软件。该软件是 1998 年美国东北大学新生 Shawn Fanning 为了能解决同一室友的一个问题——如何在网上找到音乐而编写了一个程序，这个程序被命名为 Napster。该程序能够让自己的机器成为一台（目录）服务器，为其他用户提供整个网络 MP3 文件的“目录”。在这个目录中存放着所有用户音乐文件信息（即对象名和相应的 IP 地址）。当某个用户想要下载某个 MP3 文件时，就向目录服务器发出请求，服务器检索出结果后向用户返回存放这一 MP3 文件的机器的 IP 地址，于是这个用户就可从中选取一个地址下载所需的 MP3 文件。由此可见，Napster 的文件定位是集中的，而文件的传输则是分散的。Napster 是第一代使用 P2P 共享文件的应用软件。

集中式目录服务的缺点是可靠性差，因为目录服务器是系统的瓶颈。其次，Napster 作为一种在线音乐服务，它使音乐爱好者之间共享 MP3 音乐变得容易，却也因此招致音像界对其大规模侵权行为的泛滥。虽然，Napster 网站并未直接非法复制任何 MP3 文件，但它却存在“间接侵害版权”的行为。于 2002 年 6 月，Napste 网站被迫关闭。

2. Gnutella

自 Napster 网站关闭，就出现了以 Gnutella、KaZaA 为代表的第 2 代使用 P2P 共享文件的应用软件。这里仅介绍 Gnutella。Gnutella 是一种采用全分布式洪泛法进行定位内容的 P2P 文件应用程序。但是，Gnutella 并没有集中式的目录服务器，所有的结点都是平等的。结点不仅提供文件下载服务，也提供文件搜索服务。搜索文件要遍历整个 P2P 网络。为了避免查询的通信量过大，Gnutella 又设计了一种“有限范围的洪泛查询”法。不过，虽此法缩小了查询范围，却影响查询结果定位的准确性。

Gnutella 的特点是非集中化，这意味着网络中并不依赖于某个中央用户，即便此用户不在了，只要能找到其他用户，得到连接其他用户的索引表，仍能使网络继续运行。

3. eMule 和 BT

为了更有效地在大量用户之间使用 P2P 技术下载共享文件，近年来又开发出以 eMule、BT（BitTorrent）、eMule、Morpheus 等为代表的第 3 代使用 P2P 共享文件的应用软件。下面简要介绍目前流行的电骡（eMule）和洪比特流（BitTorrent，简称 BT）的要点。

（1）eMule

eMule 是一款开源免费的 P2P 文件共享软件，基于 eDonkey2000 的 eDonley 网络，运行于 Windows 下。2005 年 5 月开发的 eMule，与之前的eDonkey2000客户端相比，它能够连接eDonkey和Kad两个网络，具有较快的下载损坏数据恢复功能和奖励频繁上传的用户的积分系统。另外，eMule 以zlib压缩格式传输数据可节约带宽。

eMule 使用分散定位和分散传输技术。它把一个文件划分为许多小文件块（长度为9.28MB），使用多源文件传输协议 MFTP（Multisource File Transfer Protocol）进行传送。因此，用户在下载文件时并不是从一个地方下载整个文件，而是从多个地方下载同一文件的不同文件块。由于每一个文件块都很小，又是并行下载，所以下载速度很快，一旦文件中所有小文件块都正确下载，最后就可利用每一个文件块的唯一标识符和 MD5 报文摘要拼接成一个完整的文件。值得注意的是，用户在下载文件时也可为别的用户提供下载的方便。下载完文件的用户，如果想帮助别人下载，可以将文件更名，只要不在下载目录或者共享目录（指eMule 专门定义的文件夹）中删除，就可以保证大家顺利地下载。另外，eMule 用户在下载文件的同时，也在上传文件，意即 eMule 用户可以把刚下载的文件块再上传给其他的 eMule 用户。eMule 下载规则是鼓励用户向其他用户上传文件，用户上传文件越多，其下载文件的优先级就越高。反之，如果用户只下载而不上传，那么这个用户的下载优先级就变得很低，它总是排在下载队列的最后，其下载的进度也就可想而知了。因此，eMule 的宗旨是“我为人人，人人为我”。

eMule 使用的服务器并不是保存音频/视频文件，而是保存用户的有关信息，这些信息告知用户可以在哪里下载所需的文件。eMule 用户可从 eMule 应用程序中给出的服务器网址找到服务器。

（2）BT

BT 是一款文件内容分发软件，由 Bram Cohen 于 2003 年自主开发。BT 的工作方式与一般不同，一般的下载服务器为每一个发出下载请求的用户提供下载服务，而 BT 的每个下载者在下载的同时不断向其他下载者上传已下载的数据。而且下载者越多，下载速度越快。这里的原因在于每个下载者将已下载的数据提供给其他下载者下载，从而充分利用了用户的上载带宽。因此，BT 成为一种新的变革技术。

BT 是架构于 TCP/IP 协议之上的一个 P2P文件传输协议，处于应用层。根据 BT 协议，BT 把参与某个文件分发的所有用户（彼此间处于对等关系）的集合称为一个洪流。当一个新的用户加入到某个洪流时，它并没有文件块，但它可逐渐下载到一些文件块。与此同时，它也可为别的用户上传一些文件块。BT 把被下载的文件虚拟地划分成大小相等的块，块的大小是 256KB（必须是 2 的整数次方）。当某个用户获得了整个文件后，可以立即退出这个洪流，也可能继续留在其中，为其他用户上传文件块。用户加入或退出洪流的动作可在任何时间自由地完成。

根据 BT 协议，发布文件的用户会根据要发布的文件生成一个.torrent 文件，即种子文件（简称“种子”）。.torrent 文件本质上是文本文件，它包含两部分信息：Tracker 信息和文件信息。Tracker信息主要是BT 下载中需要用到的Tracker服务器的地址以及针对该服务器的设置；文件信息是根据对目标文件的计算生成的，计算结果根据 BT 协议的 B 编码规则进行编码。种子文件（.torrent）就是被下载文件的“索引”，每个块的索引信息和 Hash 验证码均写入在种子文件（.torrent）当中。

需要下载文件的用户（指下载者），需先得到相应的.torrent 文件，然后使用 BT 客户端软件进行下载。下载时，BT 客户端首先解析.torrent 文件得到 Tracker 地址，然后连接 Tracker服务器。Tracker 服务器回应下载者的请求，提供下载者其他下载者（包括发布者）的 IP。下载者再连接其他下载者，根据.torrent 文件，两者分别告知自己已经有的块，然后交换对方没有的块。由于此时不需要其他服务器参与，因而减轻了服务器负担，也分散了单个线路上的数据流量。下载者每得到一个块，需要算出下载块的 Hash 验证码与.torrent 文件中进行对比，如果一致则说明下载的块正确，否则需重新下载这个块。此举可解决下载内容准确性问题。

加入到洪流中的用户，在任何时刻可能只拥有某个文件的文件块的一个子集，而加入此洪流的不同用户所拥有的文件块子集也不尽相同。对于与某用户直接可以交换文件块的用户称为相邻用户。用户可以通过 TCP 连接周期性地向相邻用户索取它们所拥有文件块列表，来确知应向哪个相邻用户发送请求索取它所缺少的文件块。参与洪流的用户采用一种最稀罕的优先（racest first）技术。此项技术为参与洪流的用户尽快索取所需的文件块。当用户缺少的文件在相邻用户拥有文件块的副本很少，就是最稀少的文件块。用户应尽快请求索取这些最稀少的文件块。因为一旦拥有最稀少文件块的相邻用户退出洪流，用户就无法再收集到所缺少的文件块。

另外，当多个相邻用户向某用户请求文件块时，用户应向哪个相邻用户发送文件块呢？BT 采用了一种算法，其基本思想是：凡是当前以最高数据率向用户传送文件块的相邻用户，用户就优先把所请求的文件块传送给该相邻用户。

据统计，在 P2P 程序当中，BT 已经超过 eDonkey（含 eMule），占了 P2P 流量的 50%～70%，而后者根据地区不同份额为 5%～50%，不过在某些地方，eDonkey 仍是 P2P 首选。

10.5.3 P2P 分发文件的分析

图 10-22 所示为有 N 个主机欲从因特网上的服务器下载一个大文件，其长度为 F bit。通常，从因特网上传送数据到主机，称为下载（download），反之，由主机向因特网传送数据则称为上载（upload）或上传。服务器上的文件仅供因特网上的用户共享，因此只有单方向的上传。假设服务器的上传速率为 u_S（b/s）；而主机与因特网相连的链路上的上传速率和下载速率分别为 u_i（b/s）和 V_i（b/s）。再假设因特网的核心部分不会产生拥塞，传输瓶颈只能发生在服务器的接入链路上，或者在主机接入的链路上。

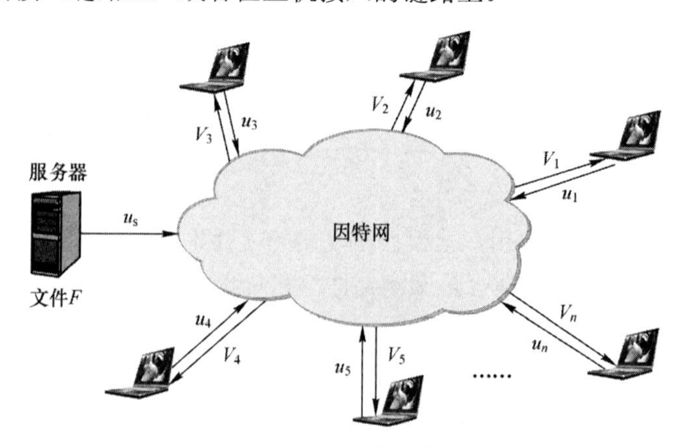

图 10-22　P2P 文件分发举例

现先计算在客户/服务器方式下，所有主机完成下载文件 F 的最少时间 T_{cs}。

从服务器角度考虑，N 个主机要从服务器得到的数据总量是 NF（bi）。如果服务器能将这些数据不停地以上传速率 u_s 向各主机传送，却各主机都能收到文件 F，则需要花费的时间为 NF/u_S(s)。由此可见，T_{cs} 不可能小于 NF/u_S。

如果 N 个主机都以各自的下载速率 V_i 下载文件 F，那么下载速率最慢的主机，下载时间是最长的，其值为 F/V_{min}。同样，T_{cs} 也不可能小于 F/V_{min}。于是可得两个结论：

① 如果 $NF/u_s \geqslant F/V_{min}$，说明瓶颈出现在服务器端的接入链路上，此时 $T_{cs}=NF/u_s$。

② 如果 $F/V_{min} \geqslant NF/u_s$，说明瓶颈出现在下载最慢的主机的接入链路上，此时 $T_{cs}=F/V_{min}$。

由此可得，所有主机完成下载文件 F 的最少时间为

$$T_{cs}=\max\{ NF/u_s,\ F/V_{min} \} \qquad (10\text{-}3)$$

仅当主机数 N 很大时，T_{cs} 值则取决于上式括号中的第一项。

下面再来计算在 P2P 方式下，所有主机下载完文件 F 的最少时间 T_{P2P}。

在 P2P 工作方式，因为每个主机在下载文件时，还能向其他主机上传文件，所以文件分发的时间较难计算。

在文件分发开始时，拥有文件 F 的服务器通过因特网接入链路只需把文件 F 向因特网发送一次，而不必传送 N 次，这是因为因特网上其他主机可以替服务器代为传送，这正是 P2P 方式的工作特点。

在 P2P 方式下，下载速率最慢的主机下载文件 F 的时间是 F/V_{min}，可见文件分发的最少时间不可能小于 F/V_{min}。

整个系统中所有主机和服务器的上传速率之和是 $u_T=u_s+u_1+u_2+\cdots+u_n$。当然，文件分发的最少时间也不可能小于 NF/u_T。

这样，可得出在 P2P 方式下所有主机都下载完文件 F 的最少时间为

$$T_{P2P} \geqslant \max\{F/u_s,\ F/V_{min},\ NF/u_T\} \qquad (10\text{-}4)$$

在公式（10-4）推导过程中，假定每一个主机只要接收到一个比特就立即上传因特网的其他主机。但实际情况是把接收到的比特数积累到一个数据块再上传的。同样，当主机数 N 很大时，公式（10-4）括号中的第三项的值远大于前两项，所以 T_{P2P} 值可近似地等于 NF/u_T。

习　题　10

10-01　现有的电信网能够传送音频/视频数据，且能保证质量，为什么还要用因特网来传送呢？多媒体信息具有哪些特点？

10-02　说明产生抖动时延的原因？如何解决抖动时延引起的抖动失真？

10-03　因特网提供的音频/视频服务如何分类？各类之间的区别是什么？

10-04　常用的音频压缩技术有哪两种？它们的编码规则有什么不同？

10-05　若对 CD 盘不进行压缩。为了插放两个小时的音乐，光盘至少需有多少容量？（假设播放音频需要的速率为 1.4Mb/s）

10-06　目前流行的视频压缩有哪两种标准？它们的基本原理是什么？

10-07　传统下载音频/视频文件的方法存在什么问题？对于传送流式音频/视频数据目前有哪些改进方

案？

10-08　为了把多媒体信号到达时间和重放时间分开，在接收端设置重放缓存，试问：接收端缓存空间的上限与什么因素有关？实时数据流的数据速率与缓存容量有何关系？

10-09　媒体播放器和媒体服务器的功能是什么？为什么要使用媒体服务器？它与万维网服务器的区别是什么？

10-10　实时流协议 RTSP 的主要功能是什么？为什么说它是个带外协议？

10-11　对 IP 电话的含义有哪两种解释？它们的区别是什么？

10-12　影响 IP 电话通信质量的主要因素是什么？提高 IP 电话语音质量有哪些主要途径？

10-13　IP 电话的两套信令标准各有何特点？H.323 和 SIP 之间的区别是什么？

10-14　为什么实时传输协议 RTP 既有传输层又有应用层协议的特点？

10-15　在 RTP 分组的首部中为什么要使用序号、时间戳和标记？

10-16　为什么 RTP 必须与 RTCP 配合起来使用？它们对端口号的使用上有何限制？

10-17　目前在流行的 P2P 文件共享应用程序都有哪些特点？还存在哪些值得注意的问题？

10-18　使用客户-服务器方式进行文件分发，一台服务器把一个长度为 F 的大文件分发给 N 个对等方。假设文件传输的瓶颈是各计算机（包括服务器）的上传速率 u。试计算文件分发到所有对等方的最短时间。若可以把这个非常大的文件划分为一个个非常小的数据块进行分发，即一个对等方在下载完一个数据块后就能向其他对等方转发，并同时可下载其他数据块。不考虑分块增加的控制信息，再计算整个大文件分发到所有对等方的最短时间。

第 11 章　无 线 网 络

移动通信技术的进步促使了无线网络向移动网络的发展，而移动通信的需求又必然会反映到计算机网络中来，人们希望在移动过程中使用计算机网络进行通信。随着便携机、平板电脑以及智能手机的普遍使用，无线计算机网络得到了飞速发展。由于无线网络的数据链路层与有线因特网的数据链路层有着很大的不同，所以本书单列一章进行专门讨论。本章重点介绍无线局域网的基本原理，以及所采用的技术和协议。另外，对无线个域网、无线城域网、无线传感器网和无线网格网作了简要的介绍。由于蜂窝移动通信网采用了计算机网络的 IP 技术，并支持手机及电脑上网，因此本章最后也介绍蜂窝移动通信网的知识。

11.1　无线局域网

*11.1.1　无线局域网概述

无线局域网 WLAN（Wireless Local Area Network）是计算机网络技术与无线通信技术相结合的产物，它以无线信道作为传输介质，利用电磁波完成数据交互，实现传统有线局域网的功能。以往人们很少使用它的主要原因是成本高、数据率低、安全性差和使用手续复杂等。但随着这些问题的解决，自 20 世纪 80 年代末以来，无线局域网已在局域网市场中占据着重要的地位，因为人们发现无线局域网既能满足安装便捷、可移动、易扩展、高可靠和特殊联网的需求，又能覆盖到很难布线的地区，起着传统有线局域网无法取代的作用，所以无线局域网发展很快，并开始进入市场。

在具体介绍无线局域网之前，有必要了解便携站和移动站这两个名词的含义。便携站便于移动，但在工作时却保持其位置的固定不变。移动站则能做到边移动边通信，也就是人们常说的可以做到“动中通”。

1．无线局域网的组成

无线局域网按有无基础设施可划分为两大类。

（1）有固定基础设施的无线局域网

所谓“固定基础设施”是指预先建立的、能覆盖一定地理范围的一批固定基站。图 11-1 所示为有固定基础设施的无线局域网。1997 年 IEEE 制定了无线局域网的协议标准 IEEE 802.11 系列标准。2003 年 5 月，我国颁布了采用 ISO/IEC 8802-11 系列国际标准，并符合我国安全规范的 WLAN 国家标准。这是一个属于国家强制执行的标准，于 2004 年 6 月正式执行，只有符合此标准的 WLAN 产品才允许进入市场。IEEE 802.11 标准是一个内容相当复杂的无线以太网标准。它规定无线局域网的最小构件是基本服务集 BSS（Basic Service Set）。基本服务集是由一个接入点 AP（Access Point，又称基站）和若干个移动站组成的。本 BSS 内的移动站可以相互通信，但与本 BSS 以外的移动站通信必须通过基站才能实现。当网络管理员安装 AP 时，必须为该 AP 分配一个不超过 32B 的服务集标识符 SSID（Service Set Identifier）和一个信道。基本服务集类似于无线移动通信中的蜂窝小区，它所复盖的地理范围称为基本服务区 BSA（Basic Service Area），其范围直径一般不超过 100m。

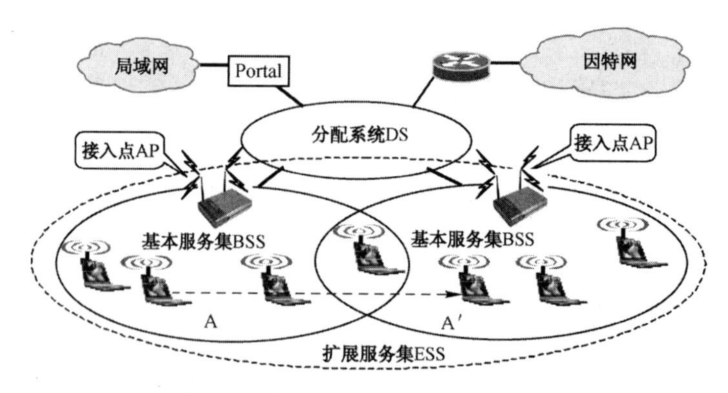

图 11-1　有固定基础设施的无线局域网

一个基本服务集可以是孤立的，也可以通过接入点 AP 连接到分配系统 DS（Distributed System），再与另一个基本服务集相连，从而构成了一个扩展服务集 ESS（Extended Service Set）。因此，扩展服务集 ESS 是由两个或多个基本服务集通过一个分配系统互连而成。接入点 AP 的功能与网桥相似。分配系统可以使用以太网、点对点链路或其他无线网络。扩展服务集 ESS 可为无线用户提供 802.x 局域网的接入，这种接入可通过称为 portal（入门）的设备来实现，它的作用相当于一个网桥。

802.11 标准定义了 3 种类型的站：

① 固定的站。这种站的位置是固定的，或者只在一个 BSS 范围内实现移动通信。

② BSS 间转移的站。这种站的位置是不固定的，它可从一个 BSS 移动到另一个 BSS，但仍在同一个 ESS 范围内实现移动通信。

③ ESS 间转移的站。这种站的位置也是不固定的，它可在不同的 ESS 之间实现移动通信。

位于某一基本服务集中的移动站允许漫游到另一基本服务集（如图 11-1 中的 A 漫游到 A′），此时它使用的接入点 AP 已改变。802.11 标准并没有定义如何实现漫游，但定义了一些基本工具。例如，一个移动站要加入到一个基本服务集 BSS，必须先选择一个接入点 AP，并利用 802.11 标准提供的服务与它建立关联（association）。关联建立之后，该移动站就可以与选定的 AP 进行对话。

为了使一个基本服务集 BSS 能为更多的移动站提供服务，往往在一个 BSS 内安装有多个接入点 AP。这样，一个移动站有可能收到来自不是本基本服务集的 AP 的信号，但移动站只能在多个 AP 中选择一个与其建立关联（通常是选择信号最强或次之的那个 AP）。

移动站也可以使用重建关联（reassociation）服务，把这种关联转移到另一个接入点。而使用分离（dissociation）服务，则可终止这种关联。

移动站与接入点建立关联的方法有两种：一种是被动扫描，即移动站等待接收接入点 AP 周期性（如每秒 10 次）发出内含若干系统参数的信标帧（beacon frame）；另一种是主动扫描，即移动站主动发出探测请求帧（probe request frame），然后等待从接入点发回的探测响应帧（probe response frame）。

由于无线局域网已很普及，目前在笔记本电脑或台式计算机的主板上都已内置 WLAN 适配器（即无线网卡），该适配器能实现 802.11 的物理层和 MAC 层的功能。而公共场所

（如机场、旅馆、快餐店、商场、图书馆等）都向公众提供了有偿或无偿的 WLAM 环境，同时提供 Wi-Fi（Wireless-Fidelity，意思是“无线保真度”）服务。因此，凡使用 802.11 系列协议的局域网又称为 Wi-Fi。这样，Wi-Fi 几乎成了无线局域网的同义词。凡能提供公众无线接入的网点称为热点（hot spot）。由许多热点和接入点 AP 连接起来构成的区域称为热区（hot zone）。随着无线信道使用的日趋广泛，也出现无线因特网服务提供者 WISP（Wireless Internet Service Provider）。这样，凡是有 WLAN 信号复盖的地方，用户就可以利用作为公共接入网的 Wi-Fi 服务接入到 WISP，然后再连接到因特网。

（2）无固定基础设施的无线局域网

图 11-2 为无固定基础设施的无线局域网，又称为自组网络(Ad-hoc network)。这种网络是由若干个移动站组成的临时性对等通信网络。图中，移动站 A 与 D 通信是通过 A→B，B→C，C→D 一连串的存储转发才完成的，路径中的 B、C 都是转发结点。因此，自组网络中的移动站具有寻找路由和转发报文的功能。由于自组网络中没有基站，每个移动站的通信范围又有限，路由一般都由多跳组成，报文通过多个移动站的转发才能到达目的站，所以自组网络也被称为多跳无线网络。

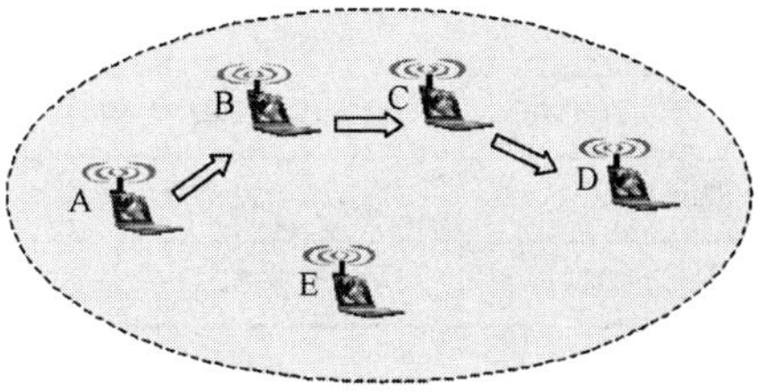

自组网络的组成特点（如自组织、对等结构、网络拓扑的动态变化，以及无线传输的局限性等），使得它在军用和民用领域都有极好的应用前景。但是，自组网络在构成上有别于有固定基础设施的无线局域网，为此，IEIF 下设一个专门研究移动自组网络的工作组 MANET（Mobile Ad-hoc NETworks）从事自组网络在路由选择、多播，以及安全等方面问题的研究工作。

图 11-2　无固定基础设施的无线局域网

2．IEEE 802.11 标准

1997 年 IEEE 802.11 委员会制订出有固定基站的无线局域网协议标准 IEEE 802.11。ISO/IEC 也批准了这一标准，其编号为 ISO/IEC 8802-11。IEEE 802.11 是一个相当复杂的标准。我国的相应标准是 GB 15629.11-2003 系列标准，该标准采用 ISO/IEC8802-11，并针对 WLAN 的安全问题，容纳了国家对密码算法和无线电频率的要求，是一项基于国际标准又符合我国安全规范的 WLAN 标准，于 2004 年 6 月已经正式执行。

表 11-1 列出了 IEEE 802.11 标准的主要内容。

表 11-1　IEEE 802.11 标准一览

标 准 编 号	规 范 内 容
IEEE 802.11	无线局域网物理层和媒体接入控制层规范
IEEE 802.11a	无线局域网物理层和媒体接入控制层规范——5GHz 频段高速物理层规范
IEEE 802.11b	无线局域网物理层和媒体接入控制层规范——2.4GHz 频段高速物理层扩展
IEEE 802.11d	物理层方面的特殊要求（如电平配置、功率电平、信号带宽等）
IEEE 802.11e	IEEE 802.11 MAC 层——服务质量保证（QoS）
IEEE 802.11f	支持 IEEE 802.11 的接入点互操作协议（IAPP）
IEEE 802.11g	2.4GHz 频段高速物理层（20Mb/s 以上）扩展
IEEE 802.11h	在 IEEE 802.11a 基础上，又增加了动态频率选择以 DFS 和发送功率控制 TPC 的功能

续表

标 准 编 号	规 范 内 容
IEEE 802.11i	IEEE 802.11 MAC 层安全性增强规范
IEEE 802.11j	为适应日本在 5GHz 以上应用不同而定制的标准
IEEE 802.11k	射频资源管理
IEEE 802.11m	对 IEEE 802.11 规范体系进行维护、修正和改进，并为其提供解释文件
IEEE 802.11n	高速物理层和媒体接入控制层规范
IEEE 802.11o	针对车辆环境无线接入 VoWLAN（Voice over WLAN）的标准
IEEE 802.11p	车载环境下的无线通信
IEEE 802.11q	在 WLAN 上对 VLAN 的支持机制
IEEE 802.11r	基于无线通信和无线语音的快速漫游
IEEE 802.11s	基于 IEEE 802.11a/b/g 和 IEEE 802.11i 标准，并提供“自动发现”和“自愈”功能
IEEE 802.11T	无线局域网络性能测试和度量方法，“T”表示推荐而不是技术标准
IEEE 802.11u	与非 IEEE 802.11 网络（如蓝牙，ZigBee，WiMAX 等）的交互性
IEEE 802.11v	无线局域网管理的可靠性
IEEE 802.11w	无线局域网的安全认证

顺便指出，在 IEEE 制订 IEEE 802.11 标准的同时，欧洲电信标准协会 ETSI（European Telecommunication Standards Institute）也为欧洲制定无线局域网的标准，并大力推广 HiperLAN1 和 HiperLAN2 标准。而日本相继制订了 HiSWLANa 和 HiSWLANb 标准。

11.1.2 802.11 局域网物理层

802.11 局域网也采用层次式的体系结构。图 11-3 所示为 IEEE 802.11 无线局域网的协议栈。

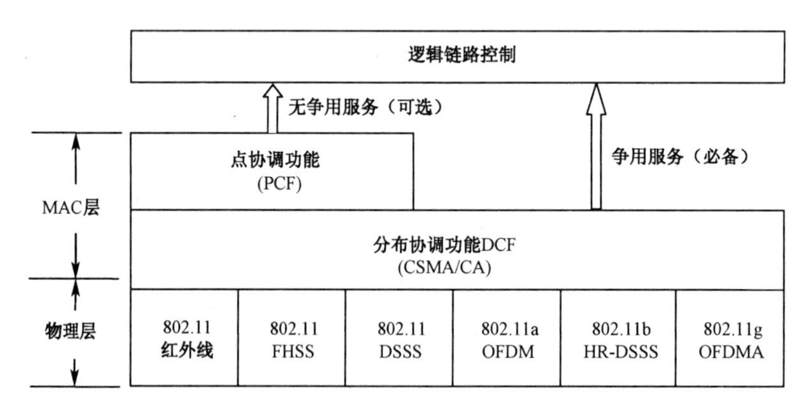

图 11-3 IEEE 802.11 无线局域网的协议栈

802.11 标准中的物理层相当复杂。根据物理层所采用的传输技术，目前所有的无线局域网产品可归纳三大类，即红外线局域网、扩频局域网和窄带微波局域网。表 11-2 归纳了这 3 种技术的主要特点。

表 11-2　无线局域网物理层采用的传输技术

技术 性能	红外线		扩频		窄带微波
	漫射红外线	直接红外线	跳频	直接序列	
速率(Mb/s)	1～4	1～10	1～3	2～50	10～20
移动性	固定/移动	视距内固定	移动	固定/移动	
范围(m)	15～60	25	30～100	30～250	10～40
探测能力	可忽略		很小		有一些
波长或频率	850～950nm		902～928MHz 2.4～2.4835GHz 5.725～5.85GHz		902～928MHz 5.2～5.775GHz 18.825～19.205GHz
调制技术	ASK		FSK	QPSK	FSK/QPSK
发射功率	-		<1W		25mW
接入方式	CSMA	令牌环 CSMA	CSMA		预约 ALOHA，CSMA
要求许可证	不需要		不需要		需要（除 ISM 外）

如上表所列，802.11 标准规定了在物理层允许采用红外线、跳频扩频 FHSS 和直接序列扩频 DSSS 技术。不过，红外线和 FHSS 现在已很少使用。1999 年，又引入两种新技术：正交频分多路复用 OFDM 和高速率的直接序列扩频 HR-DSSS（High Rate Direct Sequence Spread Spectrum）。2001 年，再引入了正交频分多址接入 OFDMA（Orthogonal Frequency Division Multiple Access），它与 OFDM 工作在不同的频段上。

*11.1.3　802.11 局域网的 MAC 层协议

由图 11-3 可见，IEEE 802.11 委员会把 MAC 层划分为两个子层，并为媒体接入控制提出了两种机制：分布式接入机制和集中式接入机制。分布式接入机制具有分布协调功能 DCF（Distributed Coordination Function），采用类似于以太网的争用算法向所有要求发送数据的站通过争用信道来提供接入服务。集中式接入机制由一个集中的决策模块来控制发送权，具有点协调功能 PCF（Point Coordination Function），它位于 DCF 之上，并利用 DCF 的特性来保证它的用户的接入。PCF 提供的是无争用服务。802.11 标准规定：DCF 功能是必须有的，而 PCF 功能则是可选项。

下面分别讨论这两个子层的功能。

1．分布协调功能

由于无线局域网使用的是无线传输介质，信号在传送过程中的强度变化范围很大，接收信号的强度会比发送信号弱得多。况且无线信号的传送距离有限，往往会出现并非所有站都能够接收到发送站发送的信号。因此，发送站无法使用以太网使用的冲突检测方法来确定是否发生了冲突，也就是不能搬用 CSMA/CD 协议。

（1）CSMA/CA 协议

与有线环境相比，无线环境具有一定的内在复杂性。下面举例来说明这个问题。

图 11-4 表示某无线局域网内有 4 个工作站 A、B、C 和 D，且假设每个站发送的信号只能被相邻的站接收到。图 11-4（a）表示 A 向 B 发送数据的情况。由于 C 收不到 A 发送的

信号，就误认为网络上没有站要求发送数据，因而也向 B 发送数据。此时，B 将同时收到 A 和 C 发来的数据，因而发生了冲突。这种未能检测出媒体上已存在其他站信号的问题称为隐蔽站问题（hidden station problem）。这种情况表明，无线局域网中在发送数据之前未检测到媒体上存在信号并不能保证发送能够成功。当站之间存在障碍物时，也有可能出现同样的问题。例如，3 个站 A，B 和 C 分别位于一个等边三角形的 3 个顶点。但 A 和 C 之间有一座山，因此 A 和 C 都不能检测到对方发出的信号。若 A 和 C 同时向 B 发送数据就会发生碰撞，使 B 无法正常接收。图 11-4（b）则是另一种情况。B 向 A 发送数据，而 C 也想与 D 通信。由于 C 检测到媒体上有信号，于是就不向 D 发送数据了。事实上，此时 B 向 A 发送数据并不影响 C 向 D 发送数据，这称为暴露站问题（exposed station problem）。表明无线局域网在不发生干扰的情况下，可允许多个工作站同时进行通信。

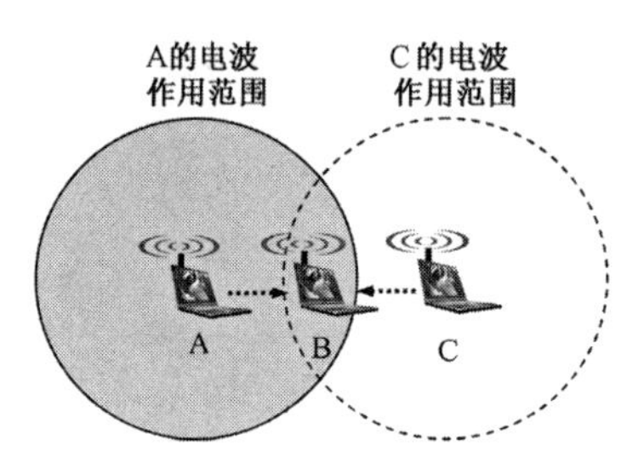

（a）A和C同时发送信号，会发生冲突

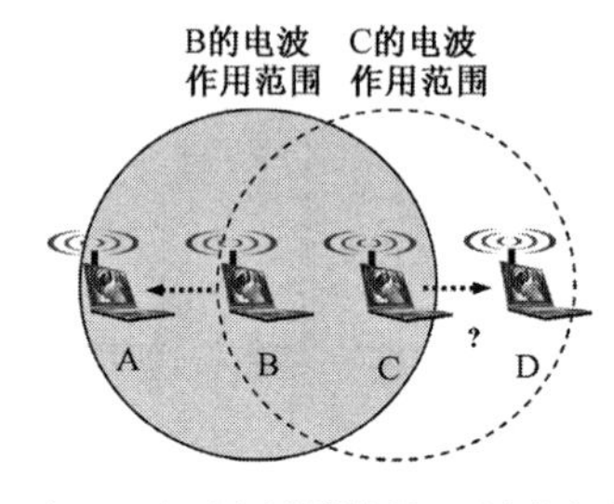

（b）B向A，C向D同时发送信号，不会发生冲突

图 11-4　无线局域网站的隐蔽和暴露问题

以上两种情况都说明无线局域网在检测信道忙/闲时可能会出现差错，即信道忙而其实不忙，信道空闲又不是真正的空闲。也就是说，无线局域网不能使用有线局域网的 CSMA/CD 协议。为此，IEEE 802.11 委员会把 CSMA/CD 修改成 CSMA/CA，其中 CA（Collision Avoidance）表示冲突避免，意即尽量减少冲突发生的概率。

为了尽量避免出现冲突，IEEE 802.11 标准规定，所有站在完成发送之后，都必须等待一段继续保持监听的短暂时间，然后检测是否发回了确认帧；如果接收到确认帧，则表明本次发送成功，可以继续发送下一帧。这一短暂时间称为帧间间隔 IFS（Inter Frame Space）。帧间隔的长短取决于该站要发送的帧的类型。高优先级帧应等待较短的时间优先获得发送权，低优先级帧可等待较长的时间才获得发送权。如果低优先级帧还没有来得及获得发送权，又被其他站高优先帧抢先发送，那么低优先级帧只能继续等待推迟发送，从而减少碰撞的概率。至于帧间间隔的具体取值，则与所采用的物理层特性有关。

基于优先级的帧间间隔有 3 种。

① 短帧间间隔 SIFS（Short IFS），它是最短的帧间间隔，用于分隔开属于一次对话的各帧（如数据帧和确认帧）。在 802.11 中把 SIFS 规定为 28μs。在这段时间内，站应由发送状态转换为接收状态。使用 SIFS 的帧有：ACK 帧、CTS 帧、过长的 MAC 帧被分片的数据帧，以及所有回答 AP 探询的帧和在 PCF 中 AP 发送的任何帧。

② 分布协调功能帧间间隔 DIFS（Distributed Coordination Function IFS），这是最长的 IFS。在 802.11 中把 DIFS 规定为 128μs。在 DCF 中用来发送数据帧和管理帧。

③ 点协调功能帧间间隔 PIFS（Point Coordination Function IFS），它比 SIFS 长，但比 DIFS 短，其值等于 SIFS 值加上一个时隙长度。这个时隙长度是这样确定的：在一个基本服务集中，当一个站在一个时隙开始时接入信道，那么在下一个时隙开始时，其他站就都能检

测出信道已转为忙态。在 802.11 中把一个时隙时间长度定为 50μs，因此 PIFS 为 78μs。

IEEE 802.11 标准还采用一种虚拟载波监听 VCS（Virtual Carrier Sense）机制，为的是尽可能减少发生冲突的概率。该机制是让源站把占用信道的时间（以μs 计）写入到发送的数据帧首部的“持续时间”字段中，这样就可使其他所有站在这一段时间内都不要发送数据。这犹如其他站都在监听信道的工作状况。其他站通过检测“持续时间”字段，来调整自己的网络分配向量 NAV（Network Allocation Vector）。NAV 指出信道处于“忙”态的持续时间。

IEEE 802.11 标准在采用 CSMA/CA 协议的同时，也使用了停止等待协议，这出于无线信道的传输质量远不如有线信道这一特殊情况的考虑。

图 11-5 所示为 CSMA/CA 协议工作原理示意图。

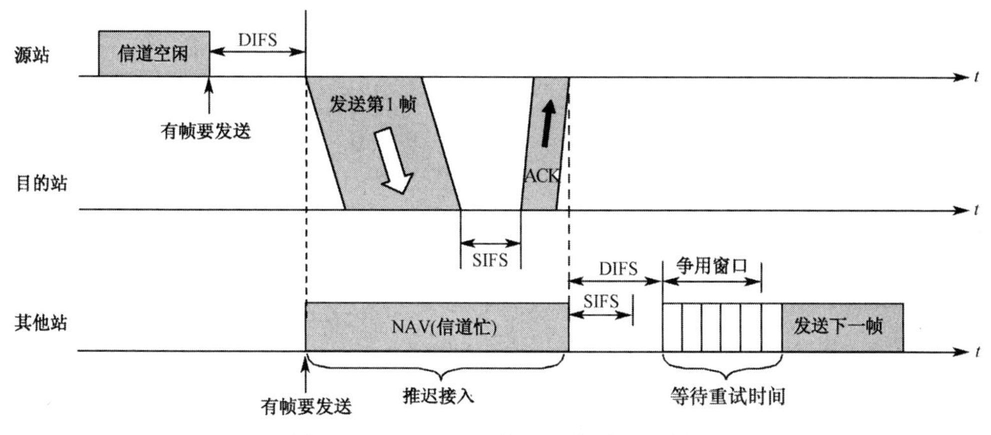

图 11-5　CSMA/CA 协议工作原理示意图

如图 11-5 所示，当某站需要发送数据帧时，其工作过程如下。

① 对信道进行载波监听。如信道空闲，在等待了 DIFS 时间段后，信道仍空闲，则可发送数据帧，接着等待接收端对该数据帧的确认。在等待的 DIFS 时间段内，如有其他站高优先级帧要发送，则应让其优先发送。

② 当目的站正确接收到数据帧时，需经过时间间隔 SIFS 后，才向源站发送 ACK 确认帧。由于其他所有站都设有网络分配向量 NAV，在 NAV 时间内表示信道处于“忙”态，所以这些站都推迟接入，不发送数据帧。若源站在规定时间内没有收到 ACK 确认帧，就必须重传此帧，直到收到确认为止，或者经过若干次重传失败之后放弃发送。

③ 当 ACK 确认帧结束后，信道忙也随之结束。又经历一段帧间间隔后，并出现一段空闲时间（称为争用窗口），在此期间各站可以争用信道发送各自的数据帧。

在各站争用信道时，CSMA/CA 协议中的退避算法与以太网使用的退避算法略有不同。不同的地方是：第 i 次退避时隙是在整数集合{0，1，…，$2^{2+i}-1$}中随机选取一整数，退避时间是整数倍的时隙时间。例如，第 1 次退避（i=1）要推迟发送的时间是在时隙{0，1，…，7}中随机选取一个，而第 2 次退避则从{1，2，…，15}中随机选取一个。依次类推，在第 6 次退避时，因为整数集合最大值已达 255，以后就不再增加。这里决定退避时间的变量 i 称为退避变量。

当一个站使用退避算法进入争用窗口时，它将启动一个退避计时器。退避计时器初值的设置就是按照上述二进制指数退避算法随机选取的。一个站每经历一个时隙即检测一次信道。如检测到信道空闲，退避计时器继续倒计时，直至计时器减少到零时，即开始发送数据帧。如检测到信道忙，则暂停退避计时器，并等待信道变成空闲，再经过帧间间隔 DIFS 后，退避计时器再从剩余时间重启计时，至计时器减少到零，就开始发送数据帧。暂停退避计时器可使协议对所有站争用窗口更为公平。

综上所述，在采用帧间间隔 IFS 后，CSMA/CA 协议有如下要点。

① 欲发送帧的站先监听信道。若检测到信道空闲，则继续监听 DIFS 时间，如信道空闲，则立即发送数据。

② 若发现信道忙（无论是一开始就忙，还是在后来的 DIFS 时间内忙），则该站就执行退避算法。对于已在计时的退避计时器，则暂停计时。直到信道空闲，退避计时器再重新计时。当退避计时器减小到零时，该站可发送数据帧，继而等待确认。

③ 发送站在接收到确认帧后，则需延迟 DIFS 时间。如若需继续发送下一帧，则返回到②。如果源站在规定时间（受重传计时器控制）内，未收到确认帧，则需重传数据帧，直至收到确认帧为止，或者经过若干次重传均告失败，则放弃本次发送操作。

必须指出，当一个站要发送数据帧时，只有检测到信道是空闲的，才允许发送它拟发送的第一个数据帧。此时不使用退避算法。除此之外的所有情况，包括：①在发送第一个帧之前检测到信道处于忙，②每一次重传，③每一次发送成功后拟再发送下一个数据帧，都必须使用退避算法。

（2）信道预约

CSMA/CA 协议采用冲突避免是为了尽可能减少冲突发生的概率，但要解决隐蔽站发送数据帧可能带来的冲突问题。下面仍以举例来说明这个问题。

图 11-6 说明了 CSMA/CA 协议中的信道预约机制。图 11-6（a）表示 A 向 B 发送数据帧之前，应先向 B 发送一个请求发送帧 RTS（内含将要发送的数据帧长度）。图 11-6（b）表示 B 收到 RTS 帧后，向 A 响应一个允许发送帧 CTS（此帧内含 A 欲发送的数据帧长度）。当 A 收到 CTS 帧后，就可发送其数据帧。

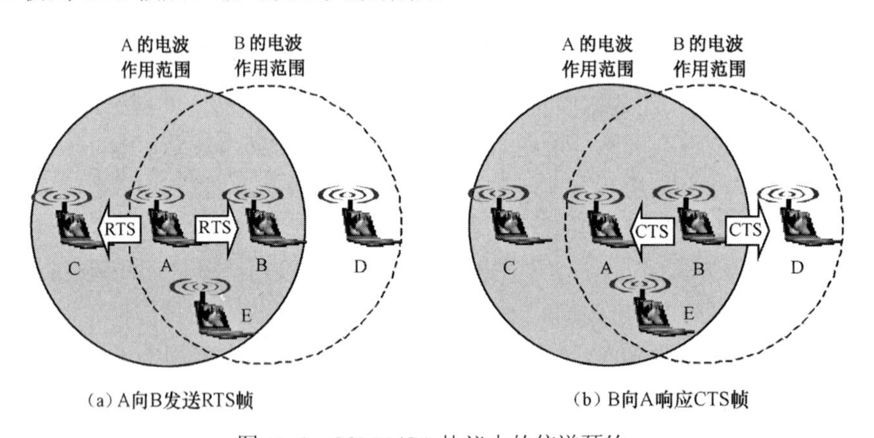

图 11-6　CSMA/CA 协议中的信道预约

现在来看 A 和 B 周围的站对它们的通信所做出的反应。在图 11-6（a）中，C 处于 A 的传输范围内，但不在 B 的传输范围内。因此 C 能够收到 A 发送的 RTS 帧，但 C 不会收到 B 发送的 CTS 帧。于是，在 A 向 B 发送数据时，C 也可以发送自己的数据而不会干扰 A 与 B 间的通信。在图 11-6（b）中，D 收不到 A 发送的 RTS 帧，但能收到 B 发送的 CTS 帧。因此，D 在 B 发送帧的时间内不发送数据，也就不会干扰 A 与 B 间的通信。至于 E，它能收到 RTS 和 CTS，因此 E 在 A 发送数据帧的整个过程中不能发送数据。

为了解决隐蔽站发送数据帧可能出现冲突，CSMA/CA 协议又采用发送数据帧之前对信道进行预约的机制。图 11-7 说明了 CSMA/CA 协议中的信道预约机制。

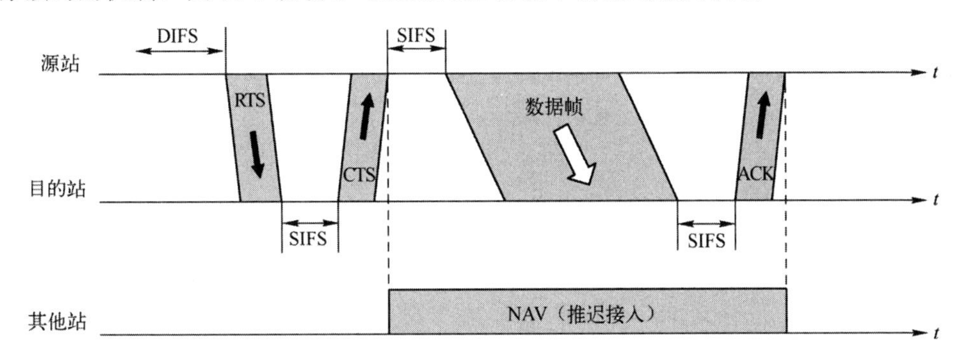

图 11-7　CSMA/CA 协议中的信道预约工作过程示意图

如图 11-7 所示，当源站需要发送数据帧时，其工作过程如下。

① 源站在发送数据帧之前，必须先监听信道。若信道空闲，则等待间隔时间 DIFS 后，就可发送一个短的发送请求 RTS（Request To Send）帧，其中包括源地址、目的地址和本次通信（包括相应的确认帧在内）的所需持续时间。

② 若目的站正确收到源站发来的 RTS 帧，且信道空闲，就等待间隔时间 SIFS 后，发送一个允许发送 CTS（Clear To Send）的响应帧，它也包括本次通信所需的持续时间（即 RTS 帧中的持续时间）。

③ 源站收到 CTS 帧后，再等待间隔时间 SIFS 后，就可以发送数据帧。

④ 若目的站正确收到了源站发来的数据帧，再等待间隔时间 SIFS 后，再向源站发送 ACK 确认帧。

为了做到信道预约而使用 RTS 和 CTS 帧，将使整个网络的效率有所下降。好在这两种帧的长度都很短，分别为 20B 和 14B，与数据帧（最长可达 2346B）相比开销很小。反之，如不用这种控制帧，则一旦发生冲突而导致数据帧重发，浪费的时间会更可观。不过，IEEE 802.11 标准中设置了使用、不使用和仅当数据帧的长度超过某一数值时才使用等 3 种信道预约机制供用户选择使用。

细心的读者可能会发现，CSMA/CA 协议仍会发生冲突现象。例如，B 和 C 同时向 A 发送 RTS 帧而发生冲突。对 A 而言，它因收不到正确的 RTS 帧，也就无法发送后续的 CTS 帧。此时，B 和 C 各自推迟一段时间（按二进制指数退避算法）重新发送其 RTS 帧。

在图 11-7 中，除了源站和目的站以外的其他站，在收到 CTS 帧（或数据帧）后通过设置其网络分配向量 NAV，便可推迟接入到 WLAN，这也保证了源站和目的站之间的通信不受其他站的干扰。

2. 点协调功能

点协调功能 PCF 是在分布协调功能 DCF 之上实现的另一种接入机制。由点协调器实行集中式轮询控制操作。因为轮询时采用的 PIFS 比 DIFS 小，所以点协调功能在进行轮询和接收响应时能获取并锁定所有的异步通信量。

下面我们来考虑一个特例。假设有一无线网络，其中有时间要求的站受点协调器控制，而其他站则采用争用接入（使用 CSMA/CA 协议）。点协调器可向所有配置成轮询的站进行循环轮询，被轮询站则用 SIFS 响应。如果点协调器收到响应，则推迟帧间间隔 PIFS 后再开始另一次轮询。如果在预计的往返时间内点协调器没有收到响应，则点协调器进行下一个轮询。这样，点协调器通过重复进行轮询可锁定所有的异步通信量，但问题在于它一直占用着信道。为了避免这种无限制地轮询下去，无争用的时间段必须是有限的，以便留有一段时间供争用信道之用。这里定义了一个称为超帧（superframe）的时间间隔，它由一个无争用时段和一个争用时段组成。

图 11-8 描述了超帧的使用。在超帧开始时，点协调器可以在给定时间内获得控制权并开始轮询。由于响应站发出的帧长度是变化的，所以这个时间也是变化的。在超帧开始时，先由点协调器进行轮询，超帧的余下部分用于争用接入。在超帧末尾，点协调器用帧间间隔 PIFS 对信道实施争用接入。如果信道空闲，则点协调器立即接入，接着就开始另一个超帧间隔。如果信道忙，则点协调器必须等到信道空闲方能接入。此时超帧的实际长度被缩短。

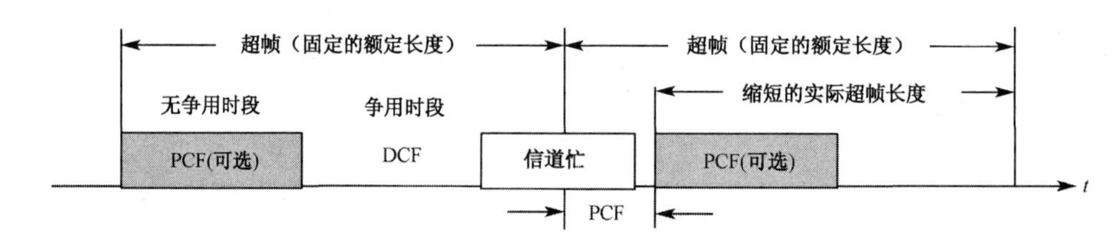

图 11-8　PCF 超帧的使用

*11.1.4　802.11 局域网的 MAC 帧

802.11 标准定义了 3 种不同类型的帧：数据帧、控制帧和管理帧。图 11-9 表示 802.11MAC 数据帧的结构。

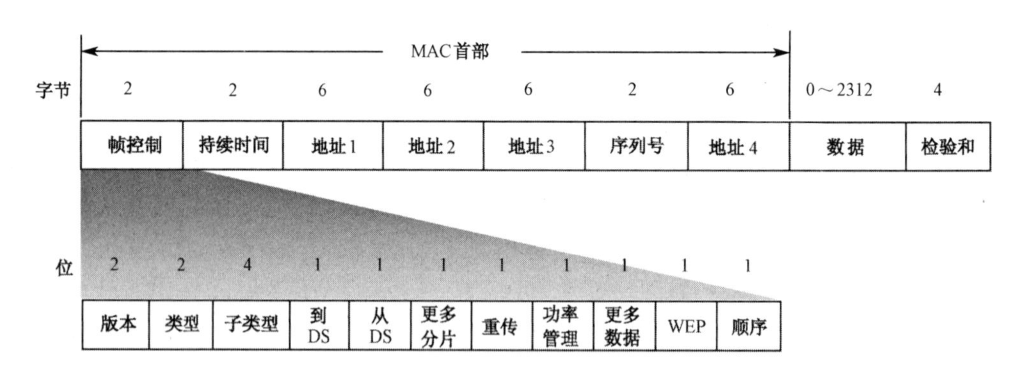

图 11-9　802.11 MAC 数据帧的结构

802.11 MAC 数据帧用于数据的传输及控制，由以下 3 个部分组成：

（1）MAC 首部（30B），包含 7 个字段。

① 帧控制（2B）。指明所用的协议版本、帧的类型等信息。含有 11 个子字段。其

中，“类型”字段和“子类型”字段用来区分帧的功能。“更多分片”子字段被置位表示该分片是一个帧的多个分片之一。“有线等效保密 WEP”子字段被置位表示采用了 WEP 加密算法。

② 持续时间（2B）。指明一个 MAC 帧成功传输需要分配的信道预约时间。该字段最高位为 0 时才有效，表示持续时间不能超过 $2^{15}-1=32767$（μs）。

③ 地址（6B）。共有 4 个字段，含 4 个地址。地址 4 用于自组网络。地址 1～地址 3 的内容取决于帧控制字段中“去往 AP”（发送到接入点）和“来自 AP”（从接入点发出）这两个子字段的值。这两个子字段合起来表示 4 种组合，用来定义 802.11 帧中的几个地址字段的含义。表 11-3 列出了地址字段常用的两种情况（在有固定基础设施的网络中只使用前 3 个地址，在自组网络中要用到地址 4）。

表 11-3　802.11 帧地址字段常用的两种情况

去往 AP	来自 AP	地址 1	地址 2	地址 3	地址 4
0	1	目的地址	AP 地址	源地址	-
1	0	AP 地址	源地址	目的地址	-

④ 序列号（2B）。包含两个子字段：一个是 12 位序列号的子字段，用于帧的编号（0～4095）；另一个是 4 位数据报分片序列号的子字段（不分片为 0000，分片为 0001～1111），用于数据报分片和重装。

（2）数据（0～2312B）。帧的数据部分，不超过 2312B。通常均小于 1500B。

（3）校验和（4B）。填入 32 位的循环冗余检验码。

管理帧的格式与数据帧格式类似，因为管理帧被限定在一个基本服务集内，所以少一个基站地址。控制帧也只有一个或两个地址，但没有序列号字段和数据字段。

11.1.5　802.11 提供的服务

802.11 标准提供了 9 种服务，如表 11-4 所列。这些服务可分成两类：分发服务和站服务。分发服务对单元集内的站的关系实施管理，并会影响到单元集以外的站。站服务只对单元集内部的活动有关。

表 11-4　802.11 局域网提供的服务

服务类型	服务名称	功　　能
分发服务	关联	移动站利用该服务连接到基站上。一移动站进入单元集范围之内时，应宣告自己的身份和能力（如数据率、对 PCF 的需求和电源管理需求）。基站可接受或拒绝该移动站的关联申请
	分离	一个站离开或关闭之前，应先使用此项服务。或者基站在停下来进行维护前也可用到此项服务
	重新关联	一个站利用此项服务可以改变它的首选基站
	分发	该项服务决定了如何分发经基站的那些帧。如目标站对基站是非本地的，则该帧经基站转发
	融合	如果一个帧要经过非 802.11 的网络进行发送，则通过此项服务将 802.11 格式转化为目标网络所要求的帧格式

续表

服务类型	服务名称	功　　能
站服务	认证	只有当基站接受了一个站的关联请求并验证了它的身份之后才允许发送数据
	解除认证	一个原先已经通过认证的移动站若要离开网络，则它需要解除认证。解除认证后，该移动就不再使用该网络
	保密	当需要发送保密的信息时，该项服务用于管理加密和解密
	数据投递	802.11 提供一种传送和接收数据方法。但 802.11 的传输是不可靠的，因此上层协议必须进行检错和纠错工作

其中，5 种分发服务是由基站提供的，用来处理站的移动性。当移动站进入单元集时，通过这些服务与基站关联起来。当移动站离开单元集时，通过这些服务与基站断开联系。4 种站服务是在单元集内部进行的。当关联过程完成后，才可能用到这些服务。

11.2　无线个域网

随着手机、笔记本电脑和移动办公设备的普及，人们提出了把个人操作空间 POS（Personal Operating Space）内的设备互连成网的需求，这是研发个域网 PAN 和无线个域网 WPAN（Wireless PAN）的主要动力。

PAN 和 WPAN 虽同属个人区域网的范畴，但是，WPAN 是指在个人操作空间内把个人使用的电子设备使用无线通信方式连接起来的自组网络，而 PAN 就不一定局限于使用无线通信的手段，这是两者相异之处。个人操作空间是指一个活动或静止的人周围 10m 范围内的区域。

在正式介绍无线个域网之前，有必要先介绍在 WPAN 之前出现的一种技术——蓝牙技术。

11.2.1　蓝牙技术

早在 WPAN 出现之前（1994 年），Ericssion 与 IBM、Intel、Nokia、Toshiba 等 4 家公司联合开发了一个用于将计算机、通信设备、附加部件和外部设备，通过无线信道连接的无线标准。这个项目被命名为蓝牙（bluetooth）。蓝牙是一种短距离无线连接技术由蓝牙 SIG（Special Interest Group）于 1998 年提出。1999 年 7 月，SIG 公布了蓝牙规范 1.0 版。蓝牙的设计思路与众不同，蓝牙规范 1.0 版规定了 13 种应用所需的专门协议集，并将完整的协议固化在专用的蓝牙芯片中，因而制造成本低，应用范围广。后来，IEEE 与蓝牙 SIG 合作完成的 IEEE 802.15.1 标准，它与蓝牙 1.1 版完全兼容。

蓝牙 1.1 版是 PAN 标准，它工作在 2.4GHz 频段，数据传输速率达到 1Mb/s，具有非对称 721/56Kb/s 的传输速率或 432Kb/s 的全双工通信。2004 年 11 月公布的蓝牙 2.0 版，数据速率提高到 3Mb/s（实际最大为 2.1Mb/s）。通信距离根据无线电波信号的强弱有 1m、10m 和 100m 3 种类型。

蓝牙系统使用 TDM 和 FHSS 技术组成不用基站的微微网（piconet）。一个微微网最多可支持 8 个结点，其中一个为主结点，其他 7 个为从结点，以及多达 255 个闲置（parked）结点。微微网是一个集中控制的 TDM 系统，由主结点控制时间片，决定某个时间片与哪个从结点进行通信。因此，所有通信都在主结点与从结点之间进行，从结点之间不能直接通信。闲置结点除了响应主结点的激活或指示信号以外，无其他任何操作。主、从结点之间采用主从工作方式体现了设计者简化系统结构的设计思路。

多个微微网可通过桥从结点互连起来构成分散网（scatternet）。图 11-10 表示由两个微微网构成的分散网。图中标有 M 和 S 的小方框分别表示主结点和活动从结点，P 表示闲置从结点。

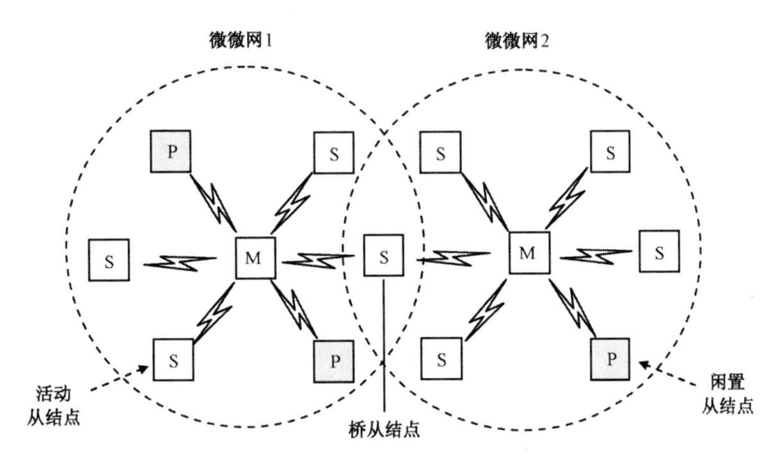

图 11-10　由两个微微网构成的分散网

11.2.2　低速无线个域网

1998 年 3 月，IEEE 成立了 802.15 工作组，专门致力于无线个域网的标准化工作。该工作组下设 5 个任务组 TG（Task Group）。其中，TG4 以蓝牙规范为基础，制定 IEEE 802.15.4 标准，主要考虑低速无线个域网 LR-WPAN（Low Rate-WPAN）的应用问题，其目标是低功耗、低速率和低成本。2003 年，IEEE 批准了 LR-WPAN 标准——IEEE 802.15.4，为近距离范围内不同设备之间的低速互连提供了统一的标准。最近新修订的标准是 IEEE 802.15.4-2006。

与 WLAN 相比较，LR-WPAN 只需要少量（或不要）基础设施，它的许多特征是与无线传感器网（见 11.4.1）相似的。

IEEE 802.15.4 标准具有以下主要特点：①使用不同载波频率，实现 3 种不同的传输速率，即 20Kb/s、40Kb/s 和 250Kb/s。②支持星形和点到点两种网络拓扑结构。③使用了 16 位和 64 位两种地址格式，其中 64 位地址是全球唯一的扩展地址。④采用了 CSMA/CA 协议。⑤采用确认应答机制，提高传输的可靠性。⑥采用低功耗的电源管理。

1．LR-WPAN 的拓扑结构

LR-WPAN 是在个人操作空间内，使用相同的无线信道，通过 IEEE 802.15.4 标准进行通信的一组设备的集合。根据设备通信能力的强弱，可分为两种类型：简易功能设备 RFD（Reduced-Function Device）和全功能设备 FFD（Full- Function Device）。

这两类设备之间的通信关系是：FFD 可以与 FFD 和 RFD 直接通信，但 RFD 与 RFD 之间只能通过 FFD 转发，而不能直接通信。具有转发功能的 FFD 称为 PAN 网络协调器（简称网络协调器），它是 LR-WPAN 中的主控制器。

由于无线信道的信号强度和通信质量的动态变化，通信覆盖范围的不确定性也对网络拓扑结构造成了一定的影响。IEEE 802.15.4 标准根据实际应用的需要，将 LR-WPAN 分为两种拓扑类型的结构：星形结构和点–点结构。图 11-11 给出了 LR-WPAN 的两种拓扑结构。

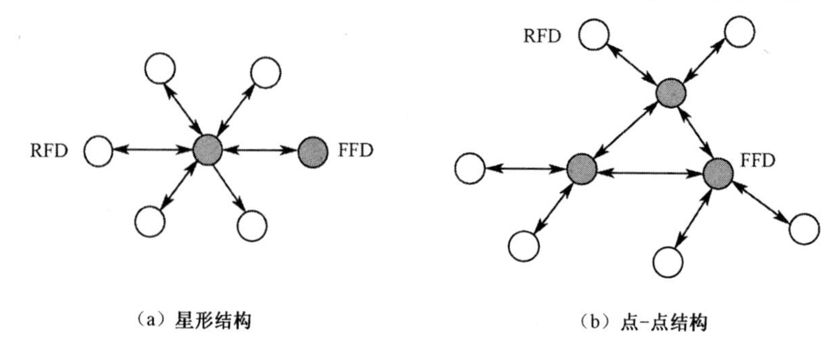

图 11-11　LR-WPAN 的两种拓扑结构

星形结构以中心结点作为网络协调器，所有周边结点只能与网络协调器通信。网络协调器应配置一个唯一的标识符，一般采用持续供电，而周边结点用电池供电。在星形网络构建过程中，确立网络协调器的策略是：当一个 FFD 设备首次被激活时，先广播查询网络协调器的请求报文，如果接收到响应，则说明已存在网络协调器，并通过一系列认证后，该设备就成为该网络的普通设备。如果未接收到响应或认证失败，则该 FFD 设备就成为网络协调器，可以组建自己的网络。不同星形网络之间的通信可通过网关进行转发通信。星形结构适用于小范围的室内应用。

点–点结构中的任意两个结点可以直接进行通信。但是，点–点网络仍需要一个网络协调器，它的功能不再是为其他结点转发数据，而是实现结点注册和访问控制等网络管理。例如，在图 11-12 所示的分群树结构的 LR-WPAN 中，RFD 设备只能作为叶设备，只有一个 FFD 设备可以充当网络协调器。如果一个网络协调器要成为群首，第一步是在首次被激活时将自己设为群首并将群标识符 CID（Cluster IDentifier）置为 0，同时为该群选择一个未使用的网络标识符。第二步是由网络协调器广播信标帧，邻近的设备收到信标帧后就可申请加入该群，若允许就成为该群的成员。网络协调器也可以指定另一个设备成为邻接的新群首，以此形成更多的群，扩大网络的覆盖范围。点–点网络适合于设备分布范围较广的应用，如工业检测与控制、仓库货物存储的智能管理等。

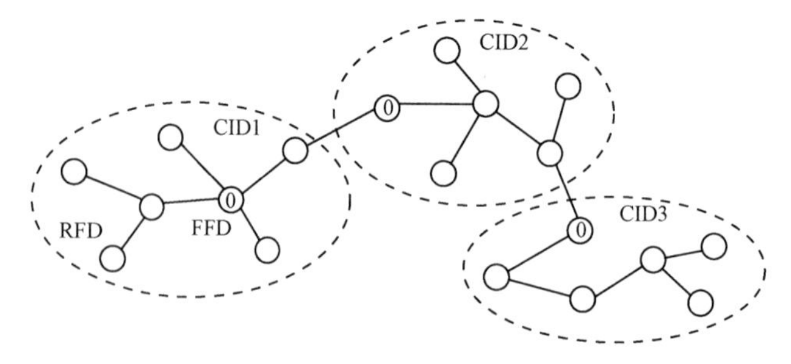

图 11-12　分群树结构的 LR-WPAN

2. IEEE 802.15.4 标准

图 11-13 给出了 IEEE 802.15.4 标准的协议结构。IEEE 802.15.4 只定义了物理层和数据链路层的 MAC 子层。MAC 子层为高层访问物理信道提供了点到点通信的服务接口。高层

协议访问 MAC 子层既可直接访问，也可通过 LLC 子层和特定服务聚合子层 SSCS（Service Specific Convergence Sublayer）来访问。

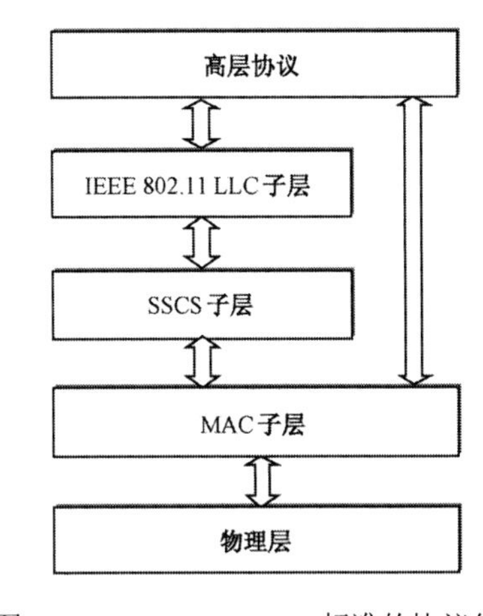

图 11-13 IEEE 802.15.4 标准的协议结构

（1）物理层

物理层定义了无线信道与 MAC 子层的接口，提供物理层的数据服务和管理服务。数据服务是指从无线信道上发/收数据，管理服务则负责维护一个与物理层相关的数据组成的数据库。

物理层的数据服务包括以下 5 个基本功能。

① 激活或休眠射频收发器。

② 信道能量检测，意即通过测量接收信号的功率强度，为网络层提供信道选择的依据。

③ 检测链路质量，为网络层和应用层提供接收数据帧时无线信号的强度和质量信息。

④ 空闲信道评估。定义了 3 种空闲信道评估模式：第 1 种是简单判断信道的信号能量，当低于某个门限值即认为信道空闲；第 2 种是判断无线信号的特征（指扩频信号特征和载波频率）；第 3 种是综合前两种模式，同时检测信号强度和信号特征。

⑤ 发送和接收比特流。

物理层定义了 3 个频段。其中，868MHz 频段（欧洲）有 1 个信道，速率为 20kb/s；915MHz 频段（美国）有 10 个信道，速率为 40kb/s；2450MHz 频段（全球）有 16 个信道，速率为 250kb/s。

物理层还定义了一个数据帧结构，这与传统的局域网不同。图 11-14 给出了物理层的数据帧格式，它由 3 个部分组成：①同步部分，包括前导码（4B）和帧起始定界符（1B，值为 57H），其功能是进行物理帧的同步和比特同步。②物理帧部分，包括帧长度（7 位）和保留（1 位），物理帧的长度不应超过 127B。③负载部分，其长度可变，为物理服务数据单元 PSDU（Physical Service Data Unit），用来承载 MAC 帧。

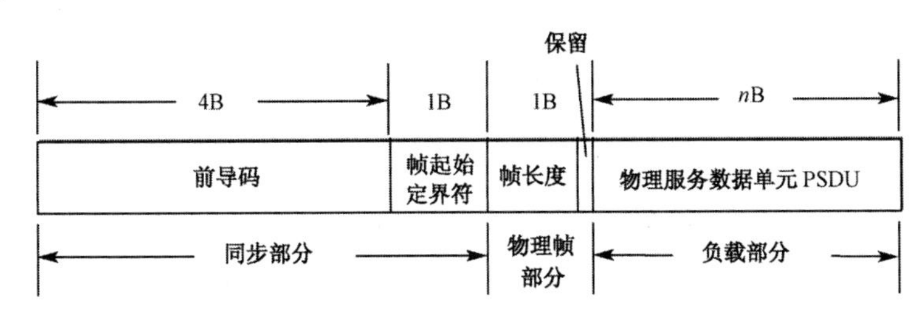

图 11-14 物理层的数据帧格式

（2）MAC 子层

MAC 子层提供两种服务：数据服务和管理服务。数据服务保证 MAC 协议数据单元在物理层数据服务中的正确发送和接收。管理服务维护着存储 MAC 子层协议状态相关信息的数据库。

MAC 子层是用最低复杂度，实现在多噪声无线信道环境下的可靠数据传输。它的主要功能如下。

① 利用网络协调器（见后述）产生的信标帧，实现网络协调器与结点间的同步。

② 支持无线信道的安全操作。

③ 支持 CSMA/CA 协议，以及时间片访问机制。

④ 支持不同设备的 MAC 层之间的可靠帧传输。

⑤ 支持 LR-WPAN 网络的建立关联和取消关联操作。关联操作是指一个设备加入一个网络时，向网络协调器进行注册和身份认证的过程。

MAC 子层的帧结构包括 3 个部分：帧首部、负载和帧尾部。图 11-15 所示为 MAC 子层的帧格式。

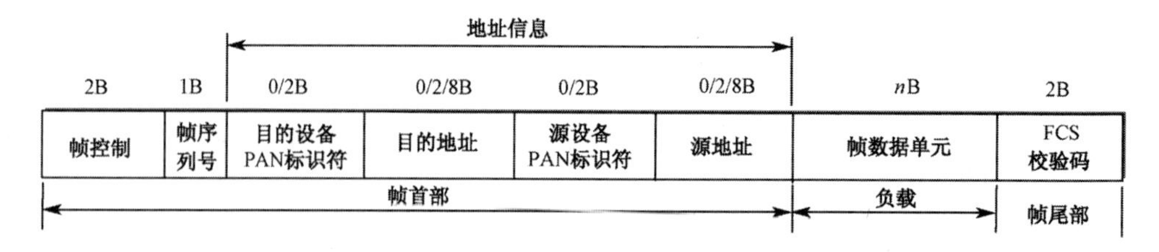

图 11-15 MAC 子层的帧格式

MAC 子层的设备地址有两种格式：短地址（2B）和扩展地址（8B）。短地址用于设备与网络协调器关联时，由网络协调器分配的网内局部地址。扩展地址是全球唯一地址，入网时已被分配。由于两种地址类型的地址长度不同，导致 MAC 帧长是可变的。

MAC 子层定义了 4 种类型的帧：信标帧、数据帧、确认帧和命令帧，它们的帧格式是不一样的。

11.2.3 高速无线个域网

IEEE 802.15 工作组下设的任务组 TG3 制定了 IEEE 802.15.3 标准，该标准主要考虑 WPAN 在多媒体应用方面的高速率和服务质量问题。

高速 WPAN 工作于 2.4GHz 频段，数据传输速率最高可达 55Mb/s。与现有的无线局域网相比，高速 WPAN 技术适用于小范围（小于 10m）便携式电子和通信设备之间的 Ad hoc 连接，其传输速率远高于 20Mb/s 的场合。高速 WPAN 技术可用于替代家庭娱乐系统的有线传输技术，包括高分辨率电视、高保真音响、DVD，以及基于高质量图像且使用多个控制台和虚拟立体背景的互动式游戏。

表 11-5 列出了 IEEE 802.15.3 与其他有关标准相比较的一些关键性能指标。

表 11-5 IEEE 802.15.3 与有关标准的性能指标的比较

性能指标	IEEE 802.15.3	IEEE 802.1+1b、g*	IEEE 802.11a	蓝牙 1.1
频段(GHz)	2.4	2.4	5	2.4
速率(Mb/s)	最高 55	最高 22	最高 54	1
电流(mA)	<80	<350	>350	<30
视频信道数	4	2	5	-
作用距离(m)	10	100	100	10～100
复杂性(区域)	1.5	3	4	1
连接时间(s)	≤1	不确定	不确定	<5
服务质量 QoS	有用于多媒体的保护时隙	IEEE 802.11e 补上 QoS	支持 LAN	不支持视频

注：IEEE 802.11g 可支持的速率大于 22Mb/s

IEEE 802.15.3 物理层的工作频段是 2.4GHz～2.4835GHz，可支持 11～55Mb/s 数据速率。802.15.3 系统传码率是 11Mbaud。在规定传码率的前提下指定了 5 种不同的调制方式，基本方式是差分编码的 QPSK。IEEE 802.15.3 物理层使用的射频和基带处理器最适合在小于 10m 的短距离内传输，发送和接收数据时电流消耗应小于 80mA，在节电模式时电流应达到最小值。

IEEE 802.15.3 MAC 层能支持 Ad hoc 网络。在 Ad hoc 网络中，设备根据所在网络环境决定承担主站或从站的功能，并无须经过复杂的设置便可使设备入网或离网。IEEE 802.15.3 MAC 层还支持多媒体 QoS 规定，以及降低电池功耗的高级电源管理。

为了加强对更高速 WPAN 技术的研究，802.15 工作组于 2002 年又成立了 TG3a 任务组。该任务组提出了使用超宽带 UWB（Ultra-Wide Band）技术的超高速 WPAN，其工作频段为 3.1～10.6GHz，可支持高达 100～400Mb/s 的速率，可用于小范围的多媒体和数字图像的传输。

11.3 无线城域网

11.3.1 无线城域网概述

随着接入网技术的进展，尤其是无线接入问题的提出，IEEE 802 委员会于 1999 年专门设立了 802.16 工作组，研究宽带无线城域网 WMAN（Wireless Metropolitan Area Network）的各种技术规范。802.16 工作组于 2002 年 4 月公布了宽带无线网络 802.16 标准，该标准的全称是“固定带宽无线访问系统空中接口”（Air Interface for Fixed Broadband Wireless Access System）。该标准可提供“最后一英里”的无线宽带接入（固定的、移动的和便携的）。欧洲的 ETSI 也制定了相似的无线城域网标准 HiperMAN。

802.16 标准的主要目标是制定工作在 2～66GHz 频段的无线接入系统的物理层与媒体访问控制 MAC 层的规范。其中，802.16 是一个一点对多点的视距条件下的协议。802.16a 增加了非视距和对无线网格网的支持，工作于需申请的 2～11GHz 频段。802.16b 增加了无线 HUMAN，工作于无须申请的 5～6GHz 频段。802.16c 增加了系统的互操作性。802.16 和 802.16a 经修订后于 2004 年 6 月被命名为 802.16d（即 802.16－2004），是固定宽带无线接入空中接口标准（2～66MHz）。另外，2005 年 12 月又通过了 802.16 的增强版，即 802.16e，是支持移动的宽带无线接入空中接口标准，它具有向下兼容的特性。表 11-6 列出了 IEEE 802.16 标准系列的性能比较。

表 11-6　IEEE 802.16 标准系列的性能比较

项　　目	IEEE 802.16	IEEE 802.16a	IEEE 802.16d	IEEE 802.16e
发布日期	2001 年 1 月	2003 年 1 月	2004 年 6 月	2005 年 12 月
使用频段	10～66GHz	2～11GHz	2～11GHz	2～6GHz
信道条件	视距	非视距	视距+非视距	非视距
固定/移动	固定	固定	固定	移动+漫游
信道带宽(MHz)	25/28	1.25/20	1.25/20	1.25/20
传输速率(Mb/s)	32～134	75	75	30
额定小区半径	＜5km	5～10km	5～15km	几 km

与 IEEE 802.16 工作组相对应的论坛组织是 WiMAX（Worldwide interoperability for Microwave Access），WiMAX 是“全球微波接入互操作性”的缩写。它与致力于 WLAN 推广应用的 Wi-Fi 联盟相似，由 IT 行业的成员参加的 WiMAX 论坛致力于 IEEE 802.16 无线网络标准的推广与应用。

无线接入技术是在用户终端与交换机之间的接入网部分全部或部分采用无线通信方式，为用户提供接入服务的一种技术。从接入方式上可分为固定接入和移动接入两大类。固定接入是从交换结点到固定用户终端采用无线接入的方式，它实际上是 PSTN/ISDN 的无线延伸。移动接入的网络包括移动电话网、无线寻呼网、集群电话网、卫星移动通信网和个人通信网等，这是当今通信行业中最为活跃的一个领域。

无线接入技术具有投资省、建网周期短、提供业务快等优点，已逐渐成为一种非常重要的接入方式，值得大家关注。

11.3.2 IEEE 802.16 标准

IEEE 802.16 标准也采用层次式的，由物理层和 MAC 层组成。图 11-16 所示为 802.16 标准的协议模型。

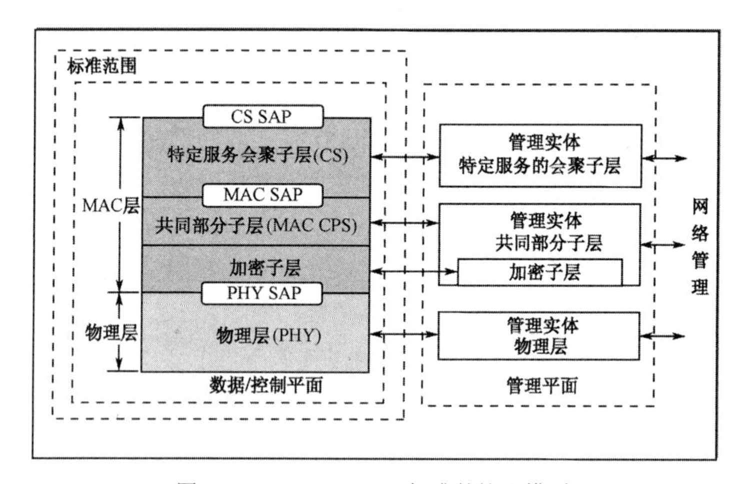

图 11-16　IEEE 802.16 标准的协议模型

1. 物理层

物理层定义了两种双工方式：时分双工 TDD（Time Division Duplex）和频分双工 FDD（Frequency Division Duplex）。根据使用频段的不同，分别采用不同的物理层技术与之相对应，如对于 10～66GHz 频段的固定无线接入系统主要采用单载波调制技术，而对于 2～11GHz 频段的系统，将主要采用正交频分多路复用 OFDM 和 OFDMA 技术。由于 OFDM、OFDMA 具有较高的频谱利用率，且在抵抗多径效应、频率选择性衰落或窄带干扰上具有明显的优势，因此 OFDM 和 OFDMA 将成为 802.16 中两种典型的物理层应用方式。

802.16 标准未规定具体的载波带宽，系统可以采用从 1.25MHz～20MHz 之间的带宽。对于 10～66GHz 的固定无线接入系统，还可以采用 28MHz 载波带宽，提供更高的接入速率。

物理层的上行链路采用时分多址复用 TDMA（Time Division Multiplexing Access）和按需分配多址接入 DAMA（Demand Assigned Multiple Access）混合的接入方式。上行信道被划分成一个个小的时隙，由基站中的 MAC 层根据不同用户的要求控制这些时隙的分配。上行数据的传送有 3 种方式：①在初始维护阶段，数据以竞争方式传输；②在响应多播和广播查询的请求间隔预留阶段，数据也以竞争方式传输；③一般情况下，数据按分配的时间间隙传输数据。下行信道一般采用 TDM 方式，发往每个用户站（SS）的下行数据被复用成一串数据流，数据按降序传输，在同一扇区的每个用户站都能接收到该数据流。

物理层的数据分帧传输，帧长为 0.5ms、1ms 或 2ms。其上/下行数据的传送流程如图 11-17 所示。

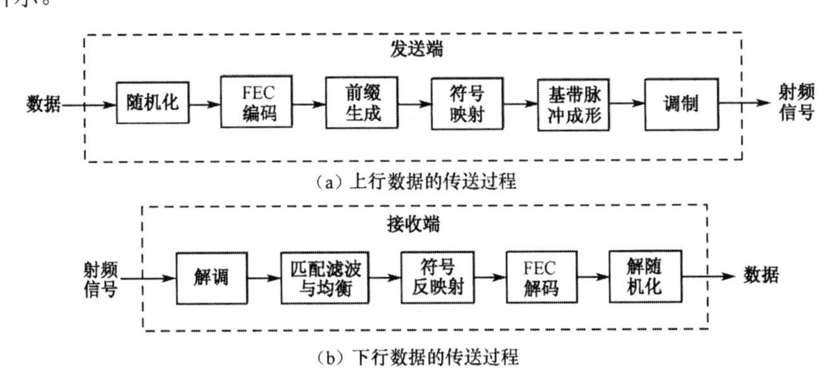

图 11-17　上行和下行数据的传送流程

表 11-7 表示 IEEE 802.16 标准定义的不同调制方式、不同信道带宽所具有的不同传输速率。

表 11-7　IEEE 802.16 标准物理层的多种传输速率

信道带宽(MHz)	数据信号速率(Mb/s)		
	QPSK	16-QAM	64-QAM
20	32	64	96
25	40	80	120
28	44.8	89.6	134.4

2. MAC 层

如图 11-16 所示，MAC 层自下而上分为 3 个子层，即加密子层（privacy sublayer）、公共部分子层（common part sublayer）、特定服务汇聚子层（service specific convergence sublayer）。

MAC 层最主要的特征是基于“连接”，即所有 SS 站的数据业务及与此相联系的 QoS 要求都是在“连接”的范畴中来实现的。每一个“连接”由一个 16 位的标识符。SS 站注册后，“连接”以及伴随着的服务流就被提供给这个 SS 站。服务流概念则定义了在“连接”上传输的 PDU 的 QoS 参数，以及与带宽分配的过程联系。“连接”一旦被建立，需要维护的要求则随着连接的业务类型不同而改变。当然，当用户的业务要求改变时，“连接”也可以被终止。

MAC 层的核心部分是共同部分子层 CPS，它通过服务访问点 MAC SAP 接收来自会聚子层的数据，形成该子层的服务数据单元 SDU。SDU 的长度视上层下传的数据而定，可固定或可变，甚至被拆分，并把这些数据分类到特定的“连接”上，以保证相应的服务质量。

MAC 层的加密子层提供 SS 与 BS 之间通信的私密性。它包括两个协议：一个是加密封装协议，负责空中传输的分组数据的加密。加密只针对 MAC PDU 中的负荷部分。另一个是密钥管理协议 PKM，负责 BS 到 SS 之间密钥的安全分发、密钥数据的同步以及业务接入的鉴别。

由此可见，IEEE 802.16 标准仅对网络的低层进行了规范，即物理层、MAC 层以及相应的加密子层。再通过 CS 层，MAC 层可以与更高层（如 IP 层，包括 IPv4 和 IPv6）相连接，并在标准中保留了与其他协议接口的未来发展余地，以针对不同的业务需求，提供多种接口，适应本地多点分配业务 LDMS（Local Multipoint Distribution Service）的全业务系统的特点。

IEEE 802.16 标准的颁布，为开发新一代能兼容多家厂商的宽带无线接入设备提供了新的指南，也允许各制造商最大可能地生产各具特性的产品，这将大大加快无线宽带接入网的配置进程。

11.4 其他无线网络

随着无线网络技术的发展，传统意义上的 Ad hoc 网络技术有两个发展趋势。一个是向军事和特定行业发展和应用，并在此基础上产生了无线传感器网 WSN（Wireless Sensor Network）；另一个是向民用的接入网领域发展，出现了无线网格网 WMN（Wireless Mesh Network）。

11.4.1 无线传感器网

无线传感器网络的研究始于 20 世纪 90 年代末期。当 Ad hoc 网络技术日趋成熟之时，无线通信、微电子、传感器技术也得到了快速发展。在军事领域中，如何将 Ad hoc 网络与传感器技术结合起来的研究课题受到人们的重视。从 21 世纪开始，无线传感器网引起学术、军事和工业界的极大关注。无线传感器网涉及包括传感器、计算机网络、无线传输、嵌入式计算、分布式信息处理、微电子制造、软件编程等多种技术，是一个多学科交叉的研究领域。因此，此项研究已成为“21 世纪最有影响的 21 项技术之一”。

无线传感器网是由大量具有无线通信与计算能力的微小传感器结点构成的分布式自组网络。它既是能根据环境自主完成指定任务的网络系统，也是能根据环境自主完成指定任务的“智能”系统。

无线传感器网由 3 种结点组成：传感器结点、汇集结点和管理结点。传感器结点通常是一个微型的嵌入式系统，其处理、存储和通信能力较弱，通过自身携带的能量有限的电池供电。汇集结点的处理、存储和通信能力相对较强，它是连接传感器网络和外部网络（如因特网）的桥梁，实现两种协议栈的通信协议之间的转换，同时传递管理结点的监测任务，并将收集到的数据转发给外部网络。传感器结点将监测到数据通过其他传感器结点逐跳进行传输和处理，到达汇集结点，最后通过外部网络传输到管理结点。管理结点使管理者对传感器网络进行配置和管理，发布监测任务以及收集监测数据。图 11-18 所示为无线传感器网络的结构。

无线传感器结点的组成如图 11-19 所示，它由以下几个模块组成。

① 传感器模块。进行监测区域内的信息采集和数据转换。

② 处理器模块。负责整个传感器结点的操作，存储和处理传感器所采集的数据（含其

他结点采集的数据)。

③ 无线通信模块。与其他传感器结点进行无线通信，接收和发送采集的信息，并交换控制信息。

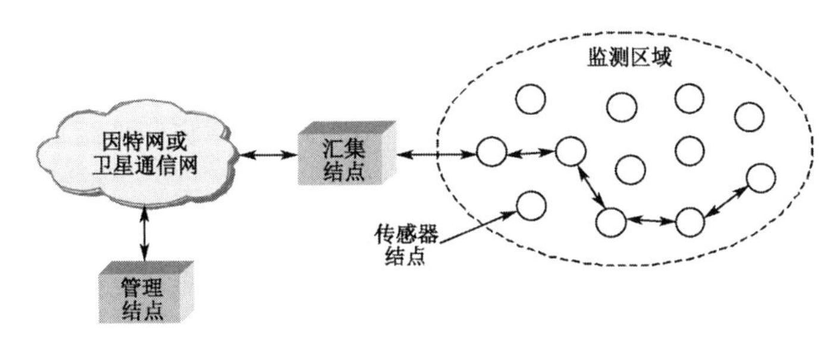

图 11-18 无线传感器网络的结构

④ 电能供应模块。为传感器结点提供所需的电能，通常采用微型电池。

此外，还可以选择其他功能模块，如定位系统模块、运动系统模块及发电装置等。

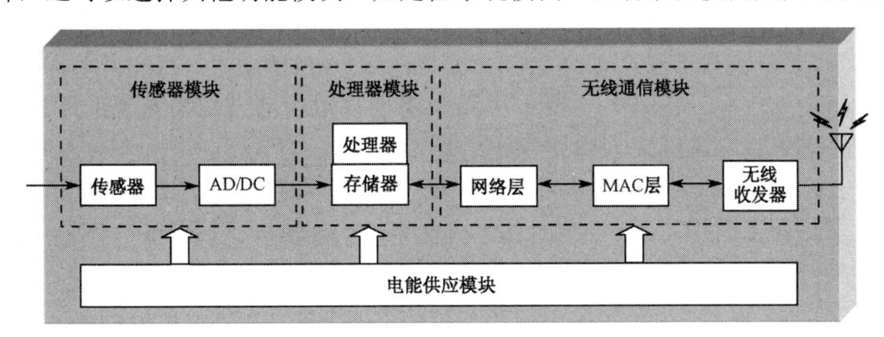

图 11-19 无线传感器结点的组成

在无线传感器网络中，传感器结点通过飞机布撒，人工布置等方式，大量部署在被感知对象内部或周围。这些结点以自组方式通过无线信号构成无线网络，在任意地点和时间对网络覆盖区域中的特定信息，以协作的方式进行感知、采集、处理和分析。

无线传感器网的特点使得它有着非常广泛的应用前景。首先是军事上的应用，包括观察友军、装备与物资的状况；监视战场的变化；侦察敌方的地形与调动；战果的评估等。其次在医疗方面的应用，如为残障人士提供方便，为医生远程观察病人的生理数据，进行远程诊断等。再如在家庭服务、森林防火、农业管理等领域也发挥了重要的作用。

11.4.2 无线网格网

无线网格网 WMN 的出现大约在 20 世纪 90 年代中期，推动无线网格网发展的直接动力是因特网接入的应用需求。当 ad hoc 网络技术逐趋成熟并进入民用领域，人们很快发现，如果将 Ad hoc 技术作为无线局域网 WLAN 与全球微波接入的互操作性 WiMAN 等无线接入技术的一种补充，将它应用于 Internet 无线接入网，是一个很有发展前途的研究课题。

无线网格网 WMN 是在 Ad hoc 技术基础上发展起来的，并继承了 WLAN 的部分特征，是一种基于多跳路由、对等结构、高容量的新型网络。它具有动态扩展、自组网、自配置、自修复的特征，还支持分散控制与管理、Web 业务，以及 VoIP 与多媒体等无线通信业务。它将作为对 WLAN、WiMAX 技术的补充，成为解决无线接入“最后一千米”问题的新的技术方案。

但是，WMN 毕竟不同于 ad hoc、WLAN 和 WiMAX，它们之间的区别如下。

WMN 与 ad hoc 的区别主要体现在以下 3 个方面：①从自组网络角度，WMN 与 ad hoc 都采用 P2P 的自组织的多跳网络结构，但是，WMN 是由无线路由器构成的，能提供了大范围的信号覆盖与结点连接的无线骨干网。而 Ad hoc 网络结点是兼有主机和路由器双重功能，以平等合作方式实现连通的自组网络。②从网络拓扑角度，两者拓扑相似，但结点功能相差甚大。WMN 多为静态或弱移动的拓扑，而 Ad hoc 网络更强调结点的移动性和网络拓扑的变化；WMN 的设计思路注重于“无线”，而 Ad hoc 更注重于“移动”，因此 Ad hoc 结点的移动性强于 WMN 的结点；WMN 结点的主要功能是传输因特网的数据，而 Ad hoc 结点的主要功能是传输一对结点之间的数据；WMN 的多数结点是位置固定的，一般不采用电池供电，而 Ad hoc 结点移动性很强，一般采用电池供电。③从应用角度，WMN 主要应用于因特网与宽带多媒体通信业务的接入，而 Ad hoc 主要应用于军事通信和专业通信。

WMN 与 WLAN 的区别在于：①从网络拓扑角度看，WMN 采用 P2P 的自组织的多跳网络结构，通过智能路由器实现数据转发，而 WLAN 采用一点对多点的结构和单跳工作方式，结点本身不承担数据转发任务。②从接入距离来看，WMN 利用无线路由器组成骨干网，接入距离可扩展到几千米，而 WLAN 允许结点到 AP 的距离只有几百米。③从协议角度，两者共同之处较多。WMN 主要采用生命周期很短的动态按需发现的路由协议，而 WLAM 采用静态路由协议与移动 IP 协议相结合。

WMN 与 WiMAX 的区别主要表现为：①WMN 采用网状结构，具有很强的自愈能力，而 WiMAX 采用星形结构，因而可靠性很低。②WMN 组网设备的价格远低于 WiMAX 基站设备的价格，这就大大降低了组网和维护成本。

通过以上比较可以看出，WMN 具有组网灵活、成本低、维护方便、覆盖范围大、投资风险相对较小等优点。

为了适应不同的应用，无线网格网可呈现不同的结构。

（1）平面网络结构

这是一种最简单的结构，如图 11-20 所示。图中，所有 WMN 结点均采用对等的 P2P 工作方式，执行相同的 MAC 路由、网管与安全协议，其作用与 Ad hoc 网的结点是相同的。

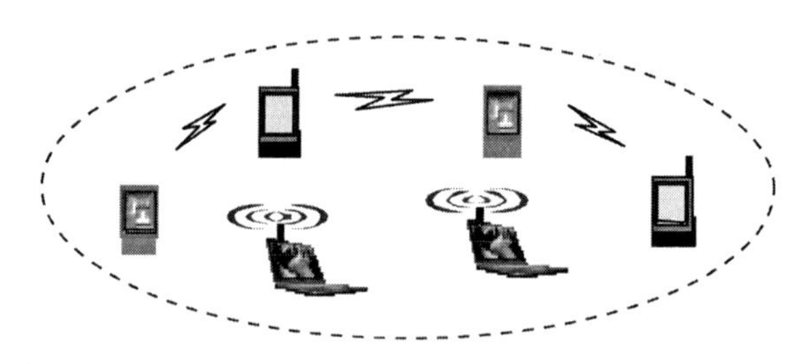

图 11-20　平面结构的 WMN

（2）多级网络结构

多级结构的 WMN 由上、下两层组成，如图 11-21 所示。该网络的下层由终端设备组成（如普通的 VoIP 手机，具有无线通信功能的笔记本电脑、无线 PDA 等），各终端设备之间不具备通信功能。该网络的上层由 Mesh 无线路由器（WR）构成无线通信环境，且通过网关接入到因特网。下层的终端设备接入到无线路由器（WR），WR 通过路由协议为下层终端设备之间的通信选择最佳路由。

（3）混合网络结构

混合结构的 WMN 是将前两种结构结合起来，将各自的技术优势互补，因而是一种更为优化的网络结构。图 11-22 所示为混合网络结构。

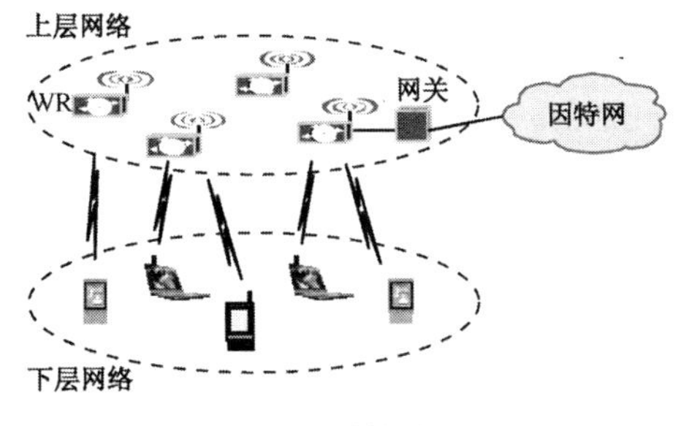

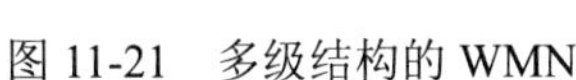
图 11-21　多级结构的 WMN

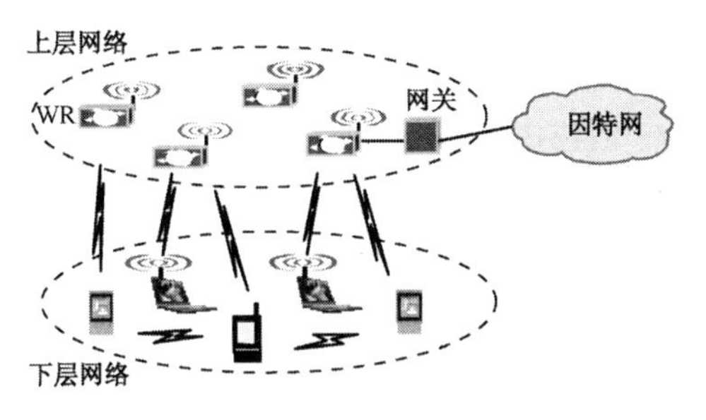

图 11-22　混合结构的 WMN

在图 11-22 中，骨干网采用 WiMAX 技术，可以充分发挥远距离、高带宽的优点，它可以在 50km 范围内，提供高达 70Mb/s 的传输速率。接入网采用 WLAN 技术，即可满足一定地理范围内的用户无线接入需求。底层采用平面结构的 WMN 技术。WLAN 的接入点 AP 可以与邻近的 WMN 路由器连接，从而组成无线自组网传输平台，这样就延伸了 WLAN 覆盖范围，提供了更为方便、灵活的城域范围的无线宽带接入。

*11.5　蜂窝移动通信网

11.5.1　蜂窝移动通信概述

移动通信是指通信双方或至少是一方的通信终端（其载体是车辆、船舶、飞机或行人等）处于移动状态的一种通信方式。移动通信的种类很多，如蜂窝式、卫星式、集群式和无绳式移动通信等。本节介绍目前使用最多的蜂窝移动通信，以及计算机是如何通过蜂窝无线通信技术接入因特网的。

自 20 世纪 80 年代以来，蜂窝移动通信网发展非常迅速，凡是人们常去的地方几乎都可以通过蜂窝移动通信网进行可靠的无线通信。因此利用蜂窝移动通信网是一种接入因特网的很好方法。蜂窝移动通信网的发展经历可归纳如下。

第一代（1G，G 是 Generation 的缩写）蜂窝移动通信是为语音通信设计的，采用频分多路复用（FDM）或者模拟拟制式的频分双工 FDD（Frequency Division Duplex）技术。

第二代（2G）蜂窝移动通信能提供语音和低速数字通信服务，其中最流行的是 GSM 系统，它的空中接口采用时分多址复用技术（TDMA）。在此期间，2G 很快演进到期 2.5G，能支持数据服务接入因特网，采用的技术有通用分组无线服务 GPRS（General Packet Radio Service ）和增强型数据速率 GSM 演进 EDGE（Enhanced Data rate for GSM Evolution）。据报道，2015 年全球诸多 GSM 网络运营商已经确定 2017 年关闭 GSM 网络。

第三代（3G）蜂窝移动通信能提供宽带多媒体业务（话音、数据、视频图像等）。3G 使用了 IP 体系结构，电路交换和分组交换机制。3G 的数据速率可达 2Mb/s。目前 3G 主要有三大技术体制：WCDMA、CDMA2000 和 TD-SCDMA。其中，TD-SCDMA 是中国提出的具有自主知识产权的 3G 标准，虽提出较晚，但技术实现上有许多创新，标准也较完善。

第四代（4G）蜂窝移动通信是集 3G 和 WLAN 于一体，并能够快速传输数据、高质量的音频、视频和图像等。4G 的下载速率可达 100Mb/s（相当于 3G 的 50 倍），而上传速率可达 20Mb/s。它的目标峰值数据率是：固定和低速移动通信应达到 1Gb/s，高速移动通信（如火车等）应达到 100Mb/s。4G 技术现有两个国际标准：LTE（long Term Evolution）和 LTE-A（LTE-Advanced）。这里 LTE 是“长期演进”的意思。LTE 又分为时分双工 TD-LTE 和频分双工 FDD-LTE 两种制式。LTE 只是 3.9G 移动互联网技术，其带宽为 20MHz，采用高阶调制 64QAM 和 MIMO 技术，而 LTE-A 是 LTE 的升级版，其带宽高达为 100MHz。.

第五代（5G）蜂窝移动通信作为下一代移动通信，其最高理论传输速率可达数十 Gb/s，比4G要快数百倍，整部超高画质电影可在 1 秒之内下载完成。据推测，5G 或许会在 2020 年投入商用，而成为采用毫米波频段的全球统一的 5G 标准。

目前我国的蜂窝移动通信处于 3G 和 4G 阶段。人们为了使笔记本和台式电脑利用 3G 蜂窝无线通信技术连接到因特网，可将 3G 上网卡插入到该机的 USB 接口，这样就可以通过 3G 蜂窝移动通信系统接入到因特网。3G 上网卡给用户带来了许多方便。至于上网用户付费现有两种方式：一种是按流量付费，另一种是上网时间付费。后一种方式与上网用户数有关，因为同时上网用户太多，会使得每个用户分配到的速率过低。当然，网民总希望支付不太多的上网费，又能享受到无限流量的 3G 高速上网服务，但这不是一件两全其美的事情。

下面介绍蜂窝移动通信系统的基本原理，组成和有关技术问题。

11.5.2 蜂窝移动通信系统

1. 蜂窝结构

蜂窝理论是美国贝尔实验室在 20 世纪 60—70 年代提出的。在蜂窝理论中，通常在整个蜂窝系统的覆盖区域建立一个几何模型。在该几何模型中，小区的几何形状应符合两个条件：①能在整个覆盖区域内完成无缝连接而无重叠；②每一个小区能用更小的相同几何形状的小区完成区域覆盖（即分裂），不影响系统的结构，从而扩展系统容量。符合这两个条件的小区个数 N 的取值应满足下式：

$$N=i^2+ij+j^2 \tag{11-1}$$

式中，i 和 j 均为正整数，其中一个可以为零，但不能两个同时为零。

根据公式（11-1），可得出小区的几何形状可以为正方形、等边三角形和正六边形等。由于正六边形最接近小区基站通常的幅射模式——圆形，且其小区覆盖面积为最大。在小区之间相隔一定距离后，可以按照频率复用来重复分配频率资源。这样，整个几何模型看起来由一个个蜂窝组成。图 11-23 所示为频率复用的几何模型。

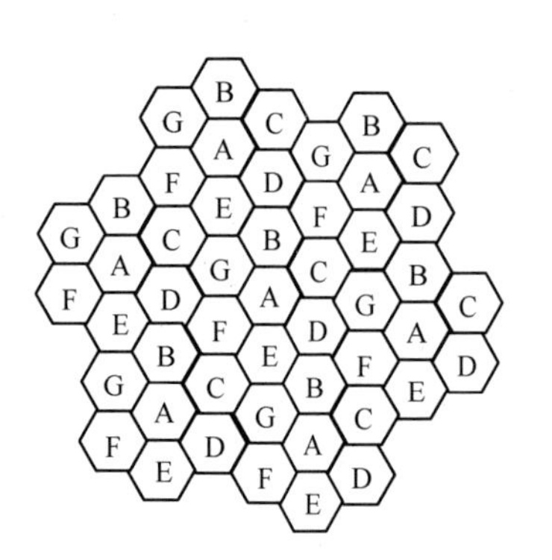

图 11-23 频率复用的几何模型（N=7）

2. 蜂窝移动通信系统的组成

最简单的蜂窝移动通信系统由移动站 MS（Mobile Station）、基站 BS（Base Station）、基站控制器 BSC（Base Station Controller）和移动交换中心 MSC（Mobile Switching Center）4 个功能构件组成，如图 11-24 所示。

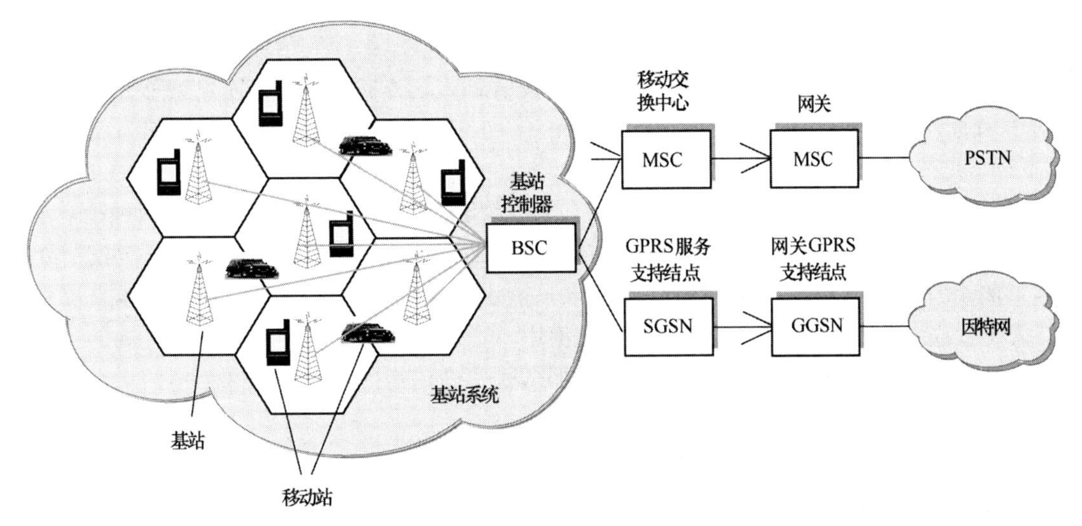

图 11-24　最简单蜂窝移动通信系统的组成

移动台有车载台和手机两种形式，它包括收发器、天线和控制电路。

基站由收发信机、天线和基站控制器等组成，它通过空中无线接口与移动站进行联络。基站在 MS 与 BSC 之间起着“桥”的作用。每个基站设置一台收发信机，其发射功率以能够覆盖本小区，却不干扰邻近小区的通信为度。由于相邻小区采用不同的频率，于是就可以组成包含更多小区的基站系统。在图 11-24 左侧的基站系统中，由 7 个相互拼接的六角形小区组成规模更大的蜂窝状的基站系统。每个小区的大小视区内移动用户数而定，其半径为 20m（用户密集的地方）到 1～25km。基站可设在小区的中央，以“中心激励”方式用全向天线来覆盖小区。基站也可以设计在每个小区正六边形的三个顶点上，以“顶点激励”方式用定向天线来覆盖小区。基站接收移动站发送来的信号，再转发给基站控制器。

基站控制器 BSC 控制若干个基站，它与移动站、基站构成基站系统。基站控制器负责管理责任小区及其无线信道。

移动交换中心 MSC 既具有交换功能、还具有移动性管理和无线资源管理的功能。一个 MSC 可连接数个 BSC，MSC 与 BSC 之间目前采用光缆连接。MSC 再通过网关连接到公用电话网 PSTN。

在图 11-24 右侧的上方，表示如果移动站要进行电话通信，需先与小区中的基站相关联，建立起双向的无线通信信道。

在图 11-24 右侧的下方，表示如果移动站要接入因特网，移动站将 IP 数据报经 BSC 转发到 GPRS 服务支持点 SGSN（Service GPRS Support Node）。SGSN 的主要功能是 IP 数据报转发、移动性管理、会话管理、逻辑链路管理、加密和鉴别，以及语音的生成和输出等。SGSN 还需与 MSC 进行通信，完成用户的鉴别和切换等功能。网关 GPRS 支持结点 GGSN（Gateway GPRS Support Node）相当于 GPRS 路由器，它具有网络接入控制的功能。

3．蜂窝移动通信的管理机制

（1）信道分配

在蜂窝移动通信系统中，由系统采用的多址技术所获得的无线信道称为物理信道 PCH（Physical Channel）。在具体的物理信道上再安排相应的逻辑信道 LCH（Logic Channel）。逻辑信道按其功能可分为业务信道 TCH（Traffic Channel）和控制信道 CCH（Control

Channel）。业务信道又可分为语音业务信道和数据业务信道；控制信道则有多种类型，而且不同技术体制的控制信道也不相同。信道还可按信息传送方向分类，由基站向移动站传送信息的信道称为正向信道（或下行信道），而由移动站向基站传送信息的信道称为反向信道（或上行信道）。

为了满足用户容量的要求和最佳地利用无线电频谱，信道分配主要采用以下两种策略。

① 固定信道分配策略 FCA（Fixed Channel Assignment）。该策略为各小区分配一组预先确定的语音信道，小区中的任何呼叫请求只能由指定小区中的尚未占用的信道来提供服务。为了提高信道利用率，可考虑选择信道借用。在选择信道借用时，如果小区内的所有信道均已被占用，而相邻小区存在空闲信道，那么就允许该小区向相邻小区借用信道。信道借用通常由 MSC 负责。

② 动态信道分配策略 DCA（Dynamic Channel Assignment）。该策略并不采取将语音信道永久分配给不同的小区。每当有呼叫请求时，提供服务的基站就会向 MSC 请求信道分配，MSC 动态确定和分配可用信道。为了避免同频干扰，如果一个频率在当前小区或任何落入频率复用最小限制距离内的小区尚未被使用，MSC 则将该频率分配给呼叫请求者。动态信道分配降低了呼叫阻塞的可能性，提高了系统的中继容量，但要求 MSC 连续收集所有信道占用话务量分布以及无线信号强度指示等数据。

（2）越区切换

当正在通信的移动用户从一个小区进入相邻的另一个小区时，其工作频率及基站与移动中心所用的接续链路必须从它离开的小区转换到正在进入的小区，这一过程称为“越区切换”。

越区切换的方法有 2 种：一种是硬切换，另一种是软切换。硬切换是指在新的连接建立之前，先中断旧的连接。软切换则指既维持旧的连接，又同时建立新连接，并利用新旧链路的分集合并来改善通信质量，与新基站建立可靠连接之后再中断旧链路。两者相比，软切换具有减少掉话的优点，是一种无缝切换。

越区切换的控制方式有 3 种：MS 控制、MSC 控制和移动站辅助切换 MAHO（Mobile Assisted Handover）。

（3）位置管理

蜂窝移动通信网还应具有位置管理的机制。位置管理包括位置登记和呼叫传递。在 2G 中，位置管理由归属位置寄存器和访问位置寄存器两个功能实体来实现。归属位置寄存器是管理部门用于管理移动用户的数据库，库存内容包括用户参数（类别、号码、识别、服务种类、保密等）和用户目前位置信息（漫游号码、访问位置寄存器地址等）。访问位置寄存器是移动交换中心为处理服务区内来往移动站的呼叫提供的信息检索数据库，库存内容包括用户号码、所在位置区认别、向用户提供的服务等参数。

4．蜂窝移动通信中的抗干扰

移动通信信道具有时变色散的特性。在这种信道上应考虑的主要干扰如下。

（1）同频干扰

同频干扰又称同信道干扰，是指相同载频电台之间的的干扰。这是移动通信在组网中出现的一种干扰。在电台密集的地方，若频率管理或设计不当，就会造成同频干扰。

在以正六边形的蜂窝小区结构的网络中。为了提高频率利用率，在相隔一定距离，可以重复使用相同的频率，这称为同信道复用。显然，同信道的小区相距越远，它们之间空间隔离度就越大，同频干扰也就越小，但频率复用次数也随之降低，即降低了频率利用率。在进行组网频率分配时，应在满足一定通信质量的前提下，确定相同频率重复使用的最小距离。但是，即使确保规定的重复使用频率距离，也仍然可能存在同频干扰。

（2）邻道干扰

邻道干扰是指相邻的或相近的信道之间的干扰。假设用户 A 占用了 K 信道，而用户 B 占用（K+1）信道，这两个用户就在相邻信道上工作。理论上它们之间是不存在干扰问题的，但是，当用户 B 离基站较近，而用户 A 离基站较远时，基站接收机收到的（K+1）信道信号就会很强。如果用户 B 的发射机存在调制边带扩展和边带噪声辐射，就会有部分（K+1）信道的信号落入 K 信道，从而引起对 K 信道接收产生干扰。

（3）互调干扰

互调干扰是指两个或多个信号作用在通信设备的非线性器件上，产生与有用信号频率相近的组合频率，对通信系统构成的干扰。互调干扰主要有 3 种：发射机互调、接收机互调和外部效应引起的互调。

发射机互调是指因发射机非线性而构成对接收机的干扰。通常为了提高发射机效率，其末级常工作在丙类状态。当有两个或两个以上的信号作用到发射机末级时，由于器件的非线性与这些信号相互作用，就会产生很多组合频率信号通过天线发射出去。如果某些组合频率信号落入接收机信道之内，就会对接收的正常信号产生干扰。

接收机互调是指两个或多个干扰信号同时进入接收机高放或混频级，通过它们自身的非线性作用，各干扰信号就会彼此作用产生互调成分。如果这些互调成分落入接收机频带内，就会形成接收机的互调干扰。

外部效应引起的互调是由于发信机高频滤波器及天线馈线等插接件的接触不良，或发信机拉杆天线及天线螺栓等金属构件的锈蚀产生的非线性作用，而出现的互调现象。这种现象只要采用适当措施，如保证插接部位接触良好，并用良好的涂料防止金属构件锈蚀，便可得到避免。

（4）衰落干扰

衰落干扰是指因多径效应引起的瑞利衰落干扰。移动通信信道存在多径效应会引起慢衰落和快衰落现象。

移动通信中采用的抗衰落和抗干扰主要采用均衡、分集和信道编码技术。均衡技术可以补偿时分信道中由于多径效应产生的码间干扰。由于蜂窝移动信道的时变色散性，均衡器应具有自适应功能。分集技术是一种补偿信道衰落的技术，包括空间分集、频率分集和时间分集。在接收机中采用多径接收方式可以提高链路性能。信道编码技术是通过在发送信息加入冗余码来提高检纠错能力。移动通信中常用的信道编码有分组码、卷积码和 Turbo 码。目前有把信道编码、分集技术和调制结合起来，在不增加带宽的情况下就可获得巨大的编码增益。当然，为了克服以上可能存在的干扰，数字移动通信系统（特别是射频部分）的电磁兼容性设计非常重要。同时，在进行组网频率规划时，应特别注意合理地分配频率。

11.5.3 移动用户在蜂窝移动通信网中的漫游通信

在介绍了蜂窝移动通信系统基本概念之后，下面就移动用户在蜂窝移动通信网中的漫游通信进行讨论。图 11-25 表示假设地处 Wi-Fi 热点中的移动用户 A，欲对位于某小区内的移动用户 B 进行通信的情况，而此时用户已由 B 漫游到 B′。

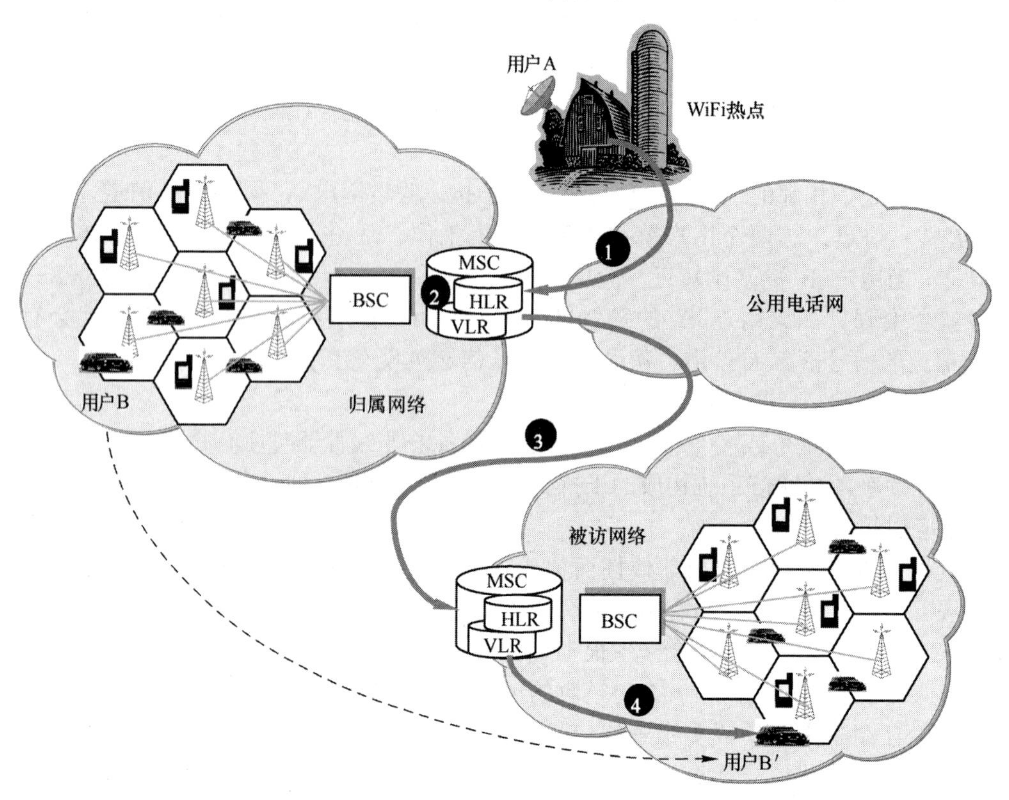

图 11-25　位于 Wi-Fi 热点中的用户对移动用户进行通信

如图 11-25 所示，移动交换中心 MSC 是蜂窝移动系统的重要功能构件，它含有归属位置寄存器 HLR（Home Location Register）和来访用户位置寄存器 VLR（Visitor Location Register）两个数据库。HLR 存放签约用户的全部信息，VLR 临时存放当前漫游到该 MSC 控制区内的移动用户的位置信息。当移动用户漫游到新的 MSC 控制区时，却处于开机状态，就会自动发送信令报文向该地区的 VLR 进行登记。VLR 就向该移动用户归属网络的 HLR 查询有关参数，再给该移动用户临时分配一个移动站漫游号码 MSRN（Mobile Station Roaming Number），此号码稳含着当前的位置信息，其作用类似于移动 IP 中的转交地址。VLR 把这个漫游号码及时告知移动用户的归属网络的 HLR。当然，如果存放在归属网络 HLR 中的信息有更改，也需及时通知原来的 VLR，修改此移动用户旧的位置信息。

下面结合图 11-25 来说明用户 A 呼叫用户 B 的通信过程。

① 用户 A 拨打用户 B 的电话号码，可以找到用户 B 的归属网络。如我国移动电话号码 11 位，前 3 位是网络运营商的号码（如 133 代表中国移动），第 4～7 位是该运营商管辖区域的归属网络号码。因此用户 A 拨打用户 B 的号码，公用电话网的交换机就把呼叫信号传送到被叫的归属网络 MSC（简称归属 MSC）。

② 归属 MSC 从 HLR 中查询被叫用户 B 的现在位置。由于用户 B 已漫游到用户 B′的位置，因此查到的是用户 B′的漫游号码 MSRN。

③ 归属 MSC 按照得到的漫游号码 MSRN，进行二次呼叫，把用户 A 发起的呼叫从归属 MSC 传送到被访网络的 MSC。

④ 被访网络的 MSC 将呼叫信号传送到用户 B′所在的小区基站，从而完成了整个呼叫。

11.5.4　无线应用协议 WAP

无线应用协议 WAP（Wireless Application Protocol）是一个开放的全球性协议标准，是简化了的无线因特网协议。1997 年 6 月，爱立信、摩托罗拉、诺基亚等厂商成立了 WAP 论坛，它针对不同的协议层制定了一系列 WAP 协议，用来标准化无线通信设备（如蜂窝电话、PDA 等）及有关的网络设备（如网关等），使得用户使用轻便的移动终端就可获取互联网上的各种信息服务和应用，诸如收发电子邮件、访问网页等等。WAP 将移动网络和因特网以及公司的局域网紧密联系起来，提供了一种与承载网络无关的、不受地域限制的移动增值服务。目前网上提供的 WAP 业务主要有 3 类：公众信息服务（包括天气、新闻、体育等的实时信息）；个人信息服务（包括电子邮件、传真、博客等业务）；商业应用服务（包括移动银行、网上购物、股票交易、机票和酒店预订、WAP 广告等）。

1．WAP 的网络结构

WAP 将 Internet 技术和移动电话技术结合起来，使得人们可以随时随地访问丰富的互联网络资源。WAP 服务是一种手机直接上网，通过手机 WAP“浏览器”浏览 WAP 站点的服务，采用浏览器/服务器工作模式。

WAP 的网络结构主要由 3 个部分组成，即 WAP 手机、WAP 网关和 WAP 内容服务器（由普通的 Web 服务器充任），三者缺一不可。其中，WAP 网关起着协议的“翻译”作用，作为 GSM 与因特网的桥梁；WAP 内容服务器存储着大量的信息，以提供 WAP 手机用户访问、查询和浏览等。图 11-26 所示为 WAP 网络的逻辑结构。

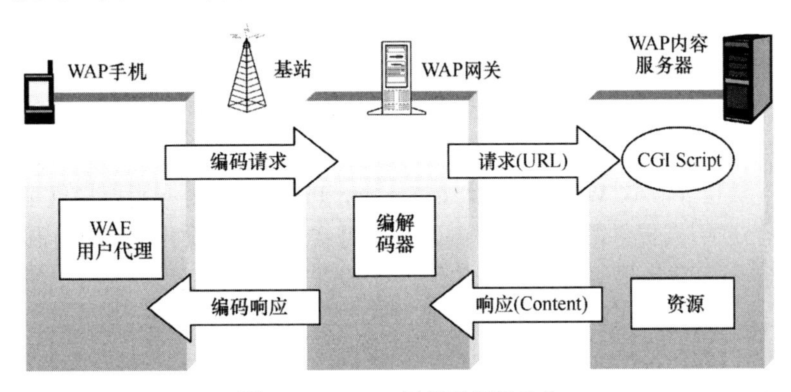

图 11-26　WAP 网络的逻辑结构

当用户在 WAP 手机上输入欲访问的 WAP 内容服务器的 URL，手机信号经无线网络，按 WAP 协议格式发送请求至 WAP 网关，经网关“翻译”以 HTTP 协议格式与 WAP 内容服务器交互，最后 WAP 网关将返回的内容压缩、处理成二进制代码流传送到用户 WAP 手机的屏幕上。

WAP 内容服务器存放的内容是按由 WAP 定义的无线标记语言 WML（Wireless Markup Language）或 WML 脚本语言（WMLScript）来描述的。由于 WML 和 WMLScript 是针对移动终端的特点来定义的，所以 WAP 网关可将其直接编码的二进制格式发送给用户。若 WAP 内容服务器提供的内容用 WWW 格式（即 HTML 或 JavaScript）编写，则在 WAP 网关编码之前，必须先将文档通过一个 HTML 过滤器，将 WWW 格式的消息转化成 WAP 格式。由于 HTML 网页的复杂性，以及 HTML 过滤器的转换功能有限，且效率不高，因此以 WML 和 WMLScript 描述内容的网站大量出现，这对提高移动终端浏览互联网信息的服务质量是有利的。

2．WAP 协议

WAP 协议的层次结构为移动通信设备的应用开发提供了一个可伸缩和可扩展的环境。在这种层次结构中，每一层都为其上一层提供服务，同时也为其他服务与应用提供了接口。图 11-27 所示为 WAP 协议的层次结构。

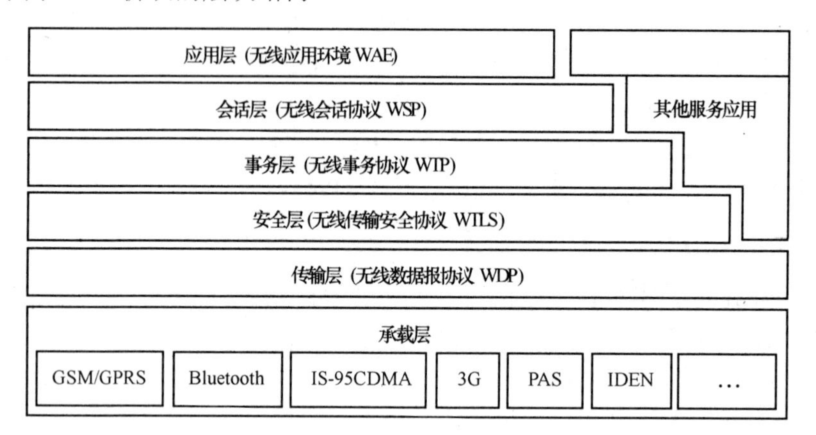

图 11-27　WAP 协议的层次结构

WAP 协议层次结构中各层的功能如下。

（1）应用层

无线应用环境 WAE（Wireless Application Environment）是基于 WWW 和移动电话技术的一种通用应用环境。在该环境中允许操作人员和服务提供者使用有效的方法创建能够达到大量不同无线平台的应用和服务，并支持各种应用和服务之间的互操作。

（2）会话层

会话层的无线会话协议 WSP（Wireless Session Protocol）为应用层提供了一致的会话服务接口。WSP 为应用层提供两种会话服务，一种是在 WTP 上操作的面向连接服务，另一种是在安全或不安全的数据报服务上操作的无连接服务。WSP 还针对窄带、长时延承载网络进行了优化。

（3）事务层

事务层的无线事务协议 WTP（Wireless Transaction Protocol）运行在无线数据报服务之上，提供适合于移动终端和无线网络的有效传输服务。WTP 提供 3 个级别的事务服务：不可靠的单向请求、可靠的单向请求和可靠的双向请求－应答事务。

（4）安全层

安全层的无线传输安全协议 WTLS（Wireless Transport Layer Security）是由传输层安全协议 TLS（Transport Layer Security）发展而成的。可用于终端之间的安全通信，如电子商务卡交换时终端的身份鉴别。WTLS 的功能选择可根据业务安全性要求和承载网络的特性来决定。WTLS 提供下列功能：①数据完整性。保证数据在移动终端与服务器之间传送不会被修改或损坏；②数据的保密性。通过加密，使数据在移动终端与服务器之间传输时，即使被第三方截获也无法理解；③验证。可对移动终端与服务器进行验证；④拒绝服务保护。当检测出重复的数据和未通过验证的数据时，可拒绝接收此类数据。WTLS 也可用于终端之间的安全通信，如电子商务卡交换时终端的身份验证。

（5）传输层

传输层的无线数据报协议 WDP（Wireless Datagram Protocol）为上层协议提供通用的传输服务，并支持各种承载网络的业务进行透明通信。由于 WDP 协议向上层协议提供通用接口，所以表示层、会话层和应用层的功能与底层无线网络彼此独立。在保持传输接口和基本特性一致的情况下，通过中间网关可以实现全球的互操作。

最后，对 WAP 协议结构与 TCP/IP 作一比较。TCP/IP 和 WAP 都是高层协议。TCP/IP 是一种涉及骨干网和周边网的协议，而 WAP 只是一种周边接入协议，只适用于无线移动网的外围。本书在 1.5.2 小节曾指出，TCP/IP 的应用层包含了 OSI 模型的高三层。而 WAP 实际上只是部分恢复了 OSI 的高三层，这对于日趋复杂的数据应用和服务是有益的。在传输层，TCP/IP 和 WAP 差别较大，面向连接的 TCP 是因特网的主体，而无连接的 WDP 是无线移动通信网的主体。总之，来自 IEIF 的 TCP/IP 和来自 WAP 论坛的 WAP 协议之间存在着很大的相关性，这种相关性对于 TCP/IP 和 WAP 的发展具有重要的意义。

习　题　11

11-01　无线局域网如何分类？接入点 AP 是无线局域网的固定基础设施吗？

11-02　在无线局域网中的关联的作用是什么？移动站与固定站之间如何实现关联？

11-03　服务集标识符 SSID 与基本服务集标识符 BSSID 有何区别？

11-04　若某公共场所有两个 ISP 都使用 802.11b 协议，并有自己的 IP 地址块以及两个接入点 AP1 和 AP2。试问：

（1）假定两个 ISP 在配置其接入点时都选择了信道 11。如果用户 A 和 B 分别使用接入点 AP1 和 AP2，那么这两个无线网络能够正常工作吗？

（2）若这两个 AP 一个工作在信道 1，而另一个工作在信道 11，这两个无线网络能否正常工作？

11-05　简单说明 W i-Fi 与无线局域网 WLAN 是否为同义词？

11-06　无线局域网的物理层主要使用了哪些技术？

11-07　为什么无线局域网不能使用 CSMA/CD 协议，而要采用 CSMA/CA 协议？在什么情况下，仍可以使用 CSMA/CD 协议呢？

11-08　无线局域网 MAC 协议有哪些特点？802.11 标准定义了 3 种不同的帧间间隔 SIFS、PIFS 和 DIFS 的作用是什么？

11-09　802.11 标准采用虚拟载波监听 VCS 机制的目的是什么？

11-10　CSMA/CA 协议中使用的退避算法与以太网使用的退避算法有何不同？

11-11　结合隐蔽站问题和暴露站问题，说明 RTS 帧和 CTS 帧在信道预约中的作用。RTS/CTS 是强制使用还是选择使用？

11-12　假设有 7 个站（A～G）的无线网络，其网络结构呈正六边形，A 站位于中心，而 B、C、D、E、F 和 G 位于正六边形的顶端。若 A 站可与所有其他站通信。B 可以与 A、C 和 G 通信。C 可以与 A、B 和 D 通信。D 可以与 A、C 和 E 通信。E 可以与 A、D 和 F 通信。F 可以与 A、E 和 G 通信，G 可以与 A、F 和 B 通信。试问：

（1）当 A 站与 B 站通信时，　试问其他站之间可以进行通信吗？

（2）当 B 站与 A 站通信时，　试问其他站之间可以进行通信吗？

（3）当 B 站与 C 站通信时，　试问其他站之间可以进行通信吗？

11-13　为什么无线局域网上发送数据帧后要对方必须发回确认帧，而以太网就不需要对方发回确认帧？

11-14　试解释无线局域网中的名词：BSS，ESS，AP，BSA，DCF，PCF 和 NAV。

11-15　为什么说暂停退避计时器剩余时间的做法是为了使协议对所有站点更加公平？

11-16　为什么某站点在发送第一帧之前，若检测到信道空闲就可在等待时间 DIFS 后立即发送出去，但在收到对第一帧的确认后并打算发送下一帧时，就必须执行退避算法？

11-17　无线局域网的 MAC 帧为什么要使用 4 个地址字段？请用简单的例子说明地址 3 的作用。

11-18　试比较 IEEE 802.3 和 IEEE 802.11 局域网，说明它们之间的主要区别。

11-19　假设一个数据传输速率为 11Mb/s 的 802.11 无线局域网正在连续不断地发送长度为 64B 的帧，已知该无线信道的误码率为 10^{-7}。则在该信道上每秒传输出错的帧为多少？

11-20　无线个域网 WPAN 是怎样一种网络？现有哪些标准？

11-21　无线城域网 WMAN 的主要特点是什么？现有哪些标准？

11-22　对于以 1Gb/s 速率运行的网络，延迟（而不是带宽）成为主要的限制因素。且知光在光纤和铜导线中的传播速度大约为 200km/ms。现假设有一个城域网，其源主机和目的主机平均距离为 20km。试问数据传输速率为多大时，由于光速导致的往返时延 RTT 等于长为 1KB 的分组的发送时延？

11-23　无线传感器网是怎样一种网络？它由哪些结点所组成？

11-24　无线网格网的主要用途是什么？它与 Ad hoc 和 WLAN 的区别是什么？

11-25　简述蜂窝移动通信有哪些管理机制。

11-26　试问蜂窝移动通信中采用了哪些抗干扰措施？

11-27　WAP 是一种什么协议？它的应用模式与 WWW 应用模式有何异同点。

第 12 章　计算机网络的管理和安全

随着计算机网络的发展与普及，网络的管理和安全问题也日趋严重。这是因为网络的用户来自社会各个阶层和部门，网络中的数据信息在存储和传输过程中，被窃取、复制、泄露或篡改的可能性不断增加，威胁计算机网络管理和安全的因素又来自多个方面。因此，计算机网络管理和安全已成为人们不可忽视，又倍受重视的一个问题。

*12.1　计算机网络的管理

12.1.1　网络管理概述

计算机网络的发展趋势是：网络规模不断扩大，复杂性不断增加，异构性越来越高。基于网络复杂性的增加，以及用户对网络性能的要求越来越高，如果没有一个高效的网络管理系统对网络实施管理，是很难为用户提供令人满意的服务。

网络管理（简称网管）的概念由来已久。从广义上讲，任何一个系统都需要管理，只是根据系统的大小、复杂性的高低，管理在系统中的重要程度不同而已。追溯到 19 世纪末的电信网络，就已有它的管理“系统”，电话话务员就是整个电话网络系统的管理者。在 20 世纪 50—70 年代期间，先后出现了长途直拨、程控交换机和网络运营系统等 3 个事件，这对网络管理方式的变革起着很大的推动作用。从此，网络管理逐渐由人工管理过渡到机器管理，且管理的内容也越来越多。至于计算机网络的管理，则始于 1969 年。当时的 ARPANET 就有一个相应的管理系统。尽管网络管理的历史悠久，却一直没有得到应有的重视。这是因为当时的网络规模较小，复杂程度不高，一个简单的专用网络管理系统就完全能够满足网络正常工作的需要。然而随着网络技术的进展，以往的网络管理技术已不能适应网络迅速发展的需要。特别是过去的网络管理系统往往是各制造商为自己的网络开发的专用系统，这就很不适应网络异构互连的发展趋势。因特网的出现和发展，更使人们意识到网络管理的重要性，从而大大地推动了对网络管理的研究和开发。网络管理所追求的目标是集成化、开放型、分布式的网络管理。

网络管理有狭义和广义之分。狭义网络管理是指对网络通信量（traffic）等网络性能的管理，广义网络管理是指对网络应用系统的管理。但至今网络管理仍没有一个精确的定义。一般认为，网络管理不是指对网络进行行政上的管理，而是以提高整个网络系统的效率、管理和维护水平为目标，主要对一个网络系统的资源和人力的使用、综合与协调，进行监视、测试、配置、分析、协调、评估和控制，并以合理的价格满足网络的一些需求，如实时运行性能和服务质量等。本书所讨论的网络管理主要是指计算机网络的管理。

12.1.2　网络管理的一般模型

网络管理的一般模型如图 12-1 所示。管理站是整个网络管理系统的核心，它通常是具有良好图形界面的高性能工作站，由网络管理员直接操作和控制。管理站所在部门也常称为网络运行中心 NOC（Network Operations Center）。管理站的关键构件是管理程序（图 12-1 中字母 M 的椭圆形图标所示）。管理程序在运行时就成为管理进程。管理站（硬件）或管理程序（软件）统称为管理者（manager）或管理器。可见，管理者不是指人而是指机器或软件，网络管理员（administrator）才是指人。向被管设备发送的所有网管命令都是由管理站发出的。大型网络往往实行多级管理，因而有多个管理者，而一个管理者一般只管理本地网络的设备。

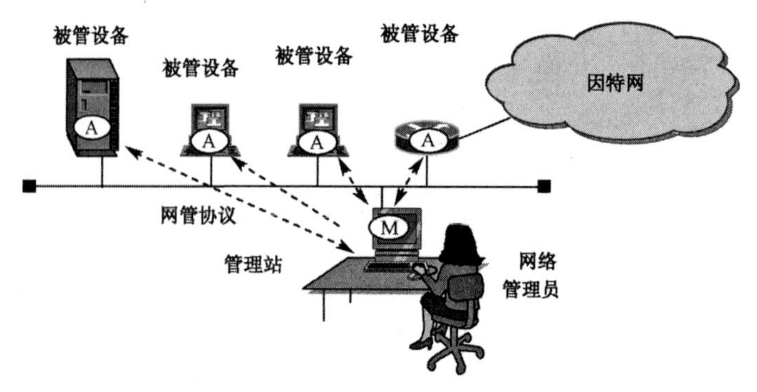

图 12-1　网络管理的一般模型

在被管网络中有很多被管设备（含软件），如主机、路由器、打印机、集线器、网桥或调制解调器等。被管设备有时称为网络元素（简称网元）。在每一个被管设备中可能有许多被管对象（managed object）。被管对象可以是被管设备中的某个硬件（如网卡），也可以是某些硬件或软件（如路由选择协议）的配置参数的集合。当然在被管设备中也会有一些不能被管的对象。

在每一个被管设备中都要运行着一个网络管理代理程序，简称代理（agent）（图 12-1 中字母 A 的椭圆形图标所示）。代理程序在管理程序的命令和控制下在被管设备上运行。管理程序和代理程序按客户/服务器模式工作。管理程序和代理程序之间进行通信的规则就是网络管理协议（简称网管协议）。网络管理员利用网管协议通过管理站对网络中的被管设备进行管理。

由此可见，网络管理通常采用管理者/代理模式。每次网管活动都是通过网管请求的申请者（网管中心的管理进程）与网管请求的接收者之间的交互式会话来实现的。网络操作员首先通过指定的请求窗口向管理者提交网管请求，然后通过本地的网管通信模块将该请求发送给指定的远程代理，并等待执行结果的返回。远程代理在接收到这一请求后，向被监控的网络资源发出执行该网管请求的命令。此时，远程代理将等待执行结果，或在被监控的资源出现异常时产生事件报告。接着，远程代理通过其网管通信模块向网管中心发回网管结果。网管中心的管理者在接收到网管结果或事件报告后，经过分析处理再通过指定窗口把结果显示出来。

12.1.3　网络管理的体系结构

网络管理体系结构系指网络管理系统的逻辑结构，包括网络管理模型的构成、管理者/代理网管模式、网络管理协议及管理信息库 MIB（Management Information Base）。网管体系结构可以从不同的角度进行分类，下面从应用角度，网管体系结构有两种类型：

1．公用网管体系结构

OSI 网管体系结构（采用公共管理信息协议 CMIP（Common Management Informatoion

Protocol））和因特网网管体系结构（采用简单网络管理协议 SNMP（Simple Network Management Protocol））均属于公用网管体系结构。此类网管结构一般由管理者、代理和 MIB 三部分组成。其中，管理者是整个网管系统的核心，负责完成网络管理的各种功能，一般位于网络中的一个主机结点上。管理者定期轮询各代理以获得网络信息，然后进行分析并采取相应的措施。代理是被管系统中直接管理被管对象的进程，它一般有多个，分别位于网络中的设备上，如路由器、集线器等。代理监控所在网络部件的工作状态及该部件周围的局部网络状态，收集有关网络信息。MIB 是由系统中的许多被管对象及其属性组成的，它通常位于相应的代理上，为管理者和各个代理提供有关被管网络元素的共享信息。实际上，这是一种集中式网管结构。

2．专用网管体系结构

这是大公司针对自己的网络体系结构环境而提出的网络管理方案。20 世纪 80 年代末以来，国际上著名的公司纷纷推出了自己的专用网管体系结构。目前，Open View 已被公认为世界上最先进、颇具影响的开放集成网管系统。此类专用网管产品的研制，将推动网络管理技术向集成、开放、分布、自动化管理方向发展。

还需指出，开放软件基金会 OSF 于 1990 年初提出了分布式管理环境 DME(Distributed Management Environment)的网络管理方案，其基本思想是：网管系统独立于具体的硬件与操作系统；提供标准的结构、服务和开发环境；开发简单易学的网管应用软件。它将是未来计算机网络管理的发展方向。

12.1.4　ISO 的网络管理功能

网络管理标准化是网络管理的一个重要环节。国际标准化组织在 ISO 7498-4 标准中定义和描述了 OSI 管理的术语及概念，提出了一个 OSI 管理的结构，并描述了 OSI 管理应有的活动。它认为 OSI 网络管理是指控制、协调、监视 OSI 环境下与网络互连有关的一些资源，这些资源保证了 OSI 环境下的通信。可见，OSI 网络管理是 OSI 的扩充。

ISO 在 ISO 7498-4 标准中定义了以下五项网络管理的基本功能，简称 FCAPS。

1．故障管理（Fault management）

故障管理是最基本的网络管理功能。当网络中某个组成失效时，网络管理器应能迅速检测出故障，将其定位，并采取适当措施及时排除。因此，网络故障管理包括故障检测、诊断和恢复 3 个方面。故障检测是依靠对网络组成部分状态的监测来进行的。一般性的简单故障被记录在差错日志中，不做特殊处理；较严重的故障则需“报警”通知网络管理器，由网络管理器根据故障信息对其进行处理。当故障较为复杂时，网络管理器应能执行相应的诊断测试程序来判断故障所在的部位。最后，采取适当的恢复措施，使网络恢复正常运行。

2．配置管理（Congiguration management）

配置管理是定义、识别、控制和监视组成一个通信网络的被管对象所必需的相关功能的集合。配置管理的目的是为了实现某个特定功能或使网络性能达到最优的等级。

3．计费管理（Accounting management）

计费管理是管理各种电信资费标准，以及用户对网络资源的使用情况并核收费用等。计费管理的目的在于控制和监测网络操作的费用和代价。它可以统计出用户使用网络资源需要的费用和代价，以及已经使用资源的情况。计费管理还可规定用户使用资源的最大费用，从而控制用户过多使用网络资源，提高了网络的使用效率。

4．性能管理（Performance management）

性能管理是通过监视和分析被管网络及其所提供服务的性能机制，来评估系统的运行状况及通信效率等系统性能。性能管理的目的是在使用最少的网络资源和具有最小时延的前提下，使得网络能够提供可靠、连续的通信服务。性能管理收集有关被管网络当前状况的数据信息，该数据信息将作为系统状况日志被记录和保存，以便分析网络运行效率并及时发现瓶颈，为优化系统性能提供依据。

5．安全管理（Security management）

网络安全性既是网络管理的重要环节，又是薄弱环节。网络中存在的主要安全问题有：保护网络数据不被非法侵入者窃取，以保持网络数据的私有性；建立授权机制防止入侵者在网络上发送错误信息；建立访问机制控制对网络资源的访问。因此，网络安全管理应具有加密及密钥管理机制，授权机制和访问机制，以及建立、维护和检查安全日志。

需要指出的是，ISO 就网络管理只定义了上述五项基本功能。ISO 认为，在开放系统之间交换管理信息就能完成的管理功能属于“本地”管理功能，不必列入标准化工作的内容之中。但实际情况是，许多网络设备的制造商都扩展了网络管理的内容，如把网络对用户服务的支持和网络规划等功能，均作为网络管理系统功能的一部份，这就造成了无统一性的局面。

*12.2 简单网络管理协议 SNMP

20 世纪 80 年代初期，因特网的发展使人们意识到网络管理的重要性。为此，研究人员加速对网络管理的开发研究，并提出了多种网络管理方案。SNMP 发布于 1988 年，并于 1990 年作为一个网络管理标准（RFC 1157）正式公布，成为因特网的正式标准，并得到广泛的支持和应用。SNMP 在使用中不断修订，继 SNMPv2 之后，1999 年 4 月又提出了 SNMPv3，现已成为因特网的正式标准。SNMPv3 最大的修改是定义了比较完善的安全模式，提供了基于视图的访问机制和基于用户的安全模型等安全机制。SNMP 属于应用层协议，内容丰富，共有 8 个 RFC 文档（RFC 3411～3418）。

SNMP 协议的设计指导思想是网络管理要尽可能简单。SNMP 的基本功能是监视网络性能、检测分析网络差错和配置网络设备等。在网络正常运行时，SNMP 实现监视、统计、配置和维护功能。当网络出现故障时，实现差错检测、分析和恢复功能。

SNMP 使用管理器和代理的概念。也就是说，管理器（通常是主机）控制和监视一组代理（通常是路由器）。管理器是运行 SNMP 客户程序的主机，代理是运行 SNMP 服务程序的路由器（或主机）。管理是通过管理器和代理之间的简单交互来实现的。

SNMP 网络管理由以下 3 个构件组成，即 SNMP、管理信息结构 SMI（Structure of Management Information）和管理信息库 MIB。其中，SNMP 定义了管理器和代理之间交换的分组格式。所交换的分组包含对象（变量）及其状态（值）。SNMP 负责读取和改变这些数值。SMI 定义了对象命名和对象类型（包括范围和长度），以及如何把对象和对象的值进行编码的一些通用规则，以确保网络管理数据在语法和语义上的无二义性。但是，SMI 并不定义一个实体管理的对象数目，也不定义被管对象的名字及对象与其值之间的关联。MIB在被管对象的实体中创建命名对象，并规定其类型。

为了更好地理解上述网管构件，我们可以把它们与应用某种计算机语言编程进行比较。人们在编程时要使用某种语言，必须理解该语言的语法。该语言定义了编程规则。例如，一个变量名必须从字母开始后面接着字母或数字。在网络管理中，这些规则由 SMI 来定义的。在编程时还需对变量进行说明。例如，int *counter* 表示变量 *counter* 属整数类型。同样，MIB 在网络管理中，也需给每个对象命名，并定义对象的类型。在编程的说明语句之后，程序还需写出一些语句用来存储变量的值，并在需要时改变这些变量的值。SNMP 按照 SMI 定义规则，存储、改变和解释这些已由 MIB 说明的对象的值。由此可见，SMI 建立了规则，MIB 对变量进行说明，SNMP 完成网管操作。

12.2.1 管理信息结构

管理信息结构 SMI 是 SNMP 的重要构件。现在使用的版本是 SMIv2，它有 3 个功能：①被管对象进行命名；②定义对象中存储的数据类型；③对网络上传输的数据给出其编码方法。

1. 对象命名

SMI 规定，每个被管对象都要有一个唯一命名的对象标识符，并处于基于分层次的树结构上。每个对象可用点隔开的整数序列表示，而树结构也可用点分隔开的文本名字序列来定义对象。整数–点的表示法用在 SNMP，而名字–点记法是人使用的。

图 12-2 为部分对象标识树。树根没有名字，它下面有 3 个顶级对象，即 itu-t、iso 和它们的联合体 iso-itu-u。它们的标号分别是 0，1，2。在 iso 下面是 ISO 的组织成员 org（标号 3），再它下面是美国国防部 dod（标号 6），再下面是 internet（标号 1）。在 internet 下面是

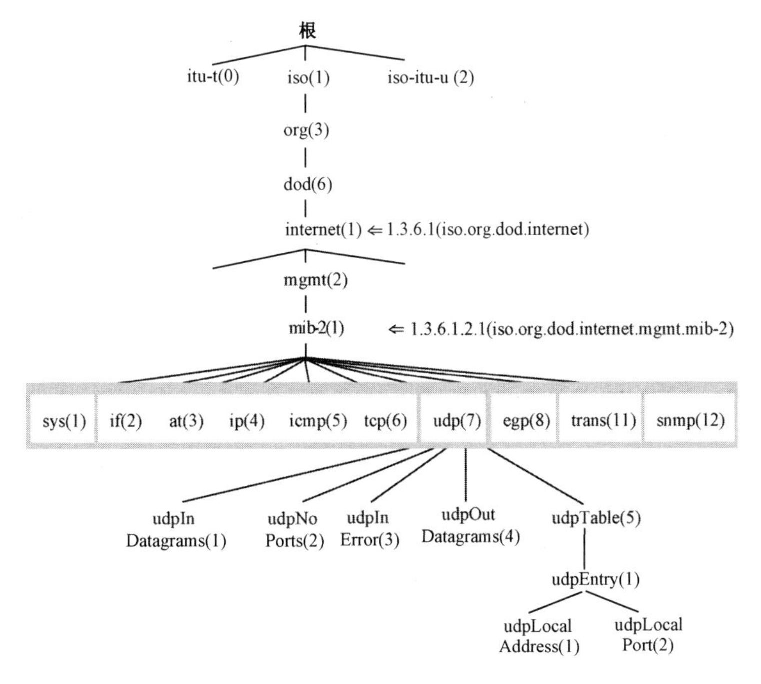

图 12-2 部分对象标识树

管理（标号 2），再下面的结点是管理信息库 mib-2（标号 1）。因此同一对象可有两种对应的不同记法，如 iso.org.dod.internet.mgmt.mib2⇔1.3.6.1.2.1。所有被 SNMP 管理的对象都在 mib-2 下面，其标识符从 1.3.6.1.2.1 开始。

2. 对象的数据类型

SMI 使用抽象语法记法 1（ASN.1）来定义数据类型，却又增加了新的定义。因此，SMI 既是 ASN.1 的子集，也是 ASN.1 的超集。

SMI 使用的数据有两大类：简单类型和结构化类型。简单类型是最基本的，其中一部分直接取自 ASN.1，另一部分是 SMI 增加的。表 12-1 给出了最基本的简单数据类型。

表 12-1　SMI 最基本的简单数据类型

类　型	大小(B)	说　明
INTEGER	4	在$-1\sim2^{31}-1$ 的整数
Interger32	4	和 INTEGER
Unsigned32	4	在 $0\sim2^{31}-1$ 的无符号数
OCTET STRING	可变	不超过 65535B 长的字节串
OBJECT IDENTIFIER	可变	对象标识符
IPAddress	4	由 4 个整数组成的 IP 地址
Counter32	4	32 位计数器，到达最大值后即返回到 0
Counter64	8	64 位计数器，到达最大值后即返回到 0
Gauge32	4	同 Counter32，但到达最大值时不返回，保持此值直至复位
TimeTicks	4	记录时间的计数值，以 1/100 秒为单位
BITS	–	比特串
Opaque	可变	不解释的串

结构化类型有两种：一种是 Sequence，是一些简单数据类型的组合，但不必都是相同的类型。它类似于 C 语言中的 struct 或 record。另一种是 Sequence of，是所有相同类型的简单数据类型的组合，或相同类型的 Sequence 数据类型的组合，类似于 C 语言中的 array。

3. 编码方法

SMI 使用 ASN.1 制定的基本编码规则 BER（Basic Encoding Rule）对数据进行编码。该规则指明了每一块数据都要被编码成如图 12-3 所示的格式。

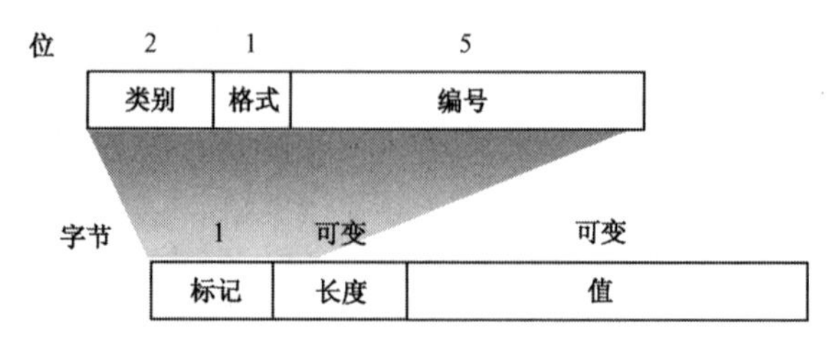

图 12-3　SMI 对数据的编码格式

（1）标记（1B）。该字段用来定义数据类型，由三个子字段组成：

① 类别（2 位）。用来定义数据的作用域。共 4 类，即通用类（00），应用类（01），上下文类（10）和专用类（11）。通用类取自于 ANS.1，应用类是 SMI 增加的，而上下文类有 5 种是为了适应不同的协议。

② 格式（1 位）。指明数据类型种类，简单数据类型（0），结构化数据类型（1）。

③ 编号（5 位）。用来将简单的或结构化的数据进一步划分为子组（subgroup）。表 12-2 列出了几种数据类型的编号子字段的代码。

表 12-2 SMI 几种数据类型的代码

数据类型	类别	格式	编号	标记（二进制）	标记（十六进制）
INTEGER	00	0	00010	00000010	02
OCTET STRING	00	0	00100	00000100	04
OBJECT IDENTIFIER	00	0	00110	00000110	06
NULL	00	0	00101	00000101	05
Sequence, sequence of	00	1	10000	00110000	30
IPAddress	01	0	00000	01000000	40
Counter	01	0	00001	01000001	41
Gauge	01	0	00010	01000010	42
TimeTicks	01	0	00011	01000101	43
Opaque	01	0	00100	01010100	44

（2）长度（1 或多字节）。当该字段为 1 字节时，最高位为 0，其余 7 位定义数据长度。当该字段为多字节时，第一字节的最高位为 1，其余 7 位定义后续字节的字节数，所有后续字节串接起来的二进制数定义该字段的长度。

（3）值（可变）。该字段按照 BER 规则对数据的值进行编码。

下面举例说明如何使用这 3 个字段来定义对象。

【例 12-1】 试写出对象 INTEGER 14 和 ObjectIdentifier 1.3.6.1（iso.org.dod.internet）的编码。

【解答】 对于 INTEGER 14，根据表 12-2，其标记字段是 02，再根据表 12-1，INTEGER 类型要用 4 字节编码，故得 INTEGER 14 的编码为 02 04 00 00 00 0E。

对于 ObjectIdentifier 1.3.6.1，可得标记字段是 06，ObjectIdentifier 类型要用 4 字节编码，因此 ObjectIdentifier 1.3.6.1 的编码为 06 04 01 03 06 01。

12.2.2 管理信息库

“管理信息”是指管理器能够管理的所有被管对象的集合。被管理对象必须维持可供管理程序读/写的若干控制和状态信息。被管对象的这些信息都保存在虚拟的管理信息库中。目前使用的管理信息库的版本是 2，每一个代理都有它自己的 MIB2。在 MIB2 中的对象分成 10 个不同的组：system、interface、address translation、ip、icmp、tcp、udp、egp、transmission 和 snmp。在图 12-2 中，这些组都在对象标识树中 mib2 结点的下面。表 12-3 列出了前 8 个组的含义。

表 12-3　mib2 结点下面定义的部分组的含义

组　　名	标　　号	所包含的信息
system	1	一般信息，如名字、位置和寿命
interface	2	所有接口的信息，如接口号、物理地址和 IP 地址
address translation	3	ARP 表的信息
ip	4	IP 信息，如路由表
icmp	5	ICMP 信息，如已发送和接收的分组数及产生的差错数
tcp	6	TCP 信息，如连接表、超时值、端口号和已收/发分组数
udp	7	UDP 信息，如端口号、已收/发分组数
egp	8	EGP 信息

对 MIB 变量的访问，我们以 udp 组为例子来说明如何访问不同的变量（参见图 12-2）。在 udp 组中有 4 个简单变量和一个记录序列（表）。

对简单变量的访问，可使用 udp 组的标号后面跟着的该变量的标号，如

udpInDatagrams　⇒1.3.6.1.2.1.7.1

但是，这只是对象标识符定义的变量而不是实例（内容）。要给出变量的实例，还必须增添实例的后缀。简单变量的实例后缀为零。如

udpInDatagrams　⇒1.3.6.1.2.1.7.1.0

对表的访问，要使用表的标号，如

udpTable　⇒1.3.6.1.2.1.7.5

因为这个表不是处于树的末端（即树叶），所以还要继续定义处于树叶的每一个实体（字段），如

udpLocalAddress　⇒1.3.6.1.2.1.7.5.1.1

udpLocalP　⇒1.3.6.1.2.1.7.5.1.2

这两个变量都处于树叶上。要访问表中的特定的实例，我们应当给以上的标号再添加索引。在本例中，udpTable 的索引是基于本地址和本地端口号，如

udpLocalAddress.181.23.45.14.23 ⇒1.3.6.1.2.1.7.5.1.1. 181.23.45.14.23

这里需注意，并非所有表的索引都是相同的，因为它们使用的字段个数不一样。另外，对象标识符（包括实例标识符）是按照字典序排列的。查表的顺序按照列–行规则，即先列后行，从上到下，从左到右。字典排序可以使管理器在定义了第一个变量后，一个接一个地访问一组变量。

12.2.3　SNMP 报文和协议数据单元

SNMP 是一个应用程序，SNMP 的操作有两种：一种是“读”操作，用 get 报文来检测各个被管对象的状况；另一种是“写”操作，用 set 报文来控制各个被管对象的状况。这两种基本功能都是通过探询来实现的，即 SNMP 管理进程定时向被管设备周期性地发送探询操作来获取信息。但 SNMP 也允许不经过探询就发送某些信息，也就是当被管对象的代理检测到有事件发生时，就检查其门限值，代理只向管理进程报告超过门限值的事件并发送信

息（起过滤作用），这称为陷阱（trap）。

SNMP 使用无连接 UDP，使得在网络上传送 SNMP 报文的开销较少，但不保证可靠交付。SNMP 在两个熟知端口 161 和 162 上使用 UDP。运行代理程序的服务器端用熟知端口 161 来接收 Get 或 Set 报文和发送响应报文（与熟知端口通信的客户端使用临时端口），但运行管理程序的客户端则使用熟知端口 162 来接收来自各代理的 trap 报文。

SNMP 报文由 4 部分组成，即版本、首部、安全参数和数据部分。图 12-4 所示为 SNMP 报文的格式。

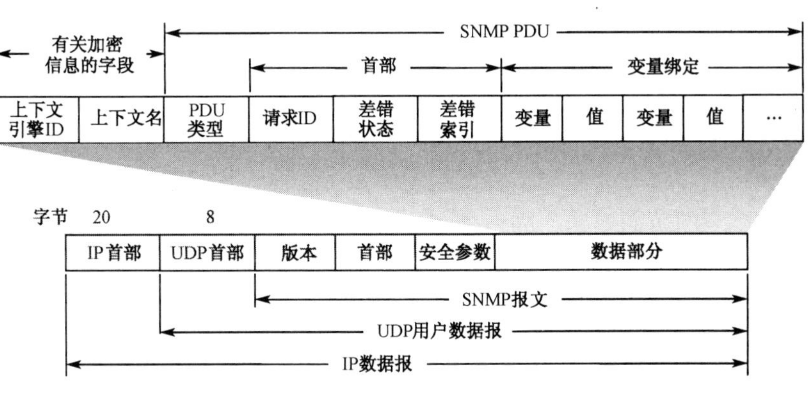

图 12-4　SNMP 报文的格式

（1）版本。现在的版本为第 3 版。

（2）首部。包含报文标识、报文最大长度、报文标志（1B，其中每一位定义安全类型或其他信息），以及报文安全模型（定义安全协议）。

（3）定全参数。用来产生报文摘要（见 12.5.2 节）。

（4）数据部分。包含 SNMP 协议数据单元 PDU。如果数据是加密的，那么在该 PDU 前面还要有上下文引擎 ID 和上下文名两个有关加密信息的字段。否则，就只包含 PDU。

SNMP 共定义了 8 种类型的 PDU，如表 12-4 所列。

表 12-4　SNMP 定义的 PDU 的类型

编号	名　称	功　能
0	GetRequest	管理器（客户）向代理（服务器）读取一个或一组变量的值
1	GetNextRequest	管理器向代理读取 MIB 树上的下一个变量的值，此操作可反复进行
2	Response	代理向管理器发送 5 种请求报文的响应，并提供管理器所请求的变量的值
3	SetRequest	管理器发送给代理，用来设置变量的值
5	GetBulkRequest	管理器发送给代理，用来读取大量的数据（如大型列表的值）
6	InformRequest	管理器发送给另一个远程管理器，用来读取该管理器控制的代理中的变量值
7	Trap(SNMPv2)	代理向管理器报告代理中发生的异常事件
8	Report	在管理器之间报告某些类型的差错，现尚未定义

PDU 各字段的定义如下：

① 请求标识符（request ID）。是一个序号（4B）。管理进程在向代理发送请求读取变量值的 SNMP 报文中要用到此请求 ID，代理进程在发送响应报文也要返回此请求 ID。

② 差错状态（error status）。只用于响应报文中，给出代理响应报告的差错类型。例

如，0 表示 noError 无差错，1 表示 tooBig 响应太大无法装入报文，等等。

③ 差错索引（error index）。只用于响应报文中，代理进程设置一个整数，指明有差错的变量在变量列表中的偏移。

④ 变量绑定表（varriable-bindings）。这是管理器希望读取或设置的一组具有相应值的变量。在 GetRequest 和 GetNextRequest 报文中其值忽略。

⑤ 非转发器（non-repeaters）和最大重复（max-repetition）。该两个字段仅用于 GetBulkRequest 中，分别用来替代差错状态字段和差错索引字段。

*12.3 计算机网络的安全

计算机网络已被应用于经济、文化、社会、科学、教育和国防等各个领域，在信息获取、传输、处理和利用等方面取得了长足的发展和进步。人们在看到计算机网络巨大作用的同时，也要注意到它的负面影响。因为个别不法分子正要利用计算机网络，非法窃取重要的经济、政治、军事、科技等部门的情报，来自计算机病毒、垃圾邮件、灰色软件等网络公害也日趋严重，因此，网络安全形势十分严峻，受到人们的普遍关注。

12.3.1 计算机网络面临的安全威胁

计算机网络面临的安全威胁可分为两大类，即被动攻击和主动攻击。

1. 被动攻击

被动攻击试图从系统中窃取信息为主要目的，但不会对系统资源造成破坏。被动攻击的主要内容如表 12-5 所示。

表 12-5 被动攻击的主要内容

名　称	含　义
窃取信息	通信双方传送的报文中可能含有敏感的或机密的信息，当这些报文通过信道（特别是无线信道）传输时，窃取其内容，可从中了解报文的有用信息
侦收信号	搜集各种通信信号的频谱、特征和参数，为电子战做准备
密码破译	对加密信息进行密码破译，从中获取有价值的情报信息
口令嗅探	使用协议分析器等捕获口令，以达到非授权使用的目的
协议分析	因为许多通信协议是不加密的，对通信协议进行分析，可获知许多有价值的信息，供伪造、重放等到主动攻击使用
通信量分析	指敌方通过判断通信主机的位置以及身份，观察被交换的报文的频率以及长度，对其进行猜测，从而分析正在进行通信的种类及特点

被动攻击难以检测，因为它们并没有引起数据的任何改变。通常，数据流表面上被正常传输和接收，而且发送方和接收方都没有意识到第三方已经阅读了信息或者发现了通信模式。因此，对付被动攻击应重在防范而不是检测。

2. 主动攻击

主动攻击除了窃取信息外，还试图破坏对方的计算机网络为目标，竭力使其不能正常工作，甚至瘫痪。主动攻击的主要内容如表 12-6 所示。

表 12-6　主动攻击的主要内容

名　称	含　义
篡改	对传输数据进行篡改，破坏其完整性，以造成灾难性的后果
重放	攻击者监视并截获合法用户的身份鉴别信息，事后向网络原封不动地传送截获到的信息，以达到未经授权假冒合法用户入侵网络的目的
假冒	假冒者伪装成合法用户的身份以欺骗系统中其他合法用户，获取系统资源的使用权
伪造	伪造合法数据、文件、审计结果等，以欺骗合法用户
未授权访问	攻击者未授权使用系统资源，以达到攻击目的
抵赖	实体在实施行为之后又对实施行为这一过程予以否认。这种攻击常发自其他合法实体，而不是来自未知的非法实体
恶意代码	施放恶意代码（如计算机病毒），以达到攻击计算机网络的目的
协议缺陷	攻击者通信协议存在的缺陷来欺骗用户或重定向通信量
报文更改	对原始报文中的某些内容进行更改，或者将报文延迟或重新排序，以达到未经授权的效果
拒绝服务	攻击者向因特网上的某个服务器不停地发送大量分组，阻止或禁止正常用户访问，使网络瘫痪或超载，达到降低网络性能的目的。若因特网上的成百成千个网站集中攻击一个网站，则称为分布式拒绝服务，有时也称为网络带宽攻击或连通性攻击

还有一种特殊的主动攻击是，熟悉计算机网络系统的人不怀好意地编制一些恶意程序（rogue program）的攻击。此类恶意程序种类繁多，对网络安全威胁较大的如下。

① 计算机病毒（computer virus）。病毒是可以插入正常程序的可执行代码中的代码序列。它需要某种宿主程序，以便将自己插入。宿主程序一旦运行，它们就被激活。

② 计算机蠕虫（computer worm）。蠕虫是一种进行自我复制的程序，它可以通过磁盘或邮件等传输机制进行自我复制和激活运行。蠕虫可能以某种笑话程序或软件的形式出现，危及计算机安全。

③ 木马（horse）。木马就是用以执行未授权行为的恶意软件。其特点是无法自我复制。木马通常似同正常程序，但它隐藏着恶意代码，执行时会导致系统故障或丢失有价值的数据。

④ 逻辑炸弹（logic bomb）。又称时间炸弹。它是一种编程代码，可以有意或无意地植入，并在特定条件（如指定时间、某个数据的出现或消失、磁盘的访问操作等）下执行，造成对系统安全构成了潜在的威胁。其实，它是一种基于事件的病毒或木马。

⑤ 僵尸（zombie）。它是一种秘密获取因特网联网计算机控制权的程序。它不是病毒，而是一种用于进行分布式拒绝服务攻击的工具。攻击者通过它，在因特网上发送非常大流量的洪泛攻击，导致网络过载。

⑥ 陷门（trap door）。又称后门。它是一种秘密的程序入口，允许知晓陷门的恶意对手绕过通常的安全访问规程直接获得访问权。

主动攻击与被动攻击相反。被动攻击虽难检测，但仍有办法防范。而防范主动攻击则相当困难，因为必须对所有通信设施和路径进行全天候的物理保护。考虑到检测具有的威慑作用，对付主动攻击应重在检测和恢复。

12.3.2　计算机网络的安全性需求

计算机网络的安全性需求，主要涉及以下 4 个方面：

（1）保密性（confidentiality）。指计算机网络中的信息只准许被授权者访问。这种访问包括显示、打印和其他方式的信息暴露。

（2）完整性（integrity）。指属于某个计算机网络的资源只能被授权者所更改。这些更改包括创建、写入、修改、删除及状态修改。

（3）有效性（availability）。指属于某个计算机网络的资源可以提供给授权者使用。

（4）真实性（authenticity）。指计算机网络能够验证一个用户的标识。

*12.4 加密模型和密码体制

12.4.1 数据加密通信的模型

对计算机网络中传输的数据，或者存放在计算机存储器中的数据进行保护的手段有很多种，数据加密是最基本的技术。加密技术很早就作为军事和外交领域秘密通信的手段，并随着加密者和破译者之间的不断竞争而飞速发展。计算机网络使用的数据加密技术也是以此为基础的。

数据加密通信的一般模型如图 12-5 所示。图中，主机 A 向主机 B 发送明文 P，利用加密算法 E 运算和加密密钥 K_e 将明文 P 加密成密文 C

$$C = E_{K_e}(P) \tag{12-1}$$

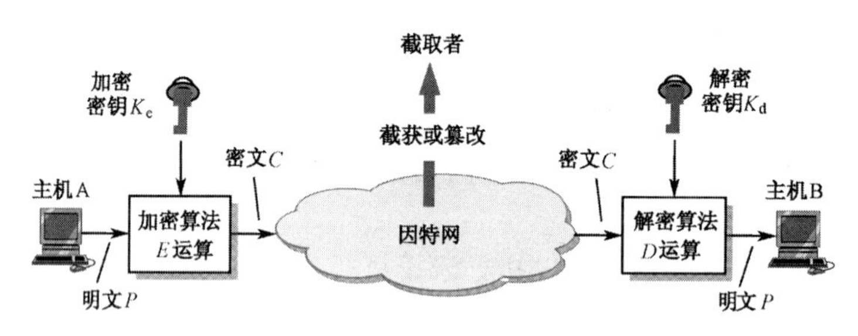

图 12-5 数据加密通信的一般模型

当密文 C 经过通信网络传送到接收端时，接收者利用解密算法 D 运算和解密密钥 K_d，将其还原成明文 P。解密算法就是加密算法的逆运算。

$$D_{K_d}(C) = D_{K_d}(E_{K_e}(P)) = P \tag{12-2}$$

在密文传送过程中，可能会被截取。截取者又称为攻击者或入侵者。密钥是加密或解密过程中所使用的一串秘密的字符串(或位串)。加密时使用的密钥称为加密密钥，而解密时使用的密钥称为解密密钥，它们可以相同，也可以不同。密钥通常由一个密钥源通过安全信道来传送的。

完成加密和解密的算法称为密码体制。密码编码学研究如何把明文加密为密文，而密码分析学则在未知密钥的情况下，研究如何将密文推演成明文。密码学由密码编码学和密码分析学所组成。

密码学的一项基本原则是必须假定密码分析员懂得编码术的原理和方法。并且能够获得一定数量的明文密文对。密码的安全性必须以这条准则作为衡量的前提。如果无论对方截获了多少密文，都无法计算出有意义的明文，那么这种密码体制就是绝对安全的。但是绝对安全的密码是不存在的，只要对方有无限的人力、物力、财力和坚韧不拔的毅力，任何密码都是可以破译的。实际上，人们关心的是计算上安全的密码体制，也就是如果一个密码体制中的密码在可以使用的资源范围内不能被破译，那么就认为这一密码体制在计算上是安全的。

显然，加密和破密都与花费的代价密切相关。如果加密费用超出数据本身的价值，则加密就得不偿失；如果破密支出的费用超过破译后所得到的收益，那么破译也就失去意义。密码体制计算上的安全性的实质是：在加密费用远小于数据价值的前提下，尽可能使对方不花费超出数据价值的代价就无法破译。由于破译技术越来越发达，编码者不得不以相当大的精力研究防止对方破译的策略，因而对反破译的策略的研究也逐渐成为密码编码学的一个重要内容。

12.4.2 对称密钥密码体制

对称密钥密码体制系指加密密钥和解密密钥相同的密码体制，又称常规密码体制。

1. 典型加密方法

早期的对称密钥密码体制的加密方法很多，本质上可分为两大类：换位密码和替代密码。

换位密码是一种不改变明文中字符本身，仅按某种模式将其重新排列构成密文的加密方法。它是目前已知的最古老的密码。典型的换位密码法有列换位、按样本换位和分组换位。下面以列换位为例来说明这种加密方法的本质。

列换位密码法是把明文按行顺序写入二维矩阵，再按列顺序读出来构成密文。

【例 12-2】 将明文 computability 用列换位法加密成密文。

【解答】 首先，按行顺序把明文写入 4×4 矩阵中，得

行/列	1	2	3	4
1	c	o	m	p
2	u	t	a	b
3	i	l	i	t
4	y			

然后把它按列顺序读出，即得到密文 cuiyotlmaipbt。

为了增加破译的难度，可在按列读出时采用人为规定的顺序。如按 1–3–2–4 的顺序读出，则得密文为 cuiymaiotlpbt。

但是，由于人为规定的顺序不易记忆，于是进一步发展成借用一个不包含重复字母的词或词组，以其中各字母在字母表中的顺序来标志列的顺序。可见该词或词组起着密钥的作用。

【例 12-3】 若取密钥为 MEGABUCK，用列换位法将明文为 please transfer two million dollars to my swiss bank, account six two two 加密成密文。

【解答】 先将明文以密钥的次序按行写入，得

M	E	G	A	B	U	C	K
7	4	5	1	2	8	3	6
p	l	e	a	s	e	t	r
a	n	s	f	e	r	t	w
o	m	i	l	l	i	o	n

d o l l a r s t
o m y s w i s s
b a n k a c c o
u n t s i x t w
o t w o a b c d

矩阵中最后一行末 4 位写入 abcd 是无意义的虚码，作为迷惑破译者的符号。然后把它按列顺序读出，得到密文 afllsksoselawaiattossctclnmomantesilyntwrwntsowdpaodobuoeriricxb。

替代密码可分为简单替代、多名替代、多表替代和区位替代 4 种。简单替代是把明文中的每个字符都用相应的字符替代，加密过程就是明文与密文字符集之间进行一对一的映射。多名替代与简单替代相似，差别仅在于明文的同一字符可由密文中多个不同字符替代，即明文与密文的字符之间的映射是一对多的关系。多表替代的明文与密文的字符集之间存在多个映射关系，但每个映射关系却是一对一的。区位替代一次加密一个明文区位，而生成相应的密文区位。下面以简单替代为例来说明这种加密方法的机理。

简单替代是把明文中的所有字母均用它右边第 k 个字母替代，并认为 z 后面又是 a。这种映射关系可用下式表示

$$f(a)=(a+k) \bmod n \tag{12-3}$$

式中，n 为字符集中字母的个数。循环移位密码又称凯撒码，因为古罗马皇帝 Julius Caesar 首先使用过，且取 k=3，此时凯撒码的映射关系为

明文字符集 P：　a b c d e f g h i j k l m n o p q r s t u v w x y z

密文字符集 C：　d e f g h i j k l m n o p q r s t u v w x y z a b c

所以用凯撒码对 Computability 一词加密，所得到的密文是 frpsxwdelolwb。凯撒码的优点是密码简单易记，但因明文与密文之间的映射关系过于简单，故安全性较差。

按照密文序列的结构，对称密钥密码体制有两种：序列密码密码体制和分组密码密码体制。

序列密码体制是将明文 P 看成是连续的比特流（或字符流）$P_1\ P_2\ P_3\ \cdots$，并且用密码序列 $K=k_1k_2k_3\cdots$ 中的第 i 个元素 k_i 对明文中的第 i 个元素 p_i 进行加密，所得密文为

$$C_k(p)=C_{k1}(p_1)C_{k2}(p_2)C_{k3}(p_3)\cdots \tag{12-4}$$

序列密码体制的安全性取决于密钥的随机性。如果密钥是真正的随机数，那么这种体制理论上是安全的。通常也称为一次一密乱码本体制。

分组密码体制是将明文编码表示后的数字序列（x_1，x_2，…，x_n，…）划分成长为 m 的组（x_1，x_2，…，x_{m-1}），各组（即长为 m 的组）分别在密钥（k_1，k_2，…，k_{L-1}）的控制下变换成等长的输出数字序列（y_1，y_2，…，y_{n-1}）（长为 n 的组），如图 12-6 所示。

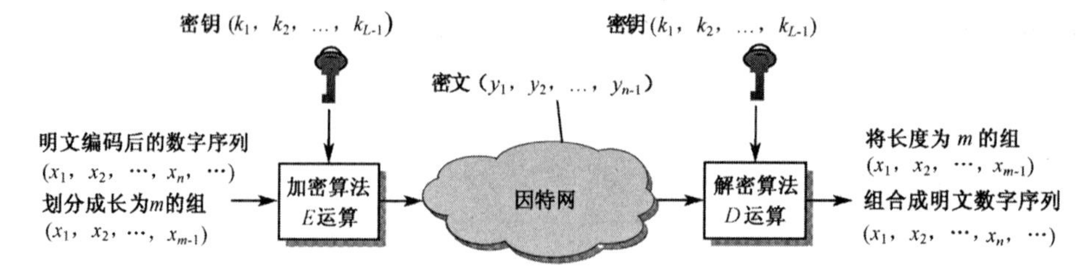

图 12-6　分组密码体制的加密/解密框图

分组密码与序列密码的差别在于输出的每一位数字不只与相应时刻输入的明文数字有关，还与一组长为 m 的明文数字有关。通常取 $n=m$。若 $n>m$，是有数据扩展的分组密码；若 $n<m$，是有数据压缩的分组密码。

美国的数据加密标准 DES 是分组密码体制的典型代表。

2．数据加密标准 DES

对称密钥密码体制的加密算法虽有多种，但在数据通信领域里应用最普遍的是由 IBM 公司开发的数据加密标准 DES(Data Encryption Standard)算法。美国政府于 1977 年 1 月将其定为非机密数据的正式数据加密标准。

DES 算法是一种分组密码，它将明文进行分组，每组为 64 位二进制数据。再对输入的每一组明文在 64 位密钥的控制下，产生 64 位的密文。最后将各组密文串接起来，即得整个密文。由于密钥含 8 位的奇偶校验位，所以实际密钥长度是 56 位，其密钥量约为 7.6×10^{16}。

DES 的保密性取决于对密钥的保密，因为算法是公开的。以 56 位长实际密钥所包含的密钥量，如果计算机每 1μs 可执行一次 DES 加密算法，同时假定平均搜索密钥空间的一半即可找到密钥，那么破译 DES 需超过一千年。好在目前已设计出 DES 密钥的专用芯片。例如，1999 年有人在因特网上用 25 万美元的专用计算机，约在 22 小时的时间就破译了 56 位密钥的 DES 算法。若用 1000 万美元的计算机，则只需 21min 就可达到破译的目的。

继 DES 之后，又出现了使用 128 位密钥的国际数据加密算法 IDEA（International Data Encryption Algorithm）。由于密钥位数增加，如以每微秒搜索 100 万次的计算机破译，则需时 5.4×10^{18} 年。显然其安全性大大增加。

12.4.3　公开密钥密码体制

由于采用对称密钥密码体制生成密文的安全性有赖于密钥的保密性，因而如何进行密钥的秘密分配和安全管理就成为保证密文安全的最重要课题。

若要秘密地进行密钥分配，必须使用传送密文信道以外的安全信道。委派信使护送密钥是最可靠的办法。但是，当通信用户相距遥远或者多用户的情况下，以信使护送密钥是不合适的。密钥分配的定期更换，更认为密钥的秘密分配是一项工作量非常之大的艰巨任务。

在对称密钥密码体制中，由于通信双方使用相同的密钥，但每一对通信者又必须使用各不相同的密钥。因此在 N 个用户通信时，就需要有 $N(N-1)/2$ 个密钥。由于密钥量与 N^2 成正比，对大密钥量进行管理必须采取有力的保护措施。诸如，不设有任何密钥的读出功能，不输入原有密钥就不能执行密钥更改命令，以及对密钥实施分级管理等。总之，必须建立安全的密钥管理机制。

针对对称密钥密码体制存在的问题，1976 年美国斯坦福大学赫尔曼（M.E.Hallman）、迪菲（W.Diffie）和默克尔（R.Merkle）提出了“公开密钥密码体系”（Public Key System），简称公钥密码体制。这是一个无须对密钥进行秘密分配的方案。该方案分为公开密钥密码体制和公开密钥分配体制两个部分。

公开密钥密码体制在加密和解密时使用不同的密钥，加密密钥（即公钥）是向公众公开的，而解密密钥（即私钥）则是需要保密的。加密算法 E 和解密算法 D 也都是公开的。因而它不需要进行密钥的秘密分配，亦即公开密钥的分配体制可在不保密的信道上传送秘密密钥，这是因为通信双方以外的人不一定能够理解所传送的密钥信息。另外，公开密钥密码体制还解决了必须秘密管理的密钥量问题。当系统中有 n 个用户时，所需的全部密钥量为 $2n$ 个，其中只有 n 个解密密钥 K_d 是需要进行秘密管理的，而公开的加密密钥 K_e 则由密钥管理中心集中管理。

公开密钥密码体制的理论发表之后，人们相继提出了一些具体的实现方案，其中最著名的是美国科学家 Rivest, Shamir 和 Adleman 于 1976 年提出并在 1978 年正式发表的 RSA 算法，它是基于数论中大数分解问题的困难性。

公开密钥密码体制具有以下特点。

① 加密算法 E 和解密算法 D 都是公开的。由密钥对产生器为接收者 B 产生的一对密钥：加密密钥 PK_B 和解密密钥 SK_B。其中，PK_B 是公开的，而 SK_B 是接收者 B 的私钥。只要妥善保管好 SK_B，即便 PK_B 和加、解密算法都公开，也能保证该密码体制的安全性。

② 虽然成对密钥 PK_B 和 SK_B 在计算机上易于产生，但实际上不可能从 PK_B 推导出 SK_B，即从 PK_B 到 SK_B 在计算上是不可能实现的。

③ 公钥 PK_B 可用来加密，但不能用来解密，即

$$D_{PK_B}(E_{PK_B}(P)) \neq P \tag{12-5}$$

④ 对明文 P 进行 D 运算和 E 运算的先后次序无关，其结果都一样。即

$$D_{SK_B}(E_{PK_B}(P)) = E_{PK_B}(D_{SK_B}(P)) = P \tag{12-6}$$

采用公开密钥密码体制的加/解密过程，如图 12-7 所示。发送端用加密算法 E 和加密密钥 PK_B 对明文 P 加密成密文 $C = E_{PK_B}(P)$；接收端则用与 PK_B 不同的解密密钥 SK_B 和解密、算法 D 将密文 C 破解为明文 $D_{SK_B}(C) = D_{SK_B}(E_{PK_B}(P)) = P$。

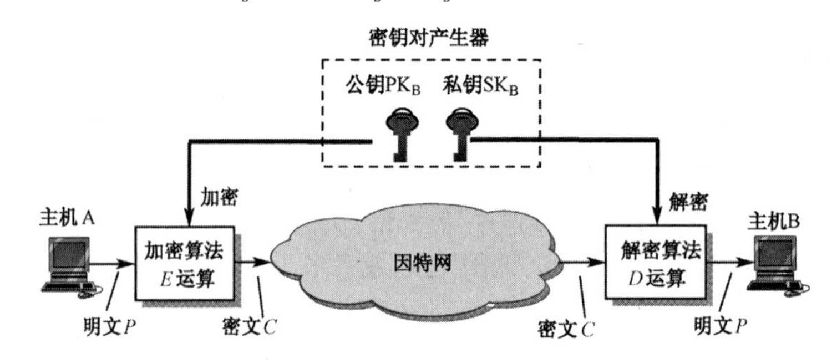

图 12-7　公钥密码体制的加/解密过程

这里需注意，任何加密方法的安全性仅取决于密钥的长度和破密所需的工作量，并非简单地取决于加密体制。另外，因为目前公开密钥加密算法的开销较大，在未来还看不出会放弃传统的加密方法。

*12.5　网络安全策略

12.5.1　密钥分配

一般来说，密码算法是公开的，于是网络的安全性就与密钥管理密切相关。密钥管理是信息安全保密的重要环节，其内容包括密钥的产生、存储、恢复、分配、注入、保护、更新、丢失、吊销、销毁、验证和使用等。本节只讨论密钥分配问题。

密钥分配(或密钥分发)是密钥管理中一个重要问题。当然，密钥必须通过安全通路进行分配。从输送密钥的渠道来看，密钥分配有两种方式：网外分配和网内分配。网外分配指密钥分配不通过网络渠道传输，如派遣可靠的信使携带着密钥通过“秘密信道”分配密钥。但随着用户的增多和通信量的增大，密钥更换频繁，使其难度增加，网外分配不是一种理想的分配方式。网内分配是指密钥通过网络内部传送，达到密钥自动分配的目的。

下面对两种密码体制的密钥分配作简要介绍。

1. 对称密钥的分配

对称密钥分配存在两个问题：①如果 n 个人中的每一个都需要与其他 $n-1$ 个人通信，则就需要 $n(n-1)$ 个密钥。而两人共用一个密钥，密钥数就可减半，即 $n(n-1)/2$。这常称为 n^2 问题。如果 n 很大，其密钥数就十分可观。②因为通信网络的不安全，通信双方如何得到共享的密钥，这涉及加密技术和密钥的安全传送问题。

因此，密钥分配通常采用集中管理方式，即设立密钥分配中心 KDC（Key Distribution Center），它是负责给需要进行秘密通信的用户临时分配一次性使用的会话密钥的机构。图 12-8 表示 KDC 进行密钥分配的工作过程。这里，假设用户 A 和 B 都是 KDC 的注册用户，他们已分别拥有与 KDC 通信的密钥 K_A 和 K_B。

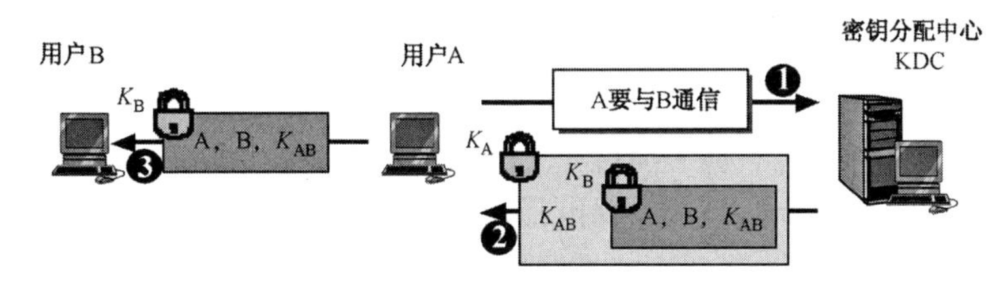

图 12-8　KDC 进行密钥分配的过程

密钥分配的步骤如下（参见图中带圈的数字）：

（1）用户 A 向 KDC 发送明文，其内容是“A 要与 B 通信”。

（2）KDC 收到用户 A 发来的明文后，便随机产生一个“一次一密”的密钥 K_{AB} 供用户 A 和 B 本次通信使用。然后 KDC 向 A 发送使用 A 的密钥 K_A 加密的回答报文。此回答报文中含有本次通信使用的密钥 K_{AB} 以及请 A 转给 B 的签条(ticket)。签条的内容包括 A 和 B 在 KDC 登记的身份和本次通信使用的密钥 K_{AB}。这个签条是用 B 的密钥 K_B 加密，因此用户 A 无法知道签条的内容。

（3）当用户 B 收到由用户 A 转来的签条后，便知道 A 要与他通信和本次通信所使用的密钥 K_{AB}。此后，A 和 B 都知道本次通信的密钥是 K_{AB}，就可以通信了。

注意，在上述通信过程中网络上传送的密钥是经过加密的。但解密密钥并不在网络上传送。

由于 KDC 分配给用户 A 与用户 B 通信使用的密钥 K_{AB} 是一次性的，因此保密性很高。KDC 分配给用户的密钥如能做到定期更换，则能减少了攻击者破译密钥的可能性。KDC 还可以在报文中打上时间戳标记，以防止报文的截取者利用过去截取的报文进行重放攻击。

目前最著名的密钥分配协议是 Kerberos V5，是美国麻省理工学院 MIT 开发的。它既是鉴别协议，又是 KDC，并使用先进的加密标准 AES（Advanced Encryption Standard）进行加密。

2. 公开密钥的分配

如前所述，公开密钥密码体制使用不同的加密和解密密钥，加密密钥 K_e（即公钥）是公开的，并由密钥管理中心集中管理。而解密密钥 K_d（即私钥）则是保密的。由于加密算法 E 和解密算法 D 都是公开的，因而公开密钥的分配体制可在不保密的信道上传送秘密密钥。这样看来，在公开密钥密码体制中，如果每个用户都拥有其他用户的公钥，便可实现相互间的安全通信了。其实并非如此简单。因为这里掩盖了一个问题。

假设用户 A 和用户 B 并不认识，他们是如何取得对方的公钥而相互通信呢？解决此问题的方案之一是把公钥放在各自的 Web 网站上。但是这种方案存在致命的弱点，理由是：假设用户 A 想要在用户 B 的 Web 网站找到用户 B 的公钥，用户 A 可以通过用户 B 的 URL，用浏览器找到用户 B 主页的 DNS 地址，然后向该地址发一 GET 请求。不幸的是，这个请求被用户 C 所截获，并将一个伪造用户 B 主页的副本发送给用户 A，里面有用户 C 的公钥替换成用户 B 的公钥。当用户 A 发送他的第一条消息，用户 C 解密并阅读了这条消息，并对此消息进行了修改，然后用用户 B 的公钥重新进行加密，再发送给用户 B。当然，用户 B 根本不知道所接收到的消息已被用户 C 做了手脚。于是，就必须有某种机制来确保公钥交换的安全性。

为了确保公钥的安全，可设立一个机构将公钥与其对应实体进行绑定，这种证明公钥所属权的机构称为认证中心 CA（Certification Authority）。这样，每个实体都可向 CA 申请一个证书，此证书含有公钥，以及 CA 进行了数字签名的标识信息。

为了使 CA 出具的证书具有统一的格式，ITU-T 制定了 X.509 标准，用来描述证书的结构。在 X.509 标准中使用 ANS.1。顺便指出，由一个 CA 来颁发证书存在负荷过重和安全性问题，人们又开发了另一种证明公钥身份的方法，即公钥基础设施 PKI（Public Key Infrastructure）。

12.5.2 鉴别

在网络应用中，鉴别（authentication）是网络安全的一个重要环节。鉴别是对欲访问特定信息的发起者的身份或者对传送的报文的完整性进行的合法性审查或核实行为。鉴别有两种：一种是报文鉴别，即对收到报文的真伪进行辨认，确认其真实性。另一种是实体鉴别，实体可以指人也可以指进程。

这里需要指出的是，鉴别与授权是两个不同的概念，授权是对所进行的过程的允许。

1. 报文鉴别

对传送的报文真实性的鉴别称为报文鉴别。为了鉴别报文的真伪可采用数字签名，但数字签名需要进行 D 算和 E 运算，都会花费大量的 CPU 时间。近年来广泛使用报文摘要则是一种进行报文鉴别的简单方法。

用报文摘要进行报文鉴别的基本思路是：用户 A 将较长的报文经过报文摘要算法运算后，得到很短的报文摘要 H。再用 A 的私钥 SK_A 对 H 进行 D 运算（即数字签名），得到签过名的报文摘要 $D(H)$，这个已签名的报文摘要通常称为报文鉴别码 MAC（Message Authentication Code）。然后将其追加在报文 M 后面发送给用户 B。用户 B 收到后，将报文 M 和签过名的报文摘要 $D(H)$分离。一方面用 A 的公钥 PK_A 对 $D(H)$进行 E 运算（即核实签名），得到报文摘要 H。另一方面对报文 M 重新进行报文摘要运算得出报文摘要 H'。然后对 H 与 H' 进行比较，若相同，就可断定收到的报文是用户 A 所为，否则就不是用户 A 发送的报文。图 12-9 所示为利用报文摘要进行报文鉴别的过程。

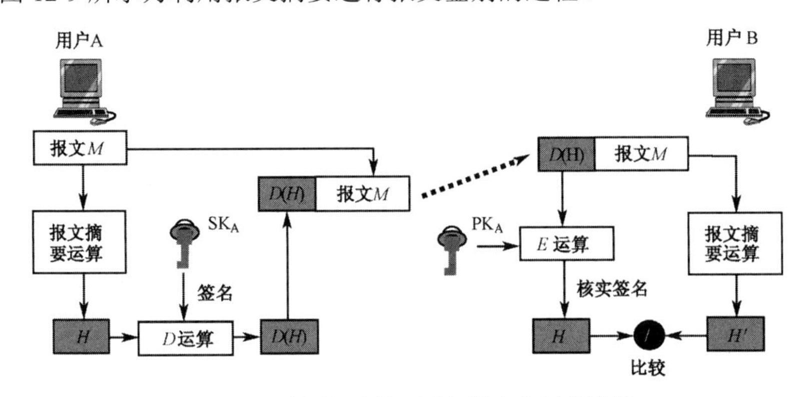

图 12-9　利用报文摘要进行报文鉴别的过程

报文摘要算法是一种多对一的散列函数，它必须满足以下两个条件。

（1）欲从某个报文摘要 H 反过来找到一个报文 M，使得报文 M 经过报文摘要运算得出的报文摘要也正好是 H，则在计算上是不可行的。

（2）任意两个报文，使得它们具有相同的报文摘要，则在计算上也是不可行的。

这两个条件表明：若[M, H]是发送者生成的报文和报文摘要，则攻击者不可能伪造另一个报文，使得该报文与 M 具有相同的报文摘要。发送者对报文摘要进行的数字签名，使得对报文具有可检验性和不可否认性。

目前，报文摘要算法 MD5 已在因特网上得到广泛应用。它可对任意长的报文进行运算，得出的报文摘要代码为 128 位。MD5 算法的操作过程如下。

① 将任意长的报文按模 2^{64} 计算其余数（64 位），将其追加在报文后面；

② 在报文和余数之间填充（1～512）位，使得填充后的总长度是 512 的整数倍。填充位的首位为 1，后接全 0；

③ 将追加和填充后的报文划分为长度为 512 位的数据块，同时再将 512 位的报文数据分成 4 个 128 位的数据块，依次按不同的散列函数进行四轮运算。每一轮运算又都按 32 位的小数据块进行复杂的运算，直到得出 MD5 报文摘要代码为止。

这样得出的 MD5 代码中的每一位，都与原报文中的每一位有关。Rivest 曾对 MD5 提出一个猜想：根据给定的 MD5 代码找出原来报文所需的操作量级为 2^{128}。至今还没有人对此猜想提出异议。

2. 实体鉴别

对欲访问信息的对方实体身份进行的鉴别称为实体鉴别。它与报文鉴别不同，报文鉴别是对收到的每一个报文都要执行鉴别动作，但实体鉴别只需在访问者接入系统时对其身份进行一次验证。实体鉴别常通过检查口令或个人身份识别码来实现。

图 12-10 所示为利用对称密钥加密实体身份的实体鉴别。图中，用户 A 向用户 B 发送含有自己身份和口令的报文，此报文用双方商定的对称密钥 K_{AB} 加密。用户 B 收到后，用对称密钥 K_{AB} 解密，从而鉴别了用户 A 的身份。

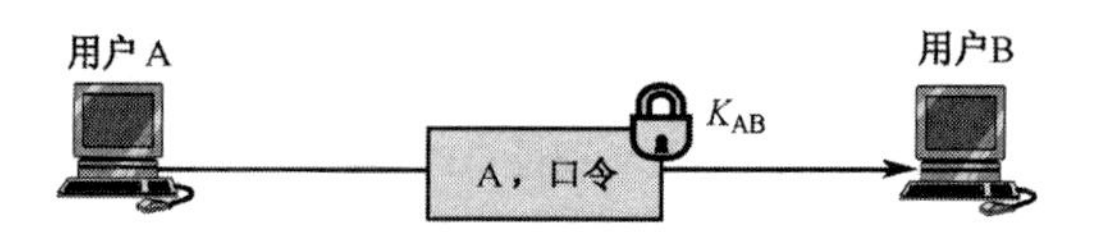

图 12-10　利用对称密钥加密实体身份的实体鉴别

但是，这种简单的实体鉴别方法却存在明显的不足。问题出在：如入侵者 C 截获了这份报文，C 可以不必破译此报文直接将它发送给 B，此时 B 误认为 C 就是 A，于是便将后续报文发送给了冒充成 A 的 C。这种冒充 A 的入侵者 C 对 B 的攻击称为重放攻击（replay attack）。

为了对付重放攻击，可以在发送的报文中包含一个不重复使用的大随机数（称为不重数），而且要做到"一次一数"。这样，通过对不重数的检查就可对付重放攻击。图 12-11 表示利用不重数进行实体鉴别。图中，用户 A 先用明文向用户 B 发送一含有 A 身份和一个不重数 R_A 的报文。用户 B 收到此报文后，向用户 A 回送一应答报文，内有以对称密钥 K_{AB} 加密的 R_A 和一个不重数 R_B。接下来，用户 A 再把用对称密钥 K_{AB} 加密的 R_B 发回给用户 B。由于每一次通信都使用不同的不重数，所以即便入侵者 C 进行重放攻击，也无法使用所截获的不重数。

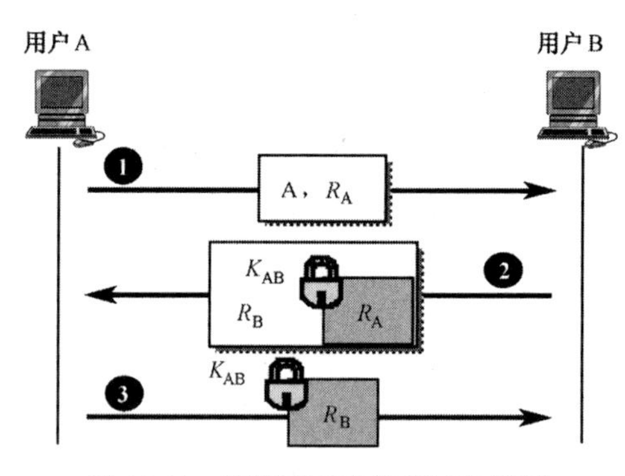

图 12-11　利用不重数进行实体鉴别

12.5.3　数字签名

大家知道，对称密钥密码体制的密钥万一被盗，密码被破译会造成很大的麻烦，而更大的危险则是敌人可通过发送假情报来实现干扰和制造混乱。尤其是在战争期间，破译的最大目的与其说是想获取敌方的情报，还不如说是想发送假情报来扰乱敌方。为了防止这种情况的发生，通常采用在情报中插入特定识别码等方法。但是，如果密码的密钥被盗以及识别码的结构被破译，那么敌方仍可以伪造情报。就是说，对称密钥密码体制在原理上是不可能识别出所接收到的密文是正宗的，还是第三者伪造的。与此相反，公开密钥密码体制则提供数字签名的方法，可识别密文的作者就是合法的发文者。数字签名是解决电子文件传送过程中真实性问题的一种有效方法。

数字签名必须具有以下功能。

① 接收者能鉴别报文的真实性，确认该报文是由发送者而不是其他人发送的。

② 接收者能确认收到的报文与发送者发送的完全一样，未被篡改。

③ 发送者无法否认自己对该报文的签名。

数字签名的基本过程如图 12-12 所示。发送者 A 先用自己的私钥 SK_A 对报文 P 进行 D

运算，变换成签名文$C = D_{SK_A}(P)$传送给接收者 B。B 收到签名文后，用 A 的公钥PK_A对其进行 E 运算还原成原报文，即$E_{PK_A}(C) = E_{PK_A}(D_{SK_A}(P)) = P$。这里需要说明的是，数字签名过程中的 D 运算只是为了得到某种不可读的密文，起到签名的作用，而接收者对密文的 E 运算则是为了核实签名。

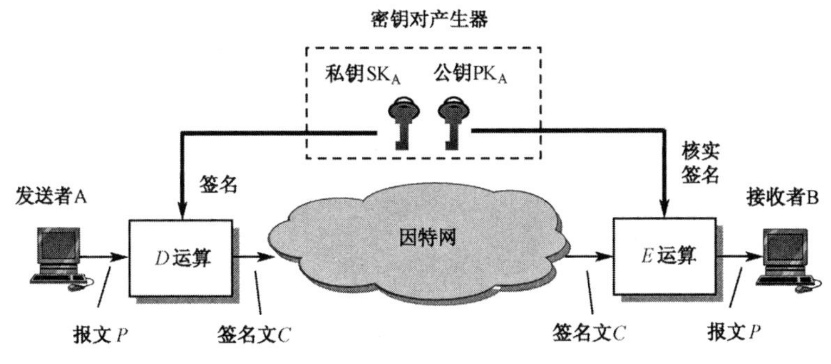

图 12-12 数字签名的基本过程

由数字签名的过程可见，由于只有 A 才持有私钥 SK_A 第三者都不可能伪造出正宗的签名文C，从而可以断定签名者必是 A。也就说明接收者 B 具有鉴别报文真实性的能力。同理，如果第三者篡改了报文，因为没有 A 的秘钥 SK_A 对其加密，而用其他密钥发送报文，那么接收者 B 得到的是不可读的报文，就知道报文已被篡改。这就保证了报文的完整性。至于发送者想否认报文的发送行为，接收者 B 可出示报文 P 和签名文$C = D_{SK_A}(P)$进行公证，以证实发送者确实是 A，因为只有 A 才持有私钥 SK_A，因此 A 不可否认自己的发送行为。

以上只是对报文进行签名的过程。实际上，这种数字签名的报文是以公开信的形式出现的。因为 A 的公钥 PK_A 是公开的，其他接收者可以通过其他途径查阅得到，同样也可以解读出签名文。因此，如对签名文再进行加密，就实现了秘密通信和数字签名的双重功能。图 12-13 表示签名文的秘密通信。

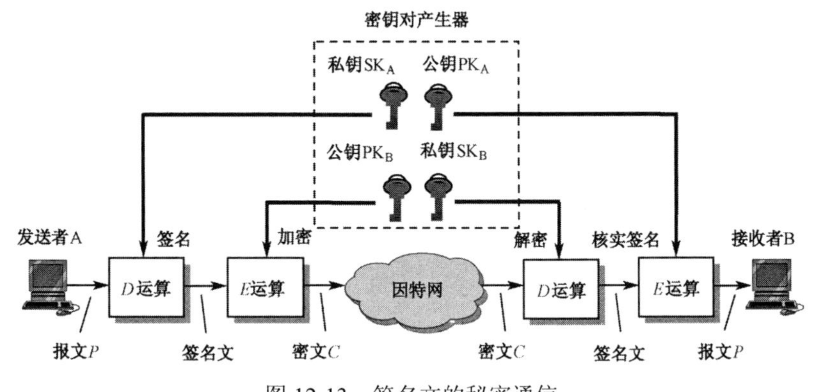

图 12-13 签名文的秘密通信

12.5.4 防火墙与入侵检测

1. 防火墙

近年来内联网发展非常迅速，它是采用因特网技术建立的支持企业或机关内部业务流程和信息交流的一种综合信息系统。为了确保内联网的安全，通常采用把企业或机关的内联网与外部的因特网之间“隔离”开的技术，这种技术称为防火墙。防火墙是一种由硬件和特殊编程软件构成的路由器，在内、外网络之间实施访问控制策略，起到“隔离”的作用。访问控制策略应当适合本单位的需要，所以它是由使用防火墙的单位自行研制或授权专业公司代为研制的。图 12-14 所示为防火墙在互连网络中的位置。

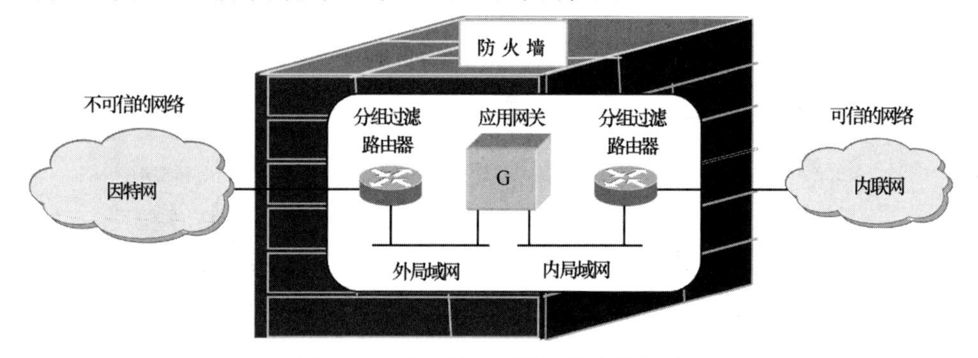

图 12-14　防火墙在互连网络中的位置

防火墙具有“阻止”和“允许”两个功能。“阻止”是阻止某种类型的通信量通过防火墙，这是防火墙的主要功能。“允许”的功能恰与其相反。不过，要绝对阻止不希望的通信难以做到，但如能正确使用防火墙就可将风险降低到可接受的程度。

防火墙主要有以下 3 种类型。

① 分组过滤路由器。分组过滤（Packet Filtering）技术是在网络层对分组进行选择，其依据是根据系统内设置的过滤逻辑，即访问控制表（Access Control Table），通过检查数据流中每个分组中的源/目的地址、源/目的端口号、协议类型等因素，或它们的组合来确定是否允许该分组通过。

分组过滤路由器的优点是：不用改动客户机和主机上的应用程序；逻辑简单、价格便宜、易于安装使用；它通常安装在路由器上，这对原有网络几乎不增添额外的费用。其缺点是：过滤判别的是网络层和传输层的有限信息，不能充分满足各种安全要求；性能受到过滤规则数目的影响；大多数过滤器中缺少审计和报警机制，且管理方式和用户界面较差，对安全管理人员素质有较高的要求。

② 应用级网关型防火墙。应用级网关（Application Level Gateways）是在网络应用层上建立协议过滤和转发功能。它针对特定的网络应用服务协议使用指定的数据过滤逻辑，并在过滤的同时，对分组进行必要的分析、登记和统计，形成报告。实际中的应用网关通常安装在专用工作站系统上。

分组过滤和应用网关防火墙有一个共同的特点，就是它们仅仅依靠特定的逻辑判定是否允许分组通过。一旦满足逻辑，则防火墙内外的计算机系统建立直接联系，防火墙外部的用户便有可能直接了解防火墙内部的网络结构和运行状态，这有利于实施非法访问和攻击。通常过滤器和应用网关配合使用，共同组成防火墙系统。

③ 代理服务型防火墙。代理服务（Proxy Service）又称链路级网关，也有人将它归于应用级网关一类。它是针对分组过滤和应用网关存在的缺点而引入的防火墙技术。其特点是将所有跨越防火墙的网络通信链路分为两段。防火墙内外计算机系统间应用层的“链接”由两个终止代理服务器来实现，外部计算机的网络链路只能到达代理服务器，从而起到了隔离

防火墙内外计算机系统的作用。应用代理型防火墙是内部网与外部网的隔离点，起着监视和隔绝应用层通信流的作用，同时也常结合入过滤器的功能。它工作在 OSI 模型的最高层，掌握着应用系统中可用作安全决策的全部信息。

代理服务也对过往的分组进行分析、注册登记，形成报告，同时当发现被攻击迹象时会向网络管理员发出警报，并保留攻击痕迹。

图 12-14 所示的防火墙包括两个分组过滤路由器和一个应用网关，其间通过两个局域网连接起来。分组过滤路由器是安装有分组过滤器软件的路由器。两个分组过滤路由器分别对通过的每一个分组进行检查，凡是符合条件的分组允许通过，否则就丢弃。分组过滤通过查找系统管理员所设置的表格来实现，表格中列出了可接受的或必须进行阻挡的网站，以及其他的一些通过防火墙的规则。

防火墙虽有阻止对受保护网络的非法访问的作用，但它存在的局限性也是十分明显的，主要表现在：①防火墙对内部的防护能力较弱。因为它很难解决内部人员违反网络使用规定所引起的安全问题。据统计，网络上的安全攻击事件有 70%以上来自内部。②防火墙系统很难配置，易造成安全漏洞。因为防火墙系统的配置与管理相当复杂，管理上稍有疏忽就可能造成潜在的危险。统计表明，30%的入侵是在有防火墙的情况下发生的。③防火墙系统很难做到为不同用户提供不同的安全控制策略。因此，欲构筑网络系统的安全体系，必须将防火墙和其他技术手段以及网络管理等综合起来进行考虑。

以上介绍了几种网络安全策略。网络的安全性通常是以网络服务的开放性、便利性和灵活性为代价的。以防火墙为例，由于防火墙的隔离作用，它一方面加强了本地网的安全，另一方面却使本地网与外部网络的信息交流受到阻碍。为此必须在防火墙上追加各种信息服务的代理软件来代理本地网与外部网络的信息交流，这不仅增大了网络管理开销，也增长了信息传递的时间。因此，如何增强网络安全性是一个需要综合考虑各种因素的问题。

2．入侵检测系统

入侵检测系统 IDS（Intrusion Detection System）是一种对网络传输进行即时监视，在发现可疑传输时发出警报或采取主动反应措施的网络安全设备。它与其他网络安全设备的不同之处在于，IDS 采用积极主动的安全防护技术。

IDS 最早出现在 1980 年 4 月。20 世纪 80 年代中期，IDS 逐渐发展成为入侵检测专家系统 IDES（Intrusion Detection Expert System）。1990 年，IDS 分化为基于网络的 IDS 和基于主机的 IDS，后又出现分布式 IDS。目前，IDS 发展迅速，有人已宣称 IDS 可以完全取代防火墙。

对防火墙和入侵检测系统作个形象化的比喻，防火墙类似于一幢大楼的门卫，而 IDS 则是这幢大楼里的监视系统。IDS以信息来源的不同和检测方法的差异进行分类：①根据信息来源可分为基于主机IDS 和基于网络的 IDS；②根据检测方法可分为异常入侵检测和滥用入侵检测。与防火墙不同，IDS 是一个监听设备，没有跨接在任何链路上，无须网络流量流经它便可以工作。因此，对 IDS 部署的唯一要求是：IDS 应当挂接在所有关注流量都必须流经的链路上。在这里，“所有关注流量”指的是来自高危网络区域的访问流量和需要进行统计、监视的网络报文。由于当今网络拓扑中，绝大部分的网络区域都已经全面升级到交换式的网络结构。因此，IDS 在交换式网络中的位置一般选择在：①尽可能靠近攻击源；②尽可能靠近受保护资源。这些位置通常是在：服务器区域的交换机；Internet 接入路由器之后的第一台交换机；重点保护网段的局域网交换机。

IETF 将 IDS 的系统组成分为 4 个组件：事件产生器（event generators）；事件分析器（event analyzers）；响应单元（response units）；事件数据库（event databases）。事件产生器从整个计算环境中获得事件，并向系统的其他部分提供此事件。事件分析器分析得到的数据，生成分析结果。响应单元则是对分析结果做出反应的功能单元，它可以做出切断连接、改变文件属性等反应，也可以只是简单的报警。事件数据库是存放各种中间和最终数据的地方，它可以是复杂的数据库，也可以是简单的文本文件。

IDS 内部各组件之间，以及不同制造商的 IDS 系统之间的通信，必须遵守统一的系统通信协议。由 IETF 下属的入侵检测工作组IDWG（Intrusion Detection Working Group）负责定义通信协议的格式，但还没有统一的标准。设计通信协议时应考虑：①系统与控制系统之间传输的信息是非常重要的信息，并保持数据的真实性和完整性，设置通信双方的身份验证和保密传输的安全机制（同时防止主动和被动攻击）；②通信的双方均有可能因异常情况而导致通信中断，IDS 必须保证系统正常工作。

IDS 采用的入侵检测技术，从技术上可分为两类：①基于标志（signature-based）的检测技术。该技术需定义违背安全策略的事件的特征，如网络数据包的某些首部信息。检测主要判别这类特征是否在所收集到的数据中出现。此判别方法类似于杀毒软件。②基于异常情况（anomaly-based）的检测技术。该技术需先定义一组系统处于“正常”情况的数值，如 CPU 和内存的利用率、文件校验和等（此类数据可以人为定义，也可以通过观察系统、并用统计方法得出），然后将系统运行时的数值与所定义的“正常”情况相比较，得出是否有被攻击的迹象。以上两种检测技术所得出的结论存在非常大的差异。前者的核心是维护一个知识库。对于已知的攻击，它可以详细、准确的报告出攻击类型，但是对未知攻击却效果有限，而且知识库必须不断更新。后者则无法准确判别出攻击的手法，但它可以（至少在理论上可以）判别更广范、甚至未发觉的攻击。

12.6　因特网的安全协议

1994 年，Internet 体系结构委员会 IAB（Internet Architecture Board）发布了一篇名为《Internet 体系结构中的安全问题》的报告，报告中阐述了因特网的安全性及其安全机制。特别要求保证网络基础设施的安全，不受未授权的监视和未授权的网络通信量的控制，以及保证使用了鉴别和加密机制的端对端用户通信量的安全性。这些安全性的功能要求体现在不同层次的相应协议当中。

12.6.1　网络层安全协议

关于因特网网络层安全最重要的请求评论是描述 IP 安全体系结构的（RFC 4301）和提供 IPsec 协议族概述的（RFC 6071）。IPsec 是“IP 安全协议”的缩写。

IPSec 最主要的两个协议是：鉴别首部 AH（Authentication Header）协议和封装安全有效载荷 ESP（Encapsulation Security Payload）协议。AH 提供了源点鉴别和数据完整性功能，但不能保密；ESP 则提供了源点鉴别、数据完整性和加密，比 AH 要复杂得多。由于 ESP 协议中包含了 AH 的功能，因此使用 ESP 便可不用 AH。如今这两个协议同时存在，是因为 AH 协议早已用在一些商品中。IPsec 支持 IPv4 和 IPv6。在 IPv6 中，AH 和 ESP 都是扩展首部的一部分。

下面仅介绍ESP协议的主要内容。

1. 安全关联

利用IPsec协议所发送的的IP数据报，称为IPsec数据报。在发送IPsec数据报之前，在发送端和接收端的主机或路由器之间必须创建一条网络层的单向逻辑连接，此逻辑连接称为安全关联（security association，SA），它为所承载的通信量提供安全服务。如果需要双向的安全通信，则需要建立两个方向的安全关联。安全关联是因特网安全机制中一个重要概念。

一个安全关联需由以下3个参数来标识，即

① 安全参数索引SPI（Security Parameters Index）。它是一个分配给该SA的位串(32位)，且仅在本地有意义。

② IP目的地址。它是SA的目的端地址，可能是一个端用户系统，也可能是一个网络系统，如防火墙或路由器。目前只允许单播地址。

③ 安全协议标识符。它指出该关联是ESP的安全关联。

在IPSec实现中，存放SA的地方称为安全关联数据库SAD（Security Association Database），它是IPSec的重要构件，用来定义与每一个SA相关联的参数。一个安全关联包括序号计数器、序号计数器溢出、防重放窗口、ESP信息、该安全关联的生存期、IPSec协议方式以及路径MTU等参数。当一主机发、收IPSec数据报时，都需要检查相应的SA，以便获得必要的信息对该IPSec数据报实施安全服务。

除了SAD外，还有一个安全策略数据库SPD（Security Policy Database）。SPD指明什么样的数据报需要进行IPSec处理。这与源IP地址、目的IP地址、源端口号、目的端口号，以及协议类型等有关。

再有，SAD中的许多SA又是如何建立的呢？对于规模较小的系统，可以通过人工键入的方法来建立SAD。但对于大型的、地理位置分散的系统，则需要使用因特网密钥交换协议（Internet Key Exchange，IKE）来自动生成SAD。IKE是一个非常复杂的协议，目前的版本是IKEv2。它以下面3个协议为基础。

① 密钥生成协议Oakley。

② 安全密钥交换机制SKEME（Secure Key Exchange Mechanism），是密钥交换协议，利用公钥加密来实现密钥交换中的实体鉴别。

③ 因特网安全关联和密钥管理协议ISAKMP（Internet Secure Association and Key Management Mechanism），用于实现IKE中定义的密钥交换，使得IKE的交换能以标准化格式的报文创建SA。

2. IPsec数据报的格式

ESP协议可提供加密服务，包括对报文内容的加密以及受限的通信流量加密。它作为一个可选特性，还可以提供鉴别服务。图12-15所示为IPsec数据报的格式。

在图12-15中，各字段的含义如下：

① 安全参数索引（32位）。标识一个安全关联。

② 序号（32位）。表示一个计数值。

③ 净负荷数据（可变长）。它是需要被加密保护的传输层报文段或IP分组。

④ 填充（0～255B）。因加密算法的需要，使明文是8位的整数倍。

⑤ 填充长度（8 位）。指出填充字段所填字节数。

⑥ 下一个首部（8 位）。通过标识净负荷中的第一个首部（如 IPv6 中的扩展首部）来标识包含在该净负荷数据字段中的数据类型。

⑦ 鉴别数据（变长）。该字段必须是 32 位的整数倍。它含有一个完整性检验值，该完整性检验值是根据 ESP 分组减去鉴别数据字段计算得到的。

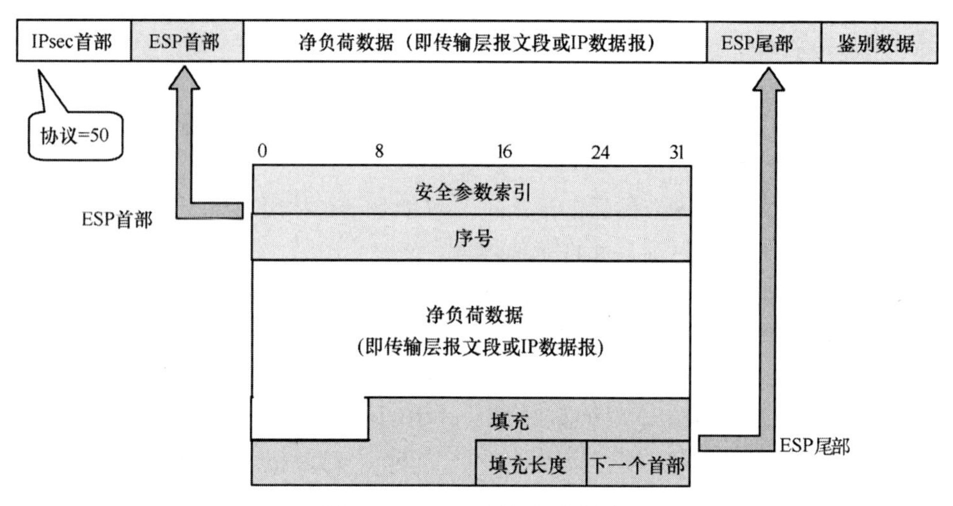

图 12-15　IPsec 数据报的格式

3. 两种使用方式

根据用户的需求，IPSec 支持两种使用方式：

（1）传输方式

传输方式主要为上层协议提供支持，对传输层报文段或 IP 数据报的前后加上一些控制字段，构成 IPsec 数据报。并根据需要提供安全服务。

在典型情况下，传输方式用于两个主机之间（如一个客户与一个服务器，或者两个工作站）的端对端的通信。如果一个主机在 IPv4 上运行 AH 或 ESP，那么其净负荷通常就是紧跟在 IP 首部后面的数据。对于 IPv6，其净负荷是跟在 IP 首部和 IPv6 扩展首部后面的数据。需注意的是，使用 IPsec 的主机都要运行 IPsec 协议。

（2）隧道方式

隧道方式采用隧道技术对传输层报文段或 IP 数据报提供安全保护。为此，在传输层报文段（或 IP 数据报）后面加上 ESP 尾部。并按照安全关联指明的加密算法和密钥，对“传输层报文段（或 IP 数据报）＋ESP 尾部”一起进行加密。接着，再在已加密的这部分前面添加上 ESP 首部。然后，再按照 SA 指明的算法和密钥，对“ESP 首部＋传输层报文段（或 IP 数据报）＋ESP 尾部”生成鉴别数据（即报文鉴别码 MAC），并添加在 ESP 尾部后面。最后生成新的 IP 首部，即“IPsec 首部”，其协议字段的值为 50。需要注意的是，ESP 尾部中的“下一个首部”字段非常有用，因为有了它就可以知道对接收到的又经鉴别和解密的数据报应将其送往何处。这样，当原始的或者说是“内层”的传输层报文段（或 IP 数据报）穿越一条由网络中的一点到另一点的隧道时，沿途的路由器都不能检查这个“内层”分组。由于“外层”IP 首部只包含必要的路由信息，因此在某种程度上可防止攻击者进行通信量的分析。

图 12-16 所示为 ESP 在两种使用方式下的加密及鉴别的范围。

下面用一个例子来说明隧道方式的操作情况。假设一个网络中的主机 A 生成了一个传输层报文段（或 IP 数据报），欲发送到另一网络中的主机 B。当这个传输层报文段（或 IP 数据报）经过选路从起始主机 A 到达 A 所属的网络边界上的一个防火墙或安全路由器时，防火墙或安全路由器将对所有的外出分组过滤一遍，以判断是否需要 IPSec 处理。如果需要，则对其执行 IPSec 处理，并将用一个“外层”IPsec 首部封装这个分组。这个“外层”IPsec 首部的源 IP 地址就是该防火墙，而目的地址则可能也是一个防火墙，且这个防火墙构成主机 B 所属网络的边界。在 B 的防火墙中，“外层” IPsec 首部被剥离，而内层分组（即主机 A 生成的传输层报文段（或 IP 数据报））被传递给主机 B。

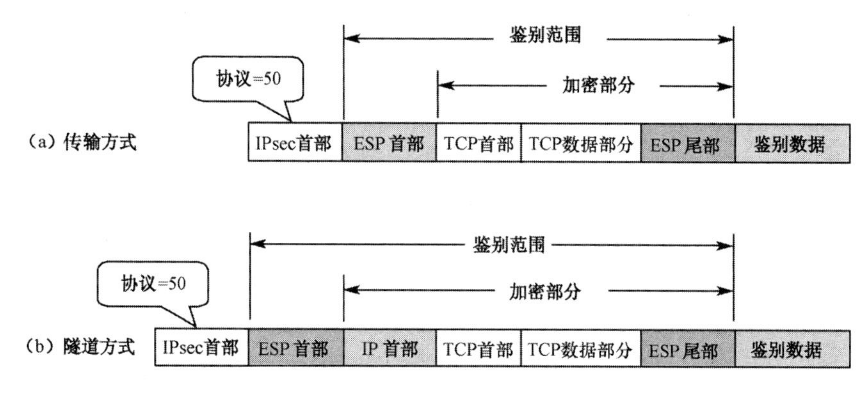

图 12-16　ESP 在两种使用方式下的加密及鉴别的范围

12.6.2　传输层安全协议

Web 用于金融交易方面的应用，如信用卡购物、在线银行和电子股票交易等，都迫切需要安全的连接。本节介绍 1995 年 Netscape 公司推出了称为安全套接字层 SSL(Secure Socket Layer)的安全软件包，它是使用在万维网上使用的安全协议。这一软件包和它的协议现已被广泛采用。

从层次结构上来讲，SSL 层是位于应用层与传输层之间的新层，这里将它视为传输层的一个子层。它接受来自浏览器的请求，再将此请求经 TCP 传输到服务器上。但在在应用层使用的协议是安全超文本传输协议 HTTPS(Secure HTTP)，它的端口号是 443，而不是标准的熟知端口号 80。目前广泛使用的是 SSL 3.0。SSL 协议支持不同的加密算法和选项(如选用压缩功能、密码算法，以及与密码产品出口限制的有关事项)。

SSL 协议有两个子协议组成：建立安全连接的子协议和使用安全连接的子协议。

图 12-17 表示执行建立安全连接子协议的过程。其步骤如下：

① 用户 A 向用户 B 发送建立连接请求，其中包括 SSL 版本、诸选项(如压缩算法、加密算法)，以及一个不重数 R_A。

② 用户 B 收到请求后给出应答，其中包括选定的 SSL 版本和算法，还给出用户 B 的一个不重数 R_B。

③ 用户 B 再发送一个证书，其中包含 B 的公钥 PK_B。如果 A 发送的证书未被权威机构签过名，那么 A 也发送一证书链可以追溯到某一由权威机构签过名的证书。

④ 用户 B 应答所做的任务已完成。

⑤ 用户 A 选择一个 384 位长的随机预设主密钥(premaster key)，并用用户 B 的公钥 PK_B 加密后发送给 B。后面用到的用于加密数据的实际会话密钥就是从这个预设主密钥和两个临时的不重数推导出来的。A 和 B 都可计算出此会话密钥。

⑥ 用户 A 告诉 B 将切换到新的会话密钥。

⑦ 用户 A 告诉 B 建立连接子协议已完成。

⑧ 用户 B 告诉 A 切换到新的会话密钥。

⑨ 用户 B 告诉 A 建立连接子协议已完成。

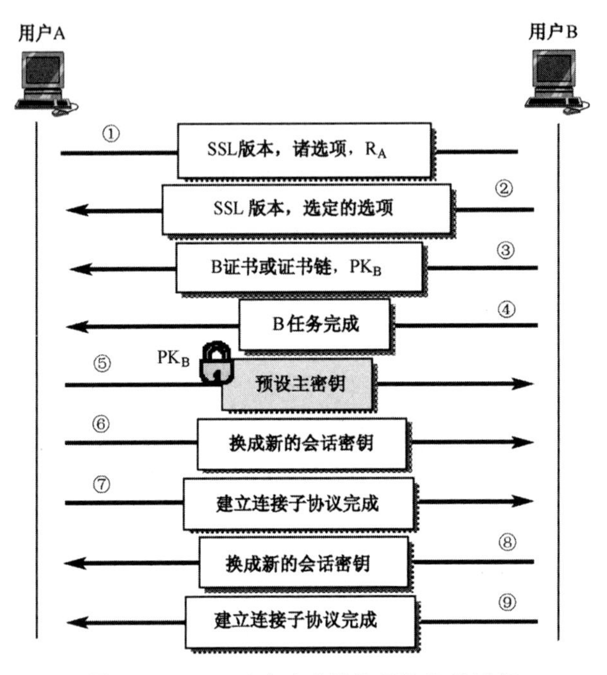

图 12-17　SSL 建立安全连接子协议的过程

然而，在上述过程中，虽然用户 A 知道用户 B 是谁，但用户 B 并不知道用户 A 是谁，这是因为用户 A 并未向用户 B 发送过证书。因此，用户 B 的第一条消息极可能是一个登录请求，请求用户 A 用一个预先建立的名字和口令登录进来。然而，此登录协议完全超出了 SSL 的范围。一旦 SSL 的安全连接建立起来，便开始进行数据传输。

图 12-18 表示使用 SSL 安全连接子协议进行数据传输的情况。图中，浏览器的消息被分割成最大长度为 16KB 的分段(如果当前连接支持压缩功能的话，那么每个分段则被单独压缩)。然后，根据两个临时的不重数和预设的主密钥推导出来的一个秘密密钥被拼接到被压缩的分段之后，再利用报文摘要算法 MD5 对拼接后的结果做报文摘要运算。这个运算的结果被附加在每一个分段的尾部，作为它的消息认证码。然后再用协商好的对称加密算法对压缩之后的分段和消息认证码进行加密。最后，给每个分段附上一个分段首部，再通过 TCP 连接传送出去。

1996 年，IETF 在 SSL 的基础上修改成传输层安全 TLS（Transport Layer Security）协议，但两者互不兼容。尽管 TLS 在功能略有增强，但在实践中是否会取代 SSL 尚不清楚。

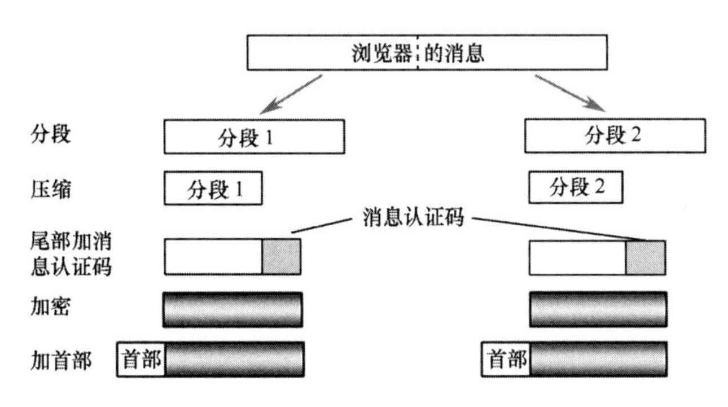

图 12-18　使用 SSL 安全连接子协议的数据传输

12.6.3　应用层安全协议

应用层的协议很多，这里以电子邮件协议为例，来说明应用层协议的安全问题。

一般来说，发送电子邮件的人总是希望自己的邮件只有目的接收者才能阅读理解，其他人无法读懂它。这样，人们就有意识地将密码学原理应用到电子邮件上，构成安全的电子邮件。下面我们介绍两种用于电子邮件的安全协议 PGP 和 PEM。

1. PGP 协议

PGP（Pretty Good Privacy）是 1991 年发布的一个完整的电子邮件安全协议，它提供了便于使用的加密、鉴别、数字签名和压缩功能。由于包括源程序在内的整个软件包可从因特网免费下载，以及质量高、价格低且能在多种操作系统平台上的使用，PGP 已得到广泛的应用，但它不是因特网的标准。

PGP 使用国际数据加密算法 IDEA 的块密码算法来加密数据，该算法使用 128 位密钥。从概念上讲，IDEA 与 DES 和 AES 非常类似，使用 RSA 加密算法和 MD5 报文摘要算法，只是所用的混合函数有所不同。

下面以用户 A 向用户 B 发送一个明文为例，来说明 PGP 的工作原理。假设用户 A 的公钥为 PK_A，私钥为 SK_A，自己生成的一次一密密钥 K_M。用户 B 的公钥为 PK_B，私钥为 SK_B。

发送端的操作步骤如下[见图 12-19（a）]。

① 用户 A 先对邮件明文 P 使用 MD5 报文摘要运算，得到报文摘要 H。再用 A 的私钥 SK_A 对 H 进行数字签名，得到签了名的报文摘要 $D(H)$，即报文鉴别码 MAC。然后把它拼接在明文 P 的后面，得到报文 $(P+D(H))$。

② 再使用 A 自己生成的一次一密密钥 K_M 对报文 $(P+D(H))$ 进行加密。

③ 使用 B 的公钥 PK_B 对 K_M 进行加密。

④ 把②和③两项得到的结果拼接起来，发送至因特网。

这里需指出的是，如果传送的明文过长，可采用压缩技术将其压缩，也可以采用内容传送编码技术（如 Base64 编码）对传送上网的邮件信息进行编码。

接收端的操作步骤如下[见图 12-19（b）]。

① 将被加密的报文 $(P+D(H))$ 和 K_M 分开。

② 使用 B 的私钥 SK_B 解出 A 的一次一密密钥 K_M。

③ 用解出的一次一密密钥 K_M 对被加密的 $(P+D(H))$ 进行解密，并分离出明文 P 和签

了名的报文摘要 $D(H)$。

④ 用 A 的公钥 PK_A 对 $D(H)$ 进行签名核实，得出报文摘要 H。

⑤ 对明文 P 重新进行 MD5 运算，得出报文摘要 H'。将 H 与 H' 相比较，如一致，则此邮件就通过了鉴别，并确认了它的完整性。

密钥管理是 PGP 的重要环节。每个用户在本地维持两个数据结构：秘钥环（private key ring）和公钥环（public key ring）。秘钥环包含一个或几个用户自己的公钥–秘钥对，便于用户定期更换密钥。每一对密钥都有一个标识符相对应，发信人可将此标识符通知收信人，收信人便可知道应该用哪一个公钥进行签名核实。公钥环包含与当前用户进行通信的其他用户的公钥。公钥环的每一项不但包含公钥，还包含一 64 位标识符以及表示用户对此密钥信任度的指示值。

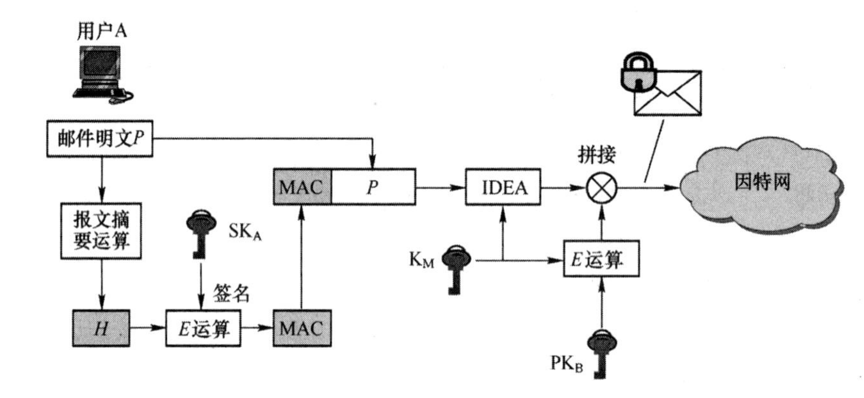

（a）发送端PGP对邮件加密

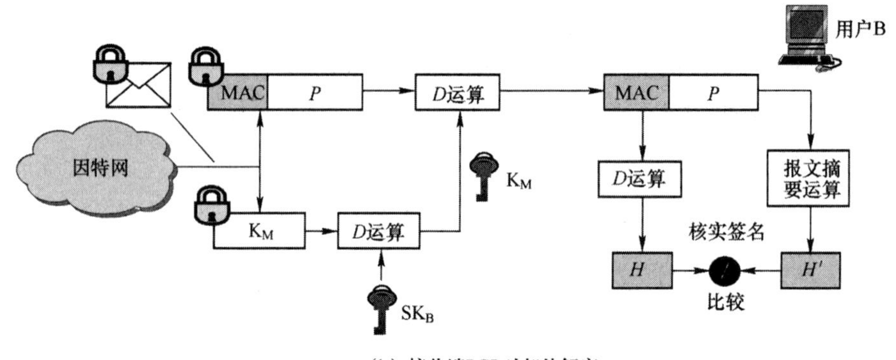

（b）接收端PGP对邮件解密

图 12-19　PGP 协议工作原理示意图

2. PEM 协议

PEM（Privacy Enhanced Mail）是因特网的正式标准，是 20 世纪 80 年代后期开发的。它被定义在 4 个 RFC 文档（RFC1421～1424）中。

PEM 的工作原理与 PGP 基本类似。所不同的只是对发送的消息与签名值拼接后用 DES 算法进行加密。PEM 采用比 PGP 更结构化的密钥管理机制，由认证中心发布证书、上面有用户姓名、公钥和密钥的使用期限。每个证书都符合 ITU-T X.509 建议的要求。

PEM 存在的问题是没有公认的证书权威机构 CA（Certification Authority）。因此，解决问题的方法是设立一些政策认证机构 PCA（Policy Certification Authority）来公证这些证书，再由因特网政策登记管理机构 IPRA（Internet Policy Registration Authority）对这些 PCA 进行认证。

习　题　12

12-01　网络管理的含义是什么？为什么说网络管理是当今网络领域中的热门研究课题？

12-02　ISO 网络管理涉及哪些基本功能？如何处理那些不属于基本功能的功能？

12-03　SNMP 网络管理由哪些构件组成？它们的作用是什么？

12-04　对象 ip 的 OBJECT IDENTIFIER 是什么？

12-05　试问 OCTET STRING“HI”和 IPAddress131.21.14.8 的编码是什么？

12-06　试说明下面结构化类型 sequence 的编码过程。

INTEGER 2345

OCTET STRING　“COMPUTER”

IP Address 185.32.1.5

12-07　试对下列编码 02 04 01 02 14 32 进行解码。

12-08　SNMP 操作有哪两种？在 Get 报文中设置请求标识符字段的作用是什么？

12-09　为什么 SNMP 使用 UDP 而不使用 TCP 传送报文？

12-10　为什么 SNMP 的管理者采用探询策略掌控全网状态，而代理使用陷阱向管理者报告异常的网络事件？

12-11　计算机网络安全面临的威胁有哪些？对计算机网络安全性有哪些需求？

12-12　试用替代密码对报文：THIS IS A GOOD EXAMPE 进行加密；再使用替代密码对报文：AI RIIH E PSX SJ TVEGXMGI 进行解密。设 $k=4$。

12-13　试破译下面的密文诗，它是从 Lewis Carroll 的诗中摘录下来的名句。加密采用单字母替代密码。这种密码是把 26 个字母(从 a 到 z)中的每一个用其他某个字母替代(注意：不是按序替代)。密文中无标点符号，空格未加密。

kfd ktbd fzm eubd kfd pzyiom mztx ku kzyg ur bzha kfthcm ur mfudm zhx

mftnm zhx mdzythc pzq ur ezsszcdm zhx gthcm zhx pfa kfd mdz tm sutythc

fuk zhx pfdkfdi ntcm fzld pthcm sok pztk z stk kfd uamkdim eitdx sdruid

pd fzld uoi efzk rui mubd ur om zid uok ur sidzkf zhx zyy ur om zid rzk

hu foiia mztx kfd ezindhkdi kfda kfzhgdx ftb boef rui kfzk

12-14　针对如何在网络上传输一次性密钥问题，可能存在一种解决方案是基于量子密码学。量子密码学需要一根能根据需要激发单个光子（携带 1 位信息）的光子枪。假设光子的长度等于它的波长，波长为 1μm。光纤中的光速为 20cm/ns。请计算在一条 250Gb/s 的光纤链路上，一位能携带多少个光子？

12-15　对称密钥密码体制和公开密钥密码体制的特点是什么？各有什么优缺点。

11-16　简述数字签名的基本原理。

12-17　密钥分配有哪几种方式？说明通常采用集中管理密钥分配的操作过程。

12-18　报文摘要进行报文鉴别的基本思想是什么？报文摘要算法 MD5 的操作过程是什么？

12-19　实体鉴别与报文鉴别有何不同？试举出进行实体鉴别的方法。

12-20　什么是重放攻击？如何对付重放攻击。

12-21　防火墙提供的功能是什么？防火墙技术有哪些类型？

12-22　假设某公司拟组建一个小型局域网，包括一台服务器和 10 台 PC，网络结构如图 12-20 所示。该公司在服务器上建立自己的商业网站，网站域名为 www.economical.com。

试问：

（1）为了将公司内所有的计算机连接起来。图中的（A）处可采用哪两种类型的设备？

（2）该网络的物理拓扑结构是什么类型？

（3）该公司在服务器上安装了 DNS，以便将公司主页发布到 Internet 上。试问 DNS 服务器的主要功能是什么？

（4）在服务器与 Internet 之间安装采用 IP 过滤技术的防火墙，试问 IP 过滤技术是如何实现的？

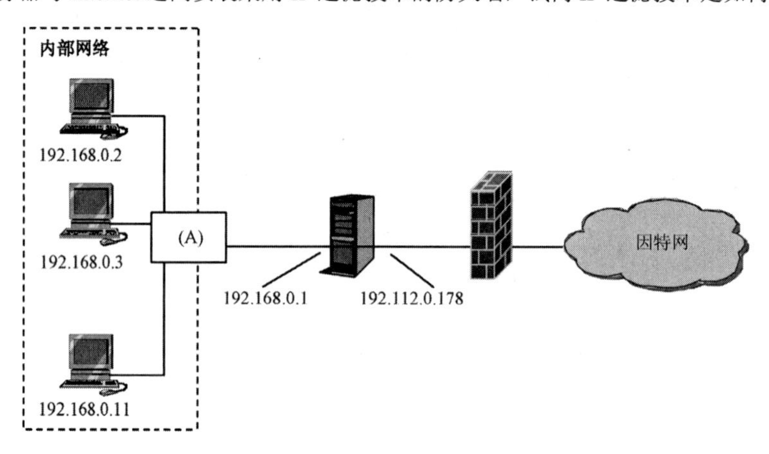

图 12-20　某公司拟组建的小型局域网的网络结构

12-23　试述入侵检测系统 IDS 的系统组成和采用的入侵检测技术，以及使用 IDS 的注意事项。

11-24　IPsec 是什么意思？它包含哪些主要协议？什么是安全关联？

12-25　IPsec 支持哪两种使用方式？它们有何区别？

12-26　安全套接字层 SSL 安全软件包的作用是什么？

12-27　简述电子邮件的安全协议 PGP 的工作原理。

附录 A　部分习题参考答案

请读者扫描下面的二维码自行下载。

附录B 英文缩写词

ADPCM（Adaptive DPCM）自适应差分脉冲编码调制
ADSL（Asymmetric Digital Subscriber Line）非对称数字用户线
AES（Advanced Encryption Standard）先进的加密标准
AH（Authentication Header）鉴别首部
AI（Ambient Intelligence）环境感知智能
AM（Amplitude Modulation）调幅
AN（Access Network）接入网
AON（Active Optical Network）有源光网络
AP（Access Point）接入点
API(Application Programming Interface)应用编程接口
APK（Amplitude Phase shift Keying）幅相混合键控
ARP（Address Resolution Protocol）地址解析协议
ARQ（Automatic Repeat reQuest）自动请求重传
AS（Autonomous System）自治系统
ASK（Amplitude Shift Keying）振幅键控
ASP（Application Service Provider）应用服务提供商
ATM（Asynchronous Transfer Mode）异步传输模式

BER（Basic Encoding Rule）基本编码规则
BGP（Border Gateway Protocol）边界网关协议
BN（Backbone Network）主干网络
BOOTP(Bootstrap Protocol)引导程序协议
BS（Base Station）基站
BSA（Basic Service Area）基本服务区
BSC（Base Station Controller）基站控制器
B/S（Browser/Server）浏览器/服务器
BSS（Basic Service Set）基本服务集

CA（Certification Authority）认证中心
CBT（Core Based Tree）基于核心的转发树
CCITT（Consultative Committee, International Telegraph and Telephone）国际电报电话咨询委员会
CCH（Control Channel）控制信道
CDM（Code Division Multiplexing）码分复用
CDMA（Code Division Multiplexing Access）码分多址

CERNET（China Education and Research NETwork）中国教育和科研计算机网
CGI（Common Gateway Interface）通用网关接口
CID（Cluster Identifier）群标识符
CIDR（Classless Inter-Domain Routing）无分类域间路由选择
CMIP（Common Management Information Protocol）公共管理信息协议
CNAME（Canonical NAME）永久性的规范性名字
CNGI（China Next Generation Internet）中国下一代互联网
CNNIC（Network Information Center of China）中国互联网络信息中心
CRC（Cyclic Redundancy Code）循环码
C/S（Client/Server）客户/服务器
CSMA（Carrier Sense Multiple Access）载波监听多路访问
CSMA/CD（Carrier Sense Multiple Access / Collision Detection）载波监听多路访问/冲突检测
CSMA/CA（Carrier Sense Multiple Access / Collision Avoidance）载波监听多路访问/冲突避免
CSRC（Contributing SouRCe identifier）参与源标识符
CWDM（Coarse Wavelength Division Multiplexing）粗波分复用

DAMA（Demand Assigned Multiple Access）按需分配多址接入
DARPA（Defense Advanced Research Project Agency）美国国防部高级研究计划局
DCA（Dynamic Channel Assignment）动态信道分配策略
DCCP（Datagram Congestion Control Protocol）数据报拥塞控制协议
DCE（Data Circuit-Terminating Equipment）数据电路终接设备
DCF（Distributed Coordination Function）分布协调功能
DES（Data Encryption Standard）数据加密标准
DFT（Discrete Fourier Transform）离散傅里叶变换
DHCP（Dynamic Host Configuration Protocol）动态主机配置协议
DIFS（Distributed Coordination Function IFS）分布协调功能帧间间隔
DME（Distributed Management Environment）分布式管理环境
DMT（Discrete MultiTone）离散多音频
DNS(Domain Name System)域名系统
DPCM（Differential PCM）差分脉冲编码调制
DPSK（Differential Phase shift keying）差分相移键控
DS（Differentiated Service 或 DiffServ）区分服务
DS（Distributed System）分配系统
DSCP（Differentiated Service Code Point）区分服务码点
DSL（Digital Subscriber Line）数字用户线
DSSS（Direct Sequence Spread Spectrum）直接序列扩频
DTE（Data Terminal Equipment）数据终端设备
DVMRP（Distance Vector Multicast Routing Protocol）距离向量多播路由选择协议

DWDM（Dense Wavelength Division Multiplexing）密集波分复用

EBCDIC（Extended Binary-Coded Decimal Interchange Code）扩充的二/十进制交换码
EDFA（Erbium Doped Fiber Amplifier）掺铒光纤放大器
EDGE（Enhanced Data rate for GSM Evolution）增强型数据速率 GSM 演进
EGP（External Gateway Protocol）外部网关协议
EIA（Electronic Industries Association）电子工业委员会
EPON（Ethernet PON）以太网无源光网络
ESP（Encapsulation Security Payload）封装安全有效载荷
ESS（Extended Service Set）扩展服务集
ETSI（European Telecommunications Standards Institute）欧洲电信标准协会

FCA（Fixed Channel Assignment）固定信道分配策略
FCFS（First Come First Service）先来先服务
FCS（Frame Check Sequence）帧校验序列
FDD（Frequency Division Duplex）频分双工
FDM（Frequency Division Multiplexing）频分多路复用
FEC（Forward Error Correction）前向纠错
FEC（Forwarding Equivalence Class）转发等价类
FFD（Full- Function Device）全功能设备
FHSS（Frequency Hopping Spread Spectrum）跳频扩频
FIFO（First In First Out）先进先出
FM（Frequency Modulation）调频
FR（Frame Relay）帧中继
FSK（Frequency Shift Keying）频移键控
FTP（Foil Twisted Pair）金属箔双绞电缆
FTTA（Fiber to the Apartment）光纤到公寓
FTTB（Fiber to the Building）光纤到大楼
FTTC（Fiber to the Curb）光纤到路边
FTTD（Fiber to the Door）光纤到门户
FTTF（Fiber to the Floor）光纤到楼层
FTTH（Fiber to the Home）光纤到户
FTTN（Fiber to the Neighbor）光纤到邻区
FTTO（Fiber to the Office）光纤到办公室
FTTZ（Fiber to the Zone）光纤到小区

GEM（Generic Encapsulation Method）通用封装方法
GGSN（Gateway GPRS Support Node）网关 GPRS 支持结点
GPON（Gigabit PON）吉比特无源光网络
GPRS（General Packet Radio Service）通用分组无线服务

GSM（Globe System for Mobile communication）全球移动通信系统
GUI（Graphics User Interface）图形用户界面

HDLC（High-Level Data Link Control）高级数据链路控制
HDSL（High Speed DSL）高速数字用户线
HEC（Hybrid Error Correction）混合纠错
HFC（Hybrid Fiber Coax）光纤/同轴混合
HLR（Home Location Register）归属位置寄存器
HR-DSSS（High Rate Direct Sequence Spread Spectrum）高速率的直接序列扩频
HTML（Hypertext Markup Language)超文本标记语言
HTN（Highly Trusted Network）高可信网络
HTTP（Hypertext Transfer Protocol)超文本传送协议

IaaS（Infrastructure-as-a Service）基础设施级服务
IAB（Internet Activities Board）因特网活动委员会
IAB（Internet Architecture Board）因特网体系结构委员会
IANA(Internet Assigned Numbers Authority) 因特网号码指派管理局
ICANN（Internet Corporation for Assigned Names and Numbers）因特网名字与号码指派公司
ICMP（Internet Control Message Protocol）因特网控制报文协议或网际控制报文协议
ICT（information and Communication Technology）信息通信技术
IDEA（International Data Encryption Algorithm）国际数据加密算法
IDES（Intrusion Detection Expert System）入侵检测专家系统
IDS（Intrusion Detection System）入侵检测系统
IDSL（ISDN DSL）ISDN 数字用户线
IDU（Interface Data Unit）接口数据单元
IDWG（Intrusion Detection Working Group）入侵检测工作组
IEEE（Institute of Electrical and Electronics Engineers）电子电气工程师协会
IESG（Internet Engineering Steering Group）因特网工程指导小组
IETF（Internet Engineering Task Force）因特网工程部
IFS（Inter Frame Space）帧间间隔
IGMP（Internet Group Management Protocol）网际组管理协议
IGP（Interior Gateway Protocol）内部网关协议
IKE（Internet Key Exchange）因特网密钥交换协议
IM（Instant Messaging）即时传信
IMAP（Internet Message Access Protocol）网际报文存取协议
IND（Inverse- Neighbor-Discovery）反向邻站发现
IoT（the Internet of Things）物联网
IP（Internet Protocol）网际协议
IPRA（Internet Policy Registration Authority）因特网政策登记管理机构

IRSG（Internet Research Steering Group）因特网工程指导小组
IRTF（Internet Research Task Force）因特网研究部
IS（Internet Society）因特网协会
ISAKMP（Internet Secure Association and Key Management Mechanism）因特网安全关联和密钥管理协议
ISDN（Integrated Services Digital Network）综合业务数字网
ISO（International Organization for Standardization）国际标准化组织
ISP（Internet Service Provider）因特网服务提供者
ITDM（Intelligent Time Division Multiplexing）智能时分多路复用
ITU-T（ITU Telecommunication Standardization Sector）国际电信联盟电信标准化部门
IXP（Internet eXchange Point）因特网交换点

KDC（Key Distribution Center）密钥分配中心

L2CAP（Logical Link Control and Adaptation layer Protocol）逻辑链路控制与适配协议
LAN（Local Area Network）局域网
LCH（Logic Channel）逻辑信道
LCP（Link Control Protocol）链路控制协议
LDP（Label Distribution Protocol）标记分配协议
LER（Label Edge Router）标记边缘路由器
LLC（Logical Link Control）逻辑链路控制
LMDS（Local Multipoint Distribution Service）本地多点分配业务
LMP（Link Management Protocol）链路管理协议
LSP（Label Switched Path）标记交换路径
LSR（Label Switching Router）标记交换路由器
LTE（long Term Evolution）长期演进
IMT-Advanced（International Mobile Telecommunications-Advanced）高级国际移动通信
LR-WPAN（Low Rate-WPAN）低速无线个域网

MAA（Mail Access Agent）邮件读取代理
MAC（Medium Access Control）媒体接入控制
MAC（Message Authentication Code）报文鉴别码
MAHO（Mobile Assisted Handover）移动站辅助切换
MAN（Metropolitan Area Network）城域网
MANET（Mobile Ad-hoc NETworks）移动自组网络的工作组
MBONE（Multicast Backbone On the InterNEt）多播主干网
MCU（Multipoint Control Unit）多点控制单元
MFTP（Multisource File Transfer Protocol）多源文件传输协议
MIB（Management Information Base）管理信息库
MIME（Multipurpose Internet Mail Extensions）通用因特网邮件扩充协议

MLD（Multicast Listener Delivery）多播听众交付
MOSPF (Multicast Extensions to OSPF）开放最短通路优先的多播扩展
MPLS（MultiProtocol Label Switching）多协议标记交换
MQASK（Multi QASK）多电平正交幅度键控
MS（Mobile Station）移动站
MSC（Mobile Switching Center）移动交换中心
MSL（Maximum Segment Lifetime）最长报文段寿命
MSRN（Mobile Station Roaming Number）移动站漫游号码
MSS（Maximum Segment Size）最大报文段长度
MTA（Mail Transfer Agent）邮件传送代理
MTBF（Mean Time Between Failure）平均无故障工作时间
MTTR（Mean Time To Repair）平均故障维修时间
MTU（Maximum Transfer Unit）最大传输单元

NAP（Network Access Point）网络接入点
NAT（Network Address Translation）网络地址转换
NAV（Network Allocation Vector）网络分配向量
N-CDMA（Narrowband Code Division Multiple Access）窄带码分多址
NCP（Network Control Protocol）网络控制协议
ND（Neighbor-Discovery）邻站发现
NGI（Next Generation Internet）下一代因特网
NGN（Next Generation Network）下一代电信网
NIC（Network Interface Card）网络接口卡或网卡
NOC（Network Operations Center）网络运行中心
NSF（National Science Foundation）美国国家科学基金会

OC（Optical Carrier）光载波
ODN（Optical Distribution Network）光配线网
OFDM（Orthogonal Frequency Division Multiplexing）正交频分多路复用
OFDMA（Orthogonal Frequency Division Multiple Access）正交频分多址接入
DFT（Discrete Fourier Transform）离散傅里叶变换
OSI/RM（Open System Interconnection/ Reference Model）开放系统互连基本参考模型
OSPF（Open Shortest Path First）最短通路优先
OTDM（Optical Time Division Multiplexing）光时分复用
OUI（Organizationally Unique Identifier）组织唯一标识符

P2P（Peer to Peer）对等模式
PaaS（Platform-as-a Service）平台级服务
PAM（Pulse Amplitude Modulation）脉冲振幅调制
PAN（Personal Area Network）个域网

PC（Pervasive Computing）普适计算
PCA（Policy Certification Authority）政策认证机构
PCF（Point Coordination Function）点协调功能
PCH（Physical Channel）物理信道
PCM（Pulse Code Modulation）脉冲编码调制或脉码调制
PDA（Person Digital Assistant）个人数字助理
PDH（Permit Digital Hierarchy）准同步数字系列
PDM（Pulse Duration Modulation）脉冲宽度调制
PDU（Protocol Data Unit）协议数据单元
PHB（Per-Hop Behavior）每跳行为
PIFS（Point Coordination Function IFS）点协调功能帧间间隔
PING（Packet InterNet Groper）分组网间探测
PIM-DM (Protocol Independent Multicast-Dense Mode) 协议无关多播-密集方式
PIM-SM (Protocol Independent Multicast-Sparse Mode) 协议无关多播-稀疏方式
PKI（Public Key Infrastructure）公钥基础设施
PLC（Power Line Communication）电力线通信
PM（Modulation）调相
PMMA（Polymethylmethacrylate，英文 Acrylic）聚甲基丙烯酸甲酯
PON（Passive Optical Network）无源光网络
POP（Post Office Protocol）邮局协议
POS（Personal Operating Space）个人操作空间
PPM（Pulse Position Modulation）脉冲位置调制
PPP（Point-to-Point Protocol）点对点协议
PS（Pots Splitter）电话分离器
PSDU（Physical Service Data Unit）物理服务数据单元
PSK（Phase Shift Keying）相移键控
PSTN（Public Switching Telephone Network）公用电话交换网

QAM（Quadrature AM）正交幅度调制
QASK（Quadrature ASK）正交幅度键控
QoS（Quality of Service）服务质量

RAC（Registration Authority Committee）注册管理委员会
RARP（Reverse Address Resolution Protocol）逆地址解析协议
RED（Random Early Detection）随机早期检测
RFC（Request For Comments）请求评论
RFD（Reduced-Function Device）简易功能设备
RFID（Radio Frequency IDentification）射频识别
RG（Research Group）研究组
RIP（Routing Information Protocol）路由信息协议

RSVP（Resource reSerVation Protocol）资源预留协议
RTCP（Real-time Transport Control Protocol）实时传输控制协议
RTO（Retransmission Time-Out）超时重传
RTP（Real-time Transport Protocol）实时传输协议
RTSP（Real-Time Streaming Protocol）实时流式协议
RTT（Round-trip Time）往返时间

SA（security association）安全关联
SaaS（Software-as-a Service）软件级服务
SAD（Security Association Database）安全关联数据库
SAP（Service Access Point）服务访问点
SCTP（Stream Control Transmission Protocol）流控制传输协议
SDH（Synchronous Digital Hierarchy）同步数字系列
SDP（Session Description Protocol）会话描述协议
SDSL(Single-line Digital Subscriber Line)单线对数字用户线
SDU（Service Data Unit）服务数据单元
SFTP（Shielded Foil Twisted Pair）屏蔽金属箔双绞电缆
SGML（Standard Generalized Markup Language）标准通用标记语言
SGSN（Service GPRS Support Node）GPRS 服务支持点
SIFS（Short IFS）短帧间间隔
SIP（Session Initiation Protocol）会话发起协议
SKEME（Secure Key Exchange Mechanism）安全密钥交换机制
SMI（Structure of Management Information）管理信息结构
SMTP（Simple Mail Transfer Protocol）简单邮件传送协议
SNMP（Simple Network Management Protocol）简单网络管理协议
SNR（Signal Noise Rate）信噪比
SONET（Synchronous Optical Network）同步光纤网
SPD（Security Policy Database）安全策略数据库
SPI（Security Parameters Index）安全参数索引
SRA（Seamless Rate Adaptation）无缝速率自适应
SSCS（Service Specific Convergence Sublayer）特定服务聚合子层
SSID（Service Set IDentifier）服务集标识符
SSL（Secure Socket Layer）安全套接字层
SSRC（Synchronous SouRCe identifier）同步源标识符
STDM（Statistic TDM）统计时分多路复用
STP（Shielded Twisted Pair）屏蔽双绞线
STS（Synchronous Transport Signal）同步传送信号

TCH（Traffic Channel）业务信道
TCP（Transmission Control Protocol）传输控制协议

TDD（Time Division Duplex）时分双工
TDM（Time Division Multiplexing）时分多路复用
TDMA（Tim Division Multiplexing Address）时分多址复用
THSS（Time Hopping Spread Spectrum）跳时扩频
TIA（Telecommunications Industries Association）美国电信行业协会
TLD（Top Level Domain）顶级域名
TLS（Transport Layer Security）传输层安全
TPDU（Transport Protocol Data Unit）传输协议数据单元
TTL（Time to Live）生存时间或寿命

UA（User Agent）用户代理
UAC（User Agent Client）用户代理客户
UAS（User Agent Server）用户代理服务器
UC（ubiquitous Computing）泛在计算
UDP（User Datagram Protocol）用户数据报协议
UDP-Lite（Lightweight User Datagram Protocol）轻量级用户数据报协议
UIB（User Interface Box）用户接口盒
UN（Ubiquitous Network）泛在网络
URL（Uniform Resource Location)统一资源定位符
USOC（Universal Service Ordering Codes）通用服务分类代码
UTP（Unshielded Twisted Pair）无屏蔽双绞线

VBNS（very-high-performance Backbone Network Service）超宽带网络服务
VC（Virtual Circuit）虚电路
VCS（Virtual Carrier Sense）虚拟载波监听
VDSL（Very high speed DSL）超高速数字用户线
VLAN（Virtual LAN）虚拟局域网
VLR（Visitor Location Register）来访用户位置寄存器
VLSM（Variable Length Subnet Mask）变长子网掩码
VPN（Virtual Private Network）虚拟专用网

WAE（Wireless Application Environment）无线应用环境
WAN（Wide Area Network）广域网
WAP（Wireless Application Protocol）无线应用协议
WDM（Wavelength Division Multiplexing）波分复用
WDP（Wireless Datagram Protocol）无线数据报协议
WFO（Weighted Fair Queuing）加权公平排队
WG（Working Group）工作组
WiMAX（World Interoperability for Microwave Access）全球微波接入互操作性
WISP（Wireless Internet Service Provider）无线因特网服务提供者

WLAN（Wireless Local Area Network）无线局域网
WMAN（Wireless MAN）无线城域网
WML（Wireless Markup Language）无线标记语言
WMN（Wireless Mesh Network）无线网格网
WPAN（Wireless Personal Area Network）无线个域网
WSN（Wireless Sensor Network）无线传感器网
WSP（Wireless Session Protocol）无线会话协议
WTLS（Wireless Transport Layer Security）无线传输安全协议
WTP（Wireless Transaction Protocol）无线事务协议
WWAN（Wireless WAN）无线广域网
WWW（World Wide Web）万维网

参 考 文 献

1 Tanenbaum,　A. S., *Computer Networks,* 5ed. 北京：清华大学出版社，2012

2 Forouzan, B. A.,　Sophia Chung Fegan 著, *TCP/IP Suite,* 3ed. 北京：清华大学出版社，2006

3 Comer, D.E., *Internetworking with TCP/IP*, Vol.1, 5ed., Pearson Education, 2007. 中译本：电子工业出版社，2007

4 Comer, D.E., *Computer Networks and Internets*，4ed., Pearson Education, 2004. 电子工业出版社影印版。

5 Kurose, J, F. and Ross, K. W., Computer Networking, A Top-Down Approach Featuring the Internet, 5ed., Pearson Education, 2010. 中译本 4ed：陈鸣译，　2010 年，机械工业出版社。

6 谢希仁．计算机网络(第 7 版)．北京：电子工业出版社，2017

7 杨心强．数据通信与计算机网络教程(第 2 版)．北京：清华大学出版社，2016

8 徐恪等．高级计算机网络．北京：清华大学出版社，2012

9（日）竹下隆史等编著，乌尼日其其格译．图解 TCP/IP（第 5 版）．北京：人民邮电出版社，2013

10 樊昌信．通信原理教程．北京：电子工业出版社，2013

11 陈威兵等．移动通信系统．北京：清华大学出版社，2010

12（美）Steve Rackley 著，无线网络技术原理与应用，电子工业出版社，2011

13 张冬辰等．军事通信——信息化战争的神经系统（第 2 版）．北京：国防工业出版社，2008

14 张平、苗杰、胡铮、田辉．泛在网络研究综述．北京：北京邮电大学学报，2010，10.

15 中国互联网络信息中心（CNNIC）．第 40 次《中国互联网络发展状况统计报告》，2017

反侵权盗版声明